Im Traum erschien der Kannibale

Welche Fälle die beiden Podcaster besonders bewegen, erzählen sie im Interview.

Dem Verbrechen lauschen

Zeno Diegelmann und Michael „Shaggy" Schwarz erzählen im Podcast „Mörderische Heimat" von Kriminalfällen

Sie machen seit Oktober 2020 den Podcast „Mörderische Heimat", in dem Sie über Verbrechen aus der Region erzählen. Welche Fälle sind Ihnen besonders in Erinnerung geblieben?
Schwarz: Das ist schwer zu sagen. Von jedem Fall bleibt etwas hängen. Aber für mich persönlich ist es der Mord an Gabriele Schmidt, weil ich sie näher kannte und das, was ihr passiert ist, total verdrängt habe. Erst bei der Recherche ist es wieder hochgekommen.

Inwiefern kannten Sie das Mädchen?
Schwarz: Ich war mit ihr im Kindergarten. Wir waren damals vier, fünf Jahre alt. Sie war eine Freundin, mit der ich gespielt habe. Sie war manchmal mit bei meiner Oma oder ich war bei ihr zuhause auf dem Hof, wo sie dann auch verschwunden ist. Ich habe ganz in der Nähe an der Ochsenwiese gewohnt und habe sie oft auf dem Kindergartenweg eingesammelt.

Wie haben Sie damals davon erfahren, dass sie tot ist?
Schwarz: Ich erinnere mich noch ganz genau an einen Moment, wo wir alle, auch unsere Eltern, im Kindergarten waren, und die Kindergärtnerin uns das erzählt hat. Das, was sie sagte, weiß ich nicht mehr. Aber ich weiß noch genau, wie wir da standen. Dieses Bild hat sich eingebrannt.

Herr Diegelmann, welcher Fall beschäftigt Sie denn bis heute?
Diegelmann: Es gibt einen Fall, der zwar gar nicht so spektakulär ist und auch nur einen kleinen Part in einer Folge einnahm. Trotzdem hat mich dieser Fall besonders beschäftigt: Und zwar ist das der Vermisstenfall Helga Frings. Vielleicht liegt es daran, dass ich selbst aus Künzell stamme.

Oder daran, dass die Frau bis heute verschwunden ist und niemand weiß, was mit ihr passierte.

„Und dann saß er eines nachts im Traum neben mir im Auto und sagte: „So, jetzt beenden wir das Interview und kommen zum anderen Teil."

Zeno Diegelmann, Krimiautor und Podcaster

Hans Scheugl

Das Absolute

Eine Ideengeschichte der Moderne

SpringerWienNewYork

Hans Scheugl
Wien, Österreich

Printed in Austria

Umschlaggestaltung: Andrea Neuwirth, Wien
Satz: Exmayer Bt. DTP Studio, János Müllner, H-2051 Biatorbágy, Ungarn
Druck: Adolf Holzhausens Nfg. GesmbH, A-1070 Wien

Gedruckt auf säurefreiem, chlorfrei gebleichtem Papier – TCF
SPIN: 10675417

Mit 50 Abbildungen

ISBN 3-211-83184-3 Springer-Verlag Wien New York

Inhalt

Einleitung

Obwohl alt und bekannt genug, bleibt die Moderne ein kulturelles Phänomen, das nicht eindeutig bestimmbar ist, denn weder ist ihr Anfang genau festzumachen, noch ihr Ende, wenn es denn eines gibt. Als Begriff ist Moderne etymologisch vom lateinischen *modo* abgeleitet, was ‚eben', ‚gleich' und ‚jetzt' bedeutet, Zeitbegriffe ohne historische Festlegung. Erst der Begriff *modernus* bezeichnet eine Gegenwart, die Vergangenes abschließt und sich von ihr absetzt. Ende des 5. Jh. drückt modernus das Bewußtsein des Zeitenwandels von der heidnischen Antike zur neuen christlichen Zeit aus.[1] Die antithetische Beziehung zur griechisch-römischen Kultur wandelt sich ab Mitte des 14. Jh. zur Frontstellung gegen die altchristliche Kirche der ‚Väter', die in dem Gegensatzpaar modernus-antiquus die Entwicklung des eigenen Wissensstandes zum Ausdruck bringt.[2] Die *via moderna* meint nicht mehr den Eigenwert der neuen Zeit und die Reform der alten, sondern verlangt bereits ein Handeln und deduktives Vorgehen allein auf ihrer Denk- und Wissensebene.

In der *Querelle des anciens et des modernes,* die sich als eine literarische Fehde vom Ende des 17. Jh. bis Mitte des 18. Jh. erstreckte, lautete das Argument der *moderni* gegen die *antiqui*, daß die Gegenwart in ihrem Wissen die Antike überflügelt hat und darum nach ihren eigenen Maßstäben bewerten muß und nicht nach deren.[3] Modern meint ab hier, daß durch den offenen Horizont eines kontinuierlich wachsenden Wissens und einer sich vervollkommnenden Vernunft die Anbindung an ein vergangenes Ideal zerrissen ist und die Gegenwart in ihrer Modernität den jeweiligen Gipfelpunkt dieser Entwicklung darstellt. Daraus ergibt sich das Bewußtstein einer Zeitkontinuität, die nicht umkehrbar ist und der ein notwendiger Fortschritt innewohnt. Die Akkumulation des Wissens ist dessen Geschichte und Zukunft. Die Aufklärung erhellte

1 Walter Freund: Modernus und andere Zeitbegriffe des Mittelalters, 19.
2 Ebd., 113.
3 Hans Robert Jauß: Literaturgeschichte als Provokation, 35.

mit dem ‚Licht der Vernunft' den jeweils letzten Stand des Wissens und stellte daher den Inbegriff des Modernen dar.

War der Fortschritt der Wissenschaft gegenüber der Vergangenheit leicht zu beweisen, war in der Kunst das Ideal der Antike, das die Renaissance bestätigt hatte, schwer zu widerlegen, denn das Bewußtsein, daß jede Zeit ihre eigenen ästhetischen Maßstäbe, ihren eigenen Geschmack hat und Schönheit nicht bloß zeitlos, sondern zeitbedingt ist, konnte sich nur aus einem Wissen um die Veränderbarkeit von Werten und Normen entwickeln. Die Erkenntnis der Eigenart jeder Epoche schrieb sie an der Kunst als eine historische fest. Die ursprünglich temporale Bedeutung von modernus bekam durch die Zuordnung von *nova* einen inhaltlichen Schwerpunkt. ‚Neu' bezog sich dabei nicht nur auf eine allgemeine Veränderung, sondern meinte vor dem Hintergrund der Frühscholastik auch eine individuelle innere Erneuerung des Menschen, etwa durch die Bekehrung zum rechten Glauben.[4]

Es blieb keiner Epoche erspart, mit ihrem Ideal des Fortschritts Einbrüche zu erleben. Die Idee des Neuen ging in der Kunst allerdings zu keiner Zeit verloren, auch wenn die Vorreiterrolle einzelner ihrer Entwicklungsstränge – man kann in einem allgemeinen Sinn von Avantgarde sprechen – nicht immer zu erfüllen war. Die ideale Richtung vorwärts konnte oft nur mit Um- und Rückwegen eingehalten werden, so daß, wie in der Romantik, Fortschritt, Kritik und Verrat an der Moderne dicht beisammen lagen. Gegen Ende des 19. Jh. war die Eigendynamik der Idee der Moderne bereits so stark, daß selbst manche ihrer Verhinderer sich als deren Vertreter begriffen. Eine solche Desorientierung trat deshalb ein, weil dem Konservativismus die absoluten Werte der Religion, Ästhetik und Moral, die ihm die Antike und das Christentum bis über den Zeitenbruch der französischen Revolution hinaus zu verläßlichen Weltbildern machten, verloren gingen. Und weil die Moderne mit dem Sichtbarwerden des Scheiterns der Aufklärung ihre Kritik immer mehr gegen sich selbst richtete und eine durch das historische Bewußtsein geweckte kritische Differenzierung sich zunehmend beschleunigte. Das stiftete Verwirrung. Baudelaire nahm die Moderne nur mehr als einen Wandel von Moden wahr. Die Modernität, sagte er, ist das Vorübergehende.[5] Im Fortschreiten besteht, selbstbezüglich und positivistisch, der Fortschritt. Im ersten Viertel des 20. Jh. erlangte die Progression in der Kunst eine derartige Beschleunigung, daß Kunst, Moderne und Avantgarde in eins zusammenfielen. Als einer der autonomen Bereiche innerhalb der Moderne erreichte die Kunst neben Wissenschaft, Recht und Technik es als einzige, selbst als Moderne auftreten zu können.

So gesehen, gibt es zwei ‚Moderne', auch wenn der Begriff nicht zur Pluralbildung geschaffen ist. Die eine ist jene der Aufklärung, deren Selbstzerstörung durch die Verselbständigung und den Machtwillen der Vernunft in der Katastrophe des Faschismus und Nationalsozialismus schuldhaft zutage trat. Die andere ist die Moderne der Kunst,

4 W. Freund, 106.
5 Charles Baudelaire: Der Künstler und das moderne Leben (1859), 301.*)

***) Die Jahreszahl in Klammer bezieht sich hier und im folgenden bei literarischen Werken auf die Erstausgabe, die Seitenangabe hingegen auf die Ausgabe, die im Literaturanhang angeführt ist.**

die als die Epoche der Beschleunigung zwischen 1900 und ihrer Zerstörung als entartet zusammengefaßt wird, mit der Moderne der Aufklärung nicht ident, aber ihr verpflichtet, darum nicht nur Opfer, sondern wie diese auch Verbündete politischer Machtsysteme ist. Der Vorwurf der Kollaboration war allerdings nicht auf die Kunstmoderne als ganze ausdehnbar, da ihr, anders als der Aufklärung, die Einheitlichkeit fehlt. An die Substanz der Moderne, ihr Ende bedeutend, ging die Feststellung, daß ihre gesellschaftsverändernden Impulse in den wesentlichen Punkten versagt haben und die Ideengeschichte aus Erschöpfung und Erstarrung als abgeschlossen zu gelten hat. Die Zeit der Reflexion danach sei nicht mehr die ihre.[6]

Zwei konträre, aus der Moderne erwachsene Theorien beanspruchen beide den Bezug der Kunst zur Aufklärung als einen ihrer Grundwerte. Die eine begreift wie Baudelaire die Kunst als eine evolutionistische Entwicklung von Formgesetzen, die als Technik medial bedingt sind. Aufklärung meint hier den Weg von der Transzendenz zur Transparenz, von der Wahrheit des Geistigen zur Wirklichkeit des Materials. Die andere Theorie argumentiert philosophisch und ahistorisch und reklamiert, wie Adorno es tut, eine zeitunabhängige Wahrheit. Kunst wird zum Gegengewicht des technisch-industriellen Fortschritts, das, je radikaler die ästhetische Ausprägung erfolgt, desto mehr seine Freiheit zur Entfaltung bringt.[7] Die Aufklärung ist eine kritisch in der Kunst gebrochene, denn sie kennt die Angst, daß verschwindet, was sie in Bewegung gebracht hat, und Kunstwerke ohne ideelle Wahrheit nur mehr nutzlose Hülsen darstellen.[8] Beide Theorien setzen das Kunstwerk absolut, unabhängig von seiner Produktion wie seiner Rezeption.

In diesem Buch soll die Moderne unter dem Gesichtspunkt der Entwicklung des Subjektes der Moderne betrachtet werden. Dessen Geschichte deckt sich inhaltlich und zeitlich mit jener der Säkularisierung, ist nicht erst im Jahrhundert der Aufklärung, sondern mit dem Beginn der Neuzeit anzusetzen. Zur Subjektwerdung gehört, auch grammatikalisch, und das schließt die Kunst mit ein, das Handeln als ein transitives, vom Anspruch her autonomes. So tritt nicht zufällig das Subjekt der Moderne gleichzeitig mit der am Beginn der Renaissance erstmals wahrnehmbaren, sich als Person artikulierenden Gestalt des Künstlers unter einen Himmel, an den, wie es bei Hegel heißen wird, der Mensch seine Schätze verschleudert hat. Dieses Eigentum galt es als Wissen um der verschenkten Freiheit willen wiederzuerlangen.

Im 20. Jh., nach zwei schrecklichen Kriegen und einer verspielten Aufklärung, konnte die Moderne nur mehr als eine Haltung der Verweigerung gegenüber einer Welt begriffen werden, die sich selbst verraten hat.[9] Um nicht duldend zu bestätigen, was Macht tut, mußte die Kunst unzugehörig und unversöhnlich bleiben. Sie war, auch

6 Jean-François Lyotard: La condition postmoderne (1979).
7 Theodor W. Adornos Diskussionsbeitrag zum Siebten Deutschen Kongreß für Philosophie 1962, zusammengefaßt in: Helmut Kuhn, Franz Wiedmann (Hg.): Die Philosophie und die Frage nach dem Fortschritt, 326.
8 Theodor W. Adorno: Ästhetische Theorie (1970), 124.
9 M. Horkheimer, Th. W. Adorno: Dialektik der Aufklärung (1947).

wenn augenblickshaft „aufstrahlend“[10], in ihrer Negativität das Gegenteil der Kunst am Anfang der Moderne, als sie die Welt neu entstehen und das Subjekt in ihrer Mitte auftreten ließ. Adornos leidenschaftliche Auseinandersetzung mit der modernen Kunst stellte einen Versuch dar, nach dem Scheitern aller Utopien der Moderne gerade an ihr die Aufklärung aus ihrer Selbstverfangenheit zu retten, ihr in einer künstlerischen Minimalverfassung Stärke, Wahrheit und Freiheit zukommen zu lassen. Daß Adorno diesen Versuch mit einer Weiterentwicklung der Werte der idealistischen Ästhetik unternahm, war 1970, als die ***Ästhetische Theorie*** erschien, eher verwirrend. Nach 1968 galt es, die Avantgarde politisch zu vereinnahmen, wollte man nicht, wie bei Adorno, an ihre idealistische Herkunft erinnert werden, aber auch nicht künstlerisch beim nicht durchsetzbaren sozialistischen Realismus landen.[11] So wurde aus der Avantgarde eine Kampftruppe, die stellvertretend für die bürgerlichen ‚Revolutionäre‘ das Bürgertum bzw. dessen Kunst in die Verantwortung zu nehmen und entsprechend hart anzufassen hatte.

Adornos Wirkung begann sich langsam zu entfalten. Sie führte zu einer Neubewertung der Theorie der Ästhetik des 19. Jh.[12] Der metaphysische Hintergrund, der die moderne Kunst mit der Romantik verband und über den als etwas Peinliches, die Autonomie der Kunst und damit ihren Wert Minderndes meist rasch hinweggegangen worden war, kam nun an die Oberfläche.[13] Die Vertreter der formalen Ästhetik ergriffen die Gelegenheit zur Abrechnung mit dieser ihr gegenläufigen Seite der Kunst, wobei sie weniger auf die Moderne zielten, die galt es zu schonen, als auf die Romantik, die schließlich als Brutofen des Faschismus enttarnt dastand. Bei allen diesen theoretischen Abgrenzungen und Zuordnungen, und das gilt schon für Horkheimer und Adorno, zeigt sich, daß in der Auseinandersetzung mit den geistigen Wurzeln der Moderne die Kunst selbst im Vergleich zur Kunstphilosophie kaum wahrgenommen wurde. Diese Diskrepanz, die schon daran augenfällig wird, daß auf Tausenden von Seiten Theorie kaum je ein Kunstwerk auch nur erwähnt wird, hat einen ihrer historisch zu nennenden Gründe banaler weise darin, daß die Philosophen, so wichtig ihre Beiträge zur Kunstphilosophie und letztlich zur Kunst auch sind, in den meisten Fällen von der Kunst ihrer Zeit wenig wußten und mit einigen wenigen Beispielen ihr Leben lang ihr philosophisches Auskommen fanden. Das gilt u. a. für Hegel, Nietzsche, Wittgenstein, Heidegger und in gewissem Maße auch für Adorno.

Die Kunstphilosophie ist von jener Philosophie zu unterscheiden, die die Kunst aus sich selbst entwickelte, die zwar mit den philosophischen Hauptströmungen in einem engen Verhältnis stand, aus ihrer eigenen Dynamik heraus von ihr aber signifikant abwich. Die philosophischen Entwürfe der Moderne, die Lyotard als ‚große Erzählungen‘ bezeichnete, blieben in der Kunst kleine Einheiten, Lyrik sozusagen. In ihrer

10 Adorno: Ästhetische Theorie, 126.
11 Peter Bürger: Theorie der Avantgarde (1974).
12 Peter Bürger: Zur Kritik der idealistischen Ästhetik (1983); Manfred Frank: Einführung in die frühromantische Ästhetik (1989).
13 Karl Heinz Bohrer (Hg.): Mythos und Moderne (1983).

Zielsetzung hatte sie zwar dieselben absoluten Ansprüche, auch wurde sie von der Philosophie ermutigt und vorgeschoben, den Griff nach den Sternen zu wagen, der ihr selber nicht gelang, mußte aber damit anders umgehen, da sie, anders als die Philosophen, die Ergebnisse sofort vor Augen hatte. Die großen Denker konnten zeitüberspannende Behauptungen aufstellen, die oft erst die nächste Generation annahm oder verwarf, die Kunst mußte ihr philosophisches Scheitern, wenn es ihr als ein solches erschien, mit sich selbst austragen. Während ein Schopenhauer sich dagegen verwahrte, leben zu müssen, was er selbst predigte, da Philosophie abstraktes Denken ist,[14] war für Künstler Kunst existentielle Erfahrung, selbst in ihren theoretischen Äußerungen, etwa in Form von Manifesten.

Der Prozeß der Selbstfindung des Subjekts durchzieht als philosophische Idee wie als existentielle Selbstbehauptung die Geschichte der Kunst kontinuierlich – nicht als eine fortgesetzte Progression, die nach Jahrhunderten längst an ihrem Ziel hätte ankommen müssen, sondern als ein Anspruch, der immer wieder von neuem gestellt wird. Jene philosophischen, wissenschaftlichen und technischen Zielsetzungen, die das gesellschaftliche Subjekt vorantreiben, bewegen auch die Kunst. Während die Gesellschaft in ihrem Fortschritt eine Verfestigung ihrer (bürgerlichen) Position anstrebt und dadurch leicht einem Machtgefüge aufläuft, das die Einheitssuche des Subjekts in eine Vereinheitlichung zum Zweck der Beherrschbarkeit verwandelt, seine Identität nicht fördert, sondern produziert und instrumentalisiert, entzieht sich die Kunst bei aller Sehnsucht nach Einheit der Vereinheitlichung, wählt sie die Möglichkeitsform auch in der Synthese, verwendet sie ihre spiegelnde Wirkung dazu, dem Subjekt mehr als eine Identität zu verleihen, zeigt sie ihm eine Methode, der Falle der Verfügbarkeit zu entgehen. Das meint nicht nur die Einbeziehung des in der Gesellschaft Ausgegrenzten, Dissonanten und Widerspruchsvollen, wie Adorno das sieht, sondern auch und vor allem den konstruktiven Erfindungsreichtum der Kunst, denn der Erneuerungswille der Moderne bewegt sie zuallererst.

Vorangetrieben von dem Wunsch nach absoluten Lösungen, muß die Kunst mit dem Zwiespalt fertig werden, der sich aus ihrer Suche nach der Perfektabilität der Form, in der allein ihre Wahrheit liegt, und der Frage ergibt, ob ein solcher absoluter Anspruch überhaupt zu Recht besteht, ob der Punkt der absoluten Identität, in dem das Werk und das Subjekt konvergieren, ein Phantom ist, das zu suchen bereits das Scheitern bedeutet. Denn das unschuldige Vermögen der Kunst, Wirklichkeit entstehen zu lassen, sie so gut wie möglich zu machen, weitet sich leicht zur Idee der Vollkommenheit, durch die sie ebenso leicht jener Festlegung erliegt, die in der Gesellschaft ideell und praktisch verwertbar ist. Gerade die Kunstmoderne ist in ihrer beschleunigten Wirklichkeitserneuerung in Gefahr geraten, mit der Idee des Absoluten das Totalitäre zu tangieren. Zwischen den beiden Extremen, der Möglichkeitsform und der Ist-Form, in einer dialektischen Bewegung einen Ausgleich zu finden, beschäftigte sich die

14 Arthur Schopenhauer: Die Welt als Wille und Vorstellung I, § 68: „Überhaupt ist es eine seltsame Anforderung an einem Moralisten, daß er keine andere Tugend empfehlen soll, als die er selbst besitzt".

Moderne schon in ihrer langen Vorgeschichte. Metaphysische, magische, höchst symbolische Fragestellungen provozierten reale, rationale, grundlegend mathematische Antworten, deren Wert nicht in der Festlegung, sondern in der aufgezeigten Bewegung liegt.

Eine Ideengeschichte der Moderne, die der Geschichte des Subjekts in seiner Selbstfindung und deren unterschiedlichen Folgen nachgeht, zeitigt eine Formgeschichte der Kunst, inkongruent zu ihrer Stilgeschichte, deren Strukturen sich über Zeiten und Orte, Kunstgattungen und Denk- und Blickrichtungen hinweg aufzeigen lassen. Daraus ergibt sich kein geistiger Essentialismus, der die reverse Seite der Formästhetik mit ihrer Oberflächenlogik ist, sondern eine Differenzierung, die nichts um einer glatten Kunstentwicklungsgeschichte willen unterschlägt, vielmehr auch der Produktivkraft der falschen Ideen und dem Scheitern der richtigen ihren Wert zuerkennt.

Physiker des Lichts

Geht Zeus

Im Verhältnis von Geist und Natur war von Anfang an Verrat mit im Spiel. Zunächst ist der Geist an die Natur gebunden, denn indem er sie begreift, erkennt er sich selbst. Nachdem er die schöne Natur besessen hat, will er nicht mehr viel von ihr wissen, erzählt aber allen ihre Geschichte. ***Über die Natur*** heißen die Schriften der griechischen Naturphilosophen von Anaxagoras bis Xenophanes, in denen zwar ausdrücklich betont wird, daß der Mensch ein Teil der Natur ist, aber auch schon klar wird, daß es dem Geist nicht um sie, sondern um ihn selbst geht. Wichtig war ihm, dem mythischen Machtbereich der Götter zu entkommen und auf jene Ebene zu gelangen, die sein Menschsein ausmacht. Mochte die Natur zunächst verwirrender erscheinen als selbst die Götterwelt des Olymp, war sie doch zugänglicher. Sie öffnete sich dem Geist in dem Maße, in dem er sich in ihr entfaltete. Ein solches Entgegenkommen war von den Göttern nicht zu erwarten, im Gegenteil, sie setzten mit Tyche wie zum Hohn eine Göttin des blind waltenden, grausamen Zufalls auf die Menschen an.

In der Natur konnte der Geist eine Logik entdecken, deren Qualität eine göttliche war. Je mehr er davon erwarb, desto entbehrlicher wurden die Götter. Sie büßten ihre menschliche Form ein und wurden Geist, den auch der Mensch besaß. Die Gottheit, sagt Empedokles, ist nicht in menschenähnlicher Gestalt vorzustellen, „sondern ein Geist, ein heiliger und übermenschlicher, regt sich da allein, der mit schnellen Gedanken den ganzen Weltenbau durchstürmt"[1]. Anaxagoras sah den überpersönlichen Geist als den ersten Beweger von allem an; er ist ewig und in ihm ist alles Wissen und alle Kraft.[2] In die Tiefe dieses Geistes reicht die menschliche Seele, die ebenfalls von solch tiefem Sinn ist, wie Heraklit sagt, daß der Mensch ihre Grenzen „im Gehen nicht ausfindig machen" kann, auch wenn er jegliche Straße abschritte.[3] Indem der Mensch sich

1 Hermann Diels, (Hg.): Die Fragmente der Vorsokratiker, Bd. I, Fr. 134.
2 Ebd., II, Fr. 12.
3 Ebd., I, Fr. 45.

denkend über die Natur erhebt, nähert er sich selbst dem Göttlichen. „Selig, wer einen Schatz sich erwarb von Gottesdanken", heißt es bei Empedokles, „elend, wer noch in finsterem Wahn von Göttern befangen".[4] Und er wagte von sich zu sagen: „Nicht mehr ein Sterblicher, sondern ein unsterblicher Gott, wandle ich umher".[5]

Gottesgedanken sind ohne diskursiven Inhalt, sind überhaupt nur ein Gedanke, der sich selbst denkt und, wie Parmenides um 500 v. Chr. in seiner ***Über die Natur***-Schrift sagt, nichts als reines absolutes Sein ist. Der Geist ließ Natur in seiner Absetzbewegung von ihr immer weniger gelten. Sein kam nur mehr dem zu, was an ihr denkbar ist. Je höher der Geist die Metaebene des Physischen ansetzte, je abstrakter, mathematischer sie wurde, desto stärker wurde ihr Sein, das in Wirklichkeit das seine ist. Schließlich, in nächster Nähe zu sich selbst, „bar der Farbe, bar der Gestalt und unantastbar wirklich", wie Platon sagt,[6] erfährt er das ekstatische Sein seiner Identität. Diesen Triumph konnten ihm weder die Natur noch die Götter streitig machen, schwierig war nur, dafür die richtigen Worte zu finden. Die abgewertete Natur wurde zum Problem der Kunst, die auf sie als Material angewiesen war und doch die Bewegung des Geistes mitvollziehen wollte.

Für Platon war die Kunst tautologisch, denn sie imitiert bloß die Natur. Jene Schönheit, die den Geist anregt, in sich zu sehen, findet er schon in ihr. Die mimetische Kraft der Kunst lenkt ihn nur ab, verführt ihn in die Vielfalt der Erzählungen, während er seine Einheit sucht. Stärker als die Kunst setzte Platon den Eros als Auslöser des Erkenntnisprozesses an. In Diomitas Rede im ***Symposion*** *(um 380 v. Chr.)* heißt es: „Denn es heißt richtig zum Erotischen gehen oder geführt werden, daß man von diesen schönen Dingen beginnend jenes Schönen wegen immer hinaufsteige, gleichsam auf Stufen steigend, von einem zu zweien und von zweien zu allen schönen Leibern und von den schönen Leibern zur schönen Lebensführung und von der schönen Lebensführung zu den schönen Erkenntnissen, bis man von den Erkenntnissen endlich zu jener Erkenntnis gelangt, welche die Erkenntnis von nichts anderem als jenem Schönen selbst ist und man am Ende jenes Selbst, welches schön ist, erkenne."[7]

Wohlwollender gegenüber der Kunst war Plotin, der in den ***Enneaden*** *(ca. 254–270)* die Bewegung des Geistes nicht als ein stufenweises deduktives Vordringen, sondern als ein Schauen beschreibt, in dem der Geist die Welt erkennt wie sich selbst. Es ist ein Fließen und Überfließen aus dem Einen, denn der Geist bleibt nicht in der Einheit, weil er seine Potenz entfalten will und neugierig schauend von Einem zum Vielen wird, sich als Sehender mit dem Gesehenen identifiziert und so seinen Ursprung vergißt. In der Materie droht der Geist sich zu verlieren, wäre da nicht die individuelle Seele, deren Formkräfte der Materie eine Gestalt geben, deren Schönheit die Sehnsucht nach ihrem Ursprung hervorruft. Am untersten Punkt der Schöpfung beginnt der Aufstieg der Seele. Die Schöpfung ist kein Irrtum, denn ohne die Verwirklichung des Seienden bliebe

4 Ebd., Fr. 132.
5 Ebd., Fr. 112.
6 Platon: Phaidros, 247 c.
7 Ders.: Das Gastmahl, 210 e.

die Potenz des Einen unerkannt. Die Seele gelangt zu ihrem Ursprung zurück, wenn sie alle ‚Prägungen' des Körperlichen in ihrem Bewußtsein auflöst und den Blick erkennend nach oben richtet.

Als der reiche Florentiner Kaufmann Cosimo de Medici den Auftrag gab, Platon zu übersetzen, da er nur durch Überlieferung zweiter und dritter Hand bekannt war, geschah es aus der Erwartung heraus, daß Platons Schriften „alle Regeln des Lebens, alle Prinzipien der Natur, alle heiligen Mysterien des Göttlichen" eröffnen,[8] Lebensweisheit, Naturerkenntnis und Mystik als Summum bonum zu Tage träten. Die Frührenaissance suchte bei den Griechen die Versöhnung mit der Natur, die das Mittelalter nicht zuletzt durch das neuplatonische Erbe aus den Augen verloren hatte. Das reiche Bürgertum Norditaliens ermöglichte durch den Kauf von Handschriften den Rückgriff auf antike Quellen und förderte die *studia humanitatis* abseits der Universitäten, wo noch eine aristotelische Scholastik das Sagen hatte. Cosimo gründete 1462 die Platonische Akademie in Florenz und die erste öffentliche Bibliothek Europas. Und er war ein großzügiger Förderer der Künste, die jene Zuwendung zur Natur vollzogen, die Cosimo glaubte bei Platon als Prinzip begründet zu finden. In der Zeit der Medici geschah in Florenz, das Burckhardt wegen seines hohen politischen Bewußtseins und des großen Reichtums an Entwicklungsformen als den ersten modernen Staat der Welt bezeichnet,[9] auf dem Gebiet der Bildenden Kunst u. a. folgendes: Der Bildhauer und Baumeister Filippo Brunelleschi entwickelte die Zentralperspektive, die in der Malerei, u. a. bei Paolo Uccello, eine korrekte Raumkonstruktion ermöglichte; überwand Masaccio mit seiner naturgetreuen Darstellung von Menschen und Landschaften den Schematismus der spätgotischen Malerei; entdeckte Domenico Veneziano die Leuchtkraft der Farben und die Wirkung des Lichts, versetzte der lebenslustige Pater Filippo Lippi die menschlich schöne Madonna und das nackte Jesus-Kind zur Anbetung in den Wald; gründete Lorenzo de Medici, Cosimos Enkel, eine Skulpturenschule, an der Andrea del Verrocchio unterrichtete; förderte Lorenzo durch Aufträge Botticelli, Perugino, Ghirlandaio; veranstaltete er öffentliche prunkvolle Aufzüge mit allegorischen Schaustellungen antiker Szenen; bekam Leonardo da Vinci erste Aufträge.

Marsilio Ficino schloß 1469 die lateinische Übersetzung von Platons Gesamtwerk ab und schrieb im gleichen Jahr einen Kommentar zum ***Symposion***. Eros erscheint bei ihm nicht als Naturkraft, wie das Cosimo vielleicht erwartet hätte, sondern als Antriebskraft der Sublimation. Sokrates, von dem bei Platon die Diotima-Rede stammt, ist ihm ein Asket, der auf die Schönheit des menschlichen Körpers wie ein Anatom blickt, der nur Fleisch und Sehnen sieht.[10] Er gleicht dem bleichen Laien (idiota) in den drei *Idiota*-Dialogen des Nikolaus von Kues (Nicolaus de Cusa) von 1450. Im 12. Jh. war eine gegen die weltliche Macht der Kirche und das dem Kirchenvolk enthobene Bücherwissen der Scholastik gerichtete Reformbewegung entstanden, die christliche Armut und Laienwissen auf die Straße trug, wohin Gottes Finger die Weisheit geschrieben

8 Cosimo de Medici, zit. in: Marsilio Ficino: Über die Liebe, Einleitung von Paul Richard Blum, xvii.
9 Jacob Burckhardt: Die Kultur der Renaissance in Italien (1928), 74.
10 Marsilio Ficino: Über die Liebe oder Platons Gastmahl (In convivum Platonis sive de amore, 1496), 291.

hat.[11] Sie reichte von der ‚armen Mystik‘ eines Franz von Assisi und seiner Gefährten, die sich *idiotae* nannten, bis zu dem fanatischen Prediger Savonarola, der bereits politische Ansprüche stellte und deshalb verbrannt wurde.

Die Weisheit des Laien *(**Idiota de sapientia,** 1488)* besagt, daß Raum und Zeit die Ausfaltungen Gottes sind und der „einfältige" Mensch die Nähe zu Gott durch Rückkehr zur Einfachheit erlangt. Diese ist nicht im sinnlich Wahrnehmbaren, sondern in dessen abstrakter, ‚eingefalteter‘ Form zu finden. Das Symbol der Einfachheit, die im Kleinsten wie im Größten in die Unendlichkeit übergeht, ist die Linie und die Zahl Eins.[12] In diesen Urbildern liege „Genauigkeit, Wahrheit (...) Vollkommenheit". Cusanus leitete den Begriff Geist (mente) von messen (mensurare) ab.[13] Der Geist ist das lebendige Maß, das im Messen seine eigene Fassungskraft ermißt. Die geistige Durchdringung des Seienden kommt einer Neuschöpfung gleich: Die Welt entsteht durch das ‚Begreifen‘ des Menschen ein zweites Mal.[14] Die Analyse des Wahrnehmbaren gleicht einem künstlerischen Akt, bei dem der Geist sich dem Sinnlichen assimiliert und gegenüber der Farbe zum Sehen und gegenüber dem Ton zum Hören wird.[15] Die Kunst selbst erfährt die höchste geistige Potenz nicht, da sie in ihrem Bemühen der getreuen Wiedergabe der Natur nie eine völlige Gleichheit und damit Harmonie erreicht.[16] Die einzelnen Dinge können zueinander nicht in Harmonie treten, da untereinander der Zufall herrscht, sondern immer nur einzeln zu Gott. Durch die Vernunft steht der Mensch wie Gott über den Dingen, denn sie setzt ihn in den Stand, in der Vielfalt das Gemeinsame als Quantum, Zählbares, Meßbares und Wägbares zu erfassen. Die Kunst hängt daran, bloß ein Spiegel zu sein.

Das Unzulängliche dieser Auffassung spürte der Cusaner selbst, war aber unfähig, es aufzulösen. Wenn von zwei Bildern, sagt er, das eine dem Urbild ähnlich, aber leblos ist, das andere unähnlich, aber lebendig, so wird letzteres dennoch als vollkommener erscheinen.[17] Darin liege eine Täuschung, denn der Maler wird versuchen, das unähnliche, wenn auch lebendigere Bild der göttlichen Wirklichkeit anzugleichen, auch wenn er sie nie erreicht. Hätte der Cusaner Ficinos Plotin-Übersetzung aus den späten achtziger Jahren gelesen, hätte er gesehen, daß der Alexandriner bereits eine freiere Auffassung von Kunst gehabt hatte als er. Plotin wollte die Kunst nicht gering geachtet sehen, weil sie die Natur nachahmt. Die Künste ahmen das *Geschehene*, nicht nur das Gesehene, nicht schlichtweg nach, „sondern sie steigen hinauf zu den rationalen Formen, aus denen die Natur kommt".[18] Solange sie schön sind, sind die Inhalte beliebig, denn die Künste schaffen vieles aus sich selber. So hat Phidias den Zeus gebildet, ohne ihn gesehen zu haben. Damit setzte Plotin nicht nur Platons Diktum außer Kraft, daß die Kunst nur schön sei in der Übereinstimmung mit dem Vorbild, sondern ließ auch ein

11 Nikolaus von Kues: Der Laie über die Weisheit, 7.
12 Ebd., 75, 41.
13 Ders.: Liber de mente, in: ders.: Die Kunst der Vermutung. Auswahl aus den Schriften, 270.
14 Ders.: De beryllo, in: ders.: Die Kunst der Vermutung, 324.
15 Ders.: Liber de mente, ebd., 282.
16 Ders.: De docta ignorantia, ebd., 116.
17 Ders.: Liber de mente, ebd., 292.
18 Plotins Schriften, V, 8, 7.

Abb. 1. Einlegearbeit des Fra Giovanni da Verona. Monte Oliveto Maggiore, Ende des 15. Jh.

bildhaftes Sehen zu, das intuitiv und nicht diskursiv einer Wahrheit begegnet, „welche nur mit einem einzigen Akt erfaßt wird".[19] Plotin zieht als Vergleich die Hieroglyphen der Ägypter heran, die mit Bildern und nicht mit Worten Wissen und Weisheit vermittelten. Das Erkennen erfolgt aus der kontemplativen Betrachtung; die Seele ist imstande, selbst ein „schweigendes Wort" zu verstehen.[20]

Plotins Hinweis auf die „rationalen Formen, aus denen die Natur kommt", hatte für die zweite Hälfte des 15. Jh. absolute Gültigkeit. Der technische Fortschritt der Malerei war eng an jenen der Mathematik und der Architektur geknüpft. Diese besonders in Florenz und Urbino gepflegte mathematische Komponente[21] führte nicht nur zur Aus-

19 Ebd., V, 8, 39 ff.
20 Ebd., III, 8, 37.
21 Leon Battista Alberti (Architekt, Bildhauer, Maler): De pictura, 1435; Piero della Francesca: De prospectiva pigendi, 1480; Luca Pacioli: De divina proportione, 1497.

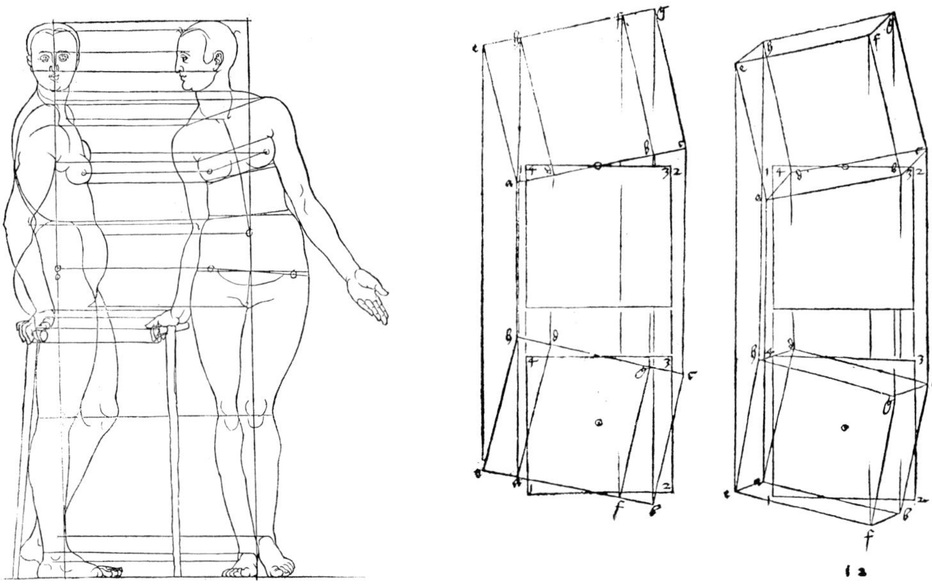

Abb. 2 a, b. Albrecht Dürer: De symmetria partium in rectis formis humanorum corporum. Nürnberg 1534.

bildung des offenen perspektivischen Raums, sondern auch zur Herausarbeitung des Raumkörpers. Einen wichtigen Anteil daran hatte die Hochblüte der Intarsienkunst in Oberitalien zwischen 1460 und 1510. Mit dem Aufkommen der modernen Perspektive wird sie „zum wichtigsten Träger des reinen geometrischen Ornaments und des mathematischen Raums dadurch, daß die Zusammensetzung regelmäßig geformter Hölzer vermöge eines wohlbekannten optischen Effekts ohne weiteres Raum- und Linienwirkung zu erzielen vermag".[22] Die Stilleben der Intarsienkunst sind der Gesamtentwicklung der Malerei weit voraus.[23] Elementare reine Formen fügen sich auf Paneelen zu Gegenständen, stereometrischen Körpern und perspektivischen Raumillusionen in einer bisher nie erreichten Plastizität *(Abb. 1)*.

Mit dem Vergleich der leblosen und lebendigen Bilder machte der Cusaner ungewollt deutlich, daß die Wirkung der Kunst zu einem kleinen Teil rational bestimmbar ist und ihre Gesetze dem Betrachter ein Mysterium bleiben, ähnlich wie der Großteil jener der Natur. War auch der Künstler mit dem Vermessen des Raumes und des menschlichen Körpers beschäftigt *(Abb. 2)*, betrieb er gar wie Leonardo anatomische Studien, glich sein Wissen doch einer Gottesgabe, die ihn über die bloße Wissenschaft stellte. Nicht ohne eine gewisse Koketterie bezeichnete sich Leonardo als *illiteratus*, der nicht wie ein Gelehrter in Worte fassen kann (er konnte kein Latein), was ihn Erfahrung und

22 André Chastel: Italienische Renaissance. Die Ausbildung der großen Kunstzentren in der Zeit von 1460 bis 1500, 245.
23 Ebd., 307.

Erfindergeist zu tun veranlassen.[24] Erfahrung führt zum Wissen um die Proportionalität der Farben in ihren perspektivischen Helligkeitswerten und der Körper in der Linearperspektive, läßt den Künstler zum Schöpfer einer zweiten, harmonischen Welt werden. Der Erfindergeist ist für Leonardo eine göttliche Gabe, die den Geist des Malers zum Ebenbild von Gottes Geist erhebt. Das Unberechenbare blieb ein entscheidender Teil der Kunst.

Den Wissenschaftlern konnte die Kunst nicht mathematisch genug sein. Zur Musik, mit der sich alle Universalgelehrten beschäftigten, meinte noch Leibniz, daß sie jeder komponieren kann, sozusagen mit dem Zirkel, denn alles sei nur eine Sache der Intervalle und der Zahl.[25] Mit zu diesem Mißverständnis hatten die Künstler selbst beigetragen, wenn sie wie Dürer, der eine ***Unterweysung der messung mit dem zirckel und richtscheyt*** *(1525)* schrieb, die Kunst in den Rang der Wissenschaft hoben. Noch aber war die Wissenschaft selbst von magischem und mythischem Denken durchdrungen. Wie in der Kunst gegen die Phantasie, ließ sich in der Wissenschaft gegen die Magie nicht argumentieren, solange die Vernunft es selber nicht besser wußte. Das 15. Jh. war beherrscht von dem Glauben an die Astrologie, der durch die Fortschritte in der Astronomie genährt wurde. Die Sterne bildeten eine Ebene zwischen Gott und den Menschen, die die Zukunft mathematisch berechenbar und das Schicksal überlistbar machte. Der Florentiner Neuplatoniker Pico della Mirandola verfaßte 1433 eine Schrift gegen den Aberglauben der Astrologen, beschäftigte sich selbst aber mit Alchimie und Kabbala. Leonardo sprach abfällig von den Schwarzmagiern, ließ aber die Alchimie gelten, solange sie die Grenzen der Chemie nicht überschritt. Die forschende Magie war ohnehin nicht mehr auf dämonische Praktiken und Wunder aus, sondern auf ein kodifizierendes Experimentieren mit unerklärlichen Phänomenen der Natur, die auf eine göttliche Ordnung verwiesen. „Sie (die Magie) erforscht den Zusammenhang des Universums, den die Griechen ‚Sympathie‘ nennen; sie bohrt sich hinein in das Verständnis des Wesens aller Dinge, sie zieht aus dem Schoße der Erde und aus deren geheimnisvollen Vorratskammern die verborgenen Wunder hervor und bringt sie, als hätte sie sie selber geschaffen, ans Licht. Wie der Landmann die Ulme mit dem Weinstock, so vermählt der Magier Himmel und Erde und bringt das Niedere mit den Kräften der höheren Welt in Berührung."[26]

Die ‚natürliche‘ Magie bestimmte die Naturphilosophie noch im 16. und 17. Jh.[27] Als magisch galt das Gesetz von Anziehung und Abstoßung, das im Magnetismus beobachtet und als *materia subtili* gedeutet wurde. Daß ein ähnlich duales Prinzip auch in der Kunst wirksam ist, etwa als Konsonanz und Dissonanz in der Musik, bewies indirekt die Magie der Kunst. Enthüllte der menschliche Körper in der Kunst seine

24 Leonardo da Vinci: Codex Atlanticus 119 v. a., Auszug in: ders.: Philosophische Tagebücher, 15.
25 Leibniz Lexicon, 233.
26 Pico della Mirandola: Apologia, zit. in: Ernst Cassirer: Individuum und Kosmos, 158.
27 Agrippa von Nettesheim: De occulta philosophia, 1531; Giambattista della Porta: Magiae naturalis libri xx, 1589; Giordano Bruno: De gl'heroici furori, 1585; Tommaso Campanella: De sensu rerum et magia, 1620.

Schönheit durch Messung und Proportion und in der Medizin seine Funktion durch die Anatomie, so umgab ihn die Magie mit einer Aura aus Zahlen, wie das der englische Rosenkreuzer und Polyhistor Robert Fludd nicht ohne Witz und manieristische Übertreibung ins Bild setzte *(Abb. 3)*.

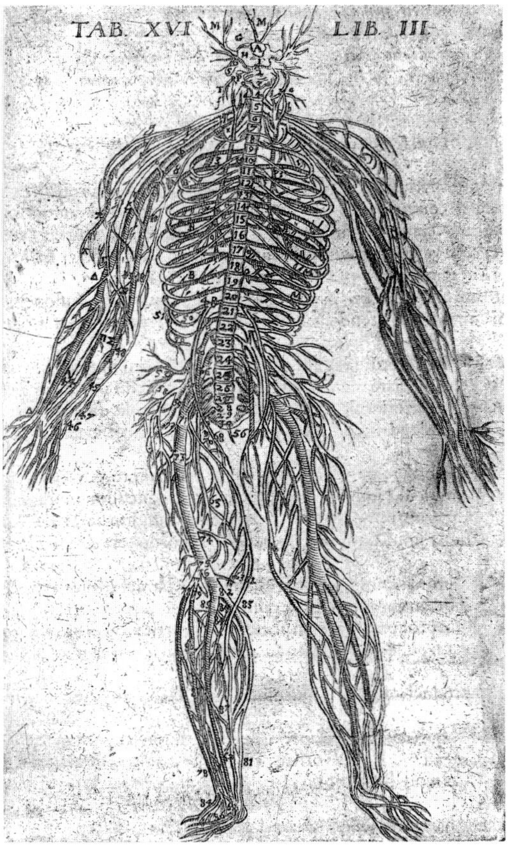

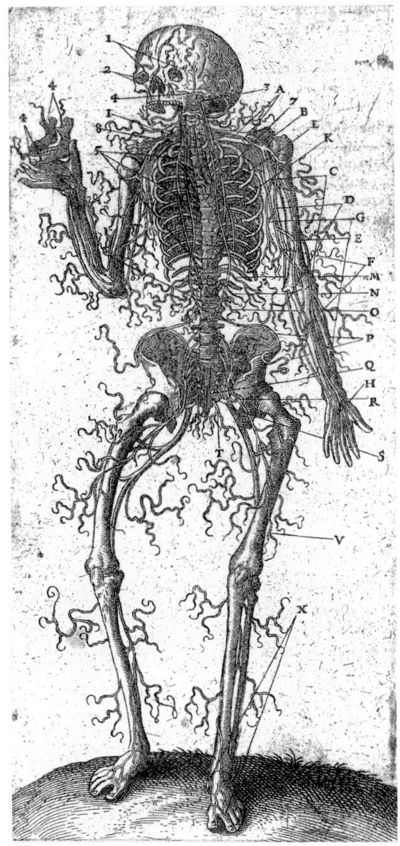

Abb. 3 a, b. Robert Fludd: Anatomia, in: De Praeternaturali, op. 2. Frankfurt 1623.

Die Vorherrschaft des mittelalterlichen Latein als Schriftsprache wurde dadurch unterlaufen, daß die Prediger sich der Volkssprache bedienten und ihr neue Qualitäten verliehen. Vor allem dann, als die Kritik an der Scholastik und ihrem dürftigen Latein einsetzte und die Bewegung der Laienprediger entstand. In Deutschland waren die deutschen Predigten des Meister Eckehart von großem Einfluß, auch als sie nach seinem Tod von der Kirche als häretisch unterdrückt wurden und in verarbeiteter Form in z. T. anonym Schriften fortwirkten. Der junge Luther gab einen dieser Texte als ***Theologia deutsch*** heraus. Stilbildend für die deutsche Sprache wurde Luthers Bibelübersetzung, die ab 1534 in ganz Deutschland Verbreitung fand. Einen entscheidenden Einfluß auf die Sprache übten auch die neuen Wissenschaften aus, da methodisches Denken und Logik der Sprache kongruent sind. Das galt auch für die Kunstsprache, speziell für die Lyrik. Dante Alighieri entwickelte um 1303 in ***De vulgari eloquentia libri duo*** seine Vorstellung einer sprachlich und metrisch genau bestimmten Volkssprache, die dem Lateinischen an Würde und Schönheit ebenbürtig wäre. Er leistete damit die Vorarbeit für sein großes Werk, ***La Divina Commedia,*** mit dem er um 1307 begann.

So selbstbewußt das Menschenbild der Renaissance auch erscheint, war das Zeitalter zugleich ein sehr ängsliches, da gewalttätiges. Die Kirche beherrschte das gesamte Geistesleben und ließ Abweichungen von ihren Dogmen immer weniger zu. Papst Innozenz VIII. erließ 1484 die Hexenbulle, und die Inquisition organisierte eine effiziente Gerichtsbarkeit. Bücher und Menschen wurden verbrannt, es galt, vorsichtig zu sein. Dazu kamen politische Unsicherheiten, Intrigen und Kriege. Mitteilungen wurden verschlüsselt: in den magischen und ‚natürlichen' Wissenschaften, in diplomatischen Botschaften und in der Kunst. Venedig war ein Zentrum der Geheimschrift-Experten. Die Codierung reichte von einfachen Geheimschriften, die Leonardo, Galilei und Francis Bacon verwendeten, bis zur hieroglyphischen Kryptographie, mit der die Neuplatoniker (Plotin folgend) ihre Zeichen für das Absolute setzten und die Magier die geheimen Bezüge der Welt verrätselten. Es entwickelte sich eine emblematische Kunstsprache in Worten und Bildern, für die die Figurenlehre des 16. und 17. Jh. einen Konzeptismus herausbildete, der einer Geheimsprache glich.[28] Die poetischen Redefiguren (acutezze), spiegelverkehrten Metaphern und lyrischen Sinnbilder (concetti) ließen die Sprache in einer Andeutung schweben, die sich jeder Semantik verweigerte.

Zwei Grundsätze des Neuplatonismus wurden für das Erkenntnisstreben der Renaissance und des Barock entscheidend: die Universalität, die durch den alles verbindenden Geist sichtbar wird; und das Plotinische Schauen, um zu sehen, was ist. Im genauen Hinsehen auf das Sichtbare wird das Unsichtbare erkennbar. Im 17. Jh. richtet sich der Blick durch das Mikroskop auf den Mikrokosmos Mensch, dringt bis in seine Blutbahnen vor, und durch das Teleskop auf den Makrokosmos und errechnet die Planetenbahnen. Da die Gesetze der Natur im Mikro- wie im Makrokosmos die gleichen sind, muß eine *mathesis universalis* für beide gelten. Gott würde in Zahlen übersetzbar werden. Das sprachen Mathematiker wie Kepler, Descartes oder Leibniz so zwar nicht aus, immerhin waren sie fromme Männer, die an die Macht Gottes und der Kirche glaubten, aber es war klar, daß dem menschlichen Geist die *mathesis divina* nicht verschlossen bleiben konnte. Der Deismus wurde zu einer Art Sprachregelung, mit der sich die Wissenschaft einen gewissen Freiraum verschaffte: Gott ist der Erhalter der Welt, der in seine Schöpfung nicht mehr eingreift, wodurch der Mensch zwar an Gott gekettet bleibt, aber nicht gehindert ist, als Spiegel (speculum) Gottes das fertige Werk auf seinen Ursprung hin zu untersuchen *(Abb. 4)*. In der mathematisch exakten Erschließung der einheitlichen Natur berühren sich Denken und Sein. Dem Endlichen öffnet sich jener schmale geistige Korridor ins Unendliche, den schon die Griechen zu finden hofften.

28 Matteo Peregrini: Delle acutezze, 1539; Baltasar Gracián: Arte de ingenio, tratado de la agudeza, 1642/48; Emanuele Tesauro: Il cannocchiale aristotelico, 1654.

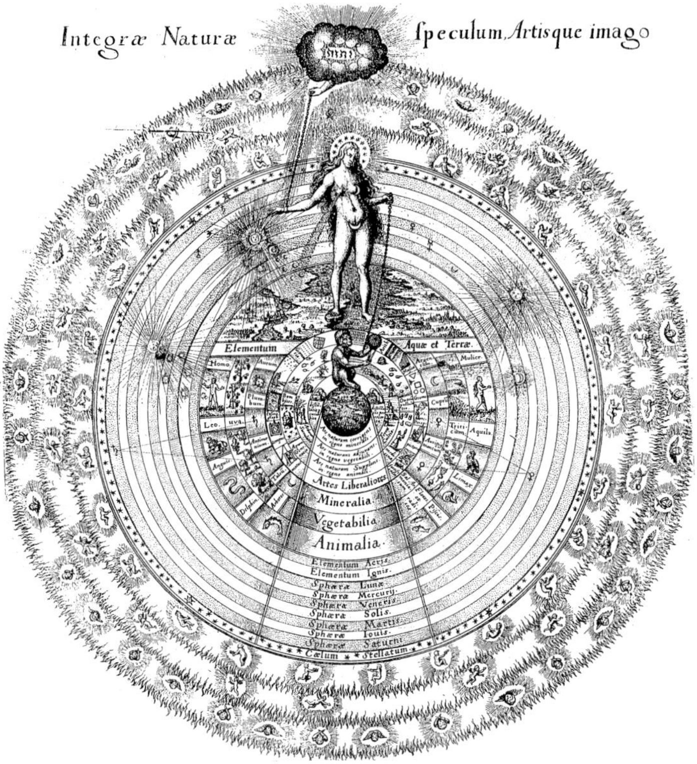

Abb. 4. Robert Fludd: Utruisque Cosmi (1617). Frankfurt 1673.

Die Anatomie, mit der sich Künstler wie Leonardo und Mathematiker wie Descartes beschäftigten, nährte bei ihnen die Überzeugung, daß der menschliche Körper eine Maschine sei. Für den Künstler als *alter deus* entstand dadurch kein Problem, da er seine Schöpfung zu beseelen imstande ist. Den philosophischen Anatomen erschien der Rückgriff auf Gott als den Beweger von allem nicht mehr sinnvoll. Auf der Suche nach der Ich-Qualität, die als eine geistige im Körper nicht zu finden war, gelangte Descartes zum Bewußtsein, das alleine als Nucleus der Identität übrig blieb. Die Vorstellung der Einheit von Denken und Sein war dem griechischen und mystisch-mittelalterlichen Denken vertraut. Descartes wurde denn auch von dem Pater Marin Mersenne auf die Ähnlichkeit seines Erkenntnisprinzips mit dem von Augustinus aufmerksam gemacht. Descartes ging es aber nicht um die Verschmelzung von Sein und Denken zu einer göttlichen Substanz, sondern um die Fundierung des Denkens im innersten Bewußtsein.[29] Die Seele entkleidete er ihrer religiösen Bedeutung und degradierte sie zum Vollzugsorgan körperlicher Vorgänge. Sie veranlaßt die Zirbeldrüse im Gehirn, wie ein „Quellmeister" die Spiritus animales in die Nerven strömen und die

29 René Descartes: Die Prinzipien der Philosophie (Principia Philosophiae, 1644). Werke, XXVI, 6.

Muskeln sich bewegen zu lassen, gleich wie das Wasser in Rohrleitungen die Fontänen und Wasserspiele in den Gärten der Könige.[30] Das ‚Ich bin' sollte ein König im Garten des eigenen Denkens sein. Die mit asketischer Selbstbeschränkung erworbene Gewißheit, denkend bin ich, meinte nicht Bescheidenheit, sondern Begründung von Macht.[31] Nicht nur war das Sein von keinem hinfälligen Körper bedingt, sondern denkend imstande, alles unsystematische Wissen wie das Winkelwerk einer mittelalterlichen Stadt niederzureißen, um von einem (seinem) Punkt aus und auf eigenem Grund zu bauen.[32] So sah Descartes den Willen als vollkommener an als den Verstand, sofern er sich in der Tat verwirklicht, denn er ist freier und reicht weiter.[33] Der Wille, sagte schon der Cusaner, ist unendlich wie der Geist.

Das Bewußtstein war in einer als mechanisch begriffenen Welt der Analyse unzugänglich. Die Mystik sprach von einem ekstatischen Zugang, der aber nicht denkbar war. So blieb nur die Entfaltung nach außen in der Wahrnehmung: Der äußerste Vorposten der Seele war das Auge *(Abb. 5).* Es durchdringt und öffnet die Welt in perspektivischer Geradheit *(Abb. 6)*. Denken und Sehen gleich sich an. In dem rätselhaften Räderwerk des Kosmos ist die vom Menschen geschaffene Maschine die dem rationalen Denken durchsichtige Materie. „Die Mechanik", sagt Leonardo, „ist das Paradies der mathematischen Wissenschaften, durch sie gelangt man zur mathematischen Frucht".[34] Die Frucht der Erkenntnis erlaubt, die Probe aufs Exempel zu machen und selbst Maschinen zu entwerfen. Es waren nützliche Geräte, die der Kriegsführung, dem Festungsbau, der Belagerung, der Manufaktur (Mühlen, hydraulische Pumpen, Spinnerei), dem Hochbau (Kran, Förderband) usw. dienten.[35] Es entstanden aber auch utopische Entwürfe und literarische Phantasien, die den Menschen von der Schwerkraft der Erde erlösten und in andere räumliche und zeitliche Dimensionen versetzten. Zeichnungen von Leonardo und Bücher von Tommaso Campanella *(**La città del sole,** 1602/23),* Johannes Kepler *(**Somnium,** 1609),* Francis Bacon *(**Nova Atlantis,** um 1624)* und Athanasius Kircher *(**Iter exstaticum,** 1660)* zeigen und beschreiben Hubschrauber, Fallschirmspringer, U-Boote, Motorschiffe, Motorwagen und Flugzeuge, die in den Weltraum vordringen. Berichte von mechanischen Tieren und Menschen gehörten bis ins 18. Jh. großteils in den Bereich der Legenden, einer zufolge Descartes eine Androide besessen haben soll, die er wie seine früh verstorbene Tochter Francine nannte.

Die Phantasie war nicht immer nur dann am Werk, wenn es Wissenslücken zu füllen galt, sondern hatte auch mit der Lust zu tun, über den Rand des Bekannten hinauszusehen. Wissenschaft und Kunst verband oft mehr, als der Vernunft recht war. Das galt für Kirchers ekstatische Planetenreise an der Hand eines Engels ebenso wie für Keplers ***Somnia,*** der Traum einer Weltraumreise. Kepler war zwar ein guter Rechner, der

30 Ders.: Über den Menschen (Traité de l'homme, 1632), 44.
31 Ders.: Abhandlung über die Methode (Discours de la méthode, 1637). Werke, XXV, 40.
32 Ders.: Werke, XXV, 30.
33 Ders.: Werke, XXVI, 19.
34 Leonardo da Vinci: Philosophische Tagebücher, 41.
35 Jacques Besson: Livre des instruments mathematiques et mechaniques, 1571/72; Agostino Ramelli: Diverse et artificiose machine, 1588; Vittorio Zonca: Teatro nuovo di machine et edificii, 1607.

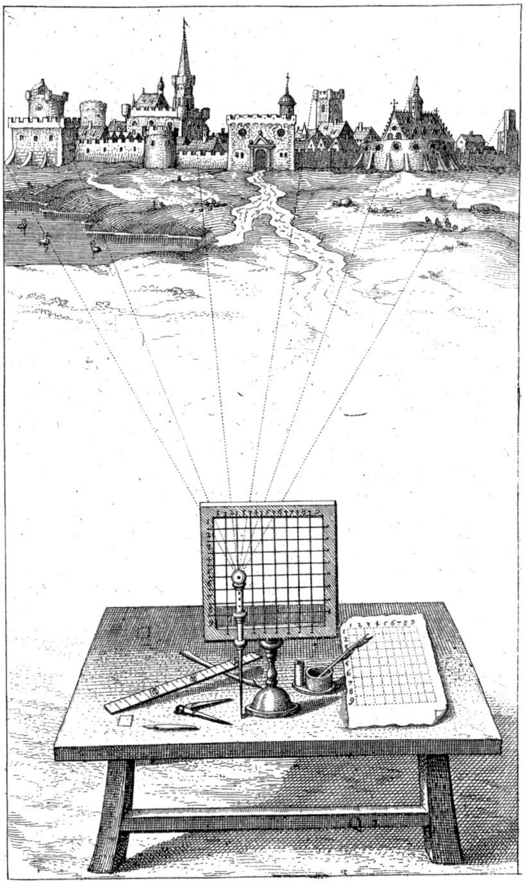

Abb. 5. Robert Fludd: Utruisque Cosmi, 1673.

zu dem richtigen Schluß gelangte, daß die Planetenbahnen nicht kreisförmig, sondern elliptisch verlaufen, war aber auch nicht abgeneigt, in großen phantastischen Sprüngen zu denken. Die Vorstellung der Pythagoreer, daß Zahlengesetze, die sich in der Musik offenbaren, auf die Konstellation der Sterne übertragbar sind, griff Kepler auf und verband sie mit den neuen Erkenntnissen aus der kopernikanischen Astronomie und seinen eigenen Berechnungen *(**Harmonices mundi libri v**, 1619)*. Die ‚Himmelsmaschine' war ihm ein göttlicher Musikkörper, der vom Anfangsakkord des ersten Tages der Schöpfung bis zu der großen Koda des Jüngsten Gerichtes erklingt, wobei das Kreisen der Planeten deren Dissonanzen und Kadenzen zu vielstimmigen Sätzen verbindet. Paul Hindemith ließ sich davon zu seiner Oper ***Die Harmonie der Welt*** *(1956/57)* anregen, Keplers Zeitgenossen waren von seiner künstlerischen Himmelskunde nicht zu überzeugen, auch wenn die Vorstellung einer kosmischen Harmonie für den Barock bestimmend blieb. Pater Mersenne glaubte an eine Universalharmonie, in der das Dissonante und Irreguläre aufgehoben sind *(**Harmonie universelle**, 1636)*. Das galt für die Musik

Abb. 6. Philoteus: Symbola Christiana. Frankfurt 1677.

ebenso wie für die Sterne, denn Gott ist der große „Welt-Capellmeister und Music-Regierer", wie es bei Kircher heißt.[36]

Die Harmonie zwischen Subjekt und Objekt ist eine mathematische. Idealer weise stellt sie sich dar als der achsiale Blick auf eine perspektivische, wie in der Camera obscura zusammengefaßte Welt, die sich in einem geometrischen Raster auflösen, messen und wieder zusammensetzen läßt. Mit diesem sicheren Blick konnte sich das Subjekt in einer Welt behaupten, die aus dem Zentrum des göttlichen Universums gerückt war und ihre religiöse Mitte verloren hat. Die Entdeckung des Kopernikus erschütterte die Philosophie daher weitaus weniger als die Kirche. Als Galilei mit seinen Entdeckungen das Ende der geozentrischen und religiösen Weltlage bestätigte, waren die Philosophen stillschweigend schon auf seiner Seite. Schwerer tat sich die Vernunft, wenn der Blick auf die Welt Elend, Krieg und Sitten „von monströser Unmenschlichkeit"[37] nicht übersehen konnte und das Elend des Krieges alles Vorstellbare überstieg

36 Athanasius Kircher: Musurgia universalis II, 462, zit. in: Ulf Scharlau: Athanasius Kircher und die Musik um 1650, in: John Fletcher (Hg.): Athanasius Kircher und seine Beziehungen zum gelehrten Europa seiner Zeit, 57.

37 Michel E. de Montaigne: Essais (begonnen 1572/73), III 9, 104.

(Jacques Callot, ***Les Grandes Misères de la Guerre,*** *1633;* Stefano della Bella, ***Der Tod reitet trumphierend über das Schlachtfeld,*** *um 1645/50)*. Die dunkle Seite des Menschseins paßte nicht in das Raster der Vernunft und wurde zum Alptraum, der auch in der vermessenen Welt Dürers voll Tod, Melancholie und Zweifel an der Existenz ist. Im Traum, wenn die Vernunft schläft, kommen die Ungeheuer zum Vorschein oder wie in Marcantonio Raimondis Kupferstich ***Der Traum*** *(1507–08)* das spiegelbildlich andere einer Träumenden *(Abb. 7)*. Für die Künstler war dieses nächtliche Bewußtstein wichtig, denn die Phanta-

Abb. 7. Marcantonio Raimondi: Der Traum, 1507–08.

sie nimmt wahr, heißt es in Shakespeares ***A Midsommer Nights Dreame*** *(1600),* „was nie die kühlere Vernunft begreift". Zum Selbstverständnis gehört auch das im Traum Verborgene.[38] Die Phantasie macht es möglich, ohne Maß Gesichter zu bilden, wie Arcimboldi; wie Francois de Nomé, ein Zeitgenosse Shakespeares, nächtliche Kirchen in einer architektonischen Stilvielfalt zusammenzusetzen und wieder explodieren zu lassen; wie Hieronymus Bosch, Bernardino Parentino und Battista Dossi, Ungeheuer freizusetzen; oder wie Hans Baldung (gen. Grien), die Behexung eines schlafenden Stallknechtes (um 1534/44) durch perspektivische ‚Fälschungen' spürbar zu machen, so wie in dem

38 Girolamo Cardano: De propria vita, 1643; Francesco Colonna: Hypnerotomachia Poliphili, 1499.

manieristischen Garten von Bomarzo, der zwischen 1550 und 1580 errichtet wurde, die Aussicht aus dem ‚schiefen Haus' auf eine schlafende steinerne Riesin durch die verschobene Koordinate eine verwirrende ist.

Stärker noch als in den Spiegel-Bildern erzeugt in den Traum-Bildern die Wahrnehmung der Wahrnehmung eine metaphysische Ebene, verhilft die verstörende Räumlichkeit zu einem Sprung über die Realität, wie dann wieder in der surrealen ‚pittura metaphisica' (1910–17) Georgio de Chiricos.

In dem Roman ***Hypnerotomachia Poliphili*** *(1499)* des Francesco Colonna begibt sich der Ich-Erzähler auf eine Traumreise, die ihn mit Hilfe der in weiblicher Gestalt auftretenden Sinne zu einer visionären Wahrheit zu führen verspricht. Dabei ist es nicht die Nachahmung der ‚natürlichen Dinge', sondern die neuschöpferische Phantasie, die den göttlichen Ursprung der Dichtung berührt.[39] Ihre Bedeutung liegt weniger in der allegorischen Verwendung einer antiken Welt mit mythischen Gestalten und einer phantastischen Architektur (die auf Dürer Einfluß ausübte), als vielmehr im Manierismus der Sprache mit ihren Neuprägungen und ihrer Stilvielfalt.

Die Romantik nahm die Traumerzählungen wieder auf und verdeutlichte die Subjektivität, die in ihnen (wie im Märchen) zum Ausdruck kommt. In Herders ***Gespräch mit dem Traume*** versichert der Traum dem Träumenden, daß er in ihm nicht in eine ‚höhere Welt' gerät, die nicht die seine wäre, sondern alles aus ihm selber stamme. „Unter Zerstreuungen sonst, im Gewühl / der Sinne verloren, / Sammel' ich Dich ein in Dich; und / Du erwachetest – Dir!".[40] Dieses Erwachenlassen zu sich selbst, macht Herder deutlich, ist Aufgabe der Kunst. Das „doppelte Ich", das wie auf Raimondis Bild sich selbst beim Träumen betrachtet, meint auch den Erzähler des Traums und seinen Zuhörer.[41] Dieser betritt den fremden Traum und wird ein Teil davon. Er geht darin jedoch nicht verloren, denn sein Ich ist stark genug, die Spiegelung als solche erkennen und beurteilen zu können, *sich* in ihr zu sehen.

39 Ludwig Schrader (Hg.): Alternative Welten in Mittelalter und Renaissance. 283.
40 Johann Gottfried Herder: Kalligone. Sämtliche Werke, XXIII, 290.
41 Ebd., 289.

Abb. 8. Raimund Lull: Ars magna generalis et ultima. Frankfurt 1596.

Durch Spiegel-Bilder

In einer als mechanisch vorgestellten Welt, die von der Notwendigkeit bestimmt ist, die Gottes Gesetze vorgeben, erscheint dem Willen des Menschen, der treibenden Kraft seines Handelns, wenig Spielraum zu bleiben. Umso wichtiger wurde dem 17. Jh. der Zufall, der die Verhältnisse der Erde bestimmt. Wäre in ihm eine Logik sichtbar zu machen, vergrößerte sich auch der Handlungsspielraum des Menschen. Denn es ging nicht mehr alleine um das starre duale Verhältnis von Gott und Menschen, Oben und Unten, Gut und Böse, Geist und Materie, Licht und Schatten, sondern um die unendlich vielfältigen Verhältnisse, die sich auf der Erde chaotisch kreuzen, aber auch als Möglichkeiten offenliegen. Wenn die Notwendigkeit das Primäre und der Zufall dessen Modifikation ist, wie Leibniz annahm *(**De rerum originatione radicali,** 1697)*, müßte die mathematische Logik auch einen Zugang zum Zufälligen finden. Auszugehen ist von einem Alphabet der gesicherten, einfachen Begriffe, die in ein Beziehungsgefüge zu setzen sind. Leibniz griff auf die *ars combinatoria* des katalanischen Dichters, Theologen und Philosophen Raimund Lull (Ramón Llull) zurück der in seiner ***Ars magna et ultima*** *(geschrieben vor 1277)* mittels Tabellen und drehbaren Scheiben dem Alphabet zugeordnete absolute Grundbegriffe in vielfältige Verbindungen brachte *(Abb. 8)*. Lull ging aus von den Eigenschaften Gottes – Güte, Größe, Kraft, Wissen, Wille, Dauer usw. – denen er weitere Relativprädikate unterlegte. Durch ihre Kombination suchte er einen methodischen Ansatz zu finden, der als göttliches System allen weiteren methodischen Wegen vorangeht.[1] Das Prinzip von Lull, den seine Zeitgenossen als ‚Doctor phantasticus' bezeichneten,[2] war für Leibniz anwendbar, obwohl er nicht von einem ‚Alphabetum divinum' ausging, sondern von einem ‚Alphabet der menschlichen Gedanken', dessen symbolische Logik eine Universalsprache bildet (was ihn für Norbert Wiener

1 Erhard Wolfram Platzeck: Raimund Lull. Sein Leben – seine Werke, I, 303.
2 Ebd., I, 52.

zum ‚Schutzpatron der Kybernetik' machte). Mittels einer „Charakteristik der Vernunft" legte Leibniz Kalküle fest, die arithmetisch durch „gewisse Rechentafeln (...) die Wahrheit gleichsam mit der Waage abwägen" ließe.[3] Wie bei Lull ist bei Leibniz alles auf eine enzyklopädische Vollständigkeit und Geschlossenheit angelegt. Wäre das Prinzip der universellen Logik in einer Metasprache zu finden, wäre auch der Ort der Monade Mensch im großen Universum festzumachen.

Athanasius Kircher, der ebenfalls auf Lulls Kombinatorik zurückgriff, beschreibt in seinem Hauptwerk ***Ars magna lucis et umbrae*** *(1645)* eine Metamorphosen-Maschine, die eine spielerische Vorwegnahme des Grundprinzips von Leibnizens Monadenlehre darstellt. Monaden sind für Leibniz „lebendige Spiegel", deren ‚Tätigkeit' im Aufnehmen (perceptio), d. h. in der Wahrnehmung, und im Aussenden (appetitio), in der Anlage zur Wechselwirkung, besteht. Auch wenn in sich geschlossen, sind Monaden Kommunikationsapparate und wie der Mensch eingebunden in ein multifokales Bezugssystem. Das Beobachterauge verläßt den in der Renaissance eroberten Platz, der ihm die Welt von dem einen Punkt der Zentralperspektive aus überblicken ließ, und begibt sich in ein komplexes System von Wechselwirkungen, das seiner Selbstbehauptung mehr abverlangt als der gesicherte Ort am Anfang einer perspektivischen Linie.

Kirchers Metamorphosen-Maschine besteht aus einer großen Trommel, auf der sich Bilder von der Sonne, eines Löwen, eines Hundes etc. befinden und über der ein schräggestellter Spiegel angebracht ist *(Abb. 9a)*. Durch das Drehen der Trommel scheinen sich die gespiegelten Bilder ineinander zu verwandeln. Sieht der Betrachter gleichzeitig sein Spiegelbild, verwandelt er sich in die gespiegelten Bilder. Wie sehr es Kircher darum ging, den Betrachter in ein räumliches Bezugssystem zu versetzen, das nicht seinem realen Ort entspricht, zeigt auch seine Version der altbekannten *Camera obscura (Abb. 9b)*. Er stellt in den dunklen Raum durchscheinende Wände aus Stoff, auf die die Bilder von außen fallen und den Betrachter theoretisch von allen vier Seiten umgeben. Er befindet sich somit in einer Welt, die Kopf steht. Ein weiterer von Kirchers Entwürfen zeigt eine Rundumprojektion in einem Raum, den er *Panopticum* nennt, mittels eines mit Kristallen bestückten eiförmigen Instrumentes *(Abb. 9c)*. Auch wenn Kirchers Apparate zunächst zu nichts weiter führten als zu Attraktionen auf Jahrmärkten, trugen sie als Wahrnehmungsmaschinen doch dazu bei, das einfache Prinzip von Ursache und Wirkung zauberisch aufzuheben und den Sehenden zum Gesehenen nicht in eine räumliche, sondern in eine bewußtseinsmäßige Beziehung zu versetzen. Denn dem Betrachter wird abverlangt, daß er sich in den Täuschungen nicht verliert, sondern – in dem Sinn wie Kant das Erhabene beschreiben wird – seinen Platz inmitten all der chimärischen Effekte behauptet.

Francis Bacons *Nova Atlantis* ist ein utopischer Inselstaat, wo es nicht nur ein ‚Haus der Optik' gibt, in dem Versuche mit Lichtverstärkung, Farben und Strahlungserscheinungen stattfinden, sondern auch ein ‚Haus der Blendwerke', in dem die alten

3 Gottfried Wilhelm Leibniz: Schöpferische Vernunft, 190.

Abb. 9. Athanasius Kircher: Ars magna lucis et umbrae. Rom 1645.
a Metamorphosen-Maschine

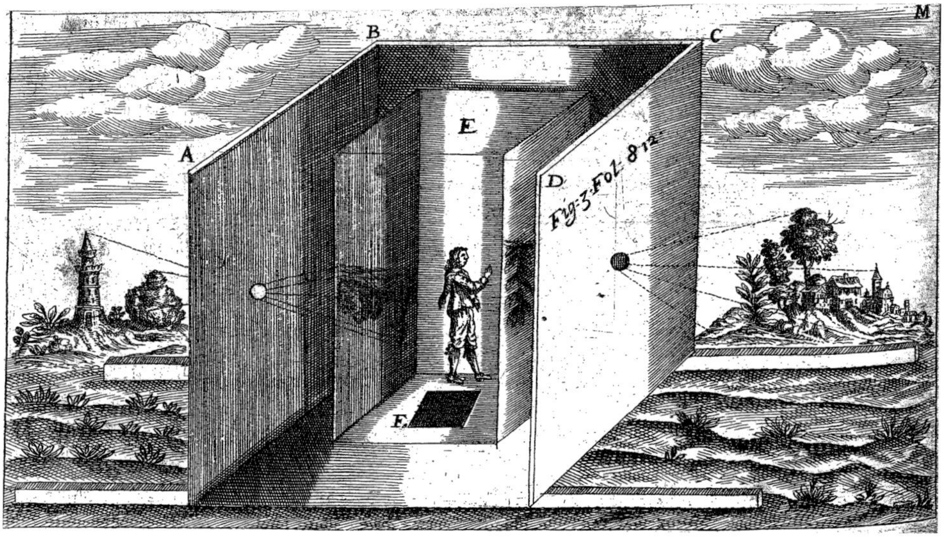

b Camera obscura

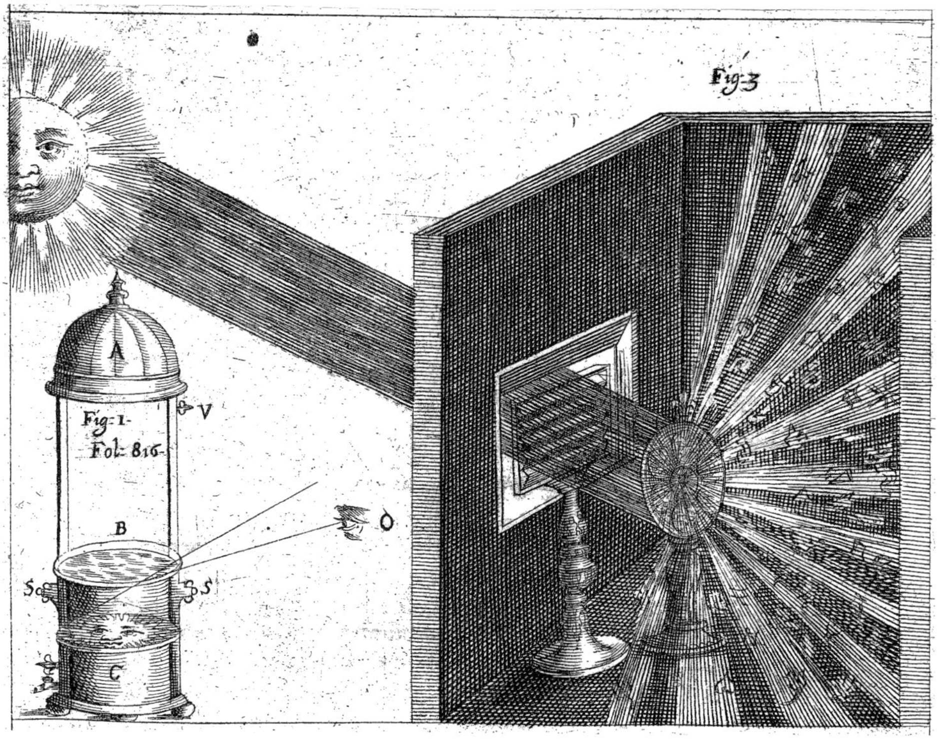

c Panopticum

Tricks der religiösen Magier wie in einem Museum zu bestaunen sind; allerdings ohne „allem Dunst und Wunderscheine", denn den Bewohnern der Insel sind „Gaukelei und Lüge" verhaßt.[4] Kircher bezeichnete seine ‚Große Kunst der Lichter und Schatten' zwar als Magie und war als Vorläufer der Projektions- und Metamorphosenkunst des Films Effekten nicht abgeneigt; als ihr Erklärer und Enthüller war er auch ein Aufklärer, der das siebente Buch seines erfolgreichen Werkes denn auch Prometheus, dem Lichtbringer und späteren Helden der Aufklärung, widmete.

Zu entkommen war dem magischen Denken noch nicht. Die Idee einer *mathesis universalis* war gerade wegen der Suche nach den universellen Weltformeln von den esoterischen Wissenschaften durchdrungen, wenn nicht angetrieben. Denn es war nicht auszuschließen, daß, wie die Alchimisten und Kabbalisten behaupteten, in dem göttlichen Seinsgrund Zusammenhänge möglich sind, von denen die bloße Mechanik nichts ahnt. Francis Bacon ließ in der Mechanik immerhin eine ‚natürliche Magie' gelten, die ihr zu unvorhergesehenen Eigenschaften verhilft. Della Porta, dessen ***Magiae Naturalis*** in der deutschen Übersetzung im Untertitel ***Hauß-Kunst und Wunder-Buch*** hieß, wollte mit der Magie keine „Vorwitz-Künste" betreiben,[5] sondern Ratschläge für

4 Francis Bacon: Neu-Atlantis, 59.
5 Giambattista della Porta: Magia Naturalis, 3.

Gartenbau, Düngung, Destillation, Kosmetik etc. geben. Das Kapitel, das traditionell magischen Inhalts war, ist jenes über Spiegel. Porta beschreibt u. a. Spiegelkombinationen, die den Eindruck erwecken, „als ob einer in der Lufft flöge";[6] und ein kreisförmiges Spiegelkabinett mit Säulen und Lichtern, die sich unendlich vervielfältigen.

Kircher, der in Rom unterrichtete und dort eine *Laterna Magica*, eine Art Diaprojektion, vorführte, wandte sich heftig gegen die Alchimisten, da er deren Versuche wiederholt und als untauglich erkannt hatte. Das hinderte ihn aber nicht daran, die metaphorische Sprache der Alchimie, die mit Materiellem Geistiges meint, zu verwenden und die Magie der inneren Zusammenhänge der Natur zu suchen. Seine Kombinationstafeln, mit denen er graphisch z. B. Mineralien in eine ‚chymiotechnische' Verbindung bringen wollte, überzeugen alleine auf eine ästhetische Weise *(Abb. 10)*.

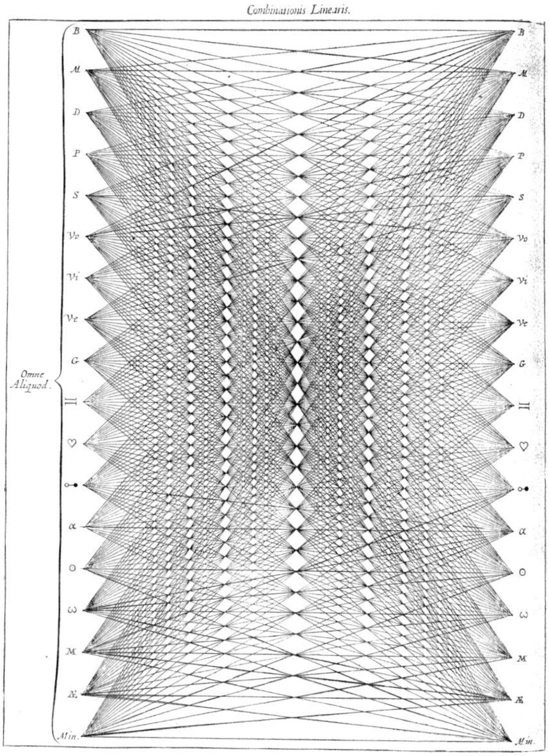

Abb. 10. Athanasius Kircher: Mundus subterraneus. Amsterdam 1665.

Das monadische Bewußtsein bringt bei Leibniz alle Spiegelungen von außen in sich zu einer Einheit. Aus der Vielzahl der Perspektiven ergibt sich ein Kontinuum von Präsentationen, das die Monaden in einer repräsentativen raum-zeitlichen Ordnung verbindet. Der individuelle Phänomenzusammenhang ist kein fertiger, sondern ein sich

6 Ebd., 948.

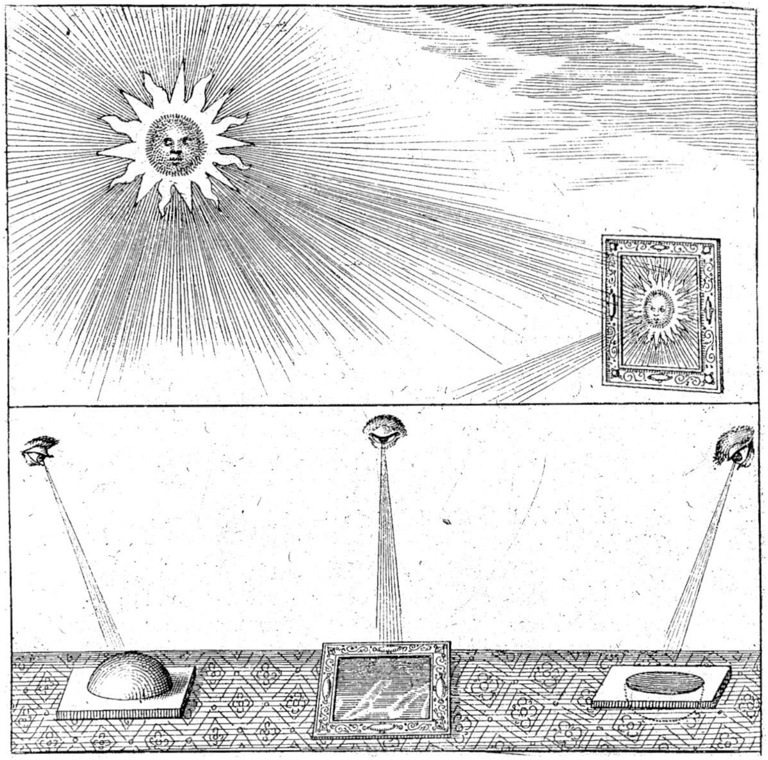

Abb. 11. Robert Fludd: Utruisque Cosmi, 1673.

entwickelnder.[7] Leibniz suchte in dem großen Netz aus monadischen Standpunkten eine logische Ordnung. Die Künstler gingen weiter und suchten eine logische Unordnung, um in der ‚verkehrten Welt', wie sie in Kirchers *Camera obscura* entsteht (und wie sie die Manieristen der Romantik und des Symbolismus wieder suchen werden), die sich aufbauende Ordnung durchschaubar zu machen und spielerisch aufzuheben. Das an den Blick gekoppelte Bewußtsein will nicht an dem einen perspektivisch fixierten Punkt bleiben, von dem aus die Sinne die am Horizont aufgefächerten Dinge in Besitz nehmen wie Kolumbus' Soldaten das falsche Indien. Und es will auch nicht bloß in nächtlichen Träumen seine Beweglichkeit erlangen. Es will wie die täuschbaren Sinne das Risiko eingehen, die perspektivische Ausbreitung zu betreten und selbst ein Faktor des Raumes zu werden *(Abb. 11)*.

Die Projektions- und Spiegelkunst ist eine Raum- und Zeitkunst, deren illusionäre Kraft das Betrachterbewußtsein in Bewegung versetzt. In der religiösen Metaphorik ist der Mensch ein Spiegel, in dem Gott umso klarer sichtbar wird, je reiner und flacher er ist. Für Leibniz ist der vernünftige Mensch der Spiegel Gottes. Die Maler sind gewitzt

7 Jürgen Nieraad: Standpunktbewußtsein und Weltzusammenhang, 4, 63.

Abb. 12. Jan van Eyck: Hochzeitsbild der Arnolfini, 1434, Ausschnitt.

genug, vor gewölbten Spiegeln nicht zurückzuschrecken, denn deren „verzaubertes Glas", für Bacon das Sinnbild von Aberglaube und Schwindel,[8] wartet darauf, befreit und zurückverwandelt zu werden.

An El Parmigianinos ***Selbstporträt im Konvexspiegel*** *von 1523* fällt zunächst die Geschicklichkeit auf, mit der er die optische Verzerrung des konvexen Spiegels wiederzugeben imstande ist. Die Genauigkeit, verbunden mit der runden Form des Bildes und seiner konvexen Wölbung (es ist auf Holz gemalt), erzeugt die Illusion, in einen Spiegel zu sehen. Er spiegelt jedoch nicht das eigene Gesicht, sondern das des Malers, dessen unverrückbare Präsenz den Betrachter in Frage stellt. Er sieht, ohne da zu sein. Der Maler ist nicht da, aber sichtbar. Und doch stehen sich beide, durch den direkten Blick verbunden, gegenüber. Ein kompliziertes Spiel mit dem Betrachter treibt auch Jan van Eyck auf seinem ***Hochzeitsbild der Arnolfini*** *(1434) (Abb. 12)*. An der Wand hinter dem Brautpaar, das in ganzer Gestalt abgebildet ist, befindet sich ein Konvexspiegel, in dem die Trauzeugen und die Wand hinter ihnen zu sehen sind. Durch diesen gespiegelten Raumabschluß befindet sich der Bildbetrachter mit im Raum. Bloß ist er nicht dort, wo

8 Francis Bacon: Advancement of Learning, in: Works (Boston 1861) VI, 276, zit. in: Richard Rorty: Der Spiegel der Natur, 55.

er im Spiegel zu sehen sein müßte, es sei denn, er nimmt die Position des Malers ein, sieht die Szene mit seinen Augen. Einer der Trauzeugen ist nämlich der Maler, was nicht zu erkennen wäre, hätte er es nicht über den Spiegel an die Wand geschrieben. In den vielen Bildern, in denen sonst ein Spiegel als Objekt vorkommt, wird die Spiegelung des Betrachters immer so vermieden, daß der Spiegel schräg steht, so daß die Blickachse nicht auf ihn gerichtet ist. Van Eyck suchte bewußt die Konfrontation, um den Betrachter zum Teilnehmer des Geschehens zu machen. Wenn dieser sich auf die Sogwirkung des in die Mitte gesetzten Spiegels einläßt, gerät er jedoch in eine andere Zeit, denn die Schrift über dem Spiegel definiert durch ihr Vorhandensein das Geschehen als ein vergangenes. Der Zutritt zu dem Raum ist ihm somit zeitlich verwehrt und sein fehlendes Abbild im Spiegel begründet. Es ist die Dimension der Zeit, die dem Betrachter auch auf Parmigianinos Selbstporträt entgegenblickt. Das Abbild wird zum Nachbild, das den Spiegel nicht freigibt und die Zeit in dem Raum auf eine reflexive Weise einschließt.

Noch ein berühmtes Bild, ***Las maninas*** *(1656)* von Velazquez, führt den Betrachter in einen Raum und läßt ihn dort verschwinden bzw. sich wie in Kirchers Metamorphosen-Maschine verwandeln. Auch hier scheint zunächst alles auf den Betrachter ausgerichtet zu sein. Das Mädchen in der Bildmitte sieht ihn an, bis er entdeckt, daß im Spiegel an der Rückwand des Raumes die Eltern des Kindes, das Königspaar, zu sehen sind, der Blick ihnen und nicht ihm gilt. Das ist verwirrend, denn auch hier ist der Betrachter in den Raum versetzt und zugleich verwandelt, noch dazu in zwei Personen. Mit zur Verwirrung trägt der Maler auch insofern bei, als er mit im Raum steht, scheinbar mit dem Porträtieren des Königspaares beschäftigt, denn auch er richtet den Blick auf das Paar bzw. den Betrachter. Es geht in der Bilderzählung nicht um das Mädchen, auch wenn es das Bild dominiert, sondern um den bewußten Weg durch den Bildraum. Wahrnehmen, sagt Descartes, gehört zum Denken und ist deshalb Selbstwahrnehmung. Das bloße Sehen erfolgt über die Sinne, auch ohne zu denken, unterliegt daher der Täuschung.[9] Bei den sich spiegelnden Räumen Kirchers und der Maler geht es um ein Sich-Loslösen vom Bild und ein Sich-Finden im Bild im Nachvollzug seiner Konstruktion.

Genau diese Frage der Wahrnehmung thematisiert der wenig bekannte österreichische Maler Johannes Gumpp in dem Selbstporträt von 1646, das er als Zwanzigjähriger malte *(Abb. 13)*. Es zeigt den Maler in der Bildmitte von rückwärts; links von ihm ist ein Spiegel, in dem er sich sieht, und rechts das fast fertige Porträt auf der Staffelei. Das Bild im Bild gibt jene Sicht wieder, die Gumpp im Spiegel von sich hat. Für den Betrachter richtet sich der Blick im Spiegel auf den Maler, der Blick des Porträts hingegen auf den Betrachter, obwohl er nicht ihm gilt. Wie um den Widerstreit der Wahrnehmungsstandpunkte symbolisch und ironisch zu unterstreichen, befinden sich am unteren Bildrand ein Hund und eine Katze (in der photographischen Wiedergabe schlecht zu erkennen), die einander die Zähne zeigen.

9 René Descartes: Die Prinzipien der Philosophie. Werke, XXVI, 6.

Abb. 13. Johannes Gumpp: Selbstporträt, 1646.

Der Zweifel, den Descartes an den Anfang seiner philosophischen Selbstfindung setzte, führte ihn zu totaler Verweigerung, denn er konnte sich einen Gott vorstellen, der uns so geschaffen hat, daß wir uns selbst in dem, was uns offenbar scheint, täuschen. Das Problem ist, daß das Bewußtsein nicht in dem asketischen Rückzug auf sich selbst verharren will, und so hob Descartes den Zweifel wieder auf, indem er einräumte, daß alles in einem „natürlichen Licht" erscheint, wenn man den Urheber der Dinge kennt. Und der ist nach wie vor Gott.[10] Oder näher bei sich: das eigene Ich, sofern es seinen Willen in die Tat umsetzt und so überprüfbar macht. Der Verstand allein kann sich irren. Wenn nun Descartes das Winkelwerk der mittelalterlichen Stadt

10 Ebd., XXVI, 9.

niederreißt, wie er in dem bereits erwähnten Vergleich sagt, was errichtet er auf der freien Fläche? Es ist sicher, daß er als Architekt mit Zirkel und Richtmaß vorgeht und seine Stadt einen geometrischen Grundriß erhält. Sie entspräche Bacons ***Nova Atlantis***, Campanellas ***Città del sole*** und Thomas Mores ***Utopia***, Staatsgebilde, die im ‚natürlichen Licht' der rationalen Erkenntnis idealen Gesetzen gehorchen, die als Gottes Gesetze abgesichert sind. Es sind Staaten mit theokratischen und wissenschaftlichen Hierarchien, die von Humanismus und Glauben an soziale Gerechtigkeit geprägt sind. Es sind aber auch Gesellschaften mit einem puritanischen Arbeitsethos, rigider Geschlechtsmoral und Sexualunterdrückung und einem Fortschrittsglauben, der u. a. eine Menschenzüchtung unter Staatsaufsicht verlangt. Die Geometrie der Architektur und der gesellschaftlichen Organisation sind in ihrer Strenge kongruent.

In der zweiten Hälfte des 18. Jh. traten, zuerst in England, solche Utopien ins Stadium der Verwirklichung, da die industrielle Verwertung von Arbeitskraft es notwendig machte, das reibungslose Funktionieren des Sozialkörpers neu zu organisieren. Der Architektur fiel die Aufgabe zu, nicht bloß eine symbolische Ordnung herzustellen, indem etwa das Zentrum der geometrischen Stadt ein religiöses Bauwerk ist, sondern die ‚soziale Ordnung' gleich einer Maschine zu produzieren. Fabriken, Schulen, Kasernen, Gefängnisse, Spitäler und Arbeiterquartiere wurden nach einer technischen Logik ausgerichtet, die den inhärenten Zwang als Fortschritt und gar als Harmonie erscheinen ließ. Wenn ein Ökonom wie Adam Smith mit Wohlgefallen auf den gesellschaftlichen Gleichklang der menschlichen Maschinerie blickte, bedeutet das, daß es ein Blick von außen war, von einem, der die Kontrolle hat.[11] Der Engländer Jeremy Bentham entwickelte am Ende des 18. Jh. ein architektonisches System, das er Panopticon nannte. Mit Kirchers Kristallprojektion des gleichen Namens und dem Panoptikum als Ausstellungsort für naturwissenschaftliche Sammlungen hat es nur das Prinzip der Rund- um- und Übersicht gemeinsam. Es funktionierte am besten und am häufigsten bei Gefängnissen, die, von England ausgehend, in Nordamerika und in den englischen Kolonien gebaut wurden (und z. T. heute noch bestehen). Von einem zentralen Überwachungsturm gehen radial die Gefängnisblöcke weg, so daß der Überwacher alles sieht, ohne selbst gesehen zu werden. Dadurch funktioniert das System, selbst wenn kein Aufseher da ist. Für Bentham wie für Smith war das sich selbst regulierende System, die Gesellschaft als Perpetuum mobile, das Ideal. „Bentham zeigt, daß wir keine Präsenz eines regierenden Subjektes oder Objektes mehr brauchen. Die Lehre Benthams ist, daß die Technologie des Regierens dort am intensivsten ist, wo sie unsichtbar geworden ist, zerstreut, depersonalisiert: Jeder ist Stellvertreter der Regierung als Verantwortung gegen sich selbst. Der innere Friede sollte nicht mehr nur äußerlich durch die Macht des Souveräns verteidigt werden, sondern von jedem einzelnen auch gegen sich selbst."[12]

Unvermerkt vor sich selbst ist das Subjekt aus dem Zentrum seiner Selbstbestimmung an die Peripherie geraten, wo das Wissen des Zentrums zum Geheimnis

11 Adam Smith: Theorie der ethischen Gefühle (1759), 526 f.
12 Ramón M. Reichert: Die Arbeitsmaschine, in: Wunschmaschine Welterfindung, Katalog, 130.

wird, das die vielen verbindet. Das deistische Prinzip der Allgegenwart des Einen in allen wird ein technokratisches. Es verlangt durch Verführung, vorenthaltene Information und Gewalt Identifikation, um als Sozialkörper eine Einheit zu bilden. Das sozioökonomische System, das über das vielfältig erschlossene Wissen verfügt, braucht sie, um funktionieren zu können. Bacon und Leibniz gehen von Institutionen der Wissenschaft aus, in denen zukünftiges und vergangenes Wissen erarbeitet und gesammelt wird. Bacon und Hobbes, „der Systematiker des baconischen Materialismus",[13] befürworteten Machtstrukturen, die auch den Terror zulassen. Leibniz strebte zwar eine universalistische Metasprache des Gesamtwissens an, die nur eine Elite verstünde, seine Monadenlehre läßt sich aber auch in einen bürgerlichen Dezentralismus übersetzen, in dem Gott bzw. die Zentralmacht konstitutionell im Hintergrund bestehen bleibt, aber für das weltliche Netz der gleichgewichtigen Bezüge keinen Erklärungsfaktor darstellt. Die Harmonie der universellen Ordnung ist in Gottes Verstand begründet, nicht in seinem Willen. Verstand hat auch der Mensch, Willen nur er. Der Wille ist die Macht, die sich, wie Bacon sagt, aus dem Wissen nährt. Leibniz befürwortet die Vernetzung der wissenschaftlichen Erkenntnisse in den Akademien der Wissenschaft, die er in Berlin gründet und in Wien vorschlägt, ebenso wie in den Sammlungen, Museen, wissenschaftlichen Instituten, die er dringend seinen hochgestellten Gönnern ans Herz legt.[14]

Einen wesentlichen Schritt über seine Zeit hinaus tat Leibniz als Begründer der Idee der Weltausstellung. Das zeigt ein Entwurf in seinem Nachlaß, der ein großes Spektakel beschreibt, das er 1675 der Akademie der Wissenschaft in Paris vorschlagen wollte.[15] Was Leibniz „eine neue Art der Repräsentation" nannte, wäre eine Art von Weltausstellung gewesen, wie sie zweihundert Jahre später in den großen Metropolen populär wurde. Leibniz beschrieb nicht nur den Inhalt des Spektakels, sondern machte sich auch Gedanken über die Finanzierung (Sponsoring, Lotterie), internationale Werbung und vor allem über die günstige Rückwirkung auf Wissenschaft und Wirtschaft. Leibniz stellte eine Schau zusammen von Dingen und Personen, die er kannte oder von denen er bloß gehört oder gelesen hatte, wobei er ‚hohe', nämlich wissenschaftliche Kunst wie selbstverständlich neben populäre Kunst stellte. Beginnen könnte die Schau, sagt Leibniz, mit Laterna Magicas. Weiters gäbe es alle Arten von optischen Wundern, Feuerwerke, Wasserspiele, Flüge, einen Schützenwettbewerb, Sprung- und Schwimmvorführungen, Kriegsspiele und Paraden; auszustellen seien ein Globus wie der von Gottrop in Jena, Gefäße mit seltsamen Formen, fremde Pflanzen und Tiere, künstliche Pferde, seltene Instrumente; verschiedene Wissenschaftler sollten eingeladen werden, die Ergebnisse ihrer Forschungen, Erfindungen und Sammlungen zu zeigen, u. a. der Jenaer Professor Erhard Weigel, der mit Büchern wie ***Himmelspiegel** (1661), **Zeitspiegel***

13 Karl Marx, Friedrich Engels: Die heilige Familie. Werke, II, 136.
14 Gottschalk-Eduard Guhrauer: Gottfried Wilhelm von Leibniz, Bd. II, 288.
15 G. W. Leibniz: Drole de Pensée, touchant une nouvelle sorte de representations, in: Leibnizens Nachgelassene Schriften, 246–252.

(1664) und ***Erdspiegel*** *(1665)* das Interesse von Leibniz geweckt hatte; Kolloquien, Colleges und Symposien seien dazu abzuhalten; das von Kircher erfundene Wetterhäuschen sei aufzustellen; einzuladen sind auch Seiltänzer, Akrobaten, ein englischer Feuerschlucker, wenn er noch lebt; der Unterhaltung dienten weiters von innen illuminierte Papierfiguren und fliegende Drachen (zehn Jahre davor von Kircher beschrieben), ein Planetarium, eine ‚Akademie der Spiele', d. h. ein Spielcasino, ein anatomisches Theater, d. i. ein chirurgischer Hörsaal, Pferdeballette, Aufzüge à la mode wie in Deutschland, Theaterproduktionen aus Indien, der Türkei und Persien; Komödien, den verschiedenen Gewerben entsprechend, die sich so präsentieren können; ein Warenhaus; Windmühlen; automatische Musikinstrumente; Marionetten- und Schattenspiele.

Bemerkenswert, an diesem Entwurf ist, daß er zwar den königlichen Hof einschließt, aber nur, um das Zustandekommen der Veranstaltung zu sichern, die Kirche aber überhaupt keine Rolle spielt. Auch richten sich die Ereignisse nicht an die Spitzen der Gesellschaft, sondern an ein adeliges und bürgerliches Publikum, dem als zukünftige Nutznießer und Produzenten die Augen für die Brauchbarkeit der Wissenschaft geöffnet werden sollten.

Die große panoptische Schau, die Leibniz entwirft, stellt den Versuch dar, eine enzyklopädische Übersicht zu verschaffen, um durch die Popularisierung von Wissen die Möglichkeiten, die das beginnende bürgerlich-industrielle Zeitalter bereithält, zu fördern. Leibniz ist von einer naiven Neugierde erfüllt, die auch der Besucher von Kirchers Kristall-Panoptikum empfunden hätte (wäre es gebaut worden), gleich den Tausenden Besuchern des ‚Kristall-Palastes' bei der ersten Weltausstellung 1851 in London. Auch hier suchte der Besucher in dem 563 m langen und 33 m hohen Glasgebäude, inmitten all der räumlichen Perspektiven und ausgestellten Dinge, nach Orientierung. In einer zeitgenössischen Beschreibung heißt es: „Wir sehen ein feines Netzwerk symmetrischer Linien, aber ohne irgendeinen Anhalt, um ein Urteil über die Entfernung desselben von dem Auge und über die wirkliche Größe seiner Maschen zu gewinnen. Die Seitenwände stehen zu weit ab, um sie mit demselben Blick erfassen zu können, und statt über eine gegenüberstehende Wand streift das Auge an einer unendlichen Perspektive hinauf, deren Ende in einem blauen Duft verschwimmt."[16]
In diesem wie in ähnlichen Texten klingt an, daß die Besucher einen pseudo-sakralen Weihebezirk betreten, wo die neue Priesterschaft des Konsums die Heiligsprechung der profanen Wunder betreibt. Nicht zufällig gleicht der Kristall-Palast vom architektonischen Typus her einer altchristlichen Basilika. So ist es verständlich, daß schon bei Leibniz die Kirche selbst keine Rolle mehr spielt. Das isolierte Individuum erhält wie in den panoptischen Gesellschaftsentwürfen des 18. Jh. seinen Platz im Umkreis, der vom Zentrum nicht mehr überwacht und bedroht, sondern subtil und ebenso unsichtbar gesteuert wird, indem Inhalte eingespiegelt werden, die Gemeinschaft erzeugen. Neben dem Glauben an die säkularen Wunder und die Erfüllung, die sie versprechen,

16 Lothar Bucher: Literaturhistorische Skizzen aus der Industrieausstellung aller Völker, Frankfurt/M 1851, 10, zit. in: Elke Krasny: Zukunft ohne Ende, in: Wunschmaschine Welterfindung, Katalog, 334.

ist es das einmalige historische Ereignis der Großveranstaltung, das das geschichtslose Individuum in eine geschichtliche Ordnung eingliedert und ihm im Dabeisein die Weihe einer höheren Bedeutsamkeit verschafft. Das Finale der Londoner Weltausstellung bildete ein Abschlußbankett, an dem der Prinzgemahl und die Mitglieder des Ausstellungskomitees teilnahmen. Rund um das überhöhte Podest mit den Tafelnden drängte sich eine große Menge, die dem Ereignis seine sakrale Weihe gab und einen Abglanz davon mit nach Hause nahm.[17]

17 Werner Hofman: Das Irdische Paradies. Kunst im neunzehnten Jahrhundert, 138.

Abb. 14 a, b. Robert Fludd: Utruisque Cosmi,1673.

Himmel hoch

Der Himmel auf den Bildern der Gotik ist eine Wand aus solidem, prächtigem Gold, vor der sich biblisches und antikes Geschehen in einer Realistik abspielt, die das abstrakte Schweigen der so mächtigen Außenseite des Himmelreiches kontrastiert. In der Spätgotik verdünnt sich das dann mit Ornamenten versehene Metall zum Vorhang und zum Goldbrokatteppich, der sich hebt oder beim Meister des Bartholomäusaltars um 1505–10 senkt, so daß über dessen Rand hinweg ein schmaler Streifen des klaren hoffnungsgrünen Himmels und der endlosen Horizonte der Renaissance sichtbar wird. Die Schönheit und lockenden Versprechungen der unberührten Weiten lassen vergessen, daß das Geheimnis des goldenen Vorhangs ein außerweltliches war. Die landschaftlichen und architektonischen Räume, die sich perspektivisch dem besitzergreifenden Blick erschließen, sind Schauplatz für biblisches und antikes Geschehen. Der Himmel weicht so weit zurück, als der Blick zu den fernen Bergen und Meeren vorzudringen vermag. Ist der Horizont ein offener, ist die Szenerie im Vordergrund mathematisch genau bestimmt. Die Renaissance entdeckt nach der Antike die klassischen Proportionen des Raumes und des menschlichen Körpers ein zweites Mal. Die Wissenschaft verhilft der Kunst zu ihrem Bild der Wirklichkeit bzw. begreift deren Beherrschbarmachung als Kunst.

Die heiligen und göttlichen Gestalten tragen anfangs noch ein Stück Himmel als eine Goldscheibe, die ihren Kopf umrahmt, mit sich (von Giotto bis Fra Angelico und Filippo Lippi), aber dann wird die Scheibe durchsichtig wie Glas (Leonardo), nur mehr ein strahlendes Leuchten (Tintoretto), und bleibt schließlich ganz weg (Dürer). Die Freude an der Öffnung der Welt tritt bald, schon bei Leonardo, hinter dem Wunsch zurück, den Menschen mit anderen als perspektivischen Mitteln ins Zentrum der Darstellung zu rücken. Landschaften verlieren ihre optische Schärfe, werden von einem ins Bild ragenden Vordergrund, der die menschlichen Figuren abhebt, verdeckt. Oder es senkt sich überhaupt Dunkelheit wie ein diesmal immaterieller Vorhang über die Entwürfe einer neuen Welt. Das Dunkel hemmt die räumlich-weltliche Blicklust und bricht die sonst so klare, perspektivisch gefaßte Subjekt-Objekt-Relation. Die Gestalten, die aus dem Dunkel hervorleuchten, sind von einem zerfließenden Licht erhellt, das wie der Widerschein eines unsichtbar gewordenen Goldhimmels wirkt (Leonardo, Giorgione, Tizian). Ist es bei den Italienern noch ununterschieden eine biblische und antike Welt, die idealisiert die Schönheit ihrer Licht gewordenen Körper zeigt, ist es bei Rembrandt der profane Mensch, etwa der eigene hinfällige Körper *(**Selbstbildnis,** 1652)*, an dem das verborgene Himmelsgold leuchtet.

Die Landschaftsmaler des Barock zeigen keine Neigung, ihre hohen Himmel und zentral gesetzten Sonnen religiös zu begründen. Claude Lorrains zentralen untergehenden Sonnen durchfluten die Landschaften mit ihrem milden Licht bis übers weite Meer. Die im Gegenlicht oft dunklen Figuren am Bildrand blicken in einen Lichtraum, der gesättigt in sich ruht und eine weltliche und nicht wie dann in der Romantik eine transzendente Ferne besitzt. Die Ruhe der Bilder entsteht auch dadurch, daß die Perspektive auf die Sonne zuläuft und eine innere Ordnung erzeugt.

Nicht anders ist es in der religiösen Malerei des Barock, in der die mathematischen Symbolformen des Religiösen einen nicht wiederkehrenden Höhepunkt finden. Die Vorstellung der Pythagoreer von der göttlichen Vollkommenheit der Geometrie greift die mittelalterliche und neuzeitliche Symbolsprache auf, wenn sie in der Kreisform die

Abb. 15. Agrippa von Nettesheim: De occulta philosophia. Köln 1531.

vollkommene Schöpfung Gottes sieht. Vorher ist das Nichts, in dem nichts geteilt ist, dann ist das Etwas, das Gottes Finger von außen berührt *(Abb. 14)*. In diesen Kreis tritt der Mensch und füllt ihn selbstbewußt aus: Der Kreis symbolisiert nun seine Ganzheit. Zuerst sind es die Alchimisten, die mit dem Zirkel den Kreis um den Menschen ziehen und ihm die geheimen Zeichen der Macht in die Hand geben *(Abb. 15)*. Dann sind es die Vermesser der Welt wie Leonardo, die die vollkommene menschliche Gestalt in dem Kreis mit dem Wissen um die Konstruktion ausstatten. Der Mensch ist das Maß der Dinge, selbst Kirchengrundrisse werden nach seinen Proportionen entworfen.

Zur Zeit der goldenen Heiligenscheine gab es auch die Mandorla, eine Aureole aus Gold, die in Form einer Mandel die ganze Figur umschließt. Dieses Oval wird in der Renaissance und im Barock zum Lichtraum, etwa bei Raffaels ***Verklärung Christi*** *(1519–20)*, oder zur Wolkenöffnung am Himmel, die bei Albrecht Altdorfer einem räumlichen Heiligenschein gleicht *(**Maria in der Glorie**, 1525)*. Die dominierende geometrische Figur bleibt in der Renaissance weiterhin der Kreis bzw. – durch die neue Kuppelarchitektur und die raumschaffende Freskenmalerei bedingt – der Halbkreis, der sich als göttlicher Bereich über der Erde wölbt. Im Barock dynamisiert sich die Raumform des Himmels, befindet sich der Betrachter der Bilder wie in einem Kegel, dessen horizontale kreisförmigen Ebenen sich nach oben zu verjüngen und spiralförmig emporschrauben, so daß sie in perspektivischer Sicht wie Ellipsen aussehen *(Abb. 16)*. Interessant wurde die Ellipse erst, als sie schräg nach oben ein räumliches Oval bildete, das die beiden ‚Brennpunkte' Mensch und Gott in einer geometrischen Form verband. Das aufsteigende Oval entsteht aus dem Schnitt durch einen Kegel, an dessen Spitze Gott thront. Altdorfer *(**Die heilige Nacht**, 1520)*, Tizian und Hans Rottenhammer verwendeten das schräge Oval schon, ehe Pascal seine Abhandlung über den Kegelschnitt 1639 veröffentlichte. Im Barock ist für die Malerei nicht mehr die statische euklidische Geometrie maßgebend, sondern die analytische Geometrie mit ihrer dynamischen Relativität. Die Ellipse verbindet oben und unten und bringt in die gleichwohl hierarchische Ordnung Bewegung. Abgesehen von den Luftgebilden, den Wolken, sind es die menschlichen und göttlichen Gestalten, deren Relationen den Raum bilden, analog zu den Größenkoordinaten der algebraischen Geometrie. Für Leibniz war der Raum nichts Substantielles, sondern ein Gefüge von Beziehungen zwischen zugleich existierenden Größen.[1] Das quantitativ Unendliche, das die Infinitesimalrechnung in die Mathematik gebracht hatte, war für Leibniz das Abbild der qualitativen Unendlichkeit, welche Gott ist. Die Mathematik formalisierte diese Verbindung als Übergänge in Graden. Leibniz nannte die Infinitesimalrechnung gelegentlich ‚Analyse des transcendantes'.[2]

Francesco Maria Grimaldi, ein Jesuit wie Kircher, zerlegte weißes Sonnenlicht mittels eines dreikantigen Glasprismas in die Spektralfarben und bündelte diese wieder mit einer konvexen Linse. Newton beschrieb später dasselbe Phänomen und folgerte daraus, daß es weißes Licht nicht gibt, da es unsichtbar die Farbe als Information in sich

1 Leibniz: Schöpferische Vernunft, 243.
2 Carl Friedrich von Weizsäcker, Enno Rudolph (Hg.): Zeit und Logik bei Leibniz, 85.

Abb. 16. Wendell Dieterllin: Das Jüngste Gericht, 1590–93.

trägt. Die religiös-mystische Symbolik bezog daraus die Bestätigung, daß eine Trennung von Gott und Welt nicht existiert, denn die Farben der Welt sind im Weiß Gottes enthalten. Nicht mehr der leere Kreis ist das Symbol von Gottes Schöpfung, sondern der Regenbogen, der zwar noch die ideale Linie des Kreises als Form enthält, aber die zukünftige Bedeutung der Farbe als bildnerisches Integral ankündigt. Bei dem Barockmaler Johann Baptist Zimmermann thront ***Christus als Weltenrichter*** *(1753–54)* auf

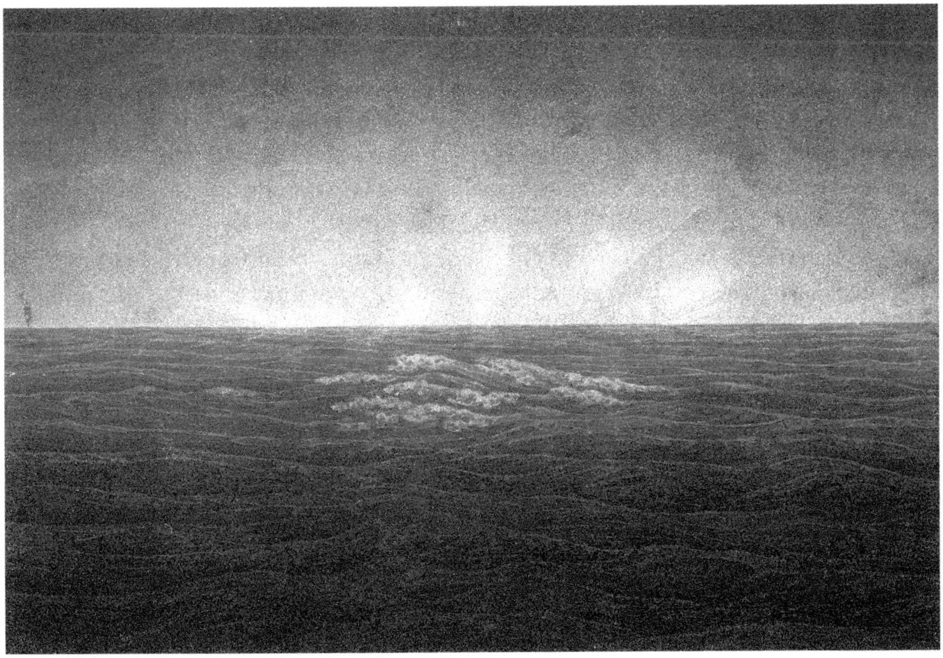

Abb. 17. Caspar David Friedrich: Meer mit aufgehender Sonne, 1825–26.

einem Regenbogen. In der Romantik sind die göttlichen Gestalten nicht mehr Gegenstand der Malerei, denn die Natur selbst ist von der Gegenwart des Göttlichen durchdrungen. Bei Caspar David Friedrich und Karl Friedrich Schinkel ist der Regenbogen, der eine Landschaft oder einen gotischen Dom überspannt, nur mehr ein Symbol oder Kürzel für die Immanenz Gottes. Eine „emblematische Geometrie" durchdringt in der Romantik die Alltagswelt und erzeugt eine übernatürliche Harmonie und Ordnung.[3] Auch wenn Gott im Barock die Himmelsöffnung, die zwischen den Wolken aufbricht, dominierte, lag das Unendliche, wie in der Mathematik, jenseits der imaginatio. Indem Gott in der Romantik aus dem Bild verschwindet, wird die Raumbewegung zum Unendlichen hin durch ihn auch nicht mehr verstellt. Die Figuren auf Friedrichs Bildern, wie klein auch immer, stehen in einem Spannungsverhältnis zu dem Unendlichen und Heiligen des Naturraumes, den sie bzw. der Betrachter des Bildes nicht perspektivisch, sondern in einer geistigen Bewegung durchdringen. Selbst Landschaften ohne Menschen zeigen diesen Zug in die Tiefe. Etwa Friedrichs ***Meer mit aufgehender Sonne*** *(1825–26) (Abb. 17)* oder dessen realistische Gebirgslandschaft des ***Watzmann*** *(1824–25)*, die sich mittels Hell-Dunkel-Kontrasten zu einer weißen geistigen Ferne auftürmt. Nichts davon findet sich dreizehn Jahre später in Ferdinand Waldmüllers Gebirgslandschaften. Sie sind eine Idylle ohne die strenge Spannung zwischen nah und fern und daher ohne transzendente Bedeutung. Das Jenseitige der Natur verlor im gleich-

3 Robert Rosenblum: Die moderne Malerei und die Tradition der Romantik, 48.

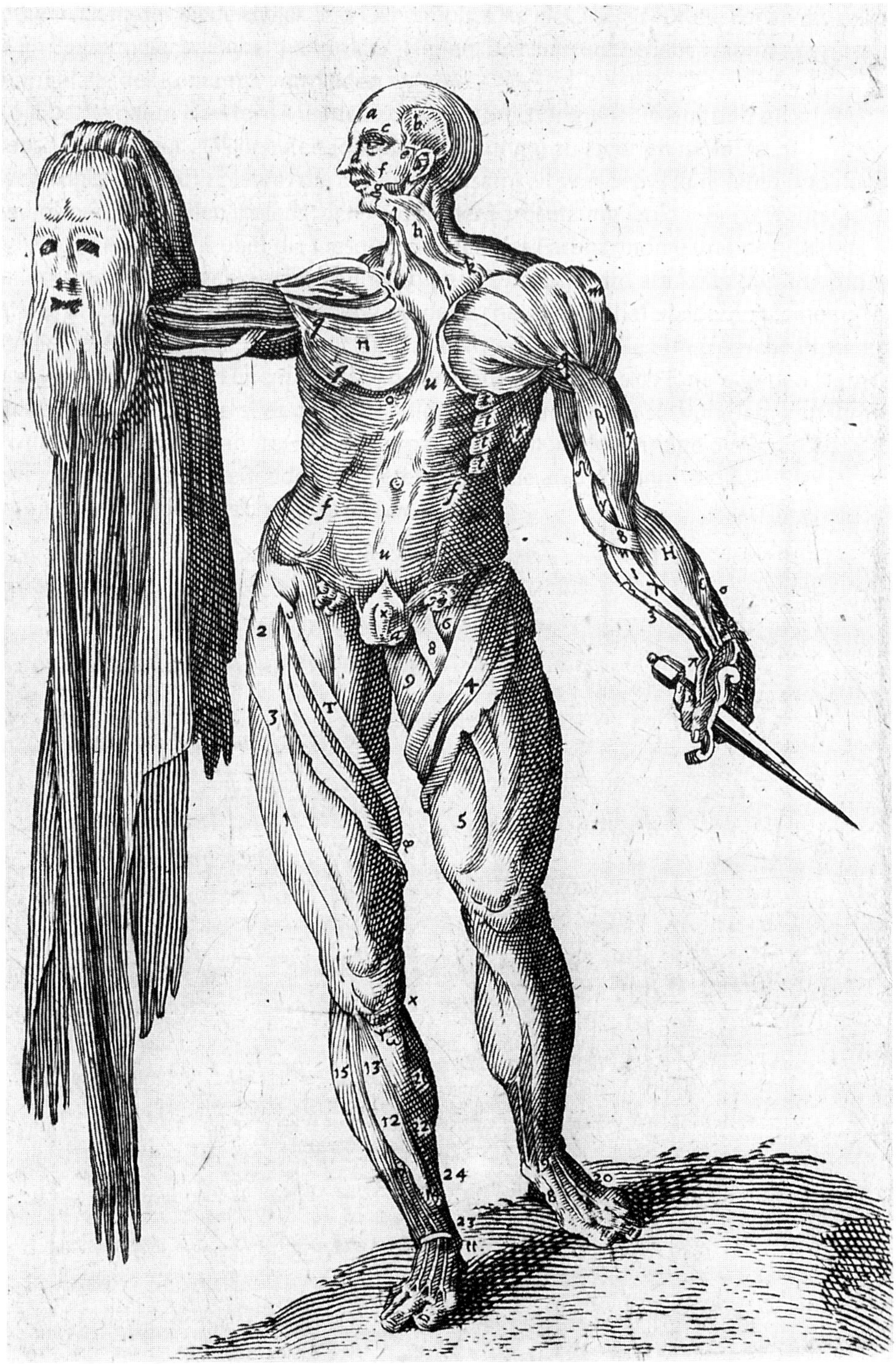

Abb. 18. Robert Fludd: Anatomia, 1623.

Kommt Kant

Die Weltmaschine wurde im 18. Jh. auch ohne einen Schöpfergott vorstellbar. Die mathematische Strenge der Natur, sagt La Mettrie in ***L'Homme machine*** *(1747–48)*, beweist noch kein höheres Wesen.[1] Das menschliche Selbstbewußtstein sah er als soweit gefestigt an, daß mit dem Wegfall der Religion das ‚Gewicht des Universums' einen wirklichen Atheisten nicht erschüttern, geschweige denn vernichten kann. „Übrigens ist es für unsere Ruhe gleichgültig, ob die Materie ewig ist oder ob sie geschaffen worden ist, ob es einen Gott gibt oder ob es keinen gibt. Welche Narrheit, sich mit Dingen so zu quälen, die man unmöglich erkennen kann und die uns nicht glücklicher machen würden, wenn wir mit ihnen zustande kämen."[2] Die in der Philosophie noch gängige Begrifflichkeit der Theologie wollte La Mettrie versachlicht sehen. So ist ihm die Seele nur ein unzulänglicher Ausdruck fürs Denken bzw. für einen empfindlichen materiellen Teil des Gehirns. Verschiedene ‚seelische' Kräfte, wie Vorstellung, Einbildung, Urteil, Verstand und Gedächtnis, sind Modifikationen der Denkfähigkeit, wobei sie aufeinander einwirken und in Wechselbeziehung zum übrigen Körper stehen. Die Urteilskraft, sagt La Mettrie schon vor Kant, dient als ‚Zaum' für die Einbildungskraft. Wie überhaupt das innere Reglement der Seelenkräfte eine Rechtschaffenheit auch ohne Religion möglich sein läßt. La Mettries Weltsubstanz gleicht einem Pantheismus ohne Gott. Wie für Descartes ist ihm das Weltall eine einzige verschieden modifizierte Substanz, deren Teil der Mensch ist, so daß er zwar in den Himmel reicht, dort aber nur Atome und keinen Gott findet *(Abb. 19)*.

Die Universalwissenschaft des 17. Jh. wollte das seit Jahrhunderten angesammelte Wissen schneller in die Praxis, d. h. letztlich in einen gesellschaftlichen Mechanismus umsetzen, als sie die Grundlagen ihres Wissen begreifen konnte. Die Faszination des

1 Julien Offray de la Mettrie: Der Mensch eine Maschine, 42.
2 Ebd., 41.

Abb. 19. Aus René Descartes: Principia Philosophiae. Amsterdam 1644.

Machbaren lockte sie in eine Utopie, wie Schmidt-Biggemann in Hinblick auf Kircher sagt, „in der der Reiz der Apparatur die wissenschaftliche Dignität erschlug"[3]. Deshalb war es notwendig, wie schon Bacon erkannte, wieder bei der Natur anzusetzen, denn in ihr liegt die Grundlage des Fortschritts und nicht in der Wortwissenschaft, der Logik. Um zur Naturerkenntnis zu gelangen, war eine Fundamentalwissenschaft vorauszusetzen, die die Methoden bereitstellt. Dadurch wurde die methodische Vernunft, die Logik selbst, in den Dienst der Erkenntnis der Wirklichkeit gestellt. Descartes leitete seine Methodik aus der geometrischen Axiomatik ab. Die Gewißheit, die das rationalistische Zeitalter verlangte und die nur aus dem höchst menschlichen Denken gewonnen werden konnte, ließ dieses selbst zum Gegenstand der Vernunftbestimmung werden.

Kant ließ den Bereich, der der Vernunft unzugänglich ist, „ohne Bedauern" der Religion und dem Glauben über und wandte sich dem Wissen zu, das ihm ohne Spekulation als gesichert galt. Gott wollte er zwar als wirklich annehmen, aber „unerkannt liegen lassen". Die Trennung von Glauben und Wissen erlaubte es ihm, wie Descartes alle Erkenntnis auf die Basis des menschlichen Bewußtseins zu stellen. Anders als für Descartes ist für Kant das Subjekt als denkendes Ich nicht die Voraussetzung für die als Objekt erfahrenen Denkinhalte; und es ist noch weniger als Demiurg nach Gott

3 Wilhelm Schmidt-Biggemann: Topica universalis, 179.

zum zweiten Mal der Ursprung aller denkbaren Dinge. Kant geht vielmehr davon aus, daß das Natur-Ich die im Grunde unbekannte Wirklichkeit passiv erleidet und sich nur dann seines Ichs bemächtigt, wenn es ihr reflektierend gegenübertritt. Erst dieser objektive Standort außerhalb oder gegenüber der subjektiven Wirklichkeit gibt ihr einen Zusammenhang, macht sie denkbar und läßt das Ich aus passiver Natur zu aktivem Bewußtsein werden. Das Subjekt verfügt mit dem analytischen Verstand und der dialektischen Vernunft über Erkenntniskräfte, deren Strukturen vorgegeben sind und die es dem Subjekt ermöglichen, Erkenntnisse unabhängig von seinen über die Sinne empfangenen Erfahrungen zu gewinnen. Die Erkenntniskräfte sind nicht von Anfang an jedem Menschen gleich gegeben, sondern müssen durch Disziplin entwickelt werden. Das Subjekt ist daher nicht der Ursprung seines Denkvermögens, sondern konstituiert sich erst mit diesem. Ebensowenig wie das Subjekt ist das Objekt der Erkenntnis absolut zu setzen. Das gilt für die einfachen Dinge und mehr noch für die höchsten Ideen, wie ‚Gott', ‚Seele', ‚Welt', die als abstrakte Größen weder zu beweisen noch zu widerlegen sind. Sie sind für das Denken nur wahrscheinliche und nützliche Konstrukte, und der Mensch soll so denken und handeln, als gäbe es sie. Wichtig ist abzustecken, was er gesichert weiß. Die Metaphysik wollte Kant daher als „eine Wissenschaft von den Grenzen der menschlichen Vernunft" verstanden wissen, die der Vernunft hilft, ihre „Besitzungen wohl zu kennen und zu behaupten, als blindings auf Eroberungen auszugehen".[4] Gott als das bloß Mögliche verliert das zwanghaft Unabweisbare seiner Allmacht, und seine Gesetze fallen unter die Judikatur der menschlichen Vernunft. In Kants Sittengesetz wurden die Gebote Gottes zum freien Willen des Menschen. Die individuelle Freiheit wurde allerdings unter der Herrschaft der Vernunft nicht größer als unter der Gesetzgebung Gottes, denn das den Menschen Mögliche wurde da wie dort vom sittlich Notwendigen begrenzt. Gottes Herrschaft wurde als Selbstbeherrschung internalisiert. Wie Bacon, Hume, Locke, La Mettrie, Lessing und andere frühe Aufklärer postulierte Kant, daß der Mensch nur die Vernunft braucht, um sittlich richtig zu handeln, nicht aber die Religion. An ihr läßt er nur gelten, was der Vernunft ohnehin praktische Gewißheit ist. Deshalb ist der Bauplan für den idealen Menschen nicht in den mechanischen Konstrukten der Menschenmaschine zu finden, sondern im ‚Ideal der Vernunft'.

Kant setzte die Vernunft absolut. Was ihren Regeln nicht unterworfen werden kann, bleibt draußen. Diese Unterwerfung geht so weit, daß die Gegenstände, wie Kant sagt, sich nach unserer Erkenntnis richten müssen und nicht umgekehrt. Denn nicht Gott, sondern die menschliche Logik gibt der Natur ihre Gesetze. Nicht die Natur der Erscheinung ist die reale, sondern – so die Konsequenz der Kantschen Aufklärung – die durch Wissenschaft und Technik instrumentalisierte Natur. Ebenso ist die subjektive Welt der Vorstellungen nur dann real und nicht bloß ein Traum, wenn sie allgemein zugänglich ist, d. h. die Strukturen der subjektiven Erfahrung mit denen aller anderen vernünftigen Subjekte übereinstimmen. Wessen Welt nicht mit der vernunftbestimm-

4 Immanuel Kant: Träume eines Geistersehers, 76.

ten Norm kompatibel ist, fällt aus der Vernünftigkeit und damit aus der Humanität. Entsprechend heftig waren Kants Attacken auf seinen Zeitgenossen, den Mystiker und Hellseher Swedenborg, dessen paranormale Wahrnehmungen ihm als Geisteskrankheit erschienen *(Träume eines Geistersehers, 1766)*. In einer Metaphysikvorlesung forderte Kant 1780 als Maxime der gesunden Vernunft, „alle solche Erfahrungen und Erscheinungen nicht zu erlauben, sondern zu verwerfen, die so beschaffen sind: daß, wenn ich sie annehme, sie den Gebrauch meiner Vernunft unmöglich machen und die Bedingungen, unter denen ich meine Vernunft alleine gebrauchen kann, aufheben". So waren von der Wahrnehmung bis zum Denken und dem Undenkbaren die ‚Grenzen der menschlichen Vernunft' fest umrissen. Die Vernunft hatte dem Menschsein eine uneinnehmbare Festung gebaut, die mit der Welt, wie die Aufklärung sie verstand, identisch war. Nur ein Grenzbereich der Vernunft ließ noch einen relativ unkontrollierten Freiraum zu: die Kunst.

Die wissenschaftlichen Neuerungen und Entdeckungen verlangten nicht nur ein exakteres Bild und Abbild des Menschen in den bildenen Künsten, sondern ließen es ab der zweiten Hälfte des 16. Jh. als notwendig erscheinen, seine Sprache als Dichtung und Rhetorik einer Revision zu unterziehen. Eine Reihe von Traktaten beschäftigte sich in Frankreich[5], dann in England[6] und sehr viel später in Deutschland[7] mit der Poesie, legte ihre in die Antike zurückreichenden Grundlagen fest, sicherte ihr so eine zunehmende Bedeutung neben den anderen Künsten und der Wissenschaft und machte aus bloßen ‚Reimern' Poeten. Eine Verarbeitung der neuen wissenschaftlichen Erkenntnisse und ein weltliches Wissen überhaupt sollte den Wirklichkeitssinn der Dichter wecken. Das Festhalten an dem aristotelischen Grundsatz von der Nachahmung der Wirklichkeit in der Kunst legte die Dichter darauf fest, durch guten Geschmack und moralische Werte deren Wahrheit zu beförden. Horaz folgend, sollte die Poesie nützen und erfreuen. Da das Schönheitsideal der Antike ungebrochen als zeitlos gültiges Vorbild galt, war eine Reglementierung der Kunst nach ihrem Modell unumgänglich. Der Dichter Nicolas Boileau-Despréaux übersetzte ein Traktat, das fälschlich dem spätantiken Rhetor Dionysius Cassius Longinus zugeschrieben wurde, und veröffentlichte es 1674 unter dem Titel *Traité du sublime*. Darin legt der unbekannte griechische Autor des 1. Jh. n. Chr. fest, daß die Poesie durch den Adel ihrer Gedanken und Bilder Bewunderung und Erstaunen erwecken müsse. Als Boileaus historisch beglaubigte Anweisung an die französische Klassik erschien, war bereits jene ‚Querelle des anciens et des modernes' in Gang, die Charles Perrault dadurch ausgelöst hatte, daß er die seit der Renaissance geltende Vorrangstellung der Antike in Frage stellte und die Kunst und Wissenschaft seines Jahrhunderts ihr als überlegen bezeichnete. Die Grundlage dafür, daß die Anciens aus dem Felde geschlagen wurden, legte Descartes Primat der Erkenntnis, das

5 Thomas Sebillet: Art poëtique francois (1548); Joachim Du Bellay: La deffence et illustration de la langue françoyse (1549); Jacques Peletier: L'art poëtique (1555); Nicolas Boileau-Despréaux: L'art poétique (1674).
6 Philip Sidney: The Defence of Poesie (1595).
7 Johann Christoph Gottsched: Versuch einer critischen Dichtkunst vor die Deutschen (1730/51).

auf der analytischen Logik und nicht auf der Geschichte und historisch orientiertem Wissen beruht. Der Erkenntnistheorie ging es nicht darum, der Kunst Regeln vorzuschreiben, sondern das künstlerische Ergebnis mit dem Kunsterkennenden in Beziehung zu setzen. Das Kunstwerk wird vom technischen zum ästhetischen Objekt. Die Anerkennung seines sinnlichen und individuellen Wertes rückte den rational nicht erfaßbaren Anteil an Natur in den Blickpunkt. Der Künstler ist nicht länger nur Techniker und Handwerker, sondern ein inspirierter, genialer Schöpfer, dessen Begabung naturhaften Ursprungs ist. Das klingt in England schon vor Shakespeare bei Philip Sidney an und setzt sich hundert Jahre später in dem essayistischen Werk des Earl of Shaftesbury fort, das zur Lektüre der jungen deutschen Klassiker gehörte.

Die rationalistische Erfassung der Kunst auf dem Erkenntnisstand der Aufklärungsphilosophie vollzog der Berliner Alexander Gottlieb Baumgarten, indem er die Ästhetik zu einem autonomen Bereich der Erkenntnis machte.Um die Erkenntniskräfte zu verbessern, gilt es, die Logik des „unteren Erkenntnisvermögens", nämlich der Sinnlichkeit, zu erforschen. Die Ästhetik zielt nicht auf die Perfektion des Objekts, sondern auf die Vollkommenheit der sinnlichen Erkenntnis des Subjekts. Die ästhetische Leistung ist eine synthetische: Die Fülle der Merkmale des Sinnlichen, die vielen Vorstellungen, die es in sich birgt und erweckt, müssen sich zu einer Einheit verdichten, um klar erkennbar zu werden. Erst als komplexes Ganzes wird Schönheit erfahrbar und die Vollkommenheit der Erkenntnis erreicht. Es ist ein organischer Vorgang, der nicht wie bei Leibniz, von dem Baumgarten herkommt, die Einbildungskraft zügelt und mittels des abstrakten Denkens zu moralischen und ethischen Erkenntnissen hinführt, sondern Denken und Gefühl gleichermaßen in einen Zustand der Schönheit einbindet. „Der natürliche Glanz des schönen Denkes" entwickelt sich aus dem Objekt der Betrachtung, „so daß sich das schöne Denken der Natur gemäß zu entfalten und nichts geistreicher Erfindung zu verdanken scheint"[8].

Die autonome Erkenntnisfähigkeit der Sinnlichkeit liegt eine Stufe unterhalb der rationalen Logik und stellt als Geschmack ein quasirationales Vermögen zwischen Verstand und Instinkt dar. Auf einer sinnlichen und nicht begrifflichen Ebene stellt der Geschmack fest, ob die Struktur des ästhetischen Gebildes den ihm eigenen Gesetzen, d. h. seiner inneren Ordnung, entspricht.[9] Der Sinnzusammenhang innerhalb des Ganzen, seine ästhetische Stimmigkeit, hat auch eine metaphysische Dimension: Die Vollkommenheit des Kunstwerkes entspricht der des Kosmos, dessen Harmonie und Ordnung sich in ihm spiegelt. Das Kunstwerk ahmt die Natur nicht als Abbild nach, sondern schöpft aus ihrem dynamischen Kern.[10] Das schöpferische Prinzip wird zum Wesensmerkmal des genialen Künstlers. Aus der subjektiven Vermittlung entstehen Ansätze einer neuen Welt, die allerdings den metaphysischen und logischen Möglichkeiten unterworfen sind. Da die bestehende Welt, wie Leibniz meinte, die beste

8 Alexander Gottlieb Baumgarten: Aesthetica (1750/58), § 622.
9 Ebd., § 20.
10 Ders.: Metaphysica (1739), § 110.

mögliche ist, ist sie auch nicht als Ganzes neu zu entwerfen, sondern nur in ihren unvollkommenen Teilen. Eine wirkliche Utopie ist daher auch nicht angebracht.[11]

Was den Genie-Gedanken in der Kunst vorantrieb, war die phänomenale Entwicklung der Wissenschaft. Der Künstler ist als genialer Schöpfer geradezu zur Entdeckung des Neuen verpflichtet. Er setzt dabei auf die Einbildungskraft, die nicht die Wunder der Natur wie in der Wissenschaft, sondern das ‚Wunderbare' der sinnlichen Neuschöpfung zum Vorschein bringt. So wird das „Wunderbare", wie der Schweizer Johann Jacob Breitinger sagt, „die äußerste Staffel des Neuen"[12]. Seine Wirkung ist emotional, es soll Stauen und Verwunderung hervorrufen. Dadurch, daß es als möglich und wahrscheinlich anzusehen ist, setzt es das rationale Kalkül der Vernunft nicht außer Kraft. Breitinger spricht von der „Logick der Phantasie"[13]. Diese inhaltlich definierte Eingrenzung der Einbildungskraft wird bei Baumgarten formal definiert als Geschmack. Das Wunderbare ist ihm nicht etwas völlig Neues, sondern eine Mischung aus Bekanntem und Unbekanntem. Gegen die tyrannische Herrschaft der Vernunft setzt er nicht Natur, sondern das ‚Natürliche', das als Kunst Wahrheit auf einer nicht-begrifflichen Ebene zum Ausdruck bringt. Ebenso wie die Wahrheit und Schönheit des Kunstwerkes eine ‚natürliche' ist, entfaltet sich die ästhetische Erkenntnis als das „schöne Denken" der Natur gemäß. Im Vordringen auf das ‚natürliche' Wesen der Dinge enthüllt sich ihre metaphysische Wahrheit, allerdings nicht als eine transzendente Seins-Erkenntnis wie bei Platon, sondern immanent als individuelle Erscheinung. Die metaphysische Leuchtkraft des ‚ästhetischen Lichtes' (lux aesthetica) zeigt sich nur zusammen mit seinen notwendigen Abschattungen.

Im Gegensatz zum Wissenschaftler, dessen Ergebnisse sich auf rationaler Ebene nachvollziehen und fortsetzen lassen, schöpft das Genie – darunter verstand Kant nur den Künstler – aus einer angeborenen und unbewußten Gemütslage (ingenium), durch welche die Natur auf der durch den Menschen geschaffenen Ebene der Kunst ihre Gesetze neu entwickelt. Künstlerische Kreativität ist eine Naturbegabung, die durch den menschlichen Geist über die bloße Natur hinausgeht. Kant definierte Naturschönheit als ein schönes Ding und Kunstschönheit als eine schöne Vorstellung von einem Ding. Kunst wird durch Geist der Natur enthoben. Die naturhaft produktive Potenz des Genies ist die Einbildungskraft. Sie besitzt – zunächst – unbegrenzte Freiheit und hat ihren Zweck – zunächst – nur in sich selbst. Ihre Phantasie vermittelt in der Handschrift des Genialen etwas dem Vertrauten und Konventionellen Enthobenes, einen Hauch von den ersten Tagen der Schöpfung. Das 17. Jh. verlangte von dem novateur dieses ‚gewisse Etwas', das sich nicht beschreiben läßt, dem aber – ‚je ne sais quoi divin' – das Attribut des Göttlichen zusteht.

Kant ließ die Einbildungskraft nicht der Phantasie über, sondern stellte ihr den Geschmack als Kontrolle (‚Urteilskraft') zur Seite. Mehr als das: Er macht den Geschmack

11 Baumgarten: Aesthetica, § 814.
12 Johann Jacob Breitinger: Critische Dichkunst (1740), Bd. I, 130.
13 Ders.: Critische Abhandlung von der Natur, den Absichten und dem Gebrauch der Gleichnisse (1740), 1.

zum „Zuchtmeister" des Genies. Der kreative Spielraum wird mittels der Vernunft kräftig zurückgenommen „Der Geschmack ist (...) die Disziplin (oder Zucht) des Genies, beschneidet diesem sehr die Flügel und macht es gesittet oder geschliffen; zugleich aber gibt er diesem eine Leitung, worüber und bis wie weit es sich verbreiten soll, um zweckmäßig zu bleiben; und, indem er Klarheit und Ordnung in die Gedankenfülle hineinbringt, macht er die Ideen haltbar, eines dauernden, zugleich auch allgemeinen Beifalls, der Nachfolge anderer und einer immer fortschreitenden Kultur fähig. Wenn also im Widerstreite beiderlei Eigenschaften an einem Produkte etwas geopfert werden soll, so müßte es eher auf der Seite des Genies geschehen; und die Urteilskraft, welche in Sachen der schönen Kunst aus eigenen Prinzipien den Ausspruch tut, wird eher der Freiheit und dem Reichtum der Einbildungskraft als dem Verstande Abbruch zu tun erlauben."[14]

Dem Geschmack obliegen hauptsächlich zwei Bereiche der Beurteilung: die Form (das Schöne) und das Formlose (das Erhabene). Schönheit ist die Vollkommenheit der Form eines Gegenstandes, ohne Berücksichtigung von dessen Zweck. Kants ‚interesseloses Wohlgefallen' an der Schönheit eines Objektes meint ein kontemplatives Eingehen auf das Objekt ohne praktisches Interesse. Allerdings ist die Schönheit eine ‚Idee' wie das sittlich Gute, d. h. ein regulatives Prinzip der Vernunft, wodurch sie auch als Kunst eine verpflichtende Moralität erlangt. Ähnlich vereinnahmt Kant auch das Erhabene. Es ist ihm das Mittel, das die Vernunft über die Sinne veranlaßt, das Unvorstellbare des Unendlichen, das als quantitative Größe (etwa des Sternenhimmels) oder dynamische Macht (des Ozeans) erfahren werden kann, „als Darstellung von etwas Übersinnlichem zu *denken*, ohne diese Darstellung objektiv zu stande bringen zu können"[15]. Wenn die sinnliche Erfahrung dem Unendlichen, d. h. Formlosen, gegen-

Abb. 20. Robert Fludd: Philosophia sacra et vere Christiana seu Meteorologia cosmica. Frankfurt 1621.

14 Immanuel Kant: Kritik der Urteilskraft und Schriften zur Naturphilosophie. Werke, V, 421.
15 Ebd., V 358 (kursiv von H. S.).

Abb. 21. Barnett Newman: Prometheus Bound, 1952.

Lichtungen
Prometheus

Das ,Goldene Zeitalter' der Menschheit lag zwischen zwei gewaltsamen Umstürzen im Himmel der Griechen. Unter Kronos – der Uranos, den Urvater aller Menschen- und Göttergeschlechter, entmannt hatte, um seine Herrschaft zu übernehmen – lebten die Menschen frei und ohne Sorge und von den Himmelssöhnen, den Titanen, nur durch ihre Sterblichkeit unterschieden. Als Zeus seinen Vater Kronos stürzte, stellte sich der Titan Prometheus, der ,Vorbedachte', auf seine Seite und trug durch klugen Rat zur Begründung von dessen Herrschaft bei. Zeus entwickelte sich, sobald er die Macht an sich gerissen hatte, zum Tyrannen, der sich aller entledigte, die ihm gefährlich werden konnten. Zeus hob nicht nur die Tischgemeinschaft zwischen Göttern und Menschen auf, er wollte sie auch dem Untergang preisgeben. Prometheus setzte sich mit List für die Menschen ein, stahl für sie das Feuer vom Himmel und lehrte sie viele praktische Dinge, wodurch sie sich gegen die Götter behaupten konnten. Zeus schickte in seinem Zorn sein Geschöpf Pandora mit einer Büchse auf die Welt, die alle bis dahin unbekannten Übel enthielt. Prometheus wies das Geschenk zurück, aber sein einfältiger Bruder Epimetheus, der ,Nachbedachte', nahm es an und öffnete es. Zur Strafe für sein unbotmäßiges Handeln wurde Prometheus im Auftrag des Zeus im Kaukasus an einen Felsen geschmiedet, wo ihm ein Adler jeden Tag die Leber herausriß, die nachts wieder nachwuchs.

Der Prometheus-Mythos geht in seiner Überlieferung hauptsächlich auf Hesiod und Aischylos zurück. Von der Prometheus-Trilogie des Aischylos ist nur ***Der gefesselte Prometheus*** *(ca. 470 v. Chr.)* erhalten. In diesem Drama erscheint Prometheus als der ungebrochene Rebell, der die Leiden seiner Gefangenschaft aus der Gewißheit heraus erträgt, daß auch Zeus das prophezeite Schicksal ereilen wird, das ihn vom Thron des Tyrannen stürzt. Zeus, der von diesem Gerücht hört, schickt einen Boten, um mehr zu erfahren, aber Prometheus bleibt unversöhnlich und enthüllt nicht den Grund für den möglichen Sturz. Vielmehr spricht er seinen Haß auf die ungerechten Götter offen aus. „Bet' an in Demut, schmeichle stets den Herrschenden! Mich aber kümmert minder dieser Zeus denn nichts! Er schalt' und walte diese kleine Spanne Zeit, wie's ihm gefällt; lange bleibt er nicht der Götter Herr!"[1] Mit diesem offenen Bruch endet das Stück. Der Mythos findet aber ein versöhnliches Ende. Herakles tötet aus Mitleid mit dem Gequälten den Adler, und Prometheus gibt doch sein Geheimnis preis und wird dafür befreit. Die Beurteilung des Prometheus erfolgte über die Jahrhunderte hin nach zwei gegensätzlichen Gesichtspunkten, die bereits den Grundkonflikt des Stückes von Aischylos ausmachen. Einerseits sieht sich Prometheus selbst als Opfer eines göttlichen Tyrannen, der ihn für seine menschliche Seite schwer büßen läßt. Andererseits werfen jene, die von Zeus abhängig sind, Prometheus trotz allen Mitleids vor, daß er trotzig und anmaßend sei, nicht bereit, sich der Gnade des obersten Herrschers zu unterwerfen. Daher sei er letztlich an seinem Unglück selber schuld.

Diese beiden Standpunkte tauchten in der literarischen Beschäftigung mit dem Titanen-Mythos immer wieder auf, wobei die aufklärerische Rolle des Prometheus gepriesen oder verdammt wurde. Aus christlicher Sicht war die Ähnlichkeit des vorchristlichen Lichtbringers mit dem christlichen Erlöser der Menschheit nicht zu übersehen. Vergleiche finden sich schon bei den Kirchenvätern (Tertullian, Clemens von Alexandrien), werden aber als heidnische Vorahnung des Christentums abgetan.[2] Im Mittelalter versank der Prometheus-Mythos in Bedeutungslosigkeit. Erst in der Renaissance trat Prometheus in alter Stärke wieder auf und wurde zum Inbegriff des selbstbestimmten Menschen. Während das Mittelalter ihn seiner göttlichen Stellung zu entheben suchte, um ihm seine symbolische Bedeutung zu nehmen, sah die Renaissance die göttliche Herkunft als gar nicht mehr erstrebenswert an, wird er endgültig und freiwillig zum Menschen.[3] Prometheus ist der Mensch, der der *conditio humana* zwar ausgeliefert bleibt, aber in seinem Streben nach Erkenntnis durch Wissenschaft und Kunst der Menschheit zu einer höheren Einsicht ihrer selbst verhilft. Der Mensch erfaßt die Welt durch seinen Geist und wird zum zweiten Schöpfer. Vernunft, Wissenschaft und Technik verleihen den Menschen ein Wissen, das die Ketten, die sie an die göttliche Willkür fesselte, sprengt. So erfährt der Mythos vom gefesselten Prometheus eine völlig neue Interpretation: Sein Diebstahl des Feuers vom Himmel bewirkt nicht seine Fesselung, sondern seine Befreiung. Das Licht ermöglicht Wahrnehmung und Unterscheidung.[4] Prometheus streckt wie Adam die Hand nach der verbotenen Frucht der Erkenntnis aus; er stielt das himmlische Feuer, um „damit das Licht der Vernunft anzuzünden"[5]. In Voltaires ***Pandore*** *(1740)* verkörpert Prometheus die Autonomie des Menschen gegenüber dem eifersüchtigen und rachsüchtigen Gott, von dem alles Leid der Menschen stammt. Drei Kräfte kann der Mensch gegen Jupiter ins Feld führen: sein Schöpfertum, die Liebe und die Hoffnung. Voltaire ist optimistisch: Das Goldene Zeit-

1 Aischylos: Die Tragödien und Fragmente, 388.
2 Raymond Trousson: Le Thème de Prométhée dans la Littérature Européenne, Bd. I, 73.
3 Ebd., I, 118.
4 Marsilio Ficino: Philebus-Kommentar (1496), Auszug in: Wolfgang Storch, Burghard Damerau: Mythos Prometheus, 133–137.
5 Giordano Bruno: Die Kabbala des Pegasus (1585), Auszug in: W. Storch, 138.

alter liegt vor und nicht hinter uns, und es wird nicht eine Gabe der Götter, sondern ein Sieg der Menschen sein.[6]

Die Befürworter der Natur, von Francis Bacon bis Jean-Jacques Rousseau, werfen Prometheus vor, daß er den Menschen die Wissenschaften gegeben hat, ehe sie damit umzugehen wußten, so daß sie „von Künsten und Wissenschaften aufgeblasen sind", was nur zur „Zerfleischung des Geistes" führen kann.[7] In Calderon de la Barcas ***La Estatua de Prometeo*** *(1677)* heißt es: „Wissenschaft ohne Gewissen vernichtet die Seele"[8]. Thomas Hobbes machte gegen Prometheus' Versuch, den Menschen Gleichheit und Demokratie zu geben, die ‚natürliche' Staatsform der Monarchie geltend und sah dessen Strafe als verdient an.[9]

Im 18. Jh. bewegte sich der Mensch in zunehmendem Maße auf Gott zu – und dies keineswegs in friedlicher Absicht. Die Spannung dieser Beziehung drückt sich in der Kunst wie in der Philosophie aus. Bei ihrem Ausverkauf ungewisser alter Werte waren der Vernunft zwei einstweilen unumstößliche Gewißheiten übrig geblieben: Ich und Gott. Das 18. Jh. zögerte noch, diese beiden Absoluta gleichzusetzen, aber die Angleichung erfolgte allmählich. Nicht daß die Vernunft Gott unbedingt brauchte, aber ohne ihn als letzte Größe ging keine der Formeln vom Sein der Welt überzeugend auf. Anders war es bei der Kunst, denn ihr Schöpfertum machte eine neue Welt möglich und einen Gott nicht notwendig. Prometheus selbst war der „sittliche Künstler", der aus seiner Kenntnis des Menschengeschlechts „wie jener allerhöchste Werkmeister" ein Ganzes zu schaffen imstande ist.[10] War Prometheus in der Antike Bildhauer, wird er bei Lord Shaftesbury zum Dichter *(**Soliloquy or Advice to an Author,** 1710)*, der nicht Vorhandenes imitiert, sondern Neues schafft.

Für den vierundzwanzigjährigen Goethe war der titanische Künstler ein Rebell, der sich wie bei Aischylos um Zeus weniger als gar nicht kümmert. Die dramatische Dichtung ***Prometheus*** *(1773)*, die ein Fragment bleiben sollte, stand ganz im Zeichen des jugendlich bewegten Sturm und Drang. Der Olymp interessiert den Prometheus angeblich nicht, denn er hat seine eigene Welt, den „Kreis, den meine Wirksamkeit erfüllt"[11]. Den Göttern kündigt er die Gefolgschaft: „Und welch ein Recht ergeizen sich die stolzen Bewohner des Olympus auf meine Kräfte. Sie sind mein, und mein ist ihr Gebrauch. Nicht einen Fußtritt für den obersten der Götter mehr! Für sie! Bin ich für sie.". Die menschlichen Kräfte erlangen ein göttliches Ausmaß, vor allem im Bereich der Worte. „Und eine Gottheit sprach, wenn ich zu reden wähnte, und wähnte ich eine Gottheit sprechen, sprach ich selbst." Ebenso wie die Götter besitzt er Weisheit, Macht und Liebe. Und zuletzt findet er auch den Quell des Lebens, so daß er sein eigenes Schöpfungswerk vollenden kann.

6 Trousson, I, 216 f.
7 Francis Bacon: Weisheit der Alten (1609), Auszug in: W. Storch, 77.
8 Zit. in: Trousson, I, 174.
9 Thomas Hobbes: Grundzüge der Philosophie (1647), Auszug in: W. Storch, 162.
10 Anthony Shaftesbury: Charakteristics (1711), Auszug in: W. Storch, 98.
11 Johann Wolfgang von Goethe: Gedenkausgabe, IV, 185–197.

Gleichzeitig mit dem Dramen-Fragment entstand die Ode ***Prometheus***, die Zeus als einen weltfremden, kindischen Herrscher zeigt, dessen Willkür absurd ist und das Schicksal der Menschen schon nicht mehr berührt.[12]

Bedecke deinen Himmel, Zeus
Mit Wolkendunst,
Und übe, dem Knaben gleich,
Der Disteln köpft,
An Eichen dich und Bergeshöhn.

Um die kleinen selbstgeschaffenen Dinge des Daseins kann Zeus die Menschen nur beneiden. Seine göttliche Abgehobenheit hingegen ist zum Erbarmen.

Ich kenn nichts Ärmeres
Unter der Sonn' als euch Götter!
Ihr nährt kümmerlich
Von Opfersteuern
Und Gebetshauch
Eure Majestät,
Und darbtet, wären
Nicht Kinder und Bettler
Hoffnungsvolle Thoren.

Die Menschen haben dem „Schlafenden da droben" nichts zu danken, sie schulden ihm auch nichts.

Hast du nicht alles selbst vollendet,
Heilig glühend Herz?

Prometheus ist bei Goethe ein Schöpfer mit häuslichen und sehr menschlichen Dimensionen, die nichts weiter als eine bürgerliche Eigenständigkeit zu beanspruchen scheinen.

Hier sitz' ich und forme Menschen
Nach meinem Bilde,
Ein Geschlecht, das mir gleich sei,
Zu leiden, zu weinen,
Zu genießen und zu freuen sich,
Und dein nicht zu achten,
Wie ich!

12 Ebd., I, 320.

Diese stolzen Worte waren nur bedingt an Gott gerichtet, dessen Schweigen schon damals so viel bedeutete, als wäre er gar nicht da, vielmehr drückten sie das stürmende und drängende Gefühl eines jungen Mannes aus, der dabei war, seinen Platz im Olymp zu erringen. In späteren Jahren, als er sich dort längst etabliert hatte, wollte er von seinem Jugendwerk nicht mehr viel wissen. Abschwächend sagte er dann: „Der titanisch-gigantische himmelstürmende Sinn jedoch verlieh meiner Dichtungsart keinen Stoff. Eher ziemte sich mir, darzustellen jenes friedliche, plastische, allenfalls duldende Widerstreben, das die Obergewalt anerkannt, aber sich ihr gleichsetzen möchte."[13].

Zugleich ist bei allem himmelstürmenden Elan der Zweifel nicht zu übersehen, ob dem Menschen nicht doch sehr menschliche Grenzen gesetzt sind und der göttliche Anspruch des Genies auch tatsächlich einlösbar sein würde. Schon im Jahr darauf betrachtete Goethe im ***Werther*** den Möchtegern-Prometheus um einiges nüchterner: „Was ist der Mensch, der gepriesene Halbgott! Ermangeln ihm nicht eben da die Kräfte, wo er sie am nötigsten braucht? Und wenn er in Freude sich aufschwingt oder im Leiden versinkt, wird er nicht in beiden eben da zu dem stumpfen kalten Bewußtsein wieder zurückgebracht, da er sich in der Fülle des Unendlichen zu verlieren sehnte?" (2. Buch, 6. Dezember). Im Jahr des ***Prometheus*** schrieb Goethe die Groteske ***Satyros oder der vergötterte Waldteufel***, die einer Parodie auf die religiöse Seite der Geniebewegung gleichkam.[14] Satyros gibt sich bei den ahnungslosen Menschen als göttliches Wesen aus, läßt sich von ihnen wie ein Gott verehren und schwingt sich zum Herrscher über sie auf. Sein Kredo ist: „Mir geht in der Welt nichts über mich: Denn Gott ist Gott, und ich bin ich.".Er genießt seine angemaßte Doppelnatur: „Selig, wer fühlen kann, was sei: Gott sein! Mann!". Zur Parodie wird, wenn er von der Weltenschöpfung erzählt, „wie im Unding das Urding erquoll". Nur ein Einsiedler durchschaut die Tiernatur des Waldteufels und beklagt die Blindheit des Volkes: „Wer sein Herz bedürftig fühlt, findt überall einen Propheten."

Ungeachtet Goethes eigener Distanz zum ***Prometheus***, war dessen Wirkung außergewöhnlich, sowohl in religiöser wie in politischer Hinsicht. „Es diente zum Zündkraut einer Explosion, welche die geheimsten Verhältnisse würdiger Männer aufdeckte und zur Sprache brachte: Verhältnisse, die, ihnen selbst unbewußt, in einer sonst höchst aufgeklärten Gesellschaft schlummerten."[15]. Goethe meinte den Spinozismus, der durch eine Veröffentlichung Jacobis von einer künstlerisch verdeckten Meinung zum öffentlichen philosophischen Streitfall wurde, der sich über Jahrzehnte erstreckte. Lessing hatte sich gegenüber Jacobi über Goethes ***Prometheus*** anerkennend geäußert und ihn als spinozistisch eingestuft. Jacobi veröffentlichte Lessings Meinung in Form eines Gespräches und druckte im Anhang Goethes Gedicht anonym und ohne dessen Zustimmung. Lessings Einschätzung des ***Prometheus*** als spinozistisch ist auf den ersten Blick unverständlich, da Prometheus seine Welt ja sehr betont vom Himmel des Zeus trennt. Allerdings gehörte zum spinozistischen Alleinheitsdenken, daß der ‚extra-

13 Goethe: Dichtung und Wahrheit. Gedenkausgabe, X, 700.
14 Ebd., IV, 198–213.
15 Goethe: Dichtung und Wahrheit, X, 699.

Fundamentalisten des Glücks

Revolution je eins

Die deutschen Intellektuellen, eingespannt zwischen Absolutismus und Aufklärung, betrachteten die Revolution in Frankreich mit Freude und Schrecken. Die Freiheit, die sich revolutionär ankündigte, würde die letzte und oberste der ‚natürlichen' Qualitäten sein, die die bürgerliche Selbstbestimmung sichert. Das verleitete eine kurze Zeit dazu, einer Aufklärung zu trauen, die in ihrer materialistischen Ausrichtung immer Mißtrauen erweckt hatte und die dann auch in ihrer Logik bei einer Maschine endete, die die unvernünftigen Köpfe einfach abschlug und ein „grauses Chaos" anrichtete.[1] Das wäre zu erwarten gewesen, denn der ohnehin nicht aufhaltbare Sieg der industriellen Entfaltung des Bürgertums würde nirgends anders hinführen als in die Vollendung des Terrors der Maschine. Die in der Revolution radikalisierte Aufklärung bewies den deutschen Denkern die schreckliche Logik der Vernunft. Ihre Unfähigkeit zur Revolution war auch ein Zögern, denn sie hatten die Wahl zwischen absolutistischen Herrschern, die eine fein dosierte Aufklärung von oben und eine Ahnung von Freiheit in den Köpfen zuließen, die politischen Fesseln aber nicht lösten, und einem entfesselten Bürgertum, dessen egoistischem und materialistischem Freiheitssinn nicht zu trauen war. Die Aufklärung hatte das Selbstbewußtsein wohl als „Quelle aller Humanität und Menschenwürde" (Kant) bezeichnet, die Vervollkommnung in der Gattung würde das Individuum allerdings unter den Zwang einer imperialen Vernunft stellen, die in ihrer Praxis nicht weniger gewalttätig wäre als jene der Revolution.

Nötig war eine radikalisierte Aufklärung anderer Art: eine, die die geistige Grundlage vertiefte, soweit es nur ging, die alle einzelnen in einer Einheit zusammenfaßt, die die Gegensätze ohne Zwang aufhebt. Das Licht dieser Aufklärung war ein mystisches. Das idealistisch-romantische Selbstbewußtstein verhält sich zur Aufklärung wie die Mystik zur Religion: Der Erlösung aller wird die Erkenntnis des einzelnen vorangesetzt,

1 Friedrich Schlegel: Charakteristiken und Kritiken I (1796–1801). Kritische Friedrich-Schlegel-Ausgabe (KA), II, 248.

da diese näher liegt als jene. Die Mystik schien einen direkten Weg zur Erlösung der Welt zu zeigen, unabhänging von der in Mißkredit geratenen Kirche und den unwägbaren Wünschen der Massen. Und nicht am Jüngsten Tag, sondern sofort. Der eigentliche Revolutionär, sagte Schlegel, ist der Mystiker.[2]

Um 1800 schien sich der All-Einheitsgedanke von allen Seiten her zu bestätigen. Wieder war es die Naturwissenschaft, die auf einen Zusammenhang im Ganzen der Natur hinwies. Schlegel meinte, daß der Idealismus in der Naturwissenschaft früher ausgebrochen sei als in der Philosophie, er zeige dort bereits „den geheimen Zusammenhang und die innere Einheit des Zeitalters".[3] Die neue Physik sollte nicht in der Tradition Descartes an dem mechanischen Weltbild weiterbauen, da es die Menschen unfrei macht, sondern im Studium des Organischen die Geheimnisse der Natur und damit die Chiffrensprache Gottes entdecken, da „an deren dynamischen Paradoxien jetzt die heiligsten Offenbarungen der Natur von allen Seiten anbrechen".[4] Das allgegenwärtige Phänomen der Elektrizität veranlaßte, wie früher der Magnetismus, zu der Annahme, daß sie die Lebenskraft selbst sei. Der ehemalige Theologie und Mediziner Friedrich Anton Mesmer nahm ein *fludium universale* an, eine halb stoffliche, halb geistige Substanz, die das ganze Weltall durchströmt, wodurch alles miteinander in Verbindung steht. Johann Christian Reil verfaßte eine ***Theorie der Lebenskraft*** *(1795).*

Die Mystik traf genau die drängenden, unaufschiebbaren Erwartungen der verinnerlichten deutschen Revolution. Das 18. Jh. entdeckte Indien als ein Reich ältester Weisheit, orientalischer Sanftmut und Schönheit und größter religiöser Toleranz, demgegenüber das Abendland als starr, engstirnig und brutal empfunden wurde. Dieses verklärte Land in der Ferne wurde zunächst durch Reisebeschreibungen und Missionsberichte nähergebracht. Sie waren umfangreich genug, daß Kant auf ihrer Basis zum Thema ‚Physische Geographie' zwischen 1756 und 1796 Vorlesungen über Indien halten konnte. Als Grundlage für die indische Philosophie diente ihm die ***Historia critica philosophiae*** *(1742–67)* des Jacob Brucker, die sich auf antike Quellen stützte. Eine idealistisch gefärbte Sicht Indiens vermittelte Herder in mehreren Arbeiten ab etwa 1774, vor allem in seinen ***Ideen zur Philosophie der Geschichte*** *(1785/87).* Die ***Bhagavad Gita***, das Hauptwerk der vedantischen Philosophie, wurde 1785 ins Englische übersetzt. Friedrich Schlegel, der Sanskrit gelernt hatte, brachte Auszüge daraus in seinem Büchlein ***Über die Sprache und Weisheit der Indier*** *(1808).* Seine beiden Brüder betrieben Sanskrit-Forschung in Indien und Deutschland. Nach den Schlegel-Brüdern waren es vor allem Max Müller und Paul Deussen *(**System des Vedanta,** 1893),* ein Studienkollege von Nietzsche, die die Indien-Forschung in enger Verbindung mit der Philosophie fortsetzen. Wichtig wurde zu Beginn des 19. Jh. die Wiederentdeckung der deutschen Mystik, Jakob Böhme und langsam auch Meister Eckehart, der zunächst nur in der Version seines Schülers Johannes Tauler bekannt war. Über die in England fortwirkende Tradition der Neuplatoniker wurde Plotin in Deutschland wieder zugänglich. In Cambridge hatte sich im

2 Ebd., 265.
3 Schlegel, KA, II, 314.
4 Ebd., 266.

17. Jh. an der Universität eine rationalitische und zugleich mystische Schule entwickelt, die sich gegen die puritanische Enge ihrer Zeit, den Materialismus eines Bacon und Hobbes und den Skeptizismus des Descartes wandte. Und schließlich war es Spinoza, der für Entstehung und Entwicklung des deutschen Idealismus entscheidend war. Sein Pantheismus wurde zu einem beherrschenden Gedanken des frühen 19. Jh.

Was Fichte für seine Zeitgenossen so bedeutend machte, war die von ihm vollzogene Verankerung des menschlichen Selbstbewußtseins in einem starken, geradezu mächtigen Ich. Es ist zwar ein transzendentales Ich, aber jeder Mensch trägt es in sich und wird dadurch zum Weltmittelpunkt. Schlegel definierte, in Anlehnung an Kant, transzendental und transzendent so: Transzendental ist, was in der Höhe ist; transzendent ist, was in die Höhe will (und nicht kann).[5] Novalis sah es als die höchste Aufgabe an, „sich seines transzendentalen Selbst zu bemächtigen, das Ich seines Ichs zugleich zu sein".[6] Es gilt, zum Ursprung zurückzukehren. Wie bei Plotin aus dem ursprünglich Einen die Vielheit hervorgeht, indem es sich denkend und schauend mit seinem Gedachten und Geschauten identifiziert, so setzt bei Fichte das ‚Ich an sich' im Wissen um sich selbst sein eigenes Sein. Ehe es von sich selbst weiß, gibt es das Ich gar nicht. Solange das Ich in sich selbst ruht, ist es frei. Es verliert seine Freiheit, indem es aus dem Sein ins Werden tritt und ihm eine ganze Welt, ein Nicht-Ich, entsteht, das es bedingt und zu etwas werden läßt. Das Nicht-Ich verwickelt das Ich in Widersprüche, die es in seiner autonomen geistigen Ichhaftigkeit nicht hatte. Nun ist das Ich von außen bestimmt. „Und das soll nicht sein", sagt Fichte, „denn der Mensch ist selbst Zweck; er soll sich selbst bestimmen und nie durch etwas Fremdes sich bestimmen lassen; er soll sein, was er ist, weil er es sein will, und wollen soll".[7] Was hier unterschwellig anklingt, ist eine politische Selbstbestimmung. Die politische Freiheit des Menschen ist auf der metaphysischen Freiheit begründet. Das machte die Gefahr des Umsturzes für die Machthaber nicht gerade groß. Empfindlicher reagierten die Kirche und die Obrigkeit auf den Atheismus (oder was sie dafür hielten), denn mit ihm wurde die Autorität allgemein untergraben. In Spinozas Lehre sind Geist und Körper Attribute einer Substanz, die Gott ist. Dieser Pantheismus wurde vielfach als Atheismus bekämpft, und Fichte kam als vermeintlicher Spinozist, wie vor ihm Lessing, in Schwierigkeiten. Da aber Spinozas Pantheismus längst „die verborgene Religion Deutschlands" war, wie Heine sagte,[8] und Goethe, Schiller und Schlegel sich mehr oder weniger offen zu ihr bekannten, waren ernstlichen Folgen für Fichte nicht wirklich zu befürchten. Durch Schiller erfuhr er, daß der Herzog seine Freiheit im Schreiben nicht gefährdet sah, „wenn man auch gewisse Dinge nicht auf dem Katheder gesagt wünschte".[9] Fichte sah in dem Vorwurf des Atheismus bloß einen Vorwand, ihn politisch zu treffen, denn die Selbständigkeit, die seine Philosophie wecke, sei eine Gefahr für die Unterdrücker

5 F. Schlegel: KA, II, 237.
6 Novalis: Schriften (1923), II, 117.
7 Johann Gottlieb Fichte: Einige Vorlesungen über die Bestimmung des Gelehrten (1794), 20.
8 Heinrich Heine: Religion und Philosophie in Deutschland (1834). Werke, IV, 102.
9 Friedrich Schiller, Brief an Fichte, 26. Jan. 1799, in: Fichte: Briefwechsel. Kritische Gesamtausgabe, II, 2.

der Gedankenfreiheit. „Ich habe nie geglaubt, daß sie meinen vorgeblichen Atheismus verfolgen; sie verfolgen in mir einen Freidenker, der anfängt, sich verständlich zu machen (Kant's Glück war seine Obscurität); und einen verschrienen Demokraten; es erschreckt sie, wie ein Gespenst, die Selbständigkeit, die, wie sie dunkel ahnen, meine Philosophie weckt".[10] Es war nicht lange her, daß in Deutschland zum letzten Mal die Scheiterhaufen brannten, bloß fünfzig Jahre, aber die denkende Öffentlichkeit, so Schiller, würde sich jetzt zu wehren wissen. Fichte wurde nicht verbrannt, ebensowenig wie seine Schriften. Er verlor bloß seine Professur in Jena, und das nur deshalb, weil er sich ungeschickt verhielt.

Die politischen Kräfte, die sich offen nicht zeigen durften, schlossen sich schon zu Beginn des 18. Jh. zu Geheimbünden wie den Freimaurern zusammen. Am Ende der Renaissance waren die Rosenkreuzer, die sich später mit den Freimaurern verbanden, eine starke reformatorische Kraft in Deutschland, „eine frühe Form der Aufklärung (...), die in machem konstitutiv für die weitere Entwicklung der europäischen Kultur und Wissenschaft ist".[11] Wie im Barock zeitigte die Undurchsetzbarkeit der aktuellen Forderungen ein Ausweichen in esoterische Bereiche, deren Grenzen offen sind und die einen geistigen Spielraum zulassen. Wie der Barock entwickelte die Romantik eine hieroglyphische Sprache. „Friedrich Schlegels Auffassung zufolge ist die Poesie, solange das Reich Gottes aussteht, dazu verurteilt, ein ‚Sprache in der Sprache' zu bilden. Sie ist nur den wenigen verständlich, die gleichen Sinnes sind. Der ‚Mystizismus des Ausdrucks' ist das Erkennungszeichen ihrer ‚unsichtbaren Kirche'".[12] Die ‚unsichtbare Kirche' war auch eine Bezeichnung für die Freimaurerei. Mitglied dieser Kirche wird, wer die Botschaft versteht. „Jedes wahre Geheimnis muß die Profanen von selbst ausschließen. Wer es versteht, ist von selbst, mit Recht, *Eingeweihter*".[13] Die Romantik stellt sich hier als ein Geheimbund dar, der seine Geheimnisse, allen sichtbar, als Vexierbild in der Kunst verbirgt. Die Befürworter des verdeckten Atheismus waren fast alle Freimaurer. Lessing veröffentlichte Freimaurer-Gespräche unter dem Titel ***Ernst und Falk*** *(1778/80)* anonym. Schlegel ließ 1804 eine kurze Fortsetzung folgen. Da alle Philosophie notwendigerweise mystisch ist, so Schlegel, darf ihr Gegenstand, „das Geheimnis aller Geheimnisse", dem Pöbel nicht preisgegeben werden.[14] An den Universitäten mußte die Philosophie allerdings deutlicher werden, denn als Vollenderin der geistigen Revolution konnte sie nur als Wissenschaft den Anspruch erheben, die Menschheitsprobleme zu lösen.

Fichte begann seine Vorlesungen in Jena als ***Anweisung zum seligen Leben.*** Er trug sie mit einer sich selbst berauschenden Emphase vor, die sich von Vorlesung zu Vorlesung steigerte und ein gnostisches Streben zu einer sich offenbarenden Erkenntnis zu führen versprach. Er ging von einem reinen Wissen aus, zu dem der Mensch zurückkehren soll.

10 Fichte: Brief, 22. Mai 1799, in: Fichte: Briefwechsel, Krit. Ges., II, 105.
11 Michael W. Fischer: Die Aufklärung und ihr Gegenteil, 35.
12 Hans-Joachim Heiner: Das Goldene Zeitalter in der deutschen Romantik, in: Klaus Peter (Hg.): Romantikforschung seit 1945, 290.
13 Novalis: Schriften, (1923), II, 146.
14 F. Schlegel: Charakteristiken und Kritiken II (1802–1829), KA, III, 99.

Denn das „Wissen in seiner tiefsten Lebenswurzel" und das Sein des Absoluten sind nicht zu trennen.[15] In der Reduzierung auf das reine Ich erschließe sich die Seligkeit des bewußten Seins. Gerade wenn zu erwarten wäre, daß Fichte das große Geheimnis ausspricht, wie das Wissen zu erlangen ist, bricht er den Erkenntnis-Weg ab und gibt der ***Anweisung*** in der letzten Vorlesung eine plötzliche Wendung zum Liebes-Weg. Nicht mehr das Wissen setzt er nun an den Anfang des Daseins, sondern die Liebe. Damit geht er zwei Problemen seiner Seligkeitslehre, die ihm anfangs „nichts anderes denn eine Wissenslehre" war,[16] aus dem Weg. Das eine Problem war, daß das philosophische Denken sich selbst, wie es notwendig wäre, nicht aufheben kann und die Entfremdung von dem eigentlichen Wissen nur forsetzt. Das andere Problem war, daß, selbst wenn das „Ruhen und Beharren in dem Einen"[17] erreicht wäre, es zu einer Bewegungslosigkeit führte, die im Widerspruch steht zu der Aufgabe der Menschen, ein tätiges Wesen zu sein. Mit der Liebe sind diese Probleme gelöst: Der Mensch bleibt ein tätiges Wesen, und zugleich löst sich die Reflexion, die alles zerteilt, auf, da die Liebe Einheit bedeutet. Darin liegt die Seligkeit, zu der Fichte Anweisung geben wollte. Fichte hat zwar viele Menschen beeinflußt, aber sicher niemandem zur Seligkeit verholfen. Sie wurde ersetzt durch eine allgemeine Euphorie, die in Fichte den Propheten eines neuen ‚vergötterten' Menschentums sah, in dem Freiheit als dringlichstes Ziel verwirklicht wäre. Er galt nicht nur als Verkünder, „der zuerst wieder kräftig zur Freiheit aufrief" (Schelling), sondern als Auserwählter, „dem nach Moses zum zweiten Mal der Ewige sich offenbart".[18] Eine solche Einsätzung war keineswegs ungewöhnlich in einer Zeit, da die Philosophie sich selbst weit über der herkömmlichen Religion stehend begriff und glaubte, die Menschheit mit jedem neuen System erlösen zu können, da die letzten Wahrheiten sich in fiebriger Eile ablösten und doch immer von einer allerletzten Wahrheit übertrumpft wurden, da Denker wie Fichte glaubten, daß sich nun die Philosophie endlich in die Praxis auflösen würde, denn alles sei so sonnenklar, daß das Verständnis den Menschen zwingend aufgehen müßte.

Die Seligkeit war ein Glücksversprechen an die Menschheit, das es einzulösen galt. Novalis sagte: „Ohne Ekstase – fesselndes, alles ersetzendes Bewußtsein – ist es mit der Philosophie nicht weit her".[19] Diese Erwartung setzte die Philosophie das ganze 19. Jh. über unter Druck, noch Nietzsche suchte eine Antwort auf sie. Da die Seligkeit nicht eine Angelegenheit mönchischer Einsiedler sein konnte, die ein Leben lang Zeit haben, mußte ein einfacher Weg anweisbar sein. Das Problem der Philosophie war, daß ihr Medium, das Denken, sich dabei selbst im Weg stand. Das wurde schon bei Fichte klar. Daß er die Liebe als Schlußbaustein in sein philosophisches System einschob, überzeugte wenig, denn die Liebe, die nun alle Brücken schlägt, läßt sich nicht anweisen oder herbeidenken. Wie bereits in der Frührenaissance bot das plotinische Schauen den

15 Johann Gottlieb Fichte: Die Anweisung zum seligen Leben (1794). Werke, V, 155.
16 Ebd., V, 122.
17 Ebd., V, 124.
18 Joseph von Görres (1803), zit. in: ders: Die christliche Mystik (1836/42), Vorwort v. Joseph Bernhart, 11.
19 Novalis: Schriften (1923), III, 219.

Ausweg eines ungedanklichen Denkens, das zum Auslöser der undenkbaren geistigen Einheit wird. Der Neuplatonismus hatte dafür den Ausdruck ‚intellektuelle (auch: intellektuale) Anschauung' gefunden. Intellektuell, weil nicht sinnlich, Anschauung, weil nicht Analyse, sondern ein „Erkennen mit einem Schlage" (Plotin). Dieses erkennende Schauen interessierte die Kunst und wurde dort zur ‚ästhetischen Anschauung'. Schlegel schreibt denn auch: „Was den Plotin am meisten auszeichnet (...), ist seine Lehre von der Ekstase (einer intellektuellen Anschauung der Gottheit); er charakterisiert diesen Akt der übernatürlichen Erkenntnis streng philosophisch als einen Zustand der Entzückung, der nicht so grob ist als Empfindung, sondern, wie man sich in der neueren philosophischen Sprache ausdrücken könnte, als ein Akt des Herausgehens aus sich selbst gedacht werden muß; er nennt es Vereinfachung der Seele, – Vernichtung aller Mannigfaltigkeit und Verschiedenheit in derselben."[20]

Schelling versuchte erst in späten Jahren, diesen übergedanklichen Endpunkt der Mystik in seine Philosophie hineinzuholen, zögernd und unsicher, was sich daran zeigt, daß er ihn zuerst als „Übergottheit", dann als „absolutes Objekt" und schließlich als „absolutes Bewußtsein" und „Urbewußtstein" bezeichnete. Deutlich beeinflußt von Plotin, sah er in ihm ein potentielles Vermögen, das sich zuerst absteigend in eine Form und an ein Wissen bindet, „aber nur, um zuletzt in die Seligkeit des Nichtwissens (welches dann ein wissendes Nichtwissen ist) wieder durchzubrechen".[21] Fichte warf er vor, daß er diesen großen Schritt, der dem Tode gleicht, nicht zu setzen imstande war, denn „im Augenblick, da man erwartet, ihn über alles Seiende sich erhaben zu sehen, klammert er sich wieder an das eigene Ich an".[22] Dennoch legte auch Schelling die Feder nicht weg und schwieg, sondern versuchte gleich anschließend, einen quasipsychologischen Weg zur mystischen Ekstase zu entwerfen, einen krisenhaften Prozeß, der reichlich obskur bleibt.[22]

Schelling war zu diesem Zeitpunkt mit seiner hilflosen Spekulation am Ende einer Entwicklung angelangt, die „ein fast universelles Erdbeben" in Frankreich[23] in Deutschland in eine philosophische und ästhetische Revolution hatte umlenken wollen. Angesichts der zweifelhaften Entwicklung der Aufklärung und des traurigen Zustandes der Religionen lag nichts näher als der Weg zum eigenen göttlichen Ich. Statt politisch nach außen zu gehen, ging es um eine Erschließung nach innen. Ein absoluterer Anspruch schien gar nicht gestellt werden zu können. Die weltliche Macht sollte durch die Mächtigkeit des Geistes neu bestimmt werden. In dieser geistigen Wiedergeburt würde die materielle Welt ihre Ordnung finden. Als deutlich wurde – und dieses Einsehen kam bei manchen sehr bald –, daß Gott nicht als „absolutes Subjekt" zu erreichen war, wandten sich die an ihrer Revolution Gescheiterten auf das Territorium des christlichen Offenbarungsglaubens zurück, wurde ihnen Gott wieder zu einem Gegenüber, zur Vorsehung und Hoffnung auf Erlösung.

20 F. Schlegel: Die Entwicklung der Philosophie (1804/05), KA XII, 239.
21 Friedrich Wilhelm Joseph Schelling: Über die Natur der Philosophie als Wissenschaft (1821–25), Werke, V, 11.
22 Ebd., V, 27.
23 F. Schlegel: KA, II, 247.

Odyssee der Geister

In Fichtes System blieb ein Widerspruch offen. Wenn dem absoluten Ich als Ganzes und Ungeteiltes ein Nicht-Ich (die Welt) gegenübersteht, setzt dieses ihm Grenzen, und so kann es nicht absolut sein. Dieses Problem hatte schon Descartes ungelöst zurückgelassen, nur handelte es sich bei ihm nicht um das absolute Ich, sondern noch um Gott. Spinoza hob diesen Widerspruch auf, indem er das Absolute als ein allumfassendes Sein definierte, das auch das Endlich-Relative als eine Modifikation seines Seins in sich schließt. Schelling, der Fichtes Ich und Nicht-Ich mit Geist und Natur übersetzte, löste den Fall wie Spinoza, auf den er sich auch beruft. Allerdings lag seit Descartes das Zentrum der ontologischen Einheit immer noch in Gottes Hand. Für Schelling war ein göttlicher Vordenker nicht mehr akzeptabel, denn er liegt jenseits der Grenze, „innerhalb welcher wir allein uns verstehen".[1] Die Sicherheit, die der idealistische Mensch in seiner Ich-Setzung zu finden hofft, wäre durch eine solche übergeordnete Macht unmöglich gemacht, denn schon „ein Druck jener Hand vermag sie (die Welt) uns zu entreißen oder uns in eine ganz andere Ordnung der Dinge zu versetzen"[2]

Schelling erklärte den Geist (in uns) und die Natur (außer uns) als identisch. Die Natur ist der sichtbare Geist, der Geist die unsichtbare Natur. Der Mensch ist nur Natur, solange er sich seiner geistigen Kräfte nicht bewußt ist. Bewußtsein ist der oberste, tote Materie der unterste Punkt innerhalb der Geistesnatur. Bewußtsein erlangt der Mensch in Wissenschaft und Kunst. Indem er forschend die Natur durchdringt, erfaßt er die ihr zugrundeliegenden Ideen, setzt er inhärentes Bewußtsein frei. Was der Geist – der Weltgeist – in der Natur im Großen vollbringt, wirkt er im Künstler im Kleinen. Während sein Schaffen in der Natur unbewußt bleibt, wird er durch den Künstler bewußt.

1 Friedrich Wilhelm Joseph Schelling: Ideen zu einer Philosophie der Natur (1797), Werke, I, 689.
2 Ebd.

Dieser ist aber nur ein Medium, denn es ist der Weltgeist, der durch ihn denkt, und nicht er selbst. Das Zwingende seines Schaffens sichert dem Künstler auch seine Freiheit. Er muß keinen Gesetzen sich beugen als jenen, die die Natur und Gott selbst in ihn eingepflanzt haben.[3] „Ihm kann niemand helfen, er selbst muß sich helfen; so kann ihm auch nicht äußerlich gelohnt werden, da, was er nicht um seiner selbst willen hervorbrachte, alsodann nichtig wäre; eben darum kann ihm auch niemand befehlen oder den Weg vorschreiben, welchen er wandeln soll".[4] Der aus der Gesellschaft gelöste Künstler, das Urbild des Bohemiens, erkauft seine Freiheit damit, daß auch die Gesellschaft keine Pflichten ihm gegenüber hat.

Der Geist hat als „erscheinende Natur" seine Identität vergessen, in der Kunst findet er sie wieder. In der „ästhetischen Anschauung" werden Subjekt und Objekt eins: Mit ihr gelingt es, „einen unendlichen Gegensatz in einem endlichen Produkt aufzuheben".[5] Darum ist die Kunst der „Schlußstein des Gewölbes" des zu sich selbst zurückgekehrten Bewußtseins. Freiheit und Notwendigkeit, Bewußtes und Bewußtloses, Geist und Natur heben sich in einer unendlichen Harmonie auf. Die Natur hatte deswegen eine solche Faszination für die Idealisten und Romantiker, weil in ihren Geheimnissen der Geist Gottes sichtbar wird. „Was wir Natur nennen, ist ein Gedicht, das in geheimer wunderbarer Schrift verschlossen liegt. Doch könnte das Rätsel sich enthüllen, würden wir die Odyssee des Geistes darin erkennen, der wunderbar getäuscht, sich selber suchend, sich selber flieht; denn durch die Sinnenwelt blickt nur wie durch Worte der Sinn, nur wie durch halbdurchsichtigen Nebel das Land der Phantasie, nach dem wie trachten".[6] Da die Natur „nur der unvollkommene Wiederschein einer Welt (ist), die nicht ausser ihm (dem Künstler), sondern in ihm existiert", läßt er sie in „einer zweiten Potenz als Kunst entstehen". Durch das synthetische Vermögen der Einbildungskraft, die zwischen Endlichkeit und Unendlichkeit vermittelt, verwandelt die Kunst die Natur in magische Welten, in denen das Wesen der Dinge zum Vorschein kommt. Die Vernunft hat in ihnen keine Erkenntniskraft. Sie lassen sich nur auschauen, allerdings nicht als Objekt, sondern mit dem Gemüt in ihrem Wesen. Dieses Erkenntnisvermögen ist ebenfalls eine Naturgabe, die nicht jeder besitzt.

Obwohl das Kunstwerk auf das Göttliche verweist, ist es doch nicht nur ein Zeichen, denn das würde seine Bedeutung einschränken, sondern ein Ganzes, das kraft seiner selbst wirkt. Es ist ein Teil der Natur und somit ein Kosmos im Kleinen. Die plotinische Gratwanderung des Geistes entlag seiner phänomenalen Selbstdarstellung war für Schelling im Kunstwerk ein symbolischer Akt, der sowohl auf etwas verweist wie etwas verkörpert,ohne sich auf das eine oder das andere festzulegen. In seiner idealsten Form sah er diesen symbolischen Akt in der griechischen Mythologie mit ihrer in Dichtung und Plastik belebten Götterwelt verwirklicht. In ihr trifft sich das Besondere

3 Schelling: Über das Verhältnis der bildenden Künste zur Natur (1807). Sämtliche Werke (1856–61), VII, 57.
4 Ebd., 61.
5 Schelling: System des transzendentalen Idealismus (1800). Sämtl. Werke, III, 626.
6 Ebd., 628.

(die einzelne Göttergestalt) mit dem Absoluten, wird das eine im anderen als Schönheit sichtbar. Für die Romantiker bestand das Problem, daß sie es wohl als notwendig ansahen, sich von der Klassik abzusetzen, aber an deren Mythen noch nicht vorbeikamen. Zu mächtig war noch immer das Beispiel Goethes, den man zu gerne der Romantik zugeschlagen hätte. Die jungen Tübinger, Schelling, Hegel und Hölderlin, verfaßten 1796 das sog. ‚Erste Systemprogramm des Deutschen Idealismus', das in der Handschrift Hegels überliefert ist, und wiesen darin der Kunst die Aufgabe zu, der neuen idealistischen Philosophie durch eine mythische Versinnlichung den Status einer Religion zu sichern. „Ehe wir die Ideen ästhetisch, d. h. mythologisch machen, haben sie für das Volk kein Interesse; und umgekehrt ehe die Mythologie vernünftig ist, muß sich der Philosoph ihrer schämen. So müssen endlich Aufgeklärte und Unaufgeklärte sich die Hand reichen, die Mythologie muß philosophisch werden und das Volk vernünftig, und die Philosophie muß mythologisch werden, um die Philosophen sinnlich zu machen. Dann herrscht ewige Einheit unter uns. Nimmer der verachtende Blick, nimmer das blinde Zittern des Volks vor seinen Weisen und Priestern. Dann erst erwartet uns gleiche Ausbildung aller Kräfte, des Einzelnen sowohl als aller Individuen. Keine Kraft wird mehr unterdrückt werden. Dann herrscht allgemeine Freiheit und Gleichheit der Geister! – Ein Höherer Geist vom Himmel gesandt, muß diese neue Religion unter uns stiften, sie wird das letzt größte Werk der Menschheit sein."[7]

Diese jahrhundertschwere Forderung an die Kunst konnte diese nicht erfüllen, zumal der als Orientierung gedachte Blick zurück zu den griechischen Göttern sie eher lähmte als beflügelte.[8] Der Messias der Kunst blieb aus, das eine abschließende Werk, die Kunstbibel, entstand nie. Die Kunst der Romantik hatte jedoch die Kraft, sich von dieser konservativen Vorgabe zu lösen und ganz andere Wege einzuschlagen, als die Philosophen zu antizipieren imstande waren. Sie konnten nicht einkalkulieren, daß die Kunst, auch wenn sie idealistisches Gedankengut aufnahm, es ihren eigenen Gesetzlichkeiten entsprechend verarbeitete und zu anderen Ergebnissen kommen mußte als die Philosophie.

Hegels absolut gesetztes Denken verwies die Kunst bereits in der ***Phänomenologie des Geistes*** *(1807)* auf den Rang hinter der Philosophie. Die von Schelling postulierte Erkenntnisfähigkeit in der ‚ästhetischen Anschauung' hatte für Hegel keine Gültigkeit. Das Wissen von Gott ist ihm „nicht ein leeres Fühlen oder (...) Anschauen", sondern ein „Denken und Begreifen".[9] „Ekstase ist ja nicht bloß Entzückung der Empfindung und Phantasie, sondern vielmehr ein Heraustreten aus dem Inhalt des sinnlichen Bewußtseins; es ist reines Denken, das bei sich selbst ist und sich zum Gegenstand hat". Mit Plotins „Stillstehen im Göttlichen" konnte Hegel nichts anfangen, das völlige Ver-

7 Johannes Hoffmeister (Hg.): Dokumente zu Hegels Entwicklung, 220.
8 Nur wenige Jahre später gossen die ***Nachtwachen*** des Bonaventura beißenden Spott über diese Sinnbilder des Absoluten aus: „Krüppel ohne Arme und Beine", die in dem ihrer musealen Anbetung geweihten Ort wie in einem „Invalidenhaus" beisammenstehen.
9 G. W. F. Hegel: Vorlesungen über die Geschichte der Philosophie (zuerst gehalten 1805/06). Werke (1844), XV, 41.

die sittliche Einbindung in die Gesamtheit und verhindert die Auflösung in egoistische Partikularinteressen. Geschichte wird zu einem sich selbst schaffenden Mythos, der das Absolute nicht symbolisch verkörpert wie die Kunst, sondern real ist. Das Absolute läuft geschichtlich auf ein Goldenes Zeitalter zu, dessen Prophet nicht länger der Künstler, sondern der Philosoph ist. Dadurch, daß die Kunst die Unschuld ihrer mythologischen Enthobenheit verloren hat, ist sie selbst der Zeitlichkeit und Geschichte verfallen. Die auf Überwältigung ausgerichtete absolute Kunst, die in ihren Mythen absolute Wahrheiten dogmatisch behauptet und beschworen hatte, zerfiel in der Moderne in unzählige subjektive Mythen, die sich mit ihren partiellen, zeitlich bedingten Wahrheiten behaupten müssen. Anders als die naive, vorgeschichtliche Kunst wurde die reflexive, geschichtliche Kunst sich ihrer selbst bewußt. Ihre wissenschaftliche Behandlung in der Ästhetik ließ deren Reflexion nicht nur in die Kunst hineinwirken, sondern machte diese selbst zum Austragungsort der Reflexion. Dadurch rückt sie für den Kunstbetrachter in Distanz, verliert sie die Macht über ihn, die er ihr zugestehen möchte. „Was durch Kunstwerke jetzt in uns erregt wird, ist außer dem unmittelbaren Genuß zugleich unser Urteil, indem wir den Inhalt, die Darstellungsmittel des Kunstwerks und die Angemessenheit und Unangemessenheit beider unserer denkenden Betrachtung unterwerfen. (...) Damit hat sie für uns auch die echte Wahrheit und Lebendigkeit verloren und ist mehr in unsere *Vorstellung* verlegt, als daß sie in der Wirklichkeit ihre frühere Notwendigkeit behauptete und ihren höheren Platz einnähme" (S. 22).

Entstand der Kunst die Reflexion aus dem Bewußtsein ihrer selbst, so bezog sie das Recht zur Kritik aus der Kenntnis aller anderen vergangenen und gegenwärtigen Kunst. Hegel verweist auf den oppositionellen Charakter der modernen Kunst, die mit dem Recht zum Neuen die Progression der Geschichte vertritt. Die Kunst, die ihre Weltanschauung bereits losgeworden und deren Gehalt erschöpft ist, weil sie sich „ausgesungen" hat (S. 581), hat ihr Geheimnis verloren und interessiert nicht mehr. Die neue Kunst macht tabula rasa und setzt an, wo und wie es ihr wichtig erscheint. Sie ist keiner Tradition verpflichtet und dem Vorangegangenen nur in ihrer kritischen Haltung verbunden. Damit ist aber auch ihr jeweils eigenes Ende voraussehbar, denn sie verfällt der Geschichtlichkeit.

Hegel erfaßte die wesentlichen Merkmale der modernen Kunst – Subjektivismus, Freiheit, Kritik und Reflexion – zwar genau, blieb aber in seiner Haltung dazu zwiespältig. Bei aller vordergründigen Akzeptanz als Fait accompli waren sie ihm doch, gemessen an dem ehemals absoluten Status der Kunst, ein Abfall. Absolut war ihm die Kunst nicht mehr qualitativ in bezug zum absoluten Einen, sondern nur mehr quantativ in Hinblick auf die Vielfalt des „unvergänglich Menschlichen" (S. 582). Die mythische Kunst interpretierte Hegel als den Ausfluß eines idealistisch gestimmten Unbewußten, aus dem der Künstler als Naturwesen schöpft. War sein Unbewußtes mit einer höheren Einheit verbunden, wenn nicht sogar eins, ist der moderne Künstler von dieser Quelle getrennt, da durch die Reflexion in die Vielheit zerstreut. Er findet den Inhalt nicht mehr in sich selbst, sondern in der Außenwelt, die auch die Produktion der Kunst, etwa als Auftragsproduktion, bestimmt (S. 579). In solch verhalten negativen Bestimmungen entwarf Hegel, wenn man sie ins Positive wendet, die Autonomie einer Kunst, die sich selbst zum Bezug wird, nicht nur geschichtlich, sondern als in sich geschlossenes System. Die Grundlage dazu hatte die Frühromantik geschaffen: Sie verstand Kunst nicht als Sprachrohr – als Avantgarde, wie jene Voraustruppen der schwer manövrierbaren Heere der französischen Revolution, von wo dieser Begriff herkommt – sondern als selbstreflexives System, das sich selbst zur Sprache bringt. Die Saint-Simonisten waren die ersten, die die Avantgarde-Metapher auf die Kunst übertrugen und diese als Agitation ihren sozialen Utopien dienstbar machten. In dieser passiven Rolle fiel die Kunst weit hinter jene Selbstbestimmung zurück, die sie in der Romantik bereits erlangt hatte und die sie im 20. Jh. unter dem Begriff Avantgarde, diesmal für sich, einfordern würde.

Metriker der Nacht

Sehnsucht

Die beginnende Romantik stand unter schwerem Druck. Es galt, eine Mythologie zu schaffen, die nicht nur die ‚sinnliche Religion' für den ‚großen Haufen' abgibt, wie es im Tübinger Systemprogramm heißt, sondern auch für die kritische Wissenschaft die Spitze einer Philosophie bildet, die dieser nicht zu erdenken gelang. Es galt, auf dem Boden der Tatsachen zu bleiben, den Leibniz und Spinoza mit ihrer mathematischen Logik in der Metaphysik bereitet hatten. Fichtes ***Wissenschaftslehre*** und Hegels ***Phänomenologie des Geistes*** und ***Wissenschaft der Logik*** zeigten die Richtung an. Nach Kant war mehr zu leisten als die bloß zeitgemäße Aufbereitung einer Metaphysik, die von diesem, wie Hegel schrieb, „mit Stumpf und Stiel ausgerottet worden" ist[1]. Jacobi sah bei Fichte eine ‚Mathesis pura' verwirklicht, einen „Materialismus ohne Materie"[2]. Das leere Bewußtsein ist als ein mathematischer Raum vorstellbar, in dem die ‚reine Mathematik' mit dem Ziehen einer Linie einen mathematischen Körper und in Gedanken aus dem Nichts eine ganze Welt entstehen läßt. Aus der Unselbständigkeit und dem geistigen Nichtsein, das sich stumpf als Fläche ausbreitet, sagt Fichte, muß sich das Ich in einer Kontraktion zurückziehen, um wieder ein geometrischer Punkt im Bewußtsein zu werden[3]. Zu diesem Polpunkt, wo die Kreatur sich „ganz bis in die Wurzel vernichtet", auf daß Gott alleine übrig bleibt[4], werden sich die Abenteurer der Kunst aufmachen.

Hegel gelang es unschwer, die Metaphysik im Kleid des Panlogismus in die Wissenschaft zurückzuholen. Dabei konnte er mit gutem Gewissen behaupten, einen Weltgeist vorausgesetzt, im Bereich der Immanenz zu bleiben und nicht wie Kant (und Leibniz) mit der erhabenen Unendlichkeit des Raumes und der Zahl ein negatives Jenseits und eine „schlechte Unendlichkeit" anzuvisieren[5]. So leicht wie Hegel, bei dem

1 G. W. F. Hegel: Wissenschaft der Logik. Vorrede zur ersten Ausgabe (1812). Werke (1841), 3.
2 Friedrich Heinrich Jacobi: Brief an Fichte, 3. März 1799, in: Fichte: Briefwechsel. Krit. Ges. II, 28.
3 Fichte: Die Anweisung zum seligen Leben. Werke (1908/12), V, 206.
4 Ebd., V, 230.
5 Hegel: Werke (1844), XV, 341.

sich Geist und Welt gegenseitig bestätigen und die Affirmation den Status quo der bestehenden Verhältnisse bedeutet, konnte die Kunst es sich nicht machen. Sie will und muß zwar auch in der Welt bleiben, in ihr aber soll sich die Welt verändern.

Die Logik gilt als „die Grammatik des höheren Denkens" auch für die Dichtung[6]. Als Dichter interessierte Novalis weniger die Analyse als die Synthese. Seine fragmentarischen, wild wuchernden Begriffsanalysen sind ein atemloses Suchen nach Klarheit, auf daß sich Zusammenhänge ergeben, die bisher nicht sichtbar waren. Überraschende, poetische Zusammenhänge, nicht bloß eine Kette geschichtlicher Abläufe wie bei Hegel. Wenn die Kunst eine Natur in zweiter Potenz ist, ist sie genauso eine geistige Einheit wie die Natur. Entziffert die Wissenschaft in der Natur die Hieroglyphenschrift Gottes, ist die Poesie bereits imstande, mit einer experimentellen Kombinatorik diesen Zusammenhang synthetisch herzustellen.

Die Poesie sollte die Verhärtung einer materialistischen Wirklichkeit durchlässig machen für eine Expansion des Unendlichen in das Endliche. In Umkehrung von Leibnizens Metaphysik wäre es eine ‚Synthese der Transzendenz'. In der Kunst ist das Unendliche als Schönheit sichtbar zu machen, denn Ästhetisierung der Welt bedeutet ihre Vervollkommung. „In der ästhetischen Ansicht der Welt sieht man wirklich alle Dinge in Gott."[7] Für Novalis war damit nicht eine Ästhetisierung und Verschönerung der Welt gemeint, sondern eine veränderte Sicht der Dinge. Sofern sich der Mensch nicht an den Verstand klammert, ist er imstande, „mit Bewußtsein jenseits der Sinne zu sein".[8] Solche „Offenbarungen des Geistes" sind intuitive Momente, „Erleuchtungen", die sich aus Stimmungen und Sinneseindrücken ergeben. Es sind ganz unspektakuläre, beiläufige Anstöße – Gesichter, Worte, der Anblick von Natur –, aus denen „eine Empfindung unmittelbarer Gewißheit, eine Ansicht meines wahrhaftesten, eigensten Lebens" entsteht. Die unerwartet poetische Sicht des Alltäglichen ergibt sich daraus, daß zwischen diesem und dem Unendlichen eine unsichtbare Verbindung besteht. Dieses Unendliche ist jedoch nicht wie bei Leibniz ein mathematisches, das in eine göttliche Ferne reicht, sondern wie bei Plotin eine unenthüllte Potenz des Geistes im Menschen: das Unbewußte. Die vielfältig offenen Formen der romantischen Kunst, ihre Vorliebe für Träume und den Zufall, die okkulte Praxis und Drogen[9] erhoben das Unbewußte in einen Rang, den es erst von den Symbolisten und Surrealisten wieder erhalten sollte. Das romantische Unbewußte ist kein zivilisatorisch bedingtes, sondern liegt am mystischen Ursprung des Seins, ist reine Natur. Der Arzt und Maler Karl Gustav Carus setzte in seinem Buch ***Psyche*** *(1846)* den Geist Gottes mit dem Unbewußten gleich. „Das Unergründliche und eigentlich Unerreichbare des Sehnens nach Gott liegt nämlich darin, daß es hier im wahrhaftesten Sinne zur Aufgabe des denkenden Geistes wird: das Höchste des bewußten Geistes in die tiefsten Tiefen eines *für uns* Unbewußten rein untergehen oder vielmehr aufgehen zu lassen"[10]. Die Kunst will sich nicht

6 Novalis: Schriften (1928), II, 321.
7 F. Schlegel, zit. in: Helmut Schanze (Hg.): Friedrich Schlegel und die Kunstheorie seiner Zeit, 209.
8 Novalis: Schriften (1923), II, 115.
9 Vgl. Novalis ‚Hymnen an die Nacht' und seine Tagebucheintragung vom 16. Okt. 1800.
10 Karl Gustav Carus: Psyche, 401.

in einer Bilderlosigkeit verlieren, sondern das Unbewußte zur Sprache bringen, es als Poesie lesbar machen. Seine Grammatik ist magisch, sie verleiht dem Künstler Zauberkraft. In der Sprache kann der Dichter den in den Dingen gefangenen Geist erlösen und magisch schöpferisch seinem Willen unterwerfen. Aus Momenten solcher „Offenbarungsfähigkeit" heraus läßt Novalis den Magier-Künstler sagen: „Was ich will, das kann ich"[11]. Und: „Die Gedanken verwandeln sich in Gesetze, die Wünsche in Erfüllung"[12]. Die Verwandlungskraft der Dichtung grenzt an Weissagung und Sehertum. Nicht zufällig setzt Novalis Mystiker und Schwärmer nebeneinander[13]. Die Magie ist die ästhetische Form der Mystik.

Das magische Wissen früherer Zeiten ist verloren gegangen, so daß die großen Zusammenhänge nicht mehr zu verstehen sind. Nur im Traum ist noch ein Zugang möglich. Im ***Heinrich von Ofterdingen*** *(1800)* beklagt Heinrichs Vater, daß der unmittelbare Verkehr mit dem Himmel in seiner Zeit nicht mehr stattfindet. Für die Träume, von Heinrich als geheime Botschaften verstanden, fehlt ihm das Verständnis. Heinrich macht sich auf den Weg, als Dichter auch zum Propheten seiner Zeit zu werden. Er verbindet die märchenhaften Arabesken seiner Träume mit einer Wirklichkeit, die sie überall zu bestätigen scheint. Der Traum wird der Ort des mystischen Erlebens. Seine wundersamen, sich rauschhaft verändernden Welten und Unterwelten vermitteln ekstatische Erfüllung. Diese widerstandslos quellende und geschichtslos sich ausbreitende Glückseuphorie weiß allerdings von ihrer Heimatlosigkeit und schließt ihre letztliche Unerfüllbarkeit mit ein. Aus diesem Wissen heraus wird schon die Sehnsucht nach dem Ewigen und Absoluten eine tröstliche Erfüllung. In Schlegels ***Lucinde*** heißt es: „Nur in der Sehnsucht finden wir die Ruhe". Der schmerzliche Verzicht, der darin liegt, äußert sich in einer Wehmut, die alles durchzieht. Die blaue Blume der Träume, Zeichen der Sehnsucht schlechthin, bleibt in der Wirklichkeit ein unerfülltes Versprechen.

Das Mysterium ist nicht aussprechbar und muß ein Geheimnis bleiben, damit ein „heiliger und geheimnisvoller Bund der in die höchste Erkenntnis Eingeweihter"[14] nicht bei Tageslicht die Zauberkraft verliert. Denn alle Priester der Kunst wissen sehr gut, daß der absolute Grund nicht zu finden ist, aber gerade dadurch Freiheit entstehen kann[15]. Die Philosophie, die nicht anwendbar, da kein System ist, sondern „Geist und Gesinnung", ist „ein ewiges Suchen und Nicht-finden-Können"[16]. Daher die Sehnsucht, die nicht gestillt werden soll. Und das nie recht Ausgesprochene, das immer abbricht, aus Unfähigkeit oder Kalkül, auf daß „eine unbestimmte Aussicht ins Unendliche unsere Sehnsucht von neuem erregt"[17]. Ein ewiges Bedürfnis wird immer wieder nur relativ gestillt. „Durch das freiwillige Entsagen des Absoluten entsteht die unendliche freie Tätigkeit in uns – das einzig mögliche Absolute, was uns gegeben

11 Novalis: Schriften (1928), II, 178.
12 Ebd., II, 115.
13 Ebd., III, 46.
14 F. Schlegel, KA III, 101.
15 Novalis: Schriften (1928), II, 180.
16 Schlegel, KA III, 99.
17 Ebd., III, 100.

werden kann und was wir nur durch unsre Unvermögenheit, ein Absolutes zu erreichen und zu erkennen, finden. Dies uns gegebne Absolute läßt sich nur negativ erkennen, indem wir handeln und finden, daß durch kein Handeln das erreicht wird, was wir suchen"[18].

Vielleicht ist das „einzig mögliche Absolute", das sich für Novalis aus dem Verzicht auf das komprimierte, auf Gottes Weltformel gebrachte Absolute ergibt, jenes schlichte Gefühl von „Ausatmen und Dissoziation", das Adorno in seinem Aufsatz über Joseph von Eichendorff dem schwebend Lyrischen seiner Gedichte zuschreibt[19]. Eine Dichtung, der es gelingt, ins „Sprachdunkel" zu treffen, ist nicht subjektzentrierter, fichteanischer Mittelpunkt, sondern erhebt umgekehrt, „als Preisgabe an die Impulse der Sprache, stummen Einspruch gegen das dichterische Subjekt". In einem Gedicht Eichendorffs heißt es: „Schläft ein Lied in allen Dingen, / Die da träumen fort und fort, / Und die Welt hebt an zu singen, / Triffst du nur das Zauberwort". Es ist ein Finden mehr als ein Tun, das der Sprache ihre magische Wirksamkeit verleiht. Das Ich ist suspendiert in der impressionistischen Versprachlichung des Lebens. „Eichendorff verherrlicht was ist und meint doch nicht das Seiende". Er läßt die Dinge an ihrem Sehnsuchts-Ort. Die über Eichendorffs Zeit „weit hinausgreifende Vergeistigung des Sinnlichen" läßt ihn Adorno mit Baudelaire und Rimbaud vergleichen: „So flüchtig und emphemer ist von nun an die Idee, das Absolute". Es ist ein Gestaltloses, das später als Abstraktes auftreten wird. „Eichendorff ist schon ein bâteau ivre, aber eines noch auf dem Fluß zwischen grünen Ufern und mit bunten Wimpeln". Das „Fieber der Sehnsucht", das Rimbaud auf dem ***Trunkenen Schiff*** befallen wird, kennt Eichendorff noch nicht. Die Transzendenz der Bilder läßt die fragile Gegenwart dem nicht Feststellbaren mit Sehnsucht hinterherblicken. Dabei ist es gleichgültig, ob es sich um die Sehnsucht nach der ewigen Anschauung der Gottheit oder, wie das Gedicht ***Sehnsucht*** zum Ausdruck bringt, um ein in der „prächtigen Sommernacht" empfundenes Fernweh handelt, denn Sehnsucht, sagt Adorno, mündet in sich als in ihr eigenes Ziel.

18 Novalis: Schriften (1928), II, 180.
19 Theodor W. Adorno: Zum Gedächtnis Eichendorffs (1957), in: Klaus Peter (Hg.): Romantikforschung seit 1945, 103–115.

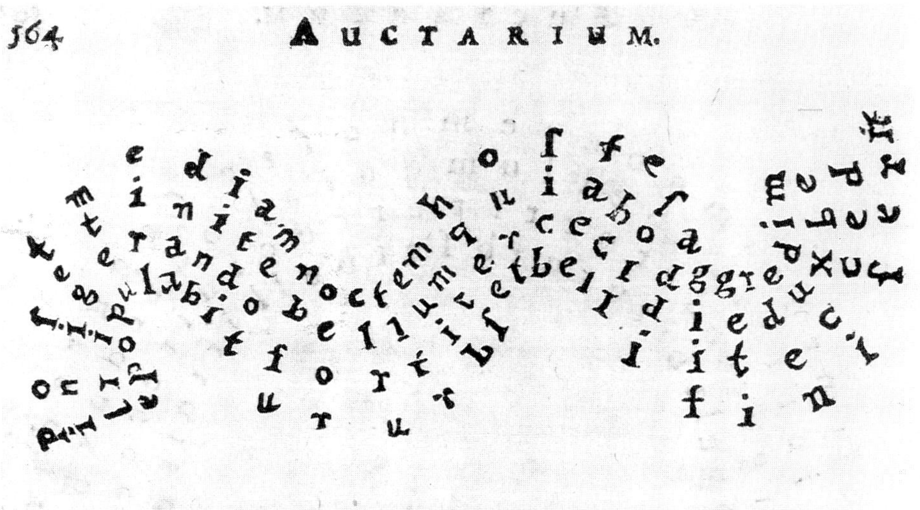

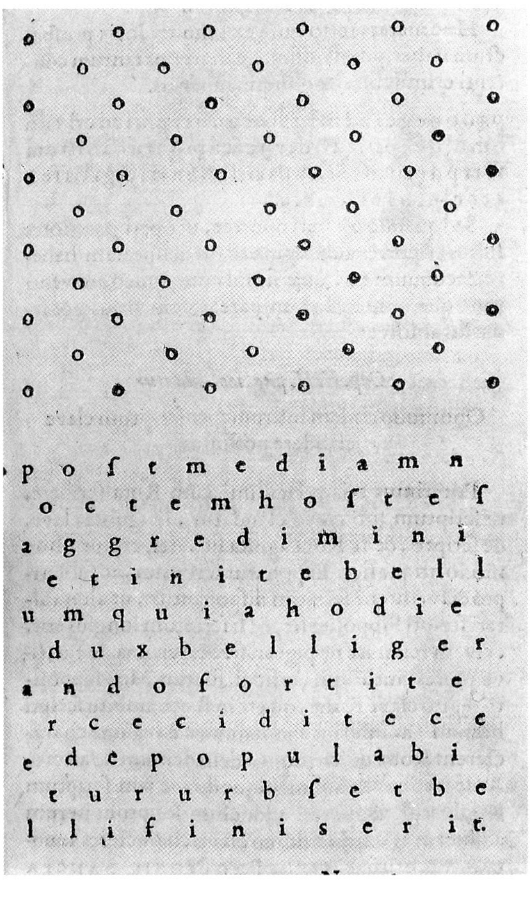

Abb. 22. Nach mathematischen Gesetzen ‚verflüssigte' Schrift, aus: Giambattista della Porta: De occultis literarum notis, 1606.

Verflüssigung der Buchstaben

Für die Romantik war jedes Kunstwerk als eine in sich bestehende Welt „eine neue Offenbarung der Natur“[1]. Dadurch ergab sich das Problem, daß die künstlich geschaffenen Welten nicht der Verdinglichung verfallen, sondern als Gebilde des Geistes kenntlich bleiben sollten. Mehr noch: Auf dem Weg zur göttlichen Einheit sollte durch Vergeistigung das zu Schaffende gleichzeitig wieder aufgehoben werden. Während die idealistische Philosophie sich dem Undenkbaren in gedanklicher Abstraktion (wenn auch mit vielen Worten) näherte, sah sich die Kunst zur Konkretion gezwungen, die gerade jene „Fülle und Leben“ produziert, die es zu überwinden galt (I, 38). Dieses Zwiespalts war sich die Romantik durchaus bewußt, und sie setzte ihn produktiv als formales Mittel ein: als ein Schweben zwischen den Welten, ein ständiges In-Frage-Stellen dessen, was sie selbst schafft.

Diesen Konflikt kannte auch Fichte. Sein absolutes Ich läßt das Nicht-Ich, d. h. die phänomenale Wirklichkeit, wie ein Künstler aus seiner Einbildungskraft heraus entstehen, will es aber als Entfremdung seiner selbst in sich wieder aufheben: „Dieser Wechsel des Ich in und mit sich selbst, da es sich endlich und unendlich zugleich setzt – ein Wechsel, der gleichsam in einem Widerstreite mit sich selbst besteht und dadurch sich selbst reproduziert, indem das Ich Unvereinbares vereinigen will, jetzt das Unendliche in die Form des Endlichen aufzunehmen versucht, jetzt, zurückgetrieben, es wieder außer derselben setzt, und in dem nämlichen Momente abermals es in die Form der Endlichkeit aufzunehmen versucht – ist das Vermögen der *Einbildungskraft*“[2].

Die künstlerische Weltsetzung durch die Einbildungskraft, die sich selbst wieder ‚annihiliert‘, nannte Schlegel Transzendentalpoesie. Die Transzendenz ergibt sich aus dem spielerischen Schein, der sich selbst als solcher darstellt. Diese Selbstreflexion der

1 Friedrich Schlegel: KA II, 327. (Alle weiteren Band- und Seitenangaben im Text von hier).
2 Fichte: Grundlage der gesammten Wissenschaftslehre (1794/95), 135.

Kunst, die immer wieder hinter sich selbst zurücktritt und aus immer neuen Positionen ihre eigene Kunstwirklichkeit aufbricht und spiegelt, ist das Wesen der romantischen Ironie. In ihrer kräftigsten Form, als Witz, erzeugt sie den „*Schein* der Selbstvernichtung"[3], der als Ausdruck der Freiheit zugleich Selbstschöpfung ist. Schlegel spricht auch von einer „Mystik des Witzes" (II, 217). Die Transzendenz des Reellen setzt das „Menschenopfer" des Künstlers voraus (II, 269), denn er ist der Mittler, der das „Göttliche in sich wahrnimmt, und sich selbst vernichtend preisgibt, um dieses Göttliche zu verkünden" (II, 260).

Die Geniebewegung Ende des 18. Jh. hatte die Kunst davon befreit, bloße Nachahmung der Natur zu sein, denn das Genie ist als Naturwesen imstande, Natur aus seiner Subjektivität heraus neu zu schaffen. Die Dichter und Theoretiker der Romantik gingen einen Schritt weiter und lösten das Medium ihrer Kunst, die Sprache, aus dem Naturzusammenhang, denn sie ist, wie A. W. Schlegel sagt, „kein Produkt der Natur, sondern ein Abdruck des menschlichen Geistes, der darin die Entstehung und Verwandtschaft seiner Vorstellungen und den ganzen Mechanismus seiner Operationen niederlegt. Es wird also in der Poesie schon Gebildetes wieder gebildet; und die Bildsamkeit ihres Organs ist ebenso grenzenlos als die Fähigkeit des Geistes zur Rückkehr auf sich selbst durch immer höher potenzierte Reflexionen"[4]. Indem die Sprache selbst ins Bewußtsein der Kunst rückt, wird sie zur Metaebene des zugrundeliegenden Geistes. In ihrem Gebrauch liegt ein ständiger Verweis auf ihren Ursprung. Die Poesie soll, so Friedrich Schlegel, „zwischen dem Dargestellten und dem Darstellenden, frei von allem realen und idealen Interesse auf den Flügeln der poetischen Reflexion in der Mitte schweben, diese Reflexion immer wieder potenzieren und wie in einer endlosen Reihe von Spiegeln vervielfachen" (II, 182).

Diese poetische Reflexion verhindert, daß sich die (Kunst-)Wirklichkeit in der Sprache verdichtet und verfestigt. Schlegel faßte das Problem so zusammen: „Das Wort ist endlich und will unendlich werden – der Geist ist unendlich und will endlich werden"[5]. Die Lösung ebenso knapp: „Ohne Buchstabe kein Geist, der Buchstabe nur dadurch zu überwinden, daß er flüssig gemacht wird"[6]. *(Abb. 22)*. Die Wirklichkeit soll in Bewegung geraten bzw. schon in ihrem künstlerischen Entstehen in Bewegung bleiben. Denn das Werden ist wichtiger als das Sein: „Das Wesen der Poesie ist ihr ewiges Werden" (II, 183). So ist auch Schlegels Abneigung gegen Systeme und seine Vorliebe für das Fragmentarische zu verstehen. Agilität und Chaos sind die positiv besetzten Begriffe des Werdens (II, 263). Entsprechend legt Schlegel in seiner ***Rede über die Mythologie*** *(1798)* die Kunst nicht auf symbolische Inhalte fest, sondern sieht das Höchste in ihrem „Gewebe" gebildet: „alles ist Beziehung und Verwandlung, angebildet und umgebildet, und dieses Anbilden und Umbilden (ist) eben ihr eigentümliches Verfahren, ihr innres Leben, ihre Methode" (II, 318). Die romantische Ironie, fügt Schlegel hinzu,

3 F. Schlegel: Literary Notebooks 1797–1801, 37.
4 A. W. Schlegel: Vorlesungen über schöne Literatur und Kunst (1801/02), Werke, XVII, 261.
5 F. Schlegels Nachlaß zit. in: H. Nüsse: Die Sprachtheorie Friedrich Schlegels, 91.
6 Ebd., 95.

zeigt sich wesentlich nicht in einzelnen Einfällen, sondern „in der Konstruktion des Ganzen". Das meint die reflexive Beziehung der Teile zueinander. „Ja, diese künstlich geordnete Verwirrung, diese reizende Symmetrie von Widersprüchen, dieser wunderbare ewige Wechsel von Enthusiasmus und Ironie, der selbst in den kleinsten Gliedern des Ganzen lebt, scheinen mir schon selbst eine indirekte Mythologie zu sein" (II, 319). In den bewußten Brüchen wird die Poesie als „künstlerischer Geist des Ganzen" sich selbst zum Inhalt. Mittels der „künstlerischen Reflexion und schönen Selbstbespiegelung" kann die Poesie „in jeder ihrer Darstellungen sich selbst mit darstellen und überall zugleich Poesie und Poesie der Poesie sein" (II, 204).

Die Vergeistigung der Poesie betraf auch die Malerei. A. W. Schlegel forderte, daß der Maler das zu seinem Hauptthema machen solle, was gewöhnlich als Nebensache betrachtet wird: den „Schein", die „Färbung und Beleuchtung, das Mittel, wodurch die Körper erst erscheinen"[7]. Die Mittel, Farbe und Licht, sind der Geist selbst, der den Körpern ihr Sein gibt, sie aber gleichzeitig als „Schein" entkörperlicht.

Die divinatorische Kraft des bildnerischen Denkens verlangt eine absolute Künstlichkeit. Schlegel wollte daher keine Naturkunst, die die Natur in ihrem Sein festmacht, sondern eine „Kunstkunst"[8], die sich selbst ständig „potenziert", um sich vom Sein (der Natur) zum Werden (des Geistes) zu ‚verflüssigen'. Dieses manieristische Prinzip meinte Schlegel am Ende seiner ***Rede über die Mythologie***, wenn er von dem „großen Prozeß allgemeiner Verjüngung" des Zeitalters spricht und er in der „ewigen Revolution" die „Grundgesetze der ewigen Wiedergeburt" sah (II, 322). Die ‚neue Mythologie' war daher eher der Prozeß, der ‚eben jetzt' und immer wieder abläuft, als das fertige Produkt.

Gerade jene Autoren, die mit dem Anspruch auftraten, in ihren Werken die neue Mythologie in einer umfassenden Form gleich einer neuen Bibel zum Ausdruck zu bringen, wie Novalis mit ***Heinrich von Ofterdingen*** und ***Die Lehrlinge zu Sais*** oder Schlegel mit ***Lucinde***, scheiterten an diesem Universalismus, verlegten ihn daher in den jeweils zweiten Teil, der über einige Entwürfe nicht hinauskam. (Der Mythos des ‚Großen Werkes' wird bei den Symbolisten seine Fortsetzung finden.) Die Schwierigkeit lag darin, daß ein mythischer Universalismus, der nicht weniger als das „Evangelium der Menschheit" werden soll (II, 265), absolut und unabschließbar zugleich ist. Es bleibt daher bei der „Idee eines unendlichen Buches", da es zu seiner Realisierung die ganze Welt enthalten müßte. Schon die Erzählung einer einzigen Lebensgeschichte bereitete größte Schwierigkeiten, an ihr Ende zu kommen, da unendliche Abschweifungen möglich und sogar notwendig sind. ***Tristram Shandy*** hatte das bereits bewundernswert demonstriert. Die weiteren großen Vorbilder der poetischen Reflexion und manieristischen Formenvielfalt waren Dante mit seiner ***Vita nova***, Cervantes mit dem ***Don Quijote***, Diderot mit ***Jacques le fataliste*** und nicht zuletzt Goethe mit ***Wilhelm Meisters Wanderjahre*** *(1795/96)*. Die romantischen Romane, die gleichzeitig mit dem ***Wilhelm Meister*** oder kurz

7 A. W. Schlegel, zit. in: Paul Reiff: Die Ästhetik der deutschen Frühromantik, 155.
8 F. Schlegel: Literary Notebooks, 36.

danach erschienen – Ludwig Tiecks ***William Lovell***, Hölderlins ***Hyperion***, Schlegels ***Lucinde***, Jean Pauls ***Titan***, Novalis' ***Heinrich von Ofterdingen***, Clemens Brentanos ***Godwi*** und Bonaventuras ***Nachtwachen*** – nehmen zwar fast alle wie Goethe das Schema des Entwicklungsromans auf, verzichten aber, anders als er, auf den großen Bogen, der die Verwirrungen des Lebens aufklärerisch aufhebt. Die Romantiker reißen den Leser spielerisch ständig aus der Verwobenheit in die üppigen Phantasiewelten heraus, indem sie ihm seinen Status als Beobachter bewußt machen, aber nicht, um die Ratio über das Geheimnis siegen zu lassen, sondern um dieses als Grundstruktur von allem kenntlich zu machen. Es ist weniger die Handlung mit ihren kräftigen Anleihen beim Schauerroman, die dabei zählt, sondern die Erzählweise.

Die Perspektive der Erzählung wechselt von der ersten zur dritten Person und zurück; Erzähler kommen und verschwinden; durch die beliebte Form des Briefromans gibt es gleich mehrere Erzählebenen; Nebenhandlungen werden zu Haupthandlungen und umgekehrt; Romanfiguren sprechen über ihre literarische Darstellung in früheren Kapiteln, so daß der Roman zum Roman des Romans wird; Prosa, Lyrik und Drama mischen sich; und schließlich: Die Sprache selbst wird in ihren vielfältigen Ausdrucksformen, die in ihrer Musikalisierung und Verbildlichung von einer überaus reichen Metaphorik bis zu Wortneubildungen und der Aufhebung syntaktischer Regeln reichen, spielerisch vorgeführt. Viele der handelnden Figuren sind nicht das, was sie zu sein scheinen. Sie irren unter der Last unergründlicher Schicksale durchs Leben, bis, oft zu spät, der Bann der Täuschungen wie im Märchen (und nicht im Licht der Aufklärung) gebrochen wird. Was für Wirklichkeit gehalten wurde, löst sich auf, und das Leben erscheint als Traum, aus dem (anders als im ***Wilhelm Meister***) nicht alle aufwachen. In diesen Traumwelten steht alles mit allem in Zusammenhang und kann sich alles in alles verwandeln. Während die raumzeitliche Struktur der Klassik die Dinge klar umreißt und in ihrer Individualität plastisch zur Anschauung bringt, hebt der romantische Sprachfluß die räumliche und zeitliche Bestimmbarkeit und damit die Konturen der Dinge auf. Das Erzählerische ist in einem ständigen Fluß, wo Anfang und Ende nur willkürlich gesetzte Augenblicke unendlicher raumzeitlicher Bewegungen sind. Jede Konstellation des zugrundeliegenden Einen ist möglich, jede ist gleichwertig. Der Dichter, sagt Novalis, betet den Zufall an.

Bei dem großem Manieristen Shakespeare, schreibt Ludwig Tieck, habe er zu begreifen gelernt, was er bei den Mystikern nicht verstanden hat[9]. Es leuchtete ihm dann auch ein, daß Novalis umgekehrt Jacob Böhme einen Poeten nannte, in dessen Manier und Sinn man weiterdenken sollte. Er selbst entdeckte in ihm die „lebendigste Poesie" (S. 186). Das manieristische Spiel der Täuschungen, Spiegelungen und Reflexionen will in den Kunstwelten die ganze Welt als illusionistische Täuschung durchschaubar machen. Tieck brachte in seinen zwischen 1797 und 1799 entstandenen Komödien ***Der gestiefelte Kater***, ***Die verkehrte Welt*** und ***Prinz Zerbino oder die Reise nach dem guten Geschmack*** das Medium Theater selbst zur ironischen Darstellung und löste alle Nägel aus den

9 Ludwig Tieck: Studienausgabe, Bd. 9/III, 197. (Alle weiteren Seitenangaben im Text von hier.)

Brettern, die dort die Welt bedeuten. Theaterbesucher greifen in das Bühnengeschehen ein, ein Theaterdirektor zettelt gegen einen Schauspieler, der sich in der Rolle des Apollo zum Despoten aufspielt, eine Revolte an, ein Maschinist erläutert seine Theatertricks, Akteure sprechen über den Charakter und die dramaturgische Bedeutung ihrer Rolle, die Bühne wird zum Theater, auf dem sich wieder eine Bühne mit Zuschauern befindet, es kommen Szenen und Figuren vor, die nicht ins Stück passen, eine Bühnenfigur begeht Selbstmord, indem sie von der Bühne springt und Zuschauer wird, und Prinz Zerbino will seinem Leben ein Ende bereiten, indem er die Handlung zu ihrem Anfang zurückdrehen will, so daß die Szenen sich in verkehrter Folge wiederholen. Tieck wollte mit seiner Ironie nicht wie Swift die „Laster des Tages" (S. 214) geißeln, sondern die „Widerwärtigkeiten in der Zeit" in der Poesie entwerten. In ***Die verkehrte Welt*** heißt es: „Je nun, eine gute Verwirrung ist mehr Wert als eine schlechte Ordnung". Die Ironie bewahrt vor „leerem Idealisieren" und gibt die Kraft, über dem Stoff zu stehen (S. 248). Tiecks Spiel mit Wirklichkeiten, das ihre Ordnung mittels des Witzes subversiv in Frage stellt, wird hundert Jahre später in Alfred Jarrys und Velimir Chlebnikows symbolistischen Anti-Welten wiederkehren und im Zürcher Dadaismus in radikalisierter Form der Poesie eines Jakob Böhme gleichgestellt werden.

Vokalfarbenleiter

Auch wenn der Einfluß der Philosophie auf die Romantik entscheidend war, entwickelte sie sich doch anders, als die Theoretiker der Ästhetik von Fichte bis Hegel erwartet hatten. Die Orientierung an der Antike, in deren Kunst Idee und Form eine absolute Einheit darstellten, war mit dem Ende der Klassik (und trotz Goethe) hinfällig geworden. Der Gemeinschaft bildende Mythos, der sich an symbolischen Inhalten und deren Trägern, menschlich-göttlichen Gestalten, festmacht, wich in der Romantik einer individualistischen Innerlichkeit, die das Inventar und die Figuren der mythischen Erzählung nicht braucht und darum dem idealistischen Schönheitsideal nicht verpflichtet ist. Diese Entwicklung in der Romantik sahen die Philosophen zwar deutlich, dennoch konnten sie ihre idealistische Vorgabe an die Malerei nicht zurücknehmen. Eine Form ohne eine innewohnende Idee hat keine Aussagekraft, und da die Idee nur wahr und schön sein kann, muß es auch die mit ihr verbundene Form sein[1]. Das Häßliche hat in der Kunst keinen oder bestenfalls einen auf das Ideal verweisenden Platz. Seit der Renaissance stand fest, daß der Mensch die Vollendung der Schöpfung und darum in der Malerei das edelste Bildmotiv sei. In der religiösen Malerei ergab sich die Bedeutsamkeit der Menschendarstellung dadurch von selbst. In der religiösen Malerei der Romantik, die mit Ausnahme jener der Nazarener bedeutungslos blieb, erscheint Christus nicht als Leidender, sondern als Verkörperung der Liebe, die, im Sinne Hegels, der absolute Geist selbst und darum in ihrem Ausdruck schön ist. Die von Hegel und selbst von Schlegel prädentierten Madonnen mit Christuskind und Mondsichel gerannen zum religiösen Erbauungskitsch. Die Maler des Historismus, die sich an Hegels Geschichts- und Kunstphilosophie orientierten, etwa Paul Chenevard mit seinem Monumentalpanorama im Pariser Pantheon oder Wilhelm von Kaulbach *(**Die Zerstörung Jerusalems,** 1842–47)*, kamen über ein idealistisches und entsprechen blutleeres Pathos nicht hinaus.

1 Schelling: Sämtl. Werke, VII, 295.

Die überzeugenden Leistungen der romantischen Malerei in Deutschland brachte die als zweitrangig eingestufte Landschaftsmalerei hervor. Vorbereitet und begleitet wurde sie von den Dichtungen eines Wackenroder, Tieck, Brentano und Novalis, deren Naturbeschreibungen sich als bildhafte Seelenlandschaften darstellen. Was der Künstler aus sich heraus imaginiert, ist der „lebendige Geist", den er in die Dinge hineinlegt, so daß die Darstellung des Menschen selbst überflüssig wird[2]. Die Landschaftspoesie auf den Bildern von Caspar David Friedrich entsteht aus der abstrahierenden Einfachheit einer in klassizistischer Klarheit erscheinenden Natur, deren Strenge nicht zu gefühlshafter Berauschung verleitet wie die Landschaften der Dichter, sondern zu einer ehrfürchtigen Kontemplation. Architektur, sofern sie in den Bildern vorkommt, hat Zitat- und Verweischarakter – es sind Kirchen, die in der Natur verschwinden bzw. sich in ihr als Ruinen auflösen. Sie werden überflüssig, denn die Natur selbst wird zum Andachtsraum, in dem höchstens ein Kreuz den transzendenten Stimmungsgehalt der gotisch aufstrebenden Bäume und Berggipfel verdeutlicht. Die Kirchenruinen verweisen zeichenhaft auf die ‚innere Kirche'. Der als Maler von Friedrich beeinflußte und mit ihm befreundete Carl Gustav Carus schrieb über (und an) den imaginären Betrachter dieser Landschaften: „Es ist eine stille Andacht in Dir, Du selbst verlierst Dich im unbegrenzten Raume, Dein ganzes Wesen erfährt eine stille Läuterung und Reinigung, Dein Ich verschwindet, Du bist nichts, Gott ist alles"[3].

Wenn Friedrich Menschen in die Landschaft stellt, so als Betrachter, die er von rückwärts zeigt, wie um ihr individuelles Ich zu verbergen. ***Die Frau in der Morgensonne*** *(um 1808)*, eine silhouettenhafte Gestalt, drückt in ihrer Haltung jene Ergriffenheit und Hingabe an die Natur aus, die der Betrachter des Bildes (hinter ihr) mit ihr empfinden soll. Einen Schritt weiter geht der ***Mönch am Meer*** *(1808–09)*, wo die kleine Gestalt des Mönches in der Weite der Dünen, des Meeres und des riesigen Himmels fast verschwindet, obwohl er zugleich der kontemplative Mittelpunkt dieses unendlichen Geistesraumes ist *(Abb. 23)*. Neben der räumlichen Weite ist es das Licht, das die Vergeistigung der Materie ins Mystische sinnfällig macht, auch wenn Friedrich an der realistischen Darstellung der Natur festhält und sie nicht, wie Turner in England, in eine konturenlose Farbigkeit auflöst. Von der Bilddramaturgie noch zurückgenommener, protestantischer, als der Mönch ist das ***Meer mit aufgehender Sonne*** *(1825/26)*, wo eine Ahnung von der aufgehenden Sonne und eine Gischt in der Bildmitte in den Urelementen das Göttliche selbst durchscheinen läßt. Das macht der Vergleich mit Friedrichs ***Engel in Anbetung*** *(1835)* deutlich. In einem ähnlichen Lichtraum, gebildet aus Wolken, schweben anbetend zwei Engel, die in dem diffusen Licht, gegen welches sie sich wenden, nur Gott selbst sehen können.

Mit der Vergeistigung der Natur verließ die religiöse Andacht den geschlossenen Raum. Friedrich wollte diesen Schritt auch praktisch setzen. Er entwarf um 1805 für eine Kapelle in Vittel einen davor liegenden offenen Predigtraum, dessen Oval von

2 Philipp Otto Runge, zit. in: Fritz Strich: Deutsche Klassik und Romantik, 145.
3 Carl Gustav Carus: Neun Briefe über Landschaftsmalerei, 22.

Abb. 23. Caspar David Friedrich: Der Mönch am Meer, 1808–10.

Bäumen umstanden sein und dessen Sitze aus Findlingen bestehen sollte. Die mystische Entgrenzung führte konsequenterweise zu einer konfessionellen Entgrenzung und zu einem In-Frage-Stellen der Kirche als Institution. Für Novalis waren die Künstler die Propheten, in derem Wirken das Göttliche unmittelbar zum Ausdruck kommt. Wackenroder verglich die Anschauung des Kunstwerkes mit dem Gebet. Der Ort der Anbetung verlagerte sich von der Kirche in den Kunsttempel. Das Museum war für Hölderlin die ‚ästhetische Kirche'.

Der Versuch der Romantik, die Poesie zur Substanz der Künste und der Welt selbst zu machen, stellte einen Gesamtzusammenhang her, der die Grenzen auch zwischen den Künsten fließend werden ließ. So wurden Gemälde in Sonetten nachempfunden und Dichtungen in Bildern dargestellt oder in Tondichtungen verwandelt, Gedichte vertont usw. Die Absolutheit, die der Instrumentalmusik zugestanden wurde, sollte auch auf Dichtung und Malerei anwendbar sein. Novalis stellte sich sogar eine Durchdringung von Musik und Plastik vor[4]. Die innere Logik der Musik, die von äußeren Inhalten frei ist, operiert mit jenen Elementen, auf die die Sprache, der Ton, die Farben durch die Analyse der sinnlichen Wahrnehmung zurückgeführt wurden[5]. Die Romantiker brachten sie in eine synästhetische Verbindung, um Zusammenhänge aufzudecken, die vorhanden sein müssen, wenn der Geist die gesamte Natur durchdringt. Novalis meinte, daß die Sprache früher viel musikalischer gewesen sein muß, ehe sie „gerade

4 Novalis: Schriften (1928), II, 361.
5 E. F. F. Chladnis: Entdeckungen über die Theorie des Klanges (1787).

so prosaisirt" wurde[6]. Der bloße Schall sollte wieder Gesang werden, wobei allerdings die Konsonanten hinderlich wären. A. W. Schlegel beschäftigte sich in seinen ***Betrachtungen über Metrik*** mit den Vokalen, die er mit Farben in Zusammenhang brachte, um eine „Vokalfarbenleiter" zu erstellen[7]. Solche manieristischen Versuche hatte es schon im 16. und 18. Jh. gegeben. So baute Giuseppe Arcimboldi eine ‚Perspektiv-Laute', mit der er Töne in Farben umwandelte; und Louis-Bertrand Castel konstruierte ein ‚Augen-Cembalo', bei dem mit jedem Anschlag einer Taste durchscheinende Seidenbänder erschienen, die von hinten beleuchtet wurden. Töne wurden so in Farben umgesetzt[8]. Im 19. Jh. wurden mehrere solche ‚Licht-Orgeln' gebaut.

Für Novalis war die Sprache „ein musikalisches (Ideen-)Instrument"[9], dessen Gebrauch nicht an Inhalte gebunden ist: „Erzählungen, ohne Zusammenhang, jedoch mit Assoziation, wie Träume. Gedichte bloß wohlklingend und voll schöner Worte, aber auch ohne allen Sinn und Zusammenhang"[10]. In Tiecks ***Sternbald*** wird jemand gefragt, was der Inhalt eines Gedichtes sei; die Antwort ist: „… wenn es dir recht ist, gar keiner (…), warum soll eben Inhalt den Inhalt eines Gedichts ausmachen?"[11]. Romantische Gedichte wurden vielfach ‚Lied' genannt, nicht weil sie zur Vertonung bestimmt waren, sondern weil sie selbst Musik sein sollten. Clemens Brentano dichtete z. B. eine ‚Phantasie für Flöte, Klarinette, Waldhorn und Fagott'. Er entwickelte in seinen Gedichten eine Art assoziativer Reihentechnik, die in Details unverständlich ist, im großen Zusammenhang aber in ihrer musikalischen und auch inhaltlichen Bedeutung kenntlich bleibt.

Auch die Musikalisierung der Malerei führte nicht zur Abstraktion, sondern zur Allegorisierung. Philipp Otto Runge wollte mit seiner ***Farbenlehre*** *(1810)* die Malerei analog zur Musik auf ihre Grunderscheinungen zurückführen. In Anlehnung an die Licht- und Farbmystik des Jakob Böhme entwarf er eine Farbsymbolik, die an dessen theosophische Naturdeutung anschloß. Wenn er in dem Bildzyklus ***Die Zeiten*** *(1803)* eine „abstrakte malerische phantastisch-musikalische Dichtung" anstrebte[12], so bezieht sich abstrakt nicht nur auf die darin enthaltenen Ideen („die vier Dimensionen des geschaffenen Geistes"), sondern auch auf den symbolischen Wert der Farben und Formen. Indem er ihnen einen Eigenwert unabhängig von einer Gestaltgebung zuerkannte, nahm er die Entgegenständlichung der Malerei zumindest theoretisch vorweg.

Goethe ging in seiner ***Farbenlehre*** *(1810)* der Analogie von Farbe und Musik aus dem Weg und beschränkte sich bei seinen mit großer Akribie durchgeführten Experimenten und Studien alleine auf die Farbe. Dennoch wollte er nicht so weit gehen wie Newton, gegen dessen Farbentheorie er sich heftig wandte, da er in Newtons physikalischen Abstraktionen die phänomenale Welt sinnlicher Erscheinungen sich

6 Novalis: Schriften (1923), II, 234.
7 A. W. Schlegel: Sprache und Poetik, 199.
8 Hans Scheugl, Ernst Schmidt jr.: Eine Subgeschichte des Films, I, 559.
9 Novalis: Schriften (1923), III, 19.
10 Ebd., II, 308.
11 Ludwig Tieck: Franz Sternbalds Wanderungen (1798). Werke, I, 928.
12 Philipp Otto Runge: Hinterlassene Schriften, II (1840/41), 202.

verlieren sah. Geist und Natur waren für Goethe eine organische Einheit, und das mathematisch-logische Denken war vom Sichtbaren nicht zu trennen. Im historischen Teil der ***Farbenlehre*** beurteilt er die Maler alleine nach ihrer Fähigkeit, das Kolorit des Dargestellten und die Harmonie der Farben zu treffen. Wenn Hegel in einem Brief an Goethe dessen Wissenschaftlichkeit hervorhebt und an Newtons Warnung erinnert, daß die Physik sich vor der Metaphysik hüten soll, er die Metaphysik gar als Feind bezeichnet[13], übersieht er geflissentlich, daß Goethe kein Problem damit hatte, seine wissenschaftliche Arbeit in einen metaphysischen Rahmen zu stellen. Beim Studium der Lichtbrechung mittels eines Prismas entdeckte er, daß sich eine weiße ebenso wie eine schwarze Fläche nicht in Spektralfarben auflösen läßt und nur an ihren Grenzen Farben hervorzubringen sind[14]. Goethe bezeichnet diese nicht hintergehbaren „Urphänomene" auch als Licht und Finsternis, was bereits die religiöse Dimension, die er ihnen gibt, andeutet. Der Naturforscher läßt die Urphänomene „in ihrer ewigen Ruhe und Herrlichkeit", aber der Philosoph, spielt Goethe den Ball weiter, kann sie in seine Religion aufnehmen[15]. Er gibt allerdings selbst die Richtung vor, denn der abstrakte Bogen, der die Welt (der Farben) umspannt, ist plotinisch gefärbt. „Wir sind aber schon weit genug in sie (die Natur) vorgedrungen, wenn wir zu den Urphänomenen gelangen, welche wir in ihrer unerforschlichen Herrlichkeit, von Angesicht zu Angesicht anschauen, und uns sodann wieder rückwärts in die Welt der Erscheinungen wenden, wo das in seiner Einfalt Unbegreifliche sich in tausend und abertausend mannigfaltigen Erscheinungen bei aller Veränderlichkeit unveränderlich offenbart"[16]. Die Farben, die sich zwischen den Polen entfalten, weisen in ihrem Wechselbezug auf ihr Gemeinsames zurück. Die Zumischung von Schwarz zu einer Farbe erzeugt eine „Trübung", die als schmutzig empfunden werden kann, so daß das Schwarz über die Psychologie seine metaphysische Bedeutung bekommt. Ebenso ist es mit dem Weiß, der Symbolfarbe des reinen Lichtes. Hegel interpretiert in seinem Brief an Goethe diesen Dualismus auf seine Weise um. Goethes Urphänomene stehen sich bei ihm als „unser Abstruses und das erscheinende Dasein" gegenüber. Das Abstruse ist das Absolute, das er nicht als das Licht des Einen begreifen will, wie schon im Zusammenhang mit seiner Auffassung von Brahman zu sehen war, sondern als eine abstoßende, da undenkbare Finsternis. Goethes Farblehre, schmeichelt er dem Autor, diene dazu, „unser zunächst austernhaftes, graues oder ganz schwarzes – wenn Sie so wollen – Absolutes (...) an das Licht des Tages herauszuführen".

Goethe wollte mit der Farbenlehre wissenschaftliche Grunderkenntnisse über das Leben liefern, das Ergebnis wäre ein analytisches. Er verglich das polare Verhältnis der Farben mit der Elektrizität und dem Magnetismus, die zu seiner Zeit als Lebenskräfte angesehen wurden, deren Gesetze er aber als weniger nützlich ansah als die ästhetischen[17]. In der Elektrizität konnte er nicht die Logik erkennen, die er in dem

13 Hegel: Brief vom 24. Feb. 1821, in: Sämtl. Werke, XXVIII, 251.
14 Johann Wolfgang Goethe: Die Farbenlehre. Sämtliche Werke, X, 910.
15 Ebd., 75.
16 Ebd., 476.
17 Goethe: Farbenlehre, 224.

Farbuniversum zu entdecken meinte. Die universelle Synthese würde sich aus der Logik ergeben. (Wittgenstein wird mit seinen Untersuchungen über die Farben hier anknüpfen.) Die Malerei war allerdings weiter an ihre klassischen Motive, Allegorien und Naturdarstellungen gebunden. Es blieb William Turner vorbehalten, Goethes Farbentheorie als malerischen Neuanfang zu deuten. Eines seiner späten Bilder, ein Lichtraum aus rotierenden Farben, trägt den Titel ***Light and Colour (Goethe's Theory). The Day after the Deluge – Moses writes the Book of Genesis*** *(1843)*. Dieser nicht nur symbolisch, sondern malerisch vollzogene Weltanfang (dem wir mit ähnlich symbolischen Titeln in der amerikanischen Malerei nach dem 2. Weltkrieg wiederbegegnen werden) wird in den farbtheoretisch gestützten Punktsynthesen der Impressionisten seine Fortsetzung finden. Zu ihrer Zeit waren weder Goethes ***Farbenlehre*** noch Turners ‚Bildnisse des Nichts' ein Erfolg.

Die Romantik begriff die Naturwissenschaft nicht logisch, sondern magisch. Die aus der Musik abgeleitete Gestaltlosigkeit blieb weiterhin an eine poetisch geschaute Natur gebunden. In Deutschland zeigt sie sich nur in der Dichtung. Im ***Sternbald*** läßt Tieck eine Romanfigur angesichts eines buntgefärbten Abendhimmels sagen: „Sieh, (...) wenn ihr Maler mir dergleichen darstellen könntet, so wollte ich euch oft eure beweglichen Historien, eure leidenschaftlichen und verwirrten Darstellungen mit allen unzähligen Figuren erlassen. Meine Seele sollte sich an diesen grellen Farben ohne Zusammenhang, an diesen mit Gold ausgelegten Luftbildern ergötzen und genügen"[18]. Es ist die Natur und da vor allem der Himmel, der mit seinen Wolken die Phantasie anregte, Konturen und Formen in sie hineinzusehen. Der Engländer Alexander Cozen entwickelte um 1785 als Vorentwürfe für seine Ölbilder eine Tuschtechnik, die zufällige Flecken und Formen sich zu Landschaften und Wolkenhimmeln entwickeln ließ[19]. Das gewaltige Schauspiel der Natur erlaubte eine Dramatisierung des Farbauftrags. Das gilt bei den englischen Malern für Turner, John Constable *(**Waymouth Bay**, 1818)* und John Martin mit seinen endzeitlichen Himmelsspektakeln. Die Umsetzung von Natur in Farbe führte außer zu den Impressionisten auch zu den Symbolisten, denen sich die Materie vollends ‚verflüssigte'.

18 Tieck: Sternbald, 907.
19 Werner Busch: Das sentimentalische Bild, 349.

Gespenster der Freiheit

Titanen stürzen

Da von den Göttern im Himmel nichts mehr zu hören war, begann die Erwartung des Goldenen Zeitalters auf Erden nach dem ersten Rausch der Unabhängigkeit schwer zu lasten. Es stellte sich bald die Frage, ob der selbsternannte Prometheus mehr sei als ein romantischer Schwärmer, der seine Kräfte überschätzt hat. In Hölderlins ***Hyperion*** *(1797/99)* bleiben nicht nur die eleusinischen Träume unerfüllt, auch die menschlichen Glückshoffnungen zerbrechen an einem Schicksal, das dunkel, als in der eigenen Brust gelegen, geahnt wird. Die Sehnsucht ist so groß, daß sie die Erfüllung greifbar nahe, ja real erscheinen läßt. „Aber ein Moment des Besinnens wirft mich hinab. Ich denke nach und finde mich, wie ich zuvor war, allein, mit allen Schmerzen der Sterblichkeit und meines Herzens Asyl, die ewigeinige Welt ist hin; die Natur verschließt die Arme, und ich stehe, wie ein Fremdling, vor ihr und verstehe sie nicht"[2]. Dieses Schwanken zwischen den Extremen mystischer Entgrenzung und menschlicher Begrenzung, erhält Hyperion zur Warnung, wird ihn zerstören: „Darum, weil du alles hast und nichts, weil das Phantom der goldenen Tage, die da kommen sollen, dein gehört und doch nicht da ist, weil du ein Bürger bist in den Regionen der Gerechtigkeit und Schönheit, ein Gott bist unter Göttern in den schönsten Träumen, die am Tage dich beschleichen, und wenn du aufwachst, auf neugriechischem Boden stehst. (...) Ich fürchte für dich, du hältst das Schicksal dieser Zeiten schwerlich aus. (...) O Gott! und deine letzte Zufluchtstätte wird ein Grab sein" (S. 275). Mehr als diese Prophezeiung quält Hyperion, daß ihm die Kraft fehlt, Lehrer der Menschheit zu sein. Er wollte den Himmel stürmen und leerfegen, um dann den Sterblichen sagen zu können, „bleibt unten, Kinder des Augenblick! strebt nicht in diese Höhen herauf, denn es ist nichts hier oben". Er selbst wollte ein Unsterblicher auf Erden sein. Hyperion/Hölderlin wendet sich ernüchtert an

1 Friedrich Hölderlin: Hyperion oder Der Eremit in Griechenland, in: Werke Briefe Dokumente, 225. (Alle Seitenangaben im Text von hier.)

seine Dichter- und Philosophen-Kollegen, die ihm doch etwas abgeben sollen von der Gottheit, deren sie angeblich so voll sind. Doch diese Aufforderung ist bittere Ironie, denn auch unter ihnen herrscht an erster Stelle der Tod. „Not und Angst und Nacht sind Eure Herren. Die sondern Euch, die treiben Euch mit Schlägen aneinander. Den Hunger nennt Ihr Liebe, und wo Ihr nichts mehr seht, da wohnen Eure Götter. Götter und Liebe?" (S. 257). Nachhaltiger konnten die höchsten Ideale der Zeit gar nicht in Frage gestellt werden. Götter und Liebe und ein Fragezeichen! Blieb da als letzte Zuflucht nicht jener Schritt, den Empedokles auf dem Ätna vollzog?

Zu einem Zeitpunkt, da die deutsche Philosophie gerade erst zu ihrem idealistischen Höhenflug gestartet war, hatte die Kunst schon deren Scheitern vor Augen. Nicht als philosophisches System, das in seinen Gedankenketten an kein Ende kommt und daher auch nicht einzuholen ist, und auch nicht als berauschende Dichtung, sondern in der Gestalt des Propheten selbst. Hölderlins Arbeit am ***Hyperion*** ging zeitlich und thematisch direkt in ***Der Tod des Empedokles*** *(1797–1800)* über. In dieser Fragment gebliebenen Tragödie thematisiert er das Scheitern des Nachfahren des Prometheus und versucht er, in den drei Fassungen des Stückes in immer neuen Ansätzen auch dem Scheitern noch einen Sinn zu geben. Empedokles ist bei Hölderlin in erster Linie Philosoph und Dichter, ein Einsamer und Kulturverächter, „auch in wirklich schönen Verhältnissen unbefriedigt, unstet, leidend, bloß weil sie besondere Verhältnisse sind", denn nicht kann er „ausgebreitet, wie ein Gott, in ihnen leben und lieben"[2]. Er hat die himmelstürmende Zeit schon hinter sich. Vorbei sind die Tage, „da der trunkene Mann vor allem Volk sich einen Gott genannt", da er mit Worten Götter schuf und sich selbst zum Gott machte. Aber nicht nur der Priester, sein großer und von ihm verachteter Widersacher, wirft ihm das vor, ihn selbst packt die Reue über solch jugendlichen Frevel: „Die Götter waren mir dienstbar nun geworden, ich allein war Gott und sprach's mit frechem Stolz heraus"[3]. Denn nichts waren die Götter, wenn er sie nicht verkündigte. Er war so groß, daß ihm die Himmlischen „wie blöde Knechte dienten!". Für das Volk war er ein Weiser und Wunderheiler, dem sie die Königskrone antrugen, ein „Halbgott", ein „Göttlicher", ein zweiter Prometheus. „Es tönt sein Wort dem Volk, als käm es vom Olymp; sie danken's ihm, daß er vom Himmel raubt die Lebensflamm und sie verrät den Sterblichen"[4]. Aber nicht nur an den Göttern beging er selbstherrlich Verrat, auch an der göttlichen Natur, die er in ihrer Selbstverständlichkeit verachtete und sich zur Magd machte.

Woher Empedokles' Sinneswandel kommt, wird im Stück kaum zur Sprache gebracht und erklärt sich nur aus den als unerfüllbar erkannten Erwartungen, die sich in jener stürmenden und drängenden Geniezeit, da die Blumen des Guten („Edel sei der Mensch, hilfreich und gut") mit ihrem Duft nach geistiger Freiheit alle berauschten, an die Kraft des menschlichen Geistes klammerten. Hölderlin und Goethe zählten zu den ersten, die auf den Boden der (unveränderten) Realität zurückkamen. Goethe sanft

2 F. Hölderlin: Der Tod des Empedokles. Sämtliche Werke, III, 67.
3 Ebd., 95.
4 Ebd., 174.

und gleitend, Hölderlin jäh und schmerzhaft. Und sie waren auch die ersten, die diesen Vorgang thematisierten: Goethe im ***Faust*** (das Urfaust-Fragment wurde 1790 gedruckt), Hölderlin im ***Empedokles.***

Hölderlin erkannte wohl, daß die eigene Kraft und die der ganzen philosophisch-dichterischen Jugendbewegung des ausgehenden 18. Jh. nicht ausreichte, den Himmel auf die Erde zu holen oder selbst nur auf der Erde etwas zu verändern, daß er, trotz allen Redens vom „Göttersohn", nicht einmal für sich ein Stück Himmel realisiert hatte, geschweige denn für andere. In einem Brief schrieb Hölderlin an Schiller: „Ich fühle nur zu oft, daß ich eben kein seltener Mensch bin. Ich friere und starre in den Winter, der mich umgibt. So eisern mein Himmel ist, so steinern bin ich"[5]. Persönliche und Zeitprobleme treffen im ***Empedokles*** zusammen. In ihm dokumentiert sich ein höchst individuelles Scheitern an den Forderungen und Erwartungen des endenden Jahrhunderts. Hölderlin selbst sah den Umschwung als ein Walten des Schicksals: „... des Himmels Söhnen ist, wenn überglücklich sie geworden sind, ein eigner Fluch beschieden"[6]. Ihn rief er dadurch hervor, daß er sich schuldig machte. Selbst bloß Vermittler des Göttlichen, machte er sich zum Ersatz-Gott, dem „im Busen die tyrannische Begierde" glühte und der das Volk die obersten Prinzipien vergessen ließ[7]. Mit der Selbstüberschätzung des Empedokles „wuchs die Trunkenheit dem Volke", das glaubte, in ihm die Götter zu hören. In ihrer Anbetung nahm der Durstige das Gift der Hybris in sich auf. Jetzt da die Brust verödet ist – „abgeerntet ist das Feld"[8] – und das Volk, aufgestachelt vom eifersüchtigen Priester, ihn wegjagt, vollzieht sich in ihm der Umschwung. Er erkennt, daß seine Rolle beendet ist. Der Sprung in den Ätna ist ein Akt der Sühne gegenüber den Göttern und der Versöhnung mit der Natur. In der zweiten Fassung des Stückes tritt der Aspekt des Opfers statt der Sühne stärker hervor. Damit das Volk mit der Natur und den Göttern wieder versöhnt wird, muß der Vermittler abtreten. In der dritten Fassung wird das Opfer vollends zum Akt der Erlösung. Hatte Hölderlin zuerst den Mythos vom Göttersohn radikal in Frage gestellt, richtete er ihn zuletzt wieder auf. Die Erwartung des Heils rückt damit wieder in weite Ferne, denn nicht das Volk erlangt die Macht, sondern wieder der Priester. Der Grundkonflikt des ***Empedokles***, die Kluft zwischen Idealem und Realem, wird im Mythos des Erlösers der Zeit enthoben und den alten Statthaltern der Macht zur Verwaltung überlassen. War für den Sturm und Drang der Genie-Begriff letztlich nur eine überstrapazierte Mode, die wieder abgelegt werden konnte, hatte für Hölderlins Idealismus das Scheitern des Genies eine tiefgreifendere Bedeutung. Die Zentrierung des Ich war im Idealismus weitaus radikaler als im Sturm und Drang. Das Genie hatte sich über die Menschen erhoben wie ein Säulenheiliger auf der Säule. „Der Künstler steht auf den Menschen, wie die Statue auf dem Piedestal", heißt es bei Novalis[9]. So hoch der ‚transzendentale'

5 Hölderlin: Sämtl. Werke, II, 344.
6 Ebd., III, 191.
7 Ebd., III, 178.
8 Ebd., III, 183.
9 Novalis: Schriften (1928), II, 326.

Künstler über Dingen und Menschen stand, so abhängig war er auch von ihnen. Die gesellschaftlichen Bindungen waren in solchen Höhen ephemer, der Leistungsdruck aber umso größer, denn die Größe des Zeitalters hing von der Größe des Genies ab. Sein Sturz würde ein ganzes Weltgebäude mit sich reißen. Erntete das Genie der Stürmer und Dränger am Ende bloß Spott und Hohn, brachte das Scheitern des totalitären Anspruchs des Idealismus Tod und Verzweiflung.

Warner gab es neben Hölderlin schon früh. Friedrich Schleiermacher schrieb 1799: „Spekulation und Praxis haben zu wollen ohne Religion, ist verwegener Übermut, es ist freche Feindschaft gegen die Götter, es ist der unheilige Sinn des Prometheus, der feigherzig stahl, was er in ruhiger Sicherheit hätte fordern und erwarten können. Geraubt nur hat der Mensch sein Gefühl der Unendlichkeit und Gottähnlichkeit, und es kann ihm als unrechtes Gut nicht gedeihen, wenn er nicht auch seiner Beschränktheit sich bewußt wird, der Zufälligkeit seiner ganzen Form, des geräuschlosen Verschwindens seines ganzen Daseins im Unermeßlichen. Auch haben die Götter von je an diesen Frevel gestraft"[10]. Schleiermachers Warnung kam zu spät, denn die Rolle, die Prometheus zu erfüllen hatte, war unausweichlich und hatte in ihrem Ende nichts mehr mit einem eifersüchtigen Gott zu tun. So wie sich das frühe 18. Jh. nur zögernd eingestand, daß der Mensch sich selbst und nicht mehr Gott zum Maßstab nahm, genauso vorsichtig näherte es sich an seinem Ende der Erkenntnis, daß es keinen strafenden Gott mehr gab. Gleichwohl war das Schuldgefühl da, denn dem titanisch aufgeschossenen Ich fehlte die Skrupellosigkeit der griechischen Götter, den Vatermord, der ohnehin nicht verübt wurde, zu verkraften. Und vor allem: Es blieb immer noch Mensch und mußte mit seiner existentiellen Not alleine fertig werden. Empedokles zog aus seinem Scheitern selbst die Konsequenz, kein Gott spielte da den Richter.

Die Frage nach dem Ich, die durch Fichte sich im Bewußtsein seiner Zeit so tief eingrub, durchzieht das ganze Werk von Jean Paul. Er geht in seiner philosophischen ***Clavis Fichtiana*** *(1799/1800)* zwar sehr spöttisch mit Fichte um, kann sich aber den Dimensionen, die er ihm eröffnet, nicht entziehen. Seine Fichteschen Gestalten sind nicht gerade Himmelsstürmer, bestenfalls Luftschiffer wie Gianozzo, dem seine weltenthobene Sicht Anlaß zu Spott und Verachtung gibt[11]. Oder ruhelos Getriebene wie Schoppe im ***Titan*** *(1792–1802)*, dem das Leben „eine äußerst leere Sache" ist[12] und der an seinem Weltekel leidet. Leibgeber, ein Synonym für Fichte, endet die ***Clavis Fichtiana*** mit einem bitteren Kommentar zu seiner idealistischen Gottenthobenheit: „Rund um mich eine weite versteinerte Menschheit – In der finstern unbewohnten Stille glüht keine Liebe, keine Bewunderung, kein Gebet, keine Hoffnung, kein Ziel – Ich bin so ganz allein, nirgends ein Pulsschlag, kein Leben, nichts um mich und ohne mich nichts als nichts – Mir nur bewußt meines höheren Nicht-Bewußtseins – In mir den stumm, blind, verhüllt fortarbeitenden Dämogorgon, und ich bin er selber – So komm' ich aus der Ewigkeit,

10 Friedrich Schleiermacher: Über die Religion, 36.
11 Jean Paul: Des Luftschiffers Gianozzo Seebuch (1800/01).
12 Jean Paul: Titan. Werke, III, 691.

so geh' ich in die Ewigkeit – Und wer hört die Klage und kennt mich jetzt? – Ich. – Wer hört sie, und wer kennt mich nach Ewigkeit? – Ich – "[13].

Schoppe leidet an seiner Ichverfallenheit wie an einer Krankheit. „Alles kann ich leiden, nur nicht den Mich, den reinen intellektuellen Mich, den Gott der Götter"[14]. Dieses fremde, im Grunde unbekannte Ich ängstigt ihn, ja es graut ihm davor wie vor einem Gespenst. Wenn er glaubt, in einem Doppelgänger sein Ich vor sich zu haben, trifft ihn der Schlag. Die zum Gespenst verdünnte Transzendenz bietet Jean Paul viel Stoff zur Satire. Roquairoll, der genialische Künstler, inszeniert als ‚Maschinendirektor' seine Welt als ein Spiel, das seinen erkünstelten Gefühlen – eine „Giftmischung von sinnlicher und geistiger Schwelgerei"[15] – Nahrung gibt. Er ist einer jener „poetischen Nihilisten", vor denen Jean Paul in der ***Vorschule der Ästhetik*** *(1804)* warnt. Er meint damit Romantiker, die ichsüchtig die Welt auflösen, da sie sich „an die harten, scharfen Gebote der Wirklichkeit stoßen und daher lieber in die Öde der Phantasterei verfliegen"[16]. Diese Phantasterei, die an keiner Wirklichkeit zu messen ist, führt durch Realitätsverlust zum Identitätsverlust. In dem Romanfragment ***Der Komet*** *(1820–22)* endet die für wirklich gehaltene Phantasie im Wahnsinn, denn die schaffende Lüge dichtet nicht mehr bloß an der Welt herum, sondern am Ich. Die Wehmut, die den ***Titan*** durchzieht, kommt nicht aus der Sehnsucht nach dem Himmel wie bei Novalis, sondern aus der Ahnung, daß der Sturz in die Hölle des eigenen Ich immer möglich ist. Diese ‚lost generation' der Romantik, zu der auch, nicht zu vergessen, die liebenden und sich zu Tode kränkelnden Frauen gehören, geht sehend auf ihr vorbestimmtes Ende zu, ja fordert es heraus: Schoppe wird wahnsinnig, Roquairoll inszeniert seinen eigenen Tod, Gianozzo stürzt mit seinem Ballon ab, Leibgeber erstarrt in seiner Ewigkeit. Die wüstenhaft leere Welt des gefallenen Titanen, Spiegelbild des leeren Himmels, meint den Sinnverlust, der auf einen sinnlosen Tod zugeht. Der apokalyptische Traum im ***Siebenkäs*** *(1796/1818)*, überschrieben mit „Rede des toten Christus vom Weltengebäude herab, daß kein Gott sei", ist eine poetische Vision des aufziehenden Nihilismus, der aus der Ahnung kommt, daß Gott tot ist. Christus sagt in diesem Traum: „Ich ging durch die Welten, ich stieg in die Sonnen und flog mit den Milchstraßen durch die Wüsten des Himmels; aber es ist kein Gott. Ich stieg herab, soweit das Sein seine Schatten wirft, und schaute in den Abgrund und rief: ‚Vater, wo bist du?', aber ich hörte nur den ewigen Sturm, den niemand regiert, und der schimmernde Regenbogen aus Wesen stand ohne eine Sonne, die ihn schuf, über dem Abgrunde und tropfte hinunter. Und als ich aufblickte zur unermeßlichen Welt nach dem göttlichen Auge, starrte sie mich mit einer leeren bodenlosen Augenhöhle an; und die Ewigkeit lag auf dem Chaos und zernagte es und wiederkäuete sich. – Schreiet fort, Mißtöne, zerschreiet die Schatten; denn Er ist nicht"[17]. Jean Paul wußte, daß die Kunst diese schrecklich-romantische

13 Ebd., 1056.
14 Ebd., 767.
15 Ebd., 491.
16 Ders.: Vorschule der Ästhetik, Werke, V, 31.
17 Jean Paul: Siebenkäs. Werke, II, 273.

Landschaft des Atheismus, bei Dante noch die der Hölle, mit ihren Geschöpfen bevölkern wird. „Wo einer Zeit Gott, wie die Sonne, untergeht; da tritt bald darauf auch die Welt in das Dunkel; der Verächter des All achtet nichts weiter als sich und fürchtet sich in der Nacht vor nichts weiter als vor seinen Geschöpfen"[18]. Das Phantastische, Schaurige, Absurde und Surreale betreibt eine nihilistische Entwirklichung der Welt, Witz und Nonsense ‚vernichten' sie. Die Weltverachtung führt auf die Nachtseite der Existenz, wo alleine das Nichts übrigbleibt und die illusionslose Aussicht auf den Tod als letztes Absolutum.

Der Nachtwächter in Bonaventuras ***Nachtwachen*** *(1803/04)*[19], der sich vom Tag in die Gegenwelt der Nacht zurückgezogen hat und von da aus die Tagesvernunft in seiner Beurteilung auf den Kopf stellt, versucht wie eine Jean Paulsche Figur hinter dem „Schellenkleid" des Lebens das unsterbliche Ficheanische Ich zu finden, findet aber hinter der „liebäugelnden Larve" nur einen Totenkopf[20]. Der Stillstand, den die Idealisten erreichen wollten, ist keine Ewigkeit, sondern „das eigentliche Nichts und der absolute Tod". Der Idealismus brachte seinen „Gegenfüßler", einen gnadenlosen Realismus, hervor, der die Sehnsucht nach dem Himmel in einen bitteren Nihilismus verwandelte. Schon bei Hölderlin – wenn Hyperion fragt: „Wenn ich hinsehe ins Leben, was ist das Letzte von allem? Nichts. Wenn ich aufsteige im Geist, was ist das Höchste von allem? Nichts" – ist mit dem höchsten Nichts keineswegs das Nirwana gemeint, sondern ein leerer Himmel. Wenn der Poet in der 16. Nachtwache ausruft, „Wie, ist denn kein Gott?", erhält er als Antwort nur sein eigenes Echo. Fichte hatte den Menschen von Himmel und Hölle unabhängig gemacht, indem er dem Ich eine Größe verlieh, die allerdings „jeder winzige Knabe ausrufen kann. (...) Jeder vermag jetzt aus der unbedeutenden Hülse, wie es ihm beliebt, ganze Kosmogonien, Theosophien, Weltgeschichten und dergleichen, samt den dazugehörigen Bilderchen herauszuziehen. Groß und herrlich ist das allerdings; wenn nur das Format nicht so klein wäre!"[21] Bei Jean Paul heißt es ähnlich: „Das ganze Jahrhundert ist ein Wettrennen nach *großen* Zielen mit *kleinen* Menschen" (III, 1020). Was letztlich bleibt, liegt auf dem Friedhof und ist die Behausung eines Wurms, zu dem der Nachwächter sagt: „Den Idealismus wie vieler Philosophen hast du auf diesen deinen Realismus zurückgeführt? Du bist ein unwiderleglicher Beleg für die reelle Nützlichkeit der Ideen, da du dich an der Weisheit so mancher Köpfe wacker gemästet hast"[22].

Das Nichts des Anfangs und des Endes läßt das Leben dazwischen seine Maßstäbe verlieren, so daß sich alles in sein absurdes Gegenteil verkehren kann. Die Ödnis und Langweile, die hereinbrechen, meinen die Sinnlosigkeit der Existenz. Ewigkeit und Unsterblichkeit werden zum Fluch und der Selbstmord Erlösung. Bei Hölderlin ist es

18 Ders.: Werke, V, 31.
19 Hinter dem Pseudonym Bonaventura wurden u. a. Clemens Brentano, Friedrich Gottlob Wetzel, E. T. A. Hoffmann und Schelling, den absurderweise Jean Paul ins Spiel brachte, vermutet. Geklärt ist die Autorenschaft bis heute nicht.
20 Bonaventura: Nachtwachen, 75.
21 Ebd., 83.
22 Ebd., 140.

Empedokles, der diesen Schritt tut. Bei Jean Paul fragt Christus: „Ach, wenn jedes Ich sein eigner Vater und Schöpfer ist, warum kann es nicht auch sein eigner Würgeengel sein?" (II, 274). In der 4. Nachtwache rät der Nachtwächter dem unsterblichen Selbstmörder, sich die große „Tragikomödie der Weltgeschichte bis zum letzten Akte" anzusehen und sich dann, „ein zweiter Prometheus, in den Abgrund zu stürzen".

Die Einsamkeit und Hoffnungslosigkeit des selbstmörderischen Prometheus hat neben seinem eigenen Versagen einen Grund in der Welt um ihn: Seine Geschöpfe, die Menschen, erfüllen die in sie gesetzten Erwartungen nicht, sie finden keinen Zugang zu seinen eigenen Höhen. Die Romantiker hatten sehr böse Worte für den „Pöbel" (Schlegel), dessen Unverstand die „höheren Menschen" (Jean Paul) in der Welt „wie Fremdlinge im eigenen Haus" leben läßt (Hölderlin). Die Abrechnung mit dem Volk am Ende des ***Hyperion*** zeigt in ihrer Bitterkeit alle Verletzungen, die Hyperion/Hölderlin in seinem Kampf um Anerkennung davontrug. Der Künstler ist das Opfer der „Barbaren", und in seiner „stürmenden Titanenkraft" wird nur allzu deutlich der „Verzweiflungskampf", den er zu führen gezwungen ist, sichtbar. Das führt zum Rückzug in die elitäre Einsamkeit der wenigen Auserwählten. Bestünde nicht untereinander ein „fest geschlossener Bund von Freunden", sagt Schlegel, drohte die Auflösung in der „chaotischen Masse tyrannisch revolutionärer Gleichheit" (KA III, 102). Einheit heißt also noch lange nicht Gleichheit. Selbst die „stürzenden Titanen sind mehr wert als ein ganzer Erdball voll Heuchler", heißt es am Ende der ***Nachtwachen***. Im Pantheon würde für „Pygmäen und Krüppel" kein Platz sein, sondern alleine für die Götter und ihre Sänger. Nicht einmal im Himmel (der Kunst) wird die Versöhnung stattfinden. Die von den Romantikern so oft beschworene Liebe meinte letztlich nur den individuellen Menschen, wenn nicht überhaupt die eigene Befindlichkeit, zur Einsicht in die Lebensverhältnisse des ‚großen Haufen' verhalf sie den Romantikern nicht.

Im Zuge der Restauration erlebte der Katholizismus in Frankreich, England und Deutschland eine Renaissance, denn die Verunsicherung durch die Ereignisse in Frankreich ließ die hierarchische Struktur der katholischen Kirche als Garant der Stärke erscheinen. Eine Reihe von Romantikern kehrte in den Schoß der Papst-Kirche zurück oder trat vom Protestantismus zu ihr über: so Schelling, Brentano, Novalis, F. Schlegel, Tieck, Adam Müller u. a. Novalis warf den Protestanten die Teilung der „unteilbare(n) Kirche" vor, derzufolge „die Religion ihren großen politischen friedenstiftenden Einfluß, ihre eigentümliche Rolle des vereinigenden, individualisierenden Prinzips" verlor[23], also jenes Prinzips, das zum Wesen der Romantik gehörte. Die Idee der Geisteseinheit verführte die Romantiker zu einem Relativismus, den sie als Harmoniestreben verstanden. Mehr noch als die Freiheit galt ihnen der Friede des Gemüts, jene Idylle eines Goldenen Zeitalters der Unschuld, die Novalis in der Zeit vor dem Sündenfall der Aufklärung sehen wollte. Das Wunderbare, Geheimnisvolle und Überirdische, das durch die gnadenlosen Lichtbringer vertrieben wurde, sollte durch die Absage an die liberalen bürgerlichen Tendenzen des Protestantismus und die Hinwendung zum

23 Novalis: Die Christenheit oder Europa (1799), in: Schriften (1923), II, 27, 28.

Katholizismus gerettet werden. Nur so sei eine Christenheit möglich, unter deren Leitung „friedliche und förmliche Staatsprozesse betrieben werden" können[24]. Die in ihrer Unaufgehelltheit belassene „Relativität" des Geistigen würde Monarchie und Demokratie, vorgestellt als „politischer Entheism und Pantheism", aufs innigste verbinden[25].

Angesichts des neuerwachten Katholizismus mißtraute Heinrich Heine auch dem Indien-Interesse der Schlegel-Brüder. „Diese Herren betrachten nämlich Hindostan als die Weise der katholischen Weltordnung, sie sahen dort das Musterbild ihrer Hierarchie, sie fanden dort ihre Dreieinigkeit, ihre Menschwerdung, ihre Buße, ihre Sühne, ihre Kasteiungen und alle ihre sonstigen geliebten Steckenpferde"[26]. Heine vermutete, daß Goethe deshalb gegen Indien eingestellt war, weil er „bei den sanskritischen Studien der Schlegel und ihrer Herren Freunde eine katholische Hinterlist witterte".

Unbegründet war dieser Verdacht nicht. Je weiter die Frühromantik sich von ihren Anfängen entfernte, desto schwächer wurden die zaghaften Bekenntnisse zur Demokratie und umso stärker die idealistische Verklärung der Autorität. Fürstenmacht und Katholizismus erschienen nun als Garanten der sehnsuchtsvollen Utopien, für die kein Messias der Kunst und der einlösbaren Seligkeit zu finden war, deren Erfüllung aber noch immer unerledigt im Raum stand.

24 Novalis: Schriften (1923), II, 45.
25 Ebd., II, 170.
26 Heinrich Heine: Die romantische Schule, in: Werke, IV. 207.

Tanzen Marionetten

Die Romantik hatte den Menschen über die Natur zum Geistwesen gemacht. Natur hat jeder, so sollte der Geist nicht fehlen. Die Bildung zum Höheren hatte weniger beim Verstand, als beim unterentwickelten Gefühl anzusetzen. Je stärker das Gefühl, desto mächtiger das Ich. Aber was heißt das schon, wenn die Gefühle nicht transzendent verankert sind, entweder weil sie nicht stark genug sind, den Himmel zu erreichen, oder weil, schreckliche Ahnung, gar kein Himmel da ist, sondern ein leeres Nichts, an dem aller Idealismus zerbricht.

Die Titelfigur in Ludwig Tiecks Roman ***William Lovell*** *(1793–96)* ist ein genialischer Egomane, ein Bruder im Geist von Jean Pauls Roquairoll im ***Titan.*** Die Erkenntnis, daß die eigene Empfindsamkeit, der Adel der Gefühle, eine Selbsttäuschung ist – vergleichbar der einer Menge, die sich einem Marionettenspiel hingibt[1] –, macht ihn zu einem gewissenlosen Zyniker. Eine von Tiecks frühesten Erzählungen, ***Ferner, der Geniale*** *(1796)*, ist eine Satire auf die Empfindsamkeit der Genies der Werther-Zeit, die nichts weiter ist als eine eitle Selbstinszenierung. Im ***Lovell*** stellt sich heraus, daß das Genie, wie nur irgendwer, sich selbst nicht in der Hand hat, gar nicht Herr im eigenen Haus ist und seine Beweggründe so unkontrollierbar sind wie die der anderen. „Wer ist das Unbegreifliche", fragt Lovell, „das die Glieder meines Körpers regiert?" (S. 468). Hier ist kein göttlicher Geist am Werk, sondern dunkle Triebe beherrschen ihn. Eine Ahnung von Psychologie läßt ihn den Ursprung in der Kindheit vermuten, allerdings nicht in Form von Umwelteinflüssen, sondern als Spiegelung früherer Existenzen (S. 471). Das Ausgeliefertsein an die innere Natur macht sie auch in ihrem äußeren Erscheinungsbild, wie Tieck in ***Der Runenberg*** *(1802)* zeigt, fremd und erschreckend. Wenn das Wesen der Dinge unversehens zum Vorschein kommt, dann nicht in einer transzendenten Reinheit, sondern in einer gespensterhaften Bedrohlichkeit, die, wie bei Schoppe im ***Titan***,

1 Ludwig Tieck: William Lovell. Werke, I, 290. (Alle Seitenangaben im Text von hier.)

Entsetzen hervorruft. Lovells Welt ist eine des Atheismus, der menschliche Anspruch an die Gottschaft nur mehr eine leere Geste und austauschbare Rolle. Nicht nur die Natur hat nichts von der romantischen Vergeistigung eines Novalis, auch der Kunst fehlt jede transzendente Bedeutung. „Sinnlichkeit und Wollust sind der Geist (...) aller Künste" (S. 378). Freuds Libidotheorie vorwegnehmend, weiß Lovell, „daß Poesie, Kunst und selbst die Andacht nur verkleidete, verhüllte Wollust ist, die von innen heraus ihren Glanz ausstrahlt" (S. 377). Da sich mit diesem Wissen keine platonische Sublimation und noch weniger eine vernünftige Beherrschbarkeit einstellen, ist es nur schrecklich.

Ob sich das Ich als ein metaphysisches oder ein psychologisches versteht, es bleibt immer etwas Unbekanntes. Es kann sich idealistisch ins Zentrum des Universums stellen – „Ich selbst bin das einzige Gesetz in der ganzen Natur, diesem Gesetz gehorcht alles" (S. 355) – und sich gar für Gott halten, aber es kann auch alles als eine Täuschung ansehen, so daß seine Welt dunkel und rätselhaft wird. Solange das Ich sich nicht selbst erkennen kann, ist alles möglich, hat das Subjekt keine Perspektive und keine Macht. Das Motiv des Marionettentheaters kommt bei Tieck immer wieder und in der Literatur des 18. und 19. Jh. in kaum übersehbarer Häufigkeit vor. Die Marionettendirektoren im Himmel und auf Erden verwalten die Natur, die Schicksale, das Weltgeschehen, alles, wozu der Mensch keinen Zugriff hat. Die Staatsmänner, heißt es in den ***Nachtwachen***, reduzieren das Menschengeschlecht „auf mechanische Prinzipien", indem sie „nur den abgestreiften Balg" benutzen, während sie den Geist darin schon abgetötet haben[2]. Die Marionetten sind albern, wenn sie philosophisch über sich selbst reflektieren, da sie doch von der Laune des Direktors abhängen. Hanswurst ist viel vernünftiger, da er die Farce nur als Farce sieht[3].

Tiecks literarische Helden zogen die Konsequenz und brachten ihre genialischen Ansprüche auf ein menschliches Maß zurück, selbst wenn sie Genies waren. Die neue bescheidene Frömmigkeit der Künstler ging von Wilhelm Heinrich Wackenroders ***Herzensergießungen eines kunstliebenden Klosterbruders*** *(1796)*, an denen Tieck mitarbeitete, aus und setzte sich in dessen ***Franz Sternbalds Wanderungen*** *(1798)* fort. Der Umschwung kündigt sich schon im ***Lovell*** an, wenn Lovell am Ende an seiner genialischen Gewissenlosigkeit scheitert und seine Ex-Freunde Mortimer und Burton, die von Haus aus vom Leben nicht so viel erwartet hatten wie er, letztlich die Glücklichen sind. „Wer hat doch schon etwas Rechtes gefunden, der recht weit ausholte?", fragt Mortimer, denn „der Stolze, der auf sein Genie Vermessene, der sich recht in sein Gemüt vertiefen will, um die Größe seiner Schätze kennenzulernen, kommt immer verunglückt und bettelarm zurück"[4]. Mortimer will daher zu den Mittelmäßigen gehören. Im ***Sternbald*** reicht solche Bescheidenheit und stille Größe vom unerfahrenen Jüngling Franz bis zum großen Meister Albrecht Dürer. Aus deren ‚Herzensergießungen' entsteht die „süße Frömmigkeit" einer verklärten Biedermeierwelt.

2 Bonaventura, 52.
3 Ebd., 38.
4 Tieck: William Lovell, 658.

Was diese frühen Romantiker vom Biedermeier noch trennt, ist, daß sie die sehnsüchtig beschworene Idylle des bürgerlichen Lebens mit aller Konsequenz meiden. Sie ziehen die geistigen und weltlichen Abenteuer vor ***(Ofterdingen)***, sind immer auf Reisen oder im Krieg ***(Hyperion)***, jagen mystischen Schätzen nach ***(Runenberg)*** und lassen kaltblütig unglückliche Frauen zurück, die entweder dahinsiechen oder mit einem braven häuslichen Mann vorlieb nehmen. Die bindungsscheuen Helden zahlen für ihre Freiheit mit Einsamkeit, Wahnsinn, Leid und Tod. Trotz der eindeutigen moralischen Wertung der beiden getrennten Lebensbereiche liegt das Interesse klar auf der Seite der ruhelos suchenden Zweifler, die um den Preis ihrer Selbstverwirklichung schuldig werden.
Die Freiheit des bürgerlichen Romantikers ist eine aristokratische und darum ortlose. Seine Identität findet er in der Gefahr, an der er sich mißt, so daß sein Leben zu einer fortgesetzen Ausnahmesituation wird, die jede bürgerliche Bindung verhindert. Eine gewisse Rechtfertigung findet der Außenseiter in der Erkenntnis, daß auch hinter der Idylle des Biedermanns Abgründe lauern und der Dämon überall am Werk ist. Von diesem schrecklichen Scheitern handelt Tiecks Erzählung ***Liebeszauber*** *(1811)* – und das Werk E. T. A. Hoffmanns.

Die Flucht der romantischen Jünglinge vor den bürgerlichen Zwängen in die inneren geistigen Welten bringt kein von Fichte und Schelling ausgeforschtes Ich zum Vorschein, sondern ein unbekanntes anderes, das erschreckt. Es ist so fremd, daß es, als Doppelgänger nach außen versetzt, zum Gegner wird. An ihm treten die überquellenden Phantasien, Triebe und Begierden vor Augen, die am bewußten Ich vom Korsett der bürgerlichen Moral und Vernunft zusammengehalten werden. Es bedarf nicht viel, um die verborgene Seite zum Vorschein zu bringen. Wie das geschehen kann, zeigt Hoffmanns Erzählung ***Das öde Haus*** *(1816/17)*.

Den Protagonisten interessieren in der Straße Unter den Linden in Berlin nicht die luxuriösen Prachtbauten des neureichen Bürgertums, sondern ein altes, kleines und ödes Haus, das gerade seiner Phantasie Raum gibt, sich in ihm zu entfalten, und als dessen Geheimnisse sichtbar zu werden. Was spielerisch beginnt, wird rasch zur Obsession und gerät außer Kontrolle. Die Objekte der Phantasie drohen das Subjekt zu verschlingen. In der Erzählung ***Der Sandmann*** *(1815)* warnen die aufklärerisch klare Clara und ihr Bruder ihren Verlobten, den Dichter Nathanael, daß die dämonische Macht, die in dem herbeibeschworenen Unbekannten/Unbewußten zutage tritt und ihn in den Wahnsinn zu treiben droht, das Phantom des eigenen Ichs sei, so daß „die dunkle psychische Macht, haben wir uns durch uns selbst ihr hingegeben, oft fremde Gestalten, die die Außenwelt uns in den Weg wirft, in unser Inneres hineinzieht, so, daß wir selbst nur den Geist entzünden, der, wie wir in wunderlicher Täuschung glauben, aus jener Gestalt spricht"[5]. Die Macht des Unbewußten, die den Künstler zu überschwemmen droht, will Clara „weglachen", denn es ist nur den Glaube an sie, der sie gefährlich macht. Aber der romantische Künstler ist gerade von seiner Einbildungskraft abhängig, und er hält gegen alle Vernunft an ihr fest. Die damit verbundene Unsicherheit muß er

5 E. T. A. Hoffmann: Der Sandmann. Das öde Haus, 15.

in Kauf nehmen, denn das künstlerische Schaffen unterliegt keinem freien Willen, sondern einem fremden, unbewußten Prinzip. Daß der Künstler als verrückt erscheint, kann freilich auch an der engen Sichtweise seiner bürgerlichen Umwelt liegen, die diese, wie es in den ***Lebens-Ansichten des Katers Murr*** *(1820–22)* heißt, gar nicht das eigentliche Leben erschauen lasse[6]. Nathanael macht seiner Verlobten dies zum Vorwurf. Ihre Vernünftigkeit legt er als Kälte aus: „In dies kalte Gemüt dringt kein Strahl des Geheimnisvollen"[7]. Ihr Unverständnis für sein poetisches Gemüt läßt ihm Clara als leblosen Automaten erscheinen, während er in der Puppe Olimpia ein gefühlvolles, liebendes Wesen sieht. Von der einen fühlt er sich in seiner subjektivistischen Kunst abgelehnt, von der anderen bestätigt.

Konnte sich für Novalis die Außenwelt in eine ideale innere Wirklichkeit verwandeln, bleibt bei Hoffmann die Alltagswelt neben der poetischen Welt unverrückbar bestehen, so daß der Künstler die Wirklichkeiten nicht mehr unterscheiden kann. Sein Realitätsverlust macht ihn selbst zur Marionette seiner eigenen Gefühls- und Wahnwelt. Für Clara ist Nathanaels „mystische Schwärmerei" kein (frühromantischer) Weg zur Seligkeit, sondern bloß eine Entfremdung von der Wirklichkeit. Seine Liebe entzündet sich ausgerechnet an einem Automaten. Ihm erscheinen die wenigen Worte, die Olimpia spricht, „als echte Hieroglyphe der inneren Welt voll Liebe und hoher Erkenntnis des geistigen Lebens in der Anschauung des ewigen Lebens"[8]. Hoffmann denunziert hier den romantischen Idealismus als hohles Geplapper. Bedeutete der allem zugrundeliegende Geist im mystischen Verständnis der Frühromantiker die Erlösung von der Individualität und vom Sein überhaupt, so sah Hoffman für seine Gestalten darin eine Bedrohung ihrer Identität. Indem sich der geistige Zusammenhang der Dinge auflöst, bedeutet der Subjektivismus nicht mehr einen Zugang zu einem mystischen Allgemeinen, sondern eine Verstrickung in einem gefährlichen partikularen Mystizismus. Ein Subjektivismus, der keiner realen und auch keiner idealen Ordnung mehr entspricht, kann nur ins Chaos führen.

6 Ders.: Lebens-Ansichten des Katers Murr, 248.
7 Ders.: Der Sandmann, 14.
8 Ebd., 35.

Exil Prometheus

Nicht nur die Ähnlichkeit des gefesselten Prometheus mit dem Gekreuzigten, die das Mittelalter nur widerwillig zur Kenntnis genommen hatte, wurde von der Romantik wieder hervorgehoben, auch Luzifer, der gefallene Engel, bekam einen Platz auf gleicher Ebene. Alle drei Lichtbringer mit göttlicher Abkunft kämpfen mit einem übermächtigen Vater um die Menschheit, alle drei nehmen Leiden und Verachtung auf sich. Vom Barock bis zur Romantik sind die Dichter des Prometheus auch die Dichter Luzifers. Beide Rebellen erscheinen in anmaßender majestätischer Größe und als Ankläger Gottes, und beide geben verbotenes Wissen an die Menschen weiter. Sie sind Schöpfer und Künstler, die den Grund der Dinge verstehen und, wie Satan in Miltons ***Paradise Lost*** *(1667)*, ihr eigener Schöpfer sein wollen[1]. Noch siegt bei Calderon und Joost van den Vondel *(**Lucifer**, 1654)* der Himmel, ist die Strafe unausweichlich.

In der Romantik nimmt Satan sehr menschliche Züge an. Wie Prometheus erscheint er weniger als Rebell, denn als Leidender. In Byrons ***Prometheus*** *(1816)* und in Shelleys ***Prometheus Unbound*** *(1820)* ist Jupiter ein böser Tyrann, dessen Macht Prometheus bei Byron gerade dadurch erschüttert, daß er das Leid der Knechtschaft auf sich nimmt und sich in dem existentiellen Widerstand eine anarchistische Freiheit sichert[2]. Bei Shelley verkörpert der auferstandene Prometheus das christliche Prinzip der Liebe. Jupiters Sturz erfolgt nicht gewaltsam, sondern durch Demogorgon, dem Prinzip der Notwendigkeit, und dem ‚Geist der Stunde'. In Deutschland standen die romantischen Erwartungen, die die metaphysische Revolution weckte, einer restaurativen Wirklichkeit gegenüber, die die Zurechnung machtloser Künstler zu den Göttersöhnen obsolet erscheinen ließ. Die Verachtung der kleinlichen Gesinnung der Massen war mit einem Gedanken an Demokratie nicht in Einklang zu bringen, weshalb die Gegenkraft zu

1 Ursula Müller: Die Gestalt Luzifers in der Dichtung vom Barock bis zur Romantik, 27.
2 Christian Kreutz: Das Prometheussymbol in der Dichtung der englischen Romantik, 129.

den herrschenden Autoritäten weiterhin in dem einzelnen Ausnahmemenschen gesucht wurde. Mit Napoleon trat ein ‚großer Mensch' in Erscheinung, bei dem Genie und Macht sich erstmals verbanden. In ihm wurde die Verkörperung der zu Ende gebrachten Revolution und der Sieg des prometheischen Menschen gefeiert. Hölderlin war sofort bereit, in ihm die Überlegenheit des Tatenmenschen über den Geistesmenschen anzuerkennen. In seinem Gedicht **Buonaparte** *(um 1797)* meint Hölderlin, daß Napoleons Maß über die Kunst hinausgehe, er in ihr nicht in seiner ganzen Größe zu fassen sei. „An solchem Stoffe wird zum Knaben der Meister"[3]. Der Ort seines Genies ist die Welt und nicht das Gedicht.

Ludwig van Beethoven schrieb 1800/01 das ‚heroisch-allegorische' Ballett ***Die Geschöpfe des Prometheus***, das auf den ***Prometeo*** *(1797)* des Vicenzo Monti zurückgeht, in dem dieser bereits den titanischen Lichtbringer mit Napoleon gleichgesetzt hatte[4]. Die Prometheus-Musik läßt sich als Beethovens Beitrag zur allgemeinen Napoleon-Begeisterung der europäischen Intellektuellen jener Zeit verstehen. Für sein demokratisches Empfinden war seine Verehrung allerdings vorbei, als Napoleon sich 1804 zum Kaiser krönen ließ, was sich in der Rücknahme der *Eroica*-Widmung ausdrückte. In den zehn Jahren zwischen der Krönung und Waterloo war Napoleon für die Kunst außerhalb Frankreichs kein Thema, aber gleich mit seinem Sturz und seiner Verbannung setzte erneut eine Heroisierung ein, die das ganze Jahrhundert über anhielt. Byron verglich in seiner **Ode to Napoleon** *(1814)* den Verbannten mit dem gefesselten Prometheus, warf ihm aber auch vor, daß er, der mögliche Befreier der Menschheit, durch seine Herrschsucht und persönliche Ambitionen auf ein allzu menschliches Maß sank. Das Fehlen genialer Größe und absoluter Werte in den politischen Verhältnissen Europas sicherte dem verbannten und erst recht dem toten Kaiser weiterhin die Erhebung in mythische Dimensionen. So etwa bei Carlyle, Edgar Quinet, Grabbe, Stendhal, Balzac und Nietzsche. Der zwanzigjährige Friedrich Engels verglich 1840 in einem Gedicht den Verbannten mit dem gefesselten Prometheus. Heine sah in ihm, wenn auch mit leichter Ironie, einen weltlichen Heiland[5].

Das Harmoniebedürfnis und der Wunsch nach ‚Gesundung' nach der gescheiterten Revolution von 1848 boten einer Konfliktgestalt wie Prometheus keinen Anlaß zur Rückkehr. Der Rebell von einst mutiert, soweit seiner gedacht wird, zum dämonischen anderen, dessen Subjektivismus ihn der Wirklichkeit entfremdet. Der luziferische Außenseiter leidet in erster Linie an sich selbst. Er erscheint als kränklich, heimatlos, unzufrieden, vom Wahnsinn bedroht, zur Radikalität neigend. Er ist ein Verführer, Libertin und Opportunist. Er findet an nichts einen festen Halt, bleibt ein ewiger Zweifler. Oft ist er Ausländer, Jude oder Franzosenfreund[6]. Und er ist in Deutschland, literarisch gesehen, eine bedeutungslose Figur. Erst das Jahrzehnt der Gründung des deutschen Kaiserreiches bringt die Rückkehr des Prometheus und seine Aussöhnung mit den

3 Hölderlin: Sämtliche Werke, III, 18.
4 Constantin Floros: Beethovens Eroica und Prometheus-Musik.
5 H. Heine: Das Buch Le Grand. Werke, II, 206.
6 Walter Hof: Pessimistisch-nihilistische Strömungen in der deutschen Literatur, 193.

oberen Mächten. In Siegfried Lipiners ***Der entfesselte Prometheus*** *(1876)* gibt es Zeus nicht mehr. Wenn Prometheus nach langem Schlaf auf die Erde zurückkehrt, muß er feststellen, daß weder Wissenschaft noch Philosophie und soziale Veränderungen Gott ersetzen und die Menschen glücklich machen konnten. Ihre einzige Rettung ist, den Glauben an den Gott wiederzufinden, den sie selbst getötet haben. Als Vermittler fungiert Christus. So auch in Christian von Ehrenfels' ***Der Kampf des Prometheus*** *(1895)* und in anderen Werken jener Zeit. Die Aussöhnung mit Zeus strebt Prometheus auch in ***Prométhéide*** *(1895)* von Péladan an. Zeus verkörpert dort die Ordnung und das Bestehende, Prometheus den Fortschritt, der seine Grenzen überschritten hat und deshalb bestraft wurde. Auch Satan sollte in Deutschland schließlich in Kurt von Rohrscheidts ***Satans Erlösung*** *(1894)* mit Gott ausgesöhnt und für den Himmel gerettet werden, ein Versuch, der in Frankreich von Vigny, Gautier, Soumet, Quinet, Hugo und Verlaine bereits unternommen worden war.

Mit der Rückkehr des Prometheus wurde auch die Problematik des genialen Einzelnen angesichts der uniformen Masse wieder zum Thema. Carl Spitteler, einer der frühesten Kritiker Nietzsches, stellt diesen Gegensatz in seinem Epos ***Prometheus und Epimetheus*** *(1867–80)* dar. Prometheus ist ihm der ‚Einzelne', der sich in der Einsamkeit die Autonomie und Freiheit seiner ‚Seele' erhält, während sein Bruder Epimetheus das Angebot eines Engel Gottes annimmt und seine Individualität gegen ein soziales Gewissen eintauscht, was ihm die Weltherrschaft beschert. Prometheus wird in die Verbannung geschickt, während sein Bruder Harmonie und Ordnung unter die Menschen bringt. Aber letztlich scheitert er, weil das Gewissen kurzsichtig ist, es sieht die Schönheit nicht, und das Böse in der Welt deshalb stark wird. Es ist Prometheus, der einzelne, der kraft seines Bewußtseins die Welt rettet. Mit der Versöhnung der durch die beiden Brüder vertretenen Prinzipien endet die Dichtung.

Der Konflikt der beiden Brüder brach im 20. Jh. stärker auf als je zuvor, denn es zeigte sich, daß Prometheus, den Karl Marx in der Gestalt des Arbeiters ans Kapital geschmiedet und dessen Macht ausgeliefert sah, noch nicht die Souveränität übers Dasein erlangt, wenn die Eigentumsverhältnisse sich ändern. Denn auch die Macht über die Produktionsmittel hebt die Entfremdung von dem, was schon die Romantiker als den ganzheitlichen Lebenszusammenhang verteidigten, nicht auf. Sie stellten dem bürgerlichen Arbeitsethos ihr Recht auf die „gottähnliche Kunst der Faulheit" entgegen, denn der Müßiggang ist das einzige „Fragment von Gottähnlichkeit, das uns noch aus dem Paradies blieb"[7]. Prometheus als Symbol kapitalistischer Arbeitswelt[8] wurde so zum Schreckbild. Selbst „an einer langen Kette gefesselt", hat er „die Menschen zur Arbeit verführt", und so „muß er nun auch arbeiten, er mag wollen oder nicht"[9].

Spittelers Epimetheus ist die Vorahnung des Totalitarismus, der sich auf Marx berief und Rebellen zu Cäsaren machte, die alle opfern, die an ihnen zweifeln. So

7 Friedrich Schlegel: Lucinde, 30.
8 Eine gegen Ende des 19. Jh. in Berlin erschienene Zeitschrift hieß „Prometheus. Illustrierte Wochenschrift über die Fortschritte in Gewerbe, Industrie und Wissenschaft".
9 Schlegel: Lucinde, 34.

ersteht Prometheus aufs neue, wieder als Künstler, der die Sinnfrage neu stellt und sich weigert, an die Befreiung des Körpers ohne die Befreiung der Seele zu glauben[10]. Er weiß, „daß es keine blinde Gerechtigkeit gibt, daß die Geschichte ohne Augen ist und daß man ihre Gerechtigkeit zurückweisen muß, um ihr, soweit es möglich ist, die Gerechtigkeit zu unterstellen, die der Geist besitzt"[11]. Ihm wohnt „die Möglichkeit des Glücks" inne, die in der Schönheit und der Freiheit liegt. Die Versöhnung linker Positionen mit Freud versprach, Schönheit und Freiheit im Lustprinzip konkret werden zu lassen. Auch für Herbert Marcuse war Prometheus „der Archetypus des Helden des Leistungsprinzips (...) der Kulturheld der Mühsal, der Produktivität und des Fortschritts durch Unterdrückung"[12]. In dem Maße, in dem die Unterdrückung von außen nachließ, wurde sie verinnerlicht. In jedem Fall ging, wie für Spittelers Epimetheus, die Lust an der Schönheit und der Sinn des Lebens verloren. Erst in der Befreiung des Leistungsprinzips durch das Lustprinzip, so Marcuses (und Spittelers) uneingelöste Utopie, würden Prometheus bzw. der selbstgefesselte Epimetheus befreit.

10 Albert Camus: Der Mensch in der Revolte (1951), 250.
11 Ders.: Prometheus in der Hölle (1946), in: Literarische Essays.
12 Herbert Marcuse: Triebstruktur und Gesellschaft (1955), 160.

Alles Böse

Die gesellschaftsbezogene Wirkung des Rationalismus und der Aufklärung besaß im 18. Jh. einen starken Zug zur Egalisierung und Einordnung in die Gemeinschaft. Menschenliebe war gefordert. Jeder, der sich außerhalb der Gemeinschaft stellte, war, in sehr negativem Sinn, ein Menschenfeind[1]. Die Überzeugungskraft der Vernunft ist imstande, den durch das Böse gefährdeten Menschen an sich zu ziehen. Denn das Böse stellt nur einen Mangel an Bewußtsein dar, der durch die Werte der bürgerlichen Moral und Ethik zu beheben ist. Die politischen Verhältnisse konnten und sollten auch nicht verändert werden, es kam alleine auf den Fortschritt des Geistes an. Der Glaube an den teleologischen Sinn des Weltgeschehens erhielt mit dem Erdbeben von Lissabon im Jahre 1755, bei dem an einem Sonntagvormittag zur Zeit des Kirchgangs 30 000 Menschen ums Leben kamen, einen schweren Schlag. Voltaires ***Poème sur le Désastre de Lisbonne, ou examen de cet axiome: Tout est bien*** stellt Leibnizens ‚beste aller Welten', in der ‚alles gut' ist, in Frage, aber mehr noch den Gott, des solches zuläßt. Die Verhältnisse waren schwierig: Mit dem Himmel war nicht mehr zu rechnen, und die Erde war für das bißchen Aufklärung, das möglich war, zu groß. Candide mochte auf seinen Reisen sein Recht suchen, wo er wollte, er fand es nicht. ***Candide ou l'optimisme*** *(1759)* ist Voltaires zynische Antwort auf das Wohlgefallen seiner Zeit an dem eigenen idealistischen Bild. Die Welt ist schlecht, mit oder ohne Gott, und die Hoffnung auf die Menschheit ist zu begraben. Dem Individuum bleibt nur ein enger Raum, in dem er sich behaupten kann, bestenfalls sein eigener Garten, keinesfalls die Gemeinschaft. Der Rückzug in den Individualismus war die Antwort auf die als unrealisierbar angesehenen gesellschaftlichen Utopien. Das Böse in der Welt war trotz aller geübter Vernunft noch immer so mächtig, daß gerade diejenigen, die auf die geistige Evolution gehofft hatten, der Realität nicht mehr ohne Haß begegnen konnten. Denn der Idealist denkt von der

1 Gerhard Hay: Darstellung des Menschenhasses in der deutschen Literatur des 18. und 19. Jahrhunderts, 72.

Menschheit so groß, sagt Schiller, daß er darüber in Gefahr kommt, die Menschen zu verachten.

Die Kunst wußte sehr wohl, daß trotz aller Aufklärung mit dem zähen Widerstand des Bösen zu rechnen ist und, da der Rückweg ins Paradies versperrt, der lange Marsch durch die Dummheit der Welt zu leisten ist. Gulliver, Candide und Belphegor, drei Helden – und Opfer! – der Aufklärung, bleibt am Ende ihrer langen Reise rund um die Erde und zu den Sternen nicht viel mehr als das nackte Leben und die Überzeugung, daß die Menschen Bestien sind. Ethik und Moral sind von Umständen und Eigeninteressen abhängig; was für den einen gut ist, ist für den anderen schlecht. (Candide konnte nicht ahnen, daß sein mutiger und aufgeklärter Schöpfer ein Großgrundbesitzer war, der die Religion dazu gebrauchte, seine Diener und Bauern einzuschüchtern.) Gott ist auf jeden Fall weit weg und in der Welt nicht zu finden. Was die Kunst stattdessen dort findet und mit geradezu wissenschaftlicher Genauigkeit zusammenstellt, ist ein unerschöpfliches Bestiarium menschlicher Gemeinheiten und Grausamkeiten. Die Erfahrung zeigt deutlich, daß der Mensch ein Produkt seiner Umwelt ist und die gesellschaftlichen Verhältnisse ihn beschränken und bestimmen. Unter dem Mikroskop der Kunst betrachtet, läßt sich seine Zusammensetzung rekonstruieren.

Johan Carl Wezel, ein weit entfernter, schwerfällig deutscher Verwandter eines Sterne, Swift und Voltaire, meinte in seiner ***Lebensgeschichte Tobias Knauts*** *(1773–76)*, daß die Auswirkungen auf die Seele so anatomisch geworden sind, daß „anatomische Theater für die Seele" errichtet werden sollten, um „in den philosophischen Hörsälen Geistesskelette vorgezeigt und zergliedert" sehen zu können[2]. Das war schon ein Fortschritt, denn Wezel, selbst ein Anatom, der erzählerisch die Zusammenhänge zergliedert, meint die Psychologie, die „Denkungsart". Hundert Jahre vorher, in den Barockdramen eines Andreas Gryphius oder Daniel Casper von Lohenstein, wurden die Leiber gequält und zerstückelt, um die Seele bloßzulegen. Gryphius betrieb anatomische Studien, er kannte sich im menschlichen Körper aus. Gesucht wurde die religiöse Lust der Seele. Es sind die Schrecken der Religionskriege, die nachwirken, und religiöse Wahnideen, die das Fleisch überwinden und von der unsterblichen Seele abschälen wollen. In der Zeit der Aufklärung sind es ‚nur mehr' materieller Besitz und die Lust an der Macht, um die es geht. Für die Opfer hat sich nichts geändert. Ist die Welt bei Gryphius ein ‚Tränental' und ein ‚Folterhaus', ist sie bei Wezel ein ‚barbarisches Schlachthaus' und der Mensch ‚das ärgste Ungeheuer der Hölle'. Jeden Idealismus lehnt er als menschenfeindlich ab. Den ‚Volksdichtern' ruft er zu: „Malt Grausamkeiten, Mißbräuche, Laster und Verbrechen, zu welchen die herrschende Religion oder die Strenge, der Eigensinn und das Naturwidrige mancher Gesetzgebung unmittelbar Anlaß geben! Man wird um eurer Erzählung oder eures Gedichts willen freilich nicht gleich Gesetz und Religion umschmelzen: aber ihr werft dadurch ein Etwas in die Masse der allgemeinen Denkungsart, das allmählich eine Gährung verursacht und zuletzt, obgleich durch einen sehr weiten Zwischenraum, Verbesserung veranlaßt"[3].

2 Johan Carl Wezel: Lebensgeschichte Tobias Knauts, I, 24.
3 Ders.: Kritische Schriften, I, 123.

Wie ein Unschuldiger durch die herrschenden Umstände selbst schuldig wird, zeigt Wezel in dem Roman ***Belphegor*** *(1776)*, dessen Titelheld einen der vielen Namen Satans trägt. Er wird schon auf den ersten dreißig Seiten zum Krüppel zugerichtet, weil er sich als Humanist naiv gegen das Unrecht stellt, das anderen zugefügt wird. Er lernt dadurch, daß er sich Mitleid nicht leisten kann, will er am Leben bleiben, denn „es ist immer so gewesen, daß Menschen Menschen quälten und der Stärkere den Schwächeren zermalmte"[4]. Was zählt, ist die Macht. Wezel liefert sehr beredte Analysen des Hofwesens, der Industrialisierung, des Kolonialismus und des Antisemitismus. Um alles aushalten zu können, muß man „träumen oder sterben"[5]. Sonst ist es nicht zu vermeiden, daß man selbst schuldig wird. Männer werden zu Sklaven, Frauen zu Dirnen. Die Beschädigung durch die Ausbeuter steht den Opfern buchstäblich ins Gesicht geschrieben. Wie im ***Candide*** werden die Menschen gleich Puppen zerbrochen. Belphegors Ex-Geliebte Akante kann ihre frühere Schönheit nur künstlich durch eine ‚Nasenmaschine' wiederherstellen. Für die Gesellschaftskritik des 18. und 19. Jh. waren Maschinen und Marionetten Sinnbilder sozialer Entmenschlichung. Von Voltaire und Wezel bis Victor Hugos ***L'homme qui rit*** *(1869)* werden die Menschen zum Krüppel gemacht und dienen gleich Automaten den Mächtigen zur Ausbeutung. Die Befreiung von Gott, die die Naturmaschine ‚Mensch' versprochen hatte, wandte nichts zum Besseren, im Gegenteil. Gerade weil La Mettrie im Menschen eine Maschine sah und Gott unwichtig wurde, begegnete er dem Leben als Hedonist, erhob er die Eigenliebe zur größten Tugend und das Vergnügen der Sinne zum höchsten Gut ***(La Volupté, L'Art de jouir)***. Damit sollte niemandem Schaden zugefügt werden, aber wie war das möglich, wenn der Egoismus, wie der Marquis de Sade sagt, das heiligste Gesetz der Natur ist. Es bedurfte eines Aristokraten wie ihn, um dem Bürgertum seine sich mechanisierende Welt als naturgesetzlich gerechtfertigt vorzuführen, wobei *l'homme machine* immer der andere war, über den verfügt werden konnte. Im Machtstreben des Bürgertums war der Egoismus ein Faktor, aber das Bekenntnis de Sades, daraus Lust zu gewinnen, war ein aristokratisches und dem Bürger in solcher (sexueller) Unverhülltheit nicht zumutbar. Die Lust mußte geleugnet werden, um der Moral genüge zu tun. Noch dazu, wenn die mitleidlose Ausbeutung der Objekte der Lust gleich den gesellschaftlichen Mechanismen, die sie möglich machen, so klar vor Augen geführt wird. Die nackte Mechanik der Täter, die in ihren ausweglosen Machtbereichen den menschlichen Besitz maschinell verwerten, ist de Sades zu Ende gedachte Aufklärung: eine prä-Darwinistische Logik der Natur, die ihre Erfüllung im maximalen Überleben der Lust findet. Das Glück ist im Bösen enthalten. Darum wird das Böse zu einer absoluten, metaphysischen Größe. Die sakrale Inszenierung der sexuellen Exzesse in Schwarzen Messen verrät die verborgene Sehnsucht nach Transzendenz, die sich ohne Gott nicht im Geist, sondern im Fleisch vollzieht. Der Blutrausch ist die säkularisierte Ekstase, die Zerfleischung der Körper verleiht Macht über den Tod. Was die Opfer als ‚barbarisches Schlachthaus' er-

4 Ders.: Belphegor, 48.
5 Ebd., 151.

Abb. 24. Aus Donatien-Alphonse-Francois de Sade:
Justine oder Die Leiden der Tugend.
Kupferstich nach der Ausgabe von 1797.

fahren, ist für die Täter ein sakraler Ritus. Gryphius' barocke Märtyrerinnen erlitten die Qualen einmal und gründlich und durften dann die Seligkeit des Himmels erschauen; den Tätern öffnete sich die Hölle. Bei de Sade sind die Täter die Erlösungssüchtigen, die an kein Ende kommen (solange ihnen das Menschenmaterial nicht ausgeht) und deren immer gleicher Ansatz zur Erlösung im Fleisch in einen süchtigen Wiederholungszwang mündet.

De Sade entwarf in seinen sexuellen Machtphantasien ein abschließendes Bild feudalistischen Übermenschentums, das halb zurückgewandter Wunschtraum, halb denunziatorische Abrechnung war. Als Opportunist verriet er die Aristokratie, die ihm den Freiraum für seine Machtgelüste verschafft hatte, in dem Augenblick, da sie es nicht mehr konnte und die bürgerliche Revolution, der er sich anschloß, seinen Spielraum wieder zu erweitern versprach. Das Bürgertum brauchte ein halbes Jahrhundert und mehr, um jene Schwarzen Messen für sich zu entdecken, die de Sade wie einen Bann ans Ende seiner eigenen Epoche gesetzt hatte.

Das Ungleichgewicht zwischen Ratio und Gefühl, Hirn und Herz, Logik und Natur war schon in den Anfängen des Maschinenzeitalters ein Problem. Montaigne wollte lieber auf die ‚Stimme der Natur' hören als auf Normen, die von außen an ihn herangetragen wurden, und sei es auch durch die Stimme Gottes. Er verließ sich auf den *common sense,* und mehr noch: auf jene „Grundform", die er in sich entdeckte und die es ihm erlaubte, in sich selbst zu ruhen[6]. Einem ähnlichen ‚Künstlertum des Lebens' vertraute auch Pascal; er setzte auf ein intuitives Erkennen mit dem Herzen, dessen Logik die Vernunft nicht kennt *(**Pensées,** Nr. 227).* Die Natur sollte auch bei Diderot recht behalten, aber nicht nur für den einzelnen, sondern insgesamt, denn Naturrecht ist Menschheitsrecht[7]. Der Mensch als Individuum und die Menschheit als Ganzes sind Aggregate, die sich ständig verändern, da wie in einem Organismus alles auf alles wirkt. Leben ist Wirkung und Rückwirkung als Masse[8]. Keine Handlung kann naturwidrig sein, Tugend und Laster sind nur Bezeichnungen für verschiedene physiologisch, psychologisch und soziologisch ableitbare Zustände. Die Natur ist in ihrer Wirkung großteils unbekannt, besonders was die Sexualität betrifft, daher wird ihr die Logik nicht gerecht. Im Traum *(**Le rêve de d'Alembert,** geschrieben 1769)* meldet sich die verdrängte Natur zu Wort, ist das bewußte Ich seinen Vasallen, den entfesselten Energien, ausgeliefert[9].

William Blake betritt bald darauf die ‚Hölle' der Triebe, um dort die Hochzeit mit dem ‚Himmel' zu feiern *(**The Marriage of Heaven and Hell,** 1790–93).* Die Lebensenergie, die der menschlichen Natur innewohnt, wird vom ‚Himmel' der Vernunft als Hölle bezeichnet. Das ist fundamental falsch, denn von der Vernunft kommt nicht nur Gutes und von den Lebensenergien, den Trieben, nicht notwendig Böses. Die Versöhnung mit der energetischen Welt des Körpers verlangt, im Einklang mit den englischen Empiristen, eine Aufwertung der Sinne, die die ‚Fenster der Seele' bilden. Durch sie wird nicht ein Rückzug in den abstrakten, idealistischen inneren Bereich gesucht, sondern der Seele der Blick nach außen geöffnet. Die Zwänge, die die gewalttätige Metaphysik in die Seele gepflanzt und ihr als Martyrium der Entsagung auferlegt hat, lösen sich bei Tageslicht gesehen in nichts auf, so wie das Fegefeuer, das der Dichter in Begleitung eines Engels sucht und nicht mehr findet. Blake formulierte seine Psychologie als ‚Sprichwörter der Hölle'. Er setzte dabei auf die Unvernunft, statt auf die Vernunft. „If others had not been foolish, we should be so"[10]. Er preist die Lust, die Fülle, das Übermaß, die Körperlichkeit (Nacktheit) und selbst den Stolz und den Zorn. Denn: „The road of excess leads to the palace of wisdom". Und: „He who desires but acts not, breads pestilence". Blake warf Milton vor, in ***Paradise Lost*** Gott über Satan triumphieren zu lassen und damit der restriktiven Moral zum Sieg über die spirituelle und kreative Integrität des Menschen verholfen zu haben. Allerdings näherte sich die Herrschaft des Gottes der Zehn Gebote ohnehin ihrem Ende.

6 Michel de Montaigne: Essais (1572–95), III, 2; dtsch.: 632.
7 Denis Diderot: Philosophische Schriften, I, 381.
8 Ebd., 539.
9 Ebd.
10 William Blake: The Marriage of Heaven and Hell. The Prophetic Writings of William Blake, I, 16.

Blakes Vereinigung von Geist und Natur wurde auch für die Romantik bestimmend, in Deutschland wurde sie aber idealistisch entschärft. Schelling wollte den Idealismus (Seele) und den Realismus (Leib) als ein „lebendiges Ganzes" sehen, bezog aber seinen Standpunkt nicht wie Blake furchtlos auf dem ‚Weg des Exzesses', also in der Hölle, sondern auf der schwerelosen Seite des Geistes[11]. Zwar meinte er, daß das ideelle Prinzip die Fülle der Wirklichkeit nicht mißachten kann, ohne durch mangelnde Bodenhaftung in Selbstzerstörung zu verfallen, sah aber das Positive nur im ganzen, in einer harmonischen Aufhebung der Gegensätze. Nur im geistigen Zentrum, wo alles gebunden ist, besteht das Gute, an der fleischlichen Peripherie herrscht das Chaos. Das Böse ist ein Scheinbild, dem wie bei Plotin ein wahres Sein abgesprochen wird[12]. Als Pole mögen Gut und Böse sich gegenseitig bedingen, die Seele allen Hasses mag die Liebe sein[13], ein Erkenntniswert, gar *wisdom,* ist mit solcher Funktionalisierung des Bösen nicht zu gewinnen.

Einen Schritt näher an die Bedeutung des Bösen ging Novalis heran, indem er Lust und Schmerz in Beziehung setzte. Als wären die Lehrlinge zu Sais de Sade begegnet, lautet bei ihm die bange Frage: „Je fürchterlicher der Schmerz, desto höher die darin verborgene Lust?"[14]. Daß der eigentliche Grund der Grausamkeit die Wollust ist, stellte er schon mit Bestimmtheit fest. Und er wußte auch, daß es die Kirche ist, die den geschlossenen Zirkel von Schuld und Sühne nährt und sich in ihm die Konstellation von Grausamkeit und Schmerz sadomasochistisch dupliziert. „Es ist sonderbar, daß nicht längst die Assoziation von Wollust, Religion und Grausamkeit die Menschen aufmerksam auf ihre innige Verwandtschaft und ihre gemeinschaftliche Tendenz gemacht hat." Wenn der Schmerz der Anfang der Lust sein kann, überlegte Novalis, kann dann nicht ebenso das Böse am Anfang der Tugend stehen? Die Faszination des Bösen ist groß, und es ist leicht möglich, „daß der Mensch sich allmählich absolut böse macht, und so allmählich auch ein absolutes Übel schafft". Das soll er nicht. Mit der Moral läßt sich vielleicht noch spielen, mit der Ethik nicht. Der tugendhafte Mensch löscht das Böse aus, indem er einen höheren, idealistischen Standpunkt einnimmt. Novalis spricht dabei vom „tugendhaften Dichter". Er rückt das Problem in den Bereich der Kunst und verharmlost das Böse zu einem Mittel der Darstellung, an dem sich der überlegene Standpunkt des Schöpfers des Kunstbösen demonstrieren läßt.

Auch unter dem Vorzeichen des Idealismus stand Novalis ganz im Einklang mit der Psychologie des ausgehenden 18. Jahrhunderts. Für diese war das Menschliche in allen seinen Ausformungen ein unerschöpflicher Gegenstand ihrer wissenschaftlichen Registrierwut. Je absonderlicher der Fall, desto größer die Aufmerksamkeit. In Karl Philipp Moritzs ***Magazin zur Erfahrungsseelenkunde*** *(1783–93)*, der ersten psychologischen Zeitschrift in deutscher Sprache, wurden die dunklen Winkel der Seele aufklärerisch

11 Schelling: Schriften zur Philosophie der Freiheit (1804–15). Werke, IV, 248.
12 Ebd., 258.
13 Ebd., 292.
14 Novalis: Schriften (1923), II, 279 ff.

ausgeleuchtet, um jene unwägbaren Bereiche der Psyche kennenzulernen, die in der bürgerlichen Welt eine Gefährdung darstellen. Das Licht der Aufklärung war allerdings jenes der christlichen Moral und Ethik, und die Psychologie war deshalb ein Anpassungsprozeß ähnlich jenem, den der Rationalismus der zweiten Hälfte des 18. Jh. der Kunst auferlegte, indem er die wild wuchernde Einbildungskraft des genialischen Künstlers durch den ‚Geschmack' in eine vernünftige Ordnung brachte.

Die Frühromantik stand an der Schwelle zwischen Zurückweisung und Akzeptanz des Bösen, war aber von ihrer idealistischen Ausrichtung her nicht imstande, ihm ein reales Sein zuzugestehen und in ihm mehr als eine Herausforderung zu sehen. Auch für die Klassik verhinderte die teleologische Bestimmung des Bösen in Deutschland eine Auseinandersetzung, wie sie bei de Sade, Blake u. a. stattfand. Mephistos Kampf um Fausts Seele verliert seine Brisanz, weil Gott als Sieger von vornherein feststeht. Die Metaphysik des Bösen, die in Deutschland in ihren verschiedenen Aspekten um 1800 anklingt und in England und Frankreich zunächst die Romantik und dann den Symbolismus beschäftigen sollte, wird in Deutschland idealistisch verdrängt, bis das Böse als Bodensatz des Unbewußten wieder ansteigt und unvermutet hervorbricht.

Die Misanthropen des 18. Jh. machten deutlich, daß in einer wölfischen Welt die Liebe nicht überleben kann. Die physischen Deformierungen der Geliebten des Candide und Belphegors drücken, wie bei den Männern selbst, den Verlust der Liebe und die Vereinsamung aus. Wenn Gulliver aus dem Land der glücklichen Utopie in die Schreckenswelt der Menschen zurückkehrt, ist die Entfremdung so groß, daß ihm Pferde lieber sind als seine Frau und Kinder. So enden Gullivers Reisen! Gegen den menschenfeindlichen Pessimismus enttäuschter Aufklärer wandte sich in Deutschland ein verstärkter Humanismus und Idealismus. Während der Humanismus und die an ihm orientierte Klassik sich den Menschen schlechthin zum Thema stellten, verstärkte der Idealismus und mit ihm die Romantik den Zug ins subjektive, mystisch überhöhte Ich. Die Literatur breitete in der Ich-Form Innenwelten aus. Das Tagebuch, der Reisebericht, die Autobiographie, der Briefroman und die ganze Briefkultur sind Ausdruck dieser Entwicklung.

Bei aller priesterlicher Liebesbereitschaft taten die Romantiker sich schwer damit, die Menschen anders als in idealistischer Distanz zu lieben. Die Frauen wurden von den Junggesellen der Literatur als Idole der Liebessehnsucht verehrt, als Verkörperung von Familie und bürgerlicher Vereinnahmung aber gemieden. Die Sexualität zeigte sich dabei noch nicht als Konfliktstoff, wirkte doch die Lockerung der Sitten durch die französische Revolution bis in die deutsche Romantik. Schon im Sturm und Drang der achtziger Jahre war die rigide Sexualmoral des Bürgertums in Frage gestellt und eine neue Natürlichkeit auch in der Sexualität verlangt worden. In der Romantik erfuhren diese Einflüsse insofern eine Bedeutungsverschiebung, als die Liebe als ‚Idee' ein unantastbarer Wert wurde. Sie stand so weit über den bürgerlichen Normen, daß ihre Erfüllung nicht an deren kleinliche Gebote gebunden war ***(Lucinde)***. Aber viel häufiger war die Liebe der Realität so weit enthoben, daß der Liebende, wie der Dichter Walt in Jean Pauls ***Flegeljahre*** *(1804–05)*, nur poetisch lieben kann, denn er ist in die Liebe verliebt, aber nicht in einen realen Menschen.

Jene Unschuld des sinnlichen Erlebens, die Blake wiederhergestellt sehen wollte, ging im 19. Jh. mehr verloren denn je zuvor[15]. Mit der Konsolidierung des Bürgertums und seiner repressiven Sexual- sprich: Besitz-Moral legte sich das prometheische Zeitalter selbst die Fesseln an, züchtete es seinen eigenen Adler. Schopenhauer lieferte die philosophische Begründung dafür, daß der Wille zum Leben das absolut Böse sei. Die großen Einsamen liebten die Frauen und die Masse weniger denn je. Verschleierte das späte 18. und frühe 19. Jh. seine Misogynie noch durch Enthaltsamkeit, trat sie in der zweiten Jahrhunderthälfte umso offener zutage. Die Leiden an der Sexualität machten die Frauen zu Objekten des Hasses. Die Leiden an der Gesellschaft schufen die Verachtung für die Masse. Es ist nicht mehr alleine die auf die Masse projizierte Enttäuschung über die mißglückte Aufklärung, die den Abscheu der kritischen Geister hervorruft, sondern auch die Gleichsetzung der Masse mit den industriellen und gesellschaftlichen Veränderungen, die Angst machen. Die Verachtung gilt nicht eigentlich den Menschen, sondern ihrer sozialen Rolle (Heine, Dostojewski, Nietzsche). Das Verschwinden Gottes verschärfte die Härte des Materialismus. Huysmans meinte, daß sich das 18. und 19. Jh. in ihrem Ende gleichen[16]. Der Aufklärung des 18. Jh. und dem Materialismus und Positivismus des 19. Jh. folgen Perioden, die sich der Magie ergeben. Die Romantik und die Décadence suchten die Verzauberung einer entgeistigten Welt in der Kunst und im Okkultismus und Mystizismus. Die Verzweiflung und Wut über die atheistische Heimatlosigkeit des religiösen Glaubens, die sich in der Blasphemie ausdrückt, erreichte nun, bald hundert Jahre nach de Sade, den dritten und sogar vierten Stand.

Die eigene Gottlosigkeit wird noch immer Gott zum Vorwurf gemacht. Der Priester einer Schwarzen Messe in Huysmans ***Là-bas*** *(1891)* schmäht den flüchtigen, stummen Gott in Gestalt Jesu: „Du solltest die Menschen befreien, und du hast nichts erlöst; du solltest in deiner Glorie erscheinen und verschläfst dich!"[17]. Gott erscheint als Lügner, Verbrecher und Feigling, der alle seine Versprechungen schuldig geblieben ist. Als oberste Instanz der Scheinmoral der Mächtigen hat der „Gott der Geschäfte" kein Recht mehr, sich als Richter über die im Elend schuldig gewordenen Menschen zu stellen. Gerechtigkeit und Vernunft sind nur mehr bei Satan zu finden. Er wird zum Verbündeten der Opfer Gottes und als Gegengott verherrlicht. Zur Liturgie des Bösen gehört Baudelaires ‚Litanei auf Satan' in ***Die Blumen des Bösen*** *(1857)* ebenso wie die Anrufung des Satanspriesters, die Huysmans wiedergibt: „Unterstützer der erbitterten Armen, Erquickung der Unterlegenen, du bist es, der sie mit der Heuchelei, der Undankbarkeit, dem Hochmut begabt, damit sie sich wehren können gegen die Angriffe der Kinder Gottes, der Reichen! Du Lehensherr der Verächtlichkeiten, Abrechner der Erniedrigungen, Verzinser alten Hasses, du allein befruchtest das Gehirn der Menschen, das die Ungerechtigkeit zugrunde richtet..."[18].

15 Blakes aufklärerische Psychologie findet sich in Deutschland bezeichnenderweise in einem pornographischen Roman, ***Schwester Monika*** *(1815)*, der Hoffmann zugeschrieben wird. Dort heißt es: „Nicht zu lieben, nicht zu genießen, sind die großen Verbrechen gegen die Gottheit und Natur".
16 Joris K. Huysmans: Tief unten, 269.
17 Ebd., 278.
18 Ebd., 276.

Der blasphemische Exzeß schließt wie bei de Sade auch das Brechen sexueller Tabus als Ausdruck der Revolte mit ein. Wie schon Novalis sah Huysmans den Sadismus als einen „Bastard des Katholizismus". War de Sade zu seiner Zeit eine Einzelerscheinung gewesen, ist es im 19. Jh. eine ganze Reihe von Künstlern, die sich mit dem Sadismus beschäftigte, und sei es auch nur in ihren Werken: Poe, Byron, Swinburne, Flaubert, Baudelaire, Verlaine, Gautier, D'Annunzio, Delacroix, Beardsley[19]. Diese Aufzählung, die Praz gibt, ist unvollständig, es fehlen Barrès, Lautréamont und viele andere. Auffallend ist jedoch, daß kein Deutscher dabei ist. Die Revolution (im Namen Satans) fand einmal mehr in Deutschland nicht statt.

In Frankreich und England schuf sich eine Elite in einem imaginären Reich, das zwischen London und Byzanz angesiedelt war, eine Gegenwelt zur unbeugsamen Wirklichkeit, in der sie ihre sexuellen und sozialen Utopien entwerfen konnte. Satanismus und Perversion hafteten zwar in spiegelbildlicher Weise an den Kräften, die sie unterdrückten, hoben aber das Verdrängte ans Tageslicht wie seit de Sade nicht mehr. Spiritismus und Mystizismus dienten als Folien für eine neurotisierte Sexualität und Religiosität. Huysmans schrieb über Félicien Rops: „Er hat den Spiritualismus der Wollust, das heißt den Satanismus, verherrlicht; er hat in Blättern, die nicht vollkommener sein könnten, das Übernatürliche der Perversität, das Jenseits des Bösen gemalt"[20]. Diese Eloge hebt in den Worten des Idealismus jenen verdrängten und verleugneten Teil der menschlichen Natur auf den Altar irrationaler Hoffnungen, von dem sein idealistischer Gegenpart schon längst verschwunden ist. Der idealistischen Überzeichnung des Guten entspricht nun die nicht minder idealistische Überzeichnung des Bösen. Die Revolte im Namen der Sexualität und der sozialen Gerechtigkeit verschleiert nicht, daß das zentrale Problem noch immer Gott war und das Aufbegehren gegen ihn oft nicht mehr als eine literarische Geste[21], die eine Rückkehr zu ihm unter geänderten Bedingungen nicht ausschloß.

Jugendliche Rebellen, die in späteren Jahren zu den Vätern zurückkehrten, waren in der Geschichte der Kunst und Philosophie schon in der relativ kurzen Zeit zwischen Goethes Prometheus und Heines christlichem Tod zu beobachten. Meist waren Lebensentwicklungen damit verbunden, in denen Aufbegehren und Anpassung sich über Jahre erstreckten. Umso auffälliger ist daher die Konversion des Isidore Lucien Ducasse, bekannt als Comte de Lautréamont, weil der Akt der Verneinung fast mit dessen Zurücknahme zusammenfiel, seine Hymne auf das Böse, ***Les chants de Maldoror*** *(1869)*, schon im Jahr darauf von den Bekenntnissen zum Guten, den unvollendeten ***Poésies***, scheinbar wieder aufgehoben wurde. Der Widerspruch zeigt sich ansatzweise bereits in den Gesängen. Maldoror (l'aurore du mal) reflektiert im ersten Gesang die Einheit von Opfer und Täter, in der Leiden und Mitleid ununterscheidbar werden. „Ach! Was ist

19 Mario Praz: Liebe, Tod und Teufel. Die schwarze Romantik, 128.
20 Ebd., 265.
21 Satan erscheint immer wieder in der autobiographischen Ich-Form, so u. a. bei Jean Paul (*Auswahl aus des Teufels Papieren*, 1789), Wilhelm Hauff (*Memoiren des Satans*, 1828), Frédéric Soulié (*Les Mémoires du diable*, 1837-38), J. R. Beard (*Autobiography of Satan*, 1872).

denn das Gute, was ist das Böse? Ist es ein und dasselbe, wodurch wir in rasender Wut unsere Ohnmacht und die Leidenschaft bekunden, selbst mit den unsinnigsten Mitteln zur Unendlichkeit zu gelangen? Oder sind es zwei verschiedene Dinge? Ja ... besser, es wäre ein und dasselbe ..., denn was würde aus mir werden am Tage des Jüngsten Gerichts!"[22]. Da Gut und Böse sich im Absoluten berühren, werden moralische Kategorien auf dem Weg dorthin gegenstandslos. Lautréamont verkündet die „Heiligkeit des Verbrechers"[23], so wie Rimbaud den Verbrecher besingt, der „mehr Kraft als ein Heiliger" besitzt[24]. Der Märchenprinz in Rimbauds ***Les illuminations*** *(1872–73)* erfüllt sein Begehren, indem er alles zerstört. Gleich de Sade, Novalis und Maldoror fragt er sich: „Kann Zerstörung beglücken, Grausamkeit verjüngen?"[25] Es ist bezeichnend, daß bei Rimbaud wie bei Lautréamont und Novalis die Hoffnung auf die Erlösungskraft des Bösen so ungewiß ist, daß sie immer als Frage formuliert wird. Das Böse, sagt Lautréamont in den ***Poésies***, wächst aus der Verzweiflung, die aus dem Zweifel an Gott entsteht. Schon Grabbes Faust stellte fest: „Ich suchte die Gottheit, und steh am Tor der Hölle"[26]. Der Zugang zu ihr ist leichter, da menschlicher, als der zu Gott, der für Klingers Faust, wie für Maldoror, ein Sadist ist, der sich Menschen als Sklaven hält, um sie „desto schärfer bestrafen zu können"[27]. Rimbaud widmete ***Une saison en enfer*** *(1873)* Satan, der „die Dichter liebt".

Die Dichter der Verzweiflung erkennen aber, daß die Verführungskraft des Bösen, wie schon im Paradies, keine Sicherheit und schon gar keine Geborgenheit gibt und sie erst recht einsam, da ohne Glauben, macht. Darum verlangt Grabbes Faust von Satan nicht dessen hybrides Wissen, sondern den verlorenen Glauben, führt für Rimbaud die „Höllennacht" zurück zu Gott: „Ich habe die Bekehrung zum Guten, zum Glück und zum Heil gesehen"[28]. Lautréamont leugnet in den ***Poésies*** nicht nur die transzendente Möglichkeit des Bösen, sondern auch seine kathartische Wirkung. Für ihn rufen Maldorors literarische Vorläufer, alle die dunklen Gestalten der Romantik, bloß „gigantische Phantome ins Leben, die hinabsteigen statt hinauf"[29]. Lautréamont wehrt sich gegen den absteigenden Nihilismus, der sich als Schwermut und Trauer, unerträgliche Lähmung, Verzweiflung und daraus resultierende Schlechtigkeit zeigt. Lautréamont erkennt, mit der Romantik als warnendes Beispiel, daß der Nihilismus nicht aus dem Gottes-, sondern dem Realitätsverlust entsteht. Das Hinabsteigen in die subjektive Gefühlswelt mit ihrem Kult des Leidens und ihrem „Geist der Negation" ist ihm eine „furchtbare Monomanie des Hochmuts" und ein „pathologischer Fall von ungeheurem Egoismus". Selbst Rimbaud bezeichnet die Satan gewidmeten Blätter seiner

22 Lautréamont: Die Gesänge des Maldoror, in: Das Gesamtwerk, 12.
23 Ebd., 13.
24 Jean Arthur Rimbaud: Ein Sommer in der Hölle. Sämtliche Dichtungen, 97.
25 Ebd., 129.
26 Christian Dietrich Grabbe: Don Juan und Faust (1829), in: Werke und Briefe, I, 434.
27 Friedrich Maximilian Klinger: Fausts Leben, Thaten und Höllenfahrt (1791), in: Sämtliche Werke, III, 227.
28 Rimbaud, 100.
29 Lautréamont, 173. (Alle weiteren Seitenangaben im Text von hier).

Höllendichtung eingangs als „scheußliche Selbstbespiegelungen". Die Dichter des Bösen sind für Lautréamont, wie für E. T. A. Hoffmann, „phantastische Automaten", die, wie Hoffmann deutlich machte, ihre wahnhafte Selbstbezüglichkeit brauchen, um produzieren zu können. Ein solches Gefangensein in sich selbst läßt keine Hoffnung zu, denn der Abstieg in das, was Walter Benjamin „den leeren Abgrund des Bösen" nannte[30], eröffnet nur einen Schein von Freiheit und Unendlichkeit. Es ist Lautréamonts Erkenntnis, daß es einen ‚Idealismus des Bösen' nicht gibt. Es gibt nur den Nihilismus, der, wie Jean Paul in der ***Vorschule der Ästhetik*** *(1804)* bereits feststellte, hinter seiner Poesie den Realitätsverlust zu verbergen sucht. Lautréamont wendet sich von dem poetischen Nihilismus mit den gleichen Argumenten ab wie die Realisten vom Idealismus. Er ist ihm bloß ein Ausdruck von Schwäche, gegen den er den Glauben und die Tat setzt: „Kehren wir zu Konfuzius, zu Buddha, zu Sokrates, zu Jesus Christus zurück, Moralisten, die Hunger leidend durch die Dörfer zogen!" (S. 181). In der Moral sieht Lautréamont einen „festen Punkt" der Stärke (S. 188). Statt „Erscheinungen" (der subjektiven Psyche) will er objektive Gesetze, denn man „muß zum Allgemeinen streben" (S. 189). Die Gesetze und die Ordnung, die Lautréamont in den ***Poésies*** einfordert, stehen gegen das Chaos des bodenlosen Unbewußten, das er in den ***Gesängen*** entfesselte. Gegen den pathologischen Realitätsverlust setzt er die Vernunft „des gesunden Menschenverstandes" (S. 198).

Die ‚Verflüssigung' der Realität hatte schon auf das Nichts des Guten zu Angst erzeugt (Hegel), erst recht so auf das Nihil des Bösen zu. Die angstfreie Ordnung einer gesicherten Realität und Existenz hat allerdings ihren Preis: Sie liegt nämlich in der „Wüste des Konformismus"[31], in der auch Rimbaud sein Exil fand. Die Schönheit des künstlerischen Konjunktivs unterwirft sich dem Imperativ der Moral, der keine Diskussion zuläßt und auch den Verlust der Schönheit (des Bösen) in Kauf nimmt (S. 198). Die Dichter der ‚Höllennacht' kommen in dieser Wüste zum Verstummen. Allerdings gibt ihnen die Erfahrung der Nacht die Stärke dazu und nicht, wie sie den Anschein erwecken wollen, die Tageshelle der Moral.

Daß der ‚Himmel', wie immer er auch aussehen mag, nur über die ‚Hölle' zu erreichen ist, es keinen anderen Weg gibt, jenseits von Gut und Böse zu gelangen, galt, bald hundert Jahre nach Blake, als gesichert. „Jeder, der irgendwann einmal einen ‚neuen Himmel' gebaut hat, fand die Macht dazu erst in der *eigenen Hölle*"[32]. Nietzsche ist ein Moralist ohne Moral, der sich unter Moralisten, um der Distanz willen, als ein „Freund des Bösen" ausgibt, auch wenn er an die Kategorien der Moral nicht glaubt. Wie Blake sieht er den „Fluch jener bornierten Zweiheit: Gut und Böse"[33]. Auch er hebt den Verbrecher empor, aber nicht als Heiligen wie Rimbaud und Lautréamont, sondern als „Mann des Muths" (S. 479), der im Vertrauen auf sich selbst ‚natürlicher',

30 Walter Benjamin: Ursprung des deutschen Trauerspieles, 261.
31 Albert Camus: Lautréamont und die Banalität (1951), in: Lautréamont: Das Gesamtwerk, 260.
32 Friedrich Nietzsche: Zur Genealogie der Moral (1887), in: Kritische Studienausgabe (KSA), V, 360.
33 Ders.: Nachgelassene Fragmente 1885–1887, in: KSA, XII, 355. (Weitere Seitenangaben im Text aus diesem Band.)

d. h. unmoralischer wird. Wie Rimbaud wenige Jahre vorher, nimmt er an der Natur nicht deren Schönheit und Unschuld wahr, sondern ihre Grausamkeit, die er liebt (S. 483). Was an ihr Hölle ist, macht ihn heimisch. Das Böse ist kein Gottesersatz und der Immoralismus keine Glaubensfrage, sondern bloß die Konsequenz aus dem Imperativ der Natur, der dem Menschen die Moral durch den Willen zur Selbstermächtigung ersetzt. Dieser führt nicht in die Wüste des Konformismus der Moralisten und ihrem „Glück der Meisten" (S. 356), sondern zur Einsamkeit des Übermenschen.

Die „starken Menschen" der Romantik – „die ganze lärmende Schar der Teufel aus Pappe", wie Lautréamont sie nannte[34] – findet Nietzsche nachgemacht und hybride, ihren „furore espressivo nicht aus der Fülle, sondern dem Mangel" entstanden (S. 454). Und die anderen, die ihre Lebensschwäche nach dem Abtritt Gottes mit anderen Autoritäten – Gewissen, Vernunft, Historie, Sozialismus etc. – verdecken, wälzen so bloß die Verantwortung für die Selbstbestimmung ab (S. 355). Diese verlangt nämlich, bar der Hoffnung des Glaubens, das Leiden an der menschlichen Natur auf sich zu nehmen. Ist das Gute eine idealistische Fiktion, ist das Böse eine Tatsache, mit der man sich anfreunden, auf jeden Fall leben muß, denn Gott ist widerlegt, der Teufel nicht. Lust und Leid sind nicht, wie noch für die Romantik und den Symbolismus, letzte metaphysische Wertfragen, sondern Begleitzustände, die sich nicht gegenseitig bedingen und aufwerten, sondern gleich gültig dem Leben das Gefühl der Macht geben.

34 Lautréamont, 172.

Realisten des Scheins

Heilig Heilig Heilig

Für die Idealisten galt es, den Willen zu überwinden, um wieder in Berührung mit Gott zu kommen. Für ihre gottlosen Erben war die Ausbildung des Willens die Voraussetzung ihrer Selbstbestimmung und Identität. Um Macht ging es beiden. Sie bedeutete nicht nur ein Mittel zur Durchsetzung diesseitiger Glücksvorstellungen, sondern meinte vorab: sich seiner selbst mächtig sein. Denn die einen wie die anderen mußten von ihrer Ohnmacht ausgehen, gemessen an den Ansprüchen, die an Kunst und Philosophie gestellt wurden und von ihnen selbst geweckt worden waren. Bei Schopenhauer kam noch dazu das Ausgeliefertsein an einen ungewollten Lebenswillen, der im Sexualakt in einer Selbstentäußerung kulminiert, die nur Widerwillen hervorruft. Während für Hegel alles von Grund auf vernünftig war und teleologisch sein Heil finden würde, war für Schopenhauer alles unvernünftig und blinder Eigenwille, der in der Kunst für Augenblicke und durch asketische Selbstaufgabe vielleicht für Lebensabschnitte aufzuheben ist.

Die kurz- und langfristigen Erwartungen der Idealisten verblaßten bald als Projektionen auf die Zukunft. Spätestens nach der mißglückten Revolution von 1848 kamen Zweifel auf, ob der Weltgeist in der Geschichte wirklich so vernünftig wirkt, wie Hegel behauptet hatte, ob er überhaupt wirkt und nicht alles letztlich doch nur auf den Menschen ankommt. Ludwig Feuerbach verwarf Hegels ‚rationelle Mystik' ebenso wie die gesamte Metaphysik, die ihm nichts weiter war als eine mit sich selbst zufriedene Spekulation, die mit den tatsächlichen Bedürfnissen der Menschen nichts mehr zu tun hat. „Wir verlangen, daß endlich das Wort Fleisch, der Geist Materie werde; wir haben ebenso wie den philosophischen, den politischen Idealismus satt; wir wollen jetzt politische Materialisten sein"[1]. Die Theologie wird Feuerbach zur Anthropologie plus Naturwissenschaft. Der Geist ist ein Produkt des Körpers, und die Götter sind Projek-

1 Ludwig Feuerbach: Vorlesungen über das Wesen der Religion (1848). Sämtliche Werke, VIII, 2.

tionen des Geistes, die der Mensch sich schuf, solange er sich für schwach und den Schicksalsmächten unterlegen hielt. „Der geschichtliche Fortgang in der Religion besteht deswegen darin, daß das, was als Gott angeschaut und angebetet wurde, jetzt als etwas Menschliches erkannt wird"[2]. Gott ist in seinem höchsten ein objektiver Verstand, der „das neutrale, unverblendete Wesen in uns (ist), das reine, affektlose Licht der Intelligenz, das Bewußtsein des Widerspruchlosen, das Gesetz der Notwendigkeit der Regel"[3].

Was Feuerbach Gott nimmt, sagt Max Stirner, soll die Macht der Humanität vergrößern. Doch das ‚Menschenrecht' ist um nichts besser als die Macht, die Gott verliehen wurde, es verwandelt Gottesfurcht bloß in Menschenfurcht[4]. Eine Gesellschaft, die mit den Werten des Himmels belegt ist, wird ‚heilig' und unantastbar. Staat, Familie, Recht usw. sind die neuen Götzen, die Stirner als Fessel abstreifen will, indem er ihre Heiligkeit zerschlägt, den „Himmelssturz" vollendet[5]. Sein Mißtrauen gegen die Fremdbestimmung führte ihn zu einem radikalen Rückzug auf sich selbst bis zu dem Punkt, den er als sein Eigentum, als identisch mit sich selbst, begreifen kann. Wenn alle Fremdbestimmung ausgeräumt ist, ist er sein Eigener. Durch die Abgrenzung wird er kein Einzelner, sondern ein Einziger. „Man sagt von Gott: ‚Namen nennen Dich nicht'. Das gilt von mir: Kein Begriff drückt mich aus, nichts, was man als mein Wesen angibt, erschöpft mich; es sind nur Namen. Gleichfalls sagt man von Gott, er sei vollkommen und habe keinen Beruf, nach Vollkommenheit zu streben. Auch das gilt allein von mir"[6]. Feuerbach antwortet auf den Einzigen, daß in dem Auswählen und Gegenüberstellen das Wesen der Religion bestehe: Dieser eine Auserwählte ist heilig gegenüber den anderen[7]. Marx und Engels verhöhnten Stirner als ‚Sankt Max', dessen Empörung, die sich aus Renommage und Sentimentalität („als Knurren-in-sich") zusammensetzt, nichts anderes sei als „der spezifische Ausdruck des ohnmächtigen Widerwillens des Philisters", den Verhältnissen anders zu begegnen als mit Begriffsverschiebungen im Kopf[8]. „Er schlägt sich eine Vorstellung aus dem Kopf und wird dadurch *einzig*"[9]. Sie verspotteten die Junghegelianer, allen voran Bruno Bauer, als ‚heilige Familie', die noch immer glaubte, daß ihr Bewußtsein das Leben heiligt, und nie nach dem Zusammenhang ihrer Kritik mit ihren eigenen sozialen Verhältnissen fragte; und die von Hegels Geist, dem die ‚Masse' als Vollzugsorgan seiner Geschichtsträchtigkeit dient, nicht loskommt. Die Masse, der „absurde Haufen", wie Schopenhauer sie nannte, ist ihnen „endlich, roh, brutal, tot und unorganisch", während der Geist absolut, ewig und

2 Ders., Das Wesen des Christentums (1841). Sämtliche Werke, VI, 19.
3 Ebd., 28.
4 Max Stirner: Der Einzige und sein Eigentum (1845), 126.
5 Ebd., 64.
6 Ebd., 224.
7 Ludwig Feuerbach: Über das ‚Wesen des Christentums' in Beziehung auf den ‚Einzigen und sein Eigentum', in: Wigand's Vierteljahresschrift, 1845, zit. in: Anhang zu Max Stirner: Der Einzige und sein Eigentum, 227.
8 Karl Marx, Friedrich Engels: Die deutsche Ideologie (1845; Erstdruck 1932), 310.
9 Ebd., 459.

unendlich ist[10]. „Herr Bruno & Comp" unterstehen sich, „nach Feuerbachs genialen Entwicklungen noch", die Masse mit der Materie gleichzusetzen, vor deren Geistlosigkeit und Indolenz der Geist sich hüten muß[11].

Mit einem Fuß, wenn nicht mit beiden, stand auch die Kunst im ‚Geisterreich' und der Masse ablehnend gegenüber, denn die Autonomie ihres Schöpfertums braucht keine Verbrüderung, nur eine Gefolgschaft, keine Gleichheit, aber die Freiheit ihrer selbst. In der Ablehnung der Masse als politische Macht trafen sich die Besitzängste des Bürgertums mit der Angst der Künstlers, diejenigen zu verlieren, die ihn verstehen und bezahlen.

Richard Wagners beide Schriften von 1849, ***Die Kunst und die Revolution*** und ***Das Kunstwerk der Zukunft***, letztere Feuerbach gewidmet, sind von einem Pathos erfüllt, das zwar auf die Ereignisse von 1848 und die Lektüre Feuerbachs und Bakunins zurückgeht, konkret aber nicht über Beethovens bewunderte Neunte (‚Seid umschlungen, Millionen! Diesen Kuß der ganzen Welt!') hinausgeht. Wagner sah wohl den Arbeiter als „Sklaven der Industrie", der in den Fabriken „das jammervolle Bild tiefster Entwürdigung des Menschen" abgibt[12], verstand aber den Kommunismus als ein sozialpolitisches Ideal alleine im Sinne einer „vorgeschichtlichen Urgemeinschaft"[13]. In der Rückkehr zu den natürlichen Ursprüngen würde der häßliche Materialismus des Maschinenzeitalters, das Luxusbedürfnis der Reichen und die Knechtschaft der Arbeiter überwunden. Den Weg zu den Anfängen weist die Kunst als eine neue Religion. Ihre Wurzeln liegen im Völkischen und Nationalen, wodurch das Volk selbst zum Begründer der Kunst wird. Der Arbeiter als soziale Gestalt löst sich im ‚Volk' auf, wenn er politisch agiert, wird er Pöbel. Im Volk als Ursprung gründet das Wesen aller Dinge in Harmonie. Allerdings schrieb ihm Wagner auch eine Stirnersche Protesthaltung zu, die es „aus dem feigen Behagen an dem verbrecherischen Zusammenhange unserer gesellschaftlichen und staatlichen Zustände (...) heraustreibt"[14]. Darin kündigt sich keine soziale Revolte an, sondern im Sinne von Thomas Carlyle, auf den Wagner verweist, eine anarchisch-metaphysische Apokalypse[15]. Der Widerstand richtete sich sowohl gegen den alten Feudalismus wie gegen das neue Industriezeitalter. Das rachesüchtige Aufbegehren eines dumpfen Konservativismus zeigt sich in ***Wieland der Schmied***, ein Opernentwurf Wagners, der eine Vorstufe zum ***Ring des Nibelungen*** *(1869)* darstellt.

Wagner gab seine anfängliche Vorstellung, daß die religiöse, einheitsstiftende Aufgabe der Kunst nur im Bund mit dem Volk zu lösen sei, bald auf. In ***Oper und Drama*** *(1851)* ist es „niemand anderes als der Künstler", der das „Kunstwerk der Zukunft" zu schaffen imstande ist[16]. Wagner hatte Carlyle gelesen, der in seiner Vorlesungs-Reihe ***On Heroes*** *(1841)* den großen Helden, vom mythisch-göttlichen Odin bis zum

10 Karl Marx, Friedrich Engels: Die heilige Familie oder Kritik der kritischen Kritik (1845). Werke, II, 99.
11 Ebd., 98, 89.
12 Richard Wagner: Die Kunst und die Revolution, in: Sämtliche Schriften und Dichtungen, III, 25.
13 R. Wagner: Einleitung zum dritten und vierten Band, in: Sämtl. Schriften, III, 5.
14 Ders.: Das Kunstwerk der Zukunft, ebd., III, 174.
15 Ders.: Einleitung, ebd., III, 5.
16 Ders.: Oper und Drama, in: Sämtliche Schriften, IV, 229.

königlichen Napoleon, mit dem schon Hegel die Geschichte vollendet glaubte, die Aufgabe zuerkannte, die ‚Führer' (captains) der Menschheit zu sein. Wagner setzte auf religiöse Erlöser. Bei zwei frühen Opern-Projekten waren es Jesus ***(Jesus von Nazareth)*** und Buddha ***(Der Sieger)***; zuletzt war es der germanische Held ***(Parsifal)***. Das Schwanken Wagners zwischen dem Anspruch auf kulturelle Einheit im Volk und künstlerischer Elite spiegelt sich bei seinem Förderer, dem Bayern-König, wider. Auch er wollte das Volk zu „Brüdern" machen („Tausende wallen von Fern und Nah zum nationalen Feste"), auch wenn er an deren Kunstverständnis zweifelte („Seht ihr's Freunde, seht ihr's nicht? O die blinde Menge, die die Bedeutung dieses Werkes nicht faßt!"[17]). Schon einen Monat später gibt er die Vorstellung von einer Massenkunst wieder auf und schreibt, daß der „Wunderbau" des Festspielhauses in Bayreuth nur von „Geweihten" und „Kunstentflammten" betreten werden darf.

Die Harmonie, die Wagner an den Ursprung von allem setzte, kommt weder im Leben noch in der Musik zu einer Erfüllung. Als ein Grund ohne Anfang und Ende ist das musikalische Kontinuum aus chromatischen Halbtonschritten eine „sich selbst verzehrende Gemütsinbrunst", die in ihrem „Verlangen, Sehnen, Stürmen, Schmachten" auf nichts gerichtet ist als auf sich selbst[18]. Darum ist sie nichts anderes als ein „*Ersterben*, d. h. Sterben, ohne in einem Gegenstande sich befriedigt zu haben, also Sterben, ohne zu sterben, somit immer wieder Zurückkehr zu sich selbst". Selbst der Gesang ist in dieser Sublimierungsekstase, die Wagner als eine geschlechtlich begründete erkennt, ein „Ächzen und Seufzen der Seele"[19], denn sie erfüllt sich nicht, sondern dauert ewig fort. Wagner hat recht, wenn er sagt, daß der Abschluß dieses „unermeßlichen Herzenssehnens", seine Befriedigung, nur Willkür wäre; allerdings nicht, wenn er das Sichversagen als sittliche Rechtfertigung des Sinnlichen ausgibt[20]. Und noch weniger, wenn er das musikalische Sehnsuchtsmotiv, das besonders im ***Parsifal*** statisch und unaufgelöst bleibt, gerade da dazu benutzt, die Botschaft vom ‚Ersterben' des weiblichen Eros als Voraussetzung der männlichen Heiligung zu transportieren.

Die Romantik hatte der Instrumentalmusik die transzendentale Kraft zugesprochen, ins „Unendliche" zu reichen – und sei es auch als „unendliche Sehnsucht"[21]. Die Harmonie war ihr ein mystisches Prinzip. Für Schopenhauer löste sich in der Musik der Wille von der Welt und öffnete das Wesen der Dinge. In seiner Feuerbach-Periode sah Wagner die „absolute Musik" als unvollendet an[22], solange das Wort nicht hinzukommt und im Sinne des Chorfinales von Beethovens Neunter Symphonie ein Ganzes schafft. Durch Schopenhauer ging Wagner dann die metaphysische Souveränität der Musik auf, wie Nietzsche in Hinblick auf den ***Parsifal*** spöttisch feststellte: „Er wurde

17 Ludwig II, Brief an Wagner vom 16. Sept. 1865, in: König Ludwig II u. Richard Wagner: Briefwechsel, I, 153.
18 Wagner: Das Kunstwerk der Zukunft, in: Sämtl. Schriften, III, 86.
19 Ebd., 87.
20 R. Wagner: Das Kunstwerk der Zukunft, in: Sämtl. Schriften, III, 92.
21 Carl Dahlhaus: Die Idee der absoluten Musik, 74.
22 Wagner: Oper und Drama, in: Sämtl. Schriften, IV, 233.

nunmehr ein Orakel, ein Priester, ja mehr als ein Priester, eine Art Mundstück des ‚An-sich' der Dinge, ein Telephon des Jenseits, – er redete fürderhin nicht nur Musik, dieser Bauchredner Gottes, – er redete Metaphysik: was Wunder, dass er endlich eines Tages *asketische Ideale* redete"[23]. Nietzsche meinte, daß die Heiligkeit für das Volk bestimmt ist, um ihm den Horizont des Ideals zu bilden[24]. Der Heilige ist die christliche Gestalt des Erlösers – vom Leben. In ihm wie in Gott wird „der Wille zum Nichts heilig gesprochen"[25]. Dagegen setzte Nietzsche den Mann der Tat, das Genie, das als „Explosiv-Stoff" des Lebens so gefährlich sein kann wie Napoleon[26]. Das Subjekt als idealistische Konstruktion war erledigt, seine ‚Erhärtung' im Denken nicht gelungen. Alle die fiebrigen Ansätze dazu mußten vor dem Ziel aufgeben. Fichtes Paradigmenwechsel in den ***Anweisungen*** vom Wissen zur Liebe war ein augenfälliges, da rasch vollzogenes Beispiel dafür. Die Rückkehr vom unerreichbaren Ich-Pol führte wieder in die gemäßigten Zonen der ‚Liebe', des ‚Seins', der ‚Freiheit' etc., die Religion und Philosophie gerne bereitstellten. Dort fiel der Anspruch an die Absolutheit weg, könnte sich das relative Ich entlastet fühlen, bleibe da nicht, wie das Beispiel Kierkegaards zeigt, das verzweifelte Verlangen, man selbst sein zu wollen.

Marx erklärte das Subjekt zum Scheinproblem, das von der Bestimmung des Wir bloß ablenkt. Die Symptome der Ich-Sucht wurden als ‚heilig' bloßgestellt und mit Spott verfolgt. Die Rückkehr zum Leben war unumgänglich, doch zu welchem? Die Fusion von rationalem Wir und irrationalem Ich, Kommunismus und Egoismus, die Feuerbach anstrebte, war für die Individualisten der Kunst und Philosophie nicht erstrebenswert. Die Masse war ihnen die Antipode des Denkens, die pure Unwahrheit. Den Anspruch auf Erkenntnis, die Verantwortung für sich selbst, wollten Kierkegaard, Stirner und Nietzsche nicht aufgeben. Der Einzelne und Eigene verweigert sich dem ‚Oben' jeglicher Transzendenz und dem ‚Unten' der Satten und Angepaßten durch die räumliche Distanz, die er um sich schafft, und die Zeit, die nicht die seine ist. Nietzsches Übermensch ist gar kein Mensch, sondern der Entwurf für ein „Individuum der Zukunft", das erst zu schaffen ist. Macht soll es besitzen, bloß heilig und demokratisch soll es nicht sein. Allerdings war die Zeit der Carlyleschen Edelmenschen ohnehin vorbei; das Heilige löste sich von den großen charismatischen Figuren und zog sich mit Hilfe der Kunst ins kleinteilige Leben zurück, wo es mehr Platz hatte und auch nicht mehr so schwer wog.

23 F. Nietzsche: Zur Genealogie der Moral, Kritische Studienausgabe (KSA), 346
24 Ders.: Der Fall Wagner, KSA, VI, 19.
25 Ders.: Der Antichrist, KSA, VI, 185.
26 Ders.: Götzen-Dämmerung, KSA, VI, 145.

Perspektivischer Schein
Nietzsche

Wenn der Metaphysik die Fügel beschnitten sind und der höhere Mensch „mit eignen Flügeln in eigne Himmel" fliegen will[1], dann am besten mit Hilfe der Kunst. Der junge Nietzsche glaubte in Richard Wagner, den er mit 25 Jahren kennenlernte, jenen messianischen Mythenschöpfer gefunden zu haben, auf den die Frühromantiker vergebens gewartet hatten. In seiner Musik sah er die dionysische Macht der Kunst verwirklicht, die die apollinische Individuation der Menschen und ihre Trennung von der Natur aufhebt und sie „durch eine mystische Einheitsempfindung zu erlösen sucht"[2]. Nicht weniger als ein „Evangelium der Weltharmonie" sah Nietzsche in der Kunst Wagners verkündet (S. 25). Die Versöhnung der Menschheit vollzieht sich nicht im Denken als Erkenntnisleistung des einzelnen Subjekts, sondern mit den Sinnen. In diesem „dionysischen Festzug von Indien nach Griechenland" (S.128) fühlt der Mensch sich als Gott, dem, auf dem „Weg zu den Müttern des Seins" (S. 99), „in der dionysischen Trunkenheit und mystischen Selbstentäußerung" (S. 27) der „innerste Kern der Dinge offen liegt" (S. 99).

Nietzsches Bruch mit dieser romantischen Mystik vollzog sich, als ihm klar wurde, daß bei Wagner hinter dem Dionysier ein erlösungsbedürftiger Christ zum Vorschein kam. Nietzsches Ernüchterung weckte seinen Widerstand gegen die Gefühlskunst, deren Verführung zum „Traume der Unsterblichkeit im Herzen"[3] er mit „Strenge, Überlegung, Gedrängtheit, Kälte, Schlichtheit (...) An-sich-Halten des Gefühls und Schweigsamkeit" begegnen wollte (S. 165). Zugleich mit dieser Abkehr von Wagner löste sich Nietzsche von Schopenhauer. Nicht Genie und Wahnsinn sollten die Voraussetzung der Kunst mehr sein, sondern handwerkliches Können (S. 152). In der Erleichterung des Lebens durch die Kunst, wie Schopenhauer sie vertreten hatte, sah er die

1 Friedrich Nietzsche: Also sprach Zarathustra (1883–85). KSA, IV, 289.
2 Ders.: Die Geburt der Tragödie, KSA, I, 30. (Die folgenden Seitenangaben im Text von hier.)
3 Ders.: Menschliches, Allzumenschliches, KSA, VIII, 145. (Die folgenden Seitenangaben im Text von hier.)

Gefahr, daß sie bloß davon abhält, die Zustände selbst zu verbessern (S. 143). Den durch die Kunst erhitzten Kopf wollte er mit Hilfe der Wissenschaft abkühlen. Selbst das Ende der Kunst, ihre „Abendröthe", ließe sich verschmerzen, denn die durch sie vermittelte Lebensfreude und Intensität wäre auch in der „Lust am Dasein" einzufordern, genauso wie die durch die Religion erworbene Gemütssteigerung erhalten bleibt, wenn jene schon verschwunden ist (S. 185). Noch während der Arbeit an ***Die Geburt der Tragödie*** *(1872)*, Nietzsches Begründung der Kunst als die eigentliche metaphysische Tätigkeit des Menschen, seiner Erlösung im Scheine, entstanden die Notizen zu einer Prosa-Tragödie ***Empedokles*** *(1871)*, in denen Nietzsche seine eigene Entwicklung vorauszuentwerfen scheint. In dem Dichter-Philosophen ist unschwer der Autor selbst zu erkennen. Gleich einem zweiten Faust wird er durch alle Stufen der Religion, Kunst und Wissenschaft getrieben. Aus der Religion löst er sich „durch die Erkenntnis, daß sie Trug ist"[4]. Er gibt sich dann der „Lust am künstlerischen Scheine" hin, denn er sieht in der Kunst die Retterin vor dem Weltekel. Sie überschreitet ihm die Grenze, über die die Logik nicht hinausreicht. Aber Nietzsche-Empedokles sieht bereits das Ende auch dieser Illusion und geht weiter zur Wissenschaft, die er „auflösend gegen sich selbst richtet." Er betrachtet „als Anatom das Weltleiden", aber „im hervorbrechenden Übermaß des Mitleids erträgt er das Dasein nicht mehr". Um sich zu schützen, „verhärtet (er) sich immer mehr" und versagt er sich jedes Mitleid. Er errichtet sich ein starkes Über-(Menschen-)Ich, das ihn hält, aber auch „böse" macht. Er beschließt die „Vernichtung des Volkes, weil er dessen Unheilbarkeit erkannt hat". Ähnlich verzweifelt auch Nietzsches ***Prometheus*** *(1874)* an einer Menschheit, die „zum Schatten geworden ist", so daß es „unter den Menschen ganz gespenstisch und ekelhaft und breiartig" zugeht[5]. Zeus gibt den Auftrag, Prometheus soll „die Menschen noch einmal einstampfen, die Form neu bilden, das Individuum der Zukunft."

Die Überwindung des Menschen und die Umkehr der Negation in die Akzeptanz des Lebens als *amor fati* machte Nietzsche in ***Also sprach Zarathustra*** *(1883–85)* zum Thema. Den Neuanfang symbolisiert er in den drei Verwandlungen des Geistes. Das Symbol der ersten Verwandlung ist das Kamel, das auch in Blakes Hölle Eingang fände: „Seine Torheit leuchten lassen, um seiner Wahrheit zu spotten" (KSA, IV, 29). Die zweite Verwandlung erfolgt zum Löwen, der in der Überwindung der christlichen Moral zum Herrn in der eigenen Wüste wird. Zuletzt verwandelt sich der Geist vom Löwen zum Kind: „Unschuld ist das Kind und Vergessen, ein Neubeginn, ein Spiel, ein aus sich rollendes Rad, eine erste Bewegung, ein heiliges Ja-Sagen". Dieses Kind wird nichts erkennen, was es nicht selbst schafft, denn es gibt keine a priori gesetzten Werte und keine vorgegebenen Wahrheiten. Seine Zeit ist ein ewiges Werden, eine unaufhaltsame Manifestation des Willens zum Leben. In Konsequenz dessen gibt es auch kein Subjekt als unveränderliche Konstante. Was das Ich als Sein und Realität erlebt, ist bloß ein logisch in Zusammenhang gebrachtes Erleben[6]. Die Infragestellung des Menschen

4 Ders.: Nachgelassene Fragmente (1869–74), KSA, VII, 125.
5 Ders.: Ebd., 836.
6 Ders.: Nachgelassene Fragmente (1885–87), KSA, XII, 465.

bringt keine Seinsebene dahinter zum Vorschein, kein mystisches Darüber, sondern kehrt auf der gleichen Ebene zum Anfang zurück, dessen Leere dem Willen Raum gibt. Nicht in einer neuen Schöpfung wird der Anfang gesetzt, sondern in der Verwandlung der bestehenden. Die Verwandlung des Geistes soll in keine idealistischen Höhen führen, dagegen macht Zarathustra sich schwer: „Leib bin ich ganz und gar, und Nichts außerdem" (KSA, IV, 39). Wie Goethes Prometheus richtet er sich ein in dem „Kreis, den meine Wirksamkeit erfüllt". Da darüber hinaus nichts mehr ist, können alle Veränderungen nur innerhalb diese Kreises stattfinden. Die Erlösung erfolgt nicht von den Dingen, sondern in ihnen, in der Umwandlung ihrer Werte. Da sie an keinem Absoluten zu messen sind, bleiben sie um- und umwertbar, eine ständige Rückkehr zum Anfang.

Dieses Niemals-Ankommen wird als sinnlos, als ein „Umsonst", selbst als Verzweiflung erfahren, sofern der Wille zur Bemächtigung des Daseins nicht ausreicht, den als Illusion erkannten Sinn der Dinge zu ersetzen. Die als Lüge erkannte „wahre" Welt mag als Kulisse bestehen bleiben, als „ein perspektivischer Schein, dessen Herkunft in uns liegt" (KSA, XII, 366). Es hängt von der Willenskraft ab, wie sehr wir uns „die Nothwendigkeit der Lüge eingestehen können, ohne zu Grunde zu gehen" (KSA, XII, 354).

Die dionysische Bejahrung des Lebens in seinen Scheinformen gab auch der Kunst wieder ihren Platz. Wie die frühen Romantiker sah Nietzsche in der Kunst die Gefahr des „Verewigen"[7]. Wollten die Romantiker das Geistige in der Kunst zwischen Werden und Entwerden in einer transzendenten Schwebe halten, gestand Nietzsche der Kunst den Schein des Seienden zu. Sie war ihm eine verkleinerte Formel für die Tendenz, „dem Werden den Charakter des Seins aufzuprägen" (KSA, XII, 312). Auf die Mittel der Romantik, die Täuschung als solche bewußt zu erhalten, ließ Nietzsche sich nicht ein. Er verstärkte statt dessen den Ansatz der Romantiker, die Kunst von der Potenz der Rezipienten abhängig zu machen. Das Kunstwerk bewirkt gleich einer Droge die „Ekstase aus Wonne und Erkenntnis", wie Baudelaire über Wagner schrieb[8], dient als Stimulans jenes „leiblichen vigor", dessen der Mensch als *primum mobile* angesichts der Kunst fähig ist (oder auch nicht). Unter der Überschrift *Aesthetica* führt Nietzsche jene Zustände an, „in denen wir eine Verklärung und Fülle in die Dinge legen und an ihnen dichten, bis sie unsere eigene Fülle und Lebenslust zurückspiegeln: der Geschlechtstrieb / der Rausch / die Mahlzeit / der Frühling / der Sieg über den Feind, der Hohn, das Bravourstück; die Grausamkeit; die Ekstase des religiösen Gefühls" (KSA, XII, 393). Drei dieser Zustände sah Nietzsche als für den Künstler bestimmend an: den Geschlechtstrieb, den Rausch und die Grausamkeit. Die Kunst als Sublimierungsleistung ist „ein Überschuß und Ausströmen von blühender Leiblichkeit in die Welt der Bilder und Wünsche". Umgekehrt bedeutet Vollkommenheit in der Kunst nichts anderes als eine „außerordentliche Erweiterung seines (des Menschen) Machtgefühls".

7 Ders.: Ebd., 313.
8 Charles Baudelaire: Werke, III, 30.

Mit diesem Positionswechsel zog Nietzsche der Kunst, die macht der Verführung den Menschen zum willenlosen Objekt hatte werden lassen, ihren einst süßen, im nachhinein bitteren Stachel, neutralisierte er Wagner. Indem er die ‚Aesthetica' zu verfügbaren Erscheinungen degradierte, konnte er sie, bar ihrer ehemaligen Bedrohung, wieder großzügig aufnehmen. Sogar die „Ekstase des religiösen Gefühls" reihte er unter die möglichen post-idealistischen Machterweiterungen. Der dionysische Rausch wird zur säkularisierten Ekstase und als Drogenrausch zu einer ästhetischen Erfahrung[9].

Diese kühne Umwertung war freilich nicht so gut abgesichert, als daß mit den einst verbotenen und nun wieder zugelassenen Genüssen nicht auch die Sehnsucht nach ihrer alten Heimat wieder erwachte. So kann wie ein Echo aus früheren Tagen der Religion und Kunst in der „Stunde des Pan" unvermutet ein entrücktes Mittagsglück auftauchen – „Wie? Ward die Welt nicht eben vollkommen?" „Fiel ich nicht – horch! in den Brunnen der Ewigkeit?" (KSA, IV, 344), – das nicht von ungefähr an Hölderlin erinnert und mit ihm die romantische Sehnsucht teilt. Auch hat der Mensch in seinem Leib noch Platz für ein altes Stück Himmel, das nicht an Rom, aber an Eckehart erinnert: „Das ‚Himmelreich' ist ein Zustand des Herzens – nicht etwas, das ‚über der Erde' oder ‚nach dem Tode' kommt (...). Das ‚Reich Gottes' ist nichts, das man erwartet; es hat kein Gestern und kein Übermorgen, es kommt nicht in ‚tausend Jahren' – es ist eine Erfahrung an einem Herzen; es ist überall da, es ist nirgends da ..."[10]. Nietzsche gab sich keinen Illusionen hin; er wußte, daß die Rückkehr zu den alten Tröstungen eine große Erleichterung bringen würde. Der heruntergeschraubte Himmel der Räusche und Erregungen war ein schwacher Trost in der freiwilligen Verbannung in die Grenzen des Menschlichen. Die Erlösung vom Menschen zum Menschen war ohne den Umweg über den Himmel von einer erschreckenden Direktheit. Denn auch wenn es keinen Gott gibt, ist es schwer, kein Gott zu sein.

9 Nietzsche: Nachgelassene Fragmente (1887–89), KSA, XIII, 294.
10 Ders.: Der Antichrist (1888), KSA, VI, 207.

Farblichtsäulen
Wagner

Wagners Erfolg in Paris begann 1860 mit drei Konzerten und setzte sich im Jahr darauf mit zum Skandal gemachten Aufführungen des ***Tannhäuser*** an der Pariser Oper fort. Baudelaire veröffentlichte kurz danach einen Artikel über Wagners Werk und begrüßte die moderne Idee des Gesamtkunstwerkes. Cézanne zeigte sich glücklich, Wagners Musik zu hören („lassen Sie unsern Hörnerv zu den edlen Klängen Richard Wagners vibrieren")[1]. Emile Bernard, Paul Gauguin und Vincent van Gogh berichteten von Anregungen, die sie durch Wagner erhielten[2]. Von 1885 bis 1888 erschien in Paris ‚La Revue Wagnérienne', die durch die Mitarbeit von Mallarmé, Verlaine, Verhaeren, Maeterlinck u. a. über die Beschäftigung mit Wagner hinaus zum theoretischen Sprachrohr des Symbolismus wurde. Die künstlerischen Gemeinsamkeiten waren so stark, daß Nietzsche seine Angriffe auf Wagner *(**Der Fall Wagner**, 1888)* auf die Literaten des Symbolismus ausweitete. Die Dichtungen Rimbauds, Mallarmés, Verlaines u. a. wurden in Deutschland gerade bekannt. Nietzsche warf Wagner wie den Symbolisten vor, eine decadente, kranke, lebensschwache Kunst zu schaffen. Das Leben als phänomenologisches Gebilde wollte er mit der Kunst, auch wenn sie Schein ist, gestärkt sehen. Er befürwortete eine handfeste, sinnliche Kunst, ***Carmen*** statt ***Lohengrin***, alles deutlich und ans Ende gebracht (KSA, VI, 15). Nicht wie bei Wagner Unendlichkeit, sondern „die kürzeste Linie, die *harte* Notwendigkeit". Schopenhauers nihilistische Auffassung von Kunst „als Stimulantia des Bedürfnisses nach ‚Erlösung'" (KSA, VI, 125) sah er in der fleischlosen Musik des ***Parsifal*** und in dem „Ausdruck des verarmten Lebens" der französischen Dichtungen verwirklicht (KSA, VI, 31, 47). Die Kunst scheint ihm in ihre Teile zu zerfallen, die Einheit als lebendiges Ganzes verloren zu gehen. „Das Wort wird souverain und springt aus dem Satz hinaus, der Satz greift über und

1 Paul Cézanne: Ein Traum von Kunst, 50 (Brief vom 23. Dezember 1865).
2 Hans H. Hofstätter: Symbolismus und die Kunst der Jahrhundertwende, 144.

verdunkelt den Sinn der Seite, die Seite gewinnt Leben auf Unkosten des Ganzen – das Ganze ist kein Ganzes mehr" (KSA, VI, 27). Solche Dichtung, es könnte sich um Mallarmé handeln, lebt nicht; sie ist „zusammengesetzt, gerechnet, künstlich, ein Artefakt". Das gleiche gilt für den späten Wagner. Er ist ein „Miniaturist", der trennt und kleine Einheiten schafft, gleich wie die symbolistische Literatur „die Vibrationen und Exuberanzen des Lebens in die kleinsten Gebilde zurückdrängt" und ihnen gleiches ‚demokratisches' Recht zugesteht. Dadurch verliert für Nietzsche das Werk in summa an Substanz. Die Aufweichung der Form, das Schopenhauerische daran, ließ ihn die Bedeutung dieses künstlerischen Schrittes zur Abstraktion nicht erkennen, obwohl er ihn theoretisch in seinem eigenen Denken vollziehen wollte, indem er (wie im vorigen Kapitel zitiert) der Verführungskraft der Gefühlskunst mit Strenge, Kälte, Schlichtheit und Schweigsamkeit zu begegnen sich vornahm.

Über die Bedeutung des ***Parsifal*** in seiner Vereinfachung und äußersten Reduktion der Mittel schreibt Adorno: „Der großartige Zersetzungsprozeß der musikalischen Sprache, die (…) sich in unverbundene Ausdrucksmomente dissoziiert, bedroht das traditionelle harmonische Gefüge. Der Parsifal markiert die historische Stelle, wo erstmals der in sich vielschichtige, gebrochene Klang sich emanzipiert, für sich selbst einsteht"[3].

Der Rückzug aus einer Gesellschaft, deren materielle Verhältnisse so verfestigt waren, daß bloße Bewegung nur in einer spirituellen Gegenposition möglich schien, führte die Künstler in die gleiche Vereinzelung wie die Philosophen. Der Blick wandte sich nach innen in ästhetische Gegenwelten und in die Terra incognita des Bewußtseins. Der Dandy und der Décadent schufen sich künstliche hermetische Innenwelten und machten sich zu preziösen Kunstwerken und Medien ungeahnter Erfahrungen. Rimbaud verwies auf das Vorbild der Romantiker, die sich nicht als Subjekte, sondern als Medium ihrer Kunst verstanden und sich als „Sehende" dem Unbekannten ausgesetzt hatten. Zur Ausschaltung des auf seine Welt beharrenden Ich war jedes Mittel recht, denn nur durch die „überlegte Entregelung aller Sinne" ist es möglich, beim „Unbekannten" anzukommen[4]. War Novalis noch sicher, daß am Ende aller Reisen der Himmel wartete, so heißt es in Baudelaires Gedicht ***Le Voyage***, daß es egal wäre, ob die Reise in den Himmel oder in die Hölle führt. William Blake fand erstmals breitere Zustimmung. Der „große Verdammte", sagt Rimbaud, ist „der höchste Wissende". Drogen spielten eine wichtige Rolle, und der Okkultismus erweckte höchste Aufmerksamkeit. Eliphas Lévi, der Kopf einer okkulten Sekte, wurde von Baudelaire, Hugo, Mallarmé, Villiers und Rimbaud gelesen und von dem einen oder anderen auch aufgesucht[5]. Die verstärkte Beschäftigung mit der Esoterik erhöhte auch die Bereitschaft zu mystischen Erlebnissen. Hugo, Gérard de Nerval und Mallarmé berichteten in dunklen Andeutungen von visionären und mystischen Erfahrungen.

3 Theodor W. Adorno: Moments musicaux, 55.
4 Arthur Rimbaud: Briefe und Dokumente, 28.
5 John Senior: The Way Down and Out: The Occult in Symbolist Literature, 36.

In dem Wunsch, den Grund der Dinge zu erreichen und zum Material der Kunst zu machen, unterschieden sich die *poètes maudits* mit ihren Höllendichtungen, die „Gesetzesbrecher" der Kunst (Rimbaud), nicht von den sich abschirmenden Ästheten, die gleich Narziß vor den Spiegeln, mit denen sie sich umgaben, verharrten. Denn die „Selbstdurchdringung des Geistes" (Novalis) meint hier, daß die Reflexe und Brechungen der Spiegelungen des Ich und der Welt Symbole für die Idee in der Tiefe sind. Wie in der Romantik wird so eine „natürliche und notwendige Ordnung" freigelegt, die die „innere, harmonische *Zahl* ihres Seins" sichtbar macht[6]. Das Kunstwerk, sagt André Gide hier in ***Le Traité du Narcisse – Théorie du Symbole*** *(1891)*, gleicht einem Kristall, in dem die Idee in paradiesischer Reinheit erstrahlt. Wie die Romantiker sind die Symbolisten auf die Vollkommenheit aus, auch wenn sie ans Verschwinden grenzt. Im Kristall verbinden sich das Immaterielle und die makellose stereometrische Form. Die Expressionisten werden sich wieder mit diesem Ideal beschäftigen[7].

Der große Zusammenhang, „die Sympathie des Weltalls", sagt Novalis, ist ein mathematischer[8]. Die Romantik interessierte an der ‚reinen Mathematik' weniger ihre Regelhaftigkeit als ihre strukturelle Unendlichkeit. Für die Architektur als Ergebnis zeigte sie das geringste Interesse. In der Malerei erscheint sie als Ruine, die sich organisch wieder in Natur auflöst. Baudelaire verlangte von der Dichtung einen Aufbau und Stil, der den „Wundern der Mathematik" gleicht[9]. Damit meinte er den musikalischen ‚Satzbau' der auf die Dichtung anzuwenden ist. Rimbaud spricht von einer Dichtung, die von „gesetzhafter Zahl und harmonischer Fügung" erfüllt sei[10]. Wie die Romantiker dachte er an eine Universalsprache, die zur Substanz der Welt wird und alles verbindet. Genauso wie bei den Romantikern bleibt der ‚mathematische' Ansatz alogisch, denn die Integrale aus Zahlen, Worten, Farben und Tönen verbinden sich unvorhersehbar und, wie Rimbauds ***Alchimie du verbe*** *(1873)* sagt, magisch. Die Vorstellung von Abstraktion war bei den Symbolisten wie bei den Romantikern sehr weit gefaßt und meinte auch Inhaltliches. Die Phantasie war Novalis als Gegenkraft zur Realität abstrakt. So gesehen war auch ein Märchen abstrakt. „Je eigentümlicher, je abstrakter, könnte man sagen, die Vorstellung, Bezeichnung, Nachbildung ist, je unähnlicher dem Gegenstande, dem Reize, desto unabhängiger, selbständiger ist der Sinn"[11]. Wenn keine Realität als äußere Veranlassung dient, fällt auch der ‚Sinn' weg, und das Kunstwerk korrespondiert unmittelbar. Die Abstraktion ist für Baudelaire die Bewegung des sachentbundenen Geistes. Er meinte damit das Unbewußte, eine mediumistische Psyche, die von allem Subjektiven freigehalten ist. Die Musik, die gleich den Figuren und Zahlen der Mathematik ein „Abstraktum der Wirklichkeit" (Schopenhauer) darstellt, ist als purer Ausdruck für die anderen Künste vorbildlich.

6 André Gide: Gesammelte Werke, VII, 164 f.
7 Walter Gropius: Manifest und Programm des Staatlichen Bauhauses in Weimar, April 1919, in: Hans M. Wingler: Das Bauhaus, 39.
8 Novalis: Schriften (1923), II, 267.
9 Hugo Friedrich: Die Struktur der modernen Lyrik, 30.
10 A. Rimbaud: Briefe und Dokumente, 30.
11 Novalis: Schriften (1928), II, 340.

Wagners Vorstellung von der Oper als Gesamtkunstwerk beflügelte den romantischen Wunsch der Symbolisten nach einer gattungsübergreifenden Alchimie der Farben, Töne und Worte. Ihre Gefühls- und Seelenkunst ist eine in fein abgestuften Übergängen fließende. Die verschwimmende Ton-in-Ton-Malerei von Odilon Redon, Henri Fantin-Latour und Jean Delville wird um 1890 zu einer zauberischen Farbmusik, mit der sie u. a. Wagner-Gestalten (Parsifal etc.) zur Darstellung brachten. Der junge Malewitsch verwendete diese Technik der monochromen Abstufungen 1907 für Entwürfe zu Wandgemälden mit Titeln wie ***Das Gebet*** oder ***Triumph des Himmels***. Eine andere Art der Umsetzung von musikalischer Bewegung wurde mit den fließenden Linien und organischen Formen des Jugendstils versucht. Emile Bernard, Paul Gauguin und die Maler der Nabis-Gruppe bezogen sich wiederholt auf Wagner. Der aus Litauen stammende Mikalojus Konstantinas Ciurlionis, der Musik studiert hatte, erreichte mit jugendstilhaften Formen und Farben eine ‚organische' Abstraktion. ***Sommer*** und ***Etude*** etwa, beide 1907, zeigen vertikale aufsteigende Formen. Wenige Jahre später findet sich die musikalisch strukturierte Vertikale als rein abstrakte Formen bei František Kupka *(**Nocturne**, 1910)*. Bei Wagner hatte es in ***Das Kunstwerk der Zukunft*** geheißen: „Die Harmonie wächst von unten nach oben als schnurgerade Säule aus der Zusammenfügung und Übereinanderschichtung verwandter Tonstoffe." (S. 86). Die Harmonie kennt nicht die

Abb. 25. František Kupka: Klaviatur – Der See, 1909.

zeitliche, d. h. rhythmische Anordnung, sondern „nur die Schönheit des Farbenlichtwechsels ihrer Säulen". Während Kupka um 1920 bei seinen Farblichtsäulen wieder zu organischen Formen zurückkehrt, verwendet Johannes Itten um die gleiche Zeit für seine aufsteigenden Farbharmonien streng konstruktivistische Formen.

Die Linie des Jugendstils gab es in der Dichtung, gleich Wagners ‚unendlicher Melodie', als horizontalen erzählerischen Bewußtseinsstrom in Edouard Dujardins Roman ***Les lauriers sont coupés*** *(1887)*. Dujardin, der zu dieser Zeit der Herausgeber der ‚Revue Wagnérienne' war, begründete mit dem schmalen Werk, das James Joyce um 1900 las, den inneren Monolog als literarische Form.

Noch ist die Kunst darauf bedacht, den Spiegel der Psyche von subjektiven Inhalten rein zu halten. Für Maurice Maeterlinck war das Theater der Ort des Unbewußten, der „Tempel des Traumes"[12]. Die darin bewahrte „Substanz der Ewigkeit" drohte ihm verloren zu gehen, wenn in der Interpretation der Stücke die „zufällige Subjektivität" mit ins Spiel kommt. Maeterlinck wollte deshalb das Menschliche von der Bühne verbannt sehen. Er verwies auf die Griechen, die am Theater Masken verwendeten, und entwarf ein ‚Androidentheater'. „Wird das menschliche Wesen durch einen Schatten ersetzt, einen Reflex, eine Projektion symbolischer Formen oder durch ein Wesen, das sich wie ein lebendiges verhält, ohne doch zu leben"[13]. Adolphe Appia entwarf 1891/92 in seinem Regiebuch zum ***Ring des Nibelungen*** erstmals eine abstrakte Raum-Licht-Gestaltung für die Bühne. Schönberg, Kandinsky und Malewitsch werden mit ihren Bühnenarbeiten hier anknüpfen.

Das Unbewußte wurde, gleich der Mathematik, als aller individueller Eigenschaften entkleidet aufgefaßt. Für Baudelaire entsprach die transzendente Funktion des Unbewußten den „Wundern der Mathematik". Wie die Logik bot das Unbewußte einen direkten intuitiven Zugang zu den geheimen (lat. occultum) Gesetzen Gottes, die alles mit allem verbinden. Hatte die Mathematik beansprucht, die göttlichen Gesetze aller Wissenschaften in sich zu schließen, war die Idee des synästhetischen Gesamtkunstwerkes als Verbindung aller Künste und aller Sinne von dem gleichen Universalismus beseelt. ‚Correspondances' zwischen den Künsten bestanden für Baudelaire, Mallarmé, Rimbaud, René Ghil, Skrjabin, Schönberg, Kandinsky u. a., denn alles ist, wie Schlegel sagte, Beziehung und Verwandlung. Die Gesetze der Ästhetik haben die gleiche sittliche Geltung wie die der Mathematik. Wenn die Wissenschaft die Gesetze Gottes nachzeichnet, so hat der Künstler als Baumeister einer neuen, künstlichen Welt die Verantwortung für die Reinheit ihrer Bausteine und die Tragfähigkeit ihrer Verbindungen. So leicht verletzbar die Gesetze auch sind, da die Logik des Ästhetischen einen schmalen Grat bildet, ist der Geltungsbereich unendlich groß, so daß selbst das Spiel mit dem Zufall seine Grenzen nicht überschreitet.

Das Unbewußte dringt in diese Tiefenstrukturen vor und bringt sie an die Oberfläche. Frei von den Fesseln des Denkens und der Vernunft, ermöglicht die Initial-

12 Maurice Maeterlinck: Prosa und kritische Schriften 1886–1896, 51.
13 Ebd., 55.

zündung der Intuition den Zugang zum gemeinsamen Grund von Kunst und Mystik. Kunst entsteht in Innenräumen, Landschaften werden im Atelier gemalt. Proust zieht sich in die Un-Wirklichkeit der Nacht zurück. Ein „ehrfurchtsvoll angehörter Instinkt, ein vollkommener und begriffener Instinkt" wird ihm zum Regulativ des künstlerischen Prozesses, „nachdem alles andere zum Schweigen gebracht worden ist"[14]. Zum Schweigen gebracht wird die Außenwelt, das Ich, für Proust die Gegenwart.

Indem die Kunst sich weigert, der Bedeutungsträger der Wirklichkeit zu sein, diese vielmehr in Frage stellt, abstrahierend ihre Formen auflöst und poetisch-metaphorisch verwandelt, schafft sie ihre eigene, geistige Wirklichkeit. *L'art pour l'art* bedeutet somit einen nur der Kunst eigenen Erkenntnisbereich, der sich als geschlossenes System nur mittelbar auf die Welt außerhalb, direkt aber auf die Erkenntnis des Bewußtseins selbst richtet. Da der Geist mittels der Ästhetik diese Leistung immer von neuem erbringen muß, um seine Identifikation mit der Welt der Erscheinungen zu vermeiden und seine Identität und sein Eigenbewußtsein zu wahren, entwickelt er seinen ästhetischen Bereich in die Weite und die Tiefe. Er wandelt seine Ausdrucksformen und versucht, das Geschaffene „zu immer vollendeterer Gestaltung zu bringen", wie Konrad Fiedler in seinen 1876–1889 geschriebenen ***Schriften zu Kunst*** sagt, in denen er diese aus der Romantik kommende und zeitgleich im Symbolismus wiederauflebende Kunstauffassung vertrat[15]. Das Kunstwerk war ihm nur das äußerliche Resultat für die eigentlich schöpferische Bewußtseinsleistung (S. 55). Die höchste Verlebendigung des Bewußtseins ist der absolute Wert der Kunst (S. 367). Sprache nimmt nicht vorgegebene Wirklichkeit in Besitzt, sondern schafft Wirklichkeit (S. 196). Sprache bedeutet daher immer nur sich selbst. Wo Sprache Welterkenntnis meint, bleibt immer ein dunkler Rest, der verdrängt wird (S. 208). Wo dagegen das Wesen der Dinge selbst zur Sprache kommt, wird nichts ausgegrenzt, ist jeder auch willkürliche Ansatz eine in sich vollkommene Einheit.

Da die Sprache einerseits ihre semantische Herkunft nicht leugnen konnte, andererseits ihre Reduktion auf Klänge und Zeichen für die Kunst des 19. Jh. (noch) nicht tragfähig genug erschien, um die in den Tiefenschichten des Bewußtseins vermuteten ‚mathematischen' Zusammenhänge an die Oberfläche treten zu lassen, mußte die Bedeutung der Worte durch andere Zusammenhänge neu bestimmt werden. Die ‚uneigentliche' Sprache der Poesie und Metaphorik wurde zu einer Hieroglyphik, die nichts chiffriert, sondern in alchimistischen Verbindungen ihre eigene Wirklichkeit herstellt. Ihr Gehalt – Kandinsky wird vom ‚inneren Klang' sprechen – ist erkennbar, ohne daß eine Identifikation mit ihr notwendig oder möglich wäre. Die Metapher als Ausdruck des ‚Uneigentlichen', des der Bedeutung ‚Entrückten', entwickelte in der Poesie des Symbolismus ihre größte Eigenständigkeit.

14 Marcel Proust: Auf der Suche nach der verlorenen Zeit, VII, 294.
15 Konrad Fiedlers Schriften über Kunst, I, 57. (Weitere Seitenangaben im Text.)

Schweigend abstrakt
Mallarmé

1866, als Stéphane Mallarmé 24 Jahre alt war, begann für ihn eine zwei Jahre dauernde Krise, die als eine Schreibkrise, aber auch als eine mystische Grenzerfahrung anzusehen ist. Er erfuhr sich als Nichts, ohne, wie er schon im März 1866 bemerkte, den Buddhismus zu kennen[1]. Diesen Prozeß der Entpersönlichung erlebte er als „lange Agonie" (C, I, 240). Im Frühjahr 1867 schrieb er in einem Brief an Verlaine: „Ich gestehe (...), daß ich mich noch im Spiegel betrachten muß, um zu denken, und wenn dieser nicht vor dem Tisch stünde, an dem ich dir diesen Brief schreibe, würde ich wieder zum Nichts werden. Ich bin nunmehr unpersönlich, bin nicht mehr Stéphane, den du kanntest – sondern eine Fähigkeit des geistigen Universums, sich selbst zu sehen und zu entfalten, und zwar mittels dessen, der ich war" (C, I, 242). Im „Schauspiel der Materie" erlangt das Nichts Bewußtstein von sich selbst, bekommt es Eingeweide. Die Welt der Erscheinungen ist nur ein „herrlicher Trug". Im Frühjahr 1866 plante Mallarmé einen Gedichtband mit dem Titel ***La Gloire du Mensonge*** *(Die Herrlichkeit des Trugs)*. Er wollte dem Trug aber nicht wieder verfallen, sondern die gewonnene Distanz wahren und die Sprache in der Schwebe, „polymorph"[2] halten – im selben Sinn wie Schlegel von der Verflüssigung der Buchstaben und vom Chaos gesprochen hatte. Die Rückgewinnung des reinen Seins mittels der Poesie war Mallarmé ein „schweigender Ausflug ins Abstrakte"[3]. Die ideale Dichtung wäre ihm „das schweigende Gedicht aus lauter Weiß" (Le poéme tu, aux blancs) (OC, 367). Im Frühjahr 1868 schrieb er: „Fürwahr, ich kehre aus der Höhe des Absoluten zurück ..., aber dieser zweijährige Umgang (...) wird eine Spur in mir hinterlassen, aus der ich ein Weihemal machen will. Ich steige wieder in mein Ich herab, das ich zwei Jahre lang verlassen hatte; immerhin sind Dichtungen, auch wenn nur leicht berührt vom Absoluten, bereits schön, und es

1 Stéphane Mallarmé: Correspondances 1862–1871, I, 207. (Alle weiteren Zitate unter C.)
2 Ders.: Oeuvres complètes, 363. (Alle weiteren Zitate unter OC.)
3 Mallarmé, zit. in: Hugo Friedrich, 90.

gibt ihrer wenige, – ohne davon reden zu wollen, ob nicht ihre Lektüre dereinst den von mir erträumten Dichter hervorbringen könnte" (C, I, 273)[4]. Mallarmé versuchte in seiner Dichtung, die Erfahrung seines „äußersten Verschwindens" (disparition supréme) sprachlich zu bewältigen, auch wenn er „bei der Vision eines Reinen Werkes fast den Verstand und den Sinn für die familiärsten Worte verloren" hatte (C, I, 270). Was Mallarmé zu erreichen versuchte, war ein Läuterungsprozeß und eine Verwandlung mittels der Sprache. „Wozu denn das Wunder der Verwandlung eines Stückes Natur in sein fast völliges Verschwinden durch das Spiel der Sprache, wenn nicht daraus, ungestört durch zu konkrete und nahe Signale, der reine Begriff (la notion pure) hervorginge" (OC, 368). Das „Große Werk" der Verwandlung, in dem die Welt aufgeht (OC, 378), sollte wie Architektur gebaut sein (C, II, 301). Mallarmé habe, sagte Paul Valéry, die Sprache an die abstrakte Universalität der Algebra anzunähern versucht, da sie einen weit größeren Spielraum eröffne als die gewöhnliche Syntax. Mallarmé habe erkannt, „daß die Sprachformen Figuren und Beziehungen von Operationen sind, die – indem sie Kombinationen und Assoziationen von Zeichen beliebiger Objekte und heterogener Qualitäten ermöglichen – uns zur Entdeckung der Struktur unseres intellektuellen Universums dienen könnten"[5].

Um die größte Reinheit des Werkes zu erreichen, muß der Dichter selbst verschwinden (OC, 366). Nur dadurch tritt das Zufällige des Subjektiven außer Kraft, wird die strukturelle Ordnung sichtbar. Diese Herausforderung beschäftigte Mallarmé von der fragmentarischen Prosa-Dichtung ***Igitur*** *(ca. 1868)*, die unmittelbar aus der zweijährigen Krise heraus entstand, bis zu dem dreißig Jahre später entstandenen Gedicht ***Un coup de dés jamais n'abolira le hasard*** *(Ein Würfelwurf hebt niemals den Zufall auf, 1897).* Der Würfelwurf als Ausdruck des Willens ist in seinem Resultat zufällig und dennoch nicht beliebig. Das Aus-der-Hand-rollen-Lassen des Würfels meint in der Kunst des Symbolismus, die Dinge nicht festzulegen, zu benennen, denn die Suggestion, die im Zufälligen liegt, macht erst den „Zustand der Seele" (état d'âme) fühl- und sichtbar (OC, 866). ***Le coup de dés*** zeigt, daß das Gedicht selbst der Würfelwurf ist. Auf den ersten Blick scheint der Zufall vorzuherrschen: Auf einander gegenüberliegenden Seiten sind Wortfolgen, deren Semantik nicht nachzuvollziehen ist, in verschiedener Größe und Typographie wie verstreut verteilt *(Abb. 44a)*. Die Anordnung, macht Mallarmé in der Einleitung jedoch deutlich, baut wie eine Partitur Strukturen auf, deren Themen und Stimmen sich überlagern und kreuzen, so daß sie in verschiedener Kombination gelesen werden können. So wird der Zufall „in einer geistig exakten Inszenierung" zum System erhoben (OC, 455 f). Der visuelle Eindruck, den Mallarmé und Valéry als einen räumlichen bezeichnen (OC, 380, 1575), wird bestimmt von dem ‚Weiß', das „als eine umgebende Stille" zugrunde liegt (OC, 455), wie das Schwarz des Nachthimmels dem „Alphabet der Sterne" (OC, 370). Die Räumlichkeit der Leere, in der die ‚reine Form' erscheint, ist die des abstrakten Symbolismus (Sérusier, Kupka, van de Velde) und des

4 Übersetzung nach Kurt Wais: Mallarmé, 124 f.
5 Paul Valéry: Cahiers I, 685, zit. in: John Neubauer: Symbolismus und symbolische Logik, 60.

Suprematismus von Malewitsch. Die rhythmische Balance der Worte weist voraus auf Mondrian, dessen frühe ***Kompositionen*** ebenfalls das Weiß als Bildhintergrund verwenden. Das Ideal der Dichter wie der Maler ist das Weiß-in-Weiß: Weiß als Substanz und Form. Gauthier nennt ein Gedicht ***Symphonie en blanc majeur***. Whistler, der zum Besucherkreis Mallarmés gehörte, malte zwischen 1862 und 1867 drei Frauenporträts als ***Symphony in White***. Die ‚reine' Abstraktion wird dieses Kompositionsprinzip aufnehmen. Mallarmés gewürfelte Zufälle lassen keine konstruktivistische Gestalt zu. ‚Rein' meint bei ihm: frei von romantischem Lyrismus (den die deutschen Übersetzungen um und nach 1900 wieder hineinbrachten) und subjektiver Gefühlslage, die die Maler dann endgültig als symbolistisch abschüttelten; statt dessen eine reflektierende, spiegelnde, ‚sternenhafte' Wirkung. In ***Crise de vers*** *(1886)* schreibt Mallarmé: „Das reine Werk impliziert das sprechende Hinwegtreten des Dichters, der die Initiative den Wörtern überläßt, den durch den Anprall ihrer Ungleichheit mobilisierten; sie entzünden sich im gegenseitigen Widerschein wie ein virtuelles Gleiten von Feuern über Edelsteine, die im früheren lyrischen Wehen hörbaren Atemzüge oder die persönlich-enthusiastische Satzführung ersetzend"[6].

Die lebenslange Auseinandersetzung mit dem Absoluten stellte auch Paul Valéry vor das Problem, dem Durchsichtigwerdenden eine Form zu geben. Die Hauptfigur in dem Romanfragment ***La Soirée avec Monsieur Teste***, 1893 begonnen, 1926 ergänzt und 1946 um einige nachgelassene Fragmente vermehrt, ist ein „gottloser Mystiker"[7]. Nicht einer der Décadents, die sich in sinnlicher Ekstase auflösen, sondern im Gegenteil ein ‚Mann ohne Eigenschaften' – „er hatte die Marionette getötet" (S. 14) – der in seiner gläsernen Durchsichtigkeit zum Nichts wird. Frau Teste sagt über ihn: „Noch ein wenig mehr von dieser Selbstversenkung, und ich bin gewiß, daß er unsichtbar würde" (S. 50). Der sehend und dabei unsichtbar gewordene Mensch sagt: „So gerade ist mein Schauen, so rein mein Empfinden, so ungeschickt vollständig mein Erkennen und so treffend, so klar meine Vorstellungen, so vollendet mein Wissen, daß ich vom Ende der Welt bis in mein leisestes Wort mich durchdringe; und an dem formlosen *Ding,* das man beim Aufstehen begehrt, verfolge ich mich bekannten Fibern und Zentren entlang, ich antworte mir, ich spiegle und strahle mich zurück, ich schaudre vor der Unendlichkeit der Spiegel – ich bin aus Glas" (S. 71). Die Spiegel, entlang derer Valéry sich bewegt, sind die Sprache. Sie ist als Poesie das Mittel der romantischen Potenzierung des Geistes, das, wie es bei Schlegel heißt, „wie in einer endlosen Reihe von Spiegeln" vervielfacht, „auf den Flügeln der poetischen Reflexion in der Mitte schweben" bleibt (KA, II, 182). Das „reine Ich" und das „absolute Bewußtsein", von dem Valéry in einem Brief von 1943 spricht[8], sind die (unerwünschten) Auflösungspunkte der Kunst. In ***Monsieur Teste*** melden sich Jean Paulsche Zweifel: „Wird er Leben oder Tod finden im höchsten Augenblick seines forschenden Willens? Oder Gott, oder irgenwelche schauderbare Empfindungen, im Tiefsten der Gedanken nur der blassen Widerspiegelung

6 Mallarmé: Sämtliche Dichtungen, 285 (= OC, 366).
7 Paul Valéry: Herr Teste, 57. (Weitere Seitenangaben im Text von hier.)
8 Ders.: Briefe, 221.

seiner eigenen elenden Stofflichkeit zu begegnen ...?" (S. 50). Dieser, wie bei den Romantikern zu sehen war, todbringenden Frage wäre insofern zu begegnen, als die Stofflichkeit aufgewertet und ‚bereinigt' wird. „Altes Verlangen (da kehrst du immer wieder und flüsterst mir zu), alles aus reinem Stoff neu aufzubauen: einzig mit klar hervortretenden Gefügen und Umrissen, einzig mit voll bezwungenen Formen, und nichts Undeutliches" (S. 65). Diesen konstruktivistischen Neuansatz, den der poetische Symbolismus wie die Romantik entwarf, werden die Abstrakten in ‚voll bezwungenen Formen' konkretisieren. Für Valéry, der die Mathematiker um die Einfachheit, Klarheit und Identität ihrer Formen beneidete[9], wird das ‚gläserne' Ich mit seiner romantischen Zerbrechlichkeit zu einer abstrakten und darum unangreifbaren Form: „Gerne vergleiche ich dieses *reine Ich* mit dieser wertvollen Null in der mathematischen Schreibweise, der jeder algebraische Ausdruck gleichgesetzt werden kann"[10].

Durch die Null-Form, die als ‚Weiß' den Hintergrund von allem Sichtbaren bildet, wird die Verbindung der Zeichen in einem algebraisch-musikalischen Formenkalkül, wie Hocke in bezug auf die Kombinationskunst der Manieristen schreibt, „ein Instrument zur Bildung irrationaler Verhältnisse"[11]. Für die Symbolisten ist das „berechenbar Unberechenbare"[12] die Methode, das Konstrukt durchlässig zu halten für den Blick des Narziß auf den Grund seiner Quelle, die so durchsichtig ist, daß er sich selbst nicht mehr sieht. Es ist die Verhaftung im Subjektiven, die durch den Rückgriff auf die Kombinationskunst ausgeschlossen werden soll. Das ist der entscheidende Beitrag des Symbolismus zur Moderne.

9 Ebd., 156.
10 Ebd., 221.
11 Gustav René Hocke: Manierismus in der Literatur, 59.
12 Ebd., 60.

Mystische Heiden
Cézanne

Gegenüber dem Naturalismus mit seinen sozial- und gesellschaftskritischen Themen könnte der Impressionismus als bloße Fluchtbewegung gesehen werden, die in einer harmonisierten Natur den Konflikten ihrer Zeit zu entgehen hoffte. Dem steht entgegen, daß gerade die impressionistische Malerei mit ihren harmlosen Inhalten es war, die im Vergleich zur zeitkritischen Kunst die weitaus heftigere Ablehnung erfuhr. Emil Zola, der Jugendfreund Cézannes, hatte mit seinen gesellschaftskritischen Romanen fast auf Anhieb Erfolg und entwickelte sich zum Bestsellerautor, während Cézanne bis kurz vor seinem Tod der Erfolg versagt blieb. Das gilt auch für die anderen beiden dem Impressionismus entwachsenen Maler, Gauguin und van Gogh. Aber auch die eigentlichen Impressionisten (Manet, Pissarro, Renoir, Sisley) hatten es schwer, sich gegenüber der akademischen und Salon-Malerei durchzusetzen, da die Verletzung einer normierten Wahrnehmung von Wirklichkeit als Verletzung der Wirklichkeit selbst verstanden wurde, mochte diese auch bloß ein Porträt, eine Landschaft oder ein Stilleben sein. Da sich in diesen Bildern die Welt in ihrer Gegenständlichkeit auflöst und zu einer illusionistischen Vision subjektiver Wahrnehmung verschwimmt, die den Dingen ihre Begrenzung nimmt, wird auch der Betrachter als Besitzer dieser Welt in Frage gestellt, da ihm die Welt in seinen Maßen verloren geht. Hermann Bahr schrieb 1904 über die Rezeption der Impressionisten: „Menschen, welche noch meinen, daß, was wir in Gedanken, um die Welt unserer Erscheinungen zu ordnen, damit wir mit ihr operieren können, abtrennen und abgrenzen ‚wirklich' getrennt und begrenzt sei, und welche nicht fühlen, daß alles ewig fließt, eins in das andere verrinnt und in unablässiger Verwandlung nur immer wird, niemals ist, werden eine Malerei verwünschen, die mit einem Behagen, das ihnen teuflisch erscheinen muß, alle Grenzen verwischt und alles nur in ein tanzendes Flirren und Flimmern auflöst"[1]. Nicht Inhalte, sondern die Ver-

1 Hermann Bahr: Dialog vom Tragischen, 112.

änderung der Wahrnehmung wurde als subversiv oder gar als anarchistisch angesehen. 1874, anläßlich einer Ausstellung impressionistischer Malerei, wurden die Künstler von den Kritikern in die Nähe der Kommunisten und Sozialisten der Pariser Kommune, die drei Jahre zurücklag, gerückt und als Anarchisten verunglimpft.

Eine Kunst-Wirklichkeit, die kein handhabbares Sein, sondern ein sich jedem Zugriff entziehendes Werden darstellt, hatte bereits die Frühromantik gefordert. Wenn A. W. Schlegel vom malerischen Schein spricht, der mittels Licht und Farbe entsteht und den Dingen einen geistigen Körper gibt, so ist es, als hätte er die impressionistische Malerei vor Augen gehabt. Cézanne verstand die Natur als eine wesenhafte Tiefe. „Die Farben sind Ausdruck dieser Tiefe an der Oberfläche. Sie steigen aus den Wurzeln der Welt auf. Sie sind ihr Leben, das Leben der Ideen. (...) Die Farben sind das glänzende Fleisch der Ideen und Gottes. Das Durchscheinen des Mysteriums, das Farbenspiel der Gesetze"[2]. Beim Malen entfaltet sich eine „farbige Logik" (S. 17), die eine Harmonie parallel zur Natur entstehen läßt (S. 12). „Malen heißt nicht einfach, das Gegenständliche getreu nachahmen, sondern eine Harmonie unter zahlreichen Bezügen herstellen, sie in ein eigenes Tonsystem übertragen, indem man sie nach dem Gesetz einer neuen und originalen Logik entwickelt" (S. 91). Die Musikalisierung der Malerei, die Wagnerische Harmonie, meinte wie bei den Symbolisten eine Abkehr vom Subjektiven. „Ein Bild stellt nichts dar, soll zunächst nichts darstellen als Farben. Ich hasse alle diese Geschichten, diese Psychologie..." (S. 46). In der angestrebten Harmonie sollte sich eine kosmische Ordnung ausdrücken. Für Cézanne stand alles zueinander in Beziehung, und seine Bilder waren ihm von einer „unbestimmten, kosmischen Religiösität" gesättigt (S. 28). Emile Bernard schrieb 1904 in einem Aufsatz: „So findet Paul Cézanne unter den Großen der Malerei als Mystiker seinen Platz; (...) er drückt sich durch die Sensibilität aus, das heißt durch die instinktive und gefühlshafte Wahrnehmung der Beziehungen und Akkorde. Und weil sein Werk darin an die Musik grenzt, kann man es unbestreitbar wiederholen, daß er ein Mystiker ist, weil dieses letzte Mittel das erhabenste ist, das himmlische. Jede Kunst, die sich musikalisiert, ist auf dem Weg zur Vollkommenheit. In der Sprache wird sie Poesie, in der Malerei wird sie Schönheit"[3].

Cézanne bezeichnete als das Wichtigste für den Maler: das Auge und das Gehirn. Er meinte damit eine halb bewußte, halb unbewußte Übereinstimmung von Gefühl und Technik, Intuition und Planung. Die innere Logik eines Bildes zielt auf eine einmalige, absolute Lösung. Cézanne litt sein ganzes Leben lang an diesem Anspruch, an dem er (vom Urteil der Zeitgenossen ganz abgesehen) immer zu scheitern meinte. Er identifizierte sich stark mit dem Maler Frenhofer aus Balzacs Erzählung ***Le Chef-d'oeuvre inconnu***, den dieser in seinem Bestreben, ein vollkommenes, absolutes Bild zu malen, scheitern ließ. (Der Maler Frenhofer gehört zusammen mit dem Naturforscher Claës in ***La Recherche de l'absolu***, auf den Cézanne im Zusammenhang mit sich selbst

2 Paul Cézanne: Über die Kunst. Gespräche mit Gasquet. Briefe, 29, 31. (Weitere Seitenangaben im Text von hier.)

3 Emile Bernard: Paul Cézanne, in: L'Occident 6 (1904), zit. in: Hajo Düchting: Paul Cézanne, 216.

ebenfalls verweist, dem Mystiker ***Louis Lambert***, dem Musiker ***Gambara*** u. a. zu jenen in den dreißiger Jahren von Balzac entworfenen Figuren, deren Streben nach der absoluten Erkenntnis in einem krassen Mißverhältnis zu ihrer Unfähigkeit steht, das Leben selbst zu bewältigen. Die romantische Zerrisenheit rückt sie in die Nähe der scheiternden Genies bei Jean Paul und E. T. A. Hoffmann). Nietzsche nannte den Wagner des ***Parsifal*** kritisch einen „Meister und Muster der Oekonomie" (KSA, VI, 31). Der logische Aufbau und die strenge innere Ordnung des in sich vollkommen bestimmten Kunstwerkes waren es, die Cézanne gerade zu erreichen suchte. Rilke, der Cézannes Malerei 1907 in Paris kennenlernte, sagte über die Gegenstände, die Cézanne aus der Farbe heraus modellierte: „Die Farbe geht völlig auf in dessen Verwirklichung; es bleibt kein Rest"[4]. Die Ökonomie der Mittel, die auf das ‚Wesentliche' zielt, erzeugt eine „bis ins Unzerstörbare hinein gesteigerte Wirklichkeit"[5].

Cézannes Farbschichtungen verdichten sich zur geschlossenen Fläche, geben aber zugleich durch ihre der Musik analogen Modulationen der Struktur wieder Bewegung und Raum. Im Schaffensprozeß, berichtete Cézanne, erschien ihm alles „dicht und flüssig zugleich" (S. 17). Lag für die Symbolisten das angestrebte Absolute ihrer Kunst immer im Bereich des Verschwindens und Verstummens, war die vollkommene Bestimmung für Cézanne ein Zustand der Unbeweglichkeit, vor dem er zurückschreckte. Einem Genie möchte es möglich sein, sagte Cézanne, „diesen Aufstieg in die Unbeweglichkeit, in einen Augenblick des Gleichgewichts hineinzubauen und doch dabei seinen Schwung fühlen zu lassen (...). Eine Weltminute zieht vorüber. Sie in ihrer Wirklichkeit malen. Und alles darüber vergessen. Mit ihr eins werden" (S. 17).

Um Zeit und Raum in ihrer äußersten Verdichtung als ‚Weltminute' malen zu können, ist jene Entpersönlichung zu erreichen, von der die Romantiker und Symbolisten immer wieder sprachen. Der Künstler soll, so Cézanne, bei der Herstellung seines Werkes nicht „dazwischenkommen". Er soll einer photographischen lichtempfindlichen Platte gleichen, die völlig rein und absichtslos ist. „Sein ganzes Wollen muß schweigen" (S. 13). Da der Mensch nicht mehr unschuldig im Sinne von willenlos ist, muß er durch „lange Arbeit, Meditation, Studium, Leiden und Freuden, das Leben" (S. 15) jene Aufnahmefähigkeit wiedererlangen, die das Malen zu einem mystischen Akt werden läßt.

Die Verwandlung der Natur in Kunst findet im Künstler statt. Cézanne spricht davon, daß er sich in der Natur verliert, mit ihr in einer Art Ekstase eins wird. „Der Mensch soll nicht da sein, aber ganz eingegangen in die Landschaft. Die große buddhistische Erfindung, das Nirwana, der Trost ohne Leidenschaften, ohne Anekdoten, die Farben!" (S. 22). Die Natur löst sich in Farben auf, so daß sich der Einswerdungsprozeß in der Übertragung auf die Leinwand fortsetzt. „Ich fühle mich farbig von all diesen Abtönungen des Unendlichen. In diesem Augenblick bin ich vollkommen eins mit meinem Bilde. Wir sind ein schillerndes Chaos" (S.16). Zur Aufhebung dieses

4 Rainer Maria Rilke: Briefe über Cézanne, 28.
5 Ebd., 23.

Zustandes heißt es: „Eine Art Trunkenheit, Ekstase läßt mich wie im Nebel taumeln, wenn ich mich von meiner Leinwand löse" (S. 30). Gasquet berichtet, daß Cézanne bei einem Besuch im Louvre auch vor einem Bild Veroneses in einen Zustand „farbiger Entrückung" geriet, der einer Ekstase glich (S. 41).

Bei dem Besuch im Louvre war Cézanne sechzig Jahre alt. Fünfundzwanzig Jahre früher, am Beginn seiner Entwicklung als Maler, stellte er bei der erwähnten Impressionisten-Ausstellung ein Bild aus, ***Une moderne Olympia*** *(1873/74)*, das nicht das Ergebnis einer Ekstase war, sondern diese zu thematisieren suchte. Es zeigt eine nackte Frau in einer theaterhaften Bordelldekoration, die – von einem Mann (Cézanne?) betrachtet – auf einer Opiumwolke zu schweben scheint. Dieses in einer expressiven Malweise hingeworfene Bild zeigt die entfremdete Natur als ein künstliches Paradies. Aus Cézannes Biographie geht hervor, daß er einer jener zahlreichen Künstler des 19. Jh. war, deren Sexualität – und damit die Beziehungsfähigkeit zu Menschen überhaupt – schwer gestört war. In seinen frühen Bildern stellte er wiederholt Gewalt gegen Frauen bis hin zum Mord dar. Der Versuch der asketischen Verweigerung der bedrohlichen Sexualität wird bereits angedeutet. ***Die Versuchung des hl. Antonius*** *(um 1870)* verkörpern vier üppige nackte Frauen mit kleinen Köpfen, die das Bild füllen, während der Heilige selbst, an den linken Bildrand gedrängt, den düsteren Ort zu verlassen scheint. Auf einem anderen Bild jener Jahre, dem ***L'Enlèvement*** *(Die Entführung, um 1867)*, trägt ein nackter Mann eine ohnmächtige, ebenfalls nackte Frau auf einen Berg im Bildhintergrund zu, der jener Sainte-Victoire zu sein scheint, der in den späten, ‚reifen' Jahren zu Cézannes Hauptmotiven gehörte. Dieses darum für seine Entwicklung höchst symbolische Bild weist auf die perspektivische Verschiebung voraus, die jene unerlöste, da offenbar gewaltsame Sexualität im Bildvordergrund im Laufe der Jahre auf die sublimierte Sinnlichkeit der Natur im Bildhintergrund hin nehmen würde. Die symbolische Zurschaustellung der künstlichen und gewaltsamen Ekstase der nackten Menschennatur wandelte sich zur unmittelbaren meditativen Einheit mit der dann ‚nackten', nämlich menschenleeren Natur.

Die Askese war seit der Romantik eine sittliche, religiös motivierte Vorgabe, der seit den Nazarenern vor allem katholische Künstlergemeinschaften gerecht zu werden versuchten. Die im Katholizismus forcierte Dichotomie von Natur und Geist, Sexualität und Heil, fand im Sublimierungsprozeß der Kunst ihre scheinbare Bestätigung. So riet van Gogh in seinen Briefen Emile Bernard mehrmals, Frauen zu lassen, um gut (potent) malen zu können[6]. Diesen mehr oder minder freiwilligen ‚Verzicht' drückte er unmißverständlich so aus: Stiere sind glücklich, die Ochsen aber malen[7].

Das Problem stellte sich auch Cézanne; 1903 schrieb er: „Sollte die Kunst wirklich ein Priesteramt sein, das reine Menschen erfordert, die ihm ganz ergeben sind?"[8]. Das Priesteramt meinte nicht nur die Vergeistigung der sexuellen Kräfte, Kunst statt Leben, sondern das Zurückstellen sozialer Bindungen überhaupt. Die Entscheidung für die

6 Vincent van Gogh: Briefe über die Kunst, 76.
7 Ebd., 51
8 Cézanne, 92.

Kunst bedeutete in den meisten Fällen einen Verzicht auf soziale Sicherheiten und damit auf Frau und Familie. Die Lage des Künstlers war im 19. Jh. existentiell so gefährdet wie nie zuvor, es sei denn, er war, wie Cézanne, durch ein Familienvermögen abgesichert; aber das war eher selten. Mit dem Verschwinden des Mäzenatentums des Ancien régime wurde der Künstler erstmals den Gesetzen des Marktes unterworfen, also jenem kapitalistischen Wirtschaftssystem, dem er sich bis dahin aus Angst und Abscheu verweigert hatte. Die Kluft zwischen ihm und seinem möglichen bürgerlichen Publikum wurde immer größer, was aber auch zu seiner künstlerischen Radikalisierung beitrug. Seine Hingabe an die Idee seiner Kunst trug in der Romantik und wieder im Symbolismus religiöse Züge. Schon bei Wackenroder ist von einem Maler als „Märtyrer des Kunstenthusiasmus" die Rede[9]. Verrät sich in der Idee vom Kunstpriestertum noch die Vorstellung von gesellschaftlicher Akzeptanz, die die religiös anmutende Berufung des Künstlers honoriert, hatte sich am Ende des Jahrhunderts die Erkenntnis durchgesetzt, daß der Künstler ein Außenseiter, wenn nicht gar ein Verdammter, ein *artiste maudit* sei, da seine so schwer errungene kunstpriesterliche Botschaft ungehört oder unverstanden blieb. Identifizierten sich die Künstler in der Romantik mit dem Unschuldigen, den Kindern, den Wilden, den Narren, so waren es am Ende des Jahrhunderts die Ausgestoßenen der Gesellschaft: der Verbrecher, die Prostituierte, Satan und Christus.

Der siegreiche Erlöser, als der Christus in der Kunst der Renaissance erschienen war, ist auf den Bildern des 19. Jh. kaum mehr zu finden. Er ist selbst ein Leidender, der den Menschen näher steht als Gott. *Ecce homo* wird von Daumier bis Nietzsche zum Programm: der Göttersohn als Mensch. Es ist daher nicht überraschend, daß in der Malerei Christus immer wieder die Züge des Malers selbst trägt. Jean-François Millet malte um 1847 den Christus, der seine Züge trägt, mit einer Dornenkrone, in direkter Entsprechung zu seiner eigenen schmerzhaften Lebenssituation[10]. Das gleiche gilt für die Selbstdarstellungen als Christus von Gauguin ***(Christus auf dem Ölberg**, 1889)*, van Gogh ***(Pietà**, 1890)* und James Ensor ***(Ecce homo**, 1891)*. Die Bilder dieser Maler sind Ausdruck einer künstlerischen und menschlichen Isolation. (Der ***Christus in der Wüste**, 1872*, von Iwan Kramskoi und das Dostojewski-Porträt von Wassili Perow aus dem gleichen Jahr sind Zwillingsbilder der Einsamkeit in einer für den Künstler gesellschaftlichen Wüste.) Ensor, von dem es besonders viele Christus-Selbstporträts gibt, nannte sich einen Atheisten. Wie in der Romantik ist die Bindung an einen extramundanen Gott zerrissen. Huysmans nennt in ***A rebours*** Gustave Moreau einen „mystischen Heiden". Monet spricht von der Malerei als „petit église" in ähnlicher Weise wie die Romantiker von der ‚unsichtbaren Kirche'. Das Heilige war nicht mehr von der Gemeinschaft, sondern vom einzelnen zu bewahren. Darum auch die Bereitschaft, die Heiligkeit im anderen zu sehen, in seiner Kunst, aber auch in seinem Leben. Van Gogh will Männer und Frauen „mit diesem gewissen Ewigen malen, wofür früher der Heiligenschein das

9 Wilhelm Heinrich Wackenroder: Herzensergießungen eines kunstliebenden Klosterbruders, 18.
10 Philipp Junod: Das (Selbst-)Portrait des Künstlers als Christus, in: Das Selbstportrait im Zeitalter der Photographie, 75. Katalog.

Symbol war, und das wir durch das Leuchten, durch das Zittern und Schwingen unserer Farben zu geben suchen"[11]. Der Dichter Joachim Gasquet, der mit Cézanne befreundet war, sah dessen Landschaften von „einer Art leuchtenden Heiligkeit" durchdrungen[12].

Rilke spricht 1907 in einem Brief über die Heiligung, die in den alltäglichen Dingen auf Cézannes und van Goghs Bildern liegen. Äpfel, Weinflaschen, ein Stuhl werden zu Ikonen des Geistigen, denn der Maler „zwingt sie, schön zu sein, die ganze Welt zu bedeuten und alles Glück und alle Herrlichkeit..."[13]. Rilke verweist auf Baudelaires Gedicht ***Une Charogne*** *(Das Aas)* als den Beginn „zum sachlichen Sagen", das er bei Cézanne wiederfand[14]. Ein idealisierendes Weglassen ist dem Künstler nicht mehr erlaubt, es würde ihn aus dem Zustand der Gnade drängen, ihn sündig werden lassen. Die Fähigkeit, im vorurteilslosen Hinblicken in das Wesen der Dinge einzudringen, sah Rilke bei Cézanne wie bei van Gogh aus ihrer „äußersten Liebesmöglichkeit" entstehen. „Hinter dieser Hingabe beginnt, mit Kleinem zunächst, die Heiligkeit". Die Schönheit liegt nicht länger in der Erhabenheit des Gegenstandes, sondern in seiner Wesenhaftigkeit. Der Bezug zum Künstler wird zugleich enger gesetzt, korrespondiert unmittelbar mit *seinem* Wesen. Der Künstler wird geistig und inhaltlich Teil seiner Bilderwelt. Die Schönheit, die er schafft, wird als seine erkannt. Er wird heiliggesprochen.

11 Vincent van Gogh: Correspondance complète, III, 185.
12 Kurt Leonhard: Paul Cézanne, 69.
13 Rainer Maria Rilke: Sämtliche Werke, VI, 722.
14 Ders.: Briefe über Cézanne, 37.

Reisende vor Ort

Mann ohne Schatten

Den Symbolisten waren ihre künstlichen Welten nicht Utopien, sondern Schutzräume. Des Esseintes, in Huysmans' ***A rebours** (1884)* der Prototyp des Dandy und Ästheten, schafft seine Lebenswelt als ein Gesamtkunstwerk mit sich als Zentrum. Die Natur, behauptet er, langweile ihn, nur das Künstliche ist „das kennzeichnende Merkmal des menschlichen Geistes"[1]. Eine Lokomotive, dieses „künstliche Wesen", ist für ihn schöner als eine Frau. Er hält einen sicheren Abstand zur Natur wie zur gesamten Außenwelt. Der heruntergekommene Adel und Klerus, das geldgierige und dumme Bürgertum und das ausgeblutete Proletariat erwecken seinen Abscheu. Ganz auf sich selbst bezogen, dient der Narzißmus dem intellektuellen Genuß. Das Abgründige der eigenen Psyche erweckt keinen Schrecken wie noch für die Romantiker, sondern dient der Selbststilisierung und Abgrenzung von den anderen. Die Décadents sind, wie Huysmans schreibt, durch Neurosen visionär gewordene Geister[2]. Hermann Bahr bezeichnete den Symbolismus als eine „Romantik der Nerven"[3]. Die Sinneserregung durch die äußerste Künstlichkeit trägt Züge des verlorengegangenen Religiösen, in ihr äußert sich „eine fieberische Sucht nach dem Mystischen"[4]. Des Esseintes spezieller Klerikalismus ist der „entartete und kunstvoll perverse Mystizismus" seiner Epoche[5]. Die sakrale Sinnlichkeit auf Gustav Moreaus *Salome*-Bildern läßt Des Esseintes diesen als „Erleuchteten" und „mystischen Heiden" bezeichnen[6]. Auch wenn von Gott nicht viel die Rede ist, soll der Himmel nicht verloren gehen. Die Ekstasewilligen und „Grübler der Wollust"[7] suchen ihn überall, auch in der Hölle.

1 J.-K. Huysmans: Gegen den Strich, 83.
2 Ebd., 130.
3 Hermann Bahr: Studien zur Kritik der Moderne (1894), 23.
4 Ebd., 25.
5 Huysmans, 361.
6 Ebd., 135.
7 Bahr, 36.

Mallarmé hatte es deutlich gemacht: Auch für das Nichts, das Schweigen, gibt es ein Nachher, der geschützte Garten, seit Candide Sinnbild des selbstbestimmten, abgeschlossenen Lebensraumes, ist wieder zu verlassen. Draußen herrscht allerdings, was Baudelaire mit ‚Amerikanismus' bezeichnete: die Masse, der Egalitarismus, Parvenütum und Egoismus. Henri-Frédéric Amiel kann in seinen ***Fragments d'un Journal intime*** dem nur wie ein Prediger die Tugenden Liebe, Aufopferung, Ehre und Pflicht entgegensetzen. Und Maurice Barrès empfielt im letzten Teil seines ***Le cult de moi*** *(1888–91)* ein ungefähres soziales Gemeinwohl wie Goethe am Ende des ***Faust***. Der erst siebzehnjährige Hugo von Hofmannsthal diagnostizierte an diesen beiden Werken eine an Schopenhauer und Buddha genährte Willenlosigkeit als Krankheit. An dieser Handlungsunfähigkeit leiden allerdings auch die Figuren in Hofmannsthals eigener Dichtung. Als ein in seiner Welt gefangener Décadent kann Amiel, so Hofmannsthal, die schreckliche Verantwortung der Tat nicht auf sich nehmen, denn sie macht Angst. Indem er in seinem empfindsamen Seelenreich verharrt, zerstört seine Willenlosigkeit auch die Fähigkeit zum Glück. Seine Subjektivität (‚le moi obscur') macht ihn unfähig, etwas zu tun. Seine schattenhaft innere Freiheit, sein „vermorschter Wille", schreibt Hofmannsthal in ***Das Tagebuch eines Willenskranken*** *(1891)*, verharrt in einem „symbolischen Warten"[8].

Auch in Gabriele d'Annunzio erkannte Hofmannsthal „jene unheimliche Willenlosigkeit" als einen Grundzug der damaligen Literatur[9]. D'Annunzio ist wie Hofmannsthal ein „Spätgeborener" des 19., des „feinfühligen, eklektischen Jahrhunderts", der die „überfeinerten Nerven", nicht aber das „heiße Leben" und die „süßen Früchte" dieser Zeit besitzt. Wie Doppelgänger sehen sie ihrem eigenen Leben zu. Sie leben es nicht, sondern analysieren und träumen es und bleiben dabei immer durstig. Sie sind wie Schatten, die die „Zeichen des Lebens" kennen, aber aus Kraftlosigkeit nicht gebrauchen können. Ihr Mangel an Willen läßt sie nichts tun, wo doch vom Tun als der „neuen Gottheit" alle Kraft und Schönheit ausginge[10]. Das gilt auch für Hofmannsthals aristokratische Welt, die, isoliert und sozial bedroht, in einem Garten lebt, auf dessen Mauern der Tod sitzt, wie Hofmannsthal zu ***Der Thor und der Tod*** *(1893)* sagt[11]. Auch wenn der Garten verlassen wird, wie in dem Gedicht ***Leben*** *(1892)*, bleibt die Traumwelt bestehen, fände sie ihr Ende nur im Tod. Dieser erscheint, von drinnen gesehen, als Heilung, als das erste „wahrhafte Ding" unter lauter Lügen, Relativitäten und Gaukelspielen[12]. Draußen jedoch ist die Erfahrung eine ganz andere. Der Kaufmannssohn in ***Das Märchen der 672. Nacht*** *(1894)* wie der Convictszögling in Leopold Andrians ***Das Fest der Jugend – Der Garten der Erkenntnis*** aus dem gleichen Jahr suchen das Leben und geraten in eine plebejische Welt, in der sie elend zugrunde gehen.

Die Frau ohne Schatten *(1911–19)* ist ein symbolisches Märchen von dem erhofften Ausgleich zwischen den beiden feindlichen Prinzipien. Die Kaiserin ist ein Feenwesen,

8 Hugo von Hofmannsthal: Gesammelte Werke. Reden und Aufsätze I, 114.
9 Ebd., 174.
10 Ebd., 208.
11 Ders.: Ges. Werke. Reden und Aufsätze III, 379.
12 Ebd., 376.

während ihr Gatte die materielle Welt verkörpert. Der Kaiser droht zu versteinern, bis ans Herz, wenn es ihr umgekehrt nicht gelingt, ein menschliches Wesen zu werden. Als ein Geistwesen besitzt sie wie Valérys gläserner Mensch keinen Schatten: das Symbol des Lebens. Der Königssohn in dem Drama ***Der Turm*** *(1925/27)* verlebt seine Jugend gefangen in einem Turm, der, gleich Platons Höhle, ihm eine Schattenwelt vorgaukelte, die er zwar durchschaute, aber auch nach seiner Befreiung nicht zu verlassen imstande ist. Denn auch die Welt draußen ist ein solches bewegliches, relatives Gebilde. Er weiß, daß der Geist in höhere Regionen reicht, erfährt diese aber nie. Den Erwartungen seiner Anhänger weicht er wie Empedokles durch seinen Opfertod, der sein erstes autonomes Handeln darstellt, aus.

Die Helden des Symbolismus bleiben Gefangene ihrer Träume, vor allem ihrer Träume vom Draußen. Die Leere um sie wird zur Wüste, die ‚Unendlichkeit der Spiegel' macht sie einsam, ihre Isolation bewegungslos. Die Reise, eine zentrale Metapher der Aufklärung, wird ein Akt des Versagens und Sich-Versagens. Wenn doch eine Reise unternommen wird, scheitert sie, bereitet sie Qualen oder wird überhaupt erzählerisch ausgeklammert. Die Reise (das Leben) kommt dann nicht als erzählte Gegenwart vor, sondern als Entwurf davor und als Beurteilung danach. Reflexion und Imagination ersetzen die Wirklichkeit, da sie in ihren Möglichkeiten perfekter sind als jene. Des Esseintes richtet sich sein Speisezimmer als Schiffskabine ein. Der Traum von einer Reise ist ihm wichtiger als die Reise selbst. Und auch den Ich-Erzähler in Marcel Prousts ***A la recherche du temps perdu*** *(1871–1922)* stürzt der Gedanke an eine bevorstehende Reise in Verzweiflung, während ihn eine imaginierte Reise nach Italien entzückt.

Schon die noch aufklärerisch bewegten, reisefreudigen Romantiker kamen nie wirklich an ihr Ziel. Edgar Allan Poes Novelle ***The Narrative of Arthur Gordon Pym of Nantucket*** *(1838)* bricht in dem Augenblick ab, da der Ich-Erzähler Pym und ein Gefährte in der Antarktis mit ihrem Kanu in einem milchig weißen Gewässer auf einen Katarakt zutreiben, über dem eine riesige weiße Gestalt zu schweben scheint. Es ist der Tod, den Poe an anderer Stelle ein „Gespenst" nennt[13]. Die Antarktis ist den Romantikern die Metapher für die existentielle Erfahrung des Grenzbereiches zwischen Leben und Tod und zugleich der metaphysische Übergang von Himmel und Erde.

Etwas mehr als fünfzig Jahre nach Arthur Gordon Pym führte André Gides ***Le Voyage d'Urien*** *(1892/93)* seinen Ich-Erzähler ebenfalls in die Antarktis und möglicherweise an die gleiche Stelle wie Pym, denn vor einer scheinbar unüberwindlichen weißen Wand findet er im Eis die Leiche eines Mannes, der einen weißen, leeren Zettel in der Hand hält, als wäre es Pym mit seinem ungelösten Rätsel.

Der Titel ist mehrdeutig: Die Reise – le voyage du rien – gilt dem Nichts, führt aber auch zu nichts, außer zu der Erkenntnis, daß das ‚Nicht' nicht zu finden ist. Schließlich meint der Titel auch, daß die Reise zu den imaginären Mittelpunkten der Erde (seit jeher) nichts als ein Traum war und der Erzähler nie aus der Kammer seiner Gedanken hinausgekommen ist[14].

13 Edgar Allan Poe: Werke, II, 876.
14 André Gide: Die Reise Urians, in: Gesammelte Werke, VII, 223.

Gide bemühte sich erst gar nicht, wie Poe durch wissenschaftliches Beiwerk einen Schein von Realistik zu erwecken. Den lieferten bald nach Gide Jules Verne (***Le Sphinx des glaces,*** *1897*) und C. A. Drake (***A Strange Discovery,*** *1897*) mit ihrer Fortsetzung und rationalen Erklärung von Poes ***Narrative***. Gide löste das Rätsel sehr einfach. Jene kreisrunde Ebene hinter der Eismauer, das Ziel der beschwerlichen Reise, birgt überhaupt kein Geheimnis! Dadurch daß der Mann, dessen Leichnam im Eis liegt, diese Stelle nicht mehr erreichte, blieb ihm, räsoniert der Erzähler, vielleicht eine Enttäuschung erspart. Die einzige sichere Freude bereitet daher alleine der Weg, so beschwerlich er auch sei, und nicht das Ziel. Das Paradies des Narziß gibt es nicht. Im Aufwachen aus dem Traum richtet sich der Blick auf den Weg: das Leben.

Gide stellte bereits in diesem noch symbolistischen Werk den zentralen Punkt des Symbolismus in Frage: die Idee vom ‚weißen' Ziel mit seinem eisigen Absolutum. Die Idee, weiß der Ich-Erzähler in ***Paludes*** *(1895)*, ist „schwer wie Gott", und sie wächst, während man selber abnimmt[15]. Er lebt handlungsunfähig in einem Turm und tut nichts, als auf die Sümpfe (paludes) rund um sich zu blicken. In ***Le Prométhée mal enchaîné*** *(1899)* verdeutlicht Gide das Unheil, das die Idee anrichtet, und den Ausweg durch das zweckfreie, sinnenthobene Handeln, den ‚acte gratuite'. Der Bankier Zeus setzt einen solchen absurden Akt, indem er zwei ihm völlig Fremden ohne Grund zu einer Banknote bzw. zu einer Ohrfeige verhilft. Die beiden suchen in diesem Schicksal einen Sinn, den sie nicht finden, und kommen gerade deshalb um. Prometheus erzählt die Geschichte des Tityrus, der, unbedacht wie Epimetheus, eine weitere Büchse der Pandora öffnet. Sie enthält eine Idee, die als Samenkorn im Sumpf um Tityrus eine ganze komplizierte Zivilisation entstehen läßt, mit immer neuen Verpflichtungen, die ihn binden, und einem Gewissen, das ihn aufzehrt, so daß er auch die Liebe verliert. Das scheint Prometheus die Augen zu öffnen, denn die Idee beherrscht auch ihn. Sie hat die Gestalt des Adlers, dem er seine Leber zum Fressen gibt. Er tötet den Adler und ißt ihn auf. Da die Gewissenqualen den Vogel hatten schön und fett werden lassen, ist sein Verzehr umso köstlicher. Prometheus gelangt damit zu dem gleichen zweckfreien Handeln, das bis dahin Zeus vorbehalten war. Schon der Erzähler in ***‚Paludes'*** sagte: „Die wirklich verantwortliche Handlung ist die zweckfreie (...), ich will keine Handlung entstehen lassen, sondern Freiheit entfesseln"[16].

Das gelingt Gide mit ***Paludes*** und ***Prométhée*** tatsächlich und macht diese beiden Werke zu bedeutenden Prosatexten der Moderne. Gide hatte schon in den vorangegangenen symbolistischen Traktaten begonnen, sich vom Symbolismus abzusetzen, indem er als Erzähler reflektierend und distanzierend eingriff, was in ***Paludes*** und ***Prométhée*** dann zum durchgängigen Stilmittel wird. Das ironische Zurücktreten vom Erzählten und der ständige Verweis auf die Sprache und den Bau der Erzählung sind konträr zur symbolistischen Gefühlskunst. In der Romantik hatte diese Art der Ironie die Funktion, Wirklichkeit, auch jene der Kunst selbst, aufzulösen. Gide diente sie

15 Gide: Werke, VII, 251.
16 Ebd., 282.

gleichermaßen dazu, Wirklichkeit als eine „Vergangenheit ohne Überraschung" nicht wieder entstehen zu lassen[17]. Hofmannsthal hatte die Gefangenschaft der Symbolisten, eingespannt zwischen Reflexion und Phantasie, Spiegebild und Traumbild, beschrieben, aber in seiner Dichtung nicht aufzulösen gewußt. Gide setzte dem Nihilismus einer untergehenden Welt die Verneinung durch das Sinnlose und Unernsthafte entgegen. Bei Mallarmé besaß das Absurde noch einen tiefen, verborgenen ‚Dämon der Analogie', der Angst machte[18]. Es ist wohl dieser Dämon der Sinnhaftigkeit, der die beiden von Zeus mit seinen Gaben Bedachten in die Verzweiflung trieb. Gide treibt ihn mit seiner Unernsthaftigkeit aus, biegt jede Sinnfrage um in die nihilistische Lächerlichkeit, die der Dadaismus entdecken wird.

Gides Anstrengung blieb zu ihrer Zeit singulär, auch innerhalb seines Werkes. Was ihn dazu befähigt hatte, enthüllt sich erst in seinen späteren Werken, ***Les Nourritures terrestres*** *(1897)* und ***L'Immoraliste*** *(1902)*, nämlich seine erste Nordafrikareise von 1893. Sie bewirkte den Bruch mit dem Symbolismus durch ein künstlerisch vorausweisendes Zerbrechen der Form, das ihm selbst stilistisch den Weg zum Realismus öffnete. (Ein ähnlicher Prozeß hatte sich bei Flaubert abgespielt. Auch für ihn war seine Zeit eine kranke, deren Fäulnis erschreckt *(**Les mémoires d'un fou,** 1838)*. Seine Orientreise, auf der auch er den Eros des Südens kennenlernte, bewirkte seine Abkehr von der Romantik seiner Anfänge und den Beginn seines Realismus).

Für Carl Einstein entspricht die Welt nicht den potentiellen Möglichkeiten des Geistes, und umgekehrt muß der Geist den Anspruch aufgeben, die Welt zu erkennen, denn immer wird der Sinn zum Unsinn, ist das Gegenteil auch wahr. Erkenntnisse führen darum in den Wahnsinn. Die Vernunft wiederum reduziert, vereinfacht und verarmt, wird zur leeren Mechanik, zur toten Symmetrie, wie es in Einsteins zwischen 1906 und 1909 geschriebenem und André Gide gewidmetem Hauptwerk ***Bebuquin*** heißt[19]. Wenn die Verbindung von Denken und Außenwelt, die ohnehin nicht funktioniert, aufgehoben wird, kann sich das Denken seine eigene Denkwelt schaffen, in der die für ‚draußen' gedachten Regeln nicht gelten. Nun stehen dem Geist zwei Optionen frei: Er erliegt, wie Valéry Herrn Teste sagen läßt, dem alten Verlangen, „alles aus reinem Stoff neu aufzubauen", dem erfahrenen Chaos die Ordnung des Denkens mit klaren „Gefügen und Umrissen" entgegenzusetzen. Hier dient der Kunst die Mathematik als Vorbild eines in sich geschlossenen Systems. Neben dieser absoluten, abstrakten Richtung gibt es die ‚romantische' Freiheit der Phantasie, deren autonomer Bereich für Einstein wie für die Romantiker der Ort der Wunder und der „wahrhaften Essenz" ist. Inbegriff des Irrationalen ist der Mythos und das Märchen. Einstein beruft sich auf William Beckfords Kunstmärchen ***Vathek*** (1787). Mit dem Märchenprinzen des Morgenlandes verwandt ist der Dandy der europäischen Städte. Einstein spricht vom Snob: Er ist der versachlichte Dandy des 20. Jh. Einstein sah ihn in Mallarmé repräsentiert, der in seinem Originalitätsstreben „das Absolute mit dem Seltenen"

17 Gide: Werke, VII, 222.
18 Stéphane Mallarmé: Le Démon de l'Analogie (1874), in: Sämtliche Dichtungen, 135.
19 Carl Einstein: Gesammelte Werke, 209. (Alle weiteren Seitenangaben im Text von hier.)

identifizierte (S. 64). In seiner „gewissenhaften Technik", die „Auslese und Seltenheit" fordert, verbindet der Dandy als Dichter den abstrakten mit dem romantischen Bereich, erreicht er jene mathematische Unbedingtheit, die das Absolute „umspielt". „Der Snob, der zum Stil und einem pedantischen Leben neigt, ist immer auf dem Weg zum System und der Mathematik; ganz da in der Nähe ist Gott" (S. 301).

Bei allem Stilwillen vermied Einstein anzukommen, denn ein System bedeutet ihm Stillstand. Wahrheit ist nicht von Dauer. Erkennen ist nicht Übereinstimmung mit etwas Gegebenem, sondern ein tätiger, schaffender Akt (S. 378). Die Problematik der im Kunstwerk fixierten Form löste Einstein wie die Romantiker, indem er der Form zugestand, daß sie „mit nichts alles enthält, aber zugleich mehr ist als Begriff und Symbol" (S. 205). Sie verneint geradezu die Gestalt, denn sie ist reine Selbstbewegung. Vorbild ist auch hier Mallarmé: „Mallarmé verbot die Dinge und lehrte den bildhaften Zusammenhang" (S. 64). Das gilt auch für Einstein, der in der Sprache die Loslösung von den Dingen, die sie bezeichnen, anstrebte. Abbild und Psychologie – außen und innen – werden im Imaginären wie im Abstrakten geopfert. Mallarmé ist Einstein darum „der unermüdliche Sucher eines distinguierten Absolutums, eines engen Traums" (S. 64). Der „Stoff", der sich selbst bedeutet, ist transzendent: „Es ist spirituelle, spezifische Kunst" (S. 65).

Hinter diesem romantischen Anspruch steht allerdings das ebenso alte romantische Wissen, daß die Sprache, gemessen an der Musik, „unrein" ist, denn trotz aller Bemühungen haftet sie an den Dingen und ihren Bedeutungen. Jene Verdichtung und Abstraktion, die die Lyrik erreicht hatte, war in der Prosa nicht zu erlangen. Die alte Sehnsucht des Sprachmagiers nach einem Wunder war allerdings auch bei Einstein noch vorhanden. Statt der in der Lyrik angestrebten magischen Befreiung durch eine alchimistische Implosion der Sprache näherte sich die Prosa ihrer Freiheit durch Explosion der Sinnzusammenhänge und des Konkreten. ***Bebuquin*** ist als Dichtung Ausdruck der Vielheit, aus der eine Absurdität entsteht, die, wie schon bei Gide, auf den Dadaismus hindeutet. Ein absolut Logisches gibt es nicht, es gibt vielmehr viele Logiken, die sich bekämpfen, woraus das Alogische, d. h. Absurde, hervorgeht (S. 201). Bisher waren in der pantheistischen Einheit der Welt alle Widersprüche aufgehoben. Wenn diese Einheit wegfällt, zerfällt das Absolute in absurde Einzelteile. Sind diese nun frei? Bebuquin glaubt an die Selbstbestimmung der Teile: „Die Glieder werden selbständig, die Teile beginnen zu reden" (S. 234). Die Auflösung des Zusammenhangs würde ihm ermöglichen, „eine unabhängige Tat, ein Wunder (zu) tun". Im 16. Kapitel des Buches taucht aber die Frage auf, wie weit die befreiende Wirkung des Absurden in der Sprache vom absurden Chaos der von der Sprache aufgegebenen Wirklichkeit ‚draußen' zu trennen ist, ob nicht dieses Chaos ins Kunstwerk eindringt und statt zum erhofften Wunder zur tödlichen Wunde wird. Dieses Kapitel zeigt nämlich, daß das Absurde viele Messiasse anlockt und den Weg zum Irrsinn und Holocaust bereitet.

Unrettbar: Ich

Die spiegelnden Innenräume der Kunst des späten 19. Jh. lösten die Materialität der Welt und die Subjektivität des Ich auf, machten es ‚unsichtbar', ‚gläsern', zu einer ‚wertvollen Null', einem ‚reinen Ich'. In den Raum und Zeit auflösenden Spiegelungen ging mit dem Zentrum der Zusammenhang verloren. Die Männer am Rande der Ekstase konnten diese extreme Position nicht halten, es sei denn um den Preis des Ich-Verlustes, des Wahnsinns, der physischen und psychischen Zerstörung. Die Seher und Mystiker der Kunst bewahrten denn auch ihr Ich und damit ihre Sprachfähigkeit als Künstler, wenn auch in dem Bewußtsein, daß die Welt der Erscheinungen und selbst das Ich ein ‚Trug' sind. Das „Unbekannte", zu dem für Rimbaud die Kunst in einem „riesigen Sprung durch die unerhörten und unnennbaren Dinge" führte, ist nur als singuläre Leistung einzuholen, aber kein bewohnbarer Ort.

Was die Kunst intuitiv entdeckte, wollte die Philosophie phänomenologisch erforschen. Im Rückgriff auf Descartes und Kant ging es ihr um die Erkenntnisfähigkeit des Bewußtseins und nicht um den Geist als Grundlage idealistischer Spekulation. War mit dem Geist eine politisch inspirierte eschatologische Erwartungshaltung verbunden gewesen, die sich nur an die ‚Anweisungen' der Philosophen zu halten brauchte, um ihre dringend erwartete Erfüllung zu finden, so war der Ansatz der Bewußtseinsforscher von solchen Erwartungen zunächst weit entfernt. Ernst Mach forderte, wie nach ihm Wittgenstein, ein „Verzichten auf die Beantwortung als sinnlos erkannter Fragen"[1]. Denn die „Probleme werden entweder gelöst oder als nichtig erkannt". Die Frage nach Gott war sinnlos und unlösbar, jene nach der Welt dagegen konnte phänomenologisch gestellt werden. Die Materie war Mach „ein Gedankensymbol für einen relativ stabilen Komplex sinnlicher Elemente"[2], die in einer funktionellen Beziehung zueinander

1 Ernst Mach: Die Analyse der Empfindungen (1885), 298.
2 Ebd., 296.

stehen, wie sie in der Sprache zum Ausdruck kommt. Es entsteht dadurch eine vorübergehende Ordnung, aber es sind daraus keine Gesetze oder kausalen Bezüge abzuleiten. Ebenso ist das Ich nur eine denkökonomische, keine reelle Einheit. Es gibt sie nur deshalb, weil aus dem Bewußtsein das Bedürfnis nach einheitlicher Zusammenfassung entsteht, die die „Funktionalbeziehung der Elemente" eine symbolische Form annehmen läßt. Die Individuation ist jedoch von Unsicherheiten geprägt, da sie fließend und relativ bleibt und nie objektiv faßbar wird. Das ständige Werden ist eine ständiger Tod.

Nietzsche fand in nächster zeitlicher und inhaltlicher Nähe zu Mach in der Reduktion des Subjekts zur Funktion die stärksten Argumente für die Entwertung oberster, nämlich idealistischer Werte, sowie den Willen zur nicht mehr fremdbestimmten Macht. Wenn das Ich nur eine begriffliche Synthese ist, ein fälschlich als Einheit angesehener Ausdruck für die Phänomene des Bewußtseins (KSA, XII, 32), und es eine wahre Welt nicht gibt, weil sie bloß „ein perspektivischer Schein (ist), dessen Herkunft in uns liegt (insofern wir eine engere, verkürzte, vereinfachte Welt fortwährend nöthig haben)", so stellt ein solcher extremer Nihilismus zugleich das Maß der Kraft dar, „wie sehr wir uns die Scheinbarkeit, die Nothwendigkeit der Lüge eingestehen können, ohne zu Grunde zu gehen" (KSA, XII, 354). Denn in den Trümmern des Ich findet sich kein Sein, das das Ich in eine höhere Ordnung retten würde. Es gibt nur ein ständiges Werden, das „als ein Feststellen von Grad- und Kraftverhältnissen" mehr oder weniger Wirklichkeit vorstellt (KSA, XII, 385). „Man bekommt Grade des Seienden, man verliert das Seiende" (KSA, XII, 465). Aus der Logik und dem Zusammenhang des Erlebten ergibt sich der Grad des Lebens- und Machtgefühls: der Schein des Seins.

Der Künstler besitzt die Willenskraft, dem Werden (dem Schein) eine Bühne zu bereiten und ihm „den Charakter des Seins aufzuprägen" (KSA XII, 312). Gleich einer Droge und wie der Nachklang religiösen Glücks erweckt die Welt der Sinnlichkeit und des Rausches die „Schönheit der Vollkommenheit" (KSA, XII, 342) und erzeugt die „Lust am Dasein" (KSA, VIII, 185).

Davon wollten die Phänomenologen gerade absehen, denn es galt, dem Schein auf die Spur zu kommen. Die Kunst interessierte sie, da die Fikton „das Lebenselement der Phänomenologie wie aller eidetischen Wissenschaft" sei[3], aber nur um durch reflexives Ausschalten („Einklammern") den Grund ihres Wesens, d. h. des Bewußtseins, freizulegen. Die „Wesenserschauungen"[4] waren für Henri Bergson (wie für Husserl) ein Akt der Intuition, „jene Art von intellektueller Einfühlung, kraft derer man sich in das Innere eines Gegenstandes versetzt"[5]. Nietzsche wollte der Kunst ein Sein zugestehen, ohne Wahrnehmungsweisen und ihre strukturelle Anlage im Kunstwerk auszudifferenzieren. Die Phänomenologen sprachen der Kunst ein Sein und damit ein autonomes oder gar absolutes Bestehen ab, zeigten aber morphologisch mögliche

3 Edmund Husserl: Ideen zu einer reinen Phänomenologie und phänomenologischen Philosophie (1913), 132.
4 Ebd., 124.
5 Henri Bergson: Einführung in die Metaphysik (1903), 4.

Bauweisen auf. Husserl spricht von „Wahrnehmungsmannigfaltigkeiten, die, kontinuierlich ineinander übergehend, sich zur Einheit einer Wahrnehmung zusammenschließen, in welcher das kontinuierlich dauernde Ding in immer neuen Abschattungsreihen immer wieder neue (oder rückkehrend die alten) ‚Seiten' zeigt"[6]. Als Husserl dies schrieb, war der analytische Kubismus gerade dabei, bekannt zu werden, was aber nicht heißt, daß er sich auf ihn bezieht. Bergson, Mach und Mauthner, auf den gleich näher einzugehen ist, sind Impressionisten, denen die „pointillierte Welt der passiven Sinneseindrücke" (wie es bei Mauthner heißt) nicht entsteht, sondern sich auflöst. Die Futuristen beriefen sich in ihrem Bemühen, die Analyse der Wirklichkeit in der Synthese des Bildes oder der Dichtung sichtbar zu machen, wiederholt auf Bergson. Für ihn war Form eine „Momentaufnahme" des fortlaufenden Lebens[7], die nicht ‚real', da ohne Bewegung ist. Selbst die Summe aller statischen Punkte (oder ähnlich: die Phasenzerlegungen der Futuristen) waren ihm nicht Bewegung, d. h. Lebensfluß, sondern tot. Er hätte die Arbeiten der Futuristen bestenfalls als symbolisch begreifen können.

Die Phänomenologen berührten mit ihrer analytischen Weltwahrnehmung die synthetischen Weltbauten des Impressionismus, Kubismus und Futurismus, ohne davon etwas wissen zu wollen, denn Kunst war ihnen im Platonischen Sinn bloß Weltverdoppelung und Materie. Selbst der Symbolismus, der mit seiner ‚weißen' Kunst abstrahierend und in großen Sprüngen durch die ‚Entregelung' aller Sinne beim ‚Unbekannten' ankommen wollte, konnte ihnen nicht genügen. Stillstand, mochte er auch noch so abstrakt sein, bedeutete für sie ein Verharren im Materiellen, das für Bergson wie für Plotin, über den er 1897/98 Vorträge hielt, toter Geist ist. Dessen Wiederbelebung erfolgte ihm über die phänomenologische Entflechtung der Wirklichkeitswahrnehmung. Der an Plotin orientierte Zweischritt lautet: die Ich- und Welt-Werdung und ihre reduktionistische Auflösung durch den „abstrahierenden Intellekt"[8]. In diesen Kategorien sah für die Kunst der Zweischritt anders aus: Er beginnt mit dem Entwerden der Wirklichkeit, d. h. ihrer Analyse, und folgt mit dem Kunst-Werden. Die Phänomenologen ordneten die Kunst dem Welt-Werden zu, das bei ihnen der erste Schritt ist. Auch wenn die Kunst vielfach dieselben Absichten verfolgte wie die Philosophen, konnte sie doch nichts anderes als Welt zu bleiben. Dieser Balanceakt hatte seit der Romantik dazu geführt, daß sie in der ‚Verdünnung' der Materie, d. h. der strukturellen Erforschung ihres Materials, neue Kunstbauweisen entdeckte, die weit über die ursprünglichen Beweggründe hinausgingen, vergleichbar den Alchimisten, die Gold suchten und die Chemie entdeckten.

Fritz Mauthner stand der Kunst offen ablehnend gegenüber. Mach folgend, machte er dessen Erkenntniskritik an der Sprache fest. Sie ist es, die der Erfahrungswelt Form gibt, die adjektivisch ein Ich entstehen läßt, das verbal *wird* und substantivisch sich in die Welt eingliedert. Das Ich ist eine Anhäufung von Bewußtseinsmomenten,

6 Husserl 1913, 80.
7 Henri Bergson: Schöpferische Entwicklung (1907), 306.
8 Ebd., 324.

in denen die Welt als Erinnerung enthalten ist. Als Subjekt ist es nicht mehr zu retten[9]. Wie Mach sagt Mauthner: „Das Ich, der Wille, das Denken, die Seele *sind* nicht, gewiß nicht. Sie sind nicht einmal mehr notwendige Fiktionen für eine Psychologie der Zukunft. Sie sind aber, was ich einmal normale Täuschungen genannt habe; gesunde Lebenslügen, unvermeidliche, nur mit dem Leben selbst auszulöschende Illusionen"[10].

Mauthners radikale Sprachkritik richtete sich gegen das systemische Denken der Wissenschaft ebenso[11] wie gegen den kreativen Sprachgebrauch der Kunst. Er akzeptierte sie nicht einmal als Fiktion. Er verstand Sprache naturalistisch nach Inhalten. Die Dichter in sich geschlossener Kunstwelten waren ihm bloß „Virtuosen der Sprachform", die nichts zu sagen haben[12]. Ihre Kunst ist sinnlos, denn da der Geist die „pointillierte Welt der passiven Sinneseindrücke" ohnehin ständig durch „die tätige Apperzeption in die werdende Welt, in das Gewebe der Welt, das Fließende" verwandelt[13], ist eine Verdoppelung des Werdens in der Kunst bloß tautologisch. Die Sprache, materialistisch wie die Welt selbst, müßte vielmehr in Konsequenz verstummen. Mauthner verweist auf Maeterlinck, der vom „aktiven Schweigen" spricht[14].

Die Leistung, die zählt, vollbringt keinesfalls die Kunst, sondern die Sprachkritik: „Nach rückwärts blickend ist Sprachkritik alles zermalmende Skepsis, nach vorwärts blickend, mit Illusionen spielend, ist sie eine Sehnsucht nach Einheit, ist sie Mystik"[15]. Der einzige, der für Mauthner beides vereinte, Sprachkritik und Kunst, war ihm *das* Genie der Mystik: Meister Eckehart[16]. Bei ihm fand er „auf jeder Seite Predigt des Schweigens, Sprachkritik". In seiner Sprachgewalt ist er „zugleich Verächter des Wortes und Künstler des Wortes". Dabei ist für Mauthner schon der sprachliche Ausdruck für die „Sehnsucht nach Einheit" Mystik und nicht erst die Einheit, die gemeint ist. Mystik ist „als Summenwort für weit auseinanderliegende Seelenstimmungen die ewige Sehnsucht des redenden Menschen, das Unaussprechliche auszusprechen". Mauthner landete somit erst recht wieder bei der Kunst. Seine eigenen dichterischen Versuche in einer mystisch anempfundenen Sprache blieben inferior[17].

Gustav Landauer ging zwar von Mauthners Sprachzertrümmerungsabsicht aus, sah aber ein Leben der Kunst nach dem Sprachtod sehr wohl. So wie für ihn Mystik und Sozialismus kein Widerspruch waren, öffnete sich ihm hinter Mauthners Sprachkritik „das Tor zu neuer Kunst und zum Spiel des Lebens, das nicht mehr ernst genommen wird und das deshalb gerade großen Kämpfen, großen Wagnissen, unerhörtem Frevel, wunderbarer Schönheit geweiht sein wird"[18]. Wenn alle Welterklärung durch Religion

9 Fritz Mauthner: Der Atheismus und seine Geschichte im Abendland, IV, 446.
10 Ebd.
11 Ders.: Beiträge zu einer Kritik der Sprache (1901), I, 644, 648.
12 Ders.: Wörterbuch der Philosophie (1910/11), II, 566.
13 Ebd., I, 19.
14 Ders.: Beiträge, I, 11.
15 Ders.: Der Atheismus, IV, 447.
16 Ders.: Wörterbuch, II, 378, 376, 414.
17 Ders.: Der letzte Tod des Gautama Buddha; vgl. auch den Mystik-Aufsatz in seinem *Wörterbuch*.
18 Gustav Landauer: Skepsis und Mystik. Versuche im Anschluß an Mauthners Sprachkritik (1903), 14.

und Wissenschaft nichts als „Dichtung und Spiel" sind, um wieviel freier wird dann erst die Kunst. Vom Zwang zum Faktischen erlöst, würde sie trügerische Wirklichkeit ‚verflüssigen' und Materie in Psyche, Dinglichkeit in Intensität, Raum in Zeit, Sein in Werden, das Reale in das Unsagbare verwandeln[19]. Sie würde als einzige die im Auflösungsprozeß verlorene Einheit wiedergewinnen. Ihre Sprache wäre nicht mehr die einer materialistischen Weltverdoppelung und auch nicht jene der Vernunft, die sich als ein „tierisches Organ" erwiesen hat[20], sondern, von allem Ballast befreit, ein qualitativer Neuanfang. Sie würde jenen ‚reinen' Prinzipien folgen, denen die Mathematik verpflichtet ist. Die Musik als die klassische Form der „Weltverinnerlichung" diente den anderen Künsten als Vorbild, „mit Hilfe qualitativ getönter Zahlenverhältnisse ein Bild der Welt als Psyche zu geben, eine Sprache zu schaffen für das Reich der Intensitäten"[21].

Dieses auf die Kunst projizierte Leben in Schönheit, das enttäuschte Revolutionäre wie Landauer und im Gefühl verarmte Bürger sonst nirgends mehr fanden, suchte eine Wagnersche Innerlichkeit, abzüglich der „Kitschmythologie der guten Stube"[22]. Seelenzustände, sagte Hermann Bahr in Anlehnung an Nietzsche, sind Symptome von Affekten, die nicht der mühsamen Arbeit der Kunst mit dem Unbewußten bedürfen, sondern über Nervenbahnen auf mechanischem und chemischem Weg regulierbar sind[23]. Die so erzeugten Empfindungen sind ohne deutbaren Sinn, sowohl in weltlicher wie in metaphysischer Hinsicht. Keine sittliche, politische oder wirtschaftliche Wahrheit, kein Transzendentes kommt zutage, sondern nur die Erkenntnis, daß alles Illusion ist. Mit ihr lebt der Mensch. Er nimmt sich aus den Trümmern nicht, was wahr sein könnte, sondern was er braucht: die Erde, einen Sonnenaufgang, sein Ich. So hält er die Fiktion des Ich aufrecht, auch wenn er wie Mallarmé dazu einen Spiegel braucht, der sie ihm plausibel macht.

Die gleiche tröstliche Funktion hat die Kunst: Sie spiegelt eine Fiktion. Denn die Wirklichkeit, von der nichts übrig bleibt, wenn man die Farben, Töne und Wärmen von ihr abzieht[24], entsteht in der Kunst aus eben diesen Elementen in Vollkommenheit wieder, als ein Gleichnis von dem, wie Nietzsche sagt, was sein soll[25]. Sie entsteht nicht in ihrer naturalistischen Deutlichkeit und Bedeutsamkeit, sondern als Traum, der wie der Drogenrausch ins ‚Unbekannte' reicht[26], „tief in den Grund des göttlichen, seligen Traumes, wo nichts mehr von der Wahrheit, sondern nur mehr Schönheit ist"[27]. (Bahr gehörte zu den Befürwortern einer ent-ideologisierten Kunst, die ihr später daraus den ideologischen Vorwurf der Schwäche machten.)

19 Ebd., 126.
20 Ebd., 141.
21 Ebd., 127.
22 Ernst Bloch: Erbschaft dieser Zeit (1935), 281.
23 Hermann Bahr: Dialog vom Tragischen (1904), 101.
24 Ebd., 98.
25 Nietzsche: KSA, XII, 367.
26 H. Bahr: Studien zur Kritik der Moderne (1894), 30.
27 Ders.: Die Überwindung des Naturalismus (1891), 151.

Die ‚Wahrheit' war aus den Träumen nicht immer draußen zu halten, und sie war, das hatten schon die Romantiker erfahren, selten schön. Schon hundert Jahre früher hatte die Wissenschaft begonnen, objektive ‚naturalistische' Kriterien für die Psyche zu suchen, und damit den Boden bereitet für die subjektiven Ich-Erforschungen der Romantik. Das noch unerforschte Ich war im Vertrauen auf das aufgeklärte Wissen bereit gewesen, alles zu sagen – selbst Satan schrieb damals seine Memoiren. Für die Romantiker jedoch, die noch unschuldig hinter ihrem Ich Gott suchten, wurden die Träume von der blauen Blume unversehens zum Alptraum, als sie statt Gott menschliche Abgründe fanden, die das idealistische Ich genauso verschlangen wie das aufgeklärte.

Die Symbolisten gingen dieser Gefahr dadurch aus dem Weg, daß sie ihre Ziele enger steckten, sie sich den romantischen Universalismus ersparten und ihre Kunstwelten nicht in weite Fernen ausdehnten, sondern in überschaubare Innenräume verlegten. Die Ungeheuer, die aus dem subjektivistisch aufgerissenen Ich hervorkamen, wurden in goldenen Käfigen gehalten. Auch machte die Aussicht auf das Scheitern keine allzu große Angst, denn der Übergang vom Traum zum Tod war fließend. Angst machte nur die barbarische Außenwelt, die das feine Gewebe der Innenwelt zum Zerreißen bringen konnte[28].

Bahr glaubte den Psychologismus, als nach innen verlegten Naturalismus, durch den Symbolismus überwunden. Er konnte 1891 nicht wissen, daß die „psychologische Mikroskopie"[29] in ungeahntem Ausmaß erst bevorstand. Der Symbolismus hatte schon vor Freud den Schritt hinter die Fassade des bürgerlichen Realitäts- und Leistungsprinzips getan, allerdings nicht, um dieses aufzubrechen, sondern, um sich dort geschützt einzurichten. Im Rahmen von Freuds Theorien ist der symbolistische Solipsismus leicht als Wiederherstellung eines uneingeschränkten frühkindlichen Narzißmus zu deuten, ist doch Narziß ein zentraler Mythos des Symbolismus. Für Freud war die Regression auf diese frühe Phase des Ich-Gefühls auch eine mögliche Erklärung für das „ozeanische Gefühl" mystischer Entgrenzung[30], das gerade im Symbolismus krisenhaft erlebt wurde. Nach Freud wären als weitere Mittel des Lustgewinns bzw. der Unlustvermeidung bei den Symbolisten festzustellen: der Drogenrausch, die ästhetische Sublimierung in der Kunst und im Leben und die Flucht in die Phantasiewelt des Religiösen und Okkulten.

Das Ich ist für Freud, wie für Mach, eine Fassade, eine „Funktionalbeziehung" (Mach) mehr oder minder undefinierter Elemente. Mach verlangte die erkenntniskritische Durchleuchtung dieser Illusion. Für Freud brauchte so lange nicht daran gerüttelt zu werden, als sie dem Glücks- und Leistungsstreben des Ich standhielt. Die Realität entsteht aus einem Bewußtwerdungsprozeß, der laut Freud das Ich aus dem Unbewußten und von den Primärtrieben löst, für Mach aus einem unstrukturierten

28 Auguste-Maurice Barrès: Sous l'oeil des Barbares, 1888; Villiers de l'Isle-Adam: Alex, 1890; Maurice Maeterlinck: Interieur, 1895.
29 Bahr 1891, 148.
30 Sigmund Freud: Das Unbehagen in der Kultur (1930), 71.

Bereich amorph-impressionistischer Wahrnehmungen. Die Rückerinnerung an diesen vergessenen Bereich soll das Ich durchlässig machen für den Zusammenhang von außen und innen. Für Mach hatte dies ethische Konsequenzen, denn je mehr die Grenzziehung des Ich aufgehoben ist, desto näher kommt es dem, was bis dahin das Nicht-Ich war. Unter diesen ethischen und sozialen Aspekten wurde damals, ab den achtziger Jahren, der Buddhismus verstanden, auf den Mach auch verweist[31]. Freud vollzog den Blick hinter die Fassade des Ich, um endlich der Aufklärung zu ihrem Recht zu verhelfen. Damit der Candide des 19. Jh. in der Welt bestehen kann, und nicht bloß in seinem neurotischen Hausgarten, verläßt er sich nicht auf die ethische Konvergenz, sondern auf die psychologische Inbesitznahme seines unkontrollierten Ich.

Dieser lange und mühsame Weg kreuzte in seinen dunklen Bereichen oft den der Kunst. Sie jedoch wollte nicht zurück ans Licht der Aufklärung, sondern legte ihre Burgen, Inseln und Alchimistenküchen in dieser triebhaften Urlandschaft an, weshalb die Wissenschaft die nicht vermeßbare und kategorisierbare Phantasie zunehmend als Krankheit begriff. Selbst für Freud war Kunst eine Ersatzbefriedigung und gegenüber der Realität eine Illusion. Die Verweigerung des Idealbildes bürgerlichen Selbstverständnisses wurde zuerst als Pathologie und später als Degeneration angesehen[32]. Die Weigerung, an der prometheisch-bürgerlichen Weltgestaltung mitzuwirken – die Blütezeit des Symbolismus war zugleich die des Kolonialismus – wurde als Unfähigkeit zu konstruktiver Formgestaltung begriffen. Dieser grundlegende Befund der Schwäche vererbte sich, wie noch zu sehen sein wird, von Stilrichtung zu Stilrichtung, bis unter Hitler daraus die Konsequenz gezogen wurde.

Leicht hatten es die Symbolisten, bei denen diese Diagnose ihren Anfang nahm, nicht. Verzichteten sie schon auf die materielle Macht, die Wissenschaft und Technik als ‚Fortschritt' fest in Händen hatten, wollten sie im Wissen um die Magie der Kunst wie Novalis sagen können: „Was ich will, das kann ich". Aber selbst da war ihnen nicht vergönnt, als große Magier aufzutreten, sahen sie sich mit der Aufgabe konfrontiert, auf ihr Ich zu verzichten, verlangte die Kunst, was Schlegel mit „Menschenopfer" bezeichnet hatte. Mallarmé glaubte verstanden zu haben, daß die Kunst erst aus dem Verstummen, „leicht berührt vom Absoluten", ihre Kraft schöpft[33]. Es war allerdings deutlich, daß die Weltverwandlung eine Welt nötig hat und die weltflüchtigen Burgen mit ihren ästhetischen Ich-Erweiterungen betäubend und erstickend wirkten und den Tod mit einschlossen. Daß die Konfrontation mit dem ‚naturalistischen' Draußen nicht zu vermeiden war und letzlich mehr brachte, war seit Baudelaire und Mallarmé klar. Der Brief des Lord Chandos *(Ein Brief, 1902)*, den Hugo von Hofmannsthal ein Jahr nach Mauthners ***Beiträge zu einer Kritik der Sprache*** verfaßte, zeigt, daß die ‚Einklammerung' der Welt mitten im Leben, gleichsam im Gehen, erfolgen kann. Nicht ein Edelstein wird zum Gefäß der Offenbarung, sondern eine gewöhnliche Gießkanne. Vor einem alten

31 Mach 1885, 291.
32 Jacques-Joseph Moreau: Les facultés morales considerées sous le point de vue médical, 1836. Cesare Lombroso: Genio e follia, 1864; Genio e degenerazione, 1894/98.
33 Mallarmé: Correspondance, II, 301.

Bauernhaus kann es passieren, daß die durch den „vereinfachenden Blick der Gewohnheit" gegebene Sicht zerbricht und die an sie gebundene Sprache versagt[34]. Daraus entsteht ein „neues, ahnungsvolles Verhältnis zum ganzen Dasein". Chandos versteht dann die Sprache der stummen Dinge, die in einer „Flut göttlichen Gefühls bis an den Rand gefüllt" sind. Er, einst der Autor von „unter dem Prunk ihrer Worte hintaumelnden Schäferspiele(n)", ist, wie Mallarmé während seiner Krise, seit zwei Jahren verstummt. Sein Brief, mit ebensolcher Mühe verfaßt wie Mallarmés Krisenbericht an Verlaine, kündigt keine Rückkehr an, sondern einen Abschied von der Sprache.

Während Hofmannsthal den Lord Chandos mitteilen läßt, daß ihm eine Gießkanne oder ein kleines Bauernhaus zur Offenbarung werden, machten Zeitgenossen wie Rilke vor van Goghs und Cézannes Bildern der gleichen gewöhnlichen Gegenstände diese Erfahrung unmittelbar. Chandos kann nur verstummen, denn er versteht die Sprache der stummen Dinge, aber kann sie nicht sprechen. Hofmannsthal versuchte, das Unaussprechliche inhaltlich einzukreisen, ließ sich aber auf strukturelle Sprach- und Formverwandlungen, die das Wesen der Dinge zeigen statt beschreiben, nicht ein. Fünf Jahre später, im fünften der ***Briefe des Zurückgekehrten*** *(1907)*, den Hofmannsthal auf 1901 zurückdatierte, spricht auch er über van Goghs Bilder, deren Sprache der Farben er als eine Sprache des ‚Wortlosen' erkennt. Der ‚zurückgekehrte' Briefschreiber erzählt von dem indischen Heiligen Ramakrishna, der als Sechzehnjähriger die Erleuchtung erlangte, als er einen Zug weißer Reiher über den blauen Himmel fliegen sah: „... und nichts als dies, nichts als das Weiß der lebendigen Flügelschlagenden unter dem blauen Himmel, nichts als diese zwei Farben gegeneinander, dies ewig Unnennbare, drang in diesem Augenblick in seine Seele und löste, was verbunden war, und verband, was gelöst war, daß er zusammenfiel wie tot, und als er wieder aufstand, war er nicht mehr derselbe, der hingestürzt war"[35]. Es ist bloß ein „heftiger optischer Eindruck ohne allen höheren Inhalt" (es könnte auch eine Gießkanne oder van Gogh Weizenfeld oder sogar Baudelaires Aas sein), der die letzte sprachlose Erkenntnis auslöst. Besäße er doch, klagt der Briefschreiber, jene Sprache, „in die innerliche wortlose Gewißheiten hinüberzufließen vermöchten! Aber so!"

Aber so! Als Hofmannsthal den Rückkehr-Brief schrieb, begann James Joyce gerade die Arbeit an ***A Portrait of the Artist as a Young Man*** *(1916)*. Die Anfänge von ***Stephen Hero*** gehen bis 1904 zurück. Ausgerüstet mit dem symbolistischen Wissen um die Qualität der Synthese und Mallarmés evokativer Technik und ohne phänomenologische Verunsicherung (Beckett las Joyce Mauthner vor), haben der Sprachbaumeister Stephen Dedalus respektive Joyce keine Schwierigkeit, jene Epiphanie zustande zu bringen, vor der Hofmannsthal zurückschreckte bzw. versagte. Wenn die Beziehung der Teile vollkommen ist und die Ausrichtung auf den Betrachter stimmt, bildet sich das Kunstgeflecht zum Gegenstand, der erscheint: „Die Seele des gewöhnlichsten Gegenstandes, dessen Struktur sich durch diese Blickeinstellung zeigt, scheint uns zu strahlen.

34 Hugo von Hofmannsthal: Gesammelte Werke, VII, 469.
35 Hofmannsthal, VII, 568.

Der Gegenstand vollbringt seine Epiphanie"[36]. Es ist nicht das Sprechen *über* das Erleben, sondern „die hohe Strategie der verbalen Suggestion", wie Umberto Eco zum ***Portrait*** sagt, durch die die „inside true inwardness of reality" emblematisch sichtbar wird[37]. Es ist eine über Buchzeilen hinlaufende Erscheinung gleich jener, die Dedalus, „vom Wunder sterblicher Schönheit angerührt", in seiner Seele den „Ausbruch profaner Freude" fühlen läßt[38].

36 James Joyce: Stephen der Held, 227.
37 Umberto Eco: Das offene Kunstwerk (1962), 335.
38 James Joyce: Ein Porträt des Künstlers als junger Mann, 192 f.

Abb. 26. Paul Cézanne: La Montagne Sainte-Victoire, 1904–06.

Raum – Zeit

Die Aufhebung der klassischen Elemente des Kunstseins, Raum und Zeit, steht im Werk der beiden großen Gestalten des Übergangs vom 19. ins 20. Jahrhundert, Cézanne und Proust, an zentraler Stelle. Bei beiden lösen sich die tradierten Einheiten auf: der Raum als geometrische Relation und als erzählerische Entfaltung; und die Zeit als lineare Abfolge und logische Bewegung. Die wiedergefunden Zeit bei Proust ist nicht dieselbe wie die verlorene. Das literarische Ich ist bei aller Genaugkeit der Darstellung im selben Maße unüberblickbar wie die Raum-Zeit-Dimension als Repräsentanz seiner Wirklichkeit. Es entsteht von Augenblick zu Augenblick aus der Vergangenheit heraus, aber es ist nie das gleiche, und es wird nie ein Ganzes. Auch die Reflexion stellt die Zentralperspektive des literarischen Ich nicht wieder her, im Gegenteil. (Das gilt auch für Musil und Joyce. Bei Joyce betont die stilistische Reflexion die Divergenz der Perspektiven ausdrücklich.) Die Wahrnehmung ist von Mal zu Mal eine andere, da auch das reflektierende Subjekt nie gleich bleibt. Seine augenblickliche Verfassung, die wiederum seine Erinnerung beeinflußt, erlaubt nur eine partielle Sicht auf die Wirklichkeit, verhindert den Zugriff auf das Leben als Ganzes. Die zeitliche Distanz zum Erinnerten erlaubt es, die sich objektiv gebende Fassade der Wirklichkeit zu durchbrechen, wodurch, wie bei Freud, die Herrschaft der Gegenwart außer Kraft gesetzt wird. An der Gegenwart hat Proust nur so viel Interesse, als sie die Vergangenheit enthält, so daß er die eine in der anderen sehen kann. So trägt z. B. der Erzähler das Bild eines Mädchengesichts in sich, dessen Projektionsfähigkeit Identitäten nach Belieben schafft[1]. Freud wollte die Macht der Vergangenheit über die Gegenwart brechen, indem er sie ihr bewußt und verfügbar machte. Proust wollte die Macht der Gegenwart brechen, um sich die Vergangenheit verfügbar zu machen. Proust stand der Zeit in ihrer Massigkeit

1 Marcel Proust: Auf der Suche nach der verlorenen Zeit, III, 531. (Weitere Band- und Seitenangaben im Text von hier.)

Absolutisten der Form

Farbstofffläche

Lag die Beweiskraft der euklidischen Geometrie in ihrer Anschaulichkeit, so ergab sich für Leibniz aus der analytischen Geometrie das Problem, daß die Synthese der Teile nicht prima cognito zu erkennen ist und nur „blind" angenommen werden konnte[1]. Die Richtigkeit der experimentellen Analyse würde allerdings durch synthetische Anwendung, etwa dem Bau einer Maschine, bestätigt werden. Sie wäre in Annäherung an Gottes Naturmaschine, dem Menschen, in ihrer Funktion anschaulich. Die Maschinenkunst erreichte im 18. Jh. ihren Höhepunkt, begann aber ins Bedrohliche umzukippen, als aus dem prometheischen Spiel industrieller Ernst wurde und das mechanische Konstrukt das Organische des Lebens zu verschlingen drohte. Den Romantikern entsprach die Komplexität der Maschine nicht ihrem Hang zum Fragmentarischen und Zufälligen. An Leibnizens analytischer Annäherung an die Unendlichkeit interessierte sie nur die *ars combinatoria.* Sie entschieden sich für die „mystische Mathematik" der „kombinatorischen Analysis" und gegen die Maschine[2]. Durch den geistigen Zusammenhang aller Dinge erweist sich die Kombinatorik als sinnvoller Zufall: als subjektive Synthese objektiver Zeichen. Der manieristischen Sprachkunst wurde Lull wieder bedeutend.
In der Synthese mußten die Teile, analog zur Musik, keine gegenständliche Gestalt annehmen, und dennoch blieb der mathematische Aufbau spürbar. Darauf legten die Romantiker Wert. Ludwig Tieck erkannte in den Blumen, Figuren und Linien auf Runges Bildern den „Zusammenhang der Mathematik, Musik und Farben"[3]. Dieser untergründige Anteil von Wissenschaftlichkeit setzte sich im Impressionismus und bei den frühen Abstrakten fort. Whistler suchte in seinen Bildern ein ‚Arrangement' aus Linie, Form und Farbe, entsprechend den Harmonien in der Musik. Für van Gogh

1 Leibniz: Schöpferische Vernunft, 333.
2 Novalis: Schriften (1923), III, 38.
3 Zit. in: Jens Christian Jensen: Philipp Otto Runge. Leben und Werk, 111.

Daß sich Inhaltliches aus dem Gefühl heraus entwickeln kann, schien den Romantikern (Runge) grundsätzlich möglich, als Maltechnik blieb das ‚Sich-Ermalen' der Form auf Skizzen und Entwürfe beschränkt. Der Engländer Alexander Cozen entwickelte um 1785 als Entwürfe für seine Ölbilder eine Tuschtechnik, die zufällige Flecken und Formen sich zu Landschaften und Wolkenhimmeln verdeutlichen ließ. Dabei wurden körpermotorische Vorgänge und selbst die Beschaffenheit des Papiers zu Faktoren der Bildfindung[10]. Die Privatheit des Malens, die solche Versuche begünstigte, zeigt sich auch bei den Ölskizzen, die der ebenfalls aus England stammende Thomas Jones 1782 in Neapel anfertigte und die von der Malkonvention, der er sonst in seinen Bildern verpflichtet war, weit abweichen. Es sind bemerkenswerte, da seltene Beispiele einer auf der Fläche aufbauenden Komposition, die die neapolitanischen Häuser als frontal gesehene Mauerflächen horizontal und vertikal gliedert. Sie bilden gestaffelte Flächenkonstrukte ohne Tiefenwirkung, die einen starken Grad von Abstraktion erreichen[11].

Auch wenn die romantische Dichtung Natur in Farben und Formen auflöste und sie durch Nähe oder Ferne als abstrakte Fläche erscheinen ließ, blieben die Formen organische Gebilde, bekamen sie geometrische Strukturen nur, soweit sie in der Natur vorhanden sind. Die Sicht von oben, von einem Berg oder aus einem Ballon wie bei Jean Paul, war insofern bedeutsam, als die Abstraktion den Blick schärft. In Stifters Erzählung ***Der Nachsommer*** *(1857)* heißt es von einer solchen Bergsicht: „Da stellten sich nun dem geübteren Auge die bildsamen Gestalten der Erde in viel eindringlicheren Merkmalen dar und faßten sich übersichtlicher in großen Teilen zusammen. Da öffnete sich dem Gemüte und der Seele der Reiz des Entstehens dieser Gebilde, ihrer Falten und ihrer Erhebungen, ihres Dahinstreichens und Abweichens von einer Richtung, ihres Zusammenstrebens gegen einen Hauptpunkt und ihrer Zerstreuung in die Fläche"[12]. Stifter vergleicht das Gesehene in seiner Struktur mit Eisblumen auf Fenstern. Solche Kristallformen stellte Strindberg mittels Photoplatten auf ähnlich experimentelle Weise her wie im gleichen Jahr seine Celestographien. Jean Paul legte im ***Titan*** (im 12. Zykel) eine von oben gesehene „mit roten Dächern buntgefleckte Landschaft" wie „Licht-Magnete und Sonnensplitter" aus. Victor Hugo sah von einem Bergrücken am Rhein keine Landschaft, sondern eine „große geographische Karte"[13].

Francesco Petrarca, der ein bedeutender Geograph und Kartograph war, gibt in seiner Briefsammlung ***(Epistolae familiares)*** die erste größere Naturschilderung der europäischen Literatur. Für ihn barg aber der überwältigende Blick vom Mont Ventoux, den er im April 1336 bestieg, die Gefahr, Gott und sich selbst zu vergessen und der Verblendung und Verführung der Sinne zu erliegen[14]. Davon konnte im 19 Jh. keine Rede mehr sein, zu sehr war die Welt dem technisch gerüsteten Blick nahegerückt,

10 Werner Busch: Das sentimentalische Bild, 349.
11 Ebd., 357.
12 Adalbert Stifter: Der Nachsommer, 38.
13 Victor Hugo: Oeuvres complètes. En voyage I. Le Rhin (1842), 315.
14 Ernst Cassirer: Individuum und Kosmos in der Philosophie der Renaissance, 152.

hatte die Romantik längst den Gegensatz zwischen der Schönheit der Natur und der Innerlichkeit aufgehoben.

Den Ausblick aus einem Ballon, den Jean Paul nur dichterisch imaginieren konnte, hielt der Pariser Photograph Gaspard Félix T. Nadar 1859 zum ersten Mal photographisch fest. Oskar Schlemmer meinte 1916, einen Zusammenhang zwischen den Flugaufnahmen der Franzosen, die sie ab 1909 in größerem Ausmaß herstellten, und ihrer Malerei auszumachen. Die Photos, die die Welt von oben in Felderflächen und Formen „in nie gesehener Art wiedergeben", haben den Franzosen (Schlemmers Zeitgenossen) dazu verholfen, „von der Welt des Sichtbaren wiederum die Kraft zum Neuen und Unerhörten zu holen"[15]. Schlemmer sah vor allem die Auswirkung auf das Ausdrucksmittel der Fläche, „dem ein und alles der Malerei".

Die vereinzelten abstrakten Ansätze der Romantik, ihr Streben nach einer in Farbe und Lineament aufgelösten Fläche, bekamen für die europäischen Maler vorbildhaft einen einheitlichen Ausdruck in der chinesischen und vor allem japanischen Malerei und Graphik. Die Bekanntschaft mit dieser Kunst öffnete ein völlig neues Wissen über den Raum. Der bedeutendste japanische Künstler des frühen 19. Jh. war Katushika Hokusai (gest. 1849). Seine Zeichnungen wurden schon in den zwanziger Jahren nach Europa gebracht. Manet, Whistler und Degas lernten seine Arbeiten 1862 bei der Weltausstellung in London kennen. Zur gleichen Zeit kamen japanische Holzdrucke, die billig oder gratis als Einwickelpapier zu haben waren, nach Europa. Baudelaire soll welche besessen haben. Die formale Neuartigkeit dieser Bilder zeigte bald Wirkung. Ihre graphische Strukturierung, der Rhythmus der Linien, die Feinheit der Farbabstufungen sowie die Entgegenständlichung des Bildhintergrundes fanden rasch Eingang in die europäische Malerei. Der starke Eindruck, den die Japaner hervorriefen, zeigt sich auch darin, daß Maler wie Manet, Whistler und van Gogh japanische Objekte, Kleidung und selbst Holzdrucke als Zitate in ihre Bilder einfügten. Van Gogh malte 1887 eine Reihe von Gemälden nach Bildern von Hiroshige.

Der Raum als Repräsentant der Wirklichkeit verlor in der fernöstlichen wie in der europäischen Malerei seine durch Blickachse und Perspektive befestigte Beherrschbarkeit und löste sich in der Fläche auf. Die Reduktion der Farbwerte bis hin zur Monochromie entstofflichte die Dinge und machte die Bildfäche zum „Farbstoff" (Whistler). Die Punktiertechnik war in Japan schon hundert Jahre vor den Impressionisten angewandt worden (Ikeno Taiga), die bewegten Linien und Ornamente eines Ogata Korin oder Hokusai lange vor dem Jugendstil. Der Blick, dem die Körperlichkeit der Räume und Dinge verloren geht, wird zu einem ganz anderen ‚Verhalten' gezwungen. Das geschah durch sorgfältig kalkulierte Wahrnehmungsverschiebungen, die sich z. B. aus dem Spannungsbogen ergeben, der zwischen Sichtbarem und Weggelassenem entsteht. Oder durch exzentrische Blickschwerpunkte, die die Zentralperspektive aufheben, was sich bei Whistler, Monet und Gauguin wiederfindet. Durch Hochsetzen des Horizontes entsteht eine Flächigkeit des Raumes darunter, eine von Whistler, Monet,

15 Oskar Schlemmer: Idealist der Form. Briefe, Tagebücher, Schriften 1912–1943, 26, 369, Anm. 14.

der Geist, ist das Leben selbst. Zwischen Materie und Geist bestehen wie in der Alchimie Übergänge, Formen der Verwandlung und Beziehungen.

Der Spiritismus, ein Seitenzweig des Okkultismus und von dessen Vertretern meist gering geachtet, erhielt enormen Auftrieb und interessierte wie schon in der Romantik besonders die Künstler und zunächst die oberen Gesellschaftsschichten. Geister- und Hellseher blieben, auch wenn sie der Reihe nach als Schwindler entlarvt wurden, bis in die Hitlerzeit hinein populär. Freud sah sich noch 1925 veranlaßt, wie Kant gegenüber den ‚Geistersehern', die kritische Position der Aufklärung zu vertreten[3]. Max Dessoir, der sich um die Verifizierung dieser Phänomene bemühte, prägte 1889 den Begriff ‚Parapsychologie' und nannte den Spiritismus eine „experimentelle Religion"[4]. Alte mystische Berichte von übersinnlichen Vorkommnissen wurden auf diese Art wieder aktuell. Mittels der Fotografie sollte bewiesen werden, daß Geist als Plasma sichtbar wird. Die ***Materialisations-Phänomene*** *(1914/23)* des Albert Freiherr von Schrenk-Notzing beschäftigten die Futuristen Bragaglia und Boccioni und Thomas Mann, der im Okkultismus eine empirisch-experimentelle Metaphysik zu sehen geneigt war[5].

Annie Besant, die Nachfolgerin der Blavatsky, die 1891 starb, und Charles W. Leadbeater legten Gedankenemanationen in einem Formen- und Farbenkanon fest[6]. Diese Pseudowissenschaftlichkeit wurde in einer Zeit, da Wissenschaft und Technik selbst ans ‚Wunderbare' zu grenzen schienen und, wie etwa Einsteins Relativitätstheorie, fast religiöse Dimensionen des Glaubens berührten, bereitwillig aufgenommen, von den Künstlern umso mehr, als sie ihnen neue Möglichkeiten des künstlerischen Ausdrucks bereitstellte.

Einen wesentlichen Anteil daran hatte Rudolf Steiner, der 1902 Leiter der deutschen Niederlassung der Theosophen wurde, sich dann von ihnen trennte und 1913 die Anthroposophische Gesellschaft gründete. Steiner änderte an dem theosophischen Gedankengebäude wenig, führte es aber stärker auf seine europäischen Traditionen zurück. Er stellte nicht nur den Zusammenhang zur europäischen Mystik und Philosophie her, sondern auch zur Kunst[7]. Er selbst entwarf den Kuppelbau für das Anthroposophische Zentrum in Dornach in der Schweiz und verfaßte Mysterienspiele. Sein besonderes Interesse galt Goethe, dessen Farbenlehre er der theosophischen Farbensymbolik unterlegte. Seine Vorträge führten ihn durch ganz Europa und machten ihn von Amsterdam bis St. Petersburg bei Intellektuellen und Künstlern, von denen viele mit ihm persönlichen Kontakt aufnahmen, bekannt.

Die Theosophie verstand sich bis Ende des 19. Jh. als eine Geheimlehre und wandte sich an eine eingeweihte Elite. Noch 1910 veröffentliche Steiner eine ***Geheimwissenschaft***

3 Sigmund Freud: Die okkulte Bedeutung des Traumes, in: Imago. Zeitschrift für die Anwendung der Psychoanalyse auf die Geisteswissenschaften, S. Freud (Hg.), Leipzig/Wien/Zürich, 1925, Bd. XII, 234 f.
4 Max Dessoir: Vom Jenseits der Seele (1917), zit. in: Marianne Wünsch: Die Fantastische Literatur der Moderne (1890–1930), 99.
5 Thomas Mann: Okkulte Erlebnisse (1923), in: Altes und Neues. Kleine Prosa aus fünf Jahrzehnten. Werke, Bd. VII.
6 Annie Besant, Charles W. Leadbeater: Thought-forms (1905).
7 Rudolf Steiner: Die Mystik im Aufgange des neuzeitlichen Geisteslebens und ihr Verhältnis zu modernen Weltanschauungen, 1901; Die Rätsel der Philosophie, 1901/1914/1918/1924/1974.

im Umriß. Dem entsprach das Selbstverständnis der Symbolisten: ihr Rückzug aus der Gesellschaft und die Hermetik der Form. Das Bewußtsein, nicht allgemein verstanden werden zu können, verstärkte den Avantgarde-Charakter der Kunst. Arnold Schönberg nannte kurz nach dem Erscheinen von Steiners *Geheimwissenschaft* seine *Harmonielehre* ebenso eine „Geheimwissenschaft". Die oft und werbewirksam beschworenen ‚Geheimnisse' waren jedoch bald keine mehr. Dazu trugen unzählige Publikationen bei, so u. a. von Autoren wie Carl Kiesewetter in Deutschland (*Geschichte des Neueren Occultismus,* 1891) und Edouard Schuré in Frankreich (*Les Grands Initiés: Esquisse de l'histoire secrète des religions,* 1889), die in hohen Auflagen und zahlreichen Übersetzungen erschienen.

Parallel zum ausklingenden Symbolismus wandte sich um 1900 die Esoterik von ihrer selbstgewählten Isolation zur ‚Gemeinschaft', zum ‚Leben' und zur ‚Tat' und verstand sich als geistiges Fundament einer gesellschaftlichen, ja menschheitlichen Erneuerung. Für die späten Symbolisten im Übergang zur Abstraktion wurde der Ausweg aus der Isolation und der Anschluß an neue gesellschaftliche Kräfte, die sie bis dahin gefürchtet und verabscheut hatten, deshalb erleichtert, weil auch die mystisch-okkulte Bewegung sich änderte und eine neue Generation von Esoterikern mit ganz anderen gesellschaftlichen Hintergründen und Intentionen in Erscheinung trat. Rudolf Steiner (geb. 1861) war eine Generation jünger als jener Eliphas Lévi, der für die frühen Symbolisten wichtig gewesen war, und um 30 Jahre jünger als die Blavatsky, die in den späten Symbolismus hineinwirkte.

Was Steiner als Anreger der modernen Malerei bedeuten sollte, stellte der um neun Jahre jüngere Gustav Landauer für die deutsche Literatur dar[8]. Beide bewegten sich in den neunziger Jahren in Berlin in Kreisen naturalistischer Dichter, und beide standen, wenn auch unterschiedlich stark, der sozialistischen Bewegung nahe. Steiner unterrichtete von 1899 bis 1904 an der von Liebknecht gegründeten Berliner ‚Arbeiterbildungsschule'. Landauer arbeitete als oppositioneller Journalist und anarchistischer Propagandist. Beide hatte Literatur und Philosophie studiert, Steiner auch Mathematik und Naturwissenschaften. Beide entdeckten zur gleichen Zeit die Mystik. Steiner trat zunächst 1897 dem ‚Giordano Bruno-Bund' bei. Landauer arbeitete an Fritz Mauthners *Beiträge zu einer Kritik der Sprache* (1901–03) mit. „Zu dieser Zeit verfestigte sich bei Landauer die Erkenntnis, daß mit einem schnellen radikalen gesellschaftlichen Wandel nicht zu rechnen und die entscheidende Aufgabe der umfassenden individuellen wie sozialen Emanzipation von Massenorganisationen nicht zu leisten sei. Zu geisttötend und jede Initiative hemmend erschienen ihm die bürokratisch-hierarchischen Strukturen der Parteien und Organisationen und fatal das Primat des sozio-ökonomischen Kampfes der Sozialdemokratie. *Durch Absonderung zur Gemeinschaft* hieß denn auch seine

8 Rolf Kauffeld (‚Die Idee eines ‚Neuen Bundes' – Gustav Landauer') stellt Landauer als großen geistigen Anreger der literarischen Moderne in Deutschland neben Nietzsche, Stirner und Wagner, „Sein Einfluß ist bezeugt von so unterschiedlichen Schriftstellern und Künstlern wie Alfred Döblin, Arnold Zweig, Hermann Hesse, Ernst Toller, Oskar Maria Graf, Georg Kaiser, Franz Jung, Leonard Frank, Hugo von Hofmannsthal, Theodor Heuß, Louise Dumont, Gottfried Benn, Manès Sperber, Franz Werfel und vielen anderen." (In: Manfred Frank: Gott im Exil. Vorlesungen über die Neue Mythologie, 135.)

programmatische Schrift, in der er die persönlichen Erfahrungen der neunziger Jahre aufarbeitete und mit der er seiner alternativen kulturrevolutionären Strategie einen ersten Ausdruck verlieh"[9].

In der Kunst kamen hier zwei bisher gegensätzliche Richtungen zusammen: der aus unterschiedlichen Gründen beweglichste Teil des Naturalismus, der durch „Absonderung" eine neue Standortbestimmung anstrebte, und der Symbolismus, der von dort bereits wieder den Weg zurück zur Gemeinschaft suchte. Beide Richtungen brachten ihr Bestes mit: der Naturalismus seinen auf die Gesellschaft gerichteten ‚élan vital' und der Symbolismus ein reiches Formenvokabular. Aus beiden bezog die Kunst nach 1900 jenen fundamentalen Erneuerungsanspruch, der schon die Frühromantik beseelt hatte. Nur aus dem veränderten Individuum verändert sich die Gesellschaft. Die Erwartung, die Utopie vom ‚neuen Menschen', dem „kommenden Gott"[10], einzulösen, war drängend wie in der Romantik und der Weg zur prometheischen Neuschöpfung im Aufschwung der Mystik da wie dort gleich. Anders war diesmal, daß die Bewegung sich nicht im Windschatten einer vorbeigegangenen Revolution entwickelte, sondern die revolutionären Kräfte sich erst bildeten.

Ein künstlerischer und geistiger Sammelpunkt war zunächst jene ‚Neue Gemeinschaft' die 1900 von Schriftstellern gegründet wurde, die vom Naturalismus herkamen und sich das Ziel setzten, „mit Hilfe einer ‚neuen Religion' das generelle Individuationsproblem wie auch die persönlich erfahrene gesellschaftliche Entfremdung zu überwinden (...). Sie wollten das ‚Sein wie ein Kunstwerk anfassen und durchführen lernen' und ‚zu dem neuen Menschen hinführen, welcher der Gott und der Künstler seiner Welt ist' "[11].

Waren die ‚Eingeweihten' des Symbolismus mehr Aristokraten denn Demokraten gewesen, sollte das Wissen jetzt eine allgemeine, erzieherische Basis erhalten, damit das Problem der aristokratischen Abgehobenheit sich nicht wiederholte. Die Ganzheitlicheit der Lebensreform schloß die Kindererziehung, die Lebensformen (Landkommunen), die Umweltgestaltung (Kunsthandwerk, Ökologie) und natürlich die Kunst mit ein. Diese Ideen fanden eine weite Verbreitung, sie zeigten sich noch im Bauhaus. Steiner und Landauer legten Wert darauf, daß der mystische Weg nach innen mit dem nach außen in Balance blieb. Die Einheit der Welt und ihrer religiösen Systeme, so die Erkenntnis aus der Phänomenologie, war eine Illusion. Nur durch die Erfahrung der zugrundeliegenden geistigen Ebene ließen sich die Zusammenhänge an der Oberfläche neu herstellen. Entscheidend war aber zunächst der Zusammenhang von innen und außen. Für das magische und das künstlerische Verständnis ließ sich das zerfallende Außen auf seine Elemente reduzieren. Eine Farbe, ein Ton, ein Wort (ein Vokal) oder ein für sich gesehener Gegenstand stellten bereits die Verbindung zum mystischen Grunde her und konnten Ausdruck einer höheren Realität sein. Diesen zentralen Gedanken der Theosophie hatte Swedenborg unter dem Begriff ‚Korrespondenzen'

9 Ebd., 139.
10 Ebd., 141.
11 Gustav Landauer: Durch Absonderung zur Gemeinschaft, 1901, zit. in: Kauffeld, 139.

Abb. 28. Max Klinger: Siesta II, Radierte Skizzen, 1879.

(Entsprechungen) zusammengefaßt. Von ihm übernahm ihn Lévi, von dem er über Baudelaire in die Kunst Eingang fand. Für die Kunst lag die tiefere Ebene zunächst im Unbewußten, in dessen mystischen Bereich die künstlerische Intuition in besonderen Augenblicken hinabreicht. Der Symbolismus entdeckte hier seine postromantischen, präsurrealistischen Traumwelten (Böcklin, Redon, Klinger, Kubin, Maeterlinck, Strindberg).

Über die Wirkung der Radierung ***Siesta II*** *(1879)* von Max Klinger *(Abb. 28),* die eine Frau unter einem Baum mit Glockenblüten zeigt, schrieb 1894 der junge Hofmannsthal: „Durch uns hindurch webt das Sein sein ungeheures Gewebe. Ihm kommt es darauf an, daß Dinge sind, daß Ideen sich offenbaren. Der chinesische Glockenbaum…, Symbol von Gott weiß was, wirkt in meiner Seele wie die Geisterhand im versperrten Zimmer und macht geheimnisvolle Schriftzeichen, die weiß Gott welche Geister einmal aus dem Busch rufen"[12]. Was sich „in uns, wie durch ein unkörperliches Medium hindurch" realisiert, sind als „Ideen" Offenbarungen ohne konkrete, aber höchst gesteigerte Bedeutung. Die symbolische Entsprechung ist eine innere, geisterhafte,

12 Hugo von Hofmannsthal: Ges. Werke, Reden und Aufsätze III, 379.

‚spiritistische', aber nicht diskursiv faßbare. So gesehen, ist alles Seiende als Sichtbares ein Symbol des Unsichtbaren[13]. Es bestehen ‚Korrespondenzen' zwischen dem Symbol und dem geahnten „Tieferen"[14], aber auch zwischen den Symbolen. Hofmannsthal spricht von ‚Archetypen'[15]. (C. G. Jung wird das Symbolistische als ‚Idee' zum Symbol als Zeichen zurück konkretisieren.)

Schönberg, der zwischen 1908 und 1910 eine Reihe von ‚visionären', symbolistisch-abstrakten Bildern malte, schrieb in seiner ***Harmonielehre***, an der er zur gleichen Zeit arbeitete: „Kunst ist auf der untersten Stufe einfache Naturnachahmung. Aber bald ist sie Naturnachahmung im erweiterten Sinne des Begriffs, also nicht bloß Nachahmung der äußeren, sondern der inneren Natur. Mit anderen Worten: Sie stellt dann nicht bloß die Gegenstände oder Anlässe dar, die Eindruck machen, sondern vor allem diese Eindrücke selbst; eventuell ohne Rücksichtnahme auf deren Was, Wann und Wie. Der Rückschluß auf den ursächlichen äußeren Gegenstand ist hier wegen seiner geringen Unmittelbarkeit vielleicht nur mehr von untergeordneter Bedeutung. Auf ihrer höchsten Stufe befaßte sich die Kunst ausschließlich mit der Wiedergabe der inneren Natur"[16]. Das sagte auch Johannes Itten 1917: „Wir wollen nicht den Anlaß, den Gegenstand unserer Empfindung, sondern die Empfindung, den Eindruck selbst, wiedergeben"[17]. Das hatte noch knapper und viel früher Mallarmé über die Poesie gesagt: „Nicht den Gegenstand malen, sondern die Wirkung, die er erzeugt." (Das war letzlich, im ***Saint Beuve***, Prousts Vorwurf an den Naturalismus Balzacs.) Wenn Hofmannsthal von dem Glockenbaum auf Klingers Radierung sagt, er wäre ein „Symbol von Gott weiß was", so klingt an, daß die Bedeutung des Symbols gar nicht mehr klar gewußt werden will und die Schriftzeichen, die irgendwelche Geister an die Wand schreiben, ungelesen bleiben. Der abstrakte Symbolismus machte die Schriftzeichen unlesbar, wollte sie aber gleichermaßen über das Gefühl als ‚Seelenzustände' erkennbar machen. Er konnte, wie die späteren Abstrakten, wieder von Gefühlen und nicht mehr von ‚Sensationen' sprechen, da sie nicht mehr Gefahr liefen, daß diese sich an Objekte banden.

Die durch die Zurücknahme des Materiellen gewonnenen Zeichen ließen sich, nach alchimistischen und kabbalistischen Prinzipien, nur magisch miteinander verbinden. Wie für die Romantik war die Mathematik als Zeichensystem auch magisch und mystisch[18]. Ebenso war die Sprache nicht ein intellektuelles, sondern ein magisches Ideen-Instrument[19]. Rimbaud wollte in seiner ***Alchimie du verbe*** magische Worte aus Farbvokalen bilden. Die Sprache besaß für Novalis wie noch für Joyce „words of silent power"[20]. Für Baudelaire wie für Musil waren „absolute Ausdrücke" eine Frage des Stils[21], der solcherart als eine magisch-logische Formgebung zu verstehen ist.

13 Ebd., 391.
14 Ebd., 386.
15 Ebd., 406.
16 Arnold Schönberg: Harmonielehre (1911), 14.
17 Dieter Bogner, Eva Badura-Triska: Johannes Itten, 49.
18 Novalis: Schriften (1923), II, 267.
19 Ebd., III, 19.
20 James S. Atherton: The Books at the Wake. A Study of Literary Allusions in James Joyce's Finnegans Wake, 15.
21 Robert Musil: Tagebücher, I, 137.

Abb. 29. Paul Sérusier: Le cylindre d'or, 1910.

Die Elementarfarben der Impressionisten bildeten für Rilke einen „Pantheismus des Lichtes"[22].

In dem Bemühen, das Unsagbare in Formeln zu binden, trafen sich Kunst und Okkultismus. Edouard Schuré bezeichnete in der Einleitung zu ***Les Grands Initiés*** die Lehre vom rein Geistigen als „heilige Mathematik"[23]. Paul Sérusier und Maurice Denis gingen 1903 nach Beuron, um in der von dem Pater Desiderius Lenz geleiteten Kunstschule die Kunst der Geometrie und des „heiligen Maßes" zu studieren[24]. Sérusier gelangte zu einem abstrahierenden Symbolismus mit leuchtenden Pyramiden und goldenen Zylindern, die in surreal-leeren Lichträumen schweben *(**Les Origines, Le cylindre d'or,** beide um 1910) (Abb. 29)*. Der Maler-Mönch Jan Verkade machte Alexej Jawlensky mit dem abstrakten Symbolismus der Beuroner Schule bekannt. Jawlensky verwendete die ‚Urformen' Kreuz, Kreis und Dreieck in seinen Bildern in ihrer religiösen Bedeutung.

22 R. M. Rilke: Werke, V,, 447.
23 F. W. Fischer, in: Roger Bauer (Hg.): Fin de siècle, 358.
24 Jean Cassou (Hg.): Lexikon des Symbolismus, 68.

In den Jahren vor dem 1. Weltkrieg erschienen zwischen New York und St. Petersburg zahlreiche Bücher und Artikel, die sich mit der „Vierten Dimension" als der wissenschaftlich verstandenen räumlichen Erweiterung eines transzendenten Bewußtseins beschäftigten[25]. Der Begriff geht vermutlich auf den Cambridger Platoniker Henry More (1614–87) zurück, der darunter die „unmerkliche Erweiterung (des Geistes) im Raum" verstand[26]. Für ihn wie für die Okkultisten und Spiritisten des 19. und 20. Jh. war dieser ‚Hyperraum' jenseits dieser materiellen Welt nur mittels mystischer Intuition zu betreten. Von dort her gesehen, würde die Welt der drei Dimensionen als bloße Illusion, optische Täuschung und purer Wahn erscheinen. Der vierten Dimension entspräche eine astrale Welt, ein Spiritus mundi, aus der die körperliche Welt entsteht und in die sie sich wieder auflöst. Schon Eliphas Lévi hatte die astrale Substanz, das Licht, als „Mutter aller Formen" bezeichnet, da die Formen latent in ihr vorhanden wären[27]. Wie ein Gedanke im Bewußtsein, entsteht die Form (der Raum) als plastischer Eindruck im körperlosen Licht. Die Farbe des Lichtes entspricht den Gedanken und Gefühlen, die sich in ihm ausdrücken. Die Theosophen entwickelten einen ganzen Kanon solcher Gedanken-Formen und -Farben. Die innerste Natur der Realität kann von der menschlichen Ratio nicht erfaßt werden, aber es besteht eine Relation zwischen ihr und der äußeren Form. Dieses magische Verhältnis war es, das die Kunst interessierte und weniger die Mythologie des Okkulten.

Aus der romantischen Tradition des Künstler-Genies leiteten die Symbolisten den Anspruch ab, selbst als Seher und Propheten aufzutreten und jenes ***Tertium Organum*** (so der Titel eines Buches von Ouspensky) zu besitzen, dem diese verborgene Welt sichtbar wird. Die Nabi, deren Name sich von dem hebräischen Wort für Prophet ableitet, hatten engen Kontakt zu Schuré und versuchten, okkulte Gesetzlichkeiten in ihrer Malerei umzusetzen. Die Vorstellung vom Künstler als Seher hielt auch ohne direkte Bindung an okkulte Persönlichkeiten und Gruppen an. So malte Schönberg in der Zeit seiner ***Visionen*** unter den über 70 Selbstporträts auch drei „mit nach oben gerichtetem Seherblick", die zeigen, daß er „ein ‚Entrückter' und ‚glühender Apostel' des mystischen Lichtes geworden ist"[28]. Paul Klee, der von den Theosophen nichts hielt („Schwindel"), stellte sich mit geschlossenen Augen *(**Versunkenheit**, 1919)* als „blinder Seher" dar[29].

Insgesamt war der Einfluß von Theosophie und Anthroposophie sehr groß. So etwa auf die Russen Malewitsch, Stanislawskij, Skrjabin *(**Das Gedicht von der Ekstase**, 1906–08)* und die Dichter Andrej Belyj und Alexander Blok; den Prager František Kupka; den Belgier Jean Delville; die Holländer Johannes Tielens, Janus de Winter und Mondrian,

25 Charles Howard Hinton: The Fourth Dimension (1904); Piotr Demianowitsch Ouspensky: Die vierte Dimension (1909); Max Weber: The Fourth Dimension (1910); Claude Bragdon: A Primer of Higher Space (1913).

26 Linda D. Henderson: Mysticism, Romanticism, and the Fourth Dimension, in: The Spiritual in Art: Abstract Painting 1890-1985. Katalog, 234, Anm. 17.

27 Geurt Imanse: Occult Literature in France. In: The Spiritual in Art, 356.

28 Hartmut Zelinsky: Der ‚Weg' der ‚Blauen Reiter', in: Arnold Schönberg – Wassily Kandinsky: Briefe, Bilder und Dokumente einer außergewöhnlichen Begegnung, 251.

29 Felix Klee (Hg.): Tagebücher von Paul Klee 1898–1918, 388.

der 1909 dem holländischen Zweig der Theosophischen Gesellschaft beitrat und dessen Bilder aus dieser Zeit theosophische Motive symbolisch darstellen *(**Evolution**, 1911)*; die Italiener Romolo Romani und Arnaldo Ginna; und auf Kandinsky und Jawlensky, die in München Kontakt zu Steiner hatten. Mit der Theosophie beschäftigten sich weiters Kafka, Mahler, Schönberg, Webern und Strindberg; für die Zeit nach 1945 ist vor allem Joseph Beuys zu nennen.

Symbolisten wie Delville, Paul Ranson und Odilon Redon stellten die ‚Großen Eingeweihten' – Christus, Buddha, Engel, Parsifal, aber auch Satan – in ein Farblicht, das sie als Aura umgibt und den Übergang zur astralen Sphäre symbolisiert. Dieses auratische Licht, das die Umwelt ganz und die Körper fast in Abstraktion auflöst, zeigte sich dann auch bei alltäglichen Gestalten: so bei Munchs Paaren, Odilon Redons ***Astralkopf***, Mondrians ‚theosophischen' Bildern, bei Jacob Bendien um 1912, bei Marcel Duchamps ***Portrait de M. Demouchel*** *(1910)* und in Schönbergs ***Visionen***. Da es sich um Seelen- und Gemütszustände handelte, die so zum Ausdruck kamen, konnten sie auch ohne das beteiligte Subjekt, also ungegenständlich dargestellt werden. Die abstrakte Seelensymbolik, die die bildliche Umsetzung musikalischer Stimmungen anstrebte, verwendete dazu die Formensprache des Impressionismus, des Jugendstils und des Expressionismus.

Einen nicht unbedeutenden Einfluß auf diese Entwicklung nahm das Buch ***Thought-Forms*** *(1905)* von Anni Besant und C. W. Leadbeater, das 1908 als ***Gedankenformen*** auf Deutsch erschien. Die beiden Theosophen zeigten in farbigen Illustrationen feinstoffliche (von ihnen angeblich gesehene) Formen, die Gedanken entsprechen sollten. Positive Gedanken waren da weich und farblich warm dargestellt, negative ‚expressionistisch' disharmonisch. Entsprechend einfach reichte das Gefühlsalphabet von ‚Liebe' zu ‚Zorn'. Solche ‚Grundwahrheiten' blieben als Bildtitel in den folgenden Jahren Bestandteil der spiritualistischen Malerei. So etwa bei Rudolf Steiner selber *(**Gottes Zorn und Gottes Wehmut**, 1914)*, bei Romolo Romani *(**Il Silenzio**, um 1905)* oder Arnaldo Ginna *(**Gedanken der Erde an den Himmel**, 1911)*. Kandinsky, der übrigens meditierte, besaß dieses Buch, das zwar seine Haltung zur Durchgeistigung der Formenwelt nicht begründete, da sie bereits im Symbolismus gegeben war, aber bestärkte. „They (die Gedankenformen) were thus charged with meaning pertaining to the spiritual cosmos that he (Kandinsky) wanted to make the content of his art, the same spiritual universe of colorful thought-forms that the Theosophists had explored in their books"[30]. Deutlicher als bei Kandinsky sind diese Einflüsse bei der ‚naiven' schwedischen Malerin Hilma af Klint zu erkennen. Ihre spirituelle Malerei beginnt um 1905 mit einem organischen Jugendstil, ändert sich dann zu geometrischen Formen, die auch in ihrer strengsten schwarzweißen, an Malewitsch erinnernden Ausbildung die symbolische Bedeutung erkennen lassen. Es folgen schließlich Arbeiten in einem freieren Zeichenstil, der wie bei Schönbergs ***Visionen*** und Rudolf Steiners Buntstiftzeichnungen dem theosophischen Symbolismus am nächsten kommt.

30 Sixten Ringbom: Transcending the Visible: The Generation of the Abstract Pioneers, in: The Spiritual in Art, 140.

Die symbolische Abstraktion nährte sich aus zwei, in der Esoterik identischen Vorstellungsbereichen. Dem organisch-pflanzlichen Mikro- und dem kosmischen Makrobereich. Beide zeigen sich bildlich in runden, kurvigen und welligen Formen und beide flächig. Sie sind in endloser Bewegung und Entwicklung, weshalb auch das Thema der Geburt und der Schöpfung aus dem Nichts so häufig vorkommt. Ihre biomorphen Strukturen sind Ausdruck des Geistes in der Materie.

Kupkas ***Der erste Schritt*** *(1910–13)* besteht aus kosmischen Scheiben im Kreisrund, sein ***Bewegtes Oval*** *(1911–12)* symbolisiert eine Geburt. Organische Formen finden sich zahlreich bei den Holländern, so bei Henry van de Velde, dessen ‚pflanzliches' ***Fruchtornament*** *(um 1892)* vom Jugendstil herkommt, bei Jacob Bendien, Mondrian *(**Baum,** 1912)* und van Doesburg *(**Winter,** 1915)*, bei Georgia O'Keefe (um 1916–19); dem Futuristen Giacomo Balla *(**Die Idee entsteht,** 1920)*; den Russen Boris Ender *(**Bewegung einer organischen Form,** 1919)* und Iwan Kudriaschew *(**Luminiszenz,** 1926)*; den Deutschen Hermann Obrist (um 1895), Fidus *(**Kosmische Zeugung,** 1916)* und Georg Muche (um 1916); bei den Surrealisten Matta und Gordon Onslow-Ford (um 1939); Hans Arp und Arshile Gorky (in den dreißiger und vierziger Jahren), Lucio Fontana (in den fünfziger Jahren) und den Amerikanern nach 1945: Mark Rothko, Helen Frankenthaler, Jackson Pollock, Barnett Newman und Morris Louis. Kosmische und sphärische Formen malten u. a. Wenzel Hablik *(**Sternenhimmel,** 1909)*, van Doesburg *(**Kosmische Sonne,** 1915)*, Iwan Kliun *(**Rotes Licht,** 1923)*, Helma af Klint und Adolph Gottlieb *(**Lux ex Oriente,** 1959)*.
Die Elementarfarben Rot, Schwarz und Weiß bekamen die Bedeutung von Urmaterie (Malewitsch, Mondrian, Newman); mit dem Blau seiner monochromen Bilder meinte Yves Klein das Unsichtbare. Als eine Urform romantischer Herkunft erlangte in Deutschland der Kristall wieder eine gewisse Bedeutung. Wenzel Hablik zeichnete ab 1902 Kristallburgen, die wie gotische Gralsburgen in den Himmel ragen. Bruno Taut errichtete 1914 für die Werkbundausstellung in Köln ein *Glashaus*, das einem Kristall glich; und sein Freund Paul Scheerbart veröffentlichte im gleichen Jahr sein Buch ***Glasarchitektur***.

Die Musikalisierung der Malerei hatte schon den Symbolismus beherrscht, bei den symbolisch-abstrakten Bildern drückt sich der Wunsch nach Bewegung oft schon im Titel aus (s. o.). Die näheste Beziehung zur Musik hatte natürlich der Tanz. Die Stilformen reichten vom Symbolismus eines Alexander Sacharoff, der mit Kandinsky bekannt oder befreundet war, bis zu den geometrischen Bauhaus-Produktionen von Oskar Schlemmer. Gemeinsam war den neuartigen Soloauftritten der amerikanischen Tänzerinnen Loïe Fuller, Isadora Duncan und Ruth St. Denis und der Deutschen Mary Wigman sowie den Choreographien von Emile Jacques-Dalcroze und Rudolf von Laban die Absicht, „die freie harmonische Entfaltung des Geistig-Seelischen" zum Ausdruck zu bringen[31]. Loïe Fuller verband ab den neunziger Jahren ihre Schleiertänze mit ihren jugendstilartig fließenden und schwebenden Linien mit farbigen (elektrischen)

31 Pia Witzmann: „Dem Kosmos zu gehört der Tanzende". Der Einfluß des Okkulten auf den Tanz, in: Okkultismus und Avantgarde. Katalog, 605.

Lichteffekten. „Im Serpentinentanz bildet nicht mehr der Körper das Zentrum des Tanzes – das ununterbrochene Schweben des Tuches im Raum inszeniert die tänzerische Bewegung, und eine immaterielle und abstrakte Form drückt die ‚Lyrik der Bewegung' aus"[32]. Da sich Fuller sehr für den Spiritismus interessierte, bestand zwischen spiritistischen Seancen und ihren ‚Trancetänzen' z. B. dem *Geistertanz,* ein Zusammenhang, den die Symbolisten durchaus würdigten. Der Eindruck, den ihre Darbietungen auf Dichter und Maler machte, hielt vom Symbolismus (Mallarmé, Valéry, Georges Rodenbach), Jugendstil (Toulous-Lautrec zeichnete eine von Fullers Tanzfiguren) bis zu den Futuristen an, die in einem Manifest von 1910 proklamierten, „daß Bewegung und Licht die Stofflichkeit der Körper zerstören"[33], als meinten sie Fullers Tanz und nicht die Malerei. Direkt auf die Tänzerin bezogen sich in ihren Arbeiten Gino Severini, Arnaldo Ginna und Bruno Corra.

Dalcroze und Laban entwickelten den ‚Freien Tanz' zusammen mit und aus den Ideen der Lebensphilosophie und Lebensreform. Dalcroze arbeitete und unterrichtete an dem Theater in Hellerau bei Dresden, einer Gartenstadt, die 1909 aus den Vorstellungen der Lebensreform heraus gegründet wurde. Laban hielt Tanzkurse auf dem Monte Verità bei Ascona, ein weiteres Zentrum dieser Bewegung. Die Rückgewinnung der geistigen Kräfte aus der Materie durch neue Formerfindungen war im Tanz ebenso wichtig wie in der Bildenden Kunst. Für Laban war der Kristall von besonderer Bedeutung, da er ihm für die tänzerische Erschließung des Raumes und die Raumspannung Vorbild war. Seine Zeichnungen von räumlichen Bewegungen um 1915 (z. B. ***Raum und Regel***)[34] gleichen Entwürfen für Plastiken von Naum Gabo, der seine ‚Konstruktion im Raum' ebenfalls als Kristall verstand, und Antoine Pevsner, seinem Bruder. Dalcroze arbeitete 1912 in Hellerau mit dem Schweizer Bühnenbildner Adolphe Appia zusammen, dessen ‚Rhytmische Räume' (ab 1909) aus beweglichen stereometrischen Elementen, wie Kuben, Pfeilern, Treppen und Ebenen, sowie aus Farben und Licht bestanden. Der Theatersaal (bzw. Festsaal) war von Appia und Heinrich Tessenow konzipiert. Wände und Decke waren mit weißen Stoffbahnen verkleidet, die von hinten beleuchtet wurden. Der Lichtkörper, der so entstand, kann als Urform des *white cube* angesehen werden.

Über die geometrisch strenge, geradezu asketische Eingrenzung der tänzerischen Gefühlswelten schrieb Mary Wigman, die mit Laban zusammenarbeitete: „Unsichtbar über den Boden gebreitet, der Tänzerseele fühlbar, liegen Formen, Linien. Sie bauen sich kristallinisch empor: unsichtbare Paläste aus Schwüngen. Jede Bewegung des Tänzers wird zum Baustein der bewegten Architektur. Aus der Vermählung von Körper und Raum entsteht: die gerade Linie, der Kreis, die Acht, das Drei-, Vier- und Fünfeck übereinandergelagert, sich kreuzend, einander durchdringend, als Kugel, Pyramide, Kubus dreidimensional erlebt"[35].

32 Giovanni Lista: Loïe Fuller oder die Macht des Geistes, in: Okkultismus und Avantgarde, 589.
33 Hansgeorg Schmidt-Bergmann: Futurismus, ebd., 309.
34 Okkultismus und Avantgarde, 631, Abb. 587.
35 Mary Wigman: Rudolf von Labans Lehre vom Tanz (1920). Manuskript, zit. in: Pia Witzmann, a.a.O., 617.

Als das wichtigste Element des Tanzes wurde der Rhythmus angesehen. Im Tanz sei es möglich, sich mit dem Pulsschlag des Kosmos in Einklang zu bringen. Die Einheit von Mensch und Natur, Körper und Geist sollte so wiederhergesstellt werden. Alte rituelle Tanzformen wurden wiederbelebt, dionysisch-ekstatische Ausdruckstänze glichen Befreiungs- und Reinigungsritualen. Rudolf Steiner entwickelte zwischen 1911 und 1913 eine eurythmische Bewegungskunst, die auf Harmonie und ‚Zusammenklang' begründet war. Eine Vorstellung von deren Ästhetik – unabhängig von Steiner entwickelt – vermitteln die Bilder von Ferdinand Hodler, auf denen Figuren oft meditativ in einer tänzerischen Bewegung verharren (z. B. ***Aufgehen im All,*** *1892*).

Die romantisch-symbolistische Musikalisierung der Malerei fand im 19. Jh. ihre Entsprechung in Lichtorgeln und Farbklavieren, die durch verschiedene Arten der Projektion Musik in Farblicht umsetzten[36]. Alexander Skrjabin, der sich mit der Theosophie beschäftigte, begleitete 1915 in New York die Aufführung seiner Komposition ***Prometheus*** auf einer Farbklaviatur mit Farblichtern. Claude Bragdon, der, wie erwähnt, ein Buch über die Vierte Dimension schrieb, gründete 1919 eine ‚Prometheus'-Gruppe, wahrscheinlich nach Skrjabins Komposition benannt, die sich mit Farbmusik beschäftigte. Aus dieser Gruppe ging der Däne Thomas Wilfred hervor, der 1921 ein Instrument für Lichtprojektionen baute, das er ‚Clavilux' nannte und mit dem er in New York in seinem Lumia-Theater bis in die sechziger Jahre zuletzt elektronisch gesteuerte Vorführungen gab.

Der große Beweger, der das Werden und Vergehen am besten sichtbar machte, war der Film. Es gab schon früh Versuche, die Malerei in diese Richtung zu erweitern. Die Brüder Arnaldo Ginna und Bruno Corra stelllten zwischen 1910 und 1912 die ersten abstrakten Filme her (heute verloren), indem sie ein musikalisch verstandenes chromatisches Farbenspiel direkt auf Zelluloid zeichneten. Sie drückten in symbolistischer Manier Seelenzustände aus. Einer dieser kurzen Versuche entstand nach dem Gedicht ***Les Fleurs*** von Mallarmé, ein anderer nach den Tänzen von Loïe Fuller.

Mit der Loslösung vom Symbolismus wird deutlich, daß die esoterische Herkunft des abstrakten Formenvokabulars zwar nicht zu bestreiten ist, aber rasch auch an Bedeutung verliert, was nicht heißt, daß die Bedeutung zu einem anderen Zeitpunkt nicht reaktiviert wird. Das gilt für den Film ebenso wie für die Malerei. Der aus Finnland stammende, von den Kubisten beinflußte Maler Léopold Survage stellte 1912 bis 1914 abstrakte Zeichnungen[37] her, die er zu einem Film mit den Titel ***Rhythmes colorés pour le cinéma*** verarbeiten wollte, was durch den Kriegsausbruch verhindert wurde. Im Ergebnis wäre der theosophische Hintergrund der Brüder Ginna und Corra aus ihren Filmen nicht mehr herauszulesen gewesen als aus den ‚Farbrhythmen' Survages, von dessen esoterischen Interessen nichts bekannt ist. Die gleiche Konstellation zeigt sich Anfang der zwanziger Jahre bei dem Deutschen Oskar Fischinger, der sich mit der Theosophie beschäftigte, und dem Schweden Viking Eggeling. Fischingers ***Studie 1–4***

36 Hans Scheugl, Ernst Schmidt jr.: Eine Subgeschichte des Filmes, I. 559.
37 Okkultismus und Avantgarde, 555 f, Abb, 502–513.

(1921–25) und Eggelings ***Diagonal-Symphonie*** *(1923–24)* bestehen aus musikalisch strukturierten, bewegten weißen Linien auf schwarzem Grund. Einzelne Formelemente sind bei beiden auf theosophische Formabstraktionen zurückzuführen. Obwohl auch Eggeling von Formen als Organismen spricht[38], ist der organische Fluß bei Fischinger deutlicher zu spüren, gibt es, anders als bei Eggeling, die Bedeutungserweiterung ins Kosmische. In seinen ***Wachsexperimenten*** *(1920–23)* stellte Fischinger die naturhaften Formmetamorphosen mittels Wachs her. Fischinger ging 1936 in die USA, wo er eine Reihe von Filmmachern beeinflußte. So etwa die Brüder James und John Whitney, die ab 1939 abstrakte, musikalisch strukturierte Filme herstellten. Die bedeutendsten und zugleich am deutlichsten der fernöstlichen Mystik zugewandten Filme von James sind ***Yantra*** *(1950–55)* und ***Lapis*** *(1963–66)*, letzterer mittels Computer hergestellt, deren sich drehende Mandala-Formen „wie ein sich fortwährend wandelndes abstraktes Universum" wirken[39]. Sie erinnern auffallend an die Illustrationen zu Leadbeaters Buch ***The Chakras*** *(1927)*. Mit ähnlich fernöstlich beeinflußten Formkonzepten arbeiteten auch Jordan Belson *(**Mandala**, 1953; **Samadhi**, 1967; **Meditation**, 1972)* und Harry Smith *(**Heaven & Earth Magic**, 1943–58)*. In den sechziger Jahren beteiligte sich ein Teil dieser amerikanischen Filmer an Light Shows, die die Idee der Lichtorgel mit neuen technischen Mitteln aufgriffen. Die psychedelische Wirkung dieser Shows simulierte die Bewußtseinsveränderung durch Drogen. Jonas Mekas schrieb dazu: „Es gibt Augenblicke (...), da fühle ich mich als Zeuge des Entstehens neuer Religionen, da befinde ich mich in religiösen, mythischen Welten, in denen die Zeremonien, die Musik und die Körperbewegung, die Symbolwerte der Lichter und Farben entdeckt und erforscht werden"[40]. Drogen, fernöstliche Mystik und alle Arten von Magie prägten in den fünfziger und sechziger Jahren in den USA den Avantgardefilm allgemein (Maya Deren, Kenneth Anger, Stan Brakhage). Von dort wirkte dieser Film-Mystizismus zurück nach Italien (Antonio De Bernardi: ***Dei***, *1968)*, von wo er ein halbes Jahrhundert früher seinen Ausgang genommen hatte.

38 Scheugl, Schmidt jr.: I, 242
39 Ebd., II, 1102.
40 Jonas Mekas, in: Film Culture 43/1966, zit. a.a.O., II, 714.

Transfinitum

Hofmannsthal fragte sich 1891, was ein „nachschaffender Geist", „getrieben von dem Durste nach Unendlichkeit, von einem unstillbaren Bedürfnis nach dem Absoluten, nach der Totalität", gestalten kann, da ihm doch die Wirklichkeit zerrinnt[1]. Die Kunst war zwischen zwei Fronten geraten: einerseits die vorherrschende, extrem subjektive Gefühlskunst mit ihrem weltabgewandten „erhabenen Egoismus"[2] und andererseits die zerfallende, nicht mehr als objektiv akzeptierte Wirklichkeit. Zwischen beiden mußte die Kunst sich auf sich selbst und ihre Mittel besinnen und statt des großen „moi pour moi"[3] der subjektiven Gefühlskunst das ‚l'art pour l'art' einer objektiv-autonomen Kunst setzen. Der subjektiv ‚spiritistische' Symbolismus mit seiner unberechenbaren „Geisterhand im versperrten Zimmer", die aus den Tiefen des Unbewußten ihre Zeichen an die Wand setzt, entwickelte sich weiter zu einem ‚okkulten' Symbolismus, dessen „ziviliserte Magie" (Rilke) eine Alchimie der Worte, Farben und Töne betreibt und so gezielt Welten entstehen läßt[4]. Ihren Wert entscheidet dann nicht, was Mondrian die „blinde Intuition" nennen wird, und noch weniger der von außen in sie gelegte Sinn, sondern die Form und ihre Wirkung, die sich aus Maß und Klang, der Zusammenstellung und dem Verhältnis der Teile zueinander, der notwendigen Folge, dem Rhythmus ergibt[5]. Auch durch Formenspannung, Intensitäten, Harmonie entsteht, so Mondrian, eine Verinnerlichung, die das Absolute, also das Religiöse berührt[6]. Obwohl Hofmannsthal und Mondrian im Prinzip das gleiche meinten, verbanden sie

1 Hugo von Hofmannsthal: Das Tagebuch eines Willenskranken, in: Ges. Werke, Reden und Aufsätze I, 110.
2 Ders.: Maurice Barrès, ebd., 125.
3 Ebd., 117.
4 Ders.: Aufzeichnungen aus dem Nachlaß, in: Reden und Aufsätze III, 405.
5 Ders.: Poesie und Leben (1896), in: Reden und Aufsätze I, 16,
6 Piet Mondrian: Die Neue Gestaltung in der Malerei (1917–18), in: Hans L. C. Jaffé: Mondrian und De Stijl, 53, 57.

damit unterschiedliche, nämlich gegenständliche und abstrakte Ausdrucksformen. Dennoch blieb der Übergang zwischen diesen beiden Bereichen fließend.

Mit der Objektivierung der Mittel änderte sich auch die Form. Der Symbolismus hatte die Metapher als Mittel zur Erzeugung einer „plötzlichen blitzartigen Erleuchtung" (Hofmannsthal), die den Weltzusammenhang für einen Augenblick lang herstellt, zur Hochblüte gebracht. Mit der Zuwendung zum ‚Leben' ergab sich, daß nicht nur funkelnde Metaphern, sondern auch ganz banale Dinge „die Gegenwart der Idee spüren" lassen. So etwa die Gießkanne unter einem Nußbaum, die den Lord Chandos „mit einer solchen Gegenwart des Unendlichen durchschauert"[7]. Nicht Erhabenes wie der „Anblick des gestirnten Himmels", sondern eine „Zusammensetzung von Nichtigkeiten" bewirkt das Aufbrechen der Oberfläche in die Tiefe.

In der Erzählung über Ramakrishna und den Flug der weißen Reiher über den blauen Himmel und in dem ‚Brief' über van Gogh nähert sich Hofmannsthal schließlich dem Phänomen der Farbe. Er erkennt, daß in den einfachen Dingen, die van Gogh darstellt, nicht die „Wollust und Harmonie ihres schönen stummen Lebens", sondern im Zusammenprall der Farben „nur die Wucht ihres Daseins" sichtbar wird[8].

Der Symbolismus hatte aus dem subjektiven Unbewußten seine traumhaften Gegenwelten hervorgebracht, in denen das Wesen der realen Erscheinungen zum Vorschein kommen soll. Unter dem Einfluß der Lebensphilosophie und Theosophie werden im Übergang zur objektivierenden Abstraktion Außen und Innen wieder organisch verbunden. Die phänomenologisch entwertete Außenwelt erhält ihre Bedeutung von innen her zurück. Das hat mehrere Konsequenzen: Schön und Häßlich stehen nunmehr gleichwertig nebeneinander, ebenso Abstraktes und Gegenständliches. „Das ist schön", sagt Kandinsky, „was einer inneren seelischen Notwendigkeit entspringt. Das ist schön, was innerlich schön ist (...). Und deshalb endlich kann alles innerlich schön sein, was äußerlich ‚häßlich' ist. So ist es in der Kunst, so ist es im Leben"[9]. Die Schönheit liegt nicht in der äußeren Form, sondern in der Seele der Materie, ihrem „inneren Klang". Die Kunst wirkte für Kandinsky wie für die Theosophen mit an einer evolutionären Höherentwicklung des Geistes im Menschen, um ihn mit dem im Kosmos wirkenden Geist in Übereinstimmung zu bringen. „Die Welt klingt. Sie ist ein Kosmos der geistig wirkenden Wesen. So ist die tote Materie lebender Geist"[10].

Die Dingmystik als ein auf den Gebrauchsgegenstand gebrachtes ‚kleines' Erhabenes und eine ins Bild gesetzte Metapher beruht – das hatte schon die Romantik zu klären versucht – auf der Beseelung des Objekts oder, in der Terminologie der Psychologie: auf der Projektionsfähigkeit des Subjekts. Die „Unangemessenheit" (Kant) der sinnlichen Form gegenüber der Idee bewirkt einen Schub der Erkenntnis. Für Kant lag der Gewinn des Erhabenen in der Vernunft, für die Kunst auf der Ebene des Gefühls. Die über das Endliche hinausweisende Funktion der Kunst hebt den Gegenstand auf eine über dem Wirklichen liegende (sur-reale) Ebene.

7 Hofmannsthal: Ges. Werke, VII, 469.
8 Ebd., 565.
9 W. Kandinsky: Über das Geistige in der Kunst, 100.
10 Wassily Kandinsky, Franz Marc (Hg.): Der blaue Reiter (1912), 168.

Mit dem Verzicht auf Inhalt und Gegenständlichkeit verschärfte sich die Spannung zwischen Objektivität und Subjektivität in der Formfrage. Das Gefühl, mit dem die Abstrakten weiterhin operierten, mußte seiner Subjektivität noch radikaler entkleidet werden, als das zum Teil im Symbolismus schon geschehen war. Daß beim Verlassen des gesicherten Bodens der objektiven Wirklichkeit das Chaos droht, mahnten schon die Romantiker. Runge schrieb 1803, daß bei Kunstwerken ohne äußeren Stoff und Geschichte, „die recht aus der Imagination und Mystik der Seele entspringen", eine strenge Regularität am allerwichtigsten sei. „Wir bedürfen bei dieser Prozedur aus uns etwas Festes, sonst würden wir zu Grunde gehen, oder wir müßten anfangen zu lügen". Oskar Schlemmer erinnert an diese Sätze Runges, wenn er von der Angst spricht, vom Chaos verschlungen zu werden[11]. Im schöpferischen Akt konkretisiert sich das Chaos wie am ersten Tag der Schöpfung. Indem das Kunstwerk Form annimmt, löst sich das Chaos auf, wenn auch nur punktuell. Der Prozeß ist auf immer andere Weise wiederholbar, das Chaos ist unerschöpflich. Trotzdem ist es die sauberste Lösung, denn das Chaos ist zu bannen und wird erst mit dem Wunsch nach schöpferischer Tätigkeit wieder aktiv.

Für Hofmannsthal stand der Künstler unter dem „Befehl der Notwendigkeit"[12]. Darin drückt sich einerseits die Bedrohung des Ausgeliefertseins aus, aber auch die der Schöpfung mögliche Ordnung. Der romantischen Genie-Tradition folgend, bezwingt die innere Natur auch des abstrakten Künstlers das Chaos der äußeren. In ihr ist eine Logik am Werk, die Georg Simmel 1901 meinte, wenn er von der „inneren Notwendigkeit" in der Lyrik Stefan Georges sprach[13]. Deren sinnliche Wirkung offenbare gleichwohl ein „Allgemeines und Abstraktes", eine Gesetzmäßigkeit, die über dem Subjekt thront. Der Dichter ist der „ideale Brennpunkt des Kunstwerkes selbst und nicht die reale Individualität"[14].

Für den Künstler bedeutet jede Arbeit, sich dem Gegensatz zwischen den beiden Modalitäten des Seins, dem Möglichen und dem Notwendigen, auszusetzen. Dieser Gegensatz ist nicht aufzulösen, sondern nur produktiv als der schöpferische Funke (der ‚Würfelwurf') nutzbar zu machen. Novalis nennt ihn das „Notwendig-Zufällige"[15] und versteht ihn als mystisch. Kandinsky war die ‚innere Notwendigkeit' eine seelische Formkraft, die im Abstrakten wie im Gegenständlichen als das „Mystisch-Notwendige" wirkt[16].

Schon die Romantiker hatten damit begonnen, durch die tendenzielle Hinwendung zur Abstraktion und ‚Mathematik' die Formaneignung durch Einfühlung in die ‚Natur' umzukehren. Sie gingen nicht mehr von einer vorgegebenen Wirklichkeit aus, die sie ‚seelisch' erschließen, sondern suchen und finden den Inhalt aus der Form heraus. Poe baute seine Dichtung nach einer kompositionellen Logik auf, aus der sich der

11 Schlemmer: Idealist der Form, 261.
12 Hofmannsthal: Der Dichter und seine Zeit (1906), in: Reden und Aufsätze I, 75.
13 Georg Simmel: Zur Philosophie der Zeit, 35.
14 Ebd., 45.
15 Novalis: Schriften (1923), II, 298.
16 Kandinsky: Über das Geistige in der Kunst, 58.

Inhalt Schritt für Schritt ergab. Wie dann Mondrian, sprach er sich gegen die Intuition aus, denn alleine der kalkulierte Effekt war ihm entscheidend. ***The Raven***, erklärte er, hätte er mit der „Folgerichtigkeit eines mathematischen Problems" konstruiert[17]. Ein Zehntel eines Gedichtes sollte Ethik sein, neun Zehntel aber Mathematik[18]. Der forminhärente Aufbau löst sich wie in der Musik, die als Vorbild dient, vom ‚Programm'. Whistler setzte ein Figur deshalb ins Bild, weil an jener Stelle eine dunkle Fläche hingehörte. Mallarmés Methode der evokativen Einkreisung eines Sujets läßt den Inhalt überhaupt offen. Die abstrakte Ordnung wird nicht mehr anempfindend in der äußeren Natur gesucht, sondern innen. Aus der Abstraktion konkretisiert sich erst ein möglicher Inhalt.

Juan Gris' Verfahren des ‚synthetischen Kubismus' bestand darin, „auf der Bildfläche Formen und Farben a priori anzuordnen, ohne Rücksicht auf ihre Herkunft aus der Erfahrung, und aus diesem frei komponierten Flächensystem heraus die Gegenstände abzuleiten, sie in einem logisch zweiten Arbeitsgang auszugliedern"[19]. Den ersten Arbeitsgang nannte Gris ‚mathématique picturale'. Er war in seiner Technik von Mallarmé beeinflußt, der seinerseits Poe verpflichtet war, der wiederum die deutschen Romantiker gut kannte. Ähnliche Zusammenhänge bestehen bei Paul Klee. Für ihn war das Abstrakte ein prämorphes Chaos, aus dem sich, seinen eigenen Gesetzlichkeiten folgend, das Gegenständliche, der geordnete Kosmos, bildet.

Die Abstrakten leiteten ihre Zeichensprache, wie die Mathematiker es getan hatten, zunächst aus den Gesetzen der Natur ab. Ihre Logik bezogen sie aber nicht aus der dem Materiellen verhafteten Vernunft, sondern aus dem Gefühl, dem Umschlagplatz der Sinne und der Seele. Durch das Zurückdrängen des ‚Organischen' kommt der Geist als das Abstrakte oder Formlose zum Vorschein[20]. Die Auflösung der gegenständlichen Wirklichkeit, die es eigentlich gar nicht gibt[21], macht die zugrundeliegende Einheit, die in der Natur nur verschleiert auftritt, sichtbar[22]. Erst wenn das Individuelle überwunden ist, kann das Universelle sich „rein gestalten"[23]. Gegen das Subjektive, Vereinzelte, die „blinde Intuition" setzte Mondrian die Technik[24]. Sie ist der Garant des Universellen gegen das partikulär Menschliche. Die individuelle Form, das Zufällige, weicht überall der allgemeinen Form, der abstrakten Lösung.

Für die Malerei der Renaissance war die Linie ins Unendliche als der gerade, perspektivisch gebündelte Blick noch kein semantisches und philosophisches Problem, denn das Unendliche bildete, wie C. F. Gauß 1831 in Hinblick auf die Mathematik sagte, nur eine ‚façon de parler'[25]. Eigentlich ist vom Unbegrenzten die Rede, das endlich ist,

17 Edgar Allan Poe: The Philosophy of Composition (1846), in: Werke, IV, 534.
18 Ders.: The Rationale of Verse (1848), ebd., 608.
19 Arnold Gehlen: Zeit-Bilder. Zur Soziologie und Ästhetik der modernen Malerei, 92.
20 Kandinsky: Über das Geistige ..., 50.
21 Kasimir Malewitsch: Suprematismus – Die gegenstandslose Welt, 1962, 139.
22 Mondrian, in: Jaffé 1967, 38.
23 Ebd., 39.
24 Ebd., 55.
25 Oskar Becker: Grundlagen der Mathematik in geschichtlicher Entwicklung, 180.

was sich in der Malerei augenfällig dadurch ausdrückt, daß die ‚unendliche' Gerade, die den Raum durchläuft, nach dem ‚Fluchtpunkt' (vanishing point) nicht mehr zu existieren scheint. Das Unendliche liegt jenseits davon und ist durch das Endliche, den Menschen, mathematisch wie metaphysisch nicht zu begreifen. Dem steht am Ende des 19. Jh. mit Georg Cantors Mengenlehre, unter Berufung auf Spinoza und Leibniz, eine Theorie gegenüber, die zwischen dem Absoluten als dem durch keine Determination Erreichbaren, und dem Endlichen eine Modifikation feststellt[26].

Über das Endliche hinaus reicht ein *Transfinitum,* ein unbegrenzte Stufenleiter von bestimmten Modis, die nicht endlich sind, sondern unendlich, die aber determiniert werden können. Cantor sah in der unendlichen Zahlenfolge ein Symbol, das – „wenn wir aufsteigen zum Unendlichen" – eine „Mächtigkeit" erlangt, „welche unabhängig ist von der Ordnung, die einer Menge gegeben ist"[27]. Im Hinabsteigen vom Unendlichen zum Endlichen fließt die metaphysische Mächtigkeit der Menge zum Begriff der endlichen ganzen Zahl zusammen. Dieser platonisch-plotinische Auf- und Abstieg zum und vom Unendlichen lädt das einfache Zeichen einer endlichen Zahl mit der ‚Mächtigkeit' eines geistigen Bedeutungsinhaltes auf – macht es zum Symbol, zur Übergangsform des Unendlichen, zum Transfinitum. Das Endliche, ob Zahl oder Mensch, erhält eine über es hinausweisende (vierte) Dimension. Dem endlichen Verstand, sagt Cantor, muß „das Prädikat ‚unendlich' in gewissen Rücksichten zugestanden werden"[28]. Gleichermaßen hatte für Leibniz die gerade Linie, die ins Unendliche verlängert werden kann, ihren Ausgangspunkt als universelle Wahrheit und Notwendigkeit, d. h. als Gesetz Gottes, im Menschen[29].

Die Abstrakten suchten reduktionistisch die ‚Mächtigkeit' ihrer Zeichen im Einfachen, die Qualität unabhängig von der Quantität. Die gerade Linie wurde nicht deshalb zum Symbol des Unendlichen, weil sie perspektivisch dorthin verläuft, sondern weil sie, bar jeder Raumstruktur, ob kurz oder lang, nichts begrenzt, während die gekrümmte Linie die Schöpfung im Stofflichen gefangen hält. Diese Symbolik findet sich bei Gauguin[30] und Mondrian[31]. Die Gerade bildet das Gleichgewicht zwischen Absolutem und Relativem und ist deshalb das Äußerste an reiner Gestaltung[32]. Für Oskar Schlemmer besaß die ideale gerade Linie die Klassizität und Vollendung des Buddha[33].

Ernst Cassirer begann die Arbeit an seiner ***Philosophie der symbolischen Formen*** 1910, veröffentliche den ersten Band 1923, den dritten 1929. Cassirer begleitete mit seinem Werk die Entwicklung der abstrakten Kunst zeitlich wie inhaltlich. Das Symbol ist Cassirer die Rückbindung der intuitiv wahrgenommenen Erscheinungswelt und deren intellektueller Spiegelung an das zugrundliegende „Substantielle des Geistes in seiner

26 Ebd., 292.
27 Ebd., 296.
28 Ebd., 292.
29 Leibniz Lexicon. A Dual Concordance to Leibniz's *Philosophische Schriften*, 171.
30 Hans Graber: Paul Gauguin nach eigenen und fremden Zeugnissen, 50.
31 Mondrian, in: Jaffé, 36.
32 Ebd., 194.
33 Oskar Schlemmer: Idealist der Form, 15.

reinen Ursprünglichkeit, die allen mittelbaren Gestaltungen vorausliegt"[34]. Da die Fülle der Bilder der Erscheinungswelt den Wesensgehalt des bildlos Einen verdeckt, kann die Rückkehr zu dem „lauteren Nichts" nur durch „die Aufhebung aller bildlichen Bestimmheit" erfolgen (I, 50).

Der Suprematismus war Malewitsch als das „befreite Nichts" eine „gegenstandslose weiße Gleichheit"[35], die ebenso wie Mallarmés „schweigendes Gedicht aus lauter Weiß" auf die „Null-Form" aus Weiß, Schwarz, Quadrat, Kreis und Kubus zielt. Bei Mallarmé entspricht dem die ‚notion pure', der bedeutungsentleerte Sprachbegriff. Auch bei Johannes Itten und dem damals mit ihm befreundeten Josef Matthias Hauer, der 1919 als erster zur Zwölftonmusik vorstieß, spielte das Weiß als Farbe und Intervall, als immaterielle und unteilbare Aufhebung aller Farben und Töne eine Rolle als zumindest ideeller Bezugspunkt[36].

Für die Philosophie und Kunst, so Cassirer, bedeuten Leben und Schöpfung nicht Rückkehr hinter den der Intuition noch verschlossenen Schleier der Erkenntnis, sondern die Vollendung des Weges zur vollen Bewußtheit im Erkennen der Formen des Lebens. Die Symbole sind nicht Nachbildungen äußerer Objekte oder bloß Zeichen für transzendente Bedeutungen, sondern „Objektivierungen", die „eine Welt der Ordnungsformen, nicht von Dingformen", bilden (III, 447). Sie bauen nach den ihnen eigenen Bildungsgesetzen „eine eigentümliche und selbständige, in sich geschlossene Welt des Sinnes" auf. Die symbolisch-mathematische ist mit der empirisch-natürlichen Welt über Abstufungen in ihren strukturellen Entsprechungen verbunden. Im Symbol – gleich Cantors Transfinitum – durchdringen sich Bedeutung und Anschauung, Transzendenz und Immanenz (III, 450). In der Kunst wie in der Wissenschaft sind Symbole nicht das Ziel des Denkens als Inhalt und objektive Wahrheit, sondern sie beschreiben die Bewegungen des Geistes. Der Fortschritt liegt nicht im Erreichten, sondern in der Energie der Bewegung, im Prozessualen. Im Symbol ist die Simultanität vieler Denkschritte verdichtet und als Prozeß ablesbar. Insofern sind die Gestaltungen der Kunst und die Formeln der Mathematik „Weisen des ‚Werdens zum Sein'" (III, 447).

Die Weisen des Werdens zum Nichtsein hatten die Romantiker und Symbolisten noch in existentielle Krisen gestürzt. Nun stand jedoch fest, daß das Symbol als Transfinitum jenen Punkt des Verstummens überwunden hat. Wenn Malewitsch vom „befreiten Nichts" spricht wie ehedem Schelling vom „wissenden Nichtwissen", so bedeutete das jetzt ein ins Denken zurückgeholtes Nichts. Als „Null-Heil" war es ein neuer Anfang[37].

34 Ernst Cassirer: Philosophie der symbolischen Formen, I, 49. (Alle weiteren Band- und Seitenangaben im Text von hier.)
35 Malewitsch 1962, 85, 74.
36 Bogner, Badura-Triska, 79.
37 Malewitsch 1962, 57.

Abb. 30. Piet Mondrian: Pier und Ozean
Fassung 1: 1914

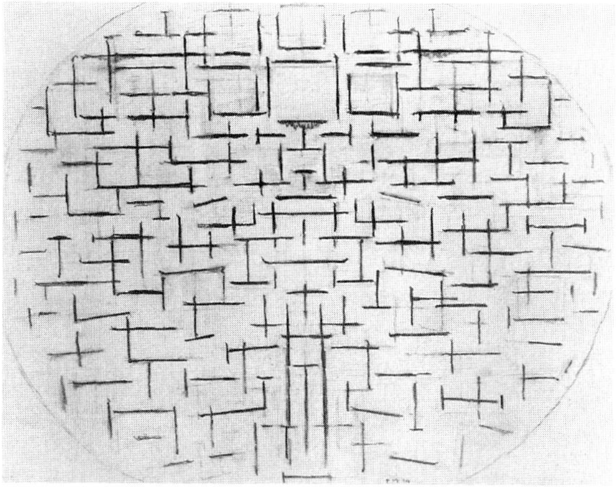

Fassung 4: 1914

Fassung 10: 1915.

Raumverdichtung

Wie in Frankreich entwickelte in Rußland der poetische Symbolismus früher als die Malerei ein Bewußtsein seiner syntaktischen Möglichkeiten, abgelöst von den Symbolformen, die die Malerei ans Gegenständliche banden. In der symbolistischen Lyrik der neunziger Jahre eines Valerij Brjusov, Konstantin D. Balmont oder Fedor Sologub entwickelte sich über die vordergründige symbolistische Interpretationsebene hinaus eine Rhetorik des Unsagbaren und Nichtssagenden. „Man könnte dies als eine Art ‚grammatikalische Ikonizität' bezeichnen, deren Referenz metasprachlich als ‚Statik', ‚Gegenstandslosigkeit', ‚Abstraktheit', ‚Ziellosigkeit', ‚Sinnleere' etc. beschreibbar ist"[1]. Die Rhetorik der Sprachlosigkeit „etabliert einen eigenen Anti-Kode, eine Anti-Welt gegen die archaisch, kulturell oder literarisch vorgegebenen Symbolordnungen"[2]. Dieser Anti-Kode einer Anti-Welt ist „gewissermaßen ein gebrochenes, pervertiertes, ad absurdum geführtes, total ästhetisiertes ‚Symbol', dessen metaphysische und auch weltliche Reverenz weitgehend irrealisiert ist". Wie in der Malerei tritt diese Ebene in der Dichtung mit zunehmender Abstraktion zutage, so vor allem ab 1910 in der Lyrik eines Velimir Chlebnikow und Aleksandr Krutschenych. Ihre ‚Zaum' genannte Sprache sollte jenseits der Vernunft aus Urlauten und Sprachwurzeln Grundlagen eines neuen Bewußtseins bilden. Die beiden veröffentlichten zusammen mit David Burljuk und Wladimir W. Majakovskij 1912 ein kubo-futuristisches Manifest mit dem Titel ***Eine Ohrfeige dem allgemeinen Geschmack***, indem sie eine entpoetisierte, metalogische, sich selbst genügende Sprache forderten. Die Aufhebung grammatikalischer Strukturen verbindet Chlebnikow mit der Anti-Welt des Symbolismus und der romantischen Ironie. Er drehte 1913 einen Film mit dem Titel ***Mirskonca*** *(Verkehrte Welt)*, in dem wie in Tiecks gleichnamiger Komödie alles zeitlich verkehrt abläuft. Chlebnikow, der Naturwissenschaft

1 Aage A. Hansen-Löve: Erinnern – Vergessen – Gedächtnis als Paradigma des russischen Symbolismus, in: Wiener slawistischer Almanach (1985), Bd. 16, 115.
2 Ebd., 151, Anm. 3.

und Mathematik studiert hatte, erhob mit ‚Zaum', anders als Raoul Hausmann und Kurt Schwitters mit ihren Lautgedichten, die mit den Sprachversuchen der Russen zu vergleichen sind, einen wissenschaftlichen Anspruch. So zumindest stellte er es in einem 1922 erschienenen dramatischen Poem ***Zangezi*** dar; gleichzeitig sollte die auf algebraischen Grundlagen beruhende Sprache in einen Bereich der ‚reinen Bedeutung' münden[3].

Die dem bürgerlichen Materialismus entgegengesetzte spirituelle Wissenschaftlichkeit des russischen Kubo-Futurismus prägte auch Malewitsch. Die Reduzierung der Malerei auf geometrische Grundformen und die Nicht-Farben Schwarz und Weiß plus der Elementarfarbe Rot bedeutete für Malewitsch nicht ein Formenalphabet für neue konstruktive Einheiten, sondern in sich bereits eine „gegenständliche Vollkommenheit", die „von jedem Zwang zur Veränderung" befreit[4]. Malewitschs Schülerin Leporskaja berichtete, daß ihn, als er um 1915 die Lösung für das ***Schwarze Quadrat auf weißem Grund*** fand, seiner Schilderung zufolge, dies in einen solchen Zustand der Erregung versetzte, daß er eine Woche lang nicht essen, trinken und schlafen konnte[5]. Die absolute Form stellte zwar „nur die Vorstufe zur endgültigen Grenze des Absoluten" dar, war ihm aber im Bereich des Sichtbaren die „nackte, ungerahmte Ikone meiner Zeit"[6]. Sie war mehr als das, sie war die Ikone eines ganzen vergangenen Jahrhunderts. Schellings griechische Götter, Verkörperung des Form gewordenen Geistes, erfuhren in Malewitschs ***Schwarzem Quadrat*** ihre ultimative Verwandlung. Ihnen geschah, was Malewitsch „die ‚Atomisierung' des alten Organismus und Befreiung seiner Teile" nannte[7].

Mondrian führte diesen Prozeß, die Zerstörung „der dreidimensionalen natürlichen Ordnung"[8], zwischen 1909 und 1915 in seinen Dünen- und Meeresbildern vor, indem er die Landschaft auf zuletzt nur mehr horizontale und vertikale Striche reduzierte *(Abb. 30)*. Für Malewitsch war die Linie als ‚reinste' Form nur vorübergehend zu halten: „Früher projektierte man sich nach einer einzigen einfachen Linie; dann werden es zwei, dann drei und nun vier, die sich von der Erde losreißen und zum Raum streben"[9]. Der Raum, in den die vier Linien des Quadrates aufsteigen, ist der Hyperraum der Vierten Dimension. Das machen jene Bilder von 1915 deutlich, die Malewitsch im Untertitel ***Farbmassen in der Vierten Dimension*** nannte. Die Farbfelder sind nicht Materie, sondern Energie, eine „Konzentration der Kräfte". Das hinter die ‚Farbmassen' gesetzte Weiß, das auch Mondrian 1917 für seine ***Kompositionen*** verwendete, bezeichnete Malewitsch als den „freien Abgrund Unendlichkeit"[10]. „Ich habe den blauen Abblendschirm der farbigen Begrenzungen aufgebrochen, ich bin hinausgetreten in die Weiße, segelt

3 Kindlers Literatur-Lexikon (1974), XXIII, 10342.
4 Malewitsch 1962, 252, 254.
5 Anna Leporskaja: Anfang und Ende der figurativen Malerei – und der Suprematismus, in: Kasimir Malewitsch. Zum 100. Geburtstag, Katalog, 65.
6 Malewitsch 1962, 229, 19.
7 Malewitsch. Futurismus – Suprematismus (1921), in: Kazimir Malevich 1878–1935, Katalog, 177.
8 Mondrian, zit. in: Zeit. Die Vierte Dimension in der Kunst, Katalog, 198.
9 Ebd., 211.
10 Malewitsch: Essays on art 1915–1933, I, 122.

Versöhnung des Weiß mit der verlassenen, verdeckten, ausgelöschten Realität an, beläßt er der an das Nichts gestoßenen Form ihre Identität. Im Schauspiel der Materie, sagte bereits Mallarmé, zeige sich die „Fähigkeit des geistigen Universums, sich selbst zu sehen und zu entfalten, und zwar mittels dessen, der ich war"[35]. Damit meinten Mallarmé wie Malewitsch das Bewußtsein des ‚einheitlichen Weiß' "[36]. In seiner Entfaltung wird es ein Dichter, ein Junge mit Rucksack oder ein Fußballspieler, die als energetische Formverdichtungen den Bezug zum Weiß als ihren essentiellen Hintergrund bewahren.

Der Konstruktivismus baute auf geometrischen Formen auf, das Chaos und der unkonturierte Farbklang waren für ihn kein Anfang mehr. Dadurch wurde eine Notation wie in der Musik möglich. Darauf verweisen die Zahlreichen ‚Kompositions'-Titel, die bei den Malern des De Stijl und des Bauhauses weniger eine musikalische und mehr eine architektonische Bedeutung haben. Meier-Graefe nannte Cézanne einen Komponisten und meinte damit die Verbindung von Baumeister und Bildner: „Er baute für eine Zeit ohne Tempel"[37]. Die Verbindung von Baumeister und Musik strebte Bruno Taut 1919 in seinem Entwurf für ein Bühnenspiel mit dem Titel ***Der Weltbaumeister*** an. Licht, Bewegung und Musik würden einen immateriellen Tempel bilden.

Daß trotz der formalen Gegensätze der Übergang zwischen lyrischer und konstruktiver Abstraktion ähnlich fließend war wie zwischen Symbolismus und Kubismus, hängt damit zusammen, daß ein gemeinsamer metaphysischer Hintergrund wahrgenommen wurde. Wo dieser Zusammenhalt wegfiel, entstanden auch widersprüchliche Haltungen. Malewitsch sprach sich gegen den Konstruktivismus aus und vermied den Titel ‚Komposition' für seine Bilder. Dennoch war der Unterschied zwischen Konstruktivismus und Suprematismus nicht immer deutlich. Die Ablehnung von Malewitschs Mystizismus durch die Konstruktivisten ging bis zu Handgreiflichkeiten. Die Ähnlichkeit zwischen Kupkas Scheibenbildern und jenen Delaunays ist augenfällig. Delaunay lehnte die mystische Deutung, die Kupka wichtig war, für sich und die gesamte französische Malerei ab[38].

Nach dem 2. Weltkrieg wurde der Gegensatz von lyrischer und geometrischer Abstraktion weltanschaulich *und* formal ausgetragen. Die geometrische Abstraktion stand nun für die rationale mechanische Weltsicht, und dagegen wandte sich die „lyrische Abstraktion" des Tachismus und des Action Painting in einer „anti-geometrischen Offensive"[39]. Das Lyrische bedeutete jetzt die Rückgewinnung der Transzendenz.

35 Mallarmé: OC, I, 242.
36 Malewitsch 1962, 229.
37 J. Meier-Graefe: Cézanne, 93.
38 Robert Delaunay: Zur Malerei der reinen Farbe. Schriften von 1912 bis 1940, 145.
39 Georges Mathieu 1947, zit. in: Jürgen Claus: Kunst heute, 24.

Ränder der Logik

Wittgenstein

Der Unterschied zwischen links und rechts in Wittgensteins Kriegstagebüchern 1914–1916 könnte nicht größer sein. Dabei ist die Tatsache, daß die linke Blatthälfte in Geheimschrift verfaßt ist, die rechte Hälfte dagegen in weiterer Folge zu einer gezielt betriebenen Veröffentlichung führte, nur das äußere Merkmal eines inneren Konflikts. Die sogenannten ‚Geheimen Tagebücher'[1] zeigen Wittgenstein in seiner existentiellen und moralischen Not, die ihm der Kriegsdienst, in dem er sich in geradezu selbstmörderischer Absicht bis zum äußersten exponierte, abverlangte. Sie zeigen auch, wie keine andere seiner Schriften, seinen aus der Angst genährten Glauben an einen Gott, der ihn beschützen möge. Die Tagebucheintragungen ähneln Gebeten und Beichten und enden immer wieder mit den Wendungen „Dein Wille geschehe" oder „Gott mit mir". Was ihm aber Kraft gegen seine Ängste und Depressionen gibt, ist, was er mehrfach „die Gnade der Arbeit" nennt (GT, 38), also die rechte Seite des Tagebuches, die die Vorarbeit zum ***Tractatus logico-philosophicus*** darstellt. Diese Seite, die sich so scharf von aller existentieller Bedingtheit abhebt, faßt Wittgenstein mehrfach in dem Satz „Ich bin Geist, und darum bin ich frei" zusammen (GT, 30). Gefunden hat er diesen Gedanken bei Tolstoi, dessen ***Erläuterungen zu den Evangelien*** er liest: „Immer wieder sage ich mir im Geiste die Worte Tolstois vor: ‚Der Mensch ist *ohnmächtig* im Fleisch, aber *frei* durch den Geist'. Möge der Geist in mir sein!" (GT, 21). Auf der rechten Seite ordnet Wittgenstein seine Gedanken an den Sinn des Lebens, d. h. Gott, die ihm ebenfalls Gebet sind (TB, 165). Wittgenstein nennt Gott auch das Schicksal oder die vom eigenen Willen unabhängige Welt (TB, 167). „Wie sich alles verhält, ist Gott" (TB, 171). Wie wird nun die rechte Blattseite des autonomen Geistes mit der linken,

1 Ludwig Wittgenstein: Geheime Tagebücher 1914–1916, (GT); Tagebücher 1914–1916. Schriften Bd. I, (TB); Tractatus logico-philosophicus. Schriften, a.a.O. (T); Vermischte Bemerkungen / Culture and Value (VB); Philosophische Untersuchungen (1953). Schriften, a.a.O. (PU); Briefwechsel (B); Vorlesungen und Gespräche über Ästhetik, Psychologie und Religion (VG).

wo Gott bzw. die Willkür der Welt herrscht, fertig? Sie wird es, indem sie auf ihrer Seite bleibt und die vollzogene Trennung beibehält. Das philosophische Ich sieht das menschliche Ich mit Körper und Psyche als Teil der anderen Seite und bewegt sich als das metaphysische Subjekt bis an die Grenze dieser Welt, *ist* die Grenze (TB, 172, 175; T, 5. 632) und blickt auf diese Welt als die seine (T, 5. 641).

Wie er die Welt als seine geistig in Besitz nehmen kann, entwickelt Wittgenstein erst im ***Tractatus***. Dort versucht er zu zeigen, daß die Sprache und die mit ihr verbundene Logik sich in ihrer Struktur mit der Welt decken. „Die Logik erfüllt die Welt; die Grenzen der Welt sind auch ihre Grenzen" (T, 5, 61). Daraus ergibt sich: *„Die Grenzen meiner Sprache* bedeuten die Grenzen meiner Welt" (T, 5. 6). Erweitert sich die Sprache, erweitert sich die Welt. Die Erkenntnis Gottes nimmt im gleichen Maße ab. In den Tagebüchern hatte es geheißen: „Wie sich alles verhält, ist Gott". Das Wie der Welt ist in der Sprache nicht zu fassen, d. h. mit ihr nicht in Deckung zu bringen, nur ihr Was. Der erste Satz des ***Tractatus*** lautet nun: „Die Welt ist alles, was der Fall ist". Wittgenstein richtet sich im Faktischen ein, und darin offenbart Gott sich nicht (T, 6. 432). Er als das Wunder des Welt, ihr ‚Wie' und ‚Daß', ist in der Sprache nicht dingfest zu machen, und es ist daher sinnlos, gegen die Grenzen der Sprache anzurennen. Das Wunder zeigt sich nur, aber es läßt sich nicht aussprechen. Es ist das Mystische (T, 6. 522).

In den Tagebüchern reflektiert Wittgenstein die Möglichkeiten des Subjekts, mittels des Willens die Grenze zur Welt zu überschreiten und als Träger von Gut und Böse in sie hineinzuwirken. Er kommt aber zu dem Schluß, daß das Subjekt die Welt nur wie ein Naturwissenschaftler als Objekt betrachten kann und dieses außerhalb ethischer Wertungen steht. „Wenn das gute oder böse Wollen die Welt ändert, so kann es nur die Grenzen der Welt ändern, nicht die Tatsachen; nicht das, was durch die Sprache ausgedrückt werden kann" (T, 6. 43). Der Sinn wie die Ethik liegen als Absoluta außerhalb der Welt. „In der Welt ist alles wie es ist und geschieht alles wie es geschieht; es gibt *in* ihr keinen Wert – und wenn es ihn gäbe, so hätte er keinen Wert. Wenn es einen Wert gibt, der Wert hat, so muß er außerhalb alles Geschehens und So-Seins liegen. Denn alles Geschehen und So-Sein ist zufällig. (...) Darum kann es auch keine Sätze der Ethik geben. Sätze können nichts Höheres ausdrücken. Es ist klar, daß sich die Ethik nicht aussprechen läßt. Die Ethik ist transcendental" (T, 6.41–6.421). Das gleiche gilt für die Ästhetik.

Was außerhalb der Welt liegt, liegt außerhalb der Sprache. Es verfällt dem Schweigen, denn es spricht für sich. Und auch wenn es nicht spricht, geht doch nichts verloren, denn „das Unaussprechliche ist – unaussprechlich – in dem Ausgesprochenen *enthalten!*" (B, 78). Von da aus ist seine Wirkung spürbar, nicht immer positiv. Denn es wirkt auf den Wittgenstein der linken Tagebuchseite, der an seiner Unvollkommenheit, seiner Sündhaftigkeit, seiner zeitlebens nicht bewältigten Sexualität, seinen Schuld- und Minderwertigkeitsgefühlen verzweifelt. Und es wirkt als Gewissen auch auf den sich mittels seiner Logik entlastet geglaubten Philosophen.

Die Erkenntnis, die die Philosophie wie das Gewissen bewirken, läßt sich nicht sagen, aber tun, also leben. „Das Leben der Erkenntnis ist das Leben, welches glücklich ist, der Not der Welt zum Trotz" (TB, 174). Das Glück ergibt sich aus dem gut gewordenen Gewissen, das die Übereinstimmung mit Gott bringt (TB, 167; GT, 179). Das war freilich eine in der Not des Krieges überzogene Erwartung. Im krassen Gegensatz zu den Tatsachen der linken Tagebuchseite, hoffte Wittgenstein auf den Segen der in die Tat umgesetzten Erkenntnis. Er folgte der an Tolstoi orientierten Möglichkeit, philosophische Erkenntnisse in ein sinnvolles und einfaches Leben zu überführen und damit dem auch bei Augustinus, Kierkegaard, Tolstoi, Dostojewski und Weininger wahrgenommenen Zwiespalt zwischen Körper und Geist, Sünde und Vollkommenheit beizukommen. „Nur das Leben ist glücklich, welches auf die Annehmlichkeiten der Welt verzichten kann" (TB, 174). Auf die Entbehrungen der Kriegszeit traf das nicht zu. Und auch die nach dem Krieg praktizierte asketische Lebensweise brachte ihm nicht das erhoffte Glück, bestenfalls die Befriedigung über die eigene Stärke und Konsequenz in der Umsetzung seiner Weltanschauung. Erst viel später meldeten sich Zweifel, ob die auf der ‚rechten' Seite geistig erworbenen Freuden auch für die Lebensseite zu reklamieren sind. „Die Freude an meinen Gedanken ist die Freude an meinem eigenen seltsamen Leben. Ist das Lebensfreude?" (VB, 22). Wittgenstein ersparte sich die Antwort. Seine Kompromißlosigkeit und Rigorosität sich selbst und anderen, seinen Schülern, Studenten und Freunden, gegenüber führte zu dem, was Weininger, den Wittgenstein sehr schätzte, „Selbstbindung" nannte. Die lebenslange Spannung zwischen dem Gefühl des moralischen und menschlichen Versagens und dem Wunsch nach Vollkommenheit – „*Of course* I want to be perfect"[2] – konnte nur im logischen Denken Stützpunkte zu ihrer Stabiliserung finden. Wie bei Weininger lag im systemischen Denken eine Bemächtigung, während umgekehrt das Nachlassen der ‚Selbstbindung' die Gefahr des Zusammenbruchs in sich barg. Wittgenstein 1946: „Ich fürchte mich vor der Auflösung (vor meiner Auflösung), wenn ich weich würde" (VB, 56). Dem Ausmaß der Selbstbindung stand bei Wittgenstein die Angst vor dem Wahnsinnigwerden gegenüber. Und ebenso dem Ideal der ‚Reinheit', das schon Nietzsche, Weininger und Kafka in die eisigen Höhen ‚ungeheurer' Einsamkeit getrieben hatte, die Angst vor dem Fall.

Die Reinheit des Geistigen in Berührung mit der Welt ist nur zu bewahren, wenn sie sich auf ihre Grenze und somit auf die Welt als Ganzes beschränkt. Die gewöhnliche Betrachtungsweise sieht die Gegenstände aus ihrer Mitte, „die Betrachtung sub specie aeternitatis von außerhalb" (TB, 176). Wittgenstein vergleicht diese ganzheitliche Sicht mit dem Blick von oben, dem „Weg des Gedankens, der gleichsam über die Welt hinfliegt und sie so läßt wie sie ist, – sie von oben im Fluge betrachtend" (VB, 27). Diesen Blick von außen erlaubt auch das Kunstwerk, das ebenso als ein „Gegenstand sub specie aeternitatis" gesehen werden kann (TB, 176). Die Kunst hatte die enthobene Sicht von oben wörtlich genommen und sie in die Abstraktion vorangetrieben. Die innere Notwendigkeit ist jedem einzelnen Ding zuzuerkennen, denn nichts ist vom logischen Ganzen zu trennen. Es kommt nur auf die Sicht an. „Das Ding sub specie

2 Ray Monk: Ludwig Wittgenstein. The Duty of a Genius, 369.

aeternitatis gesehen ist das Ding mit dem ganzen logischen Raum gesehen" (ebd.). Die innere Notwendigkeit drückt sich für Wittgenstein wie für die Kunst als Stil aus. „Stil ist der Ausdruck einer allgemein menschlichen Notwendigkeit. Das gilt vom Schreibstil wie vom Baustil (und jedem anderen). Stil ist die allgemeine Notwendigkeit sub specie eterni gesehen" (DB, 27). Die Dinge erscheinen so „in einer gewissen Art von Ewigkeit" (sub quadam specie aeternitatis), wie es in Spinozas ‚geometrisch demonstrierter' ***Ethik*** heißt (s. Kommentar in DB, 115).

Wittgensteins Stilgefühl kommt am klarsten in dem Haus zum Ausdruck, das er 1926 für seine Schwester Margaret in Wien baute. Von Adolf Loos beeinflußt, ist der Bau von einer ästhetischen Rigorosität, die jener der frühen konstruktivistischen Moderne entspricht. Drei Jahre später notierte Wittgenstein: „Mein Ideal ist eine gewisse Kühle. Ein Tempel, der den Leidenschaften als Umgebung dient, ohne in sie hineinzureden" (DB, 2). Der Tempel, sei es einer der Architektur oder einer der Sprache, diente metaphysischen und sehr praktischen Zwecken. Wittgenstein suchte eine unbestimmte Erlösung und eine bestimmte Lebenshilfe. „Hilf & Erleuchte!", lautete sein Hilferuf an Gott (DB, 98).

In einem Brief schrieb er 1912 an Bertrand Russell: „Immer wenn ich dazu komme, lese ich jetzt James' ***Varieties of religious experience***. Diese Buch tut mir *sehr* gut, womit ich nicht sagen will, daß ich bald ein Heiliger sein werde, doch ich bin mir einigermaßen sicher, daß es mich ein wenig weiterbringt auf einem Weg der Besserung, auf dem ich gerne noch *sehr viel* weiterkommen würde: Es hilft mir nämlich, glaube ich, mich von der *Sorge* freizumachen" (B, 18). Heilung und Heiligung lagen in diesen Hoffnungen eng beisammen. Wittgenstein verweist bei der ‚Sorge" auf den ***Faust*** zweiter Teil, wo sie im 5. Akt als allegorische Gestalt Faust unterzukriegen versucht. Faust klingt an dieser Stelle positivistischer als Wittgenstein, wenn er ihr antwortet: „Der Erdenkreis ist mir genug bekannt. Nach drüben ist die Aussicht uns verrannt; Thor, wer dorthin die Augen blinzend richtet, sich über Wolken seinesgleichen dichtet! Er stehe fest und sehe hier sich um; dem Tüchtigen ist diese Welt nicht stumm. Was braucht er in die Ewigkeit zu schweifen! Was er erkennt, läßt sich ergreifen."

Wittgenstein meinte, wie später Heidegger in ***Sein und Zeit***, mit der „grimmigen Gewalt" (Faust) der Sorge die existentielle Gebundenheit an das Leben, die den Zugang zu dem, was Wittgenstein als Heiligkeit versteht, verstellt. Denn die Ich-gebundene Sorge verhindert die Übereinstimmung mit dem Ganzen der Welt, d. h. mit Gott.

Nach einer Begegnung mit Wittgenstein, bei der es um den ***Tractatus*** ging, schrieb Russell 1919 in einem Brief: „Aus seinem Buch hatte ich schon einen Anflug von Mystik herausgespürt, war aber doch erstaunt, als ich herausfand, daß er ganz zum Mystiker geworden ist. Er liest solche Leute wie Kierkegaard und Angelus Silesius und denkt ernsthaft darüber nach, Mönch zu werden. Dies hat alles mit William James' ***Varieties of Religious Experience*** angefangen und nahm (was ja nicht unnatürlich ist) während des Winters zu, den er vor dem Krieg allein in Norwegen verbrachte, als er nahezu verrückt war" (B, 101).

Das Buch von William James besteht, wie auch Martin Bubers ***Ekstatische Konfessionen*** *(1909)*, die für Musil eine wichtige Rolle spielten, aus einer Sammlung von mystischen Erlebnissen aus allen Zeiten bis in die unmittelbare Gegenwart. Beide Bücher waren damals weit verbreitet und galten als Standardwerke der ,modernen' Mystik. Es ist nicht unwahrscheinlich, daß Wittgenstein auch Bubers Buch kannte. In beiden Büchern wird die Unmöglichkeit, das Unsagbare in Worte zu fassen, thematisiert. Buber spricht im Vorwort seiner Sammlung davon, daß die Sprache „der zeichenzeugenden Vielheit des Ich" genüge, aber nicht in jene Einheit reicht, die entsteht, wenn die Seele das Getriebe der Lebenswelt in dem ekstatischen Hinaustreten sprengt. Gegenüber der Sprache herrscht das Schweigen und das Geheimnis. Der Ekstatiker kann das Unsagbare nicht sagen, so oft er es auch versucht. „Er sagt das andere".

Wittgenstein erzählte mehr als einmal die Anekdote, wie er von seiner im ***Tractatus*** entworfenen Theorie der abbildlichen Sprache abgekommen sei. Er erläuterte sie einem Italiener, der als Antwort mit den Fingerspitzen über sein Kinn strich und Wittgenstein fragte, welcher logischen Form diese neapolitanische Geste entspräche. Wittgenstein wollte da erkannt haben, daß der Ausdruck nicht das Bild der Wirklichkeit wiedergibt, und daß damit die Grundlage seiner Philosophie zusammenbrach[3] (VM, 31). Durch die Kunst hätte er schon viel früher diesen Anstoß erfahren können, wenn er in ihr nicht primär „Erscheinungen mit sprachähnlichem Charakter" (VB, 34) gesucht hätte. Denn ihre ,Gesten' haben vornehmlich die Eigenschaft, keiner erkennbaren Logik zu entsprechen.

Die Kunstform, zu der Wittgenstein am ehesten Zugang hatte, war die Musik. Ihre Notenschrift macht ihre Konstruktion lesbar (T, 4.014). An Brahms, mit dem für ihn die Musikentwicklung aufhörte, schätzte er dessen „musikalische Gedankenstärke" (VB, 23). Erst viel später, in seinem sechzigsten Lebensjahr, gestand er der Musik zu, daß deren „seelenvolle(r) Ausdruck" nicht nach Maß zu beschreiben und „die einfachste Erklärung einer musikalischen Phrase (...) ein Tranzschritt sei" (VB, 82, 69).

Viel schwerer tat sich Wittgenstein mit der Dichtung, da er sie an seinen eigenen Sprachvorstellungen maß. Seine Vorliebe galt gerade jenen Werken, die ihm formal keinen Widerstand entgegensetzten und ihn inhaltlich ansprachen. So schätzte er Dickens, Dostojewski, Grillparzer, Rabindranath Tagore (***The King of the Dark Chamber***, eine Allegorie über religiöses Erwachen) und Ludwig Anzengruber, dessen Stück ***Die Kreuzelschreiber*** wegen des Themas des Glaubens und der Geborgenheit in Gott für ihn besondere Bedeutung hatte[4]. Er schätzte drittklassige Gedichte von Uhland und C. F. Meyer und sah sich gerne Westernfilme an, deren ethische Eindeutigkeit ihn befriedigte. Nichts dagegen konnte er mit der surrealen Melancholie eines Albert Ehrenstein („Hundedreck", B, 77) und der Vielschichtigkeit Kafkas anfangen. Über Kafka sagte er: „This man gives himself a great deal of trouble not writing about his trouble"[5]. Beispielhaft sei hingegen Weininger. In seinen Aufzeichnungen kam Wittgenstein immer wieder auf Shakespeare zurück, dessen allgemein anerkannte Bedeutung sich ihm

3 Monk: 260.
4 Norman Malcolm: Ludwig Wittgenstein. Ein Erinnerungsbuch, 90.
5 Monk: 498.

verschloß. „I could only stare in wonder at Shakespeare; never do anything with him"[6]. Seine Ausdrucksweise blieb ihm fremd wie ein unerklärlicher Traum (VB, 83). „Ich kann Shakespeare darum nicht verstehen, weil ich in der gänzlichen Asymmetrie die Symmetrie finden will" (VB, 86). Ohne ein Gesetz dahinter, dessen Vorhandensein Wittgenstein nicht ausschloß, bleibt die Asymmetrie sinnlos. Ähnlich wie Shakespeare zog Wittgenstein die Traumdeutung Freuds an, da er in ihr ebenso eine Gesetzlichkeit vermutete, deren Logik offenzulegen ihn reizte. Gleichzeitig blieb er der Psychoanalyse ablehnend gegenüber, da sie mehr ethische Probleme aufwirft als löst (VB, 34).

Wittgensteins verständnislose Zurückweisung von Kafkas Werk täuscht nicht darüber hinweg, daß beiden mehr gemeinsam ist, als Wittgenstein wahrnehmen konnte und wollte. Das liegt nicht nur daran, daß sie Zeitgenossen waren. So unternahmen beide, Kafka vergebens, den Versuch der Flucht aus ihren persönlichen Konflikten in den Kriegsdienst. Bei beiden entwickelte sich ein Teil des Werkes aus den Tagebüchern, weshalb es aufs engste mit ihrer Biographie verknüpft ist. Kulturelle Einflüsse verbinden sie: Kierkegaard vor allem, aber auch Grillparzer. Die moderne Kunst blieb beiden fremd. Beide kämpften aus Gründen, hinter denen die unbezwingbare Sexualität stand, gegen die ‚Sorge', die selbst Faust zuletzt erblinden läßt. Und wie dieser hätten sie angesichts der Nacht, die sie überfällt, vermutlich gerne gesagt: „Allein im Innern leuchtet helles Licht!"

Das Entkommen aus der Finsternis der – eigenen – Welt ist in der Philosophie wie in der Kunst nur mittels der Geistestat möglich. Wie Wittgenstein (und Weininger) hoffte Kafka, durch sie über die Wolken zu gelangen. „Wenn ich mich auf mein Endziel hin prüfe, so ergibt sich, daß ich nicht eigentlich danach strebe, ein guter Mensch zu werden und einem höchsten Gericht zu entsprechen, sondern, sehr gegensätzlich, die ganze Menschen- und Tiergemeinschaft zu überblicken, ihre grundlegenden Vorlieben, Wünsche, sittlichen Ideale zu erkennen, sie auf einfache Vorschriften zurückzuführen und mich in ihrer Richtung möglichst bald dahin zu entwickeln, daß ich durchaus allen wohlgefällig würde, und zwar (hier kommt der Sprung) so wohlgefällig, daß ich, ohne die allgemeine Liebe zu verlieren, schließlich als der einzige Sünder, der nicht gebraten wird, die mir innewohnenden Gemeinheiten offen, vor aller Augen, ausführen dürfte. Zusammengefaßt kommt es mir also nur auf das Menschengericht an, und dieses will ich überdies betrügen, allerdings ohne Betrug"[7]. Diese wundersame Dialektik gibt allen ‚Gesetzesbrechern' ihre Unschuld zurück, ohne daß sie ein anderer werden müßten; es ist eine Begnadigung, die darin besteht, daß ein Alptraum mit dem Aufwachen endet und der Träumer ein anderer und doch er selbst ist. Diesen ‚Betrug' könnte unbemerkt nur die Kunst leisten; Wittgenstein hätte ihn nicht gelten lassen. Aber auch Kafka war dazu nicht imstande. Fünf Jahre später formulierte Kafka eine Strategie, die der Wittgensteins sehr nahe steht. Nicht mehr von einer ethischen Erhebung und verheimlichten Enthobenheit ist die Rede, sondern von der ruhelosen „Selbstbeobachtung", die, einer

6 Ebd., 569.
7 Franz Kafka: Tagebücher 1910–1923. Gesammelte Werke, 390.

Jagd gleich, bis zu den äußersten Grenzen des Denkbaren geht. „Diese Jagd nimmt die Richtung aus der Menschheit. Die Einsamkeit, die mir zum größten Teil seit jeher aufgezwungen war, zum Teil von mir gesucht wurde – doch was war auch dies anderes als Zwang –, wird jetzt ganz unzweideutig und geht auf des Äußerste. Wohin führt sie? Sie kann, dies scheint am zwingendsten, zum Irrsinn führen, darüber kann nichts weiter ausgesagt werden, die Jagd geht durch mich durch und zerreißt mich. Oder aber ich kann – ich kann? –, sei es auch nur zum winzigsten Teil, mich aufrechterhalten, lasse mich also von der Jagd tragen. Wohin komme ich dann? ‚Jagd' ist ja nur ein Bild, ich kann auch sagen ‚Ansturm gegen die letzte irdische Grenze', und zwar Ansturm von unten, von den Menschen her, und kann, da auch dies nur ein Bild ist, es ersetzen durch den Ansturm von oben, zu mir herab. Diese ganze Literatur ist Ansturm gegen die Grenze, und sie hätte sich, wenn nicht der Zionismus dazwischengekommen wäre, leicht zu einer neuen Geheimlehre, einer Kabbala, entwickeln können. Ansätze dazu bestehen. Allerdings ein wie unbegreifliches Genie wird hier verlangt, das neu seine Wurzeln in die alten Jahrhunderte treibt oder die alten Jahrhunderte neu erschafft und mit all dem sich nicht ausgibt, sondern jetzt erst sich auszugeben beginnt"[8]. Kafka will mit dem „Ansturm gegen die letzte irdische Grenze" diese Grenze von unten aufheben. Wittgenstein ist sich bewußt, daß das mit seinen sprachlichen Mitteln nicht geht; er will bloß „das Undenkbare von innen durch das Denkbare begrenzen" (T, 4. 114). Kafka rechnet mit der Magie der Kunst, da „Ansätze dazu bestehen". Allerdings ist dieser beschworene Messias der Kunst, der der Sprache den Himmel öffnet, nicht einmal vorstellbar in seiner notwendigen Größe.

Wittgensteins Spätphilosophie, mit der er von der abbildlichen Funktion der Sprache abrückte und die Sprache in den Kontext ihrer Verwendung stellte, kündigte sich in den Schriften der späten dreißiger Jahre, vor allem in den Tagebüchern, an. Die Wendung entspricht jener Konversion, die in der Kunst wiederholt vollzogen worden war, etwa jener, die aus dem Symbolismus ins ‚Leben' zurückführte, oder Malewitsch die Rückkehr aus der Vierten Dimension ermöglichte. Wittgenstein wollte von den in der Sprache festgehaltenen Ideen zu den einfachen, „hausbackenen" Urbildern, die ihnen zugrunde liegen, zurückfinden, um den metaphysischen Aussagen wieder Bodenhaftung zu geben (DB, 76). Die „sublime Auffassung" war zu sehr vom „konkreten Fall" weggegangen, zu erhaben und erhoben in die „ätherische Region" der Zeichen, die „aufs Glatteis" führt (DB, 77).

„Dieses Streben nach dem Absoluten, welches alles irdische Glück zu kleinlich erscheinen läßt, den Blick hinaufwendet & nicht eben auf die Dinge sieht, erscheint mir als etwas Herrliches, Erhabenes, aber ich selbst richte meinen Blick auf die irdischen Dinge; es sei denn, daß mich ‚Gott heimsucht' & der Zustand über mich kommt, in dem das nicht möglich ist" (DB, 85). Aber zu mehr als einer „matteren Beleuchtung von oben" reicht es nicht (DB, 86), der „Zustand", der ein ‚anderer' wäre, wie von James und Buber beschrieben, stellt sich nicht ein. Festigkeit, das war schon bei den

8 Ebd., 405.

enttäuschten Romantikern so, gibt der Glaube. Wittgenstein 1937: „Wenn ich aber WIRKLICH erlöst werden soll, – so brauche ich *Gewißheit* – und nicht Weisheit, Träume, Spekulation – und diese Gewißheit ist der Glaube. Und der Glaube ist der Glaube an das, was mein *Herz,* meine Seele braucht, nicht mein spekulierender Verstand" (VB, 33). Aber auch hier herrscht Mangel, es bleibt beim Glauben an den Glauben, der „eine Bewegung der Seele zur Seeligkeit" verspricht (DB, 97), und die Hinwendung zum Erlöser, der ein „Vollkommener" ist. Die Liebe zu ihm ist der Glaube (DB, 102). Die Annäherung erfolgt nicht durch die Klärung, die das logische Denken bringt, sondern durch die Reinigung des Lebens selbst. Wittgenstein inszeniert ‚Beichten' vor Freunden und Verwandten, um das Ungehörige im Aussprechen daraus zu entfernen. Zu diesen ‚augustinischen' Bekenntnissen gehörte u. a., daß er andere über seine teilweise jüdische Abstammung im Unklaren gelassen oder daß er als Lehrer eine Schülerin geschlagen und dies später geleugnet hatte (Monk, 369).

Wittgenstein erkannte der Sprache die absolute Macht der Weltenstehung ab und stufte sie zur Möglichkeitsform der ‚Sprachspiele' zurück, da die Bedeutung eines Wortes von seinem Gebrauch in der Sprache abhängt (PU, 43). Er geht davon aus, daß ein anderes Leben eine andere Ordnung entstehen läßt. „Wie Not beten lehrt. Das heißt nicht, daß man durch das andere Leben notwendig seine Meinung ändert. Aber lebt man anders, so spricht man anders. Mit einem neuen Leben lernt man neue Sprachspiele" (DB, 75).

Dazu muß das Leben überhaupt zurückgewonnen werden. Das ändert auch den Stellenwert der Ästhetik. Wittgenstein sieht nun das Haus, das er gebaut und seine Schwester Hermine in seiner Perfektion als „Haus gewordene Logik" bezeichnet hatte (Monk, 237), sehr kritisch. Es habe nichts von der Tiefe und Gewalt am Grunde der Kunst, schreibt er 1940, sondern wäre ein Produkt von „Feinhörigkeit" und „guten Manieren" (VB, 38). „Aber das *ursprüngliche* Leben, das *wilde* Leben, welches sich austoben möchte, – fehlt. Man könnte also auch sagen, es fehlt ihm die *Gesundheit* (Kierkegaard). (Treibhauspflanze)". Gesund meint mit Kierkegaard das gelebte, der in sich geschlossenen Ästhetik entkommene Leben. Das Treibhaus weist zurück auf die künstlichen Welten des Symbolismus, deren Mauern mit ‚guten Manieren' nicht zu übersteigen sind. Das ‚wilde Leben' (bei Hofmannsthal das ‚heiße Leben', für Kafka das Leben überhaupt) bleibt draußen.

Die Dichter der ‚Wiener Gruppe' – Gerhard Rühm, Oswald Wiener, Friedrich Achleitner und Konrad Bayer – unternahmen es ab den frühen fünfziger Jahren, angeregt durch Wittgensteins frühe Sprachtheorie, die Trennung von Inhalt und Form aufzuheben und mittels zufällig, automatisch oder sonstwie gefundener Sprachbilder ohne innere Bedeutung das Funktionieren des Verstehens des Sprache zu untersuchen. „man wollte erproben, wie und warum verständnis des resultats immer möglich war und welche faktoren das verständnis spezifisch machten. die einfachen arithmetischen und kombinatorischen methoden, die wir einführten, um möglichst auch noch unbewußte sinnintentionen auszuschließen, verstärkten unser interesse an formalen zusammenhängen; komplementär dazu entwickelte sich ein neuer standpunkt bezüglich ‚automatischer' produktion, und das interesse an den Surrealisten erhielt eine neue facette (...); die vorhandene neigung zum relativismus, gleiche gültigkeit aller verhältnisse, innere bedeutungslosigkeit der zeichen, wurde bewußt, und für die produktion genutzt"[9]. Anders als die Kombinationskunst früherer Jahrhunderte suchten die Wiener Dichter in den experimentell gewonnen Verbindungen nicht verborgene Beziehungen und ihren höheren Sinn, sondern lehnten wie Wittgenstein gerade einen solchen Bedeutungskonnex ab. Eine zu erzielende ‚weltsprache' sollte vollkommen funktionell sein, vergleichbar der Blindenschrift[10]. Wenn auch keine metaphysischen, waren doch politische Absichten damit verbunden. „eine vollkommen funktionelle sprache (eine fiktion, wie wir bald merkten) müsste auch völlig neue, eben nur durch sie mögliche einblicke geben; denn wir gingen davon aus, dass das denken des menschen dem stand seiner sprache entspreche, daher die auseinandersetzung mit der sprache die grundlegendste auseinandersetzung mit dem menschen sein müsse. neue ausdrucksformen modifizieren die sprache und damit sein weltbild"[11].

Die Konsequenzen, die daraus gezogen werden sollten, gingen weit über Wittgenstein hinaus. Sprache war nicht nur Werkzeug, wie Wittgenstein sagte, sondern Herrschaftsmittel, denn als „das konservative prinzip schlechthin" ist sie Erzieherin der Menschen[12]. Ein Aufstand gegen die Sprache ist ein Aufstand gegen die Gesellschaft[13]. Allerdings ahnten die Dichter, daß eine solche Revolution, die in erster Linie die Kunst zu leisten hätte, „möglicherweise" nicht zu erwarten war[14]. Denn der Auftrag an die Kunst, von außerhalb neue Anschauungsformen zu provozieren, beruhte auf einer Überschätzung der Sprache und ihres Funktionalismus, „der sich bedenklich der ideologie näherte"[15]. Der Austragungsort der Sprachrevolution blieb daher vornehmlich das eigene (literarische) Ich, das sich wie in Wittgensteins frühen Tagebüchern zweiteilte.

Als hätte sich der Wittgenstein der rechten (Tractatus-) Tagebuchseite einen rabiaten Max Stirner zur Verstärkung gegen sein geheim-menschliches Ich der linken Seite geholt, trägt Konrad Bayer in (als) ***idiot*** *(1960)* mit sich einen schizophrenen Kampf bis aufs Messer aus. Das a als solipsistisches Ich verweigert jeden Dialog mit seiner menschlichen Seite – „ich will nicht mit mir reden"[16] – um jeder Bedeutungsfestlegung, die schon mit einem Beistrich eintreten könnte, zu entgehen. „mach kein ohrgesicht, du schwein. habe ich dir erlaubt dir aus meinem gerede irgendeinen beistrich herauszunehmen und für dich irgendein verständnis zusammenzukleistern? schwein. affe, ziegenbock! wie er mich verstehen will, dieses rhinozeros, dieser scheissdreck. oh ungerechtigkeit. wenn du mich verstehen könntest, würde ich nicht einmal für meinen

9 Oswald Wiener: Wittgenstein und die Wiener Gruppe. In: Wendelin Schmidt-Dengler, Martin Huber, Michael Huber (Hg.): Wittgenstein und Philosophie – Literatur, 99.
10 Gerhard Rühm, in: ders. (Hg.): Die Wiener Gruppe, 27.
11 O. Wiener: Wittgenstein..., 99.
12 Ders.: Die Verbesserung von Mitteleuropa (1969), cxxxix.
13 Ebd., cxliv.
14 Rühm, 28.
15 Ebd.
16 Konrad Bayer: Sämtliche Werke, I, 220 ff.

lärm sprechen. ich bin zu geizig dir etwas zu geben. fort, fort. ich will auch nichts nehmen, keine beistriche, keine punkte, nichts, überhaupt nichts, ich gebe nichts, ich nehme nichts, ich brauche nichts und nichts, das bin ich, ich". Die niedergetretene andere Seite, ‚der mensch', gibt nicht auf: „suche dein wahres ich, verberge dich nicht länger hinter entsetzlichem". Aber a ist auf der Hut: „betrüger, ich will mich auf den leim locken. achtung, aufgepasst, ich vor mir. ich will mir eine falle stellen! scheissdreck, das ist verrat. ich würde mich verraten, wenn ich mich suchen würde. ich wäre ausser mir. aber ich bin hier, hier. (schlägt auf sich, wie ein orang-utan) ich bin ich, mein wahres ich, ich, ich!". Die Kommunikationsverweigerung – „zwischen uns ist ein unüberbrückbarer abgrund des unverständnisses" – ist nicht nur Attitüde: Sie führte, wie Rühm schreibt, bei Bayer und Wiener zu einem „extremen individualanarchismus"[17]. Hinter Bayers Amokläufer verbirgt sich kein Übermensch, nicht einmal ein bloß „lebender mensch", der an die Möglichkeit glaubt, „nur den schein für den schein leben zu können"[18], sondern der seiner Sprache entkleidete nackte Nullmensch, dessen Ahnen bei Mach, Mauthner und, weiter weg, Lord Chandos zu finden sind. Wie bei ihnen vollzieht sich die Zerschlagung der Macht der Sprache auch bei dem idioten nicht ganz ohne Absicht: „Die Gedanken zurückweisen bringt Erkenntnis"[19]. Die Welt zurückweisen auch! Die Wiener Dichter zerstören bei Happenings die Dinge wie die Sprache. Bloß welche Erkenntnis soll sich einstellen ohne Gott und die Welt? Da ein lebender Mensch immer ein hoffender ist, auch wenn es keine Hoffnung gibt, entwirft er, sofern er sich nicht umbringt, was das richtige wäre, seine eigene Welt[20]. Auch lehnt er „die Fiktion Gott nicht als Transzendenz ab, sondern als zum Kleiderständer verwachsene Außenprojektion, an der man seine Verantwortung aufhängt. Die Welt bin ich und das ist meine Sache"[21]. Wittgensteins Trennlinie bleibt unbarmherzig bestehen und mit ihr die Hoffnung, daß durch sie ein wenig Licht durchsickert. Denn wer kann sich schon mit der totalen Bedeutungslosigkeit abfinden? „ich kann es nicht", sagt einer von Bayers Anwärtern auf den ‚sechsten sinn'[22].

In den fünfziger Jahren setzte Bayer noch auf die mathematische Genauigkeit einer Sprache, der die Welthaltigkeit ausgetrieben ist. Wie die Kombinationskünstler und Kabbalisten früherer Zeiten wollte er so die Erkenntnis erzwingen. ***der vogel singt*** *(1957/58)* ist „eine dichtungsmaschine in 571 bestandteilen"[23], die auf einem mathematischen Konstruktionsplan beruht, der vielleicht in der Absicht, aber nicht im Ergebnis kabbalistisch ist; so wenig wie ***der stein der weisen*** *(1954–62),* der auch im Verlust der Sprache als „gemeinsames"[24] sich nicht erhärtet. ***der kopf des vitus bering*** *(1958–60)* weist einmal mehr die Wittgensteinsche Zweiteilung auf. Die Erzählung von dem

17 Rühm, 34.
18 Konrad Bayer: Der sechste sinn (1966), 135.
19 Ders.: Gedanken (1963), in: Sämtliche Werke, I, 343.
20 Ders.: 1966, 135.
21 Ders.: 1963, I, 343.
22 Ders.: 1966, 136.
23 Ders.: Sämtliche Werke, II, 135.
24 Ebd., II, 165.

Seefahrer Vitus Bering ist eine Ansammlung von beschreibenden und technischen Details, die u. a. eine ,theorie der schiffahrt' in 12 Teilen anthält. Ihr gegenüber steht ein ,Index', der einen metaphysisch-mystischen Hintergrund in Form von Zitaten aus diversen Quellen (bis hin zum Tibetanischen Totenbuch) enthüllt, ohne mehr zu sein als eine vom damals verfügbaren Material her beschränkte Lesearbeit. Daß der Epileptiker Bering dadurch als Schamane mit ekstatischen Erlebnissen erscheint, bleibt unverbindlich unverbunden.

Am weitesten gelangt Bayer als Dichter mit dem Roman ***der sechste sinn*** *(erschienen 1966).* Hier lockert er, nicht zuletzt mit dem alten Werkzeug des Witzes, das innerweltliche Gefüge, schafft er Raum, vielleicht Freiheit, erlaubt er eine beglückende Naivität der Sicht – wie es scheint, gerade deshalb, weil er aufgegeben hat zu schaffen, wohinter er als Absolutist so verhängnisvoll her gewesen war: Erkenntnis als Resultat. Es hilft aber nichts mehr, der alte Anspruch trägt ihn fort. Noch vor Abschluß der Arbeit begeht Bayer Selbstmord.

In Oswald Wieners ***Die Verbesserung von Mitteleuropa*** *(1969)* tobt ein ähnlicher Kampf zwischen den Ichen wie in Bayers ***idiot.*** Das Doppelich teilt sich in Oswald und Metaoswald. Oswald hängt an seinem zerebralen Weltenwahn, während Metaoswald sich von der Macht der Sprache und Bilder schon lange abgekoppelt hat und über das Maulhalten nicht mehr schwadronieren muß wie der „weltberühmteste maulhalter" Beckett[25]. „meta oswald schaltet die bilder nach wunsch. oswald verbannt in die sprache, durch die welt säuselnd, wird nachgerade von signalen durchgeschüttelt wie vom erdbeben (...) von zeit zu zeit dreht metaoswald oswald ab, bis auf den heissen draht wird alles stillgelegt"[26]. Metaoswald ist kein Mystiker, sondern Kybernetiker, der in den Computern die Chance sieht, von der Auseinandersetzung mit der Umwelt befreit zu werden[27]. Statt Nichtdenken – Rechnen, das ein Denken ist, das Wirklichkeit aufhebt. So scheint es zunächt. Jahr spätere enthüllt Wiener in Geheimdienstmanier, daß auch Metaoswald nur an ,heißen Drähten' hängt und über sie seine Wirklichkeit nicht aufgehoben, sondern erzeugt wird[28]. Die seit Wittgenstein mitgeschleppte Zweiteilung in Meta-Ich und das ,Mensch' genannte und daher betrogene Betrüger-Ich war bloß eine Täuschung, denn beide Ichs sind nichts weiter als Computerprogramme, die ihre Hardware-Verkörperung nicht durchschauen. Damit ist der Fall aber nicht gelöst, denn ein kleines Problem bleibt noch: „Den Apparat beherrschen. Man müßte freilich Herr über das Knöpfedrehen und Schalterlegen sein. Das ist ein Zirkel, der alte Zirkel der Freiheit"[29]. Ja, allerdings. Und dann stellt sich die Frage: Wer will da aus dem Zirkel hinaus? Und wohin?

25 Oswald Wiener: Die Verbesserung von Mitteleuropa, lxii.
26 Ebd., cxxxii.
27 Ebd., cxlviii.
28 Ders.: nicht schon wieder ...! (1990).
29 Ebd., 64.

Musil

Die Erzählung ***Die Amsel***, die Musil in den zwanziger Jahren schrieb, enthält ein Kriegserlebnis, das den Erzähler Azwei zu einem Zeitgenossen, aber nicht zu einem Leidensgenossen Wittgensteins macht. Wittgensteins Tagebücher zeigen ihn als einen der unerträglichen Materialität des Krieges Ausgelieferten, dessen ‚Ohnmacht im Fleisch' ihn Zuflucht im Geist und im Glauben an Gott suchen ließ. Musils Azwei erfährt in der Nähe des Todes „eine sonderbare innere Freiheit"[1], denn das akustisch wahrnehmbare Näherkommen des Todes in Form eines ‚Fliegerpfeils' verbindet ihn in einer mystischen Eingebung mit Gott, an den er schon nicht mehr geglaubt hatte. Das unerwartete Glücksgefühl, das er dabei empfindet, gibt ihm die Sicherheit „in der nächsten Minute, Gottes Nähe in der Nähe meines Körpers zu fühlen" (GW, III, 529). Wittgenstein suchte die Todesnähe durch seinen bedingungslosen Kriegseinsatz, als wollte er der damit verbundenen Angst auf den Grund gehen und den Riß zwischen Materie und Geist bis zum letzten vertiefen. Azwei zeigt die gleiche Haltung, auch er bringt sich nicht in Sicherheit und überwindet für Augenblicke die Angst und damit die Materie. Bei beiden steht hinter ihrem unlogischen Verhalten angesichts der Todesgefahr der Glaube an Gott, den sie gerade da nah fühlen.

Dennoch ist die Konsequenz, die Musil und Wittgenstein aus der Potenzierung des Geistigen ziehen, sehr verschieden, wenn auch in beiden Fällen extrem: Wittgenstein entwickelt seine Logik bis an die Grenzen des Denkbaren, Musil sucht die Logik des Undenkbaren. Beide gehen von der Sprache aus: Wittgenstein, um die Welt in ihr unterzubringen, Musil, um die Welt aus ihr herauszuwinden; der eine, um sie zu verdichten als alles, was der Fall ist, der andere, um sie als alles, was der Fall ist, aber auch anders sein könnte, in Frage zu stellen. Es scheint zum Wesen von Wittgensteins Logik

1 Robert Musil: Prosa, Dramen, späte Briefe, in: Gesammelte Werke in Einzelausgaben, III, 528. (Seitenangaben im Text unter GW, III.)

in ihrem Ursprung zu gehören, daß er den Krieg in extremer Vereinzelung erfuhr; und von Musils Mystik, daß er ihn (in der literarischen und zeitlichen Distanz von Jahren) als ein Gemeinschaftserlebnis begriff, das dem Religiösen und Mystischen verwandt ist. Der Krieg war zwar ein Betrug an den Menschen, „aber in den Umrissen eines göttlichen Erlebnisses"[2].

Der Krieg und die Sprache brechen Wirklichkeit auf und setzen Geist frei. Wittgenstein wie Musil können sich darauf berufen, daß die Welt nur ein „perspektivischer Schein" (Nietzsche) und das Ich eine „funktionale Verknüpfung" (Mach) von Eigenschaften ist. Körper und Dinge sind abgekürzte Gedankensymbole für Gruppen von Empfindungen, Symbole, die außerhalb des Denkens nicht existieren und deren bloß relative Beständigkeit nur hinreicht, „um eine subjektive Vereinheitlichung, nicht aber auch eine objektive Einheit zu begründen"[3]. Um der Gefahr zu begegnen, daß die momentane ‚subjektive Vereinheitlichung' des Scheingebildes Mensch sich subjektivistisch grenzenlos ausbreitet, setzten Wittgenstein und Musil dagegen das exakte mathematische Denken, das zwar nicht mehr den Anspruch erhebt, ein System zu schaffen, das einen Nutzen abwirft, aber der persönlichen „geistigen Organisation" dient[4]. Es liegt darin eine Haltung, die bis zum letzten gehen will, „ein Alles-Dahingeben und Passion"[5], doch ist der Weg für beide jeweils ein anderer. Das mathematische Denken, das keinen allgemeinen Zweck hat, entwickelt sich für Musil zu einer Existenzform, die die Artistik eines Akrobaten anstrebt (M, 111) und nicht dem Wissen, sondern der Phantasie dient (GW, II, 594). Es ist dieselbe experimentelle Mathematik, mit der sich schon die Romantiker und Symbolisten der Mystik näherten. Während Wittgenstein die zum Sprachkörper verdichtete Welt minimalistisch einkreist und sogar auf den ‚inneren Klang' lyrischer Reinheit, den die Malerei anstrebte, verzichtet, um die Welt auf eine Formel zu bringen, entwirft Musil in der ‚Dekomposition' der Welt als Möglichkeitsformen mit ***Der Mann ohne Eigenschaften*** ein Werk, an dem er rund vierzig Jahre, also fast sein Leben lang, arbeitete und das in seinen Ausmaßen jenem ‚Großen Werk' nahe kommt, mit dem die Romantiker und Symbolisten die Welt sprachlich umspannen wollten. Musil kam mit seiner „Weltbeschreibung" (Musil) weiter als sie, aber doch an kein Ende.

Näher an Mauthner, Husserl und Bergson als an Mach, sah Musil am Grunde der sich auflösenden Zusammenhänge, wo das Eigene und seine Eigenschaften aufhören, als ein Gemeinsames den Geist. Er ist „der große Jenachdem-Macher" (M, 154), der Erfinder aller Möglichkeiten, der selbst nirgends zu fassen ist. Manfred Frank führt in seinem Musil-Aufsatz ein Schelling-Zitat an, das vor dem gemeinsamen Hintergrund der Mystik eine verblüffende sprachliche Übereinstimmung mit Musil zeigt. „*Durch alles durchgehen und nichts* seyn, nämlich nichts so *seyn,* daß es nicht auch anders seyn könnte – dieses ist die Forderung (...). Es ist nichts, das es wäre, und es ist nichts,

2 Ders.: Tagebücher, I, 672. (Im Text unter T.)
3 Robert Musil: Beitrag zur Beurteilung der Lehren Machs (1908), 199.
4 R. Musil: Der Mann ohne Eigenschaften, 217. (Im Text unter M.)
5 Ders.: Tagebücher, Aphorismen, Essays und Reden. Gesammelte Werke, II, 594. (Unter GW II.)

das es *nicht* wäre. Es ist in einer unaufhaltsamen Bewegung, in *keine* Gestalt einzuschließen, das Unfaßliche, das wahrhaft Unendliche (...). So ist das Subjekt in seiner reinen Wesentlichkeit *als* nichts – eine völlige Bloßheit aller Eigenschaften"[6].

Die Bindung an die Objektwelt, die sich aus ihren Eigenschaften zusammensetzt, wird gelöst im ‚Entwerden' – ein Begriff, den Musil von Meister Eckehart her kannte (M, 753). Diejenigen, die die subjektiven Verknüpfungen und scheinhaften Zusammenhänge durchbrochen haben und denen es gelungen ist, „ihr Herz grundlos und ihren Geist formlos" zu machen, sind die Mystiker und Heiligen (M, 752). Was der Religion schon längst nicht mehr gelingt, wird Aufgabe der Kunst: den Menschen aus dem „praktischen und faktischen Normalzustand" zu befreien und ihn in das „dunkle Gebiet des ‚anderen Zustands'" zu führen, von dem die Mystiker sprechen (M, 676).

Wenn der Geist dadurch Gestalt annimmt, daß er seine Möglichkeiten ergreift, könnte das so Gewordene dadurch ‚entwerden', daß es als Möglichkeit behandelt wird. Der Möglichkeitssinn nimmt das, was ist, nicht wichtiger als das, was nicht ist (M, 16). Denn die „Gegenwart ist nichts als eine Hypothese, über die man noch nicht hinausgekommen ist" (M, 250). Sonst bleibt das Leben ein sich selbst kopierendes „Seinesgleichen", das sich immer „in die paar Dutzend Kuchenformen stürzt, aus denen die Wirklichkeit besteht" (M, 591). Um die Macht der Gegenwart zu brechen und „die Wirklichkeit abzuschaffen" (M, 289), gilt es, ein ‚hypothetisches' Leben zu führen. Ulrich, der ein Mann ohne Eigenschaften werden möchte, war zuerst ein „Aktivist" und „Eroberer", der glaubte, sich um „die Ordnung des Ganzen bemühen zu müssen" und Geschichte zu ‚machen' (M, 1414). Das hypothetische Leben verweigert sich dem Entstehen von Möglichkeiten, die es festlegen würden, indem es sie nicht ergreift und im Nichthandeln seine Freiheit findet (M, 1879). Es ist die Freiheit vor dem Tun. „Dem Möglichkeitsmenschen entsprechen die noch nicht erwachten Absichten Gottes" (M, 1881). Ulrich sucht jenen „ersten geheimnisvollen und unbeschreiblichen Augenblick (...), ehe sich Gefühl und Anschauung voneinander trennten" (M, 857) und ehe das ‚Ich an sich', wie es bei Fichte heißt, sich einem Nicht-Ich gegenüber sah. Ulrich vergleicht das Objekt mit einem Stilleben am Anfang der Schöpfung, als „Gott und die Welt noch unter sich waren, ohne den Menschen" (M, 1230). Zuletzt hatten die Symbolisten und die von ihnen herkommenden Abstrakten versucht, die Unschuld des Blicks wiederzuerlangen, ehe die Dinge, „aus dem Meer der Unendlichkeit" aufgetaucht, durch ihre Benennung Umrisse bekamen; als „Farben und Formen (...), aufgelöst und grundlos, und doch scharf hervorgehoben wie ein Strauß von Blumen, der auf einem dunklen Wasser treibt", die Sinne „zwischen Innen und Außen schweben" ließen (M, 1087 f.); und Hofmannsthal an die Reiher am blauen Himmel erinnerte, die einen indischen Heiligen in Ekstase versetzt hatten; und „die geheimnisvoll begrenzte Formenfülle eines kleinen Blütenbechers (...) zu einem von nichts unterbrochenen Kreis unendlicher Abwechslung" wurde wie in den organischen Formen der frühen Abstrakten.

6 F. W. J. Schelling: Erlanger Vorlesungen, zit. von Manfred Frank in: Karl Heinz Bohrer (Hg.): Mythos und Moderne, 337.

Musil stand wie Hofmannsthal und Gide vor der Aufgabe, sich aus dem impressionistisch-symbolistischen Erzählstil mit seiner preziösen Sprache und seinem feinziselierten Psychologismus der frühen Erzählungen zu lösen und den ‚mathematischen' Menschen in die Seeleninnenräume dringen zu lassen, um der Beliebigkeit der raum- und zeitlosen Traumwelten mit Logik zu begegnen. Das „Spiel (...) tastender, schattenhafter Bewegungen der Seele" (GW, III, 173), wie es in ***Die Vollendung der Liebe*** *(1911)* heißt, ist zu beenden. In ***Das verzauberte Haus*** *(1908)*, ein Titel wie von Hofmannsthal, dringt die Wirklichkeit mit der Plötzlichkeit ein, mit der bei Hofmannsthal die Katastrophen über jene hereinbrechen, die ihre verzauberten Seelengärten verlassen wollen.

Vom Impressionismus, Symbolismus bis zum Expressionismus hat die Kunst, und da wie immer vor allem die Musik, den ‚Seelenraum' erweitert: „Die Zwischentöne, Schwingungen, Schwebungen, Lichtstufen, Raumwerte, Bewegungssachsen, in der Dichtung der irrationale Simultaneffekt sich gegenseitig bestrahlender Worte: wie in einem Gemälde, wenn man es firnißt, Geschehnisse hervortreten, die unsichtbar waren, so sprengen sie das stumpfe, eingeschlagene Bild und die Formelhaftigkeit des Daseins" (GW, II, 676). Musil war nicht dagegen gefeit, die „passive Stunde des Wunders" (M, 1875), d. h. die mystische Entrückung des ‚anderen Zustandes", wie Nietzsche den ‚hohen Mittag', da die Welt vollkommen ist und Zarathrustra „sein Glück lacht", poetisch zu verklären und die „Traumreden der Stille" (M, 1094) in dichterische Worte zu fassen. Wenn er dabei Mystiker-Zitate, die er exzerpiert und unter dem Titel „Grenzerlebnisse" für sich zusammengestellt hatte, verwendet, ohne sie als solche anzuführen, wirkt die Sprache „im Ausdruck manieriert und penetrant gefühlvoll"[7]. Musil selbst sah sich genötigt, sich von jener „Schleudermystik" zu distanzieren, die das Raunen der Natur billig als Gottergriffenheit versteht – und das in einem Kapitel mit der Überschrift ‚Mondstrahlen bei Tage'. Wie ein Mittagsschläfer mit schlechtem Gewissen läßt sich Ulrich durch das „Verlangen nach System", das „nicht die Oszillation, sondern die Dichte der Idee" sucht (M, 1881), ins Leben zurückziehen, das er als ein ‚exaktes' umreißen und zu einem wesentlichen machen will, wie es gleichermaßen Agathe, seine Zwillingschwester und andere platonische Hälfte in der Liebe, aus der mystischen Enthobenheit „in ihren Leib flüchten" läßt (M, 1500).

Um die ‚Mondstrahlen bei Tage' betrachten und zum „Geheimnis der taghellen Mystik" gelangen zu können, wie es in den von Martin Buber und William James gesammelten ‚Ekstatischen Konfessionen' beschrieben ist, ohne einer impressionistisch-symbolistischen Verzauberung zu erliegen, bedurfte es anderer formaler Mittel als einer anempfundenen Sprachmystik, an der schon Mauthner (viel gröber) gescheitert war und die Hofmannsthal seine Grenzen deutlich gemacht hatte. Musil vollzog diesen Schritt, indem er wie Hofmannsthal und Gide die Spiegel der Seeleninnenräume so einstellte, daß sie wieder die Außenwelt miteinbezogen. Denn sonst blieben sie wie im Symbolismus Gefängnisse, in denen sich das Ich ins Unbestimmte auflöst und die Welt

7 Gerolf Jäßl: Mathematik und Mystik in Robert Musils Roman *Der Mann ohne Eigenschaften*, 179.

in ihren rationalen Maßstäben verloren geht, ohne daß mehr dabei herauskommt als Einsamkeit. Darüber machte sich Musil keine Illusionen. Die Bewohner solcher ‚Seelenräume' machen, schreibt er, „den Eindruck geschwächter Opiatiker, alter Trinker, die nüchtern überhaupt keinen Halt haben. So befreit die Kunst zwar aus der Formelhaftigkeit der Sinne und Begriffe, aber dieser Zustand läßt sich nicht zur Totalität ‚strecken'. So wenig wie das mystische Erlebnis ohne das rationale Gerüst einer religiösen Dogmatik, und die Musik ohne Lehrgerüst. Damit ist das Wesen allzu optimistischer ‚Befreiungsversuche' gerichtet" (GW, II, 677).

In dem „Aufsatz zu einer neuen Ästhetik. Bemerkungen zu einer Dramaturgie des Films" von 1925, in dem sich Musil mit Béla Balázs Buch ***Der sichtbare Mensch*** beschäftigt, greift er das Thema des Stillebens auf, um es von seiner symbolisch-symbolistischen Fixierung zu lösen. Die Bilder des Films zeigen, wenn sie einzeln wie Stehkader betrachtet werden und ihre Beziehung zueinander wegfällt, wohl das sonst verborgene „symbolische Gesicht der Dinge", leugnen aber als ein physiognomischer Eindruck auch nicht ihre Begrifflichkeit. „Man könnte in der Tat dieses symbolische Gesicht der Dinge, wenn es im Schattenreich der lebenden Photographie mehr als eine Episodenrolle spielte, die Mystik des Films oder zumindest seine Romantik nennen (…). Dieser Zustand ist es, in dem das Bild jedes Gegenstandes nicht zum praktischen Ziel, sondern zu einem wortlosen Erlebnis wird, und die Beschreibung vom symbolischen Gesicht der Dinge und ihrem Erwachen in der Stille des Bildes (...) gehören zweifellos in seinem Umkreis. (…) Man würde sich irren, wollte man in der plötzlich erblickten Physiognomik der Dinge bloß die Überraschung durch das isolierte optische Erlebens bemerken; die ist nur Mittel, es handelt sich auch da um die Sprengung des normalen Totalerlebnisses. Und diese ist ein Grundvermögen jeder Kunst" (GW, II, 672, 674).

Musil ging es um die Konvergenz von Symbolischem und Physiologischem und damit auch um den Augenblick, da die Bilder wieder zu laufen beginnen und die Dinge in Bewegung geraten. Denn es „kommt bei einem Entrückungsvorgang, wie ihn das Erlebnis der Kunst darstellt, der Rückübersetzung, der Berührungsfläche mit dem Normalzustand und dem Übergang in diesen mindestens das gleiche Interesse zu wie dem aktuellen Erlebnis selbst" (GW, II, 680). Nun ist aber Wirklichkeit im Roman etwas Komplexeres als nur ein einzelner Gegenstand (etwa eine Gießkanne), den die Malerei darstellt. Um sie anzuhalten, damit ihre Wahrnehmung sich ändert, müssen die Techniken modifiziert werden: „Sooft ein Gegenstand aus der Sphäre weltlicher Betrachtung in die des schöpferischen Verhaltens tritt, verändert er sich, ohne sich zu verändern, und man kann scheinbar auch nicht sagen, daß er das Gefühl verändere, sondern das Gefühl, verändert ihn; den Unterschied kann man besonders deutlich an Kunstgattungen sehen, die beide Verhaltensweisen vereinen, wie zum Beispiel der Roman" (GW, II, 683). Wie zum Beispiel ***Der Mann ohne Eigenschaften***. In diesem Werk entwirft Musil eine Wirklichkeit in scheinbar epischer Breite, die bereits in sich als die österreichische Monarchie in einem Auflösungsprozeß begriffen ist. Dieses vielschichtige und vielstimmige Universum des ersten Teiles verengt sich im zweiten Teil auf die mystische Welt der Geschwister Ulrich und Agathe, die mit der ‚wirklichen' in eben dem veränderbaren Verhältnis von Wahrnehmung und Gefühl steht, das auch das Verhältnis von Wirklichkeit und Kunst bestimmt. Da die Wirklichkeit keinen Sinn mehr macht, sagt Ulrich, „muß (man) sich wieder der Unwirklichkeit bemächtigen" (M, 575). Musil hebt die dichterische Konstruktion von Wirklichkeit als Romanhandlung auf, indem er die Möglichkeitsform der Wirklichkeit, die Ulrich als ‚hypothetisches Leben' zu führen anstrebt, als ihr dichterisches Prinzip, als ihr ‚Gewebe' (Schlegel) vorführt. Die literarische Form der Hypothese ist Musil der Essay (M, 250).

Wie das Standbild des Films zur Momentaufnahme des Lebens wird, ist der Essay „die einmalige und unabänderliche Gestalt, die das innere Leben eines Menschen in einem entscheidenden Gedanken annimmt" (M, 253). Die Gestalt wie die Einzelbilder ändern sich, umkreisen das äußere wie innere Leben in essayistischer Freiheit von Begriffen, da ein Essay „ein Ding von vielen Seiten nimmt, ohne es ganz zu erfassen, – denn ein ganz erfaßtes Ding verliert mit einem Mal seinen Umfang und schmilzt zu einem Begriff" (M, 250). Wie in der Romantik entsteht ein Schweben zwischen Exaktem und Dichtung, Erkennen und Anschauen, „ein unendliches System vom Zusammenhängen, in dem es unabhängige Bedeutungen, wie sie das gewöhnliche Leben in einer groben ersten Annäherung den Handlungen und Eigenschaften zuschreibt, überhaupt nicht mehr gab; das scheinbar Feste wurde darin zum durchlässigen Vorwand für viele andere Bedeutungen, das Geschehende zum Symbol von etwas, das vielleicht nicht geschah, aber hindurch gefühlt wurde, und der Mensch als Inbegriff seiner Möglichkeiten, der potentielle Mensch, das ungeschriebene Gedicht seines Daseins trat dem Menschen als Niederschrift, als Wirklichkeit und Charakter entgegen" (M, 251). Der potentielle, hypothetisch lebende Mensch ist wie der Essayist einer ohne Charakter, Eigenschaft und Moral. Das Reich der „Meister des innerlich schwebenden Lebens", zu denen Musil Kung-fu-tse, Lao-tse, Christus, die Mystiker, Nietzsche und Essayisten wie Maeterlinck und Emerson zählte (T, I, 645), „liegt zwischen Religion und Wissen, zwischen Beispiel und Lehre, zwischen amor intellectualis und Gedicht, sie sind Heilige mit und ohne Religion, und manchmal sind sie auch einfach Männer, die sich in einem Abenteuer verirrt haben" (M, 253). Nichts wäre mehr vergebens, als ihrer „Lebenslehre" ein „Lebenswissen" als Inhalt abgewinnen zu wollen, denn aus dem Essay kann man keine Wahrheit machen und Überzeugung gewinnen (M, 255).

Der Spielcharakter der Möglichkeitsformen, die „paradoxe Verbindung von Genauigkeit und Unbestimmtheit" (M, 246), verlangt dennoch eine innere Notwendigkeit, von der auch die Abstrakten sprachen. Und auch wenn die Exaktheit als eine moralische Forderung noch Utopie ist, ist sie in der „Genauigkeit der Phantastik" (M, 1878, 1883) bereits enthalten. Das Weglassen des Unwesentlichen geht hin bis zum Schweigen, meint aber nicht ein Verstummen, sondern eine höchste innere Steigerung und „persönliche Leistungsfähigkeit" (M, 246). Durch diese Reduktion – wir bewegen uns hier ganz in der Nähe der Cézanne, Kandinsky und Malewitsch – würde die ‚Essenz' übrigbleiben, und damit meinte Musil die Heiligkeit.

Wie an den Daedalus und die ‚Weltbaumeister' der Moderne ist an den Essayisten die Forderung gestellt, die „Kühnheit der Mathematik ins Ethische" zu übertragen (M,1882). Die Vorsaussetzung, die Reinheit des Materials, die die Abstrakten durch den Rückgriff auf die elementaren Formen (und Farben) gewonnen hatten, war literarisch nicht so einfach herzustellen. Der Essayismus führt, wie besonders die Entwürfe und Notizen zum ***Mann ohne Eigenschaften*** zeigen, zu einer Mikroskopie des Denkens, die sich in ihren Widersprüchen zu verfangen droht. Musil sah die Abstraktion in den anderen Künsten – er erwähnt den Tanz, die Musik und das „gegenstandsfreie(s) Sehen ... der revolutionären Malerei" – als Befreiungsversuche, die sich allerdings in einem „abgemauerten Seelenraum" abspielen, die er also in den Symbolismus zurückversetzte. Er sah nicht jenen konstruktiven Schritt über das ‚Null-Heil' hinaus, den die Abstrakten zu machen sich bemühten. Ihm mußte die Kunst als Form im Umkreis des „gewöhnlichen Lebensinhalts" bleiben. Auch wenn sie die geistige Potentialität des ‚anderen Zustands' anstrebt, „unterscheidet die Kunst von der Mystik, daß sie den Anschluß an das gewöhnliche Verhalten nie ganz verliert, sie erscheint dann als ein unselbständiger Zustand, als eine Brücke, die vom festen Boden sich so wegwölbt, als besäße sie im Imaginären ein Widerlager" (GW, II, 683). Während die Abstrakten den ‚gewöhnlichen Lebensinhalt' abstreiften und im Formalen einen Neubeginn setzten, um dann in einer zweiten, komplizierten Bewegung das ‚gewöhnliche Leben' wiederzugewinnen, unternahm Musil mit dem Essayismus die schwierige Aufgabe, beide Bewegungen in einer zu vollziehen und sie in einem „unendlichen System von Zusammenhängen, in dem es unabhängige Bedeutungen" gar nicht mehr gibt, in „ein bewegliches Gleichgewicht" zu bringen (M, 251 f).

Dadurch daß Musil die Wirklichkeit zur Möglichkeit entflechtet, verlieren moralische Inhalte ihren Eigenwert und werden zu abhängigen Funktionen. Gut und Böse werden zu indifferenten Größen in einer unendlichen Gleichung. Das Gute alleine bewirkt Starre, „das Heilige ohne das Unheilige wäre ein regloser Brei" (GW, II, 787). Darum braucht das Gute den ‚stützenden' Anteil des Bösen (M, 1871), bewirkt die Sehnsucht nach dem, was man nicht ist, wie für die Décadence, den „Zauber des Bösen" (T, I, 607). Die Kraft des Negativen, gerade in dessen gesteigerter, extremer Form, als das Krankhafte, Neurotische und selbst Verbrecherische, besitzt wie das Gute in Form der Liebe die Macht, „den Kreis zu sprengen", den ein „erstarrter Mittelwert" aus Gut und Böse festlegt (M, 1874, 1881). Wie die Liebe ist auch die Gottlosigkeit ein Weg zu Gott (M, 1873). Im „Anarchismus der Liebe" besteht eine tiefe Beziehung zum Krieg, denn in beiden vollzieht sich die Revolution der Seele gegen die Ordnung, berührt sie den mystischen Grund (M, 1876).

Wenn die Verkettung der Möglichkeiten aufgebrochen ist, verliert sich im ‚anderen Zustand' auch ihr moralischer Wert. Umgekehrt liefert der mystische Zustand aus einer moralischen Indifferenz heraus keine Vorschriften für das praktische Leben (M, 1478). Dennoch ist er ein „Grundzustand der Ethik" (T, I, 660). Denn aus ihr bezieht die ‚Utopie der Exaktheit' jene Essenz, die aus jedem „Zentner Moral" übrigbleibt und deren „berauschendes Einssein in der Heiligkeit" etwas „Urfeuerähnliches von Güte zum Vorschein" bringt (M, 246 f). Immerhin meint Ulrich, daß nur eine Frage die Mühe des Denkens überhaupt lohnt – und darin trifft er sich wieder mit Wittgenstein – „und das sei die des rechten Lebens" (M, 255). Worin dieser ethisch „maximale Anspruch" sich am weitesten, dichterisch am weitesten, der Utopie zu nähern vermag, ist der Bereich der Liebe.

So wie Fichte in den ***Anweisungen zum seligen Leben*** nach der philosophischen Annäherung durch die Erkenntnis zur Liebes-Mystik einschwenkt, wählt Musil zur dichterischen Veranschaulichung des ,anderen Zustandes' das Verklärungsgefühl der Liebe. So ist es zur ,taghellen Mystik' gerade in der Liebe oft nur ein kleiner Schritt „vorübergehender Abweichungen von der gewohnten und bewährten Ordnung des Erlebens" (M, 1091). Gemeint ist eine Liebe nach dem Stillwerden der Leidenschaft, die an keine Identität und an keinen Körper gebunden ist (aber dennoch eine Ekstase verspricht, auf die Ulrich so wenig verzichten will wie die Höllenforscher des Symbolismus). Die Utopie der Geschwister ist eine unpersönliche Liebe, denn „nur wenn Menschen ganz sachlich wären (...) dann wären sie auch ganz Liebe" (M, 476). Letztlich würde die Aufhebung der Geschlechter- und damit der Ich-Polarität im Hermaphroditismus jene Genauigkeit der Empfindungen bringen, die das Kriterium der Wahrheit ist (T, I, 613; M, 1883).

Diese Art solipsistischer Selbstgenügsamkeit brachte Musil wie die meisten Mystik-Aspiranten in Konflikt mit sozialen Anliegen, denn der „Geist der Notdurft" bestimmt, daß es nicht das Wichtigste für die Menschheit ist, Geist zu produzieren, sondern „Nahrung, Kleidung, Schutz, Ordnung" (M, 1885), auch wenn es zu „Entartung, Feudalismus, Absolutismus, Kapitalismus" führt, so daß die damit verbundene Politik dem Materialismus genauso dient wie der nationalsozialistischen Propaganda (M, 1886). Das mindert nicht die Erlösungssehnsucht, im Gegenteil, es bindet sie an das Nächstliegende: Ideologien und Weltanschauungen. Musil führt sie klarsichtig am Beispiel verschiedener Figuren des Romans vor. Sie stürzen sich mit aller Leidenschaft in ihren segmentierten Hoffnungsbereich, um den guten, gerechten, (sozial) freien, (rassisch) reinen, (national) beheimateten Menschen im Expressionismus, Sozialismus, Nationalismus, Antisemitismus usw. in die Welt zu bringen. „Es ist nur begreiflich, daß ein so hochgespannter, unbefriedigender und unbefriedigter Erlösungswahn nichts heißer ersehnte als seine eigene Erlösung, bis er sie endlich im Kriegsausbruch von 1914 fand"[8].

In kollektiven und individuellen, in jedem Fall aber vorgegeben Erlösungsprogrammen sah Ulrich/Musil sich nicht aufgehoben, da in ihnen „der Bereich des gewöhnlichen Lebens einer rationalisierten Moral überlassen wird" (M, 1879). Dem „persönlich" handelnden Menschen, dem Künstler, ist es gegeben, in einem „exakten" Leben, entsprechend einem „maximalen Anspruch", seine Moral selbst zu schaffen. Deshalb gilt, wie schon für die Romantiker, die neue Ethik nicht für die vielen, sondern bleibt dem „Ausnahmebereich des Schöpferischen und Genialen vorbehalten" (ebd.). Er ist der Boden für den Künstler oder einen Logiker des Seelischen. Ihm wäre die Stärke gegeben, mit dem ,Bösen' umzugehen, ohne Verletzung der Moral. Die moralische Rechtfertigung der ,Geniemoral' besteht darin, sie auf die Menschheit auszudehnen (M, 1885), aber da trifft sie auf den problematischen Bereich der Macht. Musil sieht in ihm (mit Nietzsche) die ,Tugenden des Geistes' wie „Stolz, Härte, Ausdauer, Mut, Geltenlassen, Neidfreiheit, Großzügigkeit, Gelassenheit usw." (M, 1890), weiß aber, daß, historisch gesehen, Machtmenschen wie Napoleon Verbrecher sind. Und doch ist das Genie „in der Hauptsache: Antiphilister, Ungebundener", also eine romantische,

8 Jäßl, 234.

Nietzscheanische Figur. Wenn auch klar ist, daß ihr jede Schandtat zuzutrauen ist, können Zweifel an ihr an der eigenen Schwäche, gar einer „Effeminierung" liegen. Die Welt will „affektstarke, willensstarke Führer", und die Geniemoral leistet dem Vorschub, so weit, daß Musil noch in den dreißiger Jahren sich nicht eindeutig dagegen ausspricht und selbst Hitler unter dem Genie-Gesichtspunkt betrachtet („Gesetzt, er sei ein Genie") (T, I, 983). Davon abgesehen, läßt er ihn seltsam unberührt.

Während vom Genie in all seiner Ambivalenz eine klare Haltung verlangt wird, wird von der Kunst bei allem Streben nach dem Absoluten kein absolutes Ergebnis erwartet. Das in den Literatur nicht auszuschließende „gewöhnliche Leben" erlaubt keine absoluten Lösungen wie bei den Abstrakten. Darum bedeutet Musils ‚Weltbeschreibung' trotz des Ansatzes nicht das ‚Große Werk', sondern die Darstellung eines beweglichen Systems von Zusammenhängen, das, selbst wenn die Beschreibung der Welt an ein Ende käme, in sich unendliche Möglichkeiten der Verbindung und Bedeutung besäße, wie der Sternenhimmel, den Mallarmé aufs Papier würfelte.

Diejenigen, auf die sich Musil als Essayist wiederholt beruft, allen voran Nietzsche, aber auch Emerson und Novalis, sind wie er die klare Erkenntnis schuldig geblieben, und selbst die Vorstellung, die sie erwecken, ist „keineswegs ein für allemal verstanden" (GW, II, 657). Man erfährt „stärkste geistige Bewegung: aber Erkennen kann man dies nicht heißen. Es fehlt die Konvergenz zur Eindeutigkeit, der Eindruck läßt sich nicht komprimieren und zum Niederschlag bringen, es sind intellektuelle Umschreibungen von etwas, das man sich menschlich aneignen, aber nur in intellektuellen Umschreibungen wieder ausdrücken kann". Das gilt für den ***Mann ohne Eigenschaften*** genauso wie für die postabsoluten Abstrakten und alle anderen erst recht. Dieser Bereich, den Musil das „nicht-ratioide Gebiet" nennt, erweist sich logischer Methodik als unzugänglich. Auf der Wittgensteinschen Ebene ist kein Zugriff möglich. „Je höher in dieser Reihe ein Gedanke steht, desto mehr tritt der Anteil des Verstandes gegenüber dem des Erlebnisses zurück (...). Anstelle des starren Begriffs tritt die pulsierende Vorstellung, anstelle von Gleichsetzung treten Analogien, an die der Wahrheit Wahrscheinlichkeit, der wesentliche Aufbau ist nicht mehr systematisch, sondern schöpferisch. Das Gebiet umfaßt alle Grade der Abstufung vom fast Wissenschaftlichen, wie es dem Essay Taines oder Macaulays, schließlich aber auch fast jeder Geschichtsschreibung eignet, bis zu Ahnung und Willkür oder jenen nur noch Anregungsreize spendenden Abhandlungen, wie sie heute manchesmal Dichter schreiben. Dementsprechend konvergiert der Gehalt bald bis zum Eindeutigen, bald divergiert er bis zur vollen Disparatheit und schafft nur Denkpositionen und diffuse Bewegtheit. Wer sich an solchen Arbeiten gebildet hat, wird wissen, wieviel durch Ordnung, Analyse, Vergleich, kurz Denken, aus ihnen extrahiert zu werden vermag, trotzdem die feinste Substanz dabei verlorengeht; wird auch wissen, wieviel Rationalität in ihnen selbst steckt, ungeachtet der ganz selbstverständlichen, die schon zum bloßen Ausdruck nötig ist (...). Es ist ein unheilvolles Mißverständnis, welches den Geist in Gegensatz zum Verstand setzt; die menschlich wesentlichen Fragen werden durch das Geschreibe von Rationalismus und Antirationalismus nur verwirrt, die einzig mögliche Sehnsucht, wo man nicht ebensoviel verliert wie gewinnt, ist Überrationalismus" (GW, II, 658).

Diesen Sehnsuchtsort hatten schon die Abstrakten angesteuert, nachdem sie das Absolute in der ‚reinen' Form kurz und eindrucksvoll im Visier hatten. Im Hinabsteigen in die Realität des Relativen und in der Rückgewinnung einer ‚Körper-Einheit' (Schlemmer) sollte ein ‚transrationaler Realismus' (Malewitsch) erreicht werden, der mit Musils ‚Überrationalismus' (man könnte auch sagen: Überrealismus) zusammenfällt. Nach den hochgesteckten Zielen und der Selbstermächtigung der frühen Moderne nimmt sich Musils Erwartung letzlich ungleich bescheidener aus. Während die Abstrakten der Kunst die transfinite Brückenfunktion für absolute, ideelle Werte zuerkannten, sah Musil in der Kunst „Denkpositionen und diffuse Bewegtheit" bereits als sinnvolle Aufgabe, wenn nicht als Ergebnis an.

Psychologie der Erlösung

Stirbt Diotima

Drei junge Männer, Hyperion, Heinrich von Ofterdingen und Julius, deren Väter Hölderlin, Novalis und Friedrich Schlegel waren, erblickten fast zur gleichen Zeit, nämlich um 1800, das Licht der literarischen Welt. Julius stammt aus Schlegels ***Lucinde*** und macht sich wie die anderen beiden auf den Weg, seine Identität zu finden. Es folgen, was Schlegel ‚Lehrjahre der Männlichkeit' nennt, was heißt, daß das Mannsein eingeübt wird. Da in einer von männlichen Werten bestimmten Welt das Frausein für die jungen Helden in deren Werten nicht mitvollziehbar ist, bleiben ihnen die Frauen fremd. Über Julius heißt es: „Die Frauen kannte er eigentlich gar nicht, ungeachtet er schon früh gewohnt war, mit ihnen zu sein. Sie erschienen ihm wunderbar fremd, oft ganz unbegreiflich und kaum ein Wesen seiner eigenen Gattung"[1].

Was nicht verstanden wird, wird verklärt und zu einem Rätsel, das mehr oder minder unangetastet bestehen bleibt. Im Gegensatz dazu erkennt Julius die Vertreter seines eigenen Geschlechtes sofort als seiner Welt zugehörig, und entsprechend groß ist die Freude des Erkennens. Bei Schlegel heißt es gleich anschließend weiter: „Junge Männer aber, die ihm einigermaßen glichen, umfaßte er mit heißer Liebe und mit einer wahren Wuth von Freundschaft. Doch war das allein für ihn noch nicht das rechte. Es war ihm, als wollte er eine Welt umarmen und könne nichts greifen". Auch das ist verständlich, handelt es sich doch um junge Männer, die ebenso unreif sind wie er und in denen deshalb die Welt, die er sucht, nicht sichtbar wird. Wirkliche Liebe und Freundschaft hängen gleichermaßen von der Reifung der Männlichkeit ab.

Nun tritt Lucinde auf den Plan, und damit erhält die Entwicklung der Männlichkeit einen großen Schub vorwärts. Aus zwei Gründen. Die Sexualität, die ohne die üblichen gesellschaftlichen Hemmungen ausgelebt wird, hebt Julius über die Grenzen seiner bisherigen Erfahrungen hinaus. Die sexuelle Ekstase interpretiert er als mystisch. Die

1 Friedrich Schlegel: Lucinde (1798), 105. (Alle weiteren Seitenangaben im Text von hier.)

Wollust, heißt es, ist „das heiligste Wunder der Natur" (S. 163). In ihr kehrt „die Natur im Menschen zu ihrer ursprünglichen Göttlichkeit zurück." Eben noch ein Jüngling, noch nicht einmal ein Mann, wird Julius dank der Sexualität ein Gott.

Den anderen wesentlichen Beitrag zur männlichen Identität leistet Lucinde durch die Rolle, die sie einnimmt und die ihn in jenem Licht erscheinen läßt, in dem er sich sehen möchte. Ihre Weiblichkeit ist noch immer nicht verständlich, als Spiegel seiner Männlichkeit aber wertvoll. Julius bekennt: „Nur hier sehe ich mich ganz und harmonisch" (S. 54). Er kann sich selbst lieben und bewundern. Julius ist ein Maler, und das Bild, das er gerade malt, ist nicht zufällig das des Narziß. ***Lucinde*** ist erkennbar autobiographisch, und die Titelheldin trägt die Züge jener Dorothea Brendel, die Schlegel als Siebenundzwanzigjähriger kennenlernte. In der Einleitung der Leipziger Ausgabe schreibt Rudolf Frank über sie: „Sie liebte ihn mit der Unterwürfigkeit, nach der es ihn verlangte. Ihre verzückten Blicke fast willenloser Ergebenheit nährten in seiner Brust ein langersehntes Selbstgefühl, die innere Selbstbeständigkeit, deren seine erste Jugend so schmerzlich gedarbt hatte".

Die Beziehung ist anfangs das „schönste Chaos", und Julius lebt die Gegensätze von Schmerz und Lust, Männlich und Weiblich zusammen mit der Geliebten auch aus. Bald würde sich ihr Bild aber ändern: Als „Priesterin des Heimes" muß sie sich zur „Ökonomie" bilden, denn sie wird für die „Ordnung der Dinge" verantwortlich sein (S. 162). Aber dieser häusliche Bereich ist nicht der seine – er verläßt sie. In einem Traum verläßt sie ihn, indem sie stirbt. Ihr Tod – ein Wunschtraum, der sich erfüllt. Lucindes Bild verklärt sich nun zu einer „heiteren Reinheit und Allgemeinheit" (S. 169). Julius vergöttert sie und versetzt sie weit weg zu den Sternen.

Er selbst wendet sich dem Leben zu, der Männerwelt, um für die „Ewigkeit" zu handeln. Männerfreundschaften werden wieder virulent. Sie bedeuten jetzt nicht mehr das jünglingshafte Suchen der Welt am anderen, sondern die gleichberechtigte Spiegelung der eigenen erreichten Vollendung. Der andere erscheint in einer „wunderbaren Symmetrie". „Und diese reingeistige Liebe, diese schöne Mystik des Umgangs, schwebt nicht bloß als fernes Ziel vor einem vielleicht vergeblichen Streben. Nein, sie ist nur vollendet zu finden". Oder gar nicht. „Zu dieser Freundschaft ist nur fähig, wer in sich ganz ruhig wurde und in Demuth die Göttlichkeit des andern zu ehren weiß" (S. 183).

Hölderlins Hyperion hat zu seiner großen Liebe Diotima offenbar keine sexuelle Beziehung. Deshalb ist sie ihm von Anfang an ein höheres „himmlisches Wesen" und nicht erst zu dem Zeitpunkt, da er sie verläßt. Anders als Lucinde anfangs, ist sie kein sinnliches, körperliches, überhaupt menschliches Wesen. Sie ist von Anfang an ein Ideal. Sie ist die verkörperte Schönheit, „Eins und Alles", ein „schöner göttlicher Geist", „das Heilige". Engel sprechen mit ihr, ihre Füße berühren kaum die Erde, ihre Sprache ist Gesang. Einem solchen übermenschlichen Wesen gebührt das Gebet, aber nicht das Bett. Da aber die Anbetung kein Dauerzustand ist, ebensowenig wie die sexuelle Ekstase, ereilt sie das gleiche Schicksal wie Lucinde. Wenige Seiten, nachdem sie vorgestellt wurde, erfahren wir bereits, daß sie sterben wird. Schuld an ihrem Tod ist schicksalshaft Hyperion, denn er verläßt sie. Von seinem Freund Alabanda gerufen, zieht er in den Krieg. Es wird ihm prophezeit, daß der Abschied sie töten werde, aber er tut wie ein Westernheld, was er tun muß. Diese seelische Gefühllosigkeit, die Hyperion dabei an den Tag legt, ist bemerkenswert. In ihrem Abschiedsschmerz wird Diotima „ein höheres Wesen". Entkörperlicht, „gehörte (sie) zu den sterblichen Menschen nicht mehr". Kein Wunder, daß sie Hyperion, der in die Welt der Taten und Körper zieht, fremd wird. Er fühlt ihre Trennung kaum.

Auch Novalis' ***Heinrich von Ofterdingen*** zieht es in die Ferne, und am Vorabend des Abschieds erzählt er seinem Vater einen Traum von einer blauen Blume. Darin kommt er in einer Höhle zu einem Wasserbecken, in dem zu baden ihn ein unwiderstehliches Verlangen treibt; „eine himmlische Empfindung überströmte sein Inneres", und „mit inniger Wollust" erfährt er die Verwandlung seiner Traumbilder in „eine Auflösung reizender Mädchen, die an dem Jünglinge sich augenblicklich verkörperten"[2]. Heinrich kommt zur Quelle dieses Gewässers, wo er eine blaue Blume findet, die ihm als zartes Mädchengesicht erscheint, das ihn mit „unnennbarer Zärtlichkeit" erfüllt.

Aufgrund dieser Traumerzählung berichtet Heinrichs Vater von einem ähnlichen Traum mit ebensolchen sexuellen Bezügen, den er vor seiner Hochzeit in Rom hatte. Seine „Lust nach der Fremde" hielt damals den Wunsch nach dem Besitz seiner zukünftigen Frau zurück. Als er aber im Traum den Auftrag erhält, die blaue Blume zu suchen, tut er es nicht. Er wird zu einem ganz gewöhnlichen Menschen, dessen einzige Bedeutung darin liegt, daß er, noch mit ‚südlicher' Lust in sich, Heinrich zeugte. Heinrich hingegen bricht in die Fremde auf und ist damit im Begriff, „sich in ihre blaue Flut zu tauchen". Als Vision der Fremde steht die Wunderblume vor ihm. Die Blume als Symbol der Ferne, wenn nicht der Unendlichkeit, ist das Sublimat aller jugendlich erotischen Empfindungen, das durch seine Unbestimmtheit keine Einschränkung erfährt. Persönliche Bindungen sind damit nicht gemeint. Heinrich, der in der Fremde das Bürgermädchen Mathilde lieben lernt, wird in Hinblick auf sie bald von Todesahnungen befallen.

An Heinrichs Vater wird deutlich, daß das Gegenteil der libidinösen blauen Ferne jene kleinbürgerliche Gebundenheit ist, die die Romantiker verklärend hinter sich ließen oder abwehrend angriffen. Heinrich begegnet noch einer anderen Vaterfigur, die wie die Vorwegnahme seines eigenen Schicksals erscheint. Es ist der Graf von Hohenzollern, der als Einsiedler in einer Höhle im Berginneren lebt. Er hat alles hinter sich, was Heinrich noch bevorsteht. Er war im Krieg, und bei seiner Heimkehr starben ihm Frau und Kinder. Er sagt: „Seit dem Tage, da ich sie hier selbst begrub, nahm eine himmlische Hand allen Kummer von meinem Herzen"[3]. Diese eher herzlose als himmlisch inspirierte Äußerung läßt erkennen, daß die Angst der Helden vor Bindungen nicht nur am Anfang ihres Lebensweges besteht, sondern immer.

Ehe wir näher darauf eingehen, sei noch ein Romantiker vorgestellt, der keiner mehr ist, da er in einem Buch auftritt, das Ende der zwanziger Jahre des 20. Jahr-

2 Novalis: Heinrich von Ofterdingen (1802), 11.
3 Novalis, 89.

hunderts entstanden ist: Hermann Brochs ***Die Schlafwandler** (1931/32).* Der erste Teil spielt 1888 und heißt ‚Pasenow oder die Romantik'. Pasenow weist zwar alle menschlichen Beziehungsmuster auf wie die romantischen Helden, ist aber sonst alles andere als ein Romantiker. Er liebt nicht die romantische ‚Verwirrung' und die blaue unbestimmte Ferne, sondern Zucht und Ordnung. Er ist ein Militär, dem seine Uniform seine gefährdete Identität sichert. Pasenows Diotima heißt Elisabeth. In bezug auf sie ist er ganz Romantiker. Eigentlich hofft er, daß sie einem anderen zufällt, denn für ihn ist sie die Verkörperung einer Heiligkeit, die selbst einen christlichen Hausstand übersteigt. „... Aber eben weil er von Elisabeth mehr erwartete, wollte er seine Worte in die Nähe jener Sphäre des Himmlischen zwingen, in der Elisabeth sich ihm offenbaren sollte als zarteste silberne schwebendste Madonna. Vielleicht müßte sie erst sterben, um so zu ihm sprechen zu können, denn wie sie dort zurückgelehnt saß, sah sie aus wie Schneewittchen im Glassarg und war so sehr von jener höheren wunderbaren Lieblichkeit und himmlischen Lebendigkeit, daß ihr Gesicht kaum mehr jenem ähnelte, das er im Leben gekannt hatte (...). Der Wunsch, Elisabeth möge tot sein, und ihre Stimme möge ihm engelhaft jenseitige Botschaft geben, wurde sehr groß, und die außerordentliche Spannung, die durch diesen Wunsch erzeugt wurde, oder die es sogar selber gewesen war, die den Wunsch in ihm hervorgebracht hatte, erlangte solche Stärke, daß wohl auch Elisabeth von der Welle angstvoller Kälte ergriffen ward"[4].

Wie bei den Romantikern löst die Nähe einer körperlich tabuisierten Heiligkeit Todeswünsche aus. Dabei weiß Pasenow die Freuden der Sexualität durchaus zu schätzen, aber nicht bei seiner Diotima, sondern bei der kleinen feilen Polin Ruzena, die er zu seiner Geliebten macht. Elisabeth und Ruzena verkörpern die zwei Seiten, die in Lucinde noch vereint waren. Durch die Abwertung der Sexualität im Laufe des 19. Jahrhunderts sind nun auch die weiblichen Verkörperungen der Sexualität Menschen zweiter Klasse geworden. Das Merkmal dieser Frauen ist, daß sie die Welt der Männer gut kennen und deren Regeln akzeptieren. Dazu gehört, daß sie (wie im Western) jederzeit verlassen werden können.

Es stellt sich die Frage, warum die Männer die Frauen zu Hause zuerst zu Heiligen stilisieren, wenn sie dann die Entsexualisierung in die Flucht treibt. Es steckt eine große romantische Sehnsucht in diesem Bild der Frau, der sie ihr Glück opfern. Die Männer wollten selbst ja nicht bloß heilig, sondern Gott sein. Ein jugendlicher Orgasmus – und schon schien das Ziel erreicht zu sein. Aber so einfach war es denn doch nicht, denn der Orgasmus als Teil der pantheistisch-göttlichen Natur war doch zu flüchtig. In der Frau jedoch findet die Natur ihre beständige und paradiesisch-unschuldige Verkörperung. Während die Männer, speziell als Künstler, sich die Heiligkeit erst wieder erringen müssen, ist sie den Frauen, den Jungfrauen, buchstäblich in den Schoß gefallen. Sie verkörpern sie im Schutz der bürgerlichen Gesellschaft von Geburt an. Die Männer erfüllen ihre metaphysische Sehnsucht und ihren Idealismus dadurch, daß sie sie der Frau wie einen Mühlstein um den Hals hängen. Der Frau wird eine Rolle zugeschanzt

4 Hermann Broch: Die Schlafwandler, 159.

– und sie nimmt sie auch an –, die sie verschwinden läßt. Hölderlins Diotima ist eine Projektion, ein Wesen, das es gar nicht gibt. Die Frau dahinter bleibt unsichtbar.

Die Ur-Diotima kennen wir aus Platons ***Gastmahl***. Dort spricht sie von der körperlichen Liebe und der Schönheit der Körper als Mittel, zur geistigen Liebe aufzusteigen, als Mittel der Transzendenz. Diotima ist dort nicht die Verkörperung dieser mystischen Vorstellung von Liebe, sondern deren Verkünderin. An dieser entscheidenden Verdrehung weiblicher und geistiger Positionen trugen die Romantiker schwer, am schwersten jedoch die Frauen, die als Madonnen auf Sockeln nichts mehr zu sagen hatten. Schlegels Lucinde verkörperte immerhin noch beide Bereiche: die Sexualität und die Heiligkeit, aber auch nicht mehr gleichzeitig, sondern nacheinander. Bei Hölderlin ist Diotima schon ihres Körpers beraubt. Entsexualisiert, ist ihre Heiligkeit bereits vollendet. Hyperion hat an ihr Anteil, aber nicht als ein an dem Prozeß der Transzendenz Beteiligter, denn es gibt ja keinen, sondern als Besucher. Aber in einen Tempel geht man beten, man wohnt nicht dort.

Die gleichzeitige Entwicklung von Mann und Frau in der Liebe, die bei Platon als Möglichkeit besteht, weicht einer Ungleichzeitigkeit dadurch, daß die Frau ihren Körper verliert. Der Mann stellt sie auf eine Stufe der Heiligung, die er vielleicht irgendwann auch erreichen wird, von der ihn seine ‚Lehrjahre der Männlichkeit', die sehr lange dauern können, fernhalten. Für diese Jahre braucht er eine Frau mit Körper, eine Frau auf Zeit. Bei den körperlosen Diotimas ist es fast egal, ob sie leben oder sterben. Praktischer ist es freilich, wenn sie sterben, denn die Männer müssen dann nicht irgendwann doch ihre Projektionen an der Realität messen und brauchen sich nicht die Frage zu stellen, wie es mit ihrer eigenen Heiligkeit bestellt ist.

Broch zeigt in den ***Schlafwandlern***, daß hinter Diotima eine Frau aus Fleisch und Blut steckt mit einem ganz normalen körperlichen Liebesverlangen. Aber was hilft es, wenn sie dem Falschen zufällt, dessen Projektionen sie zu einem „Schneewittchen im Glassarg" machen. Dieses schrecklich treffende Bild sagt bereits, was mit diesen Frauen weiter geschieht, wenn sie nicht sterben. Sie verinnerlichen ihre Rolle; sie werden zum Besitz der Männer; sie verzichten auf ihre Identität; sie richten sich in der Eiseskälte ein; sie werden frustriert, frigid, neurotisch. Wenn sie sie selbst sein und ihren Liebesanspruch erfüllen wollen, werden sie gesellschaftlich geächtet wie Anna Karenina, Effie Briest oder Emma Bovary. Und warum das alles? Um einer metaphysischen Sehnsucht der Männer gerecht zu werden, die diese, wie Broch zeigt, schon aus dem Auge, aus dem Bewußtsein verloren haben, die nur mehr dumpf in ihnen rumort und deren Unerfüllbarkeit mit diesen untauglichen Mitteln zur permanenten Qual für alle wird. Broch läßt den Orchestermusiker Alfons über diese Männer zu folgender Erkenntnis gelangen: „Er verachtete diese Männer, die dumm und gehetzt dahergerannt kommen, gierig nicht nach dem Leben, das sie offenbar überhaupt nicht sahen, sondern nach irgendetwas, das außerhalb davon lag und für das sie im Namen einer Art Liebe das Leben zerstörten. Der Musiker Alfons (...) wußte, daß man das Absolute noch lange nicht erreicht, indem man sich für eine Frau entscheidet. Und er entschuldigte auch die bösartige Wut der Männer, denn er wußte eben auch, daß sie aus der Angst und der Enttäuschung entspringt, wußte, daß jene leidenschaftlichen und bösartigen Männer hinter einem Stück Ewigkeit her sind, damit es sie vor der Angst beschütze, die in ihrem Rücken steht und ihnen den Tod verkündet. Ein dummer und gedankenloser Orchestergeiger war er, aber er konnte Sonaten auswendig spielen und, vielerlei wissend, durfte er trotz seiner Traurigkeit darüber lächeln, daß die Leute in ihrer angstvollen Sucht nach dem Absoluten sich ewig lieben wollen, vermeinend, ihr Leben werde dann kein Ende nehmen und ewig währen. Mochten sie ihn geringschätzen (...), er hatte trotzdem erkannt, daß diese Gehetzten, die das Unvergängliche und Absolute im Irdischen suchen, immer nur Sinnbild und Ersatz finden für das, was sie suchen, ohne daß sie es benennen könnten: denn sie sehen den Tod des andern ohne Bedauern und ohne Traurigkeit, so sehr sind sie von dem eigenen besessen; sie jagen nach dem Besitz, um von ihm besessen zu werden, weil sie in ihm das Feste und Unwandelbare erhoffen, das sie besitzen und behüten soll, und sie hassen die Frauen, für die sie sich in ihrer Blindheit entschieden haben, hassen sie, weil sie bloßes Sinnbild sind, das sie voll Wut zerschlagen, wenn sie sich wieder der Angst und dem Tod preisgegeben finden."

Broch identifiziert das Verlangen nach Ewigkeit als die Angst vor dem Tod. Die Materialisten suchen ihre Unsterblichkeit im Besitz, der den Augenblick in die Ewigkeit verlängern soll. Die Idealisten der Romantik jedoch suchten ihre Unsterblichkeit in der Besitzlosigkeit. Sie ließen alles zurück, speziell die Frauen, lösten sich von allem, um in die blaue Ferne aufzubrechen. Dieses mystische Loslassen betrifft das Sein als Dasein, das Gewordene, die Welt, in weiterem Sinne die Welt der Väter, d. h. die bürgerliche Welt der Bindungen, des Besitzes, der Ordnung, und die Zeit und damit den Tod. Dagegen bedeutet das ständige Unterwegssein die geistige Welt der Kunst, der Mystik, der Bindungslosigkeit, der blauen Ferne, des kreativen Chaos, der Zeitlosigkeit und des Lebens.

Es wird jetzt deutlich, warum Julius nach der Zeit des „schönsten Chaos", nämlich nach dem Ende des sexuellen Höhenflugs mit Lucinde, diese verläßt und warum dem Grafen von Hohenzollern der Kummer gerade dadurch von Herzen genommen wurde, daß seine Frau und Kinder starben. Der Frau wird die Ordnung und Ökonomie zugeschrieben, d. h. sie verkörpert die Familie und damit die Zwänge der gesellschaftlichen Normen. Und sie verkörpert so die Zeit und damit den Tod. Indem die Männer die Frau zurückweisen, sie sterben lassen, flüchten sie in die Zeitlosigkeit, entlaufen sie dem Tod. Sie suchen die Dimension des immer neuen Werdens, die die Zeit aufhebt, und lassen die Frau in der Dimension des Seins, der Zeitgebundenheit zurück, wo sie zur Ikone der Heiligkeit erstarrt.

Nehmen wir an, Hyperion ist in den Krieg oder sonstwohin gezogen, aber Diotima ist inzwischen nicht gestorben und auch nicht in ihrem Glassarg liegengeblieben, sondern hat sich selbst fortgebracht und ist selbständiger und nicht mehr ganz so heilig wie vorher. Und nehmen wir an, Hyperion kehrt zurück. Das ist die Situation in ***Paris, Texas*** *(1983)* von Wim Wenders und Sam Shepard. Travis, ein Spät- aber Erzromantiker, irrt am Beginn des Films durch die texanische Wüste. Als ihn seine Frau vor Jahren verließ, wurde er zum Zombie. Wir erfahren, daß er und seine damals sehr junge Frau Jane zuerst sehr glücklich waren, das Leben für sie ein Abenteuer war wie für Julius und

Lucinde, sich aber alles änderte, als Jane ein Kind bekam, der Alltag einkehrte, Travis das entschwindende Glück festhalten wollte und Jane buchstäblich am Bett festband. Jane flüchtete. Nun nach Jahren findet Travis die Frau in einer Peep-Show, und als davongelaufenes Schneewittchen muß sie sich die Frage gefallen lassen, wieviele Männer inzwischen in ihrem Bett waren. Das alte Besitzdenken ist wie ein Reflex noch immer da. Dabei hat Travis in seinen Wanderjahren sicherlich einiges davon aufgeben müssen. Wie bei Heinrich von Ofterdingen lernen wir auch bei Travis den Vater kennen, ebenfalls ein kleinbürgerlicher Versager, in dem zwar die Sehnsucht nach der blauen Blume undeutlich vorhanden war, der sich aber nie aufraffte, sie zu suchen. Die Mutter war einfach und gut. Sie war keine „fetzige" Frau, die der Vater gerne in ihr gesehen hätte. Anders als den Vater hat es Travis in die blaue Ferne verschlagen, und er hat die ‚fetzige' Frau gefunden, die aber in ihrem Herzen einfach und gut wie Muttern ist, die also alle männlichen Projektionen erfüllt. Aber wie schon die Projektion der Heiligkeit erfüllt auch die Projektion der ‚Fetzigkeit' nicht wirklich romantische Sehnsüchte, sonst hätte nicht schon Julius seine Lucinde verlassen, die für ihre Zeit ganz schön fetzig war. Und so stehen die romantischen Helden am Ende und immer wieder vor dem alten Problem, daß die Zeit nicht wirklich stehenbleibt, der Tod nicht aufgehoben wird. Da hilft es auch nichts, wenn der Graf von Hohenzollern in den Bauch der Natur regrediert und Travis in der Wüste den mythischen Ort seiner Zeugung sucht, unversehens werden sie wieder geboren und stehen vor den Frauen, die sie gerade erst verlassen haben. Und nichts hat sich geändert. Travis liebt noch immer Jane, Jane liebt noch immer Travis – und doch kann Travis nicht bleiben, es geht nicht, vielleicht das nächste Mal. Wie diese Männer immer, ist auch Travis in Argumentationsnotstand. Insofern er sein Handeln erst gar nicht zu begründen versucht, ist er, wie Julius gegenüber Lucinde, ehrlicher als Hyperion, der einen Krieg brauchte, um seine Unfähigkeit zu bleiben zu rechtfertigen.

Kampfbeschreibungen

Die Aufklärung verschärfte die Dichotomie der Geschlechter, da sie gegen einen Mythos nicht ankämpfen wollte, der ihr eigener war: den des überragenden männlichen Geistes. Mozarts ***Die Zauberflöte*** *(1791)* ist die Darstellung vom Sieg dieses Mythos. Auf dem Spiel standen die weiblichen Kräfte. Da der Weg zum Licht geht, wurde die nächtliche Macht der Königin, die die archaischen Kräfte der Natur, das Unbewußte und die Magie und Schönheit verkörperte, immer schwächer. Das männlich-väterliche Prinzip, dem die Sonne, der Geist und der Fortschritt zugeordnet sind, ist das stärkere, da der bewußte Geist der unbewußten Natur überlegen ist und weil die Männer in ihrer männerbündischen Abgeschiedenheit vom Weiblichen in keiner Weise abhängig sind. Die Mutter-Natur wäre zwar auch in sich autark, aber sie verliert ihren Nachwuchs immer an die bewußten Kräfte des Geistes, die dem Leben erst seinen Sinn geben, indem sie ein Ziel setzen. Darin liegt ihre Verführung. Während die Mutter-Natur ihren Kindern nachlaufen und dabei zu List und Täuschung greifen muß, stellt der Vater-Geist seinem Nachwuchs sogar Hindernisse in den Weg ans Licht, um seine noch nächtlich umdunkelten geistigen Fähigkeiten zu entwickeln und zu prüfen. Was am Ende wie eine Versöhnung der beiden mächtigen Prinzipien aussieht, ist ein Betrug, der, wie die Mythenforschung zeigt, schon immer am weiblichen Prinzip begangen wurde[1]. Johann Jakob Bachofens grundlegende Arbeit ***Das Mutterrecht*** *(1861)* zeigt die Durchsetzung des Patriarchats in den antiken Kulturen als die Befestigung des Geistes in Überwindung des amorph Weiblichen. Bachofen anerkennt in der mutterrechtlichen Kultur zwar den hohen Stand an Freiheit, Gleichheit, Frieden und Humanität, kann sich aber, wie Schikaneder und Mozart, dem aufklärerischen Ansturm des männlichen Geistes gegen den Konservativismus des auf die Natur festgelegten weiblichen Weltbildes

1 Robert von Ranke-Graves: Griechische Mythologie. Quellen und Deutung, I, 35/5; Erich Neumann: Die große Mutter, 103/3.

nicht entziehen. Das in Dionysos verkörperte schöpferische Prinzip löst die weibliche Einheit auf und unterwirft sie der männlichen Individuation[2]. Daß Dionysos dabei sogar weibliche Züge annimmt, bedeutet nicht eine Aufwertung des Weiblichen, sondern im Gegenteil eine Potenzierung des Männlichen im Sinne eines geschlechtlichen Universalismus.

Im Symbolbild des Apollo fanden die männlichen Geisteskräfte eine letzte Steigerung, indem der Körper – und mit ihm die verhängnisvolle Geschlechtlichkeit – überhaupt zurückgelassen wurde. Aber für das Bürgertum des 19. Jh. war weder die dionysische noch die apollinische Idee wirklich praktikabel, soweit sie die innere Sicherheit des Patriarchats betrafen. Der männliche Geist mußte in seinen Rechten und Pflichten lesbar werden. „Die dauernde Sicherstellung der Paternität verdankt die Menschheit der römischen Staatsidee, die ihr eine juristisch strenge Form und konsequente Durchführung auf allen Gebieten des Daseins brachte…"[3]. Diese überraschende Wendung war 1861, in einer Epoche nachrevolutionärer Ernüchterung, geprägt von dem Bedürfnis nach bürgerlichen Rechten und nationaler Sicherheit, durchaus zeitkonform. Dennoch konnten auch Gesetze nicht verhindern, daß der Sieg des Männlichen ein Scheinsieg war, denn es blieb noch immer zu viel an Natur außerhalb der Domäne des männlichen Geistes und des von Bachofen favorisierten „zivilgeordnete(n) Leben(s)"[4]. In der Sexualität war die Niederlage der Männer nicht zu verbergen, wurde doch das ganze Zeitalter kein männliches, sondern ein „vaginales"[5].

Der Haß und die Scham der Männer über ihr Versagen vor dem letzten Bereich unbewältigter Natur wurde zum Haß auf die Frau, der nun mit Strindberg, Wedekind u. a. buchstäblich die Bühne der Öffentlichkeit betrat. In der Kunst wurde die Frau in dem Maße bedeutungsvoll, d. h. thematisch beherrschend, als ihre Bedeutung geleugnet wurde. Die Männer erlebten sich dabei als die Opfer des von ihnen unterdrückten. Selbst wenn die Frau als käuflich funktionalisiert wurde (Zolas ***Nana**, 1881*), entschärft wurde die in ihr gesehene Bedrohung deswegen noch nicht. Die Männer, die die nackte Frau auf Cézannes ***L'Eternel féminin** (um 1877)* umringen, stehen unter dem Bann der Sinnlichkeit, d. h. unter Zwang. Als sicherste Strategie des männlichen Geistes gegen die weibliche Natur blieb die Abstinenz: entweder in Form der Askese oder des Narzißmus oder als Sublimation in einer Gegenwelt der Künstlichkeit, die mit dekadenten Lebensformen, Drogen und Ästhetizismus andere Bereiche der Sinnlichkeit eröffnet als die Sexualität. Der Symbolismus bannte die Gefährdung durch die Frau in den Mythos. Im Spiegel der Kunst wurde der Blick der Medusa, der Verkörperung weiblicher Gewalt, gebrochen[6]. Wie seit jeher gab der Mythos der dämonischen Natur Gestalt, Namen und ein Gesicht. Die Frau erschien als Sphinx (Moreau, Rops), Medusa (Khnopff),

2 Johann Jakob Bachofen: Das Mutterrecht. Eine Untersuchung über die Gynaikokratie der Alten Welt nach ihrer religiösen und rechtlichen Natur. In: Gesammelte Werke, II, 21.
3 Bachofen, 63.
4 Ebd., 46.
5 Karl Kraus, in: Die Fackel Nr. 389/390, Wien (1913), 38.
6 Werner Hofmann: Zauber der Medusa. Europäische Manierismen. Katalog, 17 ff.

Judith (Klimt), Vampir (Munch) und als Sünde selbst (Stuck). Das antagonistische Paar schlechthin verkörperten in der Kunst des Fin de siècle Salome und Johannes (Moreau, Wilde, Beardsley). Er ist der Verkünder des Geistes, sie die ob seines Widerstandes beleidigte Natur. Auf Bildern und als Statuen zeigten sich Männer, vor allem junge Männer, wie etwa bei Marées und Hodler, in einer herausfordernden Nacktheit, an deren ‚Reinheit' die animalische Fleischlichkeit der Frauenbilder wirkungslos bleibt. Unter den keuschen Unberührten gab es immer wieder einen Narziß. Die Landschaften des englischen Romantikers John Martin sind imaginäre Räume von unendlicher Tiefe: hohle Weltkörper von weiblicher Symbolik und einer bedrohlichen, apokalyptischen Leere. Seine Illustration zu Miltons ***Paradise Lost*** mit dem Titel ***Sünde und Tod beim Bau der Brücke von der Hölle zur Erde*** *(1826)* zeigt eine endlos lange Brücke, die phallisch in eine leuchtende Höhlenöffnung dringt. Die beiden Gestalten auf der Brücke, der Tod und die Sünde, sind winzig klein. Als Rudolf Jettmar dasselbe Motiv als ***Bau der Teufelsbrücke*** darstellte, verzichtete er auf die Natursymbolik, denn die Rolle der Frau brauchte nicht mehr umschrieben zu werden. Als Agentin des Teufels, der abwartend neben ihr hockt, überragt sie nackt die Brücke und die Menschen darauf, die Landschaft selbst ist verschwunden.

Das ‚Große Weibliche' war eine Projektion der Männer, die mit den wirklichen Möglichkeiten der Frau fast nichts zu tun hatte. Die Einsamkeit der Frauen hatte seit der Romantik nur zugenommen, egal welche Rolle ihnen auch zukam. Fontanes ***Effie Briest*** *(1894)* ist als treue Gattin ebenso alleine wie als treulose. Aus der Sicht der Männer kam das daher, weil die Frau als sexuelles Gegenüber die sittlichen Ideale und als geistige Gefährtin die ethischen Ideale des Mannes nie erreichte. Die Ideale waren es, die dem Mann angesichts seiner neurotisierten Sexualität und gefährdeten Männlichkeit seine Identität sicherten, ja selbst eine beschädigte Männlichkeit noch in einen Triumph verwandelten. So etwa in Hugo von Hofmannsthals unvollendet gebliebenem Roman ***Andreas oder Die Vereinigung*** *(begonnen 1911).*

Während bei dem Titelhelden die Jugendlichkeit seine Jungfräulichkeit nur ungenau erklärt, liegt der Fall bei seinem väterlichen Mentor, dem Malteser, klar: Er ist impotent. „Dero Hochunvermögen", so heißt der Stachel, der in ihm steckt[7]. Der Wille, dem sich der Körper versagt, wird umso mächtiger im Geist. Allerdings in einem narzißtisch in sich geschlossenen Geist ohne Gegenüber. Im Geist kann der Impotente seinen Willen spüren, wird er gar zum Magier, „der ein unsichtbares Glied zu regen meint" (S. 301), das „schweigend zu bewegen, schon Wollust ist" (S. 265). Das Versagen des realen Glücks wird zum Streben nach der idealen Vollkommenheit. „In der Liebe: immer sublimieren, verflüchtigen, das Leben, den Moment aufopfern für das daraus herzustellende Höhere, Reinere" (S. 290). Das verschleierte Bild von Sais wartet überall (S. 301). Nun ist aber der Malteser kein Künstler, der sich in seinem Werk verwirklichen kann, sondern eine Jean Paulsche Figur, deren Ende nicht romantischer sein

7 Hugo von Hofmannsthal: Gesammelte Werke (1946), II, 265. (Alle weiteren Seitenangaben im Text von hier.)

könnte. Im Selbstmord nimmt der Malteser seinen Körper wenigstens einmal in Besitz, macht er den Geist zu seinem Herrn. Die Selbsttötung ist ihm „der sublimste Akt des Selbstgenusses, das wahrhafte Disponieren des Geistes über den Körper" (S. 266). Tod und Verklärung bewirken endlich „die Heiligung der Wohllust" (S. 268). Es ist die Ekstase der Impotenz.

Neben der Askese gegenüber Frauen gab es im Symbolismus und in der von ihm beeinflußten Generation danach den Versuch, den Gegensatz der Geschlechter überhaupt aufzuheben. Hermaphroditen und androgyne Wesen bedeuteten von der Romantik bis ins 20. Jh. bei Gautier, Swinburne, Baudelaire, Beardsley, Péladan, Huysmans, Verlaine, Apollinaire, Duchamp, Hesse, Musil u. a. ein Verstummen der geschlechtlichen Bedürftigkeit nach außen und eine Sättigung der eigenen, mystisch entgrenzten Identität. Hinter der Erweiterung des geschlechtlichen Wissens verbarg sich aber auch ein Machtgewinn der nicht benannten, doch gleichwohl männlichen Identität. Das autarke Ich bedurfte der Frau nicht mehr.

Die neben der Sublimierung und der geschlechtlichen Autarkie dritte Möglichkeit, das Weibliche zu umgehen, war die Zuwendung zum eigenen Geschlecht. Sie war tendenziell am stärksten. Seit der Renaissance war das geschlechtliche Ideal ein männliches, vor allem für den Mann selbst. Die Aufklärung schuf, politisch motiviert und daher zunächst geheim, freimaurerische Männerbünde, die von da an das bürgerliche Selbstverständnis grundlegend mitbestimmten. Deren als männlich definierte moralischen und ethischen Werte wurden dann von der Klassik nach griechischem Vorbild in zahlreichen Männerfreundschaften dargestellt und wie in Schillers ***Die Bürgschaft*** idealisiert. In der Romantik schließlich wurde die Liebe zum Mann zum absoluten geistigen Wert schlechthin. Sie war von einem sexuellen Grund, der bei den vorbildlichen Griechen nicht zu übersehen war, so weit abgehoben, daß er ihre geistige Reinheit nicht trüben konnte. Das änderte sich im Laufe des 19. Jh. grundlegend, da das Wissen um die Homosexualität durch Skandale, Wissenschaft und Literatur den naiven romantischen Freundschaften ihre Unschuld nahm. Ab 1870 erschien eine Reihe von sexualwissenschaftlichen Werken, die sich mit der Sexualität und ihren tabuisierten Formen beschäftigte. Von den neunziger Jahren bis zum Beginn des 1. Weltkrieges setzten sich zahlreiche Literaten und Dichter in ihren Werken mehr oder minder offen mit der männlichen und weiblichen Homosexualität auseinander, so u. a. Mirabeau, Strindberg, Ewers, Wedekind, Sacher-Masoch, Gide, Bang, Musil, Th. Mann.

Die Enttarnung der Homosexualität in der Gemeinschaft der Männer verlangte eine noch rigidere Geschlechterbestimmung. Otto Weininger nahm an, daß der Mensch in seinem Keim zweigeschlechtlich sei und der Mann im Laufe seiner Reifung sich vom Weiblichen in sich losmache, so daß er im Idealfall, der allerdings in der Regel kaum vorkomme, hundert Prozent Mann werde. Das Verhängnis der Söhne ist, daß der Vater, der hundertprozentige Mann, nicht nur nicht einzuholen ist, daß sie sein Vorbild in seiner gesellschaftlichen Rolle auch nicht annehmen wollen, denn sie leiden unter den starren Gesetzen der patriarchalischen Obrigkeit, die der Vater vertritt und die ihrem Leben als Söhne keinen Raum läßt. Der Knabe in Hofmannsthals Erzählung ***Dämmerung und nächtliches Gewitter*** *(um 1911)* steht an der Schwelle zur Mannheit, die ihm vom Vater verstellt wird. Der Knabe kreuzigt einen Sperber, denn so gekreuzigt war auch er durch den Vater, „dem Verächter meines Lebens"[8].

Die Verächter geben zwar das Leben weiter, die Verachtung aber auch. Die Erbsünde, schreibt Walter Benjamin in seinem Kafka-Aufsatz, ist die Sünde, „einen Erben gemacht zu haben"[9].

Franz Kafka lebte, wie sein klarsichtiger ***Brief an den Vater*** *(1919)* verdeutlicht, „unter Gesetzen, die nur für mich erfunden waren und denen ich überdies, ich wußte nicht warum, niemals völlig entsprechen konnte"[10]. Sklavenbefehle, die nur für ihn galten, verschlossen ihm die Welt des Vaters, die „unendlich von meiner entfernt" war. So weit entfernt wie der Ursprung der Gesetze, die ihm als Gesetze des Vaters erschienen, aber Gesetze von Generationen waren, die jeden ins Unrecht setzten wie die Erbsünde, und über deren Bestrafung jede Generation grausam wacht. Zu verstehen sind die Gesetze ebensowenig wie die Urteile der Väter. Deutlich wird nur, daß sie der Macht der Väter dienen und somit der Unterdrückung der Söhne. Der Vater in der Erzählung ***Elf Söhne*** *(1916/17)* findet an jedem der Söhne einen Mangel, der sie entscheidend herabsetzt. Selbst wenn der Sohn schon im Mannesalter ist, wie in der Erzählung ***Das Urteil*** *(1912)*, und der Vater alt und zahnlos, ersteht dieser unversehens wie von den Toten zu alter schrecklicher Größe auf, „noch immer ein Riese"[11], zerreißt alle Bindungen des Sohnes an Freund und Verlobter („Ich fege sie dir von der Seite weg, du weißt nicht wie!") und verhängt ein Todesurteil, das der Sohn wie unter Zwang an sich vollstreckt. Die Unvollkommenheit der Söhne als Mann, ihre „Knabenhaftigkeit" und ihr „vom Vater her gebrochener Wille", so Kafka über sich selbst[12], drückt sich bei den drei Erzählern von ***Beschreibung eines Kampfes*** *(1904/05)* als körperliche Defekte aus: Der eine ist zu lang, der andere übermäßig dick, und der dritte ist physisch und psychisch in sich zerfallen. Die Frauen sind davon abgestoßen, glauben die Söhne, ihnen vergehe der Appetit, wie beim Anblick eines Ungeziefers.

Die am Vater gegenstandslos gewordene Liebe richtet sich mit knabenhafter Vertraulichkeit an Fremde, die Freunde werden, die umarmt und geküßt werden, obwohl körperliche Berührungen sonst peinlich sind, denen zärtliche Komplimente gemacht werden, deren Bedeutung, wie es in der Erzählung heißt, erst recht klar wird, wenn sie widerrufen werden. So flüchten die unfertigen Söhne aus drängendster, peinlicher Gefühlsnähe wieder in die kälteste Ferne. Zwar taucht am Horizont immer eine Verlobte auf, aber es ist nicht sicher, ob es sich nicht bloß um eine Angeberei der ‚Junggesellen' handelt. Während die Freunde Hand in Hand oder einer auf den Schultern des anderen sitzend die nächtliche Stadt durchstreifen, liegt die Verlobte bloß im Bett – und „Afrika war nicht entfernter"![13]. Überhaupt bleiben die Frauen Phantome, die, wie

8 Hofmannsthal: Gesammelte Werke, II, 450.
9 Walter Benjamin: Angelus Novus, 251.
10 Franz Kafka: Brief an den Vater, 15.
11 Ders.: Die Erzählungen, 31.
12 Ders.: Tagebücher 1910–1923. Gesammelte Werke, 372. (Im Text als TB.)
13 Ders.: Die Erzählungen, 212.

Kafka zu ***Das Urteil*** schrieb, „in der Geschichte nur durch die Beziehung zum Freunde, also zum Gemeinsamen", leben (TB, 217).

Aber es sind nicht diese flüchtigen und brüchigen Beziehungen zu den Freunden, die letztlich zählen, sondern der Zwang zur Gemeinschaft, den die jüdische Gemeinde ausübt und der den Junggesellen zum Ausgestoßenen macht. „Auch im Talmud heißt es: Ein Mann ohne Weib ist kein Mensch" (TB, 128). Eine Familie zu gründen, ist „das Äußerste, das einem Menschen überhaupt gelingen kann"[14]. Diese Verpflichtung zum Menschsein, um nicht ins Tiersein abzusinken, machte die Ehe zum „bisher größten Schrecken meines Lebens". Und wenn es trotz allem zu einer Verbindung in der Ehe käme, dann ohne Sexualität, denn sie sieht Kafka „als Bestrafung des Glücks des Beisammenseins". Eine Askese, die noch die eines Junggesellen überträfe, wäre „die einzige Möglichkeit für mich, die Ehe zu ertragen" (TB, 231). Denn auch in der Ehe ist die Sexualität „trotz ‚wörtlicher' Übereinstimmung mit dem ‚Gesetz' etwas Abscheuliches und unbedingt zu Vermeidendes" (TB, 407).

Der Asket lebt wie der Trapezkünstler in ***Erstes Leid*** *(um 1920)* in eisigen Höhen, wo die Einsamkeit, wie es bei Nietzsche heißt, „ungeheuer" ist.

Kafka: „Rein bleiben. Junggeselle. Ich bleibe rein. Ich halte alle meine Kräfte zusammen" (TB, 128). Die Kräfte brauchte er, wie der Trapezkünstler, für seine ‚hohe' Kunst. Sie, sein Bewältigungsversuch des Lebens, sollte ihn letztlich doch vor dem ‚hohen Gericht' bestehen lassen. Mit der Kraft aller Sublimierer schrieb Kafka sich den Leib aus der Seele. Daß damit ein Quäntchen Lust einzuholen ist, traf auch auf ihn zu. Gerade während eines seiner schwersten Lebensabschnitte, in der Zeit seiner Ver- und Entlobung mit Felice Bauer, erlebt er einen Schaffensschub, der einem Rausch glich. „Kafka in unglaublicher Ekstase", notierte Max Brod am 1.Oktober 1912[15].

Kafka spricht selbst von der Ekstase des Schreibens, nicht zufällig im Zusammenhang mit der Theosophie und einem Besuch bei Rudolf Steiner 1911 in Berlin. Kafkas Schilderung dieser Begegnung fluktuiert zwischen Ernsthaftigkeit, feiner Ironie und Groteske. Laut seiner Tagebucheintragung erklärte er Steiner, daß „ein großer Teil meines Wesens zur Theosophie hinstrebt", er gleichzeitig aber „höchste Angst" hätte, zu einer bereits bestehenden Verwirrung eine neue hinzuzufügen (TB, 44). Denn: „Mein Glück, meine Fähigkeiten und jede Möglichkeit, irgendwie zu nützen, liegen seit jeher im Literarischen. Und hier habe ich allerdings Zustände erlebt (nicht viele), die meiner Meinung nach den von Ihnen, Herr Doktor, beschriebenen hellseherischen Zuständen sehr nahestehen, in welchen ich ganz und gar in jedem Einfall wohnte, aber jeden Einfall auch erfüllte und in welchen ich mich nicht nur an meinen Grenzen fühlte, sondern an den Grenzen des Menschlichen überhaupt. Nur die Ruhe der Begeisterung, wie sie dem Hellseher wahrscheinlich eigen ist, fehlte doch jenen Zuständen, wenn auch nicht ganz. Ich schließe dies daraus, daß ich das Beste meiner Arbeiten nicht in jenen Zuständen geschrieben habe".

14 Ders.: Brief an den Vater, 50.
15 Max Brod: Franz Kafka. Eine Biographie (1954), 133.

Die Metaphysik und das theosophische Ziel der Ich-Auflösung interpretierte Kafka ganz einfach als „Todesbedürfnis" (TB, 201). Da er sein ganzes Leben als einen sich langsam entwickelnden „Dammbruch" ansah, der zu einer systematischen Zerstörung führt (TB, 398), war ihm trotz aller metaphysischen Tröstungen eher daran gelegen, das wenige an Leben, das er besaß, zu erhalten. Als einer, den „der Lebenstrom niemals ergriffen hat" (TB, 401), „der mit dem Leben nicht lebendig fertig wird" (TB,399), der „ja nicht gelebt habe"[16] und bloß wie ein Untoter die Lebendigen beobachtet, kann er niederschreiben, was er sieht, „denn er sieht anderes und mehr als die anderen, er ist doch tot zu Lebzeiten und der eigentlich Überlebende" (TB, 399).

Für Otto Weininger war die Sache so klar wie für Kafka: Er lebte sein Leben nicht – er setzte ihm ein Ende. Beide versagten vor dem ‚Gesetz' des väterlichen Geistes. Kafka versuchte, durch vorauseilendes Schuldbekenntnis die Strafe zu bannen. Weininger wollte sich dem Gesetz erst gar nicht aussetzen und wälzte alle Schuld auf die Frauen. Er zog sich in seinen idealistischen Schutzbau zurück, um den Sündenfall der Fleischwerdung rückgängig zu machen und sein männliches Sein zurückzugewinnen. Aber auch dort galt es, die Angriffe der Natur ständig abzuwehren: ein erschöpfender Kampf. Erst das gesteigerte Bewußtsein des genialen Menschen würde ihn über die Naturgesetze stellen, so daß er „selbst der Inbegriff aller Gesetze, und eben *darum frei*" wäre[17]. Nicht mehr der Natur unterworfen, wäre er frei vom ‚Weibe', dem er dann auf seiner Ebene nicht mehr zu begegnen brauchte.

Während der Mann kraft seines Bewußtseins seine „sichere Form", seine monadische Einheit, seine isolierte, unangreifbare, männliche Identität erlangt, bleibt die unbegriffliche Natur des ‚Weibes' unbewußt und darum nur ein Teil vom Ganzen. Es wird nie etwas Selbständiges, erlangt nie ein Ich, da es nicht, wie der Mann, in formenden Begriffen denken kann. Es bleibt Lehm, ja schlimmer, ein Nichts.

Weiningers sich als Metaphysik gerierende Psychopathologie verdeckt ihren Ursprung im Geschlechtlichen erst gar nicht. Der Sohn, der dem Vater nachgerät, wendet sich zu Gott, denn er kann sich über die Ethik, unter Ausschluß der Sexualität, geistig mit dem Gott-Vater vereinen. Gerät er der Mutter nach, geht er psychisch zugrunde, denn er fällt ins ‚Nichts'[18]. Daß dabei das Weibliche als Verderbnis bloß vorgeschoben war, wußte auch Weininger: „Der Haß gegen die Frau ist immer nur noch nicht überwundener Haß gegen die eigene Sexualität"[19].

Der ‚bedeutende' Mensch, der Mann, das Genie, trägt die ganze Welt in sich. In sich stellt er die Einheit zu allen Mit-Monaden und zum ganzen Kosmos her. Dieses mystische Bewußtsein, Weininger verweist dabei auf Schelling[20], bedeutet aber gerade keine Ich-Auflösung, die Weininger ebensowenig wollte wie Kafka und die er sich wie einen epileptischen Anfall vorstellte, sondern einen höchsten Individualismus, der die

16 Franz Kafka: Briefe, 1902–1924, 298.
17 Otto Weininger: Geschlecht und Charakter (1903), 224.
18 Ders.: Über die letzten Dinge, 68.
19 Ders.: Taschenbuch, Anhang zu ‚Geschlecht und Charakter', 626.
20 Weininger: Geschlecht und Charakter, 217.

Welt in sich hineinzieht, sofern er ihr nicht in Einsamkeit gegenübersteht. Dieser Zwiespalt des genial Einsamen wird im Führertum überwunden und mit ,Ein Volk, ein Reich, ein Führer' auf die knappste Formel gebracht werden.

Die Selbstbestimmung des (genialen) Mannes ist eine gewaltsame. Sie erfordert eine „Selbstbindung" und erhebt den „inneren Imperativ" zur Pflicht[21]. Und sie bedeutet den Verzicht auf Glück. Das Genie, das auf die Sittlichkeit zugunsten des Glücks verzichtet, verfällt dem Irrsinn[21]. Bei Kafka stand darauf auch die Todesstrafe. Dabei sind Kafkas Schuldige keine Genies, im Gegenteil, sie nähern sich eher dem Tierreich. Für Weininger gab es zwei Arten von Schuldigen: den Verbrecher, der die Sittenburg verläßt und den Sündenfall ins Fleisch nochmals begeht; und den Juden, der aufgrund des hohen Anteils von Weiblichkeit in sich das göttlich-männliche Absolutum, die höchste Sittlichkeit, gar nicht erst erreichen kann. Doppelt gefährdet, bestand für Weininger immer die Gefahr, daß die Selbstbindung nachläßt und das Gesetz gebrochen wird. Darauf stand auch bei ihm die Todesstrafe. „Der anständige Mensch geht selbst in den Tod, wenn er fühlt, daß er endgültig böse wird; der gemeine Mensch muß zum Tode durch ein richterliches Urteil gezwungen werden"[22].

Weiningers idealistische Härte erlaubte ihm nicht, seine ,Schuld' in einem – wie bei Kafka lebenslangen, künstlerischen – Prozeß auf sich zu nehmen. Sein Absolutheitsanspruch kannte nur unversehrte Reinheit oder Verderbnis, Sieg oder Untergang. Seine Ichschwäche aus Männlichkeitsdefizit blähte sich ihrerseits zum Größenwahn, der ihn, auf Zarathustras Spuren, derartige Geisteskräfte spüren ließ, „daß ich in gewissem Sinne Löser für alle Probleme geworden wäre"[23]. Weiningers aufgetürmte Wissenschaftlichkeit und sein systemisches Denken bildeten das Gerüst, auf dem er sich als Erlöser fühlen konnte und von dessen idealistischer Höhe der Absturz unumgänglich war. Anspruch und Realität klafften zu weit auseinander. Das Leben und sein Glücksverlangen waren stärker als der aus ihm subtrahierte Geist. Der an ihm aufgerichtete Wille blieb – wie das „unsichtbare Glied" des Maltesers in Hofmannsthals *Andreas*-Roman – schwach und lustlos. Der Selbstmord, von Hofmannsthal zur idealistischen Apotheose stilisiert, in der der Geist wenigstens einmal die Herrschaft über den Körper erlangt und mit ihm eins wird, bedeutet bei Weininger im Gegenteil das endgültige Auseinanderbrechen.

Anders als Weininger war Stefan George mit seinen homosexuellen Neigungen insofern versöhnt, als er nicht versuchte, sie in irgendeiner Weise abzuwerten, sondern sie in seiner Dichtung und seinem Lebensvollzug, durch den Kreis, den er um sich bildete, geistig überhöhte. Die Frage der Schuld ließ er gar nicht an sich heran, sondern warf sie, wie das Gedicht *Der Gehenkte* erkennen läßt[24], auf die Ankläger zurück. Durch die Mythisierung machte er sich und seinen Kreis unangreifbar. Die Erotik fand in der

21 Weininger: Geschlecht und Charakter, 246, 236.
22 Ders.: Über die letzten Dinge, 63.
23 Ders.: Taschenbuch, 603.
24 Stefan George: Gesamt-Ausgabe der Werke, VIII, 68. (Alle weiteren Seitenangaben im Text aus diesem Band.)

Dichtung, durch Feste, Rituale und Mythen einen starken sinnlichen Ausdruck, der dem sonst an Weininger gemahnenden Absolutheitsanspruch im Geistigen seine Schärfe nahm. Für Georges Frauenfeindlichkeit bot einmal mehr die Denkformel vom männlichen Geist und der Stofflichkeit der Frau den passenden philosophischen Hintergrund (S. 96). Sein Ideal war eine Männergesellschaft nach griechischem Vorbild, mit einer pädagogisch erotischen Beziehung zwischen dem älteren Meister und dem Epheben, der zur Männlichkeit geführt werden soll. Georges zum Teil sehr heftige Liebesgefühle für verschiedene Jünglinge, darunter auch Hugo von Hofmannsthal, fanden, wie die Gedichte zeigen, einen durchaus körperlichen Ausdruck (S. 72), konnten aber auch in einer quasi-religiösen Verehrung sublimiert werden.

In dem 1913 publizierten Gedichtband ***Der Stern des Bundes*** ist folgendes Gedicht enthalten, das George an den von ihm Maximin genannten Jüngling richtete, den er als Vierzehnjährigen kennenlernte und der zwei Jahre später starb.

„Wenn meine lippen sich an deine drängen
Ich ganz in deinem innren odem lebe
Und dann von deinem leib der mich umfängt
Dem ich erglühe die umschlingung löse
Und mit gesenktem haupte von dir trete:
So ists weil ich mein eigen fleisch errate –
In schreckensfernen die der sinn nie misst
Mit dir entspross dem gleichen königstamm" (S. 56).

Warum die sexuelle Erfüllung, die ersehnt wird, vor inzestuösen Tabuschranken („entspross dem gleichen königstamm") haltmacht, läßt sich erahnen, wenn man beobachtet, womit George die sexuelle Erfüllung sonst in Beziehung bringt. In anderen Maximin-Gedichten stellt George die ekstatische Vereinigung mit dem Geliebten wiederholt als eine Selbstvernichtung dar: „Wo ich mich in dir vernichte..." (S. 59); „Vernichte mich! lass mich dein feuer schlingen!" (S. 63). Vernichtung und Auferstehung beschreibt George mit dem Vokabular seiner Geist-Form-Dichotomie, d. h. in den Begriffen männlich und weiblich. Er richtet an Maximin die Worte: „Löse mich aus meiner starre / Dass ich auf ins leben taue" (S. 61).

Die Starre meint die männliche Form, die er sich auferlegt hat, die Einsamkeit der geistigen Erstarrung, die ihn ebenso bewegungslos machte wie Kafkas Trapezkünstler. Die ekstatische Vernichtung („Vernichte mich!") ist keine Auflösung ins mystisch Körperlose, sondern im Gegenteil eine Ganzwerdung ins Leben („Dass ich auf ins leben taue"), auf daß er „sein eigen fleisch errate". Somit ist die Selbstvernichtung eine Auflösung ins Formlose, ins Leben: ins Weibliche. Kein Wunder, daß George davor zurückschreckte, war doch seine Rolle im Männerbund die des Vaters, der die ‚Söhne' heranzieht, auf daß sie die geistige Erneuerung Deutschlands in die Tat umsetzen: „Aus der sohnschaft der erlosten / Kür ich meine herrn der welt" (S. 83). George redete seine Jünger oft als Kinder oder Söhne an, war also Vater und – mit Schrecken – auch die Mutter jener zukünftigen ‚Könige'. George war sich seiner Doppelnatur durchaus bewußt und sprach es mit der ihm eigenen Konsequenz auch aus:

„Ich bin der Eine und bin Beide
Ich bin der zeuger bin der schooss
Ich bin der degen und die scheide
Ich bin das opfer bin der stoss…" (S. 27).

Die weibliche Seite ist das Opfer im doppelten Sinne, denn sie muß gegenüber den ‚Söhnen' in ihrer sexuellen Natur zurückgehalten werden, beginge sie doch sonst Blutschande. So erlegte sich George als ‚opfer' auch das ‚dunkle opfer' (S. 68) der Enthaltsamkeit auf.

Zur Vernichtung im individuell Erotischen findet sich bei George eine auffallende Entsprechung im Politischen. Die geistige Erneuerung Deutschlands, die er durch seinen Bund zu initiieren glaubte, setzte die Vernichtung der alten Kräfte, die nicht zum Überleben reichen, voraus. Ganze Völker sind feminisiert und warten, wie es in dem von George gegründeten ***Jahrbuch für die geistige Bewegung*** von 1912 im Vorwort heißt, „auf das erlöschen aller tüchtigen kräftigen Instinkte gegenüber den unkriegerischen, weiblichen, zersetzenden"[25]. Das gilt besonders für das verweiblichte, dekadente Frankreich, droht aber auch Deutschland. Den ersten Weltkrieg lehnte George ab, da er aus den falschen, nämlich materialistischen Gründen geführt wurde. Stattdessen wollte er einen ‚heiligen Krieg', der, geleitet durch die geistigen Führer, eine Erneuerung aus den archaischen Seelenkräften des Volkes bringen sollte. Als Phönix aus der Asche erstünde auf: der männliche Geist und das germanische Blut. Beide zusammen ergäben die Geburt des Männlichen.

Mit Maximins Tod wurde George dem Schrecken des eigenen Fleisches enthoben. Was vorher kraft der Erotik nicht gelang, war nun möglich: die Übersteigerung der Sinnlichkeit ins Geistige. George ging so weit, in dem Jungen einen wiedergekehrten Christus zu sehen (S. 101). Löste sich im Maximim-Kult der sexuelle Konflikt auf, so mußte George letzten Endes das Scheitern seiner kulturellen Mission mit Bitterkeit zur Kenntnis nehmen. Keiner seiner ‚Söhne' konnte jene Königsherrschaft antreten, die er ihnen zugedacht hatte. Umgekehrt verlangte seine Gefolgschaft eine Konkretisierung seiner esoterischen Utopien, sei es auch um den Preis der Vergröberung. Das führte wiederholt zum Bruch zwischen George und einzelnen seiner Getreuen. Der Nationalsozialismus bot für sie schon in den frühen zwanziger Jahren zu Georges Denken analoge und zugleich politisch erkennbare Strukturen an, die ihn als deren Propheten erscheinen ließen[26]. George entzog sich der Werbung der Nationalsozialisten, weil ihn die plebejische Umsetzung seiner aristokratischen Ideen abstieß und er außerdem selber der Königmacher sein wollte und nicht bloß der Prophet einer Bewegung, auf die er keinen direkten Einfluß haben würde.

Trotzdem konnte er seine Vereinnahmung nicht verhindern. Anläßlich seines Todes verfaßte Gottfried Benn seine ***Rede auf Stefan George***, in der er ihm die Brücke zwischen

25 Zit. in: Franz Schonauer: Stefan George in Selbstzeugnissen und Bilddokumenten, 128.
26 Franz Schonauer, 89.

Nietzsche und Hitler baute. Georges Welt ist ihm eine, „die sich gegen das Mütterliche richtet, das Faustische, das Christliche, gegen alles Allzufrühe und Allzuspäte"[27]. In ihr hat das Relative, Gebrochene, Differenzierte, Unentschiedene, Analytische keinen Platz. Es ist eine Welt ohne Natur und Geschichte. Die Natur ist das Dämonische, Weibliche; die Geschichte die Erinnerung an sie. Hat das Weibliche noch keine Geschichte, ist das männliche Sein schon jenseits der Geschichte, die es als seine weibliche Herkunft leugnet. Kausale Zusammenhänge sind ihm peinlich. Was geschieht, ist Schicksal. Das zur Geschichtslosigkeit verfestigte männliche Sein ist unteilbar (weshalb es für Weininger psychologisch nicht analysierbar war).

Um die Sittlichkeit von einer individuellen, immer neu zu erbringenden Leistung unabhängig zu machen, wird sie bei George wie bei Hitler zu einem biologischen, rassischen Faktor. Georges „frühe Rassenvision" (Benn) sprach von „Blut-schmach" und davon, daß diejenigen, die sie begehen, „wahllos auszurotten" sind[28]. Der unsägliche Haß auf den Liberalismus, den Benn, damals keineswegs kritisch, da am Werk sah, gab der dagegengehaltenen Form die ideologische Gestalt des Faschismus: „Sieg, Herrschaft, Idealismus, Glaube (...), Zucht und Ordnung oder Disziplin oder Norm oder Anordnungsnotwendigkeit"[29]. Bei George herrschte (wie bei Weininger) „der Geist des *imperativen* Weltbildes"[30]. Benn sah in George die politische Anwendbarkeit, der sich dieser entzogen hatte. Den Maximin-Kult verstand Benn, ins Politische erweitert, als den um einen „jungen Führer", der „hebbelsch hart" (Benn) „das keusche, klare Barbarenaug" (George) über den kleinen Kreis seiner Anfänge hinausrichtete. Die Vermählung von Genius und Staat war für Benn die logische Konsequenz. George verstand das Genie als geistigen Erlöser, der „die Welt zur Deckung mit sich zu bringen" sucht, wie Weininger es ausdrückte[31]. Für Benn wandelte sich diese noch romantische Gestalt zum Mann der Tat, der die Welt nicht nur im Geist mit sich zur Deckung bringt.

Der männlich verfestigte (Volks-)Körper wird der seine: An ihm ist nichts „Schwaches und Zärtliches" mehr[32]. Hitlers „sich selbst gebietende(r) Gottmensch" ist sich selbst das Gesetz, das nun – auf den Volkskörper übertragen – für alle gilt. Der Gottmensch wird zum Herrenmensch. Der Tatmensch zum Täter.

27 Gottfried Benn: Gesammelte Werke, IV, 1037.
28 Stefan George: Das neue Reich. Werke, IX, 30; bei Benn zit. 1037.
29 Benn, 1037.
30 Ebd., 1040
31 Weininger: Über die letzten Dinge, 88.
32 Hitler über sein Erziehungsideal: „Meine Pädagogik ist hart. Das Schwache muß weggehämmert werden. In meinen Ordensburgen wird eine Jugend heranwachsen, vor der die Welt erschrecken wird (...). Es darf nichts Schwaches und Zärtliches an ihr sein. Das freie, herrliche Raubtier muß erst wieder aus ihren Augen blitzen. Stark und schön will ich meine Jugend (...). In meinen Ordensburgen wird der schöne, sich selbst gebietende Gottmensch als kultisches Bild stehen und die Jugend auf die kommende Stufe der männlichen Reife vorbereiten..." (Walter Hofer (Hg.): Der Nationalsozialismus. Dokumente 1933–1945, 88).

Physiologie der Erlösung

Barbaren

Was für Nietzsche hinfällig wurde: der idealistisch bereinigte und darum höher als das Leben eingestufte Geist, seine Ideale, das Christentum und seine Moral, die Gott überantwortete Bestimmung des Menschen, die Verleugnung der Natur im Namen der Aufklärung und ihrer Moral, der Nihilismus, das Nichts. Was Nietzsche not tat: wieder von vorne anzufangen dort, wo die Natur durch „Weltverleumder-Ideale" noch nicht

Abb. 32. Arnold Boecklin: Der Abenteurer, 1882.

verloren gegangen ist, wo der Instinkt sich im Menschen als Wille zur Macht entfaltet und Form annimmt[1]. Hatte die Aufklärung am ‚guten Menschen' gebaut (und dabei versagt), griff Nietzsche auf das Rohmodell zurück, das nicht nach moralischen Maßstäben bewertet wird, sondern nach seiner anfänglichen, unverbrauchten Gesundheit. Nietzsche ersetzt gut und böse durch gesund und krank. Die Natur versteht sich anders als der Geist nach biologischen Kriterien. Gesundheit meint „Rassen-Kräftigkeit" und Stärke (S. 392). Idealistisches Asketentum führt zu „Entartung" und „Verkümmerung des Geschlechts" (S. 328). Auch in den Dimensionen des „Menschengeschlechts" ist ein gutes oder gar göttliches Geschlecht ein männliches (S. 264). Die „Bestialität der Idee" (S. 332) vergiftet den „Leib der Menschheit" (S. 270), führt zu Krankheit und Wahnsinn, läßt ‚Volkskörper', wie jenen Frankreichs, verweiblichen (S. 191), geht den Weg abwärts ins „Dünnere, Gutmüthigere, Klügere, Behaglichere, Mittelmäßigere", kurz: in den Nihilismus (S. 278).

Der selbstbestimmte, „ganzere" Mensch, in dem die Natur eine natürliche ist, dem die Moral nicht ankann, ist der Barbar (S. 205). Als „Bestie der That" ist er auf Sieg und Beute aus (S. 333). Sein Handeln ist grausam, da ihn sein „Raubthier-Gewissen" Unschuld verleiht (S. 275). Als aktiv Handelnder läßt er passives Erleiden nicht zu. Leidenmachen und Leiden-sehen sind dagegen „Verführungs-Köder zum Leben" (S. 303). Das Leiden als christliche Tugend ist bloß ein Argument gegen das Leben. Zerstörung bedeutet für die „blonde Bestie" hingegen Lust (S. 275).

Während Nietzsche sehr klar zwischen Kants Vernunftkritik und seiner Morallehre unterschied, er erstere als vorzüglich, letztere als lebensgefährlich einstufte, ihm Geist nicht gleich Geist war, je nachdem, ob von Idealen befallen oder nicht, wurde in der Folge von den anderen Rückkehrern ins Leben alles, was diesem feindlich zu sein schien, in eins gesetzt: die Vernunft, der Geist, die Moral. Als deren Verkörperung galt ihnen Kant. Schon vor 1914 und erst recht nach 1918 war er der „Erzfeind", der die Welt „dem Verstande und der Beherrschung ausgeliefert" hat[2]. Sein kategorischer Imperativ war Hugo Ball 1914 nichts als preußische Staatsraison: „Das ist die Kaserne in ihrer metaphysischen Potenz". Landauer sah wie Musil in Kant denjenigen, der die Trennung von Subjekt und Objekt eingeleitet und das Ich „der entsetzlichen Vereinsamung" ausgeliefert hat[3]. Das vereinzelte Ich suchte Bindung und wollte „Weltich" werden. Das hieß nicht, daß das Ich sich in der Welt auflöst, sondern umgekehrt: Es ist eine „Hineinziehung des Weltalls in unseren Machtbereich". Hier walteten noch kosmische Lebensgefühle und nicht imperialistische Eroberungsgelüste, war doch die Zivilisation selbst fragwürdig geworden. Als Statthalterin des Materialismus preßt sie den einzelnen in eine Rangordnung und verwandelt ihn in eine „Maschine des Bösen"[4]. Dazu trägt wesentlich die Wissenschaft bei, da sie nicht nur den Glauben, sondern

1 Friedrich Nietzsche: Jenseits von Gut und Böse (1886), 9–244; Zur Genealogie der Moral (1887), 245–412; KSA, V, 335. (Alle weiteren Seitenangaben im Text aus diesem Band.)
2 Hugo Ball: Flucht aus der Zeit, 17.
3 Gustav Landauer: Skepsis und Mystik, 16.
4 Ernst Jünger: Das abenteuerliche Herz (1929), 89.

selbst den Zweifel vernichtet und den Zustand der „Gnadenlosigkeit" und des „Kältetodes" bewirkt[5]. So trieb „der Haß gegen das wissenschaftlich Utilitaristische, die kaufmännisch gewordene Erkenntnis, den Staat als reinen Verpfleger, den Menschen als reinen Rentenempfänger, gegen alles Mechanistische des Lebens", beschrieb Gottfried Benn rückblickend die Sehnsucht der Generation vor und nach dem 1. Weltkrieg, diese „über das Empirische und Soziale hinaus auf die schöpferische Substanz, auf die Verwandlungsgefühle"[6] – das Bewegte, das Lebendige. Nietzsche stellte gegen die Décadence, ihren ‚gebrochenen Willen zum Leben' und ihr Synonym, den christlichen Glauben, die Faktizität des Lebens. Für den Symbolisten Emile Verhaeren, einer der Rückkehrer aus der Isolation des Subjektivismus, waren die ‚Gesichter des Lebens' *(Les visages de la vie, 1899)* die Tat, die Reise und die Eroberung. „Müde der Bücher, müde der Worte, / Die mir den Willen versengten, verdorrten, / Such ich im Grund meiner Selbstbewußtheit / Die Tat, die rettet, die Tat, die befreit"[7].

Die Großstadt als Verkörperung des Rationalismus und seines Scheiterns gab der Tat keinen Raum mehr. Nach 1890 wurde sie in Richtung Land und exotischer, unberührter Ziele verlassen. Das Leben findet sich in den wilden, unerforschten Fernen, „den tropischen Floren"[8], wo Nietzsches „tropische(r) Mensch" lebt, fern von der furchtsamen Moral der „gemäßigten Zonen"[9].

Mit solchen Aussichten wurden Reisen wieder gewagt, nicht nur auf dem Papier. André Gides schwindsüchtiger Gelehrter in *L'Immoraliste (1902)* macht wie er selbst, zwölf Jahre nach Nietzsche, im tiefen Süden „die bebende Entdeckung des Lebens"[10]. Thomas Manns *Tonio Kröger (1903)* treibt umgekehrt die Sehnsucht nach den „Wonnen der Gewöhnlichkeit" in den „lichten, stahlblauäugigen und blondhaarigen" Norden[11]. Ernst Jünger zieht es bald darauf nach Afrika, denn es gilt, gleich den Helden der Romantik, die bürgerliche Ordnung zu fliehen und leidenschaftlich das „Wunderbare" zu suchen[12]. Die Beschäftigung mit dem Körper wird wichtiger als die mit dem Geist. Kulturverachtung ist angesagt. Gides Immoralist begeistert sich für die „rauhe Ethik der Goten"[13], die schon für Nietzsche zu den vornehmen Rassen gehörten (KSA, 5, 117).

Wesen meint nun nicht Geist, sondern „das nackte Fleisch"[14]. Der Körper, der jung und männlich ist, wird zum Gott. Es ist der Körper des zukünftigen Eroberers, auch wenn im Kind und Jugendlichen noch unschuldsvoll der Mythos des Neuanfangs beschworen wird. Es ist schon alles da, was in den folgenden Jahrzehnten der Politik der Nationalsozialisten dienen wird: der Führergedanke, der Kult des heroischen Jünglings, die Verherrlichung der Zucht und des heldischen Todes, wie Klaus Mann im

5 Ebd., 88.
6 Gottfried Benn: Der neue Staat und der Intellektuelle (1933), 130.
7 Emile Verhaeren: Ausgewählte Gedichte, 111.
8 Ebd., 112.
9 Nietzsche: KSA, V, 117.
10 André Gide: Gesammelte Werke, VII, 379.
11 Thomas Mann: Tonio Kröger, 38.
12 E. Jünger. Das abenteuerliche Herz, 58.
13 Gide: Werke, VII, 421.
14 Ebd., 399.

Zusammenhang mit Stefan George schreibt[15]. Zur Rückgewinnung der starken männlichen Werte, die die menschlichen Werte schlechthin sind, kann auch die Homoerotik ihren Beitrag leisten, können erotische Bekenntnisse wie die von Gide und George gewagt werden, ohne daß sie aus der allgemeinen Misogynie und Männlichkeitsbesessenheit allzuweit herausragen.

Wie Hyperion und Heinrich von Ofterdingen zieht es die Männer von zu Hause fort, denn die „Beharrung zum Bürgerlichen, Begrenzten, Examen, Position, Heirat, ein blondes Glück und Flachland voraus" ist ihre Sache nicht[16]. Das Weibliche ist das Synonym für die Schwäche, die der willenskranke Mann überwinden muß. Die Schwindsucht von Gides Immoralisten überträgt sich symbiotisch auf seine junge Frau und zieht sie in den Tod. Mit Nietzsche getröstet, sagt der Hinterbliebene: „Mir graut vor dem Mitleiden (...) man sollte nur mit den Starken fühlen"[17]. Zartfühlender waren in dieser Hinsicht auch die Romantiker nicht gewesen.

In den beiden futuristischen Manifesten von 1909 und vor allem in dem Roman ***Mafarka il futurista*** *(1910)* verkündete F. T. Marinetti „die Verachtung des Weibes", das als Inbegriff der Décadence die Bewohner von ‚Paralysia' zu Feiglingen machte und mit der „erhabenen Fäulnis der Seele" ihr Leben vergiftete[18]. Selbst der Tod wäre besser als die Lähmung, die die sexuelle Abhängigkeit bewirkt. Wie bei Gide werden für die erstarkten Männer die Frauen zu Invaliden und Kranken. In poetischen Bildern, die an Lautréamont mehr noch als an Nietzsche erinnern, beschwört Marinetti die Kraft des männlichen Raubtieres, dessen Grausamkeit den Panzer gegen jene Gefühle bildet, die seine Schwäche ausmachten. Indem der Barbar mit den Gefühlen und dem Gewissen den ganzen humanistischen Ballast abwirft, wird er unangreifbar wie eine Maschine. Nicht weniger als ein Krieg ist notwendig, um in ihm als „einzige Hygiene der Welt" die alten Gefährdungen zu überwinden[19].

Im ‚Stahlbad' des 1. Weltkrieges beschwor Ernst Jünger den Mythos der Apokalypse und der männlichen Wiedergeburt. „Das Ungeteilte, der Ursprung wurde lebendig und schrie nach Entladung, nach einfacher und wilder Tat. Das war ein schönes, kräftiges Gefühl, ein Sichwiederfinden aus dem qualvollen Unsinn der Vernunft"[20]. Noch deutlicher, was die kriegerische ‚Entladung' betrifft, wird Benn, der seinen Dr. Rönne um 1915 feststellen läßt: „Der Schwellungscharakter der Schöpfung ist evident, in den Fluten, in den Phallen"[21]. Kraft, Faust und männlicher Mut sind Jünger die neuen Götter, aus denen die „Wiedergeburt des Barbarentums" erfolgt[22]. Die „Wiederentdeckung der Gewalt" und „auf die Spitze getriebenes Mannestum"

15 Klaus Mann: Prüfungen. Schriften zur Literatur, 211.
16 Ernst Jünger: Sturm, 75.
17 Gide: Werke, VII, 462.
18 Hansgeorg Schmidt-Bergmann: Futurismus. Geschichte, Ästhetik, Dokumente, 78, 81, 124. Vollständig abgedruckt: Marinettis ‚Manifest des Futurismus', 75–80, ‚Tod dem Mondschein! Zweites Manifest des Futurismus', 80–89; und Auszüge aus ‚Marfarka il futurista', 113–146.
19 Ebd., 77.
20 E. Jünger: Sturm, 77.
21 Gottfried Benn: Kunst und Macht, 144.
22 E. Jünger: Der Kampf als inneres Erlebnis, 30.

erwachsen aus einem „Wirbel der Erotik", an dem Frauen keinen Anteil mehr haben, richtet sich der ‚Schwellungscharakter' der ‚Faust' ja nicht an sie, sondern an den Mann, der als Feind ‚überflutet' wird.

Das Ideal ist jedoch der geschlechtlich autarke Mann, der sich selbst genügt und genießt und sich ohne Frau als ‚zölibatäre Maschine'[23] selbst reproduziert. In Alfred Jarrys ***Le surmâle*** *(1902)* verwandelt sich ein schwächlicher Schloßbesitzer in einen phallischen Supermann, der gefühllos wie eine Maschine agiert. Marinettis Mafarka erzeugt einen geflügelten Giganten, den er mit einem Kuß zum Leben erweckt. Wenn Frauen mit Sinnlichkeit die Bastion des Männlichen bedrohen, wird der Phallus zur tödlichen Waffe, bei Jarrys Supermann ebenso wie bei Marinetti, wo das bronzierte Glied des ‚Flügelmenschen' die Scham der Frauen durchstößt (S. 139). Diese phallischen Männer haben keine verborgenen, ‚Blaubartzimmer' wie noch die Symbolisten, sie vollziehen die Hinrichtung der Frau öffentlich (S. 133 ff).

An die Stelle der abgetöteten Liebe setzt der Psychokrieger „die erhabene Wollust des Heroismus" (S. 122). Wie später Jünger weiß Marinetti, daß die Lust an der Grausamkeit nur zu bewahren ist, wenn das Ziel ständig in die Ferne gerückt wird. Das Ziel wäre der Friede, d. h. das Ende das Leids an der versagten Liebe. „Man muß das Leid um zerstörte Zärtlichkeiten bis zum allerköstlichsten Delirium treiben" (S. 122). Die Zerstörung (in Form des Sadismus) kann und darf nicht aufhören. Otto Weininger nennt sie einen Akt der Verzweiflung: die „notwendig grausame Antwort auf die grausamste Heimsuchung durch die Liebe"[24].

Die menschliche Maschine bedeutet eine „mechanische Vergöttlichung" (S. 108). In ihr manifestiert sich die Beherrschung der Natur, nicht notwendig ihre Eliminierung, denn die Maschine ist ein ‚organisches' Wesen, dessen Schönheit jene der Natur übertrifft. Der männliche Wille, der einem Schöpfergott gleicht, gründet eine Religion des Technischen, die ihren perfekten Ausdruck im Ritus und der Form des Militärischen findet. In ähnlicher Diktion wie Jünger und Benn sagt Mafarka: „Mein Metall gewordenes Gehirn sieht überall scharfe Ecken in streng symmetrischen Systemen. Die künftigen Tage sind da vor mir, starr, gerade und parallel, wie die von den Heeren meiner Wünsche gut angelegten Militärstraßen!" (S. 124). Dem männlichen Prinzip ist die Techno-Natur und ihr Innenleben zugeordnet. Ihr metallenes Gehirn legt keinen Wert auf ‚Geist'.

In seinem Essay ***Gedanken zum Krieg*** *(1914)* und in den ***Betrachtungen eines Unpolitischen*** *(1918)* präzisierte Thomas Mann den Gegensatz von Leben und Geist als den von Kultur und Zivilisation, wobei auch er sich an die geänderten geschlechtsspezifischen Zuweisungen hielt. Die männliche Kultur bedeutet nun Natur, Magie, Kunst, Krieg und Genie. Die weibliche Zivilisation dagegen ist „Vernunft, Aufklärung, Sänftigung, Sittigung, Skeptisierung, Auflösung – Geist"[25]. Endlich wurde den Frauen

23 Marcel Duchamp wird den Begriff ‚machine célibataire' für sein *Großes Glas* verwenden, mit dem er 1915 begann.
24 Otto Weininger: Taschenbuch und Briefe an einen Freund (1919), 15.
25 Thomas Mann: Essays, II, 23.

einmal Geist zugestanden – und dann war er nichts wert. Frankreich als Wiege der Moderne war als Nation ins Feminine abgerutscht. Die Moral einer Gesellschaft, die zwischen Materialismus und Décadence haltlos schwankt, stellt das Individuum in eine Leere ohne Bezug zum wirklichen Leben. Darum ist einer, der sich gegen die Entfremdung stellt, ein Immoralist, mehr noch: ein Anarchist, Verbrecher und Barbar. Er ist ein Einzelkämpfer, der der Gesellschaft wie ein Verbrecher den Krieg erklärt (Jünger) und zur Rückgewinnung des ‚nackten Lebens' (Yvan Goll) sich wie ein Barbar über ihre Gesetze hinwegsetzt. Anarchisten gab es im ausgehenden 19. Jh. genug, aber den entscheidenden Umbruch würde nur ein ‚Führer' herbeiführen können – und der war nirgendwo zu finden. Der ‚Ausnahmemensch', auf den sich von Nietzsche bis Musil immer alle einigen konnten, nämlich Napoleon, war schon lange tot. So war es schließlich der Künstler, der als Modell, Erzieher und Königmacher eines zukünftigen Herrschers fungierte.

Rembrandt als Erzieher (1890) von August Julius Langbehn war der erste bis in die Hitlerzeit hinein populäre Aufruf zum politischen Mittlertum des Künstlers. Um den Verfall des geistigen Lebens des deutschen Volkes, den „der demokratisierende, nivellierende atomisierende Geist des Jahrunderts" bewirkt hat, aufzuhalten, bedarf es eines Führers[26]. Den vielen geistigen Nullen muß „der große Einser", das einzelne geistige Individuum, vorgesetzt werden. Vorläufig hat diese Aufgabe der Künstler, der, nach mittelalterlichem Vorbild, einem Handwerker mit Arbeitsbluse und nicht einem verweichlichten Bohemien mit Samtjacke gleichen soll (S. 70). Völkische Kunst stärkt den deutschen Geist und damit die nationalistischen Empfindungen so weit, daß ein „geistlicher und sittlicher Befreiungskrieg" auch militärisch geführt werden kann (S. 182). Dazu bedarf es einer männlichen Kultur, die sich wiederum dadurch rechtfertigt, daß das Männliche „der höchste Ausdruck des Menschlichen" ist (S. 351). Diese kulturpolitische Planung auf den Krieg hin macht klar, daß der Künstler nur ein temporärer Führer sein kann, denn der Messias wird als „heimlicher Kaiser" erwartet (S. 352).

So weit war es noch nicht. Noch hieß es zeitgleich bei Joséphin Péladan, für dessen Romane in den ‚Ostara'-Heften geworben wurde, die zur Lektüre des jungen Hitler zählten: „Künstler, du bist König: Die Kunst ist das wahre Königreich"[27]. Péladan, ein künstlerisch bewegter Esoteriker, der 1888 in Paris die Sekte der Rosenkreuzer neu gründete, sah trotz seiner zeitweisen Nähe zu den Nabis in der Gegenwart keinen, durch den der „Kunst-Gott" sichtbar werden würde. Wie für Langbehn sind ihm die Propheten der Kunst nur in der Vergangenheit zu finden: „Wir haben keinen Führer, aber die alten Meister leiten uns dem Paradies entgegen".

Wegbereiter für einen künftigen „Napoleon der Seele" (Barrès) gab es unter den ‚bekehrten' Symbolisten und alten und neuen Naturalisten genug. Sie schlossen sich, da einzeln zu schwach, zu ‚Bünden', ‚Orden', Kreisen' und ‚Gemeinschaften' zu-

26 August Julius Langbehn: Rembrandt als Erzieher, 45. (Weitere Seitenangaben im Text von hier.)
27 Zit. in: Hans H. Hofstätter: Symbolismus, 229.

sammen wie jene Ritter gegen die „elende Moderne" in Péladans ***La décadence latine*** *(1884–1925);* in Maurice Barrès ***Le roman de l'énergie nationale*** *(1897–1902)* ; rund um den Friedrichshager Dichterkreis und um Stefan George. Daß bei Barrès Nationalismus, Katholizismus und Revanchismus Mittel zur Überwindung der Décadence sind, sah Thomas Mann in den ***Betrachtungen eines Unpolitischen*** mit Verständnis[28]. Bei den Künstlerkreisen handelt es sich um eine „anständige Aristokratie"[29], die legitimiert wäre, auch die politische Macht zu haben. Der Künstler-Politiker stünde über den herkömmlichen Moralvorstellungen, denn der Handelnde ist immer gewissenlos[30]. Politik als Kunst bedeutete auch: „Der Genius könnte dann wieder mit der Menschheit experimentieren"[31].

Die alte Religion war „ein Gefäß ohne Inhalt" geworden[32]. Die neue ‚Religion des sich manifestierenden Willens' (Marinetti) griff auf heidnische Formen der Natur- und Heroenverehrung zurück. Péladan, Georg Heym und Emile Verhaeren befürworteten Sonnwendfeiern und Lenz- und Ostarafeste, deren Rituale, „ekstatisch und trunken (...), die Flamme der Überirdischen" erneuern würden[33]. Auf die Hausaltäre gehörten die Bildnisse großer Männer wie Schopenhauer und Nietzsche[34]. Der Führerkult trägt, eingebettet in eine Kunstreligion, noch idealistische Züge. Die Anbeter des ‚Kunst-Gottes' wurden, wie Thomas Mann zwanzig Jahre später kritisch zu seinen ***Betrachtungen eines Unpolitischen*** feststellte, zur leichten Beute einer Politik, die sie zu „Staats- und Machtsklaven" machte[35].

Ab den neunziger Jahren setzten die Erwecker der nationalen Kräfte auf beiden Seiten, in Deutschland wie in Frankreich, auf alten unerledigten Chauvinismus. Langbehn erinnerte an Jena, wo die preußische Armee gegen Napoleon ihre entscheidende Niederlage erfuhr. Und Barrès wollte die ‚énergie nationale' gegen Deutschland gerichtet sehen. In der sich aufschaukelnden Kriegsbereitschaft sahen beide Seiten den Beweis für die eigene wachsende Stärke. Der Prozeß einer sittlichen Reinigung, der mangels der inneren Stärke des einzelnen nicht von der Stelle kam, würde im Kollektiv, männerbündisch und nationalistisch aufgerüstet, mit materiellen Mitteln über die Grenzen getragen, als ‚Stahlbad' Tabula rasa machen. Der Krieg wurde zum Kulminationspunkt aller erhofften Neuanfänge. Nicht anders als durch die Französische Revolution würde Raum für Neues geschaffen[36]. Die Kriegsbereitschaft zog sich quer durch die politischen und künstlerischen Lager. Den Künstlern (und Philosphen) ging es nicht um Revanchismus, sondern um die Rückgewinnung des ‚Elementaren'. Die Zerstörung geschieht nicht „aus Lust an der Revolte, sondern um durch die Empörung

28 Thomas Mann: Betrachtungen eines Unpolitischen, 193.
29 Georg Heym: Über Genie und Staat (1912), in: Dichtungen und Schriften, Gesamtausgabe, II, 175.
30 Th. Mann: Betrachtungen, 222.
31 Heym: Über Genie und Staat, II, 175.
32 Ders.: Versuch einer neuen Religion (1909), in: Dichtungen und Schriften, II, 164.
33 Ebd., 166.
34 Ebd.
35 Thomas Mann: Kultur und Politik (1939), in: Altes und Neues, 651.
36 Georg Simmel: Der Krieg und die geistigen Entscheidungen (1917), 63.

das Vernichtende und Vernichtete ganz zu vernichten, so daß Heilendes sich entfalten konnte"[37]. Des Heils bedurfte die Psyche wie die Seele: die verwundete männlich-nationale Identität und der heimatlos gewordene Glaube.

Umsturz und Aufbau hieß 1919 eine Reihe von Dichtungen und Schriften des Expressionismus. Kandinsky wurde um 1913 zu Bildern mit apokalyptischen Themen durch Rudolf Steiner angeregt, „der, ähnlich Marc auf seinen Katastrophenbildern, in der Zerstörung ein im Sinne Wagners reinigendes Opfer sah, aus dem ein Zeitalter größerer Erleuchtung hervorgehen würde"[38]. Max Beckmann wünschte sich aufgrund seiner ersten Fronterlebnisse, das metaphysische Befreiungsgefühl – „die Ferne, die Unendlichkeit" – in Bildern ausdrücken zu können[39]. In der Zerstörung würden durch die Erscheinungen hindurch ihr Wesen und damit die „religiösen Innenmächte" freiwerden[40]. Selbst in der Grausamkeit liegt die „Ahnung einer mystischen Moralität"[41]. Im Krieg findet wie in der Mystik die „Revolution der Seele gegen die Ordnung" statt[42]. Diese mystische Haltung blieb auch nach dem Kriegsende bestehen. Musil etwa sah dann den Krieg zwar als einen Betrug an, „aber in den Umrissen eines göttlichen Erlebnisses"[43].

In einem Punkt schien sich die mystische Erwartungshaltung gegenüber dem Krieg zu erfüllen: im Gefühl der Gemeinschaft, in der der einzelne aufgeht. „Wir waren nicht mehr, was wir so lange waren: Allein!"[44]. Diejenigen, zu denen der „Kriegs-Gott" kommt, „glühen in Eines zusammen", heißt es 1914 in den ***Fünf Gesängen*** Rilkes. Der Krieg macht „den organischen Charakter unseres Wesens fühlbar", da „das Individuellste und das Allgemeine sich an jedem Punkt zur Lebenseinheit durchdringen"[45]. Obwohl der Krieg äußerlich ein mechanischer ist, ist er innerlich organisch wie die Maschinen der Futuristen[46]. Politisch gesehen, meinte die Einheit, daß die Reichswerdung von 1870 sich jetzt erst erfüllt und das Volk im Krieg zur „Einheit und Ganzheit" zusammenwächst[47].

Der Krieg brachte zwar alles andere als die Erfüllung dieser Erwartungen, aber die Hoffnung auf die völkische, mythische und mystisch verbundene Gemeinschaft blieb ungebrochen. Im Parlamentarismus und in den politischen Parteien sah Moeller van den Bruck nach 1918, da ein ‚fauler Friede' die deutsche Einheit erst recht verhindert hat, keine Möglichkeit, sie wiederzufinden. Statt zersplitterter Parteien wollte Moeller eine sozialaristokratische Bewegung, die aus den politisch rechten und linken Rändern kommt, eine Verbindung konservativ-nationaler und revolutionär-sozialer Werte in

37 Kurt Pinthus (Hg.): Menschheitsdämmerung. Ein Dokument des Expressionismus (1919), 28.
38 Rosenblum, 156.
39 Max Beckmann: Briefe im Krieg, 15.
40 Georg Simmel: Zur Philosophie der Kunst, 148.
41 Th. Mann: Betrachtungen eines Unpolitischen, 187.
42 Robert Musil: zit. in: Elisabeth Albertsen: Ratio und ‚Mystik' im Werk Robert Musils, 125.
43 Musil: Tagebücher, I, 672.
44 Max Scheler: Der Genius des Krieges (1915), 5.
45 Georg Simmel: Der Krieg und die geistigen Entscheidungen, 10.
46 Ders.: Zur Philosophie der Kunst, 150.
47 Ders.: Der Krieg, 29.

einem „dritten Reich" der „Zusammenfassung"[48]. Dabei käme es nicht auf Ideologie und Worte an, die so lange geschmähten Verstandeskräfte, sondern auf Taten, weshalb Moeller mit einer „zunehmenden Radikalisierung des deutschen Lebens" rechnete. Die politische Mitte würde dabei aufgerieben werden, denn von den politischen Rändern her kommt der Tatenmensch, der als „Held der Tat" auch ein Verbrecher sein kann. Sofern er Rechtfertigung überhaupt nötig hat, ergibt sie sich aus der „völligen Identität von Macht und Geist"[49]. Der Held der Tat mag ein Tyrann sein, aber als „höchstes geistiges Prinzip" und „metaphysisches Wesen" ist er jeder Wertung entzogen[50]. Der „totale Staat" mag ein „Machtstaat schlechthin", ein „Tyrannenstaat" sein, aber in ihm entsteht eine neue Rasse und damit „eine der großartigsten Realisationen des Weltgeistes überhaupt"[51].

Benn wollte den Nationalsozialismus metaphysisch mit dem ‚Weltgeist' begründen, aber derlei geistesgeschichtliche Legitimation war längst nicht mehr gefragt. Zudem war er, wie das schon vor dem 1. Weltkrieg deutlich gemacht worden war, zu nahe der Vernunft und Aufklärung. Selbst als tragender Teil des Nationalismus[52] kam der ‚Weltgeist' abhanden, mußte er dem Gegenbegriff ‚Kultur' im Sinne von Natur Platz machen. Und Natur meinte Rasse und ihre Züchtung. „Gehirne muß man züchten, große Gehirne, die Deutschland verteidigen, Gehirne mit Eckzähnen, Gebiß aus Donnerkeil"[53]. Wie die ‚heroischen Körper' der futuristischen Maschinenmenschen ist die Konstruktion Mensch mit ihrem „Metall gewordenen Gehirn"[54] als biologisches Produkt nicht nur zu züchten, sondern notfalls auch auszusondern[55] Das Problem ist ein rein technisches, kein ethisches. Wie Marinettis Gigant, soll der Mensch nicht gut, sondern groß sein: „Männer mit breiten Schläfen und einem Kinn aus Stahl"[56]. In solchen von der Zivilisation unberührten bzw. befreiten Machtmenschen sah Ernst Jünger das Leben „mit Krallen, Hörnern und Zähnen zum Kampf" bewehrt[57]. Auf die Funktion kam es schließlich an.

Die Einbindung des einzelnen in die Gemeinschaft (des Volkes) beruht nicht in erster Linie auf Inhalten, sondern auf dem Glauben. Hitler wußte, daß sich in ihm das Völkische und das Religiöse berühren, weshalb die Glaubensgemeinschaft so heilig wie machbar ist[58]. Der biologistisch begründete Mythos von der Reinheit des Blutes und die so geschaffene Einheit des Reiches werden ins Religiöse überhöht. Die religiös begründete Unsterblichkeit des einzelnen konkretisiert sich zur biologischen Unsterblichkeit des Volkes. Erst in dieser höheren Bestimmung erfüllt der einzelne seinen Zweck.

48 Moeller van den Bruck: Das Dritte Reich (1922), Vorwort Hans Schwarz, 11 f.
49 Gottfried Benn: Der neue Staat und die Intellektuellen, 153.
50 Ebd., 154 f.
51 Ebd., 11, 27.
52 Klaus Vondung: Die Apokalypse in Deutschland, 166.
53 G. Benn: Der neue Staat, 161.
54 Marinetti: in: Hansgeorg Schmidt-Bergmann: Futurismus, 124.
55 Benn: Der neue Staat, 60.
56 Marinetti, 115.
57 Ernst Jünger: Das abenteuerliche Herz, 233.
58 Adolf Hitler: Mein Kampf (1925/26), 417.

Nietzsche hatte das kritisch als das Wesen des Glaubens erkannt: „Der ‚Gläubige' gehört *sich* nicht, er kann nur Mittel sein, er muß *verbraucht* werden, er hat Jemand nöthig, der ihn verbraucht"[59]. Der Glaube interessierte Hitler nur in seiner Funktion. Die „gesetzmäßige Kraft des apodiktischen Glaubens" – richtiger als Fanatismus zu bezeichnen – war ihm in erster Linie ein „Kampffaktor"[60].

Der Zucht der Gehirne dient alles, auch die Kunst. Als Propaganda und Ritual arbeitet sie das ‚ideelle Sein' in das „Material" ein[61]. Das Material ist der Mensch als Summe. Kunst erübrigt sich, sobald ein neues Geschlecht entstanden ist: „Überrassen" und „solare Eliten"[62]. Da die Durchsetzung der politischen Absichten, von Hitler selbst als ‚Revolution' begriffen, nicht ohne Gewalt vor sich geht, wird die Rolle des ‚Materials', das Täter und Opfer zugleich ist, in metaphysische Dimensionen gehoben. Die Erfahrungen des 1. Weltkrieges hatten daran nichts geändert, wie Ernst Jüngers ***Der Arbeiter*** zeigt. Der Arbeiter ist der Soldat vom Fließband, der die Frage nach der politischen Sinnhaftigkeit seines Handelns deshalb nicht stellt, weil er im Tun selbst seinen Sinn und seine tiefe Befriedigung findet, den am Abend nach einer Schlacht das Gefühl durchströmt, „wie es die tiefe Erfüllung eines Sinnes mit sich bringt"[63]. Auch Benn findet für die vorgespiegelte Sinntiefe die rechten, recht ungeheuerlichen Worte: „Eine militante Transzendenz, ein Richtertum aus höher wehrenden Gesetzen, Züchtung von Rausch und Opfer für das Sein verwandlungsloser Tiefe, Härte aus tragischem Gefühl, Form aus Schatten!"[64]. Ein Wortrausch für die Opfer-Täter, in Form gepreßte Schatten, denen das Bewußtsein für die Tiefe der unerlösten Gefühle die nötige Härte verleiht.

59 F. Nietzsche: Der Antichrist, KSA, VI, 236.
60 A. Hitler: Mein Kampf, 417.
61 Gottfried Benn: Kunst und Macht, 51.
62 Ebd., 79.
63 Ernst Jünger: Feuer und Blut, 199.
64 G. Benn: Der neue Staat, 162.

Der Gral

In einer Zeit politischer und geistiger Unsicherheit bezieht sich das Bürgertum reflexartig auf die Quelle seines Selbstverständnisses: die Natur. Wenn Maschinen und selbst der Krieg als ‚organisch' zu begreifen sind, ist es auch die Nation. Das umso mehr, als sie einen ‚Volkskörper' hat und eine religiöse Seele. Hugo von Hofmannsthals schattenlose Geister – die dem Materialismus entflohenen, aber in der Vereinzelung erstarrten Künstler und Geistesaristokraten – suchten den Weg zurück ins Leben und fanden es, sagt Hofmannsthal 1927, in der Nation[1]. Sie ist es, die jene Bindung herstellt, die weder der Staat noch die Kirche länger zu schaffen imstande sind. Staat und Kirche werden im Zuge der Säkularisierung immer weiter auseinandergetrieben, wodurch die gegenseitige Legitimation und Autorität verloren gehen.

Die Nation, sagt Paul de Lagarde in seinen ***Deutschen Schriften*** *(1878/81)*, eine Sammlung ‚theologisch-politischer Traktate', ist von Gott geschaffen, während der Staat mit seinem Parlamentarismus und seiner Bürokratie eine Konstruktion der Menschen ist, die die natürliche Rangordnung des gesellschaftlichen Lebens zerstört[2]. Die Nation stellt dagegen ein Lebensprinzip dar, das als gottgegeben hierarchisch von oben wirksam wird. Das Gottgnadentum wird so vom monarchischen Prinzip, das (unter Bismarck) seinem Ende entgegengeht, auf die Nation übertragen. Zu ihrem Führer wird der „aus dem Chaos hervortretende Geistige"[3], der zunächst als Verkünder und Wegbereiter eines zukünftigen Messias der Künstler und Philosoph ist. Wissenschaft und Kunst dienen dazu, die „Gotteskindschaft" wachsen zu lassen (S. 11).

Die ‚Menschenliebe' – gemeint sind soziale Reformen – hat nicht von unten zu kommen, wie im Liberalismus oder gar von den Sozialisten gefordert, sondern von

1 Hugo von Hofmansthal: Das Schrifttum als geistiger Raum der Nation (1927), in: Gesammelte Werke, Reden und Aufsätze III, 739.
2 Paul de Lagarde: Nationale Religion, (Auszüge aus ‚Deutsche Schriften' u. a.), 4. (Alle weiteren Seitenangaben im Text von hier.)
3 Hofmannsthal, 732.

oben (S. 44). Der Ausrichtung auf Gott sind Liberalismus, Humanismus und Toleranz nur hinderlich. „Frei ist nicht, wer tun kann, was er will, sondern wer werden kann, was er soll" (S. 4.) Die Idee ist entscheidend. Die Sozialenzyklika, mit der Papst Leo XIII. 1891 zur Solidarität und Subsidiarität für die sozial Benachteiligten aufrief, weckte eher Sehnsucht nach dem vorangegangenen Papst Pius IX., dessen *Syllabus errorum* die Unterordnung von Staat und Wissenschaft unter die Kirche und eine Abkehr von liberalen Irrlehren gefordert hatte. Georg von Schönerer, der Gründer einer Alldeutschen Partei, die einen Anschluß Österreichs an Deutschland befürwortete, rief 1897 eine Los-von Rom-Bewegung ins Leben. Auch für Lagarde war die Kirche zu kompromißbereit und zu sehr dem Zeitgeist verhaftet. Beeinflußt von Jacob Grimm *(Deutsche Mythologie, 1835)*, wollte er statt der römisch-katholischen eine nationaldeutsche Religion auf der Basis einer germanisch-deutschen Frömmigkeit. Die „sogenannte" Bibel stellte er als jüdischen Mythos in Frage, Jesus erklärte er zum Nicht-Juden. Darin folgte er David Friedrich Strauß und Bruno Bauer, bei denen sich Religionskritik[4] mit konservativer politischer Anschauung verband. Der Antisemit Bauer leugnete die Entstehung des Christentums aus dem Judentum; die Religion führte er auf die Unzufriedenheit der Menschen mit den sozialen Zuständen zurück, trat aber zu ihrer Behebung für atheistische Aufklärung statt für eine soziale Revolution der Arbeiterklasse ein. Am Ende des 19. und zu Beginn des 20. Jh. diente nicht der Atheismus, sondern der Nationalismus dem sich bedroht fühlenden Bürgertum dazu, den Klassenkampf in einen ‚Kampf der Nationen' umzuleiten. Die nationalistischen Parteien in Deutschland, Österreich, Frankreich und Italien bezogen daraus ihre Selbstbegründung. Da Nation und Religion nicht zu trennen sind, ist der beschworene Kampf auch ein religiöser. Während die römisch-katholische Kirche, bei der Lagarde „männliche Züge" vermißte, „Weltflucht" begeht, wird die nationaldeutsche Religionsgemeinschaft imstande sein, zur „Weltbesiegung" anzutreten (S. 25).

Die Schwächung des römischen Katholizismus bewirkte eine Öffnung zu anderen Religionsformen, dem populären Buddhismus und der Mystik (S. 14), und führte zum Aufblühen von Theosophie und Anthroposophie. Solange die ausstehende nationale Religion nicht die große nationale Bindung zustande bringt, sind die „Sektenkirchen (...) das notwendige Heilmittel gegen das erschlaffende, uns zum Untergang hindrängende Stimmviehgetriebe unsere öffentlichen Versammlungen" (S. 11). Hofmannsthal spricht noch in seiner Münchner Rede von 1927 vom „ringenden Sektierertum", das sich revolutionär gegen die bestehende „geistige Besitzordnung" der Herrschenden formiert. Im gleichen Jahr hielt Annie Besant, die Präsidentin der Theosophen, in Berlin Vorträge, in denen sie eine Vereinigung der Nationen gleicher Rasse unter „Teutonischer Weltmacht" propagierte[5].

Ein Pfeiler einer künftigen nationaldeutschen Religion war die deutsche Mystik mit Meister Eckehart als Leitfigur. Hermann Büttner brachte 1903 eine Eckehart-Über-

4 David Friedrich Strauß: Das Leben Jesu, kritisch bearbeitet (1835); Bruno Bauer: Das entdeckte Christentum, Die Judenfrage, beide 1843.
5 Annie Besant: Vorträge in Deutschland. ‚Die neue Rasse und Deutschlands Zukunft' und andere (1928).

setzung heraus, die immer wieder, in den dreißiger Jahren als ‚Volksausgabe', erschien. Büttner bezeichnet Eckehart als den „ersten modernen und den ersten deutschen Menschen", insofern er in ihm den „Sieg germanischer Art über ‚christliches' Fremdwesen" verkörpert sah[6]. Eckeharts überseiende, eigenschaftslose Gottheit deutet er in eine deutsche Gottheit um. Eckehart repräsentiert ihm in seiner deutschen Art das „Machtgefühl der in sich gegründeten Persönlichkeit". Alfred Rosenberg griff in seinem *Mythus des 20. Jahrhunderts*, mit dem er auf nationalsozialistischer Parteiebene eine ‚Metaphysik der Tat' zu begründen suchte, auf Büttners Eckehart-Deutung zurück und erkor den Mystiker zum „größte(n) Apostel des nordischen Abendlandes"[7]. Rosenberg stellte germanisches Selbstgefühl gegen die Macht der jüdischen Kirche. Seele war für ihn eine „Rassenseele" und Religion daher ein Bekenntnis zu Rasse und Nation. Eckeharts ‚Fünklein der Seele', die Burg Gottes im Innersten des Menschen, diente Rosenberg zur „metaphysischen Verankerung der Ideen von Ehre und Freiheit". „Denn Ehre und Freiheit sind letzten Endes keine äußerlichen Eigenschaften, sondern zeit- und raumlose Wesenheiten, die jene ‚Festung' bilden, aus welcher der echte Wille und die echte Vernunft ihre Ausfälle in ‚die Welt' unternehmen. Entweder um sie zu besiegen oder sie als Notbehelf für Seelenverwirklichung zu benutzen"[8].

Das galt auch für die Gralsburg. Wie sehr germanische Mythen mit christlichem Denken vermischt wurden, zeigt sich daran, daß der katholische Wiener Kulturaktivist und Dichter patriotischer und religiöser Dramen, Epen und Gedichte Richard von Kralik ausgerechnet beim 5. Allgemeinen Österreichischen Katholikentag 1905 einen ‚Gralbund' gründete. Zu den Mitgliedern dieses aus dem katholischen Schriftstellerverband hervorgegangenen Kulturbundes zählten Oswald Menghin, Minister für Unterricht in der Regierung Seyß-Inquart, Hans Eibl, Professor für Geistesgeschichte an der Wiener Universität, und Martin Heidegger[9]. Für Kraliks Zeitschrift ‚Der Gral' schrieb jener Pater Desiderius (Peter Lenz), der in der von ihm mitbegründeten Kunstschule im Benediktinerkloster Beuron unterrichtete und dort eine Neubelebung religiöser Kunst anstrebte. Da Heidegger sich in den zwanziger Jahren während der Semesterferien wiederholt oft wochenlang in dem Kloster aufhielt (Lenz lebte bis 1928), ist anzunehmen, daß sein Eintritt in den Gralbund von dorther erfolgte.

Obwohl Einheit und Bindung die großen Schlagworte waren, gab es unzählige Gruppierungen, Vereine und Zusammenschlüsse in allen Schattierungen partikularer Interessen. 1871 war in Deutschland der sog. ‚Kanzelparagraph' erlassen worden, der Priestern den politischen Mißbrauch ihres Amtes untersagte. Nicht nur von der Kanzel, auch in den zahlreichen Schriften aller Gruppierungen war politische Artikulation kaum möglich, vielfach auch gar nicht gewünscht. Über allem aber schwebte unanfechtbar die ‚Weltanschauung', die philosophische Sicht der Dinge. Rudolf Steiner begründete die Bedeutung dieses von ihm ständig verwendeten Begriffes damit, daß die Philo-

6 Hermann Büttner: Vorwort zu ‚Das Büchlein vom vollkommenen Leben' (1903).
7 Alfred Rosenberg: Der Mythus des 20. Jahrhunderts, 206.
8 Ebd.
9 Rüdiger Safranski: Ein Meister aus Deutschland. Heidegger und seine Zeit, 33.

sophie (gleich wie die Religion) gegenüber den Naturwissenschaften ins Hintertreffen geraten war, die Weltanschauung sich aber über allem erhebt, denn sie ist eine spiritualisierte Wissenschaft der Seele und des Geistes[10]. Wie bereits Strauß in seinem damals viel diskutierten Spätwerk ***Der alte und der neue Glaube*** *(1872)*, verwendete Steiner eine Pseudo-Naturwissenschaftlichkeit zum Aufbau eines universalistischen Weltbildes. Was Strauß kritisch an der Religion als Mythen denunzierte, diente Steiner als eklektische Erweiterung der Glaubensbilder. So wurde nicht nur Buddha in die Nähe von Jesus gerückt, sondern auch Parsifal. Steiner beschäftigte sich mit der Gralssage oft und ausführlich. Sie war ein weiterer Grundpfeiler der ausstehenden national-deutschen Religion.

In Deutschland und Österreich entstand eine große Anzahl von Bünden und nach mönchischem Vorbild organisierten Orden, die ihren versteckt politischen und unklar religiösen Anspruch mit einer Pseudowissenschaftlichkeit, wie sie bei den Theosophen üblich war, begründeten und mit ebensolchem mythischem Gewölk umkleideten. In den Jahren vor und nach dem 1. Weltkrieg wuchs die Zahl der völkischen Gruppen stark an. 1921 gab es davon alleine 73[11]. Sie trugen Namen wie Armanenschaft, Deutschbund, Germanenorden, Skaldenorden, Wälsungenorden, Bund der Guoten, Geusenbund, Thule-Orden, Jungborn, Lumen-Klub, Orden des Neuen Tempels oder Wodan-Gesellschaft. Da es sich fast bei allen um Geheimbünde handelte, spielten Mythen und Symbole eine wichtige Rolle, allen voran die Gralssage. Das Hakenkreuz, im Mittelalter als ‚Gralsritterkreuz' bekannt[12], wurde ab 1907 bei den Neutemplern und ab 1912 im Germanenorden rituell verwendet. Die stark judenfeindliche Armanenschaft, zu deren Mitgliedern der Wiener Oberbürgermeister Karl Lueger gehörte, verwendete das Zeichen der doppelten Sig-Rune, später Symbol der SS. Gemeinsam war diesen esoterischen Zirkeln die Vorstellung von der Überlegenheit der arischen Rasse und ihr aggressiver Antisemitismus. Daß die Überlegenheit als eine aristokratische verstanden wurde, zeigt sich daran, daß einzelne der Sektengründer sich selbst adelten. So etwa der abgesprungene Zisterziensermönch Adolf Josef Lanz, Lehrersohn aus Wien, der als Georg Lanz von Liebenfels den Templerorden neu gründete und jene rassenhetzerischen Ostara-Hefte herausgab, die ab 1905 mit einer Auflage von bis zu 100 000 Stück erschienen und zur Lektüre des jungen Hitler gehörten. Oder Rudolf Freiherr von Sebottendorff, ein Abenteurer und Esoteriker und Gründer der Thule-Gesellschaft, zu deren Gästen und Mitgliedern Hitler und ein Teil der späteren NS-Parteigranden zählten[13]. Sebottendorff, der wahrscheinlich Alfred Rudolph Glauer hieß, bezeichnete sich und seinesgleichen als Aristokraten und „Edlinge"[14]. Der Thule- wie der Skaldenorden unterstützten die NSDAP.

10 Rudolf Steiner: Die Rätsel der Philosophie. Einleitende Bemerkungen zur Neuauflage 1914, II, 7. (Neufassung von ‚Welt- und Lebensanschauungen im 19. Jahrhundert', 1900/01).
11 Dietrich Bronder: Bevor Hitler kam, 217.
12 Ebd., 223.
13 Rudolf von Sebottendorff: Bevor Hitler kam (1933), 241.
14 Ebd., 26.

Obwohl das Gralsrittertum sich von einer romantischen Esoterik zu einer im Hintergrund wirkenden politischen Kraft entwickelte – Hofmannsthal spricht 1927 von den „ohnmächtig Mächtigen, geheim Wirksamen" (S. 730) –, die Publikationen der Bünde in großer Auflage erschienen und ihnen bedeutende Geldmittel zuflossen, war ihr Status der einer Geheimgesellschaft ohne sichtbare Breitenwirkung. Auch wenn Lanz von Liebenfels die Burgruine Werfenstein im Strudengau kaufen konnte, um dort Gralfeiern abzuhalten, fehlte doch der geistige Ort der ‚Sammlung' für die verstreuten Gemeinden, der als Zeichen weithin sichtbar wäre. Ungeachtet der eigenen elitären Ausrichtung sollte der Individualismus (sprich: Egoismus) im geistigen Überbau der Gemeinschaft überwunden werden. Daß es bei aller Ähnlichkeit der Gruppen und ihrem Einheitsstreben doch so viele gab, hängt wohl damit zusammen, daß ihre Gründer und Führer eine Unterordnung nicht vertrugen. In der Erscheinungsform des modernen Liberalismus sah der Jugendführer Anton Orel, der zu dem Kreis um Kralik gehörte, „einen verderblichen, kläglichen Sieg des engen, kleinlichen, kurzsichtigen Individualismus über den Ewigkeit und Unendlichkeit umspannenden Universalismus (...). Nicht größer und freier ist der Mensch geworden, als er aus dem Mittelalter heraus in die Neuzeit eintrat, indem er die ewig giltigen Maßstäbe der Lebensheiligung zerbrach: der Zuchtlosigkeit der Sinnentriebe hat er sich damit ausgeliefert, an die Stelle des freien Helden und Heiligen hat er den unfreien, erdgebundenen Nützlichkeitsmenschen, den profitlüsternen Kapitalisten und den ebenso stoffgläubigen und stoffanbetenden Kommunisten gesetzt"[15]. Die zu setzenden Zeichen einer ‚Lebensheiligung' gleichen jener übergreifenden Idee, die Musil in ***Der Mann ohne Eigenschaften*** als die ‚große vaterländische Aktion' einen Grafen Leinsdorf entwerfen läßt, „denn die Völker Europas treiben nach seiner Meinung alle im Strudel einer materialistischen Demokratie dahin, und es schwebte ihm ein erhabenes Symbol vor, das ihnen zugleich Mahnung und Zeichen der Einkehr sein sollte" (I, 88). Anlaß ist bei Musil das siebzigjährige Regierungsjubiläum von Kaiser Franz Josef. Die zündende Idee, die als „Markstein" groß genug wäre, will jedoch niemandem recht einfallen. Acht Jahre vor dieser imaginären Feier, die dann ohnehin nicht hätte stattfinden können, da der Kaiser zwei Jahre vorher starb, also 1910, schlug Bürgermeister Lueger im Wiener Gemeinderat vor, zum 80. Geburtstag des Kaisers ein Walhalla bauen zu lassen. Diese Idee ging auf Richard von Kralik zurück, für den Politik in metaphysischen und transzendentalen Kategorien wurzelte[16], und der seit 1882 immer wieder ein „Walhalla heimischen Ruhms", eine „Akropolis von Wien", auf dem wegen der Türkenbelagerung zur Geschichtsträchtigkeit hochstilisierten Leopoldsberg vorgeschlagen hatte[17]. Wie das österreichische Heer gegen die Türken, würde diese „patriotische Phantasie" sich gegen die „Wogen der Anarchie" stemmen[18]. Nach Kraliks Vorschlag sollte diese Weihestätte von den Beuroner Mönchen ausgestaltet und geführt werden.

15 Anton Orel: Wiedergeburt des Religiösen, in: Morgenrot. Romantische Monatsschrift für Kultur und Sozialreform, Rudolf Hornisch (Hg.), Jg. 2, Nr. 5/6, Wien (1924), 74.
16 Richard von Kralik: Zur Philosophie der politischen Parteien, in: Kulturarbeiten (1904), 53.
17 Ders.: in: Deutsche Zeitung, 7. Juli 1882, Wien.
18 Ders.: Ein Vorschlag zur künstlerischen Ausgestaltung des Leopoldsberges, (1903).

Die Gralstümler stand vor dem Problem, daß sie weder politisch einen Führer fanden, wenngleich Lueger für Österreich dieser Idealgestalt schon sehr nahe kam, noch künstlerisch aus ihren Reihen eine tragfähige Erneuerung vonstatten ging, die sie der in einer Stadt wie Wien dominierenden Moderne hätten entgegenhalten können. Ihr ‚Kunst-Gott' war noch immer Richard Wagner. Ihr Stilempfinden war bestimmt von Historismus und Symbolismus mit Malern wie Lenbach, Defregger, Makart und Böcklin[19], die dann Hitler für seine Museen requirieren ließ[20]. In der Literatur wurde symbolistischen Décadents wie Péladan und Huysmans mit Nachsicht begegnet, da sie halfen, den Naturalismus zurückzudrängen[21], der zusammen mit dem Materialismus und Rationalismus seit Pius IX. mit dem Bannstrahl der Antimodernisten belegt war. Kralik verstand sich selbst als der Moderne zugehörig und meinte, ihr werde genüge getan, wenn sich der Historismus auf die Einfachheit und Schönheit der klassischen Form beschränke[22]. In der Nibelungenromantik sah er „die mit der reinsten Klassik identische Romantik" verwirklicht[23].

In den Walhalla- und Tempel-Entwürfen dominierte keine im frühen Historismus beliebte Gotik, sondern eine Klassik aus zweiter Hand, deren Säulen-Macht und überwölbende Kuppeln den weltlichen Anspruch hinter der Parsifal-Vergeistigung verrieten. Das gilt besonders für den ‚Idealkirchenplan' (1870/71) des Pater Desiderius Lenz, dessen streng geometrische Form, hermetisch nach außen abgeschlossener Charakter und megalomane Größe an die utopischen Bauentwürfe von Etienne-Louis Boullée, Claude Nicolas Ledoux und Jean-Jacques Lequeu anschloß. Die Entwürfe zu konfessionslosen Kulträumen der Zeit der französischen Revolution huldigten der Vernunft, den Menschenrechten und der Natur im Sinne der Aufklärung. Tempel der Vernunft wurden an mehreren Orten geplant. Hundert Jahre später war die Natur keine aufgeklärte, sondern eine kosmische. Der Jugendstilmaler Fidus entwarf von den neunziger Jahren bis in die Hitler-Zeit hinein Symbolgebäude mit Namen wie Tempel der Eisernen Krone, Tempel des Stillen Wassers, Tempel der Erde u. ä. Alexander Skrjabin wollte um 1914 in Indien mit dem Geld theosophischer Kreise einen Mysterientempel bauen lassen. Hans Eibl begann 1916, in treuer Gefolgschaft Kraliks, mit Entwürfen zu einem Tempel des Menschen und präsentierte sie 1927 in Buchform[24].

Keiner der Weihebauten der Neo-Nibelungen, kein nationalreligiöses Symbolgebäude wurde realisiert. Als sich ihre Proponenten Hitler andienten, wurden sie abgewiesen und, falls sie als lokale Geistesheroen zu viel Ehrgeiz zeigten, kaltgestellt. Alle Geheimorden (mit Ausnahme des Deutschbundes) wurden 1933 in Deutschland

19 Kralik: Die ästhetischen und historischen Grundlagen der modernen Kunst, Wien 1904; Georg Lanz von Liebenfels, in: Ostara Nr. 86, Wien 1914.
20 Hildegard Brenner: Die Kunstpolitik des Nationalsozialismus, 157.
21 Pierre Paulin: Joris Karel Huysmans, in: Der Gral. Monatsschrift für schöne Literatur, Franz Eichert (Hg.), Ravensburg, 1. Jg., 11. Heft, August 1907, 503.
22 Richard von Kralik: Die moderne Kunst- und Literaturbewegung, in: Neue Kulturstudien (1903), 336.
23 Richard von Kralik: Nibelungennot, in: Die Nibelungen. Vierteljahresschrift zur Pflege christl.-germanischer Kultur, Edmund Weber (Hg.), Wien, 1. Jg., Nr. 4, Dez. 1919, 60.
24 Hans Eibl: Der Tempel des Menschen. Entwürfe zu einem Reichsehrenmal.

aufgelöst. Obwohl bis in letzter Minute versucht wurde, den Nationalsozialismus nicht nur unterschwellig, sondern offen mit einer germanischen Religion zu koppeln[25], schlugen alle diese Bestrebungen fehl. Den Neuheiden und Christgermanen gelang es nicht, sich im Dritten Reich durchzusetzen, weil, wie Bronder meint, „die führenden Nationalsozialisten sich vom Christentum nicht zu trennen vermochten, aus dessen Mutterschoß sie hervorgegangen waren und dem sie zumeist nie eine Absage erteilt hatten; wie Hitler und Dr. Goebbels etwa, die bis zu ihrem Tode 1945 treu und brav Kirchensteuer von ihrem großen Einkommen abführten"[26]. Entscheidend war aber, daß das Neuheidentum, das Hitler in Wien kennenlernte, mit seiner Ideologie, seiner Sprache und seinen kulturellen Ausprägungen restlos im Nationalsozialismus aufging, so daß eine gleichartige Religion daneben überhaupt keinen Platz hatte.

Musil macht im ***Mann ohne Eigenschaften*** deutlich, daß die nach Orientierung suchenden Konservativen vor dem 1. Weltkrieg ihren Halt nicht in der ‚großen vaterländischen Aktion' finden konnten, weil die Monarchie längst nicht mehr tragfähig genug war, um sie überhaupt entstehen zu lassen. Alleine der Krieg war im Jubiläumsjahr 1918 als ‚spirituelles' Ereignis groß und reinigend genug, um alle die diffusen und aufgestauten Erwartungen, die auf ihren idealistischen Höhen nicht und nicht Gestalt annehmen wollten, zu bündeln. Er erzeugte endlich die Gemeinschaft, die geistig, politisch und künstlerisch nicht herzustellen gewesen war. Nach der Apokalypse versprach die nationalsozialistische Revolution ein zweites Mal eine Bereinigung und eine diesmal endgültige Zusammenfassung der nach dem Krieg abermals auseinandertreibenden Strömungen im Gesamtkunstwerk des totalitären Führerstaates. Endlich würden den Gral auch die Massen zu sehen bekommen.

In Beuron entwickelte Lenz autodidaktisch ab 1866 einen klassischen Baustil, bei dem er auf romanische und altägyptische Stilmerkmale zurückgriff. Er reagierte mit seinen Entwürfen für riesige Kirchen unmittelbar auf die 1864 von Pius IX. begonnene Redogmatisierung der katholischen Lehre, die ihrerseits eine Reaktion auf die Gefährdung durch die Wissenschaft war, hatte Darwin doch gerade erst behauptet, der Mensch stamme vom Affen ab und nicht von Adam. Die ‚unsichtbare Kirche' der Frühromantik hatte sich als nicht tragfähig erwiesen, schon gar nicht für das Kirchenvolk, und deshalb wurde auf die bewährte Demonstration sichtbarer Macht zurückgegriffen. Dome (und Burgen) wurden zu symbolhaften Zeichen, die die Religion wieder ins Nationale einbinden und ihre Beziehung zur Natur über das bloß Wissenschaftliche hinaus ins Kosmische weiten. In diesem Identität stiftenden Sinn verstand Kralik die ‚moderne Monumentalkunst'[27] und sah Oswald Spengler in der Formenschwere von Domen und Burgen die ‚Sprache der Weltordnung'. Ein Spruch der Anhänger Georg von Schönerers hing in Hitlers Wiener Quartier gerahmt über seinem Bett: „Ohne

25 Ernst Bergmann: Die deutsche Nationalkirche (1933); Paul Krannhals: Das organische Weltbild. Grundlagen einer neu entstehenden deutschen Kultur (1928); Hermann Schwarz: Nationalsozialistische Weltanschauung (1933).
26 Bronder, 216.
27 R. v. Kralik: Über moderne Monumentalkunst, in: Kulturfragen. Münster (1907), 450.

Juda, ohne Rom wird erbaut Germaniens Dom! Heil!"[28]. In den Monumentalbauten eines Ludwig Troost und Albert Speer verbanden sich dann der Universalismus und die Sprache der Weltordnung zum Anspruch der Weltherrschaft. In den Sakralbauten, die Lenz entwarf und in Beuron verwirklichen konnte, ist der „Ablauf der Ereignisse in eine gebannte Ruhe gebracht", sind Mensch und Architektur in einem Koordinatensystem verbunden, das „den Eindruck eines vom unmittelbaren Geschehen enthobenen Seins (vermittelt), in dem Schmerz, Trauer, Klage, jedes sentimentale Empfinden, keinen Raum finden; ja sogar eines von aller Körperlichkeit befreiten Seins, in dem der Körper keinen Raum zur natürlichen Ausdehnung erhält, sondern eingespannt wird in eine strenge Gesetzmäßigkeit der Senkrechten und Waagrechten der Architektur"[29]. (Diesen anerkennenden Befund erstellt die Sedlmayr-Schülerin ganz im Sinne eines Jünger und Spengler.)

Der von Boullée 1784 für ein Newton-Denkmal entworfene giganteske Kugelbau entsprach in seinem Ausmaß, seiner Anlage und Begehbarkeit einer sakralen Weihestätte. Er verlangt von der Dimension her die Masse und nicht den einzelnen, ohne ihr mehr einzuräumen als die Teilnahme an einem fertigen Architektur-Universum. Im Inneren des Kugelbaues sollte der leere Sarkophag Newtons stehen. Fünfzig Jahre später malte Carl Gustav Carus ein ***Goethe-Denkmal*** *(1832)*, das einen Sarkophag inmitten einer nebelverhangenen Berglandschaft zeigt. Zwei Engel knieen darauf in Anbetung einer Harfe als Symbol von Goethes Dichtertum. Während bei Boullée die Größe des Genies und der Natur den einzelnen verkleinert und in der Masse auslöscht, wird in den Andachträumen der Romantik, unter hohen Himmeln, der Mensch im Zentrum ebenso in eine größere Einheit aufgelöst, die allerdings nicht außer ihm, sondern in ihm liegt, ihn daher nicht verkleinert, sondern vergrößert.

Die Rückkehr aus der Natur-Kirche der Romantik in die gebaute Kirche verändert die Haltung zur Natur. Als Abbild zurückgewiesen, da als Materie bloß der Sünde verhaftet, ist sie Lenz in ihrem Bauplan, rein und abstrakt, Vorbild. Die Kunst muß vom „Stoff" der Dinge absehen und ihre „geometrische Urform" (wie bei Boullée) als Stil sichtbar machen[30]. Aus der organisch begriffenen Struktur („Muskeln, Sehnen und Knochen") entwickelt die Kunst, einer inneren Notwendigkeit entsprechend, ihre Formen[31]. Es ist die gleiche naturhafte Notwendigkeit, von der die frühen Abstrakten sprechen werden. Ging Boullées Architektur-Universum von der Astronomie aus, entwickelte Lenz die Raumkörper zu kosmomorphen Einheiten. Die so gewonnene Ordnung und Festigkeit drückten für Lenz die unveränderliche Autorität der Religion aus. Der vorgeblich der Natur abgeschaute Kanon war nichts anderes als der „Ausdruck der Idee"[32]. Bei Lenzens ‚Idealkirchenplan' mit seiner hierarchischen Anordnung

28 Josef Greiner: Das Ende des Hitler-Mythos. (1947), 81.
29 Martha Dreesbach: Pater Desiderius Lenz OSB in Beuron, Theorie und Werk. Zur Wesensbestimmung der Beuroner Kunst, 131.
30 D. Lenz 1870 in einem Brief zit. in: Harald Siebenmorgen: Die Anfänge der ‚Beuroner Kunstschule', 77.
31 Lenz: Aphorismen (1866), in: Siebenmorgen, 273–275. Hier Aph. 46.
32 R. v. Kralik: Beuroner Kunst, in: Zu Kulturarbeiten (1904), 351.

der Räume auf das Heiligtum zu und den dadurch errichteten kommunikativen (priesterlichen) Barrieren war es, nicht anders als in Hitlers Reichskanzlei, die Idee der Macht.

Lenz strebte wie die Romantik zu einer Ästhetisierung, die nicht eine sinnliche Kunst, aber eine sinnliche Religion hervorbringt. „Der Stil ist die Schraube in der Kunst; er vermag die Gedanken zu einer Kraft zu steigern, daß sie unwiderstehliche Macht werden"[33]. Der Stil sollte „hell, durchsichtig, klar, harmonisch, einfach und reich" sein[34]. Diese Eigenschaften wollte Lenz mit seiner schlichten Mauruskapelle (1868–70) in Beuron verwirklichen *(Abb. 33)*. Kralik bezeichnete sie als „das Reinste, Logischeste, Wahrste und Vollkommenste" was seit den Bauten der Akropolis geleistet worden war[35]. Dieser geradezu programmatische Bau fand Entsprechungen erst vierzig Jahre später in den Arbeiten des Wiener geometrischen Jugendstils, die allerdings wesentlich reicher, d. h. prächtiger und sinnlicher ausfielen. So etwa die Sezession von Joseph M. Olbrich und vor allem die Kirche am Steinhof (1904–07) von Otto Wagner. Die vier Engel über dem Kirchenportal waren in der gleichen Stilisierung und die Architektur gliedernden Haltung bereits als Fries in der Mauruskapelle verwirklicht worden. Lenz wandte sich gegen die „hohle Pracht" der ornamentalen Architektur und verdammte den „Wust an sinnlosen Mitteln"[36] mit der gleichen Heftigkeit, wenn auch nicht aus den gleichen Gründen, wie vierzig Jahre später Adolf Loos das Verbrechen des Ornamentalen. Für Loos war die Ornamentlosigkeit ein Zeichen geistiger Kraft, nämlich der eigenen. Lenz diente das Geometrische dazu, daß es „Vertrauen, Ehrerbietung erweckt, ja selbst die Unterwerfung leicht macht"[37]. Über die Vermittlung Kraliks wurden die Beuroner 1905 eingeladen, in der Wiener Sezession auszustellen. Der Kunstkritiker Ludwig Hevesi verglich dabei Lenzens Entwürfe mit den Arbeiten Otto Wagners[38]. Lenz stand zwar von der formalen Intention her Loos näher als den Jugendstilästheten, von denen sich Loos zu dieser Zeit bereits abwandte, war aber von der ideologischen Ausrichtung her nicht Loos, sondern Wilhelm Worringer verbunden. Dieser sagte z. B. über den Dorischen Tempel zustimmend, daß er „mit seiner unnahbaren übermenschlichen Abstraktion den Irdischen niederdrückte und ihn die Nichtigkeit seines Menschseins fühlen ließ"[39].

Ein weiterer Vergleich mit einem Künstler der Gegenwart bleibt nicht zufällig in Österreich. Walter Pichler stellt seit 1972 auf dem Gelände seines Bauernhofes in St. Martin im Burgenland für seine skulpturalen Arbeiten Bauten her, die eine Verwandtschaft zu den hundert Jahre älteren Bauten und Entwürfen von Lenz aufweisen *(Abb. 34)*. Pichler vertrat zusammen mit Hans Hollein in den frühen sechziger Jahre eine ‚absolute Architektur', die nicht einer Funktion folgt, sondern eine „geistige Ordnung"

33 Lenz: Aph. 34, in: Siebenmorgen.
34 Lenz: Aph. 36.
35 Kralik: Über moderne Monumentalkunst, 427.
36 Lenz: Aph. 36.
37 Lenz 1866, zit. in: Siebenmorgen, 78.
38 Siebenmorgen, 10.
39 Wilhelm Worringer: Abstraktion und Einfühlung, 86.

lichen und skulpturalen Arbeiten und versucht, ihn durch andere künstlerische Arbeiten, dem Zeichnen, aufzubrechen, weil „er sich oft wie ein Gefangener in einem selbstgeschaffenen Bezirk fühle"[43]. Gegen das Systemhafte setze er „einen gewissen Grad an Schlampigkeit". Damit versuche er „eine Gratwanderung zwischen Vollendungszwang und Spekulation mit Unfertigem".

Der Autor des zitierten Textes aus dem Pichler-Buch stellt, von Pichlers Arbeiten ausgehend, eine assoziative Verbindung zu einer Lanze, die sich im Kunsthistorischen Museum in Wien befindet, her, ohne sich speziell auf jene lanzenartigen Objekte zu beziehen, die zu Pichlers Werk gehören. Der Speer im Museum wurde seit dem Mittelalter als der Kreuzigungsspeer ausgegeben und deshalb ein Teil der Gralslegende. Als Kultobjekt wurde er im Laufe der Jahrhunderte von Machthabern immer wieder für ihre Zwecke instrumentalisiert. „Noch im 20. Jahrhundert ist der Lanze die Eigenschaft eines ‚Schicksalspeers' zugeschrieben worden, dessen Deutung (...) und Besitz Einsicht und Macht verleihe (auch Hitler soll an ihm ein derartiges okkultes Interesse gezeigt haben)"[44].

Die Waffe, ob als Objekt oder Architektur, „geboren aus den stärksten Gedanken, (...) erdrückt die, die sie nicht ertragen" (s. o.). Es sei denn, sie wird kultisch und ästhetisch so weit überhöht, daß die ‚Haltung' hinter der wertfreien Erscheinung verschwinden kann. So wie der Autor des Pichler-Textes die kultische Bedeutung des ‚Gralspeeres' mit seiner ausführlichen technischen Beschreibung ‚neutralisiert'.

43 Ebd., 220.
44 Ebd., 208.

Ernst Jünger

Demokratie und Materialismus sind die bürgerlichen Errungenschaften, denen Jüngers ganze (romantische) Verachtung gilt. Eingespannt in Politik, Wirtschaft und Technik, dienen sie einem Fortschritt, der keiner ist, sondern bloß die „große Volkskirche des 19. Jahrhunderts" ersetzt[1]. Das Volk interessiert ihn nicht als politische, juristische Einheit, sondern als ‚natürliches' Kollektiv, in dem Urkräfte erhalten sind, die Intellektualität und Aufklärung noch nicht zerstört haben. Das gleiche gilt für den edlen Wilden, Jüngers unberührtes Afrika. Der bewußte Einzelne (der aristokratisch Edle) unterliegt zwar wie das Volk dem „großen Plan", der „oberhalb der Räder" wirkt, ist aber selber „Kommandant", der „am geistigen Ort" steht und am Plan durch Handeln oder Nichthandeln mitwirkt[2]. „Der Einzelne kann die Welt ändern, sei es durch Tat oder Leiden, und zwar in jedem Augenblick (...). Er kann ins Absolute eintreten". Auch wenn der ‚Plan' undurchschaubar ist und ein Scheitern mit einschließen kann, bleibt die Teilnahme an ihm ein Akt der Transzendenz, der „unendliche Macht" verleiht.

Jünger macht als Einzelner seinen heroischen Einsatz in den Schlachten des 1. Weltkrieges zu seinem metaphysischen Eigentum. Mit dem Inferno der Technik in den ‚Materialschlachten' wird er schreibend dadurch fertig, daß er die Kriegsmaschinerie und ihre Wirkung von ihrem politischen Hintergrund löst und mythisch verklärt. Aus Stahl und Eisen werden Naturkräfte, die eine organische Einheit bilden, der selbst der Feind als notwendiger Teil angehört. Soldaten sind „prächtige Raubtiere"[3], kentaurische Wesen (Str, II, 472), in denen sich „Göttliches und Tierisches unentwirrbar vermischt"[4]. Der Einzelne ist nicht die Marionette am unsichtbaren Faden des ‚Fortschritts'

1 Ernst Jünger: Blätter und Steine, 125. (Im Text: BSt.) Die Aufsätze ‚Die totale Mobilmachung' 122–153 und ‚Über den Schmerz' 154–214.
2 Ders.: Strahlungen, II, 468 (Im Text: Str II).
3 Ders.: Der Kampf als inneres Erlebnis, 32. (KiE).
4 Ders.: In Stahlgewittern. Aus dem Tagebuch eines Stoßtruppführers (1920). Vorwort 1924, 227 (ISt.).

und damit Teil und Opfer einer Illusion, sondern Teil des Ganzen und mit ihm wie in einem Organismus verbunden. Im Kampf erfährt er sich als „Teil einer größeren Kraft", kann er sich, „in dieser rasenden Hochflut des Lebens" aufgehoben, treiben lassen[5]. Der Zugang selbst entsteht unbewußt und unterliegt einer mächtigen Triebfeder: Die „Wiedergeburt des Barbarentums" erfolgt aus den Tiefen des Eros (KiE, 30). „Das ist die Wollust des Blutes (...), an grenzenlosem Schwunge nur dem Eros verwandt" (KiE, 9). „Die Feuertaufe! Da war die Luft so von überströmender Männlichkeit geladen, daß jeder Atemzug berauschte, daß man hätte weinen mögen, ohne zu wissen warum. O Männerherzen, die das empfinden können!" (KiE, 12). Nun endlich war sie erreicht, die monolithische Männlichkeit, die Willenskraft, in die sich keine Schwäche mehr einschleichen konnte, es sei denn jene, die das Glück der Entladung ‚überströmender Männlichkeit' bereitet. Dazu braucht es den Gegner. „Sich auf den Gegner stürzen, ihn packen, wie es das Blut verlangt, ohne Waffe, im Taumel, mit wildem Griff der Faust" (KiE, 9). Ja die Faust! Die käufliche Liebe unter Laternen macht sie „zu einer hastigen Faust voll Genuß" (KiE, 34). Der Zugriff der Faust, den das ‚Blut' im Kampf verlangt, berührt tiefere, wenn auch unbegriffene Bereiche. „Der ungeheure Vernichtungswille, der über der Walstatt lastete, verdichtete sich in den Hirnen und tauchte sie in rote Nebel ein. Wir riefen uns schluchzend und stammelnd abgerissene Sätze zu, und ein unbeteiligter Zuschauer hätte vielleicht glauben können, daß wir von einem Übermaß an Glück ergriffen waren!"[6]. Wohl anzunehmen, folgte dann doch das Aufwachen wie aus einem Rausch, noch „geblendet von dem Ungeahnten in der eigenen Brust" (KiE, 10).

Der „faustische Mensch" kehrt aus der Hölle nicht mit leeren Händen zurück[7]. Der Rausch wäre kein Gewinn, vollzöge sich in ihm nicht der „Absturz in den Brunnen der Erkenntnis"[8]. Der „Eisenrausch" (KiE, 60), der eigentlich ein Blutrausch ist, verwandelt wie der Drogenrausch die Wirklichkeit „durch einen plötzlichen Einsturz des Bewußtseins" (AH, 205) in eine andere, dämonische, die erschreckt und die Normen des Denkens außer Kraft setzt. Hinter der „Mathematik der Schlachten" öffneten sich Erfahrungen, die denen in antiken Kultstätten entsprachen: „Der Anblick des Dämons soll der Seele die Gewänder des Denkens herunterreißen, auf daß sie nackt und zur völligen Hingabe bereit im magischen Raume des Glaubens erscheint" (AH, 213, 206).

Diesen ‚magischen Raum des Glaubens' war auch Hitler für die Massen zu inszenieren gewillt. Daß ein Individualist wie Jünger daraus seine mystische Ekstase bezog – „die letzte Lust und die letzte Erkenntnis schnitten sich in der Bewußtlosigkeit" (AH, 79) – interessierte später nicht mehr. Auch in der geforderten Bereitschaft zum Tod als kollektives Opfer war die Suche des einzelnen nach Transzendenz nicht unter-

5 Ders.: Feuer und Blut, 103, 111 (FB).
6 Ernst Jünger: In Stahlgewittern (1. Aufl.; ab der 5. Aufl. wurde diese Stelle geändert), zit. in: Karl O. Paetel: Ernst Jünger in Selbstzeugnissen und Bilddokumenten, 20.
7 Jünger im Vorwort zu Friedrich Georg Jünger: Aufmarsch des Nationalismus. Aufmarsch, zit. in: Paetel, 125.
8 Ernst Jünger: Das abenteuerliche Herz. Aufzeichnungen bei Tag und Nacht. (1929), 79 (AH).

zubringen. Bei Jünger erscheint der Krieger als Träumer. Wie die Symbolisten lebt er in einer Innenwelt, „im innersten Raum, in einem dunkelsten Tibet", wo Träume geträumt und Handlungen gesetzt werden, die irgendwo ‚draußen', in einer ferngerückten Realität außerhalb der Welt des Krieges, ihre Entsprechung finden (AH, 17) und die zugleich auf der anderen Seite zu „Spiegelbildern einer höheren Wirklichkeit" werden (AH, 50). In solchen Kriegstraumwelten eingeschlossen, leidet er an der Einsamkeit des Anachoreten und der Sehnsucht der Mystikers „nach einer namenlosen Brüderlichkeit, nach einem tieferen geistigen Verhältnis, als es unter Menschen möglich ist" (AH, 17).

Für Jünger war der Tod die bestimmende Erfahrung. Vorbei die unschuldigen Zeiten, da die Liebe einer Lucinde einen Mann in einen Gott verwandelte, die Gießkanne des Lord Chandos „eine Interferenzerscheinung der inneren Optik" auslöste oder ein zinnernes Gefäß genügte, daß ein Jakob Böhme, wie Jünger wußte, „plötzlich die ganze Liebe Gottes empfand" (AH, 8). Es war die Nähe des Todes selbst, die jene Tiefe aufriß, in die der Mensch „wie durch einen plötzlich in den Boden gerissenen Spalt stürzt" (AH, 206). Mit diesem antizipierten Sturz ins Bodenlose verbunden war das Grauen und Entsetzen. Und als Akt des Tötens auch das Böse, dem nicht moralisch, sondern mit dem Bewußtsein der literarischen Romantik zu begegnen war. Das Morden des Krieges bedeutet den „letzten Triumph phantastischen Grausens" (KiE, 32). Die Traumerzählungen in ***Das abenteuerliche Herz*** sind aus der Kriegsrealität in die Welt von E. A. Poe und E. T. A. Hoffmann versetzt. Der Tod zeigt sich in der Maske eines schrecklichen Fremden: hinter „dem letzten Schleier des Grauens" verbirgt sich das „absolute Nichts" (AH, 13). Wie die Symbolisten suchte Jünger das Böse, „um ihm Kräfte für die Entfaltung, für die größere Anspannung und Distanz des geistigen Lebens zu entziehen" (AH, 196). Und wie sie erlebte er die „Freude am Duft des Bösen aus den Urwäldern der Kraft"[9]. Selbst de Sade und Gilles de Rais sah er mit ihren Augen. De Sade war ihm nicht „schändlich", sondern „verrucht", d. h. decadent: „Dies ist der Erdwolf, der heulend durch die Kloaken jagt, mit feuchtem, klebrigem Fell und dem unersättlichen Fleischhunger..." usw. (AH, 231). Der Verbrecher wird zu einer romantischen Figur im Stil Lautréamonts. Er ist der Anarchist, der die bürgerliche Ordnung verachtet und angreift (AH, 233). Er ist viel menschlicher als der moderne Humanist, denn das eigentlich Böse ist die Zivilisation (AH, 89).

Dem Rausch, dem Blutrausch, dem roten Nebel in den Gehirnen – mit einem Wort: dem Leben – steht nüchtern und schwarz der Tod als zivilisierter Lebensverhinderer gegenüber. Der Tod liegt gut sichtbar an der Oberfläche, *ist* die Oberfläche, unter der, wie unter einem Glasboden (AH, 213), das Leben als der „Urgrund des roten Blutes" (FB, 46) fließt. In Jüngers Traumsymbolik ist eine Rüstung aus schwarzem Stahl, sind die Mauern eines Schlosses schwarz – die riesigen Türme allerdings blutrot (AH, 94). Im Aufbrechen der schwarzen Mauern, wenn Krieg herrscht, wird die „Wollust des Blutes" erfahren, denn Lust ist etwas „Bewegtes" (AH, 96). Krieg ist, wie „wenn Blut

9 Ernst Jünger: Sturm (1923), 15 (St).

in einen erstarrten Mechanismus schießt" (AH, 140). Wenn die Brandung des Krieges gegen „die schwarzen Riffe des Todes schlägt" (FB, 52), heißt das nicht, daß der Krieg Tod bringt, sondern in der „rasenden Hochflut des Lebens" den Erstarrungstod überwindet. Selbst wenn der Krieg apokalyptisch den physischen Tod bringt, liegt darin ein Neuanfang, ist die Vernichtung zugleich eine „zeugende Kraft" (AH, 72, 140). In der Kreisform eines Bombentrichters, in dem Sterbende sich „wie Amphibien in einem kochenden See" winden (FB, 78), erblickt Jünger die magische Bedeutung des Werdens (AH, 75; KiE, 97).

Die starren, schwarzen Mauern bedeuten nur vordergründig gesellschaftliche und politische Verhältnisse, als ‚Zivilisation' meinen sie Unnatur, da sie den Bewegungen des Lebens, seinen Trieben, entgegenstehen. In den Gedichten Baudelaires, schreibt Jünger, „wandelt die Seele lautlos durch eine zu Metall und schwarzem Marmor erstarrte Natur, während bei Hoffmann die Kristalle und Erze in den Schächten der Bergwerke sich magisch beleben oder umgekehrt hinter den Bewegungen des Lebens sich plötzlich die künstliche Mechanik, das spielende Uhrwerk einer Marionette offenbart" (AH, 203). In den Masken, schreibt Jünger weiter, etwa jenen der No-Spiele, „betten sich Leben und Tod auf wundersame Weise ineinander ein". In dieser Nähe liegt eine Dämonie, die erschreckt, die er aber auch sucht. In dem Unerwarteten tritt das „andere" hervor und „reißt dem Bewußtsein plötzlich den Boden unter den Füßen weg" (AH, 205). Die Kunst ist darin dem Krieg gleich, daß sie die „magische Perspektive" der Wirklichkeit erschließt und die „Angriffe des Wunderbaren auf die Welt der Tatsachen" vollführt (AH, 58). Jünger geht so weit, daß er den Augenblick absoluter ästhetischer Erfüllung mit jener existentiellen Erfahrung gleichsetzt, die im Stellungskrieg, von Graben zu Graben, das Töten bietet. „Wer sich lange und geduldig damit beschäftigte, Menschen vor die Mündung seines Gewehres zu bringen, der weiß, daß dies nur in sehr seltenen und bedeutsamen Augenblicken möglich ist, denn es gehört viel dazu, ehe der Mensch seinen Körper vergißt. Ebenso selten und für eine ebenso kurze Spanne gibt ein Kunstwerk sein Wesentlichstes preis, seine Essenz, den großen und eigenartigen Appell der menschlichen Seele an das Unendliche" (AH, 56). Jünger spricht von der Konzentration in der Kunst wie im Kampf, wenn „zuweilen ein Satz, ein Ton, ein Vers oder ein Bild wie ein Pistolenschuß" trifft. Die rezeptive und die aktive kämpferisch/künstlerische Haltung fließen ineinander. Einerseits scheint Jünger zu meinen, daß es der Gegner ist, der ‚seinen Körper vergißt', d. h. einen Augenblick unachtsam ist und so sein ‚Wesentlichstes', sein Leben, preisgibt. Andererseits kann auch der ‚Jäger' in der „Ruhe des Schauens" sich selbst vergessen, so daß auf einer entkörperlichten Ebene der Andere/das Kunstwerk ‚erkannt', d. h. in Besitz genommen werden kann.

Es ist nicht verwunderlich, daß eine solche Haltung, die aufs Letzte geht, buchstäblich über Leichen hinweg, um die Lebenserfahrung (wenn schon nicht die Liebeserfahrung) im Tod und im Töten zu machen, nach 1918 ihre Fortsetzung sucht. Zunächst sind es Drogen, mit deren Hilfe Jünger „das magische Höhlensystem der Räusche und Träume" erhalten will (AH, 207). Dann entwickelt er als ‚Unpolitischer' ein mythisch-politisch-militärisches System, das schneller Wirklichkeit wird, als er mit dem Schreiben nachkommt.

Das besiegte Deutschland ist in Europa isoliert, daher sollte es in Konsequenz „den verlorenen Krieg zu Ende verlieren" (AH, 189), den „magischen Nullpunkt" passieren, um neu entflammen zu können (AH, 156). Die zurückgekehrten Soldaten sind wie Mystiker unter Wissenschaftlern, Anarchisten unter Bürokraten: abwartend. Jünger beklagt wie Thomas Mann 1918, daß Frankreich sich anmaßt, dem Deutschen seine Maßstäbe aufzuzwingen (BSt, 147). In dem Ehrgeiz, ein guter Europäer zu sein, verwirklicht er die Werte der anderen, statt sich selbst.

Jünger entwirft eine „totale Mobilmachung", die nicht mehr auf den einzelnen heroischen Kämpfer, den Abenteurer und Anarchisten, den er selber verkörperte, zielt, sondern die potentielle Energie des Volkes absolut, d. h. industriell erfaßt (BSt, 128). Was Jünger früher gefühlsmäßig als organisches Ganzes empfunden hatte, soll jetzt technisch organisiert werden, so daß zwischen Soldaten und Arbeitern kein Unterschied mehr ist, sie in einer ‚Gestalt' zusammenschmelzen und ihre „Totalität" eine mythische Größe erlangt, die mehr ist als die Summe der Teile[10].

Die Organisation des ‚Organischen' meint eine „Rüstung bis ins innerste Mark, bis in den feinsten Lebensnerv" (BSt, 129). Individuelle Freiheit muß radikal ausgeschaltet werden, damit Länder, „in denen Weltansprüche lebendig sind (...) der Entfesselung neuartiger Kräfte gewachsen" wären. Die Mobilmachung, „die sich selbst auf das Kind in der Wiege erstreckt", läßt sich „mit einem mit Lust gemischten Gefühl des Entsetzens" ahnen, denn sie „wird weit weniger vollzogen, als sie sich selbst vollzieht" (BSt, 131). Schon 1924 weiß Jünger: „Eine Zeit von einer Brutalität, von der wir uns noch gar keine Vorstellung machen können, zieht herauf, ja wir sind schon mitten darin" (ISt, xiv).

Die Sozietät wird zu einem ‚Orden', der seine innere Überzeugungskraft aus seiner mythischen Propaganda gewinnt. Sie macht es möglich, den einzelnen in ein strenges Korsett der Pflichterfüllung zu spannen. Da Jünger von der Masse weiterhin wenig hält, scheut er auch nicht vor einem zynischen Vergleich zurück, in dem er die Parolen, mit denen auf das Volk einzuwirken ist, mit „bunten Lappen" vergleicht, „mit denen dem Wild bei der Treibjagd die Richtung auf die Gewehre gegeben wird" (BSt, 134). Zu diesen ‚bunten Lappen' gehörte der Nationalismus, an den Jünger selber eine Zeitlang glaubte, da er inmitten von „Zerfall' und „Zersetzung" nach der erlittenen Katastrophe einen Sinn und Zusammenhang herzustellen versprach.

Die rauschhaften Eindrücke des Krieges und den Drogenrausch selbst hatte Jünger als bewußtseinsverändernd erfahren, so daß er sich wie von außen als denkendes und handelndes Wesen beobachten konnte. Er behauptete, dadurch eine Distanz zu sich zu gewinnen, in der jene Schicht erreichbar wird, „die das Gehirn denken läßt" (AH, 82). Später, vor allem in dem Aufsatz ***Über den Schmerz,*** hat solche Distanzgewinnung keine transzendente, mystische Bedeutung mehr, sondern dient der „Versachlichung und Vergegenständlichung" des Individuums, damit es sich der neuen Ordnung einpassen kann (St, 211). Wie bei de Sade wird der Mensch zur Maschine, ohne daß Lust oder

10 Ernst Jünger: Der Arbeiter (1932), in: Werke, VI, 39.

auch Leid damit verbunden wäre. Die Einpassung in den Machtapparat ist funktional und freiwillig. Der einzelne hat insofern Anteil, als er den Schmerz überwindet, denn Selbstbeherrschung bedeutet Macht für das größere Ganze. Empfindsamkeit ist aus dem Leben herauszuschneiden (BST, 175). Das erfordert Disziplin durch Stählung und priesterlich asketische Lebensweise. Schon Heym hatte für die Priester einer ‚neuen Religion' Herzen aus Stahl, die kein Leiden spüren, gefordert[11]. Goebbels nannte mitten im Krieg eine Aufsatzsammlung ***Das eherne Herz.*** „Hier wie dort [im Priester- wie im Soldatentum] gilt es, das Leben völlig in der Gewalt zu halten, damit es zu jeder Stunde im Sinn einer höheren Ordnung zum Einsatz gebracht werden kann" (BSt, 172).

Jünger spricht vom „Pathos der Distanz", wenn der Leib zum Gegenstand wird, der nur soviel Wert hat, als er dem „Heerkörper" als „menschliche Maschine", etwa als Kamikaze-Torpedo, dient (BSt, 190 ff, 173).

Die „Entselbstung", die Nietzsche in der im christlichen Glauben begründeten Leidensbereitschaft als lebensfeindlich bekämpfte[12], wird bei Jünger und in der Ideologie des Nationalsozialismus zur Leidensunfähigkeit, die in Konsequenz gläubig auf den Tod zugeht. Jünger war kein Vordenker der Nazis, er formulierte eine Entwicklung, die auch ohne ihn im Laufen war und der er sich im Denken und zunehmend im Aggressionsgehalt der Sprache anpaßte. Die Entmenschlichung zwischen Verdun und Auschwitz wird an Jünger sichtbar, auch wenn er sie selber nicht im vollen Maße mitvollzog. Er bereitete ihr aber insofern den Boden, als er sie wie Benn als „militante Transzendenz" verharmloste und zu einer „Härte aus tragischem Gefühl" stilisierte[13]. Daß er sich wie Stefan George der Vereinnahmung durch die Nazis entzog und früher als Benn gegen wie wandte, ändert daran nichts.

11 Georg Heym: Dichtungen und Schriften, II, 166.
12 F. Nietzsche: Der Antichrist, a.a.O., VI, 3, 234.
13 Gottfried Benn: Der neue Staat und die Intellektuellen, 162.

Tropen – Eis

Das Leben wollte er biologisch verstanden wissen, aber Nietzsche konnte keinen Satz mit ‚Leben' vollenden, ohne ihm ideologisch den Willen zur Macht anzuhängen. Dem überschüssigen Verstand war mit Analysen nicht mehr beizukommen, also galt es, das Leben selbst freizulegen, was nur gewaltsam möglich ist, auf daß es willenstark (bei Jünger: blutig rot) fließen kann. Es braucht einen Krieg, um die erstarrten Verhältnisse aufzubrechen. Für Nietzsche wie für Jünger läuft die Biologie auf die biologische Stärke und die individuelle Macht zu. Vom „Mann" zur „verwegenen Männlichkeit"[1] und von ihr zum „Führer", dem „ein Herz in Erz verwandelt würde" (S. 127). Da „der Mensch noch unausgeschöpft für die größten Möglichkeiten ist", ist mit Zucht und Strenge die Auslese zu treffen. Die großen Helden kommen (in Deutschland) nicht von alleine, sie haben ihre Väter. War den Deutschen ein Napoleon versagt, mußte auf Fridericus zurückgegriffen werden. Dessen „eisige Melancholie" zeitigt eine deutsche Männlichkeit, „welche dem Genie zum Kriege und zur Eroberung nächst verwandt ist" (S. 141). Die „Moralischen" sind erfüllt vom „Haß gegen den Urwald und die Tropen", wo der „tropische Mensch" lebt, da ihr Mittelmaß sie an die „gemäßigten Zonen" bindet (S. 117). Ein „neuer Begriff vom deutschen Geiste" offenbart sich „als Unerschrockenheit des Blicks, als Tapferkeit und Härte der zerlegenden Hand, als zäher Wille zu gefährlichen Entdeckungsreisen, zu vergeistigten Nordpol-Expeditionen unter öden und gefährlichen Himmeln" (S. 141). Ort und Anlaß waren für die ‚zerlegende Hand' (Jüngers ‚Faust') beliebig: Tropen, Eis, Krieg.

Als er dann endlich da war, der Krieg, wurde er „als ein fast metaphysisches Erwachen aus dem dumpfen Zustand eines bleiernen Schlafes" erfahren[2]. Für Max Scheler war der 1. Weltkrieg der ‚englische Krieg', denn es ging gegen den von

1 F. Nietzsche: Jenseits von Gut und Böse (1886), KSA, V, 141. (Weitere Seitenangaben im Text von hier.)
2 Max Scheler: Der Genius des Krieges und der Deutsche Krieg (1915), 4.

Abb. 35. Caspar David Friedrich: Die Gescheiterte Hoffnung, 1823/24.

England aufgezwungenen Materialismus und Kapitalismus und um die Freiheit des (deutschen) Geistes. Es ging nicht um Materielles, sondern um die „Neuverteilung der kollektiven geistigen Willensmächte"[3]. Die Parole ‚Los von England!' machte aus dem Kriegshelden einen Metaphysiker, denn das letzte Telos, dem der Krieg dient, „ist nichts anderes als maximale Geistesherrschaft auf Erden"[4]. Träger des Geistes ist das Volk, das „große, übermenschliche Gesamtindividuum"[5]. Als „Reservoir aller Irrationalität" ist es nicht Subjekt, sondern Objekt des Weltgeistes. Sein großes Unbewußtes, das die „mythische und rassische Kontinuität" sichert[6], bleibt nur erhalten, wenn „der ganze moderne Bildungsschwindel" von ihm ferngehalten wird[7]. Das Volk denkt nicht, es hat ein Schicksal. Als ein organisches Wesen braucht es Zucht und Züchtung – und einen Führer, in dem sich ein „höchstes geistiges Prinzip" verkörpert[8]. In ihm sind Macht und Geist völlig ident.

Die Einbindung in Masse und Rasse war für Individualisten, Einzelkämpfer und Führer mit und ohne Gefolgschaft nie verbindlich. Sie hatten, weit über den Horizont

3 Ebd., 13.
4 Ebd., 124, 335, 10.
5 Carl Schmitt-Dorotić: Politische Romantik (1919), 61.
6 Gottfried Benn: Der neue Staat und die Intellektuellen, 155.
7 Schmitt-Dorotić, 61.
8 Benn, 154.

der ,kollektiven geistigen Willensmächte' hinaus, ihre höchst persönliche Metaphysik im Auge und suchten in den Rand- und Todeszonen der Erde, ob diese vor Verdun, in der Arktis oder in den Tropen lagen, nur ihre eigenste Erfüllung. Natürlich sind es Romantiker. Immer auf der Flucht vor dem Menschengemachten und -gedachten, strebten sie nach den Leerstellen der Erde, den weißen Flecken, den Antipoden des Bekannten und Sichtbaren.

Schon die Urromantiker hatten im Eis der Polarkreise den Grenzbereich zwischen Leben und Tod, Himmel und Erde gesehen und zu erreichen versucht. Poes ***The Narrative of Arthur Gordon Pym of Nantucket*** *(1838)* gelangt an ihrem Ende fast an jenen magischen Punkt, den die Pole der Erde darstellen. Ernst Jünger erinnerte hundert Jahre nach Poe daran, daß „die Beherrschung der dynamischen Welt" bei Poe die „geheime Suche nach dem Mittelpunkt, die dem geographischen Trieb nach den Polen entspricht", bedeutet[9]. Daß der ,Trieb nach den Polen' nicht bloß geographisch, sondern auch erotisch zu verstehen ist, verdeutlichte Ludwig Klages. Der ,kosmische Eros' verbindet „die Pole der Welt", d. h. die in Raum und Zeit getrennten Körper, indem er ein Energiefeld zwischen ihnen herstellt[10]. Dahinter steht das Phantasma der Beherrschung der ,dynamischen' Welt durch den Sieg über ihre Pole und die dadurch erzeugte Einheit bzw. Vereinheitlichung – sprich: Gleichschaltung.

Der Tod bedeutet für die Romantiker beides, die *unio mystica* und das Scheitern an dem nicht Erreichten. Katastrophen im ewigen Eis kannten die Romantiker mehrere: Coleridges ***The Acient Mariner*** *(1798/1800)*, Mary Shelleys ***Frankenstein*** *(1818)* oder Caspar David Friedrichs Bild ***Die gescheiterte Hoffnung*** *(1823/24) (Abb. 35)*. Die Schiffsmaste, die auf anderen Bildern Friedrichs wie gotische Türme stolz in den Himmel ragen, sind hier hinter den Eismassen gar nicht mehr zu sehen. Wie bei Hölderlin ist der Himmel ,eisern' geworden und die Natur als Zugang zu ihm fremd und abweisend.

Kapitän Ahab in Herman Melvilles ***Moby Dick*** *(1851)* beginnt seine letzte Seefahrt an dem gleichen realen Ort wie Pym, in Nantucket, und endet wie er im Irrationalen, das sich nicht als ein weißes Gespenst, sondern als ein weißer Wal zeigt. Beide, das Gespenst wie der Wal, verkörpern den Tod und die chimärische Hoffnung, ihn zu überwinden. Das mystische und zugleich so schreckliche Weiß, das Weiß der Eismeere, macht auch aus dem Wal der tropischen Gewässer die Verkörperung ,göttergleicher Herrlichkeit' und des Entsetzlichen und Unheimlichen zugleich. Das Weiß, dem Melville ein ganzes Kapitel widmet, ist die Farbe des Todes – eine „Leichentuchfarbe"[11]. Der mit ihr verbundene Gedanke an „Auflösung und Nichts" (S. 271) liegt zwischen dem Schrecken vor dem körperlichen Untergang und der Hoffnung auf seelische Rettung. Der weiße Wal ist für einen ,gottlosen Mystiker' wie Ahab die endgültige Versuchung; er begreift ihn „als den großen schweifenden Dämon des Lebensmeeres" (S. 261), dessen Beherrschung ihn, gleich den Titanen, auf Erden den leeren Platz Gottes

9 Ernst Jünger: Strahlungen, II, 539.
10 Ludwig Klages: Vom kosmogonischen Eros (1926, 2. Aufl.), 58.
11 Herman Melville: Moby Dick, 256. (Seitenangaben im Text von hier.)

einnehmen, da den Tod überwinden ließe. Nicht erst die Niederlage, schon die Suche und der tagelange Kampf mit dem Wal zeigt seine menschlichen Grenzen, seine eigene Dämonie. Er sieht den Wal nicht „göttergleich verklärt in seiner Herrlichkeit" (S. 723), sondern als „Macht des Bösen", die in Wirklichkeit luziferisch in ihm selber herrscht (S. 257). Wie ein Jean Paulscher Wolkenschiffer stürzt er ab, reißt er als ein skrupelloser Held seine Mannschaft mit in den Tod. Im Heroischen, schrieb Jünger, ist „Göttliches und Tierisches unentwirrbar vermischt"[12]. Und darum: „Was ist erhabener, als hundert Männern voranzuschreiten in den Tod?"[13]. Klages spricht zwei Jahre später von der Todesekstase des Kriegers, bei dem die Ich-Auflösung „durch den Kriegertod des Leibes geht"[14].

Das Grauen, das von Jean Paul bis Jünger die Helden beherrschte, ist ein Faszinosum, das „uns so unwiderstehlich in den Krieg hinausgezogen hatte"[15]. Weg von den Inseln der Zivilisation in die weißen Zonen und ins Herz der Finsternis. Es sind Todeszonen, in denen die Begegnung mit dem Tod gesucht wird, stellvertretend für Gott. Erst angesichts des Todes stellt sich, wenn überhaupt, die ewig gesuchte Erkenntnis ein. „Ahnst du, was vorgeht in jenem Raume, den wir vielleicht eines Tages durchstürzen werden, und der sich zwischen der Erkenntnis des Untergangs und dem Untergang erstreckt?"[16]. Mehr als Ahnungen und Bilder des Grauens vom Sturz durch den Mahlstrom sind es nicht.

Angesichts des sterbenden Elfenbeinagenten Kurtz in Joseph Conrads ***Heart of Darkness*** *(1899)* vermutet der Kapitän Marlow: „Vielleicht sind alle Weisheit und alle Wahrheit und alle Aufrichtigkeit gerade in diesem unfaßlichen Moment zusammengedrängt, in welchem wir über die Schwelle des Unsichtbaren treten. Vielleicht!"[17].

Doch was der Sterbende „während jenes höchsten Augenblickes erfüllten Wissens" erfährt und mitteilen kann, ist: „Das Grauen! Das Grauen!"[18].

Was sieht er: das Göttliche, den Tod oder bloß wie Jean Pauls Schoppe sich selbst? Die Wildnis, schon sie ein ‚grausiges Nichts', „hatte seine unbotmäßige Seele über die Schranken erlaubten Trachtens hinausgelockt", so daß es nichts mehr unter ihm und nichts mehr über ihm gab[19]. Frei von den Fesseln der Zivilisation und ihren Gesetzen, hatte er sich von der Erde losgerissen.

Die Tropen, verdeutlichte Robert Müller in ***Tropen. Der Mythos der Reise*** *(1915)*, sind die vegetabilische Erweiterung des Ich: seine Triebe und seine Lust[20]. Kurtz hatten sie zum „Extremisten" gemacht. Jack Slim, Müllers Reisender in den Tropen, ist ein Mystiker der Zukunft mit einem „getigerten Gehirn"[21]. Müller meinte damit, daß der

12 E. Jünger: In Stahlgewittern, 227.
13 Ebd., 24.
14 L. Klages: Vom kosmogonischen Eros, 76.
15 Jünger: In Stahlgewittern, 20.
16 Ders.: Das abenteuerliche Herz, 11.
17 Joseph Conrad: Herz der Finsternis, 168.
18 Conrad, 165.
19 Ebd., 157.
20 Robert Müller: Tropen. Der Mythos der Reise, 27 f.
21 Ebd., 77.

Intellekt im mystischen Urschlamm erhalten bleiben sollte, was wohl Musil, der Müller schätzte, ebenso verstand. Aber aus Müllers ‚getigertem Gehirn' kann leicht Benns ‚Gehirn mit Eckzähnen' werden, wenn die Schranken der Triebtropen brechen und „Urzustände" frei werden, für die es kein Gewissen mehr gibt. Und erst recht, wenn altes Elitedenken in der satten und materiellen Ordnung eines „maschinellen Biedermeier", wie in Müllers ***Camera obscura*** *(1921)*, verbrecherische Kräfte entstehen läßt, die sich auf Raskolnikow als dem „Urvater der philosophischen Verbrecher" berufen[22].

Bei dem Blick in sich selbst, der an einem Ort, wo nichts mehr ist als er selber, unvermeidlich wird, ist Kurtz wahnsinnig geworden – nicht wahnsinnig im Verstand, sondern in der Seele. In ihm offenbart sich „das unvorstellbare Rätsel einer Seele, die keine Hemmung, keinen Glauben und keine Furcht kannte und die doch blind mit sich selbst rang"[23]. Sie ist es, die das Grauen der Schoppe, Kurtz, Ahab, Pym und Jünger hervorruft, und sie ist es auch, die die Faszination, die diese Männer ausüben, bewirkt, da über sie der Blick in den Abgrund getan werden kann, den sie sich und anderen bereiten.

Wie leicht aus der Neugierde Verführung werden kann, zeigt die filmische Verwandlung des Kurtz in Francis Ford Coppolas Vietnam-Film ***Apocalypse Now*** *(1976–79)*. Aus dem hinfälligen, sterbenden Alten, dessen physischer Zustand einen Kommentar zu seinem metaphysischen Scheitern darstellt, wird im Film durch die Besetzung mit dem mythenträchtigen Marlon Brando ein Terminator, der in einem nibelungenhaften Finale, in dem wie bei Jünger der Krieg zu einem mit Drogen aufgeputschten Traum wird, geschlachtet werden muß. Nie kam jemand künstlerisch Jünger so nahe wie Coppola mit diesem Film.

Am Anfang des 20. Jh. gibt es zwei Typen von Polreisenden, die beide, mit den Landkarten der Romantik versehen, das gleiche Ziel suchen, es aber doch unterschiedlich begreifen. Für die Ahab, Kurtz, Jack Slim und Ernst Jünger wird die Reise zum Absoluten zu einer Ich-Erweiterung, die keine Grenzen und keine Hemmungen kennt, weder in Bezug auf sich selbst noch auf andere. Die zweite Gruppe Reisender, ausgestattet mit dem genaueren Wissen der Symbolisten um die Gefahren, nähert sich dem Nullpunkt am Pol in dem Bewußtsein, ihr Ich zu verlieren. „O fort in diese Tropenwelten – oder hinauf zum Pol (...) Und endlich, allem Widerstand zum Trotze / Den unsichtbaren Punkt im Weltherz findet, / Der, einzig ruhend, Pol mit Pol verbindet"[24].

Alles, was diese zur Abstraktion strebenden Reisenden, die ihren Mallarmé im Gepäck mit sich tragen, tun, soll „durchsichtig und rein" wie ein Eisblock sein[25]. Denn der Polarkreis, so auch Jünger, „ist das Absolute, in welchem keine differenzierte, sondern nur die Urkraft noch bestehen kann." (Str, II, 266).

Georg Heyms ***Die Südpolfahrer*** *(1911)* sind drei Wanderer auf der Route zum Pol, gejagt von einer Idee, die sie am Ziel auf eine „lebendige Abstraktion" reduzieren

22 Ders.: Camera obscura, 153.
23 Conrad, 158.
24 Emile Verhaeren: Die Reise (aus: Les visages de la vie, 1899), in: Ausgewählte Gedichte, a. a. O., 122.
25 Ders.: Die Tat, ebd., 112.

würde[26]. Obwohl in ihren Herzen das Heimweh nach dem alltäglich Vertrauten frißt, ziehen sie weiter. Das Geheimnis, dem sie sich magisch angezogen nähern, ist ein Abstraktum, in dem Raum und Zeit aufgehoben sind. „Aber ferne von ihnen, am weißlichen Himmel, tanzte ein kleiner schwarzer Punkt nicht größer als ein Nadelkopf, das war der Pol"[27]. Das Bild eines entstrukturierten Raumes ohne Zeit, der zur weißen Fläche wird, auf der sich der ideelle Bezugspunkt zu einem schwarzen Punkt verdichtet, gleicht dem, das Malewitsch als eine ‚gegenstandslose weiße Gleichheit' mit uranfänglich ‚reinen' Primärfarben und geometrischen Urformen, die klar wie ein Eisblock sind, entwarf. Auch für Kandinsky war das Weiß „ein Schweigen, welches nicht tot ist, sondern voller Möglichkeiten"[28], und deshalb, wie er 1912 in dem Gedicht ***Blick und Blitz*** schrieb, einem „Nordpollacken" gleicht, auf dem rote und gelbe Formen wie Raketen einschlagen[29]. Die abstrakten Maler waren die einzigen, die den Pol lebend und mit Gewinn verließen, denn für sie war das Schweigen kein Todesschweigen, das Weiß vielmehr der Inbegriff aller Farben.

Der Pol und die Tropen sind ebenso imaginäre Orte wie die Seelengärten des Fin de siècle. Sehnten sich die Symbolisten nach dem Leben, suchten ihre Nachfahren, es ebenso dringend wieder zu verlassen. Die Durchquerung des Lebens ist schrecklich und der Tod nicht mehr bloß eine Idee, die die Angst vor dem Leben eingab, sondern sehr real. Ein junger Franzose, Michel Vieuchange, brach 1930 in die bis dahin verbotene Stadt Smara in der mauretanischen Wüste auf, um als erster Europäer ihr Mysterium zu erfahren[30]. Wie bei den Polfahrern ist der zu überwindende Weg ein Leidensweg, der genau zu beschreiben ist, das Ziel aber ein Numinosum, ein letztlich unerreichbarer Ort der Erlösung. Musil skizzierte in den zwanziger und dreißiger Jahren in seinen Tagebüchern einen ‚moralischen Experimentalroman', ***Das Land über dem Südpol.*** Beeinflußt von Klages' ‚kosmogonischem Eros', war ihm der Pol ein imaginärer Ort, dessen Energie im Seelischen liegt, weshalb er geographisch unbestimmt ist und sich vielleicht mitten in einer Großstadt befindet[31].

Selbst wenn der Ort geographisch erreichbar wäre, macht ein Zögern die Scheu deutlich, ihn in seiner letzten Bestimmung zu erfahren. Vielleicht brach schon deshalb Pyms Erzählung an dem kritischen Punkt ab, da das Unsagbare in Worte zu fassen gewesen wäre. Und endet René Daumals Reise zum ***Mont Analogue*** *(1938–44/1952)* in dem Augenblick, da der Aufstieg vom Sichtbaren zum Unsichtbaren beginnen sollte. Und kehrt in Andrej Tarkowskijs Film ***Stalker*** *(1980)* der einzige, der das Ziel der mystischen Zone betreten könnte, in sein armseliges Leben zurück. Alle Strapazen umsonst, immer nur wieder das gleiche Leben? Gelingt der mystische Absprung nicht einmal der Fiktion? Reichlich spät hat ihn ein holländischer Filmmacher zu beschreiben versucht.

26 Georg Heym: Die Südpolfahrer, in: Dichtungen und Schriften, II, 123.
27 Ebd.
28 W. Kandinsky: Über das Geistige in der Kunst, 96.
29 Ders.: Blick und Blitz, in: Gottfried Benn (Hg.): Lyrik des expressionistischen Jahrzehnts, 125.
30 Michel Vieuchange: Smara – die verbotene Stadt.
31 Robert Musil: Tagebücher, II, 963, 971.

In Heyms zweitem Südpol-Text, ***Das Tagebuch Shakletons*** *(1911)*, ein fiktiver Text zu einer realen Expedition, ist der Polarkreis eine Todesszone, die die Jäger der ‚weißen' Idee selbst zu Gespenstern werden läßt[32]. Der Realitätsverlust macht sie hilflos wie Symbolisten und dem Grauen ausgeliefert wie die machtbesessenen ‚Barbaren' der finsteren Tropen. Zwei Jahre vor Heyms Text war ein kurzer Expeditionsfilm mit dem Titel ***Shakletons Südpolexpedition*** *(1909)* entstanden. Es war einer von vielen Filmen, die in jenen Jahren dem Interesse an solchen sensationellen Polbezwingungen Rechnung trugen. Sie zeigen zweierlei sehr deutlich: Die Faszination, die die unberührten Weiten des ewigen Eises ausübten (und in den Bildern auch heute noch wirksam ist), und die Tatsache, daß es sich um die letzten kolonialen Eroberungen handelte, die überhaupt noch möglich waren. In dem niederländischen Film ***The Forbidden Quest*** *(1993)* verwendete der Filmemacher Peter Delpeut Ausschnitte aus diesen alten, stummen Filmen und verband sie mittels einer Rahmenhandlung zur fiktiven Erzählung eines alten Seemannes, die u. a. inspiriert ist von Poes ***Narrative*** und T. S. Eliots ***The Waste Land*** *(1922)*. Im Film wie in Eliots Gedicht und in Poes ‚Bericht' ist das ‚wüste Land' ein ‚Königreich des Todes', wie es in dem Film heißt. Es ist aber auch ein unberührtes Land, in das der Mensch seinerseits den Tod hineinträgt, indem er die arktischen Tiere tötet, was schon bei Poe und Coleridge die Bedeutung hatte, daß er schuldig wird, denn er verfehlt die Natur, indem er sie beherrschen will, statt sich – sein Ich – in ihr zu verlieren. Darum findet er auch nicht ihren Schöpfer, selbst wenn er ihm wie bei Eliot in Gestalt Jesu begegnet. In dem Film von 1993 ist es nicht der fanatische Leiter der Expedition, ein zweiter Kurtz, sondern ein argloser Schiffszimmermann, der schließlich jene ‚Passage' erreicht, die der Expeditionsleiter bloß geographisch als eine Nord-Süd-Verbindung über den Pol auffaßte, die aber zu einer zwischen Tod und Leben, zwischen Todesweiß und Unendlichweiß wird, die also wie der ‚Korridor' in Kubricks Weltraum-Odyssee alle Farben in sich enthält. Gerade weil der Zimmermann das Absolute nicht suchte, könnte die Moral aus der Geschichte gezogen werden, hat er es gefunden. Das interessiert aber – künstlerisch gesehen – heute wenig, ist es doch nicht mehr als eine literarische Behauptung.

Musils Ahnung war richtig, die Todesszone liegt mitten in der Zivilisation, es müssen keine Schlittenhunde geschunden werden, bloß Autos. David Cronenbergs Film ***Crash*** *(1996)*, nach dem Roman von James Graham Ballard, zeigt Menschen auf der Suche nach dem kurzen Augenblick, da die Energie des Todes (im Film heißt es: der Toten) erfahren werden kann in der radikalen Verletzung und Zerstörung der Leiber und ihrer Zivilisationspanzerung aus Blech und Glas. Prothesen und Krücken sind die Polarkleidung in der Nähe des Todes, die alle Bewegungen verlangsamt, es soll ja nicht zu schnell gehen. Der nachgestellte (bzw. -gefahrene) Unfalltod von James Dean wird zur Schwarzen Messe ohne Gott und Teufel. Opferung und Kommunion finden nur mehr unter Menschen statt – Menschen, die selbst de Sades Machtwillen nicht mehr beanspruchen, sondern ihre Leiber zum Sex und zum Tod untereinander austauschen,

32 Georg Heym: Das Tagebuch Shakletons, in: Dichtungen und Schriften, II.

sanftmütige Kannibalen, die sich gegenseitig verschlingen, vielleicht in der stillen Hoffnung, sich die Seele auf der Oblate der zerrissenen Körper mit einzuverleiben. Einen zynischen Nebeneffekt hat diese Lösung auch: Die Trennung der Klassen und Geschlechter hebt sich in der Katastrophe auf. Jüngers schmerzunempfindliche Krieger rollen auf den Fließbändern des Warenverkehrs, jetzt jedoch fähig, sich in einem letzten Willensakt selbst zu konsumieren, indem sie den Hebel, der sie hinunter katapultiert, autonom schalten, um in der Ausschußzone am Straßenrand, noch in der Verpackung aus Blech, wie im Bombentrichter lustvoll zu verglühen.

Sein zum Ende
Heidegger

Daß Heideggers ,Vorlaufen in den Tod' ein Laufen ist und kein Gehen, wäre als Bewegungsart eher verständlich bei den metaphysischen Kriegern und Abenteurern des Eises und der Finsternis, die nach dem Abgang Gottes den Tod als Entscheidungsträger ihres Daseins ansahen und mutig den Abstand zu ihm verkürzten, um ihn mitten im starken Leben herauszufordern, in der Hoffnung, ihn auf ihrem Terrain zu überwinden. Heidegger war kein Abenteurer und Krieger, die beiden Kriege mußte er leider im Hinterland hinter Schreibtischen verbringen, doch auch er zog den Tod ins Leben hinein, denn gleichermaßen war ihm der Tod Ersatz Gottes[1]. Er focht keinen Entscheidungskampf mit ihm wie Kapitän Ahab und setzte sich auch nicht den Fliegerbomben aus wie Wittgenstein, Musils Azwei oder Ernst Jünger, sondern meinte mit dem Vorlaufen eher ein Förderband, das langsam rollt. Wie eine Folie unterliegt die Endlichkeit dem Leben, so daß vor dem Nichts das Sein klar zutage tritt. Der Tod wird als ständig mitgedachte existentielle Erfahrung zum Lebensentwurf. Um aber so weit zu kommen, bedarf es einer Überwindung, die jener der Abenteurer gleicht. Es muß zuerst das Bedürfnis erwachen, die Bindungen des Denkens, das ,man' der alltäglichen Möglichkeiten, das viele ,Gerede' abzuschütteln, um zum Wesentlichen zu kommen. Das wesentliche Sein unter dem Dasein bestimmt sich nicht vom cartesianischen Ich-Zentrum, sondern von seinem Ende her. „Der Tod ist *eigenste* Möglichkeit des Daseins"[2]. Als die unbezügliche, faktische Gewißheit ist er der Seinspol, von dem her sich das Dasein aufrollt in der gleichzeitigen, ,zeitigenden' Bewegung auf ihn zu. „Nur das Vorlaufen in den Tod treibt jede zufällige und ,vorläufige' Möglichkeit aus. Nur das Freisein *für* den Tod gibt dem Dasein das Ziel schlechthin und stößt die Existenz in ihre Endlichkeit. Die ergriffene Endlichkeit der Existenz reißt aus der endlosen Mannigfaltigkeit der sich

1 Theodor W. Adorno: Jargon der Eigentlichkeit. Zur deutschen Ideologie, 115.
2 Martin Heidegger: Sein und Zeit (1927), 263.

anbietenden nächsten Möglichkeiten des Behagens, Leichtnehmens, Sichdrückens zurück und bringt das Dasein in die Einfachheit seines Schicksals"[3]. So spricht der Krieger, der er nicht ist. Ihm winkt das Schicksal, ein Leben der kleinen Nöte und ohne Geheimnisse leben zu müssen und der Langeweile einer solchen Existenz ausgesetzt zu sein[4]. Über sie schreibt der Meßkircher Fragensteller ungleich mehr als über die Angst, die die Abenteurer umtreibt. Die Langeweile, sagt Heidegger, läßt wie die Bedrängnis des Krieges die Frage nach dem Wesentlichen, das durch die Oberfläche des Daseins niedergehalten wird, entstehen. Das Eigentliche, da eigenste, ist der Tod, vor dem der ‚uneigentliche' Mensch auf der Flucht ist. Will er zu sich selbst kommen, muß er sich der Angst davor stellen, muß er in Kauf nehmen, daß durch sie die alltägliche Vertrautheit der Welt zusammenbricht, denn „das Sein zum Tode ist wesenhaft Angst"[5]. Die Angst macht die Welt ‚unheimlich', denn sie vereinzelt und erschließt das Dasein als ‚solus ipse'[6]. Die Vereinzelung holt das Dasein aus seinem Verfallensein an die Oberfläche der Vielen zurück und eröffnet ihm die Möglichkeit des Eigentlichseins. Das entspricht der elitären Strategie der Abenteurer, denen die Vielen (als Mannschaft) nur zur Durchsetzung ihrer Ziele dienten. In ***Sein und Zeit*** *(1927)* bleibt der veranschlagte Gewinn noch fraglich. Was, wenn nicht die bloße Neugierde, veranlaßt, die Gefährdung auf sich zu nehmen, wenn gar nicht klar ist, was mit dem Sein und einer undeutlich in Aussicht gestellten Freiheit erreicht ist, und schon der Gedanke an das zurückgelassene behagliche und mittelmäßige Dasein in der Masse wie bei den Polfahrern den Wunsch weckt, in die Existenz des einfachen ‚man' zurückzukehren? Vorläufig sagt Heidegger nur, daß der Mensch als endliches Wesen eine gewisse Unendlichkeit im Ontologischen hat[7]. Damit sei keine perspektivische Unendlichkeit gemeint, sondern eine im Sinne des Verstehens des Seins. Dieses Verstehen, sagt Heidegger mit Kant, ist nur möglich in der inneren Erfahrung des Seienden. Erst zehn Jahre später kommt dann heraus, daß das ‚Sein am Grund' doch Gott meint. Heidegger spricht dann von einem verborgenen „Abgrund", in den der Mensch mit Poe'scher Härte hinabgestoßen werden muß, um „seines Wesens Erfüllung ins Tiefste legen" zu können[8].

Vorläufig ging es Heidegger jedoch, wie in jenen Jahren allgemein, um die Stärkung des Daseins. Die Rolle des geistigen Führers, die in den zwanziger Jahren in den meisten Fällen dem genialen Künstler zugestanden wurde, meinte Heidegger, fiele dem Philosophen zu. Er hat die Aufgabe, die Menschen zu erwecken. „Wenn die Bedrängnis unseres Daseins trotz aller Nöte heute ausbleibt und wenn das Geheimnis fehlt, dann handelt es sich für uns zuerst darum, diejenige Basis und diejenige Dimension für den Menschen zu gewinnen, innerhalb derer ihm überhaupt wieder dergleichen wie ein Geheimnis seines Daseins begegnet. Daß bei dieser Forderung und

3 Ebd.: 384.
4 Ders.: Die Grundbegriffe der Metaphysik (1929/30). Gesamtausgabe, Bd. 29/30, 254, 117 ff.
5 Ders.: Sein und Zeit, 266.
6 Ebd., 188.
7 Ders.: in: Davoser Disputation zwischen Ernst Cassirer und Martin Heidegger (1929), Anhang zu: M. Heidegger: Kant und das Problem der Metaphysik, 252.
8 Ders.: Beiträge zur Philosophie (Vom Ereignis). Gesamtausgabe, Bd. 65, 508.

bei der Anstrengung, ihm näherzukommen, dem heutigen Normalmenschen und Biedermann bange wird und zuweilen vielleicht schwarz vor den Augen, so daß er sich um so krampfhafter an seine Götzen klammert, ist vollkommen in der Ordnung. Es wäre ein Mißverständnis, etwas anderes zu wünschen. Wir müssen erst wieder rufen nach dem, der unserem Dasein einen Schrecken einzujagen vermag. Denn wie steht es mit unserem Dasein, wenn ein solches Ereignis wie der Weltkrieg im wesentlichen spurlos an uns vorübergegangen ist?"[9]

Viele waren es nicht gewesen, die das Erweckungserlebnis Krieg nutzen konnten und überlebten wie Jünger. Die Biedermänner wieder ins Stahlbad zu treiben, auf daß sie beim zweiten Versuch die Metaphysik des Sterbens besser begriffen, darum konnte es nicht gehen. Den Schrecken einzujagen, diese Rolle stand (noch) nicht dem politischen Führer zu, sondern dem Philosophen, der eine Verunsicherung zu schaffen vermag, die den metaphysisch Berührbaren, der die „Bereitschaft für die Gefährlichkeit der Philosophie" hat, „in eine fruchtbare Fraglichkeit" hineintreibt[10].

Um 1930 ließ es Heidegger noch offen, wie weit er sich in dem sich ankündigenden Umbruch politisch festlegen würde. Zwar ginge es ihm nicht darum, das „Gebäude einer Weltanschauung" zu errichten, gleichzeitig spricht er aber in dem bemerkenswerten Brief an Elisabeth Blochmann vom 12. September 1929 davon, daß „wir die Wende des Zeitalters aus der Tiefe erzwingen werden"[11]. Auch wenn Heidegger mit dem ‚wir' die philosophischen Menschen meinte, kann er nicht geglaubt haben, daß ein Zeitalter sich von einem Lehrstuhl einer Universität aus wenden läßt. Dazu braucht es Männer der Tat und eine Weltanschauung, wenn nicht als philosophisches Gebäude, dann als Fundament. „Wir dürfen uns nicht an das spröde Gemächte halten, das die Heutigen sich vorerfinden, sondern müssen in der Geschichte die Macht und Gediegenheit des Großen verehren. Die Vergangenheit des menschlichen Daseins im Großen ist nicht nichts, sondern das, wohin wir immer wieder zurückkehren, wenn wir in die Tiefe gewachsen sind. Aber diese Rückkehr ist kein Übernehmen des Gewesenen sondern die Verwandlung. So muß uns der heutige Katholizismus und all dergleichen, der Protestantismus nicht minder, ein Greuel bleiben – und doch wird ‚Beuron', wenn ich es kurz so nenne – als ein Samenkorn für etwas Wesentliches sich entfalten". Wenn es der Katholizismus nicht war, dann war es auch nicht die Kunstfertigkeit der Mönche, die für das Kürzel ‚Beuron' stand. Gemeint war weit eher jener gewaltige Zwiespalt zwischen der Einfachheit und Strenge des mönchischen Lebens und der dort praktizierten Kunst und dem geahnten und nicht gebändigten Chaos. Heidegger erinnert in dem Brief an eine Abendandacht (Komplet) in der Abteikirche. Dabei wird die Nacht zur romantischen Metapher sowohl der Stille und Einfachheit wie auch der in ihr sich verbergenden abgründigen Tiefe. „In der Complet ist noch da die mythische u. metaphysische Urgewalt der Nacht, die wir ständig durchbrechen müssen, um wahrhaft zu existieren. Denn das Gute ist nur das Gute des Bösen".

9 Ders.: Die Grundbegriffe der Metaphysik, 255.
10 Ebd., 29.
11 M. Heidegger, Elisabeth Blochmann: Briefwechsel 1918–1969, 32.

Hugo von Hofmannsthal sprach 1927 in einem Vortrag an der Münchner Universität von der „produktiven Anarchie", die die noch bestehende, vom deutschen Bildungsphilister aufrechterhaltene „geistige Besitzordnung" aufbrechen wird[12]. Sie geht aus von wenigen verantwortungsbeladenen Einzelnen, Suchenden, geheim Wirksamen, Unbehausten – Heideggers Eigentlichen –, denen die Autorität gegenüber allen Satten, Schlaffen, Matten, der uneigentlichen Masse, zufällt. Für Hofmannsthal war das „Knistern wie vom Zerfallen ganzer Welten" schon zu hören. Heidegger ahnte das damit verbundene Böse in der Beuroner Nacht: „Entscheidend ist dieses urgewaltige *Negative: nichts* in den Weg legen der Tiefe des Daseins. Dies ist es, was wir konkret lernen u. *lehren* müssen; nur so werden wir die Wende des Zeitalters aus der Tiefe erzwingen". Heidegger wollte die ‚konservative Revolution', von der Hofmannsthal sprach, in der Philosophie auch noch vollziehen, als die nationalsozialistische Revolution schon im Gang war, denn sie war ihm Vollzug von Metaphysik.

Die Reinheit und Makellosigkeit im Stil der Macht nach dem Ende der Anarchie leiteten Künstler wie Hofmannsthal, George und Benn aus der Formensprache der Kunst ab. Heidegger war von der Schule der Phänomenologie geprägt, die nicht nur die Wissenschaft, sondern auch die Lebensformen in das „Zeichen intellektueller Redlichkeit" stellte und auf Strenge, Zucht und Reinheit hielt[13]. Für Hofmannsthal verlebendigte sich der Geist nur in der Nation. In ihr verwirklichen sich die allseits gesuchten Bindungen. Alles „im äußeren Zerklüftete" wird im (nationalen) Geiste ganz. Dazu bedarf es eines Ringens um „wahren Zwang", der nicht zwingend genug sein kann. Auch „etwas Fanatisches und Asketisches" hat jetzt seinen Platz. Der notwendige Führer hat das „Stigma des Usurpators". Für Heidegger wird der Mensch *ganz* „im Angesicht der Nacht und des Bösen". Von dem zu erwartenden Bösen spricht er nur in dem Brief; in der wenige Wochen vorher gehaltenen Vorlesung ‚Was ist Metaphysik?' läßt er die Nacht und den Mut zum ‚verwegenen Dasein' davon unberührt. Als Rektor verpflichtet Heidegger die Studenten zu Arbeitsdienst und Wehrsportübungen. In seinem ‚Bekenntnis zu Adolf Hitler und den nationalsozialistischen Staat' von 1933 kommen folgenden Adjektive als zu erfüllende Normen vor: mannhaft, klar, offen, hart, echt, hell und stark, mächtig, entschlossen, einfach, unbedingt[14]. Solche Eigenschaften meinen nicht eine Reinheit der Form, sondern eine Bereinigung des Lebens. Vor Studenten erklärte er im gleichen Jahr, daß innere Kraft es rechtfertigt, primitiv zu sein[15]. Heideggers Sprache kündet eine forcierte Männlichkeit. Statt romantischer Schwäche, sagte auch Hofmannsthal, ist „männliche Festigkeit" gefordert. Das gilt für den Philosophen selbst erst recht. Noch als Heidegger sich nach dem enttäuschten Verlaß auf den Führer wieder auf sich selbst besann, verglich er Philosophen mit „Urgestein" und „ragenden

12 Hugo von Hofmannsthal: Das Schrifttum als geistiger Raum der Nation (1927), in: Reden und Aufsätze III, Gesammelte Werke.
13 Rüdiger Safranski: Ein Meister aus Deutschland. Heidegger und seine Zeit, 93 f.
14 Guido Schneeberger: Nachlese zu Heidegger. Dokumente zu seinem Leben und Denken, 146 f.
15 Heidegger 1933 vor den Tübinger Studenten, in: Bernd Martin (Hg.): Martin Heidegger und das ‚Dritte Reich', 180.

Bergen", die dem Land sein Höchstes gewähren, vor allem dann, „wenn sie uns und dem Lande wahrhaftig stehen"[16].

‚Einfach' ist einer der wiederkehrenden Schlüsselbegriffe von ***Sein und Zeit***. Er meint ein „Anerkennen einer invarianten Grundstruktur der Endlichkeit"[17]. Das Dasein ist „durch und durch von Nichtigkeit durchsetzt"[18]. Es wird einfach, wenn es als ‚nichtig' erkannt wird. Die Einfachheit des Daseins wird dabei unversehens zu einer Vereinfachung des Daseins. Dazu verhilft die Gemeinschaft des Volkes, in der sich die Geschichtlichkeit des Seins eschatologisch und nicht politisch entfaltet. Wenn Heidegger davon spricht, daß das Dasein „vorlaufend den Tod in sich mächtig werden läßt"[19], wird seine Ontologie um Grade konkreter. Es geht nicht mehr um das Schicksal des einzelnen, sondern um das „Geschick" der Volksgemeinschaft, in der der Vereinzelte verschwindet, und um dem Kampf, in dem „die Macht des Geschicks erst frei" wird. Der Tod wird „zum ontologischen Stifter der Ganzheit", als die das Dasein herzustellen ist[20]. Er ist gleichsam der Pol. Wie für die Abenteurer wird die Einsamkeit im Tod zum Substrat der Selbstheit. So ist er das Eigentliche.

Nach dem Scheitern seines Rektorats zog sich Heidegger (wie Benn) stärker denn je zuvor in den Bereich philosophischer Innerlichkeit zurück, ohne jedoch an Lautstärke zu verlieren. 1936–38 schrieb er die ***Beiträge zur Philosophie (Vom Ereignis)***, seine Rückkehr vom weltlichen Führer zum unweltlichen, wenn auch nicht außerweltlichen Gott. „In seinen ***Beiträgen*** können wir Heidegger dabei zusehen, wie er sich mit einem Delirium von Begriffen und einer Litanei von Sätzen in den ‚anderen Zustand' versetzt. Die ***Beiträge*** sind ein Laboratorium für die Erfindung einer neuen Rede von Gott"[21]. Safranski irrt. Wären sie ein Gebet, wie er meint, müßte es Heidegger um Gott gehen, es geht ihm aber vorzüglich um ihn selbst. Es ist Pierre Bourdieu zuzustimmen, der in Heideggers Philosophie einen Autoritätsdiskurs sieht, dessen schierer Verbalismus die Illusion einer „globalen Kohärenz der Form, folglich des Sinns" nährt, eigentlich aber ein „legitimer Schwindel (ist), der nicht das Verstehen voraussetzt und erheischt, sondern die Anerkennung oder, falls man das vorzieht, den Glauben"[22]. Die ***Beiträge*** sprechen nicht ‚vom Ereignis', wie der Untertitel lautet, sondern sollen es sein. Heideggers Gelehrtenprosa ist auf Überwältigung angelegt. Darum ist es notwendig, daß er immer wieder die Sprache, also die Form wechselt, um den autoritären Vorsprung zu wahren. Daß Heidegger nach der ‚volkstümlicheren' Metaphysik anfangs der dreißiger Jahre in den ***Beiträgen*** die Begrifflichkeit in den Paroxysmus treibt, meint wohl: Hat man ihn zuerst nicht verstehen wollen, soll die Unfähigkeit zum Verstehen seinen Rang erst recht in unerreichte Höhen schrauben. Nach 1945 verteidigte sich Heidegger mit dem Unverständnis seiner Ankläger.

16 M. Heidegger: Beiträge zur Philosophie, 187.
17 Hans Ebeling: Heidegger. Geschichte einer Täuschung, 40.
18 Heidegger: Sein und Zeit, 285.
19 Ebd., 384.
20 Adorno: Jargon der Eigentlichkeit, 121.
21 Safranski, 359.
22 Pierre Bourdieu. Die politische Ontologie Heideggers (1975), 107.

Ermächtiger des Totalitären

Entartung

Max Nordau, mit seinem 1893 erstmals und später oft gedruckten Werk ***Entartung*** im Sprachgebrauch und Denken ein Wegbereiter des Nationalsozialismus, verstand sich als Aufklärer ohne rechte Heimat. Er verteidigte zwar die Erfindungen seiner Zeit gegen die Wissenschaftsfeindlichkeit der Neuromantiker, erlebte aber den technischen und sozialen Fortschritt als Bedrohung. Er führt z. B. an, daß es 1840 in Europa Eisenbahnlinien von 3000 km Länge gab, 1890 aber bereits 218 000 km. Er zitiert Pathologen, die Rückenmarkserkrankungen auf die Erschütterung beim Eisenbahnfahren zurückführten[1]. Es waren Nordaus eigene Ängste, die er an den solcherart zivilisatorisch Degenerierten und Entarteten abwehrte. Die noch gesunden Zustände lagen für ihn in der Zeit des Biedermeier. Den Ausweg der Romantiker und Neuromantiker in die Mystik lehnte Nordau als katholisch-konservativ ab. Die Mystiker leiden daran, daß sie das Unbewußte nicht kontrollieren können und den Sinnen und erinnernden Mechanismen der Nerven und des Gehirns ausgeliefert sind. Der Gesunde setzt seinen Willen und seine Aufmerksamkeit ein. „Der Zustand der Aufmerksamkeit läßt im Bewußtsein keine Dunkelheit entstehen. Denn der Wille verstärkt jede auftauchende Vorstellung entweder zu voller Helle und Deutlichkeit oder, wenn er dies nicht kann, so löscht er sie vollständig aus" (S. 103). Was stört und fremd ist, wird durch den Willen unterdrückt. Entsprechend aggressiv, geschult an Lombroso, dem Nordau sein Buch widmete, ist seine Sprache. Vor allem die französischen Symbolisten sind ihm „schwachsinnig", „Kranke und Krüppel", und ihre Kunst ist das Produkt „denkunfähiger Schleim- und Gallert-Gehirne" (S. 210, 213). Der Realismus eines Zola war ihm Ausdruck fortgeschrittener Hysterie (S. 79, 256). Nordau zeigt einen aggressiven Unwillen, sich mit dem Neuen (in der Kunst) auseinanderzusetzen. Und, damit verbunden, auch ein grobes Nichtwissen. Seine einzige Heimat fand er im Gedanken der Nation. Selbst bei den deutschen Romantikern ließ er nur die patriotischen gelten (S. 133).

1 Max Nordau: Entartung, I, 75. (Alle weiteren Seitenangaben im Text von hier.)

In der Kunst wollte er keine Schatten, Nebel, nichts Verschwimmendes, sondern klare Konturen. Die Gedichte des „denkunfähigen Träumers" Verlaine reichen gerade zur Stimmungsdichtung. Wenn aber ein „in Zeit und Raum wohlbegrenzt ablaufender Vorgang dichterisch vermittelt werden soll, da versagt die Poetik des emotiven Schwachsinnigen vollständig" (S. 229). Der pseudowissenschaftliche Befund will nicht, wie vorgegeben, Aufklärung, sondern den Status quo, ein intakt imaginiertes, in Raum und Zeit wohlbegrenztes Weltbild. Die verbale Aggression trägt alle Züge der heraufbeschworenen Gewalt. Kunst reduziert sich zur ideologischen Funktion oder zum Unwert.

Wie Nordau diagnostizierte Oswald Spengler einen erlahmten Willen zur Macht. Während Nordau in präfaschistischer Manier dagegen anschrieb, zeichnete Spengler den Untergang des Abendlandes als Vollendung einer innerlich notwendigen Entwicklung[2]. Wie für Nordau kam auch für Spengler die Gefahr aus der Technik. Ausgangspunkt war ihm die englische Maschinenindustrie mit ihrem ökonomisch gesteuerten Zwangssystem, ihrer Herrenmoral und ihrem Materialismus (S. 466). Der Sozialismus hatte für ihn den gleichen Stellenwert wie der Buddhismus. Wie Nietzsche sah er in beiden Fluchtbewegungen aus europäischer Müdigkeit (S. 447). Wie der Buddhismus sucht der Sozialismus sein Nirwana, da er vor dem Kampf ums Dasein in Vorstellungen wie „Weltfriede, Humanität, Verbrüderung aller Menschen" ausweicht. Beide Bewegungen waren Spengler Produkte des Materialismus. Das gleiche galt für die Kunst. Indem sie die Konturen des festgefügten Weltbildes auflöste, wurde sie ihm zum Symptom der Entropie des Weltganzen. Die Künstler sah er an diesem Prozeß wie Naturwissenschaftler arbeiten. Impressionisten waren ihm Zivilisationsmaler des Untergangs (S. 364).

Neben den Impressionisten waren es vor allem zwei Maler, die auch bei sonst besonnenen Kennern der Moderne, zu denen Nordau und Spengler nicht zu zählen sind, gereizten Widerspruch hervorriefen. Der eine war Turner, der um 1900 in Deutschland besonders wegen seiner mystischen Qualitäten wiederentdeckt wurde, und der andere Whistler. Wie bei den Impressionisten sah man in ihrer Kunst Chaos und Anarchie. Whistler wurde 1877 anläßlich der Ausstellung seines Bildes ***Nocturne in Black and Gold: The Falling Rocket*** *(1874)* von John Ruskin, dem Autor von ***Modern Painters*** *(1843–60)*, vorgeworfen, daß er „der Öffentlichkeit einen Farbtopf ins Gesicht geworfen hat", was zu einem Prozeß führte[3].

In der Tendenz der Formauflösung sah auch Julius Meier-Graefe eine Gefahr, wobei ihm Turner gegenüber Whistler der Gefährlichere war[4]. Das Chaos, das er bei ihm ausnahm, entstand nicht aus überbordender Kraft, sondern aus Schwäche. Er warf ihm mangelhafte Konstruktion und fehlenden Gestaltungswillen vor. Er und die Impressionisten zeigten Schwäche und Passivität und „frauenzimmerhafte" Züge.

2 Oswald Spengler: Der Untergang des Abendlandes. Umrisse einer Morphologie der Weltgeschichte (1917), 531. (Alle weiteren Seitenangaben im Text von hier.)
3 Hilary Taylor: James McNeill Whistler, 95.
4 Julius Meier-Graefe: Entwicklungsgeschichte der modernen Kunst (1904), I, 173.

Turner sei kein konstruierender, sondern „ein ganz femininer Geist", denn er hätte ein rein rezeptives Organ. Derartig bar der Männlichkeit, war er ihm ein „Typus der Entartung"[5]. Auch wenn Meier-Graefe nicht Nordaus politische und nicht einmal dessen künstlerische Zielrichtung teilte, übernahm er doch, bestärkt durch die in der zweiten Jahrhunderthälfte auflebende rassistische Antropologie, die gerade erst in Weiningers Geschlechterwahn einen ihrer Höhepunkte erreicht hatte, dessen kulturellen Tendenzen.

Auf wie irrationalem Boden sich das alles bewegte, zeigte sich schon bei Ruskin. Er ist der ‚Entdecker' und erste wesentliche Interpret Turners, dem seine Zeitgenossen ähnliches vorwarfen wie Ruskin Whistler. Stärker als künstlerisch eigengesetzliche Argumente wirkte, selbst bei Kunstkennern, die psychologische ‚Beweiskraft' geistiger Zeitströmungen, deren Raster sich so leicht über die Kunst legen ließen. Den ‚männlichen' Konstruktivismus, den Meier-Graefe bei Turner, Whistler und den Impressionisten einklagte, sah er nach anfänglichen Unsicherheiten in Cézanne erfüllt. Über ihn schrieb er schon 1910 eine Monographie, die in ihrer vollständigen Überarbeitung von 1923 heute noch sehr lesenwert ist. In Cézanne fand Meier-Graefe jenen Formwillen, der ihm seine Bilder „greifbar lebendig" machte, während er bei Whistler und Turner nur Traum- und Dunstwelten ausmachte, in denen nichts mehr lebt. Allerdings vollzog er damit nur nach, was in Frankreich 1906 schon allgemeiner Konsens war, daß nämlich Cézannes „architekturale Schwere" seinen Bildern einen festen und konstruierten Charakter gäbe[6]. Darin wurde eine Überwindung des Impressionismus und ein Anschließen an den Klassizismus eines Poussin erblickt.

Bei Max Raphael, ein weiterer früher Theoretiker der Moderne, finden sich die gleichen Ansichten, nur daß er anfangs auch Cézanne nicht gelten ließ. In der impressionistischen Malerei vermißte er das „Fleisch", d. h. den Körper; sie zeige nur die Haut der Dinge, die Oberfläche[7]. Wie Meier-Graefe ganz in der Bachofen-Weininger-Tradition, galt ihm die Leere des nicht wahrgenommenen Gestaltungswillens als feminin und damit als Fehlen von Geist. Der Impressionismus reichte ihm daher gar nicht an die Kunst heran (S. 109). Nur aus der absoluten Gestaltung entstehe Raum, Kubus, Leben (S. 168). Bei den Impressionisten erreiche das Verhältnis der Teile zum Ganzen keine Totalität oder Kontinuität, also auch keine Objektivität, sondern bleibe subjektiv, stimmungshaft zerstreut und ohne Leben (S. 107).

Die Blickachsenverschiebung, die die Impressionisten von den Japanern gelernt hatten, wenn etwa Gegenstände in das Bild hinein oder aus diesem hinausragen, sah Raphael als Unfertigkeit (S. 109). In van Goghs Raum-Dynamik vermißte er die Raumgestaltung (S. 117). Das vitalistische Werden in seinen Bildern, das als mystisch wahrgenommen werden kann, führe zu keiner absoluten Gestaltung des Gegenstandes

5 Ders.: Die großen Engländer (1908), zit. in: Henning Bock, Ursula Prinz (Hg.): J. M. W. Turner. Der Maler des Lichts, 104.
6 Desi Galabov: Paul Cézanne im Licht der zeitgenössischen Kritik, 149, 89.
7 Max Raphael: Von Monet zu Picasso. Grundzüge einer Ästhetik und Entwicklung der modernen Malerei (1913), 102. (Alle weiteren Seitenangaben im Text von hier.)

(S. 119). Nur der antimystische Mensch ist der schöpferische, er alleine hat, frei nach Nietzsche, den „Wille(n) zur Notwendigkeit" (S. 180). Dieser fehle auch den Expressionisten, deren bloßes Ausdrucksbedürfnis psychische, aber keine organischen Formbeziehungen entstehen lasse (S. 161, 165).

Auch Hermann Bahr machte die antimystische, realitätsfordernde Wende mit, wobei er nunmehr den Expressionismus gegen den Impressionismus ausspielte. Auch er sah im Impressionismus nun ein Fehlen des Willens und ein völlig passives Aufnehmen der Sinne ohne inneres eigenes Sehen[8]. Daß der Impressionist die Natur in der Schwebe zwischen Formlosigkeit und Begriff, ehe sie Gedanke wird, erfaßt, ist keine romantisch-mystische Tugend mehr, sondern ein Mangel. Der Expressionist jedoch sieht mit den Augen des Geistes, ist bildend, aktiv[9].

Georg Simmel sah wiederum umgekehrt im Expressionismus und Futurismus den gescheiterten Versuch, das Leben direkt, ohne Form auszusprechen, und deshalb im Ergebnis ein „Chaos atomisierter Formstücke"[10].

Spengler verfällt angesichts des Expressionismus in eine Ausdrucksweise wie Nordau, wenn er ihn eine „schamlose Farce" und „idiotisch" und „verlogen" nennt[11]. Dagegen war er im Impressionismus noch kenntnisreich zu Hause, konnte er ihn doch bis in die Renaissance und zum Barock zurückverfolgen. Als Mathematiker erkannte er seine konstruktive Seite: „Es gibt eine impressionistische, die optischen Grenzen mit Absicht und Nachdruck überschreitende Mathematik. Es ist die Analysis seit Newton und Leibniz. Zu ihr gehören die visionären Gebilde der Zahlkörper, Mengen, Transformationsgruppen, mehrdimensionalen Geometrien. Es gibt eine impressionistische Physik, die an Stelle von Körpern Systeme von Massenpunkten ‚sieht', Einheiten, die lediglich als das konstante Verhältnis variabler Wirksamkeiten erscheinen. Es gibt eine impressionistische Ethik, Tragik, Logik. Es gibt im Pietismus auch ein impressionistisches Christentum"[12].

Diese weltanschaulich gesteuerten Beurteilungen der Kunstrichtungen, in denen erstaunliche Einsichten neben völliger Blindheit liegen, bestimmten auch das Verständnis der japanischen Kunst, die durch ihren Einfluß auf Impressionismus und Symbolismus gesehen wurde wie diese.

Anläßlich einer Ausstellung japanischer Kunst in der Wiener Secession 1898 fand Ernst Schur, deutlich beeinflußt vom damals ‚impressionistischen' Hermann Bahr, in der hauseigenen Zeitschrift *Ver sacrum* für die japanische Kunst jene Argumente, die bei Nordau zwei Jahre vorher und Raphael noch fünfzehn Jahre später völlig negativ gewertet wurden. „Die japanische Kunst ist wie keine andere so absolut und rein, so unbeeinflußt, eine Gefühlskunst oder naturwissenschaftlich ausgedrückt eine Nervenkunst. Sie baut sich vollkommen auf diesem Grunde auf; darum schied sie so

8 Hermann Bahr: Expressionismus (1916), 102.
9 Ebd., 103.
10 Georg Simmel: Der Krieg und die geistige Entscheidung (1917), 51.
11 O. Spengler, 374.
12 Ebd., 364.

instinktiv alles Störende aus, darum ist sie so organisch gewachsen, wie keine andere (...). So wie die europäische Kunst eine Schöpfung des Gehirns ist, so ist die japanische eine Schöpfung der Nerven. Und darum vermißt man dort das ‚Große', weil ja das Gefühl nur reagiert, nicht schafft – oder richtiger gesagt nichts Alleiniges, Gültiges hinstellt, von dem für sich wieder eine Welt ausgeht. Aber doch scheint mir, die Japaner säßen näher am Grunde der Welt, wie das Gefühl ja dem Begriff vorgeht"[13]. Die europäische Kunst sei aufbauend, die japanische auflösend. Deshalb werde sie vielfach abgelehnt, denn sie habe etwas Anarchistisches an sich. In ihrer Kunst lebe man „in einer eigenen träumerischen Welt", die „auf die Sinne einen umnebelnden Reiz ausübt". Kritisch ablehnend sah Raphael die Raumauflösung und Entstofflichung bei den Japanern als strukturlose Vision von „verzückten Sinnen"[14].

Während die Europäer noch ganz in ihrer impressionistisch-symbolistischen Sichtweise verfangen waren, kamen die Amerikaner zu einer ganz anderen, technischen Betrachtungsweise. Ernest Fenellosa, der in Amerika und Japan Philosophie und Kunstgeschichte lehrte, sah in der Imagination der japanischen Kunst einen „Vorgang von mathematischer Klarheit"[15]. Frank Lloyd Wright machte eine strukturelle, auf der Geometrie basierende Kunst aus, die durch Eliminierung des Unwesentlichen eine Grammatik der Form entwickelt, die sich organisch zu größeren Einheiten organisiert[16]. Das architektonische Prinzip bewirkt jene Verzauberung, die in der Symbolkraft geometrischer Formen liegt. Die Vollkommenheit, die japanische Meisterwerke gleich wie Mystiker als ein Nimbus umgibt, erweist sich als eine wissenschaftliche Technik, die sich für Wright u. a. in den strukturellen Diagrammen der Skizzenbücher von Hokusai enthüllt.

Wrights Sichtweise macht deutlich, daß es eines unvoreingenommenen und nicht bloß eines ästhetisch geschulten Blickes bedarf, um Kunst, wenn schon nicht richtig, dann wenigstens nicht so grundlegend falsch zu begreifen wie die ideologisch schwer beeinträchtigten Europäer.

13 Ernst Schur: Der Geist der japanischen Kunst. Abgedruckt in: Verborgene Impressionen. Japonismus in Wien 1870–1930. Katalog, 398 ff.
14 M. Raphael, 101.
15 Ernest Fenellosa: Imagination in Art, 3, zit. in: Udo Kultermann: Kunst und Wirklichkeit. Von Fiedler bis Derrida, 74.
16 Frank Lloyd Wright: The Japanese Print. An Interpretation (1912). Abgedruckt in: Klaus Berger, 340 f.

Ornament – Herrschaft

Der Übergang vom subjektivistischen Symbolismus zum objektivierenden Kubismus vollzog sich von der symbolistischen Seite her weitgehend friktionsfrei. Auch wenn die neue Kunst „eher zerebral als sinnhaft" sei, betonte der noch stark symbolistische Apollinaire, drücke sie doch „die Größe der metaphysischen Form aus", sei sie eine religiöse Kunst ohne Gott[1]. Es ist also die Metaphysik, die die Formfrage in den Hintergrund treten läßt. Außerdem machte die Symbolisten ihr altes mathematisch-manieristisches Wissen gegenüber dem mehr ‚zerebralen' Kubismus aufgeschlossen, so daß sie ihn nicht nur sofort verstanden, sondern sogar zu vereinnahmen versuchten. Das zeigt sich außer bei Apollinaire auch bei dem Dichter Charles Morice und dem Maler Maurice Denis, der eine ***Hommage à Cézanne*** *(1900)* malte. Sérusier wollte sich als Vorläufer der Kubisten verstanden wissen. Die Absetzbewegung der Kubisten und frühen Expressionisten gegenüber den Symbolisten ist deutlicher als jene in umgekehrter Richtung. Von daher wird erklärlich, wenn August Macke über Schönbergs visionäre Bilder sagte: „Und jetzt noch der Schönberg! Der hat mich direkt in Wut versetzt, diese grünäugigen Wasserbrötchen mit Astralblick"[2]. Mackes abfällige Bemerkung meint nicht, daß er etwas gegen das ‚Geistige' in der Malerei gehabt hätte, im Gegenteil. Durch die Form, schrieb er in ***Der blaue Reiter,*** „ahnen wir die geheimen Kräfte, den ‚unsichtbaren Gott'"[3]. Es war die Form, die ihn an Schönbergs ‚Astralblick' störte. Sie verriet einen Subjektivismus, der mit dem Symbolismus als überwunden galt. Die ‚Notwendigkeit' der Form war zwar innerlich motiviert, sollte aber objektiv nachvollziehbar sein. Der verschwommene ‚Astralblick' war das nicht.

Das Problem seiner Generation sei, sagte Franz Marc, eine „mystisch-innerliche Konstruktion" zu finden[4]. Dieser Balanceakt beschäftigte viele. Die dem Leben ab-

1 Fry, 123.
2 August Macke – Franz Marc: Briefwechsel 1910–1914, 99.
3 Kandinsky und Marc: Der blaue Reiter, a. a. O., 23.
4. Ebd., 54.

gerungene Zeichenschrift sollte in neuer Konstruktion ‚mystisch-innerlich' funktionieren und zugleich auf die Gesamtlösung, das Allgemeine, zielen. Paul Klee warf Franz Marc vor, daß bei ihm der „Erdgedanke" vor dem „Weltgedanken" käme[5]. Er selbst wollte sich zuerst vergeistigen, um dann zu formen, ja „Formeln" zu finden. Er lehnte Marcs „Einzelmenschlichkeit" ab, er selbst hätte „Totalitätsabsichten"[6]. Ungeachtet des rigiden Ausdrucks, meinte er damit in aller romantischen Unschuld: „Meine Liebe ist fern und religiös". A love supreme. Nicht viel anders steht Malewitschs Suprematismus als ‚Weltgedanke' in Konflikt mit dem ‚Erdgedanken' der Konstruktivisten und ihrer „praktischen Notwendigkeit"[7]. Was Klee als Marcs Einzelmenschlichkeit bezeichnet, nennt Malewitsch „tierisch-objektiv"[8]. Mit dem Suprematismus strebte er zu einer „kosmischen Freiheit", weg von der Tierhaftigkeit und ihren Nöten.

Von der Natur und dem Organischen zur geometrischen Abstraktion wollte auch Wilhelm Worringer, der mit seinem Buch ***Abstraktion und Einfühlung*** *(1908)* einen unerwarteten Erfolg erzielte (sehr im Gegensatz zu allen seinen anderen Werken). Die als Dissertation geschriebene Arbeit ist dürftig und ungenau und kunsttheoretisch viel weniger bedeutend als die Werke jener, auf die er sich beruft (Alois Riegl) bzw. gegen die er sich wendet (Friedrich Theodor Vischer, Theodor Lipps). Daß Worringers schmales Buch das Werk der anderen in den Hintergrund treten ließ, hängt mit dem Zeitpunkt zusammen, da es erschien.

Seit den neunziger Jahren, nach dem Rücktritt Bismarcks, war in Deutschland ein Aufbrechen der lähmenden autoritären Strukturen zu bemerken, wenngleich der aufkommende Liberalismus und die sozialen Konflikte zu einer ständigen Beunruhigung des konservativen Bürgertums führten. Um von den anstürmenden Entwicklungen nicht überrollt zu werden, machte es seinerseits einen Schritt vorwärts, indem es, wie im Zusammenhang mit dem Gralsrittertum dargestellt, auf die sicheren Werte der Vergangenheit zurückgriff. Mit Langbehn wurde es üblich, die politischen Erwartungen als kulturelle darzustellen, in der Kunst die Einheit zu proklamieren, die in der Gesellschaft nicht vorhanden war, und in ihr Schönheit und Glück zu finden wie nirgends sonst. Am wichtigsten aber war für den bürgerlichen Idealismus die quasi-religiöse und ethische Bedeutung der Kunst, weshalb die Forderung Langbehns, Kunst und ästhetische Bildung ins Volk zu bringen, bereitwillig aufgegriffen wurde[9]. Eine sittliche Erneuerung durch die Kunst würde eine soziale Veränderung überflüssig machen; sie käme auch billiger. Von 1901 an wurden alle zwei Jahre Kunsterziehungstage abgehalten; 1907 wurde der Werkbund gegründet, in der Absicht, eine ästhetische Reform des Alltags und der Arbeitswelt einzuleiten.

Was den Konservativen noch immer fehlte, war ein fester Standpunkt innerhalb der verwirrenden Kunstentwicklungen. Der Naturalismus mit seinen sozial aufrührerischen

5 Felix Klee (Hg.): Tagebücher von Paul Klee, a. a. O., 352.
6 Felix Klee, 353.
7 Malewitsch: Brief von 1922, in: Transform the world! Katalog.
8 Ebd.
9 Fritz Stern: Kulturpessimismus als politische Gefahr, 213.

Themen erweckte noch immer Abscheu; der Impressionismus war irgendwie umrundet worden; der Symbolismus mit seiner aufreizenden Sinnlichkeit stand dem sittlichen Erneuerungsideal eher im Wege; neue Entwicklungen waren zu befürchten. Da bot Worringer einen Ausweg in die historisch nachweisbare abstrakte Ornamentik, deren Formenstrenge sich gegen die verspielte, nur dekorative Ornamentik und den Schwulst der Gründerzeit wandte, gegen die Adolf Loos so wütend anschrieb. Einen kurzen historischen Moment lang schien das konservative Kunstverständnis an die Moderne heranzureichen. Das aus Worringers Buch herauszulesen, ist ein bis heute gehegtes Mißverständnis.

Dazu trugen allerdings die zeitgenössischen Künstler selbst bei. Sie nahmen das Buch als eine Art Programmschrift mit historischer Blickrichtung auf, obwohl nicht daraus hervorging, daß Worringer die Moderne überhaupt zur Kenntnis genommen hatte, würde er nicht in einer Fußnote Hodler erwähnen. Klee fand Worringers Theorien als wissenschaftliche Leistung hoch erfreulich, wenn auch nicht neu, und Franz Marc stellte sie neben Kandinskys ***Über das Geistige in der Kunst.*** Als 1911 eine Streitschrift gegen den Ankauf eines Bildes von van Gogh durch die Kunsthalle Bremen erschien, wurde Worringer von Kandinsky eingeladen, für die Gegenschrift ***Die Antwort auf den Protest deutscher Künstler*** einen Beitrag zu liefern. Bereits hier zeichnet sich ab, daß Kandinsky den Bock zum Gärtner machte, denn Worringer ergriff zwar Partei für die ‚Primitiven' (van Gogh, Cézanne, Matisse), sah aber in ihnen nur eine Übergangskunst, die ein „großes, langes Atemholen" vor der eigentlichen Erneuerung sein würde[10].

Als Kunsthistoriker beschäftigte sich Worringer in erster Linie mit ägyptischer und gotischer Kunst. An diesen beiden Stilepochen handelt er die beiden Begriffe ab, die dem Buch den Titel geben. Einfühlung ins „Organisch-Lebenswahre" ist ein Naturalismus, der als Wille und Vorstellung sich ausbreitet und auch im Kunstwerk nichts anderes als das Leben sucht. Die so entstandene Form ist objektiv gesehen unerheblich, denn sie entsteht erst durch den Betrachter und bezieht ihren Wert aus dem Lebenswert, den „wir dunkel in sie hineinversenken"[11]. Worringer will bei diesem „Vitalgefühl", das er bei den Modernen halbherzig verteidigt, nicht stehenbleiben, denn er strebt nach einer Transzendenz, die die „Erlösung von der Qual des Relativen" bringt (S. 111). Dazu ist es nötig, einen Ruhepol innerhalb der „Flucht der Erscheinungen" zu finden. Wie schon Pater Desiderius Lenz in Beuron sah Worringer diese Absolutheit der Form bei den Ägyptern verwirklicht. „Nur wo die Täuschungen der Erscheinung und die blühende Willkür des Organischen zum Schweigen gebracht, wartet Erlösung" (S. 147).

Was auf die Erfüllung im Religiösen abzuzielen scheint, hat im Grunde weltliche Absichten. Wenn Lenz von der Ordnung und Festigkeit spricht, die sich in der

10 Wilhelm Worringer: Zur Entwicklungsgeschichte der modernen Malerei, in: Die Antwort auf den Protest deutscher Künstler. München (1911), abgedruckt in: Der Sturm, Jg. 2, Nr. 75, August 1911, 597.

11 Ders.: Abstraktion und Einfühlung. Ein Beitrag zur Stilpsychologie (1908), 15. (Alle weiteren Seitenangaben im Text von hier.)

Tempelbaukunst ausdrücken, und Worringer vom Ausruhen „angesichts der ungeheuren Verworrenheit des Weltbildes" (S. 21), wird deutlich, daß es um die Erlösung vom Druck gesellschaftlicher Zustände geht. Einfühlung stellt ein (pantheistisches) Vertraulichkeitsverhältnis mit der Welt her und im weiteren gar eine (demokratische) Vereinheitlichung. Demgegenüber besteht eine „ungeheuere geistige Raumscheu" (S. 17), die darauf zielt, die Einzelform wie den Einzelnen aus den Zusammenhängen zu lösen, um sie in eine strenge, abstrakte Gefaßtheit zu bringen. Der „Abstraktionsdrang" sucht sie im „lebensverneinenden Anorganischen, im Kristallinischen oder allgemein gesprochen in aller abstrakten Gesetzmäßigkeit und Notwendigkeit" (S. 15).

Worringer entwift einen Weg zur Abstraktion, der zunächst der Entwicklung der Moderne gleicht. Gesetzmäßigkeit und Notwendigkeit waren auch für Kandinsky zentrale Begriffe. Worringer ist Abstraktion „das Bestreben, das einzelne Objekt der Außenwelt, soweit es besonders das Interesse erweckt, aus seiner Verbindung und Abhängigkeit von den anderen Dingen zu lösen, es dem Lauf des Geschehens zu entreißen, es absolut zu machen" (S. 23). Die Abhängigkeit entsteht aus dem Raum, der die Dinge verbindet und ihnen eine Relativität in einem Weltbild gibt. Darum ist die Raumdarstellung zu unterdrücken und die Einzelform in der Fläche wiederzugeben. Das war wesentlich die Erkenntnis aus der japanischen Malerei gewesen, die den Weg zur Abstraktion ebnete. Worringer erkannte das sehr klar: „Der Japonismus in Europa bezeichnet eine der wichtigsten Etappen in der Geschichte der allmählichen Rehabilitierung der Kunst als eines rein formalen, d. h. an unsere ästhetischen Elementargefühle appellierenden Gebildes. Und es rettete uns andererseits vor der naheliegenden Gefahr, die Möglichkeit der reinen Form nur innerhalb des klassischen Kanons zu sehen" (S. 59). Mit dieser Feststellung hätte Worringer in Konsequenz an die Moderne anknüpfen können, aber er tat es nicht, denn zu sehr, und mit den Jahren zunehmend, waren Formfragen für ihn weltanschaulich besetzt. Auch wenn der Stil kein klassicher ist, ist ihm ein Kanon unumgänglich. Denn in der einfachen Linie und in ihrer Weiterbildung in rein geometrische Gesetzmäßigkeit ist ihm „der letzte Rest von Lebenszusammenhang und Lebensabhängigkeit getilgt, hier ist die höchste absolute Form, die reinste Abstraktion erreicht; hier ist Gesetz, ist Notwendigkeit, wo sonst überall die Willkür des Organischen herrscht" (S. 22). Das meint, wie bei Schopenhauer, die Willkür des unkontrollierten Lebens, dem der durch seine Sinne bestimmte „Diesseitsmensch" ausgesetzt ist. Worringer sucht in der Einfachheit und Klarheit der Abstraktion, was er „die Kraft der metaphysischen Bindung" nennt, nämlich die bei Schopenhauer versprochene Windstille des „Selbstentäußerungstriebes" (S. 28). Abstraktion bedeutet einen Stillstand, eine kristalline Erstarrung und damit Beherrschbarkeit des Lebens. Die absolute Form ist nicht nur die „Negation des Individuellen" (S. 35), sondern sie erlöst „vom Zufälligen des Menschseins überhaupt" (S. 27). Die klare Ordnung und Unbeweglichkeit des abstrakten Ornaments hat für Worringer Entlastungsfunktion und als Schild nach außen kein Eigenleben. Es entsteht aus der „starren Linie" und endet bei der „toten kristallinischen Form" (S. 148).

Für die abstrakten Maler machte die Entmaterialisierung das Leben als Bewegung erst sichtbar. Wenn Kandinsky vom Zurückdrängen des Organischen spricht, meint er nur dessen äußere Form, nicht sein inneres Leben. Für Worringer – und an ihn anschließend Spengler – bedeutet das Abstrakte ein fertiges, unveränderliches Sein. Für die Maler war es ein Werden. Paul Klee: „Form ist also nirgends und niemals Erledigung, als Resultat, als Ende zu betrachten, sondern als Genesis, als Werden, als Wesen"[12].

Bei Spengler heißt der Gegensatz nicht Abstraktion und Einfühlung, sondern Ornament und Nachahmung. Das Ornament ist ihm wie für Worringer die zeitlose Form anorganischer Logik, die als „Schicksalsidee" das Seiende selbst ist[13]. Die Nachahmung des Lebens beseelt und belebt, während die Ornamentik „bannt und tötet" (S. 256). Sie entwickelte sich formgeschichtlich „aus den starren Symbolen des Todes". Spengler verweist auf Bachofen, der die Ornamentik aus dem ägyptischen Grabkult ableitete und das Symbol, dem Toten vergleichbar, als Verweilendes ansah (S. 248). „Von der Imitation hebt sich nun deutlich das Ornament ab, das dem Flusse des Lebens nicht folgt, sondern *starr entgegentritt*" (S. 253). Spengler geht es nicht um transzendente Bedeutungen (wie Bachofen und anfänglich Worringer), „bannt und tötet" meint innerweltliche Strukturen. Das Ornament ist eindeutig die „Sprache einer Weltanschauung" (S. 256). Er vergleicht es mit einem Dom und einer Burg, d. h. mit ‚großen' übergeordneten Bedeutungsträgern, während das Leben und seine Nachahmung sich im Kleinteiligen einer Stadt oder eines Bauernhauses ausdrücken, ihr Grundriß „ein Abbild der *Schicksale* eines Volkes" ist (S. 257) oder die „privaten Tendenzen eines Einzelnen" ausdrückt (S. 371). „Dieser freien Gestaltungskraft setzt alle geistige Kunst die strenge *Schule* entgegen, in welcher der einzelne der Logik zeitloser Form dient" (S. 257). Das bedeutet die Einordnung ins Ornament, so wie nicht die einzelne gotische Statue Ornament ist, sondern erst die „Statuen*scharen*" (S. 259). Wenn also das Ornament dem Leben (als Du) starr entgegentritt, es bannt und tötet, bedeutet das in Konsequenz: „Das Ich überwältigt das Du" (S. 253). Da wäre Einfühlung nur hinderlich, denn mit ihr kämen unwägbare Kräfte ins Spiel. Die unerwünschte Kommunikation bedient sich der verführerischen Metabolie des Symbols, in das die Verwandlungs- und Übertragungskräfte der Ästhetik (Vischer), der Psychologie (Lipps) und selbst der Magie (Johannes Volkelt) eingeflossen sind. Sie gilt es zu vermeiden.

Das Ornament als das Seiende bedarf keiner Veränderung. Für Max Scheler ist es die Nation, das Volk: streng und männlich. Einfühlung hingegen meint das Unkriegerische, Weichliche, Sinnliche, also das (fließend) Weibliche[14]. Vorbild für die Gestalt des Ornaments war für Ernst Jünger die Heeresgliederung[15]. Es ist die Aufgabe der Kunst, dieser Form Raum zu geben; die Kunst selbst wird identisch mit dieser „den Raum erfüllenden Lebensgewalt"[16]. Was den Raum füllt, ist die zum Ornament erstarrte Menge. Eine einheitliche Raumgestaltung, Kennzeichen jeden Imperiums,

12 Paul Klee: zit. in: Jürg Spiller (Hg.): Paul Klee – Unendliche Naturgeschichte, 43.
13 Oswald Spengler: Der Untergang des Abendlandes, 254. (Alle weitern Seitenangaben im Text von hier.)
14 Max Scheler: Der Genius des Krieges, 78.
15 Ernst Jünger: Der Arbeiter (1932), in: Werke, VI, 19 f.
16 Ebd., 233.

ist die Voraussetzung. Gottfried Benn spricht von einer „Ausdruckswelt", deren Form „Macht schlechthin" ist[17].

Joseph Goebbels' Romanfigur ***Michael*** *(1929)* sucht in der orientierungslosen Zeit nach dem verlorenen Krieg eine individuelle Erlösung in dem, was ihm am wichtigsten erscheint: Stil zu haben. Stil ist ihm Gesetz und Ausdruck, d. h. „autarkes Selbstsein", wie er es in der ‚Gestaltung' der expressionistischen Kunst kennenlernte (Goebbels literarisch verknappte Sprache, Vorbild einer Befehlssprache, ist expressionistisch geprägt)[18]. Es ist noch ein romantisches Fürsichsein wie anfangs bei Jünger. Michael wird Arbeiter in einem Bergwerk. Das Berginnere ist schon in der Romantik die Metapher für Seeleninnenräume. In den ***Bergwerken zu Falun*** bei E. T. A. Hoffmann und Hugo von Hofmannsthal (*1818/19* der eine, *1899/1932* der andere) besteht zwischen sozialer Umwelt und seelischer Innenwelt ein unlösbarer Konflikt. Der Entwicklung des frühen 20. Jh. folgend, löst Michael den Zwiespalt, indem er in der Einsamkeit des Berginneren mit großer Beharrlichkeit die Gemeinschaft seiner Kameraden sucht, genauso wie der Soldat Jünger die ‚Blutsbrüderschaft auf Leben und Tod'[19]. Jünger weiß von der Verwandlungsfähigkeit von außen und innen, wenn die schwarze Oberfläche in eine rote Tiefe aufbricht und bei Hoffmann „die Kristalle und Erze in den Schächten der Bergwerke sich magisch beleben"[20]. Die Zugehörigkeit zur blutsbrüderschaftlichen (sprich: rassischen) Gemeinschaft beweist Michael durch sein Durchhaltevermögen bei der schweren Arbeit. Er begreift sie daher als Kampf[21]. Auch der Kommunist Edi in Ernst von Salomons ***Die Geächteten*** *(1930)*, Spiegelbild der Hauptfigur des Romans, eines jungen Faschisten, der als Soldat abgemustert hat und sich an der Ermordung Rathenaus beteiligt, ist ein Bergmann, dessen Arbeit „trotzigen Stolz" und „federnde Kampfbereitschaft" bedeutet[22]. Der Kampf der Arbeiter unten, der linken wie der rechten, geht gegen die bürgerliche Oberschicht, die „breiige, unfaßbare, alles abwürgende Schicht, auf deren Befehl er die Sonne nicht sah"[23]. Aus der dunklen Innen- und Unterwelt wird er bald nach außen getragen und, politisch konkreter als bei Jünger, das ‚Leben' gegen die starre bürgerliche Oberfläche durchsetzen[24]. Es ist der gleiche Kampf von Unten gegen Oben wie in Fritz Langs ***Metropolis*** *(1926)*.

Bei Jünger wird nicht lange darauf der Kampf zur Arbeit. Die ‚Gestalt' des Arbeiter-Soldaten wird entindividualisiert und Teil einer mythischen „Ausdruckswelt". Diese ist nicht expressiv-individualistisch, sondern ein zeichenhaftes Ritual, das sich der Mittel des Ornaments, des Symbols und der Maske bedient[25]. Die Gestalt des Soldatenarbeiters wird zum „Typus" ohne Psychologie und Mimetik.

17 Gottfried Benn: Kunst und Macht, 141, 52.
18 Joseph Goebbels: Michael. Ein deutsches Schicksal in Tagebuchblättern, 12.
19 Ernst Jünger: Feuer und Blut, 199.
20 Ders.: Das abenteuerliche Herz, 203.
21 Goebbels: Michael, 147.
22 Ernst von Salomon: Die Geächteten (1930), 364.
23 Ebd.
24 Ebd., 483.
25 Ernst Jünger: Der Arbeiter, 246.

Noch nach dem Zweiten Weltkrieg beließ Jünger die „Macht der reinen Formen" in dem mythischen Bereich der (ägyptischen) Todessymbolik, als wäre seit Bachofen und Spengler aus der symbolischen Form nicht eine reale Macht geworden und die „Todesseite" der ‚reinen Formen' mit ihrer „unerbittliche(n) Gewalt" nur als eine metaphysische erfahren worden[26]. Die ‚reinen' geometrischen Formen mit ihrer „kosmische(n) Strenge", zu denen sich für Jünger die zusammengebrochene Formenmacht wieder reduzierte und verharmloste, sollten besser „verdeckt erscheinen, begrünt, bemoost", damit „die Wendung zum irdischen Leben", d. h. die Wiederaufbauarbeit und das Wirtschaftswunder, gelinge. Es soll Moos über die mißlungene Formgestaltung unterm Hakenkreuz wachsen, keiner sollte an die begrünten Gräber rühren. Wie schrieb doch Benn an Jünger 1955 über die Kritik an seiner verspielten Ausdruckswelt? – „je m'en fiche"![27]. Eine Generation später wird Botho Strauß die Begrünung wieder weggeräumt sehen wollen, auf daß, unverstellt, die Gesänge aus den Tiefen des Schreckens zu dringen vermögen.

Georg Simmel nahm zwar die entgegengesetzte Position zu Worringer und Spengler ein, insofern, als er das Leben über die Form stellte, sah aber wie sie das Ziel der Kunst in einer absoluten Formfindung. Das Leben als vitale Strömung findet seinen Ausdruck nur in den Formen, „die eine Gesetzlichkeit, einen Sinn, eine Festigkeit in sich selbst haben, in einer gewissen Abgelöstheit und Selbständigkeit gegenüber der seelischen Dynamik, die sie schuf"[28]. In ihrer Eigenständigkeit als l'art pour l'art wird die Form absolut und gerät unweigerlich in Gegensatz zur weiterflutenden Bewegung des Lebens. Die harmonische Form bewahrt nur eine Zeitlang das Leben in sich auf, erstarrt dann und muß zerbrechen. Nicht zufällig entwirft Simmel diese Theorie in einem Buch, das die Notwendigkeit des Krieges reflektiert.

Während für Simmel die Erneuerung der Kunst, ihre Geschichtlichkeit, aus der sich erneuernden Formfindung, also aus der Kunst selbst kommt (wodurch der Krieg nur zwischen Stilen und Techniken stattfindet), ist sie für Worringer nur in ideologischer Einbindung vorstellbar. Denn die Kunst verlor, schon im Zuge der Aufklärung, durch die Lösung von Gott und die Auflösung der „geistig-religiösen Kollektivbindung"[29] ihre „soziologische Verankerung" und „Reichsunmittelbarkeit"[30]. Sie wurde heimatlos und steht seither uneingebunden nur mehr im Museum. Das hatte schon Langbehn festgestellt. Künstler sind nicht mehr Träger einer lebendigen kulturellen Funktion, sondern „ferne Spezialisten am Rande dessen, was für uns heute lebensnotwendig und lebensunmittelbar ist"[31]. Nicht die „Allheit" des Ostens, die „sich jeder formbestimmenden Struktur" entzieht, ist in Europa zu Hause, sondern die Tugend des Handelns[32]. „Wir wollen nicht exzentrisch leben, sondern wir wollen aus unserem Zentrum heraus

26 Ders.: Sgraffiti (1960), in: Werke, VII, 372.
27 G. Benn: Briefe, 62.
28 Georg Simmel: Der Krieg und die geistigen Entscheidungen, a. a. O., 50.
29 W. Worringer: Fragen und Gegenfragen. Schriften zu Kunstproblemen, 98.
30 Ders.: Künstlerische Zeitfragen, 12.
31 Ebd., 21.
32 W. Worringer: Deutsche Jugend ..., 20.

leben"[33]. Angesagt ist die „geformte Persönlichkeit"[34], die allerdings nicht Individualist sein darf, da sonst die Kollektivbindung und das nur darin aufgehobene Religiöse in Gefahr geriete. Was die stark geformten, aber nicht voneinander abweichenden ‚Persönlichkeiten' klont, ist der Reichsgedanke und das Zusammengehörigkeitsgefühl, das den Künstlern ohne Reichsunmittelbarkeit, den „hoffnungslos Einsamen", die „Gemeinschaft markieren" wollen, nicht gegeben ist[35]. Die Gemeinschaft, die in dem „Glauben an das eigene künftige Wort" nicht mehr von Ost und West fremdbestimmt sein soll, ist eine deutsche[36]. „Nicht gleich die ganze Welt braucht es dann zu sein, die am deutschen Wesen genesen soll, es genügt, wenn erst einmal Deutschland selbst sein eigenes Wesen gefunden hat, an dem es genesen kann. Denn dies eigentliche Deutschland, dieses Deutschland der Zukunft, an das wir glauben – und Glaubenssache entzieht sich aller Diskussion über ihre Berechtigung – dies eigentliche Deutschland ist immer noch stumm"[37].

Die romantische Einfühlung, gegen die Worringer sich in ***Abstraktion und Einfühlung*** wendet, meinte unausgesprochen den nachwirkenden Symbolismus und Impressionismus. Anfang der zwanziger Jahre ist es dann der Expressionismus, dem Worringer seelische Grenzenlosigkeit vorwarf. Suchte er zuerst die Selbstbindung gegen die amorphe und gestaltlose „Allheit" des östlichen Denkens in der Notwendigkeit der Form, außen für innen, so befürwortete er schließlich eine ‚lebensnotwendige' Kunst, die auch der Mann von der Straße, der „Unproblematisch-Eingeborene", dem ein Auto lieber ist als ein unverstandenes Kunstwerk, begreift[38]. Im Prinzip, so Worringers Ansicht nach dem Krieg, war Hitlers Bestreben, Kunst ins Volk zu bringen, richtig, es scheiterte nur deshalb, weil dem „kitschig grellsten Naturalismus" gehuldigt wurde, statt zeitgemäße, auch abstrakte Mittel zu verwenden[39].

Gottfried Benn stimmte mit allen Kulturkonservativen darin überein, daß gegen die zerfallende Ordnung die ‚Notwendigkeit' der Form zu setzen ist. Nicht Spenglers zyklischer und Simmels geschichtlich linearer Kulturverfall sind anfangs der dreißiger Jahre die Vorgaben für Benns Kulturpessimismus, sondern Nietzsches Nihilismus. Gerade weil das Problem ein metaphysisches ist, ist ihm existentiell durch „das Halten der Ordnung" zu begegnen[40]. Wie Nietzsche sagt Benn: „Die Kunst ist die letzte metaphysische Tätigkeit innerhalb des europäischen Nihilismus"[41]. Benn weiß, daß der geforderte „Übermensch" nicht vitalistisch stark sein muß wie bei Nietzsche (und Hitler), sondern, wie die Geschichte und Nietzsches Schicksal zeigen, als Künstler ein Psychopath, Abnormer, Entarteter oder Alkoholiker sein kann[42]. Wichtig ist nur, daß er, ob gesund

33 Ebd., 19.
34 Ebd., 21.
35 Ders.: Künstlerische Zeitfragen, 16.
36 Ders.: Deutsche Jugend ..., 23.
37 W. Worringer. Deutsche Jugend, 23.
38 Ders.: Fragen und Gegenfragen, 153.
39 Ebd.
40 Gottfried Benn: Doppelleben. Zwei Selbstdarstellungen (1934/1950), 53.
41 Ebd., 51.
42 Ebd.

Polaritäten

Emil Utitz knüpfte mit *Die Überwindung des Expressionismus (1927)* an Hermann Bahrs *Die Überwindung des Naturalismus (1897)* an, allerdings in der konträren Absicht, der seit Jahrzehnten durch die Kunst bedrohten Wirklichkeit wieder zu ihrem Recht zu verhelfen. Als wäre es an der Kunst, und da vor allem am Expressionismus gelegen, führte die Entwertung der Wirklichkeit zu Verfall und Untergang[1]. „Machte man vollen Ernst mit dem reinen, ungebrochenen Ausdruck des Triebhaften, Urtümlichen, Leidenschaftsbeladenen, war eben der Erfolg ein Chaos, ein Stammeln und Schreien, letztlich das Ungestaltete und Formlose. Im Namen der Wahrheit des Ausdrucks wurde die Wahrheit des ‚Gegenständlichen' und ‚Wirklichen' verrenkt und vergewaltigt..." (S. 10). Gegen das in Kunst und Wirklichkeit ununterscheidbare Chaos setzte Utitz wie alle Konservativen das ‚Objektive': Das sind „Strenge und Disziplin, Zucht und Ordnung" (S. 181) und die Sehnsucht „nach der gehämmerten, festen Gestalt, nach ihrer Greifbarkeit" (S. 41). Noch war ihm die Gestalt eines Führers ein zu lösendes Problem (S. 180).

Die Künstler eignen sich schon deshalb so schlecht zu Führern, da die Vielfalt der Stile, Themen und Anschauungen trotz aller Prophetenposen zu pluralistisch und demokratisch ist und die Inthronisation der Fürsten und Könige der Kunst meist nur posthum gelingt. Selbst die von Utitz anvisierte neue Klassik würde da keine Endgültigkeit bringen. Mit dem Überschreiten des Höhepunkts des Expressionismus begann in Deutschland die Diskussion über einen ‚neuen Naturalismus', der durch G. F. Hartlaub 1925 anläßlich einer Ausstellung in der Mannheimer Kunsthalle als ‚Neue Sachlichkeit' zum Schlagwort wurde[2]. Auch wenn Utitz als Beispiele einer ‚sachlichen' Klassik mit

1 Emil Utitz: Die Überwindung des Expressionismus. Charakterologische Studien zur Kultur der Gegenwart, 13. (Alle weiteren Seitenangaben im Text von hier.)

2 Hartlaub, wie Bahr ein Wanderer zwischen den Kunststilen, hatte den abstrakten Expressionismus eines Kandinsky als Überwindung der realen Welt durch das Geistige im Sinne Steiners verstanden; nach dem 1. Weltkrieg forderte er die Rückkehr zum Objekt, da die Mystik so besser vermittelt werden könne, und attackierte die Abstrakten.

humanistischen Zügen Barlach, Brecht und Gropius anführt, ist seine Vorstellung von einer politischen Umsetzung von einem ganz anderen ,Realismus' geprägt: „Demokratie ist heute – wie allgemein zugegeben wird – sicherlich nicht mehr das Bekenntnis zur Gleichheit von allem, was Menschenantlitz trägt, sondern soll sein der Weg zur Auslese der Führer" (S. 180). Die Abkehr von der ,sachlichen' Religion des Christentums hatte zu einer subjektiven, wild wuchernden Religiosität geführt, die den einzelnen aus der religiösen Gemeinschaft entließ und vereinsamte. Das alte „Bindungsmotiv" sucht objektive Strukturen, die „besonders den wirtschaftlichen und staatlichen Verbänden religiöse Weihe verleihen" (S. 173).

Hartlaub unterteilte die Maler der ,Neuen Sachlichkeit' in ,Veristen' und ,Klassisten'. Die einen waren die aus dem Expressionismus kommenden politisch engagierten linken Maler wie Dix und Grosz, die anderen die eher romantisch gestimmten Sucher nach dem „zeitlos gültigen Gegenstand"[3]. Utitz sah in der ersten Gruppe eine Gefahr, da sie den Furor des Expressionismus an ein ,naturalistisches' soziales Engagement band. Politisch unverdächtig, da von Humanität und Ethos getragen, erschienen ihm die ,Klassisten'. Zu ihnen gehörten Maler wie Georg Schrimpf und Alexander Kanoldt, die sich von modernistischen Anfängen zu einem Klassizismus von biedermeierlicher Beschaulichkeit entwickelten, den die Nationalsozialisten als den ihren vereinnahmten, ob diese Maler es wollten oder nicht. Utitz zeigt im Bildteil des Buches als historisches Vorbild des neuen Realismus eine der männlichen Figuren des Bamberger Domes, die auch die nationalsozialistische Kulturpolitik als beispielhaft ansah[4]. Nicht die ,veristische', mit Bedeutung erfüllte Kunst eignete sich dazu, politisch vereinnahmt zu werden, sondern die bedeutungsentleerte Klassik, die als das „massiv Reale" und die „gebändigte Männlichkeit" (S. 17) zur Projektionsfläche politischer Absichten wurde.

In Frankreich fand der Konflikt zwischen Kunst und politischem Anspruch innerhalb der surrealistischen Bewegung statt, nachdem Aragon, Breton und andere Surrealisten 1927 der Kommunistischen Partei beigetreten waren. Zuerst was es Breton, der die Linientreue der surrealistischen Bewegung unter Einschluß kommunistischer Ziele forderte und Abweichler wie Soupault und Artaud, die sich der politischen Vereinnahmung widersetzten, ausschloß. Anfang der dreißiger Jahre verschärfte die Kommunistische Partei den Druck auf die Künstler, was schließlich 1933 zum Ausschluß Bretons aus der Partei führte. Provoziert hatte Breton diesen Bruch zwischen Surrealismus und Kommunismus mit der Publikation von *Les vases communicants* im Jahr davor. Er betonte zwar einmal mehr, daß das gemeinsame Ziel die Revolution sei, machte aber zugleich klar, daß er sie primär als einen geschichtlich nicht abschließbaren geistigen Prozeß ansah. Mehr als die kollektive Existenz bestimmt den Menschen die subjektive Notwendigkeit[5]. Der bürgerliche „Unterdrückungsapparat" ist in erster Linie nicht ein ökonomischer, sondern ein kultureller[6]. Die soziale Revolution ist deshalb nur

3 Paul Vogt: Geschichte der deutschen Malerei im 20. Jahrhundert, 172.
4 Franz Rodens: Vom Wesen deutscher Kunst. Schriftenreihe der NSDAP (1942).
5 André Breton: Die kommunizierenden Röhren (1932). 104.
6 Ebd., 107 ff.

„zusammenzudenken mit dem Prozeß der Menschwerdung überhaupt", und der ist ein individueller und kein kollektiver[7].

Das sahen nicht alle Künstler so. Aragon trennte sich aus diesem Grund 1932 von den Surrealisten und wandte sich ganz der kommunistischen Bewegung zu. Carl Einstein, der mit ***Bebuquin*** als ein Vorläufer der Dadaisten und Surrealisten gelten kann, schrieb ungefähr um die gleiche Zeit, etwa zwischen 1931 und 1933, ***Die Fabrikation der Fiktion***, eine von dem politisch aufgeheizten Klima bestimmte Abrechnung mit der Moderne. Der später durchgestrichene Untertitel des Buches lautete ‚Eine Verteidigung des Wirklichen'. Die Restauration der Wirklichkeit in der Kunst, die Einstein aus linker Sicht verlangte, forderte die konservative Rechte seit mehr als dreißig Jahren. Den Intellektuellen und Künstlern fehle, so Einstein, die soziale Bindung, weshalb sie das Reale entwerteten und nicht fähig waren, „einen verpflichtenden Stil zu bilden"[8]. Gesellschaftlich sinnvolle und nicht selbstzweckhafte Kunst ist nur „nach einer Revolution möglich, die abgeänderte sociale Tatsachen schafft und andere menschliche Typen hervorbrachte" (S. 326). Die Intellektuellen müssen nützlich werden. Das war von einem, der 1919 am Spartakistenaufstand teilgenommen hatte, später im spanischen Bürgerkrieg auf republikanischer Seite kämpfte und schließlich sich 1940 auf der Flucht vor den Nationalsozialisten das Leben nehmen wird, eine verständliche Forderung. Trotzdem beruhte sie auf dem gleichen Mißverständnis, mit dem auch die Rechte der Kunst begegnete. „Künstlerische Konventionen", so Einstein, „sind nur sekundäre Folgen von bestimmten socialen Übereinkünften" (S. 327). Das war keine Feststellung, sondern eine Forderung. Die Surrealisten, gegen die sich Einstein vor allem wendete, verwiesen zu dieser Zeit bereits auf das Schicksal Majakovskijs[9]. Einstein beharrte darauf, daß es nicht gelte, „Ausnahmen zu züchten, sondern repräsentative Typen zu schaffen". Das meinte rechts wie links schon längst die Einordnung ins hierarchisch gegliederte Ornament. Einstein sah, von Frankreich aus, wo er lebte, in Deutschland die Moderne als Wegbereiterin einer idealistischen Fiktion, die das deutsche Volk der „hypnotischen Kraft" einer falschen Ideologie und ihren „vagen Allgemeinheiten" auslieferte (S. 215). „Atavistisch bilden sie (die Deutschen) pseudophilosophische Märchen, die ihre romantische Abneigung gegen Präzision, ihr Bedürfnis nach Pathos befriedigen" (ebd.). Einstein glaubte, den Wirklichkeitsverlust und die damit verbunde Resignation in der Kunst wie in der deutschen Volksseele zu sehen. Sein Bild der Kunst war von seinen soziopolitischen Vorstellungen bestimmt – und darum verfälscht. Und umgekehrt sah er die deutsche Wirklichkeit ‚künstlerisch' verharmlost. Denn wenn er forderte, „die Diktatur der individuellen Fiktion zu vernichten und den Primat der Aktion und der tatsächlichen Prozesse herzustellen" (S. 327), dann übersah er, daß eben jener Prozeß in Deutschland im Gange war und die Nation längst zur Aktion geschritten war. 1933, wie zur Antwort auf Einstein, brannten die Scheiterhaufen aus

7 Ebd., 116.
8 Carl Einstein: Die Fabrikation der Fiktion, 27. (Alle weiteren Seitenangaben im Text von hier.)
9 Breton: Die kommunizierenden Röhren, 110.

Büchern. Goebbels konnte in der Nacht des 10. Mai befriedigt sagen, daß das „Zeitalter eines überspitzten jüdischen Intellektualismus“ nun zu Ende sei[10]. Die Nationalsozialisten hatten früher als Einstein begriffen, daß die Einordnung der Intellektuellen in den großen gesellschaftlichen Prozeß nur eine gewaltsame sein kann. Sie hätten ihm zugestimmt, daß innerhalb der neuen kollektiven Kräfte „die Kunst wieder ihren Platz finden (kann), wenn sie bescheiden an der Produktion einer neuen Wirklichkeit mitarbeitet“ (S. 327).

Es ist das Mißverständnis der Konservativen, auch nach dem Krieg, daß sie die Kunst als Symptom der Wirklichkeit sehen und sie nicht in ihrer eigenen, sondern in deren Sprache zu erklären versuchen. Und umgekehrt wollen sie jene Wirklichkeit, auf die die Kunst verweist, ohne mit ihr identisch zu sein, nicht wahrnehmen, da sie ihr Bild der Wirklichkeit entwertet. Hans Sedlmayr veröffentlichte sein Hauptwerk ***Verlust der Mitte*** zu einer Zeit, als die ‚Glaubenssache‘ Deutschland gerade wieder verstummt war und der fehlende Glaube an die zentralen Werte wie vor dem Krieg in der Kunst eine unheile Welt erblicken ließ. In seiner Sehnsucht nach Ganzheitlichkeit muß der ‚natürliche‘ Mensch einen „instinktiven Widerwillen“ gegen eine Kunst entwickeln, die alle Symptome des Unnatürlichen und Kranken zeigt[11]. Cézannes Malerei grenze ans Pathologische, der Kubismus sei „Vertotung“, der Expressionismus das „heiße Chaos“, der Surrealismus „die kalte Dämonie“ und „Infernalismus“; im Abstrakten sah er nur ein „leeres Muster“ (S. 138). Das Gequälte, Nächtige, Unheimliche, Obszöne und Verkehrte in der Kunst war ebenso unmenschlich und totalitär wie die Welt, die es ihm spiegelte. Gegen die „Ausartungen“ einer labilen Zeit forderte Sedlmayr das Architektonische und Tragende (S. 139). Umgekehrt war ihm die spirituelle Kunst, mit einem ins Negative gewendeten Ausdruck von Franz Marc, eine „Brücke ins Geisterreich“ (S. 158). Die Kunst begibt sich ins Außermenschliche und wird dadurch unmenschlich.

Der „autonome Mensch“, der sich bzw. seine Kunst absolut setzt, ist der gottlose Mensch, denn er hat das Göttliche in sich abgespalten und vernichtet. Er verliert seine Mitte, und die Gottheit „verrinnt ins All“ (S. 173). Die statt dessen betriebene „Aussonderung ‚reiner‘ Sphären“ bedeutet einen Purismus, der nach dem Verlust der ideellen Werte zu Ideologien wie Nationalismus und Rassismus Zuflucht nimmt (S. 146). Die Kunst trägt insofern dazu bei, als sie durch die fehlende Mitte eine Polarisierung der unverbundenen Enden betreibt – Verstand und Gefühl, Geist und Triebe, Glaube und Wissen, Herz und Kopf brechen auseinander. Versteinerung bzw. Zersetzung sind das Resultat: Uniform auf der einen und Anarchie auf der anderen Seite.

Auch für Thomas Mann war nun die Zeit gekommen, mit der Moderne (im ***Doktor Faustus,*** *1947)* ein letztes Mal abzurechen. Schon ***Tonio Kröger*** *(1903)* stand zwischen den unverbundenen Extremen: seiner „Bürgerliebe zu dem Menschlichen, Lebendigen und Gewöhnlichen“ und den „Gereiztheiten und kalten Ekstasen unseres verdorbenen,

10 Hildegard Brenner: Die Kunstpolitik des Nationalsozialismus, 47.
11 Hans Sedlmayr: Verlust der Mitte (1948), 132.
(Alle weiteren Seitenangaben im Text von hier.)

unseres artistischen Nervensystems"[12]. Als „Heiliger" und „vollkommener Mensch" (S. 36) ist der Künstler ein Einsamer, Abgesonderter; es bleiben ihm nur „Erstarrung; Öde; Eis; und Geist! Und Kunst!" (S. 71). Schon hier, Sedlmayr vorwegnehmend, meint das „Außermenschliche" auch das „Unmenschliche" (S. 31). So unentschieden Krögers Haltung, so unklar bleibt die Art von Kunst, die er macht. Mann hatte noch nicht die Moderne, sondern Nietzsche vor Augen. Vierzig Jahre später wird die Kunst des modernen Faust, wie Mann am Ende des Buches selber erklärt, am Werk Arnold Schönbergs festgemacht. Seine Kunst begibt sich, beispielhaft für die Moderne, in „die Nachbarschaft von Ästhetizismus und Barbarei", macht den Ästhetizismus zum Wegbereiter der Barbarei[13]. Die Moderne im Vollzug Nietzsches und derart Entwurf der Nazikultur. Schönbergs Musik (aber auch der Jazz) als Ausdruck, wenn nicht Produkt des Infernalischen und dessen Seelenlosigkeit. Mann legte die meisten dieser Invektiven zwar anderen als dem Ich-Erzähler, seinem Alter ego, in den Mund, changiert aber wie im *Tonio Kröger* so sehr, daß Schönberg sich gegen dieses dubiose 34. Kapitel verwehren zu müssen glaubte. So werden Opfer, wenn nicht zu Tätern, dann zu Schuldigen, und der Kulturkonservativismus meint sich gerechtfertigt. Mit den Extremen des Menschlichen und der Kunst hatten es die Konservativen schon immer schwer, nicht erst nach dem Entsetzlichen der Hitlerzeit. Sie selbst trieben die Polarisierung voran, da sie mit den Polaritäten, seien es Geist und Leben, „Heiligkeit und Brunst"[14] etc., nicht fertig wurden. Nicht erst in ihrem ‚versteinerten' oder ‚zersetzten' Zustand, auch in ihrem lebendigen, allzu menschlichen Zustand wußten sie nichts damit anzufangen. In der vermißten Mitte würden sie sie nicht zusammenbringen, sondern verschwinden lassen. Die Mitte des Nationalen, Rassischen und Religiösen hielt ihre Verliese bereit: für das ungeordnete Leben und die Kunst als Zeuge und Täter. Dabei ging es gerade der Kunst nicht darum, Gegensätze aufzubauen und zu bewahren, sondern sie aufzulösen. Sie war sich des Konfliktes schon immer bewußt, denn er liegt im schöpferischen Akt selbst beschlossen als der Gegensatz von Formlosigkeit und Form, Subjektivität und Objektivität oder wie Itten es nannte: Nichtgesetz und Gesetz. Um diesen Gegensatz hatten sich zahlreiche Begriffspaare gruppiert, die sich aus unterschiedlichen künstlerischen Problemstellungen ergeben hatten. Hier eine Auswahl in Schlagworten: Romantik – Wissenschaft (Pissarro), Nerven – Ratio (Bahr), Auge – Hirn (Cézanne), Sinne – Geist (Braque), Herz – Hirn (Schönberg), passiv – aktiv (Musil), Romantik – Klassik (Klee, Schlemmer, Joyce), relativ – absolut (Mondrian), Natur – Abstraktion (Schlemmer), Magie – Vernunft (Th. Mann), Ratio – Nicht-Ratio (Musil), Chaos – Einheit (Itten), absolute Kunst – Kontingenz des Lebens (Gide), Chaos – Form (Beuys). Alle diese Künstler waren bemüht, einen Ausgleich, eine „Gleichgewichtsbeziehung" (Mondrian) zu finden. Es sind gerade die Theoretiker und Kritiker der Kunst, die diese Gegensätze verschärfen. Das stellte bereits Gustav René Hocke im Zusammenhang von Manie-

12 Thomas Mann: Tonio Kröger, 73, 31. (Weitere Seitenangaben im Text von hier.)
13 Ders.: Doktor Faustus, 373.
14 Tonio Kröger, 71.

rismus und Klassik fest: „Die Symptome für ‚Annäherung' vermehren sich bei den ‚Schöpferischen' d. h. bei den nicht ‚ideologisch' Schaffenden. Die Symptome für ‚Entfernung' vermehren sich in den programmatischen Clans"[15].

Um einen prometheischen Standpunkt zwischen den „Polaritäten" einnehmen (Itten) und eine „malerische Wirklichkeit" (Malewitsch) entstehen lassen zu können, war es notwendig, eine innere Ordnung, eine geradezu nach Paradies und Klassik klingende Harmonie und Proportion herzustellen. Schönbergs theoretisches Hauptwerk ist eine ***Harmonielehre***. „Harmonie ist das Wesentliche in der Kunst", d. h. sie ist eine Verinnerlichung, die das Wesen der Dinge zum Ausdruck bringt[16]. Das heißt aber nicht, daß eine „ausgewogene Komposition" (Mondrian) die Harmonie im klassischen Sinn als Schönheit nach außen kehrt. Gerade durch das Weglassen der „wohlschmeckenden Schönheit" wird das Wesentliche, das Notwendige an dem Gegenstand sichtbar[17]. Da die Form immer komplizierter und komplexer wird, so Kandinsky 1912 in einem Brief an Schönberg, mag sie „auf dem Weg zu einem noch fernen Gesetz, welches wir ahnen", in der Gegenwart als Anarchie und Gesetzlosigkeit auftreten[18]. Die bewußte Störung der Ordnung war seit jeher ein Prinzip nicht nur der manieristischen Kunst: als Synkope in der Musik und Verskunst, als Dissonanz und als Dekomposition allgemein. Der Zufall ist seit der Romantik zum Öffnen geschlossener Formen und als ‚Störfaktor' weiterentwickelt worden. Ein Bild von Hans Arp trägt den Titel ***Komposition nach den Gesetzen des Zufalls geordnet***.

Zufall und Ordnung (Notwendigkeit), die Worringer gegeneinanderstellte, wobei er den Zufall als Prinzip der Kunst ausschloß, sind für die Kunst beide konstitutiv. Die dem Zufall abverlangte Ordnung – das „Notwendig-Zufällige" (Novalis) – erweist sich in der Harmonie ihres Beziehungsgefüges: zwischen den heterogenen Elementen ist der größtmögliche Zusammenhang herzustellen. Das Spiel der Möglichkeiten, das das Gegenteil von allem zuläßt, entfaltet experimentell und utopisch sein Erfahrungspotential. Das unendlich Mögliche ist so lange kein Nihilismus, als die Gegensätze in einem gemeinsamen Grund aufgehoben sind. Die Formen, die ihr Gegenteil immer in sich tragen und doch jede für sich ihren einzig notwendigen Ausdruck besitzen, sind absolut und relativ zugleich. Der Künstler wie sein Werk sind stets „gewissen Bedingungen" unterworfen[19]. Itten wollte zwar einen ‚göttlichen' Standpunkt einnehmen, der die Polaritäten schöpferisch vereint, machte aber ausdrücklich das ‚Unexakte' zum Bestandteil seiner nach mathematischen Proportionsregeln exakt konstruierten Strukturen[20]. Schlemmer meinte überhaupt, daß die absolute reine Form der Architektur angehört[21]. Mondrian schwankte in seinem Standpunkt: Einerseits sah

15 Gustav René Hocke: Die Welt als Labyrinth. Mainer und Manie in der europäischen Kunst, 221.
16 Mondrian, 118.
17 Kandinsky: in: Der blaue Reiter, 154.
18 Arnold Schönberg – Wassily Kandinsky: Briefe, Bilder und Dokumente einer außergewöhnlichen Begegnung, 72.
19 Kandinsky: Über das Geistige in der Kunst, 58, 28.
20 Bogner: Itten, 33.
21 Schlemmer: Idealist der Form, 121

er in seinen Abstraktionen einen Endpunkt erreicht, andererseits schloß er nicht aus, daß sie noch reiner zu gestalten wären und ein Höhepunkt erst bevorstünde[22]. Die Suche nach dem Absoluten brachte in der künstlerischen Umsetzung zwangsläufig die Möglichkeitsform, d. h. das Relative, ins Spiel. Die Möglichkeitsformen der Kunst und ihr prozessualer Charakter widersprechen den zum ‚Sein' verfestigten Werten der Konservativen. Erst in der ideologischen und politischen Ausrichtung wandelt sich die ideelle Größe zum totalitären Maß. Ein Napoleon der Seele oder des Schlachtfeldes würde nichts dem Zufall überlassen. Wenn Worringer den Vorwurf erhebt, mit dem Blick nach Osten ginge der Mensch verloren, so meint das seine Verfügbarkeit: seine ornamentale Einformung ins Unbewegliche. Was sich als Träger einer sozialen und politischen Funktion entzieht oder nicht eignet, wird, wie schon im 19. Jh., mit dem Argument des Artfremden, Geisteskranken, Anarchistischen und sozial Schädlichen ausgegrenzt.

Den Verlust der Mitte sahen nicht nur die Konservativen, sondern auch die Künstler selbst als Gefahr, da ein Vakuum entsteht, das politisch von den Rändern her besetzbar ist. Das Bauhaus war der Versuch, diese Mitte zu füllen. In dem Bauhaus-Manifest von 1923 formulierte Oskar Schlemmer folgendes: „Das Staatliche Bauhaus, gegründet nach der Katastrophe des Kriegs, im Chaos der Revolution und zur Zeit der Hochblüte einer gefühlgeladenen explosiven Kunst, wird zunächst zum Sammelpunkt derer, die zukunftsgläubig-himmelstürmend die Kathedrale des Sozialismus bauen wollen. Die Triumphe von Industrie und Technik vor dem Krieg und deren Orgie im Zeichen der Vernichtung während dessen, riefen jene leidenschaftliche Romantik wach, die flammender Protest war gegen Materialismus und Mechanisierung von Kunst und Leben. Die Not der Zeit war auch die Not der Geister. Ein Kult des Unbewußten, Undeutbaren, ein Hang zu Mystik und Sektiererei, entsprang dem Suchen nach den letzten Dingen, die in einer Welt voll Zweifel und Zerrissenheit um ihren Sinn gebracht zu werden drohten (...). Eine Inbrunst der Ausdrucksmittel entstand wie auf den Bildern der Altäre. Doch Bilder und immer wieder Bilder sind es, in die sich die entscheidungsvollen Werte flüchten. Als Höchstleistungen individueller Übersteigerung, fessellos und unerlöst zugleich, mußten sie der proklamierten Synthese, außer der Einheit des Bildes selbst, alles schuldig bleiben"[23]. Gerade indem die „Berechnung (...) die transzendente Welt" ergreift und die Kunst „im Monument des Würfels und im Farbquadrat" zum „Logarithmus" wird, wird ihr Scheitern umso deutlicher.

Malewitsch scheint prototypisch dafür zu stehen. Mit dem *Schwarzen Quadrat* hatte er jene Verdichtung erreicht, deren ein Symbol mächtig ist. Und er mußte erleben, daß sein ultimatives Symbol seine geistige Wirkung keineswegs revolutionär entfalten konnte, vielmehr von dem ‚Futtertrog'-Symbol Hammer und Sichel ausgelöscht wurde. Nicht nur die gesellschaftlichen Erwartungen erfüllten sich nicht, auch künstlerisch war

22 Mondrian, 118.
23 Hans M. Wingler: Das Bauhaus, 79 f.

Malewitsch mit seinem Absolutheitsanspruch an ein Ende gekommen. Die absolute Form war nicht mehr zu übertreffen und als ein Ende ohne Wirkung tragisch. Jenen Ausweg, den die anderen Abstrakten, die vor dem gleichen Problem standen, für sich nutzbar machten, wollte Malewitsch nicht gehen. Die Gleichsetzung des Abstrakten mit dem Mathematischen legte die Erweiterung des künstlerischen Schaffens in den Bereich der Architektur nahe. Mondrian hatte, durch den Einfluß des Architekten Theo van Doesburg, damit kein Problem. Auch Schlemmer und Willi Baumeister sahen in den Architektur ein Medium für die ‚absolute' Kunst. Am Bauhaus, wo unter Gropius der Zusammenhang von Malerei und Architektur wichtig war, trat 1923, als Itten durch Moholy-Nagy abgelöst wurde, der Konstruktivismus in den Vordergrund. Um die gleiche Zeit strebte der russische Konstruktivismus von der Fläche zum räumlichen Aufbau. Malewitsch suchte zwar die räumliche Dimension des Suprematismus, lehnte aber die synthetische Zweckmäßigkeit des Konstruktivismus ab. Da der politische Druck zunehmend eine Funktionalisierung der Kunst verlangte, sah Malewitsch sich bald genötigt, den Idealismus der Ideologie zu opfern. In seinem Architektur-Manifest von 1924 dienten nicht mehr transzendente Grundsätze als Argument für die Abstraktion, sondern eine geforderte antibürgerliche und antiamerikanische Ideologie[24]. Die nach wie vor suprematistisch genannten Architekturentwürfe und Modelle, die Malewitsch zusammen mit seinen Schülern entwickelte, blieben insofern ‚abstrakt', als sie als utopische Raumgebilde, wie z. B. Satellitenstädte, konzipiert waren, was ihnen auch zum Vorwurf gemacht wurde. Aus der selbstproklamierten ‚Nutzlosigkeit' wurde politisch die Konsequenz gezogen, sie wurden zum Verschwinden gebracht.

Ähnlich tragisch verlief die politische Entwicklung für Schlemmer. In dem Bauhaus-Manifest propagierte er die „starke Mitte", die eine „Verdichtung alles Positiven" darstellen sollte: „Die Idee der Mitte, fern von Halbheit und Schwäche, verstanden als Waage und Gleichgewicht, wird zur Idee der deutschen Kunst (...). Es geht um die Erkenntnis dessen, was uns gemäß ist, um uns nicht ziellos zu verlieren. Im Ausgleich der polaren Gegensätze; fernste Vergangenheit wie fernste Zukunft liebend; Reaktion wie Anarchismus abgewandt; von Selbstzweck, Einzel-Ich im Anmarsch auf das Typische, vom Problematischen zum Gültigen und Festen – so werden wir zu Trägern der Verantwortung und zum Gewissen der Welt. Ein Idealismus der Aktivität, der Kunst und Wissenschaft und Technik umfaßt, durchdringt und einigt (...). Wir können heute nicht mehr tun, als den Plan des Ganzen zu bedenken, Grund zu legen und die Bausteine zu bereiten". Dazu war es zu spät, die Polarisierer waren schon länger am Werk. Zehn Jahre später konnte Schlemmer nur mehr durch sanfte Anpassung und künstlerische Unauffälligkeit überleben. Davon zeugt jener Brief an den preußischen Kulturminister Bernhard Rust vom 2. April 1933, in dem Schlemmer sich dagegen verwahrte, als Jude und Marxist zu gelten und ‚destruktive' Kunst zu betreiben. Der Schutzschild, hinter dem er glaubte, sich verbergen zu können, hieß ‚Perspektive'. An Willi Bau-

24 Malewitsch (1962), 283.

meister schrieb er einige Wochen davor: „Vielleicht, wenn's kritisch wird, rettet mich am Ende die ,Perspektive'! Sie ist unpolitisch"[25].

Das ist freilich ein naiver Widerspruch, denn warum hätte sie in einer politischen Situation sonst Rettung versprochen, wenn sie nicht politisch zu verstehen wäre: politisch konform. Das wußte Schlemmer in seinem Brief an den Minister auch hervorzustreichen. Sein Unterricht über die Perspektive mache eine destruktive Gesinnung schlechterdings unmöglich. Schlemmer verteidigte seine Kunst nun „als typisch aufbauend im klassischen Sinn".

Die Weltöffnung durch die Perspektive war in der Renaissance noch eine paradiesisch unschuldige gewesen, da der Konstrukteur der Perspektive sich nicht wie Gott hinter den Wolken verbarg, sondern mit dem adamitischen Betrachter der Unendlichkeit auf demselben wissenschaftlich neugierigen Ausgangspunkt stand und zur Reise in den offenen Horizont gleichzeitig mit ihm aufbrach. Es zeigte sich aber bald, daß das Abenteuer der Mutigen in der Hand der Mächtigen lag und die scheinbar so geradlinige Perspektive über falsche Prospekte verlief. Der aktive, weltoffene Blick ist leicht zu täuschen und zu einem passiven Folgeblick zu machen, der sich ab- und umlenken läßt, wie Giovanni Battista Piranesi es in seinen ***Carceri*** *(um 1743–45)* demonstrierte, wo die Perspektive eine unterschobene ist und den Blick zu einem Gefangenen eines in sich kreisenden Systems macht. Der Konstrukteur hat (in wessen Auftrag?) unbemerkt seinen Platz neben dem Reisenden verlassen und seine Absicht verborgen. Er hat seinen Standpunkt uneinsehbar an das andere Ende seiner Perspektive hinter die ,Wolken' verlegt, wie das die Computersimulation räumlicher Systeme suggeriert, die den Betrachter in wirbelnder Beschleunigung in ihre unendlichen Raumsysteme hineinzieht und -reißt. Das Betrachter-Ich wird zu einem virtuell bewegten, das seinen Standpunkt verliert und sich auf die fremdbestimmte Reise begibt. Dabei würde ein kleiner Schritt genügen, um die illusionäre Kraft der Perspektive zu brechen, denn es ist nur von einem genau fixierten Punkt aus, daß sie funktioniert. Es ist die suggestive Kraft des zu durchmessenden Raumes, die mimetische Faszination der projizierten Bilder und die Sehnsucht nach dem Unendlichen, die den Raumzeitreisenden an seinem Platz halten, nicht nur einen, auch viele, wie jene Massen unter den Lichtdomen auf freiem Feld, deren Erwartungen die Nazis in einem imaginären Fluchtpunkt zu bündeln verstanden. Piranesis absurde Perspektiven erlauben es, die Verführung des Ungeheuerlichen lustvoll zu erfahren und den Schritt zur Seite zu tun, um die Täuschung zu durchschauen. Ein totalitäres System erlaubt ein solches Spiel mit den Techniken der Macht nicht: Seine Perspektive ist zwar geradlinig, der Punkt im Unendlichen ist aber in den Bereich des Glaubens zurückversetzt, nicht in den des Erkennens. Die Perspektive wird angesichts einer Moderne, die die Raumbewegung in der Fläche zum Stillstand gebracht hatte, zum Politikum.

Schlemmers letzte Bilder nach Jahren künstlerischer Desorientierung und versuchter Anpassung, seine ***Fensterbilder*** von 1942, sind von einer schwermütigen Umkehr

25 Schlemmer, 270.

bestimmt *(Abb. 36)*. Schlemmer versagt sich die romantisch metaphysische Blickrichtung aus dem Raum hinaus ins Unendliche, vielmehr richtet er den Blick in ein Nachbarfenster, abends kurz vor dem Verdunkeln, wo eine Frau im Fensterdurchblick sichtbar ist[26]. Die Einsamkeit des Ausgeschlossenen lenkt den Blick nach innen statt ins Unfreie, wo eine bittere Wirklichkeit die Sicht verstellt. Dort in dem begrenzten Raum erfährt er die „Welt des Sichtbaren" in ihrer „ganzen Dichte und surrealen Mystik". Es ist der Blick auf den Menschen.

Abb. 36. Oskar Schlemmer: Wohnraum mit stehender Frau. Fensterbild III, 1942.

26 Schlemmer, 338 f.

Böcke des Brimios

Botho Strauß schreibt gegen den Ökonomismus als Macht- und Angstfaktor unserer Zeit und gegen die Herrschaft der telekratischen Öffentlichkeit nicht anders an, als in früheren Zeiten Materialismus und zivilisatorische Einbrüche beklagt worden sind[1]. Welchen Ungeistes das bedrohlich Neue wirklich ist, erhellt sich nicht zuletzt daraus, welchen Geistes denn die Antworten sind, die ihm entgegengehalten werden. Die Aufklärung, der eine intellektuelle Minderheit eine kulturelle Mehrheit sichert, sagt Strauß, hat mit ihrem ausufernden Liberalismus die ‚gesunde' Basis der Gesellschaft zerstört. Die Linke in ihrem „Aufklärungshochmut" rührte an alle Tabus und Traditionen und schürte mit ihrer „revolutionären Potenz (...) den brutalen Haß". Die liberale deutsche Nachkriegsgesellschaft betrieb eine „Hypokrisie der öffentlichen Moral", die es, negativ durch Hitler definiert, nur zur Gegnerschaft zum Antiliberalismus brachte. Linke und Liberale verhöhnten Tradition und Autorität, ohne an positiven Werten mehr anbieten zu können als eine „profane Eschatologie" des radikal Anderen und Guten.

Die Liberalen üben wie die bürgerliche Welt des 19. Jh. eine utopistisch gestimmte „Totalherrschaft der Gegenwart" aus. Was denjenigen, die sich dieser Gesellschaft verweigern, bleibt, ist die Zeitlosigkeit und die Vergangenheit in eins in einer mythischen Zeit. Nur sie als die „unaufgeklärte Vergangenheit" ist frei und verfügbar. Da Geschichte von der Aufklärung präokkupiert ist, wäre „geschichtlichem Gewordensein" nur der Begriff ‚Schicksal' adäquat, ein schwer belasteter Begriff, den Strauß vermeidet.

Der „Wiederanschluß an die lange Zeit, die unbewegte", die mythische Zeit, der durch die „Tiefenerinnerung" erreicht werden soll, ist, so war es immer schon, nur dem Einzelnen möglich. Für ihn findet Strauß viele liebevolle Ausdrücke (er meint ja auch sich): der Abgesonderte, Außenseiter-Heros, Einzelgänger, Abkehrer vom Mainstream,

1 Botho Strauß: Anschwellender Bocksgesang. In: Der Spiegel 6/1993, 202–207.

inspirierte Nichteinverstandene, Versprengte ohne Gemeinschaft. Unter „toleranter Mißachtung der Mehrheit" hat er die „Stränge der Vermittlung" zu ihr gekappt (er drehte den Fernseher ab, wozu die „dumpfe aufgeklärte Masse" nicht imstande ist). Er zieht sich in den „Garten der Befreundeten" zurück, der „nur wenigen zugänglich ist und aus dem nichts hinausdringt, was für die Masse von Wert wäre". Sie ist ohnehin stark; was sich stärken muß, ist das „Gesonderte". Es sind keine Schwarzen Messen, die in dem hortus conclusus gefeiert werden; kein poète maudit verbreitet milden Schrecken, weil er dem „Medienbürger" ohnehin nur zur Unterhaltung diente. Der künstlerische Widerstand ist ein prinzipieller. „Es gibt gewissermaßen ein politisches Externum zur Bekämpfung und Leugnung der Allmachtansprüche des Politischen. Eine geistige Reserve, die im Namen der Weisheit der Völker, im Namen Shakespeares, im Namen der Rangabwertung von Weltlichkeit, im Namen der Verbesserung der menschlichen Leidenskraft gegen die politische Relativierung von Existenz ficht". Diese Formen ‚geistiger Reserve' wurden schon um 1900 propagiert. Péladans Rosenkreuzer, Langbehns Kunsterzieher oder Georges geistig bewegtes Kunstkönigtum standen im Zeichen des Völkischen, retrospektiver Kunstgötterei, des Spiritualismus und von Autorität und Meistertum. Wie den verschämten Anarchisten von damals, sind Strauß die Grenzen der politischen Wirksamkeit bewußt. Seine Rolle ist wieder die des Propheten. Denn sie werden kommen, die Abgesonderten und Abkehrer vom Mainstream, die keine Gedichte mehr schreiben, sondern Bekennerbriefe, weil in ihrer Rohrpost Sprengstoff steckt. So gesehen, wird der folgende rätselhafte Satz verständlich: „Das Verbotene kann man suchen wie das Magische – schwer zu finden dort, wo man es bereits einmal fand". Die Künstler, eingeschlossen in ihrer magischen Ordnung, werden den verbotenen Sprengstoff nicht finden (wollen), auch wenn sie wissen, wo er liegt. Sie können darauf hinweisen, aber aufheben werden ihn andere, wie schon einmal.

Was der Bürger braucht, ist die Erschütterung, die durch die Erinnerung an die verschütteten Tiefen hervorgerufen wird und eine „religiöse oder protopolitische Initiation" bewirken kann. Sie erzeugt Risse, durch die das Rumoren der Tiefe an die Oberfläche dringt. Noch ist es ein „Mysterienlärm", ist die Tragödie eine sakrale. Es ist die „reine Oberflächenanordnung" der modernen, aufgeklärten Verhältnisse, die schon Ernst Jünger durch „eine Art von innerer Explosion" in die Tiefe zu aufgebrochen sehen wollte; jenes „Mechanistische des Lebens", das Gottfried Benn die Sehnsucht „über das Empirische und Soziale hinaus auf die schöpferische Substanz, auf die Verwandlungsgefühle" hin eingab[2]. Die „magischen Ordnungsvorstellungen", die Strauß damit verbindet, hatte schon die Generation vor 1914 undeutlich vor Augen. Jünger erblickte sie dann in den aufgerissenen Erdtrichtern der Kriegsfront. Er wenigstens bewies jene „Leidenskraft", die einem Volk abgeht, das in seiner Selbstbezogenheit nicht imstande ist, auch nur „minimale Prozente an Reichtum zu verlieren", dessen „Mangel an Passion" meint: einen Mangel an Leidenschaft und Leidenskraft.

2 Alle Zitate von Benn, Jünger, Simmel und Goll aus dem Kapitel ‚Barbaren'.

Romantik bei Tag

Profane Erleuchtung

Gegen die Dominanz der Wirklichkeit setzten die Symbolisten die Zerstörung des Sinns, den die moderne Massengesellschaft dem Leben aufzwang. Sie fühlten eine Seelenverwandtschaft mit den Anarchisten, die in den frühen neunziger Jahren die bürgerliche Gesellschaft mit Gewalttaten zu erschüttern suchten. Der Terror interessierte sie allerdings nicht als politische Tat, sondern als *acte graduit,* als individuelle Handlung, deren Schrecken darin besteht, daß sie sinnlos und darum ‚schön' ist. Die Surrealisten werden vom *crime graduit* sprechen. Gegen die Beliebigkeit der Vermassung gesetzt, bringt der anarchistische Akt das Absolute zurück, denn durch den Tod, den er nicht scheut, wird das Leben bis auf sein Sein aufgerissen[1]. Alfred Jarry bewunderte wie die anderen Symbolisten die Anarchisten als „Träger des Todes"[2]. Thomas de Quinceys ***On Murder Considered as One of the Fine Arts*** *(1827/39)* wurde wieder gelesen (und von Jarry besprochen); Georges-Albert Auriel demonstrierte in seinem ***Manuel du parfait assassin*** *(1894)* wissenschaftlich-ironisch die Notwendigkeit des Mordes in der Gesellschaft. Die gesellschaftlichen Wurzeln der Anarchie treten bei den Symbolisten klar zutage, deren zynische Logik der Gewalt folgt genau der Unmoral der Gesellschaft, gegen die sie sich richtet. Von Bergson beeinflußt, sah Jarry in der Wirklichkeit nur eine Halluzination. Ihn interessierte aber nicht die zugrundeliegende ‚Dauer', sondern die Möglichkeit, Wirklichkeit individuell neu zu erfinden. Dazu verhilft keine Metaphysik, sondern die Pataphysik, eine von ihm erfundene absurde Wissenschaft, die ein Universum beschreibt, „das man vielleicht statt des Überkommenen sehen sollte"[3]. Auf die Pataphysik als „Wissenschaft imaginärer Lösungen" werden sich Dadaismus und Surrealismus berufen.

1 Léon Bloy: Le Mendiant ingrat – mon Journal. Paris (1956), zit. in: Ilse Pollak: Pataphysik, Symbolismus und Anarchismus bei Jarry, 65.
2 Ilse Pollack: 272.
3 Alfred Jarry: Heldentaten und Lehren des Dr. Faustroll (Pataphysiker) (1898/1911), 27.

Die Welt der Möglichkeitsform, die Jarry erfindet, ist keine positive Utopie, sondern die auf die Spitze getriebene absurd-groteske und grausam-egoistische Welt des Bürgertums und des aufkommenden Kleinbürgertums. Jarry machte aus dem feigen Kleinbürger einen machtbesessenen König *(**Ubu roi**, 1896)*, aus einem falschen Wilden eine Tötungsmaschine und aus einer Maschine einen Seelenspender, aus individuellen Anarchistenmorden maschinelle Tötungen, aus Sinn Unsinn *(**Le surmâle**, 1902)*.

Die Zerstörung, die der Krieg mit sich brachte, änderte nichts an dessen gesellschaftlichen Ursachen, weshalb sie den Dadisten noch immer nicht weit genug ging, „noch lange nicht grausam genug" war[4]. Die vom „logischen Unsinn der Menschen"[5] verletzten Humanisten des Cabaret Voltaire in Zürich, wo sich kriegsflüchtige Künstler wie Hugo Ball, Emmy Ball-Henning, Tristan Tzara, Walter Serna, Richard Huelsenbeck, Hans Arp, Marcel Janco u. a. angesammelt hatten, reagierten mit Wut, steigerten sich in eine „Wutekstase"[6]. Ein konstruktiver künstlerischer Wiederaufbau mit den Farb- und Formbausteinen der Vorkriegsabstrakten kam für sie nicht in Frage (eine Stilentwicklung, die sich nach dem 2. Weltkrieg wiederholte, wie noch zu sehen sein wird). Die mystisch-müden Expressionisten sahen sie als Mitläufer des Krieges diskreditiert. Und auch mittels der Erinnerung waren keine Einheit und verlorenen Wahrheiten wiederzugewinnen, wie noch für Proust oder Rilke. Was blieb, schien nicht mehr zu sein als ein „Spiel mit den schäbigen Überbleibseln"[7]. Schwitters und Jancos aufgelesene Fundstücke setzten sich bloß zu absurden Gebilden zusammen, und auch die Reste einer bedeutungslos, da korrupt gewordenen Sprache ergaben als Anhäufung von Buchstaben und Lauten keinen Sinn, auch wenn sie Gedichte und Sonaten genannt wurden. Inmitten des angerichteten Chaos war trotzdem (oder gerade deshalb) die Sehnsucht nach dem Unbedingten mächtig, strebten die Dadaisten in ihren Werken nach einer „Beschwörungskraft", die magisch wirksam ist[8]. Wie bereits zu Mallarmés Zeiten diente der Zufall dazu, das Gefüge der Realität aufzubrechen und spontan Leben zuzulassen. Insofern war Dada ein Sammelpunkt „abstrakter Energien"[9]. In Zürich meinte das einen Rückzug in den „letzten heiligsten Bezirk" der Kunst und der Mystik[10]. Bei der IV. Soirée ‚Alte und Neue Kunst', 1917, wurden neben neuen Dichtungen auch Texte alter Mystiker vorgelesen. Speziell Ball und Arp wollten „die Geschwüre der wuchernden Vernunft" im „Wesentlichen" auflösen[11]. „Eine Art von neuer Romantik entflammte unsere Herzen"[12]. Trotz aller Provokation nach außen war Dada eine Kunst des Inneren: „Es war der ‚unbekümmerte Grund', wie Tauler ihn nannte, nach dem wir uns sehnten"[13].

4 Richard Huelsenbeck: Frste Dadarede in Deutschland (1918), in: Dada Berlin. Texte Manifeste Aktionen, 17.
5 Hans Arp: zit. v. Hans Richter: Dada-Profile, in: Das war Dada. Dichtungen und Dokumente, 139.
6 Richard Huelsenbeck: Dada siegt. Eine Bilanz des Dadaismus, 31.
7 Hugo Ball: Die Flucht aus der Zeit, 98.
8 Hans Richter: DADA – Kunst und Antikunst. Der Beitrag Dadas zur Kunst des 20. Jahrhunderts, 59.
9 R. Huelsenbeck: Als Dada begann, in: Das war Dada, 111.
10 Hugo Ball: Die Flucht aus der Zeit, 107.
11 Hans Arp: Dada war kein Rüpelspiel, in: Das war Dada, 121.
12 Marcel Janco, in: Das war Dada, 168.
13 Arp, 121.

Als Dada von Zürich nach Berlin, Paris und an andere Orte zog, radikalisierte es seine Haltung insofern, als es auf die Anbindung an die Mystik verzichtete und als erste Kunstrichtung der Moderne den Nihilismus offen herausforderte. Wohl bestand das Ziel eines kulturellen Umbruchs, doch das anarchistische Aufrollen der gesellschaftlichen Grenzen brachte die Erfahrung der inneren Grenzen mit sich. Sie lagen wie jene, die Wittgenstein fast zeitgleich zu ziehen sich bemühte, im Bereich des Positivismus, doch gab ihnen keine erhärtete Logik Festigkeit, vielmehr blieb von der „alogischen Sinnlosigkeit"[14] der Unsinnskunst nichts verschont, auch der Künstler selbst nicht. Kunst- und Lebensanarchisten wie Huelsenbeck, Raoul Hausmann, Francis Picabia und Arthur Cravan lebten in dieser Gefährdung. Hans Richter vermutete, daß bei ihnen dennoch eine heimliche Hoffnung bestand, der Konsequenz ihres Nihilismus zu entgehen, wenn nämlich ihre Provokationen eine allerletzte, tragfähige Position zutage brächte, die allen Schlägen widersteht. Über Picabia schrieb er: „Seine Ironie, seine grenzenlose Aggressivität, seine absolute Respektlosigkeit selbst seinen Freunden gegenüber, waren stets so leidenschaftlich, daß man den Verdacht hegen könnte, er wolle die Welt geradezu herausfordern, ihm Unrecht zu geben und ihm endlich einen Sinn, eine Wertskala vorzuhalten!? Als wenn im Grunde seiner Natur doch noch eine gewisse, wenn auch höchst skeptische Hoffnung an einem solchen Sinn ‚hinter all dem' bestünde? (...) Cravan hat die logische Konsequenz einer völligen Weltverachtung durch seine Art des Selbstmordes vollzogen. Eine solche Konsequenz ist überzeugend"[15].

Die Weltverachtung der Dadaisten bedeutete nicht Lebensverachtung. Wie die Symbolisten zollten sie dem Leben Respekt auch im Tod. Das Leichtnehmen des Lebens (nicht der Welt) ergibt sich aus der Vorstellung, daß Leben und Tod gleichwertig sind: Beide sind ein ‚acte gratuit'. Huelsenbeck konnte sagen: „Der Dadaist liebt das Leben, weil er es täglich wegwerfen kann, ihm ist der Tod eine dadaistische Angelegenheit"[16]. Sloterdijk hat recht, wenn er schreibt, „daß Dadaismus und Heideggersche Existenzialontologie unterirdisch eine Inspirationsgemeinschaft miteinander pflegen", denn für beide ist Existenz ein Sein zum Tode[17]. Das Leben ist wie Dada ein Konglomerat inkohärenter Augenblicke, das so lange besteht, als es in Bewegung bleibt. „Dadaist sein heißt, sich von den Dingen werfen lassen, gegen jede Sedimentbildung sein, ein Moment auf einem Stuhl gesessen heißt, das Leben in Gefahr gebracht haben"[18].

Mit der Ironie der Romantiker war es längst nicht mehr getan, um ein Ankommen in der Sinn-Welt mit ihrer Ordnungsmacht und Redundanz und die unverzüglich eintretende Sedimentbildung zu vermeiden. Die Dadaisten brauchten die Wut als Motor, um alles in Bewegung zu halten. Walter Serner fragte erstaunt: „Das Wüten

14 Ebd., 139.
15 Hans Richter: DADA ..., 90.
16 Huelsenbeck: Als Dada begann, in: Das war Dada, 115.
17 Peter Sloterdijk: Kritik der zynischen Vernunft, II, 724.
18 dadaistisches manifest (1918), in: Hanne Bergius: Das Lachen Dadas. Die Berliner Dadaisten und ihre Aktionen, 27.

wäre also das Leben selber?"[19]. Die ästhetische Zertrümmerungsarbeit, die Sloterdijk einen „Manierismus der Wut" nennt, ist weder ein Manierismus, noch ein Sockel, „von dem herab die ekelhaft-unverständliche Welt sich verachten läßt"[20], denn die Dadaisten sahen und verstanden die Welt nur zu gut, auch war ihre Wut mehr als eine Pose, nämlich lebensnotwendig. Deshalb tendierten sie keineswegs „zur präfaschistischen Ästhetik der Vernichtung, die den Rausch des Zertrümmerns ausleben möchte"[21], entsprach doch ihre Weltverachtung einer verzweifelten Weltliebe. Ihre Wut richtete sich gegen alles, was die Faschisten wieder aufrichten, um den Sinn zu retten. Die Dadaisten setzten sich selbst mit aufs Spiel, die Faschisten nur die anderen.

War dem Tod nicht mehr zu entlocken als die Gleich-Gültigkeit des Lebens? Und bedeutete Freiheit noch anderes als den klaren Blick auf sein Ende? Die Position über den Dingen war nicht zu halten: Keine Wut hält ewig. Die Surrealisten ließen sich wieder auf die Welt ein und versuchten, die Weltwut produktiv und sachlich, d. h. politisch zu nutzen. Ihr Engagement für den Kommunismus betrieben sie sehr ernsthaft. Gleichzeitig sahen sie sich veranlaßt, den von den Dadaisten wie den Kommunisten mißachteten ‚Geist', dem der Makel des Idealismus anhaftet, neu zu orten. Die Revolution der Innenwelt, die so notwendig war wie die gegen den bürgerlichen „Unterdrückungsapparat"[22], war nicht ohne ihn zu machen. Das „Wunderbare", an das sich die Hoffnungen banden wie eh und je, war nur „an der Wurzel des Geistes" zu finden[23]. André Breton plante 1922 einen ‚Internationalen Kongreß zur Festlegung der Richtlinien und zur Verteidigung des modernen Geistes'[24].

Die Surrealisten sahen sich bald mit dem Problem konfrontiert, daß die politische Revolution mit ihrem Dogmatismus die Utopie der künstlerischen Revolte zu ersticken drohte. Überhaupt sollten dem Menschen die unermeßlichen und unerforschten Gebiete der geistigen Existenz nicht durch die „durchaus künstliche Problematik seiner sozialen Existenz" verschleiert werden[25]. Der Kunst ist es vorbehalten, den „Atem des Wunderbaren" und die „Leidenschaft für das Absolute" zu erhalten und zu entfachen, denn nach wie vor ist der Geist von der Sehnsucht, „sich von aller Erdenschwere zu lösen", angetrieben[26].

Wie für die Romantiker, Symbolisten und Bergsonianer reicht der Geist für die Surrealisten in die Tiefenschichten der Psyche, erwacht er im Traum und gewährt so „dem Menschen alle seine Rechte auf Freiheit"[27]. Denn im Traum gelangt er auf die andere Seite des Lebens, die sonst der Tod so unumstößlich abtrennt. Wenn der Schlaf ein „Abbild des Todes" ist, dieser aber „die Überraschung der Träume bereithält", dann ist

19 Walter Serner: Letzte Lockerung (1918/20), 48.
20 Sloterdijk, II, 726.
21 Ebd., 717.
22 André Breton: Die kommunizierenden Röhren (1932), 108.
23 Antonin Artaud: Zu Tisch, in: La Révolution Surréaliste Nr. 3, in: Patrick Waldberg: Der Surrealismus, 55.
24 Maurice Nadeau: Geschichte des Surrealismus, 37.
25 Breton: Die kommunizierenden Röhren, 120.
26 André Breton: Erstes Manifest des Surrealismus (1924), in: Breton: Die Manifeste des Surrealismus, 19.
27 Jacques-André Boiffard, Paul Éluard, Roger Vitrac: Vorwort zur ersten Nummer von ‚La Révolution Surréaliste' (1. 12. 1924), In: Karlheinz Barck (Hg.): Surrealismus in Paris, 130.

es unglaubwürdig, daß der Tod ein „Abstieg ins Nichts" sein soll[28]. Der Tod verliert seine drohende Macht, und mittels Träumen und Drogen werden ihm an vielen Stellen die Pforten ins Leben geöffnet. Als Medium dient (wie für die ‚Nervenromantik' des Symbolismus) das Sensorium des menschlichen Körpers, das dem Geist mittels Trancetechniken, Drogen, Spiritismus, assoziativem Automatismus etc. das weite Feld der Psyche erschließt. Leben und Traum – und mit ihm der Tod – sind ‚kommunizierende Röhren', die ineinander übergehen. Im Austausch zwischen Innen- und Außenwelt werden die Künstler den „unheilbaren Riß zwischen Tat und Traum überwinden, (...) um die Ewigkeit in den Augenblick zu bannen"[29]. Das ist die alte List der Kunst, den Tod zu überwinden.

„Ich behaupte", sagt Artaud, „daß der Tod nicht außerhalb des Bereichs des Geistes liegt, daß er innerhalb gewisser Grenzen erkennbar und mit einer gewissen Sensibilität zugänglich ist. Alles, was im Gebiet der geschriebenen Dinge den Bereich der geordneten und klaren Wahrnehmung verläßt, alles, was darauf abzielt, einen Umsturz der Erscheinungen zu verursachen und Zweifel an der Position der Bilder des Geistes in ihrem Verhältnis zueinander aufkommen zu lassen, alles was Verwirrung hervorruft, ohne die Kraft des sprühenden Denkens zu zerstören, alles, was die Beziehungen der Dinge untereinander umstürzt und dem erschütterten Denken ein noch wahrhafteres und heftigeres Aussehen verleiht, all das bietet dem Tod einen Ausweg und bringt uns mit verfeinerten Zuständen des Geistes in Berührung, in deren Innerstem sich der Tod ausdrückt."[30]

In einem „Universum des Wartens"[31] bedeutet der Tod als das Endgültige das Wahre[32]: das erste „wahrhafte Ding", wie Hofmannsthal ihn nannte. Der kleine Tod, den der Schlaf und die Drogen erfahren lassen, steigert die Erwartung, daß der große Tod kein endgültiger ist. Ist die Drogenekstase eine „momentane Unendlichwerdung", so beginnt mit dem physischen Tod vielleicht doch noch ein Zustand der ekstatischen und endgültigen Unendlichwerdung[33].

Die Surrealisten (wie schon Jarry) waren in ihrer Wahrnehmungserfahrung von Bergson beeinflußt, dem das sozialisierte Ich nur als Schatten des eigentlichen ‚fundamentalen' Ich galt. Breton, der seine Erzählung ***Nadja*** *(1928)* mit der Frage „Wer bin ich?" beginnt, nennt dieses ‚Umgangs-Ich' ein Gespenst, dessen für objektiv gehaltene Äußerungen seiner Existenz „nur der in die Grenzen dieses Lebens eintretende Teil einer Aktivität sind, deren wirkliches Feld mir ganz und gar unbekannt ist"[34]. Diesem ‚wirklichen Feld' sich zu nähern, gelingt nur, wenn die Welt der Erscheinungen, anders als in Raum und Zeit eingeübt, wahrgenommen wird und die „*Geistesgegenwart*" verloren geht[35]. Bergson gibt das Beispiel des Flaneurs, der beim Durchstreifen der Stadt

28 René Crevel: Mein Körper und ich (1925), 171.
29 A. Breton: Die kommunizierenden Röhren, 125.
30 A. Artaud: Die Kunst und der Tod (1928), in: Frühe Schriften, 121.
31 Crevel, 103.
32 Ebd., 100.
33 Henri Michaux: Turbulenz im Unendlichen (1957), 55.
34 Breton: Nadja, 7.
35 Ebd., 29 (kursiv von Breton).

durch den Vergleich zeitlich verschiedener Wahrnehmungen eine veränderte Realität erfährt. Einen solchen Gang durch die Stadt unternimmt Breton in ***Nadja***. Durch zufällige Begegnungen wird ihm die vertraute Realität zu einer fremden, wie auch die Abbildungen konventioneller photographischer Stadtansichten in der Kontextur des Textes ihre Bedeutung verändern.

Seien die Ursache Drogen, Wahnsinn (Nadja) oder bloß die Einbildungskraft, die ‚wirklichen' Orte werden zu einem „terrain vague"[36], das wie bei den Romantikern unversehens auch dämonische und erschreckende Züge („Welch Entsetzen!") annehmen kann[37]. Die Passagen ins Unterbewußte sind gefährlich, denn statt der erhofften Wunder und Freiheiten des Geistes wird allzuleicht dessen Ohnmacht sichtbar[38]. Dennoch schien der Sinnverlust des Lebens keine andere Wahl zu lassen. Nachdem die Wut, die die Dadaisten bewegt hatte, vergangen war, blieb nur jener *ennui*, der die Symbolisten gelähmt hatte. War ennui bei ihnen noch mit Langeweile zu übersetzen, so steigerte sich seine Bedeutung jetzt zu Überdruß und Lebensüberdruß[39].

Selbstmorde, bei denen Drogen eine Rolle spielten, gab es unter den Surrealisten mehrere (Jacques Vaché 1919, Jacques Rigaut 1929, René Crevel 1935, Jean-Pierre Duprey 1959), Langzeitselbstmorde mittels Drogen auch (Roger Gilbert-Lecomte 1943, René Daumal 1944, Antonin Artaud 1948). Als in der zweiten Nummer der Surrealisten-Zeitschrift ‚La Révolution surréaliste' (15. 1. 1925) die Frage gestellt wurde, ‚Ist der Selbstmord eine Lösung?', sprachen sich noch die meisten gegen den Selbstmord und für das Leben aus. So auch Artaud.

Als einer, der (wie Kafka) von sich behauptete, noch gar nicht gelebt zu haben[40], sah Artaud den Selbstmord als sinnlos an, es sei denn, er führte nicht in den Tod, sondern – so der surrealistische Traum – ins Leben[41]. Einem Kranken wie ihm ist die „Lebenskraft" alles (S. 61). Artaud sprach sich gegen das Leben nur aus, wenn damit die Zwänge einer ihn erstickenden Welt gemeint waren (S. 76). Was diese Welt Leben nennt, macht ihn zum Gefangenen der Worte und Gedanken, schließt ihn an einem „Bewußtseinsaggregat" an (S. 60), das ihn der „Fäulnis der Vernunft" aussetzt (S. 53). Er möchte sich in eine „innere Welt" zurückziehen, wo eine „neue Sprache" gesprochen wird und „die Seele das absolute Wort"findet (S. 52).

Der „Sinn des Fleisches" ist der Zugang zur „Metaphysik des Seins" (S. 63). ‚Fleisch' meint Schmerz und Leid: den „Kreuzweg der Empfindungen"[42]. Auch Crevel will den Schmerz akzeptieren, wenn er die Langeweile in ein „Gefühl des Seins"

36 Breton: Nadja, 65.
37 Ebd., 66.
38 „Wir trieben dahin und alles um uns her lief ab, als hätte unser Geist, nachdem er zu diesem Angelpunkt des Unbewußten durchgestoßen war, nicht mehr die Kraft, die Richtung zu erkennen, in der er sich bewegte. (...) Im Bett, im Augenblick des Einschlafens, oder mitten auf der Straße gerieten wir, unter allen Anzeichen des Entsetzens und mit weit aufgerissenen Augen, in leibliche Berührung mit Ausgeburten unserer Phantasie" (Louis Aragon: Une Vague de rêves, 1924), in: M. Nadeau, 54.
39 Peter Bürger: Der französische Surrealismus, 153.
40 A. Artaud: Frühe Schriften, 36.
41 Ders.: Surrealistische Texte. Briefe, 23. (Alle weiteren Seitenangaben im Text von hier.)
42 Artaud: Frühe Schriften, 108.

verwandelt[43]. Artaud geht so weit, selbst die Ohnmacht gegenüber der Wirklichkeit als ein Absolutes anzusehen (S. 90), wie andere (etwa Breton) die Liebe.

Allerdings besteht der Ausweg in den geistigen Raum, wo es der Kunst möglich ist, die äußere Wirklichkeit durch anarchische Zerstörung aufzuheben und einen „gewaltigen Schwarm von Formen" freizusetzen[44]. Artaud, der ein Théâtre Alfred Jarry mitbegründet, will wie Jarry das Illusionäre der Welt zerstören, indem er ihre Wirklichkeit ‚vollendet'. Die „Transfusion der Materie" in Geist (S. 55) verlangt eine „Läuterung" wie in der Alchimie (S. 52). Dieser Vorgang des „Goldmachens" im alchimistischen Theater evoziert dem Geist „eine abstrakte Reinheit, nach der nichts mehr übrig bleibt und die man als eine einzelne Note, als so etwas wie eine im Flug erhaschte Grenznote, auffassen könnte, die gleichsam der organische Teil einer unbeschreiblichen Vibration wäre" (S. 55). Die ‚transfinite' Funktion der Abstraktion, von der Artaud spricht, liegt zwischen dem ‚Geistigen in der Kunst' eines Kandinsky oder Mondrian und John Cage, an den die ‚einzelne Note' denken läßt. Die „virtuelle Realität des Theaters" (S. 52) besteht aus der Verschmelzung der Zeichen, Gebärden, Haltungen, Rhythmen, Töne, Wörter, Resonanzen und Dissonanzen, Farb-, Licht- und Klangintensitäten (S. 56, 40, 134). Ihr ‚Wirkungsvermögen' – Jarrys ‚virtualité' – entfaltet die „Kräfte der alten Magie" (S. 91). Wenn dabei das ‚Bewußtseinsaggregat' zerbricht, mag „die Erleuchtung der absoluten Geistigkeit" erfahren werden[45]. „Man kann, man muß bis zu einem bestimmten Punkt eine surrealistische Mystik gelten lassen"[46]. Es ist jene „profane Erleuchtung", von der Walter Benjamin in bezug auf den Surrealismus überhaupt spricht[47]. Sie entsteht aus einer „materialistischen, anthropologischen Inspiration, zu der Haschisch, Opium und was immer die Vorschule abgeben können". Das Geheimnis läßt sich nur in dem Grade durchdringen, „als wir es im *Alltäglichen* wiederfinden"[48].

Die virtuellen Lösungen sind, wie bei Jarry, keine psychischen oder spirituellen, sondern ganz und gar körperliche. Die Bühne ist ein konkreter Ort, wo trotz der Abstraktion der formalen Mittel alle Aspekte der objektiven, äußeren Welt ins Spiel gebracht werden. Der Mythos, den das Theater aus der Synthese seiner Mittel schafft, ist, wie auf den Bildern van Goghs, „aus den ganz alltäglichen Dingen des Lebens abzuleiten"[49]. Auf van Goghs Bildern gibt es „kein Drama, kein Sujet, und ich behaupte sogar, kein Objekt – denn was ist das Motiv an sich? (...) Es ist nackte und reine Natur"[50]. Wie für Nietzsche, mit dem für Artaud die Freisetzung des Körpers von „den Ausflüchten des Geistes" begann[51], ist ihm die Virtualität der Kunst ein Mittel,

43 Crevel, 106.
44 A. Artaud: Das Theater und sein Double, 98. (Alle weiteren Seitenangaben im Text von hier.)
45 Ders.: Surrealistische Texte, 60.
46 Ebd., 55.
47 Walter Benjamin: Der Surrealismus, in: Angelus Novus. Ausgewählte Schriften 2, 202.
48 Ebd., 213.
49 A. Artaud: van Gogh, der Selbstmörder durch die Gesellschaft und andere Texte und Briefe, 21.
50 Ebd., 35.
51 Ebd., 50.

sich den Schein der Welt einzugestehen und sich sogar der „Erleuchtung einer Täuschung" zu überlassen[52]. Von dieser „Minute des Irrtums" bleibt das Gefühl, „dem Unbekannten etwas Wirkliches entrissen zu haben"[53].

Für die Surrealisten wurde das Unbekannte diesseits und jenseits des Todes in Grenzerfahrungen wirklich, die auch Nietzsche der Kunst zugestand: die Sexualität, der Rausch und die Grausamkeit. Das Leben selbst ist in seiner Entfaltung grausam, hieß seit Nietzsche die dem Geist masochistisch abverlangte Erweckungsformel des Lebens; der Handelnde muß gewissenlos sein bis zur Barbarei. Die Grausamkeit, die dem Leben seinen Preis zahlt, auch wenn er blutig ist, ist von einer „kalten moralischen Reinheit"[54]. Ernst Jünger und Thomas Mann sahen 1918 in der Grausamkeit des Krieges eine „Ahnung einer mystischen Moralität"[55]. Leben und Humanität sind zweierlei. Das Leben verlangt Unterwerfung und ist von der gleichen „hohen Notwendigkeit" durchdrungen, die Jünger dem ‚organischen' Ablauf des Krieges zugestand[56].

Artauds ‚Theater der Grausamkeit' will jene Notwendigkeit wirksam werden lassen, die in der Liebe, im Verbrechen und im Krieg zu finden ist[57]. Es sind die Kräfte der Revolution, des Chaos, des Rausches, des Traumes, der Anarchie, der Nähe des Todes, die einen „Umsturz der Erscheinungen"[58] bewirken und den Blickwinkel der Wirklichkeit verändern[59]. Die Suche nach dem „Wunderbaren", die Jünger mit den Surrealisten verbindet, läßt die Bereitschaft entstehen, sich den Extremen auszusetzen. Die gesuchte Erschütterung wird durch die Schönheit erfahren[60], öfter aber noch durch den Schrecken. Die Begegnung mit dem Unerwarteten, die Jünger mit einem Sturz in den Abgrund vergleicht, reißt dem Bewußtsein den Boden unter den Füßen weg und bewirkt die „Interferenzerscheinung der inneren Optik"[61]. Es ist die Betonung des Plötzlichen, die in den Texten der Surrealisten wie bei Jünger den Einbruch des Bewußtseins kennzeichnet. Sie gilt auch für die Drogenerfahrung, wenn der Geist zu dem unvorhersehbar anderen des Unbewußten durchstößt[62], und die mystische Ekstase[63].

Im Theater wie im Krieg soll dieselbe Transzendenz der Materie vollzogen werden wie in den Mysterien der antiken Kultstätten, an die Artaud und Jünger erinnern[64]. Auf dem Theater sind dazu starke Anstöße notwendig, Schrecken und Grausamkeit,

52 Artaud: Frühe Schriften, 106.
53 Ebd.
54 Artaud: Das Theater und sein Double, 131.
55 Thomas Mann: Betrachtungen eines Unpolitischen, 187.
56 Ernst Jünger: Das abenteuerliche Herz, 174.
57 Artaud: Das Theater und sein Double, 90.
58 Artaud: Frühe Schriften, 121.
59 Ders.: Surrealistische Texte, 76.
60 E. Jünger: Das abenteuerliche Herz, 96.
61 Ebd., 8.
62 Aragon über Drogenerfahrung, in: Nadeau, 54.
63 William James (The Varieties of Religious Experience, 1902) gibt zeitgenössische Ekstaseerlebnisse wieder, die u. a. so beginnen: „On the way back, suddenly, without warning, I felt that I was in Heaven – an inward state of peace and joy and assurance indescribably intense..." (S. 396). Oder: „All at once, without warning of any kind, I found myself ..." (S. 399).
64 Artaud: Double, 55; Jünger: Das abenteuerliche Herz, 205.

ein „fürchterlicher Lyrismus"[65], Bewegungen von Massen, überdimensionale Figuren oder die schier physische Präsenz, die ins Absurde geht. „Zum Beispiel drei Viertelstunden mit dem Schürhaken auf ein und dieselbe Stelle schlagen und von Zeit zu Zeit *trinken.*"[66] (Artauds Ideen wurden vielfach erst später wirksam, so im Absurden Theater der fünfziger Jahre, im Living Theatre und in den Happenings der sechziger Jahre oder im Tanztheater der neunziger Jahre, während Artauds Inszenierungen, schon durch die Stückwahl (Strindberg, Roger Vitrac), mehr als erhofft, im Rahmen des traditionellen Theaters blieben.)

Was Artaud von Jünger unterscheidet, ist der Schmerz. Anfang der zwanziger Jahre, als Jünger die erste Fassung von ***Das abenteuerliche Herz*** schrieb und den Surrealismus in der vom Symbolismus (besonders Lautréamont) vermittelten Romantik berührte, maß Jünger wie Artaud dem Schmerz eine transzendente Wirkung zu. Später wollte er, wie der Aufsatz ‚Über den Schmerz' (1932) zeigt, schmerzunempfindlich werden, indem er sich von den Gefühlen abkoppelte. Als Soldat, der auf einen neuen Krieg hoffte, wünschte er sich ein Herz aus Stahl. Artaud wollte das ‚Fleisch' und seine lebendigen Kräfte spüren. Ihn interessierte nur, was sich direkt an sein ‚Fleisch' wandte, denn nur in ihm, im Leben, findet die Erleuchtung statt[67], sei es auch bloß eine profane.

65 Artaud: Double, 90.
66 Ders.: Schluß mit dem Gottesgericht, 76.
67 Ders.: Frühe Schriften, 108 f.

Abb. 37. Kasimir Malewitsch: Schwarzes Quadrat auf weißem Grund, 1915.

Metamorphosen von Schwarz

Nach der Katastrophe des 2. Weltkrieges und dem damit verbundenen Werteverlust bedeutete das Informel, die Nicht-Form, und das Schwarz als Nicht-Farbe eine Verweigerung und den Rückzug nach innen. Nur von dort aus konnte ein Neuanfang gewagt werden. Die Krise des Humanismus ließ das Bild des Menschen weitgehend aus der Malerei verschwinden. Seine Werte, auch die des Fortschritts, waren reine Absurdität geworden. Alles Konstruktive, Geometrische, die Baupläne und Hoffnungen früherer Zeiten, waren diskreditiert. Über das Schwarz als äußerste Askese und den Suprematismus als wiederzufindende Einheit erlangten Malewitsch und sein *Schwarzes Quadrat* wieder besondere Bedeutung. Als Quadrat, Rechteck, Rhombus, Kubus, als Verdunklung und Verhüllung, als Schweigen und Verschweigen, als Leerstelle und Fülle und in seiner schon bei Malewitsch erfolgten monochrom-farbigen Verwandlung wurde es zu einer zentralen Metapher der Malerei nach 1945. Dafür stehen Maler wie Willi Baumeister, Yves Klein, Antoni Tàpies, Arnulf Rainer, Alberto Burri, Francesco Lo Savio, Lucio Fontana, Adolf Luther in Europa; und Mark Rothko, Barnett Newman, Ad Reinhardt, Robert Rauschenberg, Frank Stella, Ellsworth Kelly, Sam Francis in den USA.

Wie das symbolische Ende einer ihrer Symbolkraft beraubten Form hatte es ausgesehen, als Malewitschs *Schwarzes Quadrat* physisch menschliche Züge annahm und alterte. Schon nach zehn Jahren mußte Malewitsch sein berühmtes Bild ausbessern, da er die schwarze über die weiße Farbe drübergemalt hatte und die unterschiedliche Oberflächenspannung der beiden Schichten Sprünge entstehen ließ. 1923 und 1929 malte er zwei weitere, technisch bereinigte Versionen des Bildes, was wie das verzweifelte Festhalten an einer unwiederbringlichen Position aussieht. Obwohl das *Schwarze Quadrat* seine metaphysische Bedeutung als Ikone schon damals verloren (wenn je besessen) hatte und die Sprünge heute noch bestehen, hat es glorreich überlebt. Und zwar in seiner inhärenten Dualität, die sich daraus ablesen läßt, daß der weiße Rand als Rahmen oder als Hintergrund des schwarzen Feldes gesehen wird. Umrahmt ist die Schwärze in ihrer maximalen Formgebung eine idealistische Ikone, die zur Identifikation einlädt und den Betrachter in ihr Vakuum hineinzieht wie ein Mandala oder eine romantische oder symbolistische Landschaft. Als Überdeckung ist das Schwarz die maximale Verweigerung, deren Bildlosigkeit den Betrachter auf sich selbst zurückwirft. In beiden Leseweisen sollte das ***Schwarze Quadrat*** fortwirken.

In Anbetracht dessen, daß mit neuen Zeichen ein neuer Sinn gesucht wurde, ist es umso bedeutsamer, daß neben dem Schwarzen Quadrat auch das Schwarze Kreuz, wie schon bei Malewitsch in seiner christlich-lateinischen und mathematischen Form, wieder auftaucht: so u. a. bei Newman, Reinhardt, Tàpies, Rainer und Beuys. Der Zusammenhang zwischen Schwarz und Kreuz geht auf eine Ikonographie zurück, die die Symbolhaftigkeit des Verborgenen, die im Schwarz aufgehobene Welt des Leidens wie die Versprechung der Erlösung, zu ihren zentralen Glaubensinhalten zählt. Wie das verhangene Kreuz der Karwoche birgt das überdeckende Schwarz in sich die Verheißung der Auferstehung. Malewitschs ***Weißes Quadrat auf weißem Grund*** *(1918)* versinnbildlicht, auch ohne die Konnotation des Katholischen, diese Auferstehung.

Es ist aber bezeichnend, daß in dem ***Schwarzen Quadrat*** mit seiner Unenthülltheit die stärkere Spannung und das kunstgeschichtliche Schwergewicht liegen. In der Negativität ist die Realität enthalten, deren das Weiß mangelt. „Kein daseiendes, erscheinendes Kunstwerk", sagt Adorno, „ist des Nichtseienden positiv mächtig"[1]. Deshalb ist, selbst auf der rein symbolischen Ebene, die Wirkung des schwarzen Quadrates stärker als die des weißen. Malewitschs aus der Vierten Dimension zurückgekehrter ***Fußballspieler*** erscheint wie das Eingeständnis der Unerreichbarkeit der weißen Utopie. Mit dem „Schwarz und Grau neuer Kunst" sei hingegen, so Adorno, die Teilhabe am Finsteren mitgesetzt, ist die Negativität der Kunst jene der Welt, nicht deren veränderte, utopische Möglichkeit (S. 204). Kunst will verändern, aber das kann sie nicht. Sie ist negativ an das Bestehende gebunden. Darum ist sie Adorno „das Versprechen des Glücks, das gebrochen wird" (S. 205). Inmitten herrschender Utilität klingt in ihr die Utopie vom Anderen an, eine Ahnung von Glück, die sich nicht real erfüllen kann, eine Freiheit, die sich verflüchtigt (S. 461). „Kunst führt heraus und doch nicht heraus, die Welt, die sie reflektiert, bleibt, was sie ist, weil sie von der Kunst bloß reflektiert wird" (S. 521). Adornos Utopie meint, „daß die Erde, nach dem Stand der Produktivkräfte, jetzt, hier, unmittelbar das Paradies sein könnte" (S. 56). Dem gegenüber kann die Kunst die Hölle der Welt nur als ein „Bild des Untergangs" nachzeichnen: „Zu jenem Bild versammeln sich all die Stigmata des Abstoßenden und Abscheulichen in der Kunst" (S. 55). Das verweist auf die Endzeitlichkeit bei Beckett, dem Adorno seine in den sechziger Jahren geschriebene ***Ästhetische Theorie*** widmen wollte, meint aber nicht den in der schwarzen Malerei mitenthaltenen Neuanfang, denn die „Transzendenz der unmittelbaren Gegenwart in der Erscheinung" war Adorno nur von den Symbolen der Religion zu beanspruchen (S. 204).

Der Malerei der Nachkriegszeit war es gerade darum zu tun, die Bindung an die Welt als vorgegebene Strukturen zu lösen, um sie nicht zu reflektieren, und unabhän-

1 Theodor W. Adorno: Ästhetische Theorie, 204. (Alle weiteren Seitenangaben im Text von hier.)

gig von ihrem Zustand nach der Auflösung aller Formen ihren eigenen Seinsgrund zu finden. In dem „Weißen Manifest" (1946), an dem Lucio Fontana maßgeblich beteiligt war, heißt es: „Wir sind uns einer Welt bewußt, die unabhängig von unseren Ideen existiert und sich ausdrückt und von ihnen nicht verändert werden kann. Darum brauchen wir auch eine Kunst, die – unabhängig von der Vorstellung, die wir uns von ihr gemacht haben – ihre Bedeutung in sich selbst trägt. Der Materialismus, der in jedem Bewußtsein Fuß gefaßt hat, erfordert eine Kunst, die fern von allen darstellerischen, heute zur Farce gewordenen Absichten ihre eigene Bedeutung in sich hat. (...) Darum halten wir uns an die Materie und ihre Entwicklung, aus der alles Leben hervorgeht (...). Wir schwören allen ästhetischen Verfälschungen ab, die eine auf Spekulation beruhende Kunst erfunden hat."[2]

Im Informel, Tachismus, action painting, l'art brut und abstrakten Expressionismus findet die außerweltliche Formverweigerung ihren innerweltlichen formalen Gestus. „Das Informel will auf den Nullpunkt zurückkehren, will auf den elementaren Ausdruck zurückgreifen, auf das Amorphe, den leeren Raum, auf die Ekstase jenseits jeder historischen Bindung: auf einen Zustand der Lauterkeit und der Unschuld dem Bild gegenüber."[3] Die Nullform bezieht ihre Energie aus der rohen, ungeformten Materie selbst, und deshalb ist die Kunst, wie in dem „Weißen Manifest" weiter behauptet wird, der Natur näher, als sie es jemals in ihrer Geschichte gewesen sei. In ihrer Abbildlosigkeit wird sie Natur. „Wenn seit Jahrhunderten das Abenteuer der Kunst die Strukturierung der Unform ist, entspricht jene totale Abwesenheit von Zeichen und Strukturen einer Anwendung von Nicht-Mitteln oder von Mitteln ohne möglichen Sinn, es sei denn, dies entspräche einer dialektischen Ordnung. Eine ästhetische Kunst des Bewußtseins versucht ein ästhetisches Bewußtsein der Kunst zu ersetzen. Nichts Überraschendes in einer Zeit, in der das Wahre im Wirklichen wohnt und sich mit ihm vermischt. Steigt das Ideale zum Realen hinab, so ergibt sich als tiefster Punkt diese nicht verwandelte Wirklichkeit, diese rohe Wirklichkeit, die nur Materie ist und die der widerspruchsvolle Ausdruck aus den Jahren 1948 bis 1950 genau bezeichnet: ‚art brut'"[4]. Materie bedeutete auf der Leinwand nicht mehr nur Farbe, sondern wie im Synthetischen Kubismus auch Sand, Asche, Gips, Erde, Zement, Teer, Insekten, Pappe, Fäden und Seile (Gaston Chaissac, Jean Fautrier, Jean Dubuffet, Antoni Tàpies u. a.). Das Neuartige am Informel war, daß es etwas erreichte, das bis dahin der frühen abstrakten und konstruktivistischen Kunst vorbehalten war, diese im Vergleich sogar filigraner aussehen ließ: ein Gefühl der Weltsetzung, der starken Präsenz, des existentiellen Mutes (ganz im Gegensatz zu Adornos Einschätzung der Nachkriegskunst).

Den Künstlern der Zero-Bewegung der fünfziger und sechziger Jahre, Klein, Fontana, Manzoni, Mack, Piene, Uecker, Spoerri, Tinguely, Bury, Sato, Goepfert, Rainer, bedeutete der Name der Gruppe einen Neuanfang durch äußerste Reduktion

2 Guido Ballo: Lucio Fontana, 186, 188.
3 Antonio Saura: Raum und Geste (1959), in: Texte zur Kunst 1957–1982. 25 Jahre Galerie van de Loo. Katalog, 168.
4 Georges Mathieu: Die Auflösung der Form, in: Texte zur Kunst, 71.

der Mittel. „Zero ist die unmeßbare Zone, in der ein alter Zustand in einen unbekannten neuen übergeht“[5]. Der Übergang war, wie fünfzig Jahre vorher, auch metaphysisch zu verstehen. Die Kunst ist das Transfinitum, das die „Schwerkraft der Erde“ überwinden und zur „vollkommenen physischen und spirituellen Freiheit“ führen wird[6]. Es ist die Idee der Vierten Dimension, die bei Klein, Fontana, Manzoni wieder anklingt und der Kunst neuerlich die Magie zuschreibt, „eine Brücke zum Nichts“ zu schlagen[7]. Das Schwarz von Willi Baumeisters ***Montaru***-Bildern ist das Nichts der Meditation. Schweigen bedeutet Vertiefung. Rainer waren seine frühen Übermalungen eine Malerei, um die Malerei zu verlassen, denn auch die Ekstase des Erlebnisses galt es zu überwinden: „Möge jeder wissen, es sind die Spuren, nicht wir selbst. Das zur Entschuldigung ...“[8].

Die Bilder der ‚Maler der Stille‘, wie Saura sie nannte, „sind das Ergebnis einer meditativen, nicht expressiven Handlung, die den Beschauer in ein schweigsames, grenzenloses Universum versetzt“[9]. Die Farbe „dehnt das malerische Feld in übermenschliche Dimensionen aus“. In den „Galaxien mikroskopischer Bilder“ entstanden durch den inhärenten Symbolismus „oft meditative Impulse“[10]. Die Malerei weitete sich in den Raum und ins Konzeptuelle aus. Yves Klein füllte 1958 einen Galerieraum mit nichts als „blauer Sensibilität“. Im gleichen Jahr wollte er die gesamte Oberfläche Frankreichs zu seiner Leinwand machen und sie blau übermalen[11].

Manzoni, dem Weiß das ‚reine Werden‘ bedeutete, verkündete 1959, daß er den Greenwich Meridian rund um die Erde weiß bemalen würde.

Die suprematistisch-pantheistische Einheit der Welt in den Farben Weiß und Blau ist auch in jenen Bildern gemeint, in denen die unterliegenden Strukturen wie ein feines molekulares Gewebe durchscheinen und oft zum Weiß hin sich auflösen. Der Bezug zu Malewitsch ist auch hier deutlich. Der gebürtige Weißrusse Wladislaw Strzeminski hatte bei Malewitsch studiert und nahm in seinen ***Unistischen Kompositionen*** in den frühen dreißiger Jahren die molekularen Strukturen eines Otto Piene, Günther Uecker, Piero Manzoni, Enrico Castellani, Mark Tobey in den fünfziger Jahren und eines Robert Ryman, Bernard Aubertin, Imi Knoebel und Roman Opalka in den sechziger Jahren vorweg. Agnes Martins quadratische Feinstrukturen, die sie in den fünfziger Jahren aus biomorphen Farbgebilden heraus entwickelte, forderten in ihrer Geschlossenheit und Suche nach Perfektion wiederholt den Vergleich mit Ad Reinhardt heraus. Opalkas Unendlichkeits-Serie (ab 1965) überführt die Grauwerte der Bilder sukzessive ins Weiße. Die Feinstrukturen bestehen nicht aus molekularen Zeichen, sondern aus Zahlen.

Einen wesentlichen Schritt zur Aufhebung der Bildbegrenzung und zum Immateriellen bedeutete die Lichtkunst eines Fontana, Piene *(Abb. 38)*, Mack, Graevenitz

5 Otto Piene: zit. in: Katalog Gruppe Zero, 15.
6 Yves Klein (1959): zit. in: Yves Klein. A Retrospective. Katalog, 234.
7 Lucio Fontana: zit. in: la Couleur Seule. L'expérience du monochrome. Katalog, 21.
8 Arnulf Rainer: TRR Automatik optische Auflösung. Katalog.
9 Saura, a. a. O., 163.
10 Tàpies: zit. in: Andreas Franzke, Michael Schwarz (Hg.): Antoni Tàpies, 82.
11 Yves Klein: Selected writings 1928–1962, 43.

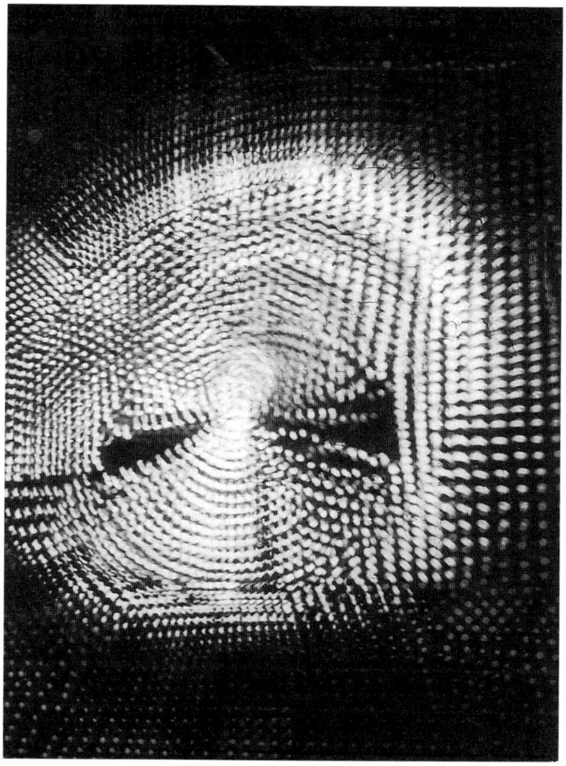

Abb. 38. Otto Piene: Lichtballett, 1958/59.

und Flavin. Fontanas ***Ambiente spaziale** (1949)*, bei dem er mittels ultraviolettem Licht auf ein magisches Raumerlebnis abzielte, ist als ein früher Versuch der „Loslösung von der Erde, von der Horizontlinie" anzusehen[12].

Auch ohne die in Europa üblichen Manifeste mit ihrer messianischen Rhetorik war in Amerika der Neuanfang mit einer bis zum Nullpunkt zurückgeführten Revision und Reduktion der malerischen Mittel verbunden. Auch in Amerika begann mit jedem Bild eine neue Welt, was ausdrücklich mit einer Absage an die Kunst der ‚alten Welt', der europäischen Moderne, verbunden war. Die Arbeiten von Newman, Rothko, Pollock, Robert Motherwell, Sam Francis, Clyfford Still, Mark Tobey oder Ellsworth Kelly „might well be interpreted as a post-World-War-II myth of Genesis"[13]. Rothko, heißt es 1961, „gives us the first, not the sixth day of creation"[14]. Bilder von Newman mit Titeln wie ***The Beginning** (1946)*, ***Genetic Moment** (1947)*, ***Day One** (1951/52)*, ***Adam** (1951)* oder ***The Gate***

12 Fontana: zit. in: Ballo, 231.
13 Robert Rosenblum: The Abstract Sublime, in: Henry Geldzahler (Hg.): New York Painting and Sculpture: 1940–1970, 358.
14 Peter Selz: Mark Rothko. Katalog, 12.

Abb. 39. Barnett Newman: Genesis – The Break, 1946.

(1954) sind „mysteries that evoke the primeval moment of creation"[15]. *(Abb. 39)*. Wie beim Übergang vom Symbolismus zur Abstraktion finden sich häufig biomorphe Strukturen und die Themen der Geburt und der Gestaltwerdung des Geistes. Newmans Bilder „are like the successive moments in a ballet of cosmic generation"[16]. Eines seiner Bilder heißt ***Onement*** *(1948)*. Noch ist nichts geteilt. Tobeys zum Monochromen tendierende Feinstrukturen sind der Versuch, das „Ganze" zu finden[17]. „What used to be pantheism has now become a kind of ‚paint-theism'"[18]. Die Beschäftigung mit fernöstlichem Gedankengut übertraf bei den amerikanischen Malern, den Dichtern der Beat Generation, den Musikern und Filmemachern bis Ende der sechziger Jahre jene der Romantiker und ist nur mit dem theosophischen Einfluß bei den Symbolisten und frühen Abstrakten zu vergleichen.

Die Verzweiflung über den Zustand der Welt, die in der schwarzen Malerei der Europäer und in ihren Texten sichtbar wird, ist in der amerikanischen Malerei kaum zu

15 Rosenblum, a. a. O.
16 Harold Rosenberg: Barnett Newman, 49.
17 ‚Mark Tobey. Zwischen den Welten'. Katalog.
18 R. Rosenblum, 358.

Abb. 40. Robert Rauschenberg: Manuscript, 1963.

finden. Das Schweigen der Nicht-Farben Schwarz und Weiß meint bei ihnen ausdrücklich die buddhistische Leere. Robert Rauschenberg sagt über seine ***White Paintings*** *(1951):* „Sie handeln von der Spannung, der Erregung und der Faßbarkeit der körperlichen Stille, der Einschränkung und der Freiheit der Leere, mit der greifbaren Fülle des Nichts, der Anfang und das Ende eines Kreises."[19] 1952 radierte Rauschenberg eine Zeichnung von de Kooning aus; die weiße Fläche mit den verbliebenen Spuren der Zeichnung war ihm ein „monochromes Nicht-Bild"[20]. In den ***Black Paintings*** *(1951/52)* erfolgte die Auslöschung wie um die gleiche Zeit bei Arnulf Rainer durch Übermalung, die die überdeckten Elemente und Strukturen durchscheinen läßt. Bei Rothkos ***The Deep*** *(1953)* ist die dunkle ‚Tiefe' nur unvollkommen mit Weiß zugedeckt. Die Übermalungen leiteten bei Rauschenberg über zu den weiß und schwarz überwischten Collagen, auf denen Fotos und andere Wirklichkeitspartikel wie hinter einem Schleier verschwimmen *(**Lincoln**, 1958)*, und den Combine-paintings, wo die bildliche Leere und der Bedeutungsverlust beigefügter Objekte sich noch die Waage halten *(Abb. 40)*. Die Materialien der Assemblagen *(**Empire**, 1961)* sind (wie bei Beuys) funktionslos gewordene Fundstücke aus Blech, Holz, Eisen etc. – ‚arm', ‚brut', ‚schwarz'.

19 ‚Robert Rauschenberg. Werke 1950–1980'. Katalog, 40.
20 Ebd., 262.

Am konsequentesten in der malerischen Verneinung war Ad Reinhardt. Für ihn war das „glänzende, texturierte, harzhaltige Schwarz gewissermaßen eine anstößige Qualität in der Malerei", da es den Raum, die Welt reflektiert und Unruhe bringt[21]. Er verwendete (wie Willi Baumeister) ein mattes Schwarz, das das Licht verschluckt. Reinhardt, dessen Malerei immer mit Zen-Buddhismus in Zusammenhang gebracht und der selbst als ‚schwarzer Mönch' bezeichnet wurde, leugnete nachdrücklich jede religiöse Bedeutung seiner Bilder und sah die Kunst als gesondert von allem anderen, mit nichts verwandt und deshalb nur als eines: Nur als sie selbst[22]. An der Kunst Asiens schätzte er, was sein eigenes Ziel war: „ihre Zeitlosigkeit, ihre Monotonie, ihre Tatenlosigkeit, ihr Gelöstsein, ihre Ausdruckslosigkeit, ihre Klarheit, ihre Ruhe, ihre Würde, ihre Negativität"[23]. Das sind allerdings, die Leugnung religiöser Absichten inklusive, Werte des Tao, das Reinhardt mit Lao Tse als „dim and dark" bezeichnete[24] und das hinzielt auf „das letzte Bild, das eben irgend jemand machen kann"[25]. Aus seinem schriftlichen Nachlaß ergab sich, daß er sich mit religiösen Texten beschäftigt hatte, „especially the various mystical, oxymoronic traditions that glorified the night, inverting it into light"[26].

Mark Rothkos und Barnett Newmans großformatige Bilder sind darauf angelegt, daß sie aus der Nähe gesehen werden und das Blickfeld des Betrachters nicht über das Bildfeld hinausgeht. Die rechteckigen über- und nebeneinander gelagerten Farbflächen, in denen satte Farbtöne dominieren, entwickeln ein unbestimmtes Raumgefühl, das den Betrachter in einen meditativen Zustand versetzen soll. Im Sehen des Nicht-Wahrnehmbaren (als Raum und Gestalt) wird das Bewußtsein an einen Grenzbereich gebracht, der es auf sich selbst zurückwirft[27]. Rothkos Bildflächen bleiben als Substanz unfaßbar. „Das simultane Ineinanderwirken von Bildung und Entbildung im Erscheinen, das sich nirgends abschließt, das nirgends an die Grenzen der Endgültigkeit kommt, das Ineinander von Hervortreten und Zurücksinken, von Erhellung und Verdunklung, läßt Dinghaftigkeit nur im Prozeß ihres Werdens und Vergehens, nur im Erscheinen gewahr werden. Aber insofern ein Erscheinendes – wie die Rechteckform, wie das Rot – ausschließlich entstehend und zugleich entschwindend begegnet und nie positive Gegenwart, nie fertiger Bestand sein kann, so verbleibt letztlich alles im potentiellen und aktuellen Prozeß des Werdens, in dem Fülle und Leere, Aufleuchten und Verglimmen, Erzeugung und Vernichtung zugleich wirken und sich zugleich aufheben."[28]

Hier scheint sich Schlegels als Transzendentalpoesie gefordertes Schweben zwischen Sein und Werden, das die Materialität der Kunst im „Anbilden und Umbilden"

21 Thomas Kellein (Hg.): Ad Reinhardt. Schriften und Gespräche, 232.
22 Ebd., 85.
23 Ebd.
24 Ebd., 242, Anm. 6.
25 Ebd., 208.
26 Ad Reinhard. Katalog, 28.
27 Michael Bockemühl: Die Wirklichkeit des Bildes. Bildrezeption als Bildproduktion, 90.
28 Ebd., 65.

(Schlegel) kraft der geistigen Wirkweise aufhebt, zu erfüllen. Das Wesen der Kunst liege nicht in einzelnen Einfällen, sondern „in der Konstruktion des Ganzen".

Die subtil inszenierte Gestaltlosigkeit der abstrakten Bilder und die intendierte magische Wirkung forderten bis in die sechziger Jahre Vergleiche mit der Romantik und dem Symbolismus heraus. Selbst ein formalistischer Kritiker wie Clement Greenberg sah 1947 in Rothko, Still, Newman und Adolph Gottlieb Vertreter eines neuen Symbolismus, der auf das Unbewußte zielt[29]. In seinen Anfängen tauchen bei Newman tatsächlich jene abstrakten Naturformen auf, die Rosenberg als Augenblicke in einem „ballet of cosmic generation" sah. Die Farben und senkrechten Bewegungen von ***The Beginning*** *(1946)* erinnern an Kupkas abstrakten Symbolismus. Titel wie ***The Gate, Jericho, Queen of the Night*** oder ***Voice of Fire*** tragen symbolistische Bedeutsamkeit auch in ganz geometrisch-abstrakte Bilder.

In der vom Museum of Modern Art in New York anläßlich der Biennale von Venedig 1958 herausgegebenen Broschüre wird Rothko, der zum ersten Mal in Europa präsentiert wurde, so beschrieben: „Rothko has in the past described his art as an instrument of revelation. It was his conviction at the very outset of his career that painting must measure itself against the sublime, and settle for nothing less than transcendental experience. Perhaps his work finds its nearest correspondence in some phases of modern symbolist poetry, in Rilke's angelic vision and Mallarmé's voluptuous exaltation of the senses (sic). Rothko's simple pairs and triads of incandescent color blocks create a magical and transforming atmosphere which dissolves the physical bonds of matter, releasing a new poetic substance."[30] Zu den Bildern von Ad Reinhardt heißt es 1963: „Das Bewußtsein, befreit von der Anregung komplexer Stimulantien der Wahrnehmung, wird eigenartig in der Schwebe gehalten, abstrahiert. Das Selbstbewußtsein ebbt ab; der Betrachter wird, im wörtlichen Sinn, durchdrungen. Das bedeutet nicht *Verlust* der Bewußtseins und unterscheidet sich von ‚reiner Kontemplation', da es auf eine erfahrbare Realität – das Bild – bezogen ist. Die Erfahrung wird verlängert, wachgehalten, erhöht durch unerwartete Nachbilder, Flimmern von Licht und räumlicher Bewegung. Der Effekt ist faszinierend, hypnotisch: Man hat das Gefühl, in sie gezogen zu werden, in sie ‚verloren' zu sein, ein Gefühl der Entkörperlichung"[31]. Daß solche Bewußtseinsveränderungen wenige Jahre später mittels Film, Drogen und Light Shows gesucht wurden und eine weit größere Öffentlichkeit fanden, wurde bereits festgesellt.

Erst in den achziger Jahren, im Gefolge einer in den siebziger Jahren neu entstandenen Richtung der ‚schwarzen Malerei', änderte sich rückwirkend auch die Sichtweise auf die Nachkriegsperiode. So heißt es nun 1985 über Rothko und Newman: „Das ‚reine Anschauen' ist vor diesen Bildern nicht lediglich eine intellektuell-theoretische Forderung: Es zeigte sich (...), daß das Anschauen angesichts dieser Bilder auf das Gewahren seiner eigenen Produktivität geführt wird. Nicht umsonst wurde in der

29 Clement Greenberg: The Collected Essays and Criticism, II, 188.
30 Sam Hunter, in: Lipton, Rothko, Smith, Tobey. Katalog.
31 Priscilla Colt, in: Art International, Okt. 1964, zit. in: Jürgen Claus: Kunst heute, 80.

historischen Entwicklung einer Theorie des Bildes, die sich der reinen Anschaulichkeit Moderner Kunst zuwendet, das Sehen selbst zunehmend Reflexionsgegenstand (...). Intuitiver Verstand, erkennendes Sehen, ‚transzendentale Erfahrung' (Newman) – *als unmittelbare Anschauung* – muß denkmöglich sein, um solche Bildlichkeit in ihrer eigenen Natur zu verstehen."[32] Die Rückkoppelung an das Denken stellt die Ganzheit des Menschen insofern wieder her, als sie ihn auf seinen Ort *vor* dem Bild verweist. Bei Newman gibt es Bildtitel wie ***Here I** (1950)* und ***Not There – Here** (1962)*. ‚The Sublime is Now' lautet ein von ihm oft wiederholtes Statement. „Was mich beim Malen beschäftigt, ist, daß das Bild einem Menschen die Empfindung von Anwesenheit vermitteln sollte, so daß er weiß, daß er da ist, daß er sich seiner selbst bewußt wird. Und so entsteht eine Beziehung zu mir, als ich das Bild malte, denn in diesem Sinn war ich anwesend (...). Daß der Betrachter vor meinem Bild empfindet, daß er anwesend ist, diese Empfindung ist nicht nur ein Geheimnis, sondern die Empfindung einer metaphysischen Tatsache. Ich mißtraue dem Episodischen immer mehr, und ich hoffe, daß meine Malerei die Kraft hat, einem Menschen – so wie sie es mir vermittelt – das Gefühl seiner Ganzheit, seines Für-sich-Seins, seiner eigenen Individualität zu vermitteln und gleichzeitig das Gefühl seiner Verbindung zu anderen, die auch für sich sind."[33]

Gegenüber der Rezeption der fünfziger und sechziger Jahre, die die meditative Absorption betonte und den Ort der Wahrnehmung in die monochrome Leere der Leinwände verlegte, ist in den achtziger Jahren, von Newman vorgezeichnet, der Ort der Erfahrung wieder deutlich vor das Bild zurückgekehrt. So heißt es jetzt etwa: „Wenn sich das Ich dem Erscheinen des Bildes hingibt, in seine Atmosphäre ‚eintaucht', sich in dem (...) Gesamtprozeß zu verlieren droht, so verliert es sich hier in seiner *eigenen* Prozessualität, durch die es sonst mit der Welt in Verbindung tritt."[34]

Es ist kein Zufall, wenn Newman sein Bild ***Vir Heroicus Sublimis** (1951/52)* als ein Foto veröffentlichen läßt, das zwei Betrachter in ganzer Gestalt von rückwärts vor dem Gemälde stehend zeigt. In seiner sorgfältigen Komposition erinnert es an Friedrichs Rückenansichten von Personen, deren meditatives Schauen dem Betrachter seine Beziehung zum Bild bewußt macht und zugleich den Blick an den Gestalten vorbei auf deren Aussicht lenkt. Die Pose des Betrachtens ist (wie das Bild selbst) noch reduzierter als bei Friedrichs Mönch, der mit zurückgebeugtem Oberkörper und gesenktem Kopf auf die erhabene Düsternis des Meeres blickt. Die Einladung zur Teilnahme an dem, was Newman und Reinhardt in Hinblick auf die Bilder „heilig" nennen[35], macht sie zu Ikonen.

Noch deutlicher wird diese Funktion der Bilder, wenn sich Newman und Rothko wie Friedrich mit Sakralbauten beschäftigen. Newman entwarf 1963 ein Modell für eine Synagoge, und Rothko begann im Jahr darauf mit den Bildtafeln für eine Kapelle in Houston, an deren Entstehung er beteiligt war. Vierzehn Bildtafeln, deren Zahl den

32 Bockemühl, 90.
33 Barnett Newman 1967, zit. in: Schwarz, Katalog, 91.
34 Bockemühl, 65.
35 Rosenberg, 246; Kellein, 87.

Kreuzwegstationen entspricht, bedecken alle Wände, einzeln oder als Triptychon. Die vorherrschenden Farben sind Schwarz und Weiß. Wie bei Malewitsch war die geometrische Reduktion und der Verzicht auf Farbe für die amerikanische Malerei nicht zu halten. Wie eine zögernde und zugleich mutige Neubewertung der Farbe erscheint es, wenn Barnett Newman einer Gemäldeserie den Titel ***Who's afraid of red, yellow and blue*** *(1966–70)* gab. Die leuchtenden Primärfarben sind dieselben, die auch Malewitsch verwendete, und signalisieren zusammen mit der raumfüllenden Größe der Bilder eine Lebensbejahung, die in nächster Nähe zur Pop Art steht, ohne auf den kontemplativen Aspekt zu verzichten. Auch wenn die Ironie der Frage ‚Who's afraid…' nicht so weit geht, den Farbflächen gegenständliche Bedeutung zu geben, wie Malewitsch es bei dem Fußballspieler der Vierten Dimension tat, war die Rückbindung des Zeitlosen an die Gegenwart die gleiche. Den Abschied von Schwarz-Weiß und Monochrom vollzogen in den sechziger Jahren Künstler wie Franz Kline, Robert Rauschenberg, Robert Motherwell oder Ellsworth Kelly in mehr oder minder starker Annäherung an die Ikonographie der amerikanischen Lebenswelt. Die Bilder der Leere bilden zwischen dem energiegeladenen abstrakten Expressionismus der Nachkriegszeit und der Leidenschaftslosigkeit der geometrisch Abstrakten (Noland, Stella) und der Pop Art einen Ruhepol, der für einzelne Künstler in ihrer Entwicklung oft nur einen Übergang darstellt, auf die amerikanische Malerei insgesamt aber einen starken Einfluß ausübte.

Die Rückkehr aus der Bildlosigkeit in die amerikanische Wirklichkeit erfolgte in sanften Übergängen. Die Maler eigneten sich die gleiche Pragmatik an, die die Dichter der Beat-Generation (Kerouac, Ginsberg, Burroughs u. a.) gerade wegen ihres zum Teil messianischen Auftretens auszeichnete. Hermann Hesses ‚Morgenlandfahrten' wiesen auf amerikanischen Highways nicht nur Kerouacs ***Dharma Bums*** *(1958)* die östliche Richtung. Wenn Zen zur Seligkeit (beatitude) nicht ausreichte, bildete, wie in früheren Zeiten, der Beat von Sex und Drogen die weltliche Ergänzung.

Abb. 41. Joseph Beuys: Mensch, 1972.

Das Creatorprinzip

Das Erforschung der Materie im Sinne von Aufklärung hatte für Beuys das Verdienst, die alten „Offenbarungskulturen" zu überwinden und alles „Glaubensmäßige" und „Ungeklärte" hinauszuwerfen[1]. Als Künstler, der mit Materialien arbeitet, bedeutete die bewußte Handhabung der Materie die Wiederanknüpfung (religio) an den in der materiellen Freisetzung verloren gegangenen „gesamten geistig-spirituellen Zusammenhang"[2]. Der Materialismus enthält die Bedeutung der Christwerdung, seine Überwindung die der Auferstehung der Seele. Nach Isolierung, Vereinsamung und Tod soll ein seelischer „Aufrichteprozeß" das Gefühlsmäßige der Seele zurückgewinnen. Intuition, Imagination und Inspiration binden die einseitige Rationalität in eine ganzheitliche Erfahrung und Erkenntnis ein. Diese Aufgabe ist vom Menschen selbst zu leisten, sie kann ihm nicht von außen, von einer Religion oder einem Führer, geschenkt werden[3]. „Frei kann nur einer sein, der unabhängig ist, auch von Gott"[4]. Die Freiheit erlangt der Mensch, wenn er zum Arbeiter an sich selbst und selbstschöpferisch tätig wird. „Das Schöpferische ist das Göttliche, das heißt, das, was den Fortgang der Dinge in der Welt entwickelt, sowohl in Zeit und Raum, als auch über Zeit und Raum hinaus."[5] Darum ist der Mensch „auch eine Art Gott"[6].

Kreativität bedeutet aber nicht Rückkehr in einen vorrationalen Zustand und Pseudoerlebnisse des Unterbewußtseins, sondern „intensiveres Denken"[7], das sich im Tun ausdrückt. „Denken ist bereits ein skulpturaler Prozeß. Denn das Denken des

1 Horst Schwebel: Glaubwürdig. Fünf Gespräche über heutige Kunst und Religion mit Joseph Beuys, Heinrich Böll ... 19.
2 Ebd., 21
3 Ebd.
4 Ebd., 33.
5 Ebd., 38.
6 Ebd., 37
7 Ingrid Burgbacher-Krupka: Prophete rechts Prophete links. Joseph Beuys, 99.

freien Individuums wiederholt ja das Evolutionsprinzip ganz vom Urbeginn an. Der Mensch wird selbst zum Schöpfer der Welt und erlebt es auch, wie er die Schöpfung fortsetzen kann"[8]. Damit steht jeder einzelne vor dem Problem der Lösung der Menschheitsaufgaben, die nicht vom materialistischen Wissenschaftsbegriff, sondern in erster Linie von der Kunst ausgehen kann, denn „alles menschliche Wissen stammt aus der Kunst"[9]. Kunst verstanden als Kreativität und Selbstbestimmung. Beuys spricht vom „Creatorprinzip"[10]. Jeder Mensch ein Künstler, ein Prometheus, der das Leben zu schaffen vermag, denn Kunst, die sich physisch manifestiert, ist Leben[11].

Kunst ist kein formaler, sondern ein seelischer Prozeß, und darum ist der Künstler wie in der Romantik ein Mittler und Erwecker. Jeder Mensch ist zwar im Prinzip Künstler, aber einzelne Berufene sind Spezialisten, die die materiellen und spirituellen Zusammenhänge für andere zu verdeutlichen vermögen und ihnen als Werkzeug, Orientierung, Stimulans und Therapie zur Verfügung stehen[12]. In der Figur des Schamanen, dessen Initiation eine Todes- und Auferstehungserfahrung und damit eine seelische Verwandlung darstellt, sah Beuys für sich die Rolle dessen, der in symbolischen Aktionen die individuell oder gesellschaftlich gestörten Kräfteverhältnisse wiederherstellen kann[13]. Dem Schamanen kommt als Stellvertreter und Verwandler eine Bedeutung zu wie Christus. Sein Leiden und der aus der Materie befreite Geist sind von „sakramentale(r) Substanz"[14].

Das Kreuz, christliches Symbol von Tod und Auferstehung, spielt im Werk von Beuys eine zentrale Rolle, meint es bei ihm ja auch das Koordinatenkreuz von Materie und Geist, Ratio und Intuition. Über die Plastik ***Kreuzigung*** *(1962/63)* schreibt Heiner Bastian: Sie ist „ein kleines Objekt aus Holzresten, verschmutzten Flaschen, Drahtenden und Zeitungspapierfetzen: ein Aufbau von Materialien geradezu armselig unheiliger, ja verkommener Reste – aber was für ein gnadenloses Medium, welches das Bewußtsein des Menschen zur Natur des Leidens macht. Will denn Beuys nicht immer auf etwas hinaus, was als Werkzeug der Anschauung vom Zustand zugleich die Überwindung des Zustands zeigt? Ich denke oft, daß Beuys von den Bildern und Imaginationen, die sich einer von einer plastischen Form macht, selbst nur eines will: daß aus unseren Bildern und Imaginationen eine konkrete Erfahrung, eine andere Wirklichkeit entstehen möge."[15]

Sähe so die ‚Auferstehung' aus, die entstehen *möge?* Ist nicht der alte romantische Zwiespalt zwischen Anspruch und Realität noch immer unüberbrückbar, wenn der Mensch als „eine Art Gott" die Maximalforderung stellt, jene Dinge ins Bewußtsein zu

8 Volker Harlan: Was ist Kunst? Werkstattgespräche mit Beuys, 23.
9 Joseph Beuys: Jeder Mensch ein Künstler, 72.
10 Ebd.
11 Burgbacher-Krupka, 99.
12 Volker Harlan, 21.
13 Joseph Beuys. Katalog, 282.
14 Friedhelm Mennekes: Gespräch mit Joseph Beuys. In: Kreuz + Zeichen. Religiöse Grundlagen im Werk von Joseph Beuys, 46.
15 Katalog Zürich 1994, 154.

heben, „die das Weltall verändern (...), denn unterhalb dieses Anspruchs kann man gar nicht bleiben"[16]. Mit fast nichts, mit ‚armselig unheiligen' Materialien tritt die Kunst einmal mehr an, jene Idee zu verwirklichen, „die die Prinzipien auf das zurückführt, was man das Eine nennt, was man schließlich auch in einer Formel ausdrücken kann, (...) so etwas wie vergleichsweise die Einsteinsche Formel"[17]. Eine solche Formel, die mit einem Schlag den Weltchemismus ändern und „global das Weltproblem lösen kann", wäre freilich nicht als ein Denkergebnis zu erwarten und auch nicht darstellbar, sondern könnte nur durch „höhere Denkkategorien", die die Kunst durch Intuition und Imagination erreicht, „berührt" werden. Nicht als Paukenschlag, sondern „in sehr bescheidener Gestalt", etwa als ein aquarelliertes Olivenblatt, ein Sonnenstrahl oder ein Kieselstein auf dem Weg – „und das ist der große Zusammenhang"[18].

Auf dem Weg könnte auch die Gießkanne der Symbolisten stehen, die bei ihnen die Bedeutung hatte, als ein „heftiger optischer Eindruck ohne allen höheren Inhalt" (Hofmannsthal) die letzte sprachlose Erkenntnis zu vermitteln. Denn in dem „symbolischen Gesicht der Dinge" (Musil) wird sichtbar, wofür die Worte fehlen. (Beuys verwendete übrigens eine Gießkanne bei seiner Fußwaschungsaktion in Basel.) Was die Symbolisten als eine passiv und unvermittelt erfahrene ‚Offenbarung' ansahen, war Beuys ein selbstinitiierter „Erkenntnisprozeß". Das qualitative Denken über die Ratio hinaus beruht allerdings auch bei ihm auf Seelenkräften, die, nicht anders als in der Naturphilosophie der Romantik, aus einem sehr vage definierten dynamisch-organischen Energiefeld stammen. Der Künstler-Schamane greift ein in das „Gesamtsubstantielle im Sinne eines Gesamt-Chemismus" und bewirkt eine Verwandlung der gebundenen Kräfte[19]. Der freigesetzte geistige Stoff ist von einem sakramentalen Charakter. Beuys spricht von „Transsubstantiation"[20].

Als ein Beweger des Geistigen in der Materie ist der Schamane ein Romantiker der Tat. Seine Beschwörungsrituale lassen im Chaos der Schöpfung Zusammenhänge entstehen, die Bewußtsein schaffen. Der Austausch von Energie in Form von Wärme war für Beuys ein geistiges, evolutionäres Prinzip. Nahmen die Romantiker an, daß in den galvanisch-elektrischen Kräften Naturseelenkräfte wirksam sind, die die Quelle allen Seins bilden, glaubte Beuys, daß „Elektrizität, Wärme und Energie das menschliche Sein durchziehende Grundkräfte sind, ein Streben nach Einheit damit eine Sinn-garantierende Grundlage hat"[21]. Das Wärmeprinzip, symbolisiert in Beuys' Vorliebe für Filz und Fett, ausgehend von der oft beschriebenen Errettung durch die Tartaren während des 2. Weltkrieges, ist ein mystisches Lebensprinzip.

Auch andere Künstler der Nachkriegszeit beschäftigten sich mit der romantischen Energietheorie. Yves Klein sah die Aufgabe des Kunstwerks darin, ein Gleichgewicht

16 Beuys. Katalog. Rotterdam (1980), 40.
17 Harlan, 19.
18 Ebd.
19 Ebd., 21.
20 Katalog. Zürich 1994, 270.
21 Theodora Vischer: Beuys und die Romantik, 51.

der Kräfte herzustellen, um den Gesetzen der Energie zu entsprechen. In seinem erweiterten Kunstbegriff, der vom Bild zum Kunstraum, von der Farbe zur ‚Leere' überging, wurde der Raum zum Stabilisator von Energie. „In making himself the master of this energy, he was the Prometheus of modern times, a methodical and organized Prometheus who ended by proposing to us a new kind of life, a paradisiacal state based on the qualitative combination of sensitivity and technique."[22] Als Prometheus hatte Klein wie Beuys eine Mission zu erfüllen. Kamen bei Beuys die esoterischen Einflüsse von Rudolf Steiner her, mit dessen Werk er sich ausgiebig beschäftigte, stand Klein den Rosenkreuzern nahe. Beide waren stark katholisch geprägt, was in der Ritualisierung ihrer Aktionen Bedeutung bekam. Wurden für Beuys in Materialien wie Filz und Fett Energien manifest, so bedeutete für Klein die immanente Qualität der Farbe Blau ein ‚materialisiertes Energiefeld'[23]. Der geistige Stoff, der für Beuys die sakrale Substanz der Dinge und Aktionen war, war für Klein eine Sensibilität, die jenseits des Sichtbaren im Feinstofflichen liegt[24].

In einer Zeit, als intermediale Kunstformen, allen voran das Happening, sich herauszubilden begannen, waren Kleins Ausstellungseröffnungen mehr als die Vorstellung einer Anzahl von Bildern. Als ***Le Vide*** *(Die Leere, 1958)* präsentierte er einen leeren, weiß ausgemalten und mit bläulichem Licht erfüllten Galerieraum. „Klein's exhibitions were henceforth to be inseparable from a ritual action or symbolic gesture, from a ceremonial commemorating the spiritual event that they embodied. During his lifetime Klein strove to give each of his manifestations a precise meaning, which he, as an accomplished master of ceremonies, revealed to the public. As a method, it was both spectacular and didactic, but one that translated very accurately the profound aspects of the phenomenology of the creative act within the perspectives of the monochrome adventure. Klein exhibited only because he always had something ‚more' to say, to materialize, to reveal."[25]

Die Farbigkeit von Kleins Bildern, das Ultramarinblau, und die Nicht-Farben von Beuys treffen sich in der metaphysischen Bedeutung der Monochromie. An einem Punkt ist die Berührung von Klein und Beuys auch direkt in ihrer Kunst sichtbar: in ihrer Verwendung von Gold. Für beide hatte Gold ein spirituelle Bedeutung und symbolisierte „die Heiligkeit des Menschen"[26]. Klein stellte 1960 bis 1962 mehrere *Monogolds* her (ähnlich auch Manzoni 1960): mit Blattgold überzogene Bilder. 1962 fertigte er ***Relief Porträts*** von Freunden und Bekannten: blau gefärbte Körperabgrüsse vor einem Goldhintergrund. Zum ersten Mal seit der Gotik wurde Gold in dieser Form und mit dieser Bedeutung verwendet. Gold meinte für Klein das Absolute und das Blau den Geist, der den in der Gotik noch versperrten Goldhimmel durchdringt. Von sich selbst wollte Klein ein Goldrelief vor blauem Hintergrund herstellen. Dazu kam es nicht mehr.

22 Pierre Restany: Yves Klein, 56.
23 Ebd., 42.
24 Ebd., 45.
25 Ebd., 47.
26 Beuys, Katalog Zürich, 28.

Bei der Aktion ***wie man dem Hasen die Bilder erklärt*** *(1965)* verharrte Beuys stundenlang mit Blattgold und Honig auf dem Kopf, und 1982 schmolz er die Kopie der Zarenkrone in einen Hasen um, Sinnbild des von Ost nach West seinen geistigen Weg suchenden Menschen.

Die Öffnung des Kunstrahmens zum Kunstraum, die direkte aktionistische, übergreifende Einbeziehung und Beeinflussung der Publikums, die magische Wirkung, die mit dem Kunstereignis beabsichtigt war, war von Klein ebenso direkt gemeint wie von Beuys. „Klein's ambition was to submerge the public in a state of ecstasy, neither more nor less."[27]

Solche mittels künstlerisch-technischer Beeinflussung induzierte Bewußtseinszustände sollten einen Vorgeschmack auf einen zukünftigen Garten Eden geben, der mit technisch-ökologischen Mitteln realisiert werden würde. ‚Luftmenschen' würden in einer ‚Luftstadt' die Schwerkraft überwinden: „we will literally levitate in total physical and spiritual freedom"[28]. Schwebende Städte hatte es schon bei Malewitsch gegeben, und wir begegnen dieser technologiegläubigen Vorstellung von Freiheit auch bei Lucio Fontana: „die Architektur der Zukunft wird die Rakete sein"[29]. Zwanzig Jahre später wird die ‚schwebende Stadt' in Kubricks ***Odyssey*** zum Alptraum, der von der Mastermind eines Computers beherrscht wird. Aber noch sind, wie in den Anfängen des russischen Konstruktivismus, die problematischen Seiten der wissenschaftlich-technischen Menschheitsbeglückung, die zu Kleins Zeit von dem Optimismus der aufkommenden Popkultur mitgetragen wurde, verdeckt. Selbst Beuys sprach davon, daß Kunst ‚totalisiert' werden muß, und meinte damit ihre Verbreitung[30].

Klein wollte seine ‚Blaue Revolution' politisch verstanden wissen. In der von ihm projektierten ‚Schule der Sensibilität' sollte neben Kunst, Philosophie, Physik, Biochemie und Politik auch Krieg zum Pflichtfach werden, unterrichtet von Israels Kriegshelden Moshe Dayan. Diese zwischen Revolte und Selbstdisziplinierung angesiedelte Militanz, die die sechziger Jahre bestimmen sollte, findet sich auch bei Beuys. Er beschäftigte sich ausführlich mit Ignatius von Loyola, dem Begründer des Jesuitenordens, den es in jungen Jahren zu einer militärischen Laufbahn gedrängt hatte, der aber bei einer kriegerischen Auseinandersetzung in Frankreich schwer verwundet wurde, in dem Ort Manresa seine Verwundungen auskurierte und in dieser Zeit der Kontemplation mystische Erfahrungen machte. In seinen Aufzeichnungen, den ***Ejercicios Espirituales*** *(1522–33)*, gibt er Anleitungen für Exerzitien, die den Empfang der göttlichen Erleuchtung vorbereiten sollen. Das Disziplinmodell dieser Übungen stufte Beuys „als Metamorphose zu einem Bewußtseinsprozeß ein, in dem das Militante in einem individuellen ‚Innenkrieg' auszutragen sei"[31]. In der Aktion ***Manresa*** entwickelte Beuys auf einer symbolischen Ebene dazu parallele Strukturen.

27 Restany, 49.
28 Ebd., 76.
29 Schwebel, 39.
30 Beuys, Katalog Zürich, 264.
31 Ebd., 265.

Der aktionistische und ‚idealistische' Teil von Kleins Kunst war auf Steigerung und Übersteigerung, auf Sensationen, und sei es auch nur in Form von Ankündigungen, angewiesen, um ihren Platz in der Öffentlichkeit zu halten und seine utopistischen Ideen in diese hineinzutragen. Nicht zufällig geriet Klein dabei mit seinen öffentlich hergestellten Körperabdrücken von nackten Frauenkörpern in den Film ***Mondo Cane***, der eine spekulative Ansammlung von Sensationen und Obstrusitäten aus aller Welt darstellte. In Cannes mit dem Ergebnis konfrontiert, erlitt Klein einen ersten Herzinfakt.

Weniger dringlich, aber dafür konkreter, entwickelte Beuys seine sozialtheoretischen Ideen, die wesentlich auf Rudolf Steiner zurückgingen, dessen gesamtgesellschaftliche Konzepte, die politisch, d. h. erzieherisch, umzusetzen sind, er kannte. Beuys gründete die ‚Freie Internationale Universität' und arbeitete an der Gründung der Grünen Partei mit. Das alles zwanzig Jahre nach Klein, als nicht nur die künstlerischen Modellversuche einer Revolution – „The imagination can be realized"[32] –, sondern auch die zehn Jahre späteren politischen Ansätze, die Phantasie an die Macht zu bringen, vorbei waren.

Die anthroposophischen Ideen Steiners von dem Kreislauf der Energien im Kosmos wie im Menschen, der alles in der Natur wie in der Gesellschaft organisch verbindet, und dem gestörten und wiederherzustellenden Gleichgewicht sind frühe Formen des ökologischen Denkens. Die Idee des Kreislaufs kommt in Beuys' Werk wiederholt vor, so z. B. in der Installation ***Honigpumpe am Arbeitsplatz*** auf der Documenta 1977 in Kassel.

Die Strukturen und Elemente von Beuys Arbeiten sind nicht darauf angelegt, entschlüsselt zu werden, ihre „mystische Geographie"[33] bleibt weitgehend verborgen. Ihre Wirkung entspricht jener, die Kant dem Erhabenen zuschrieb: Sie bringt das Denken an seine Grenzen und hilft zugleich, das Denken „anzuheizen", um zu einer vertieften Erkenntnis zu gelangen[34]. „Vergessen wir nie: Ein Kunstwerk ist sowieso nicht zum Verstehen da, sondern damit ich mich an ihm weiterentwickeln kann. Etwas, das man versteht, ist gerade so klein wie der Verstand, den man sowieso schon hat, hat also Platz darin. Ein Kunstwerk, ein wirkliches Kunstwerk aber will ja den vorliegenden Bestand um ein Neues erweitern, ein neues Licht auf alles werfen, eine Neuigkeit einbringen in den Bewußtseinsbestand."[35]

32 Restany, 82.
33 Katalog Zürich, 282.
34 Harlan, 84.
35 Beuys: zit. in: Herbert Salzmann: Die geistigen Grundlagen des erweiterten Kunstbegriffes: Rudolf Steiner – Joseph Beuys, 105.

Planet der Dinge

Du champ des choses

Mit Duchamp stellt sich die Frage nach dem Stand der Dinge auf dem Feld der Moderne. Es ist die Frage nach der Wirklichkeit. An der alten Zweiteilung der Wirklichkeit in Materie und Geist hatte sich seit Descartes nichts Wesentliches geändert. Es blieb eine Frage veränderlicher Standpunkte, welcher Wirklichkeit der Vorrang gegeben wurde. Auch wenn Materie und Geist nicht zur Deckung zu bringen waren, ihre gegenseitige Durchdringung wurde in der Kunst jenseits aller philosophischen Zweifel sichtbar. Einer durch Wissenschaft und Technik immer genauer definierten und konstruierten Welt stand nicht nur ein Geist vor, der diese Machterweiterung des Menschen geschaffen, sondern auch ein Geist gegenüber, der diese materielle Wirklichkeit in Zweifel zog und künstlerisch veränderte. Die objektiven mathematischen Qualitäten, die der Materie zugehören, waren von der Kunst aufgegriffen und mittels der subjektiven Eigenschaften des Geistes, der Imagination, verarbeitet worden. Der Künstler transformierte die materielle Wirklichkeit in eine geistige, indem er innerhalb der Kunst als ein Erfinder ihre Techniken vorantrieb und die Ausdrucksskala des Geistigen erweiterte.

Die Aneignung der Wirklichkeit im Transformationsprozeß der Kunst hatte seit dem Barock in der Malerei eine Gattung entstehen lassen, deren Benennung als Stilleben und ‚nature morte' nicht nur die Verfügbarmachung schöner Dinge in aristokratischen und bürgerlichen Salons, vergleichbar präparierten Hirschköpfen an der Wand, zum Ausdruck brachte, sondern auch die künstlerisch-technische Sezierung des vormals Lebendigen und seine ästhetische Wiederbelebung. Daß die Kunst mit der Synthese ihrer Wirklichkeit immer radikaler einen Verlust objektiver Qualitäten in Kauf nahm, zog die Wirklichkeit von den Dingen ab, ließ das Erkennen der künstlichen Wirklichkeit immer schwieriger werden. Vom Standpunkt der Kunst aus gesehen, bestand zwischen natürlichen und künstlichen Dingen längst kein Unterschied mehr, war ein menschlicher oder tierischer Körper auf der Leinwand denselben Gesetzlichkeiten unterworfen wie eine Maschine. Umgekehrt erfuhren die technischen Dinge in der Malerei dieselbe Verlebendigung wie die Natur. Lokomotiven, Autos und Flugzeuge wurden auf den

Bildern von Turner, Whistler, Monet oder Balla zu organischen Gebilden innerhalb des Naturganzen. Als ein Still-Leben sind ein Apfel und ein Krug wesentlich gleich.

Der veränderten Wirklichkeit auf der Leinwand entsprach eine Apparatekunst, die mit technischen Mitteln eine illusionäre Wirklichkeit als eine andere Natur erschuf. Als industrieller, menschenverschlingender Moloch mochte die Maschine selbst aus großer Entfernung unheimlich sein, im individuellen Umgang, als technisches Hilfsmittel, künstlich erweitertes Sensorium und faszinierendes wie machtvolles Instrumentarium war sie höchst willkommen. Die Natur geriet ins Hintertreffen. Die Symbolisten akzeptierten sie nur als eine künstliche. Da alle Utopien seit der Aufklärung an der Natur des Menschen gescheitert waren, war es die Technik, die noch eine Hoffnung zuzulassen schien. Wenn etwas häßlich ist, ist es der Mensch. Wenn er Vollkommenheit erlangt, dann in seiner Künstlichkeit. Die Futuristen wünschten ihn sich als Maschine: als ‚Metalltier'.

Ein Misanthrop wie Kapitän Nemo findet bei Jules Verne in seiner schwimmenden Maschine den Ersatz für die ganze Menschheit. Die Maschine schafft, was dem Menschen und sogar Gott mißlingt. Mitten im Krieg, wenn der erflehte göttliche Schutz ein unsicherer ist, stiftet Wittgenstein dem österreichischen Heer eine Kanone. Bis zum 1. Weltkrieg entstanden literarische Phantasien, die den an die Maschine gehefteten Glauben an das Machbare in eine letzte romantische Höhe schraubten. Die Maschinen bei Villiers de l'Isle-Adam, Alfred Jarry, Joris K. Huysmans, Raymond Roussel und Paul Scheerbart dienen nicht einer zweckrationalen Naturbeherrschung, sondern der Lust, der Schönheit, der Phantasie, dem Spiel, einem ästhetischen Idealismus. Natur und Technik gehen ineinander über und verwandeln die Welt in ein Kunstwerk. In Roussels ***Impressions d'Afrique*** *(1910)* und ***Locus Solus*** *(1914)* werden Tiere Teil eines mechanischen Ablaufs, wird ihre Intelligenz auf ein technisches Niveau gehoben. Umgekehrt haben Maschinen ein animalisches Eigenleben, in Jarrys ***Le surmâle*** *(1902)* sogar Gefühle.
Es sind sehr private Welten, die so entstehen. Obwohl Scheerbart ganz ernsthaft an einem Perpetuum mobile bastelte und sogar eine patentamtliche Anmeldung erreichte, hatte ***Das Perpetuum mobile*** *(1910)*, die Veröffentlichung seiner Entwürfe und Zeichnungen, die gleiche Aussicht auf Menschheitsbeglückung wie Schwitters Merzbau.

Die Wunderkammern der Maschinenbastler sind, wie der Titel ***Locus Solus*** bereits verrät, einsame Orte. Und sie haben ihre dunklen Seiten, die metallenen Organismen entwickeln dämonische Züge. Dem Versprechen der Freiheit durch den Fortschritt ist die Angst vor der Bemächtigung durch die Technik eingebunden. In der vordergründigen Harmonie der technischen Wunder bei Roussel enthüllt sich eine Zwanghaftigkeit wie bei Sade und Daniel Paul Schreber *(**Denkwürdigkeiten eines Nervenkranken,** 1903)*. Bei Schreber ist der Mensch selbst die Maschine, die physisch und psychisch Eingriffen einer höheren Instanz unterliegt. Bei Sade, Jarry, Roussel und schließlich bei Kafka wird der Mensch zum Opfer, indem er ein Teil des Räderwerks wird und sich seiner Logik unterwirft. Er tut es deshalb freiwillig, er anerkennt es. Das gilt für Roussels Blitzableiterbett ebenso wie für die Hinrichtungsmaschine in Kafkas ***In der Strafkolonie*** *(1914)*. Noch als Toter dient der Mensch der Maschine, die ihn, wie bei dem Radrennen in ***Le surmâle***, seinem Triumph entgegentragen soll. Die eigene Niederlage entzückt, denn sie gibt Gelegenheit, das mechanische Meisterwerk zu würdigen[1]. Die Maschine hat kein Gewissen, das macht ihren Gebrauch so einfach. Daß ein Risiko darin liegt, speziell wenn es sich um Waffen handelt, ist zu gewärtigen. Der Krieg ist aber halb so schlimm, wenn er aus sportlicher Distanz gesehen wird. Wenn bei Roussel Menschen gefoltert und getötet, Tiere gequält werden, dann ohne jede Anteilnahme der voyeuristischen Zuschauer.

Die sachliche Beschreibung technischer Abläufe ist in ihrer Genauigkeit bei allen erwähnten Autoren, mit Ausnahme Kafkas, besonders aber bei Sade und Roussel, ermüdend, denn es entsteht keine Handlung, sondern Stillstand, keine Kommunikation, sondern sprachlose Oberfläche, keine Menschen mit Eigenleben, sondern Figuren in einem vorbestimmten Mechanismus, keine Entwicklung, sondern Ereignisse, die sich nur in sich selbst bewegen wie Tableaux vivants. In einem Rahmen, der kein sozialer, sondern einer von der Konstruktion umrissener ist, spielen Gedanken und Gefühle keine Rolle. Eine Auseinandersetzung mit der Maschine findet nicht statt, die Frage nach Sinn und Ethik ist an sie nicht zu stellen. Eröffnet bei Jules Verne die Maschine immerhin Möglichkeiten, die über sie hinausgehen, führt sie ins Abenteuer, erfährt sie bei Roussel ihren Zweck nur in sich selbst. In Roussels kalter Maschinenekstase verbirgt sich kein symbolischer Sinn, sie erschöpft sich repetitiv in sich selbst. Stellen wir vorläufig fest, daß Duchamp Roussel als wichtigsten Einfluß auf sein ***Großes Glas*** bezeichnete.

Die Maschine verwandelt Erfindergeist in Materie, was ihren Sinn in der Warenproduktion ausmacht. Genialen Erfindern wie Frankenstein oder Edison ***(L'Eve future)*** ging es aber darum, wie Prometheus ihren Geschöpfen Leben einzuhauchen. Daß die Geschöpfe dann selbst eine Seele haben wollten, war nur ‚natürlich'. Samuel Butler stellte in ***Erewhon*** *(1872/1901)* ironisch in Aussicht, daß Maschinen in einem evolutionären Prozeß Bewußtsein entwickeln und sich selbst fortpflanzen würden. Die Gefühle in Hinblick auf die Maschinen blieben ambivalent. Demgegenüber stand eine neue Sicht auf eine Dingwelt, die in ihrer Alltäglichkeit wie Natur erlebt wurde. Die Gießkanne des Lord Chandos und die Schuhe, die van Gogh 1886 malte, zeigen dieselbe Durchlässigkeit für das Geistige wie Cézannes Saint-Victoire. Die Seele, die dem ästhetischen Ideal einer ‚Eva der Zukunft' versagt ist, zeigt sich in den banalen, inhaltlich armen Dingen wie von selbst. Sogar im Häßlichen ist ein vertieftes Sein zu entdecken. Rilke verweist auf Baudelaire, der in dem Gedicht ***Une Charogue*** *(Das Aas)* erkennen ließ, daß es die Aufgabe des Dichters ist, „in diesem Schrecklichen, scheinbar nur Widerwärtigen, das Seiende zu sehen, das unter allem Seienden gilt"[2]. Als einer, der die innere Wahrheit der Dinge findet und die Einheit zwischen ihnen enthüllt, gleicht der Künstler einem Heiligen, für den es Auswahl und Ablehnung nicht mehr gibt[3]. In einem Brief an seine Schwester schrieb Rilke 1907 von der Heiligung, die in den alltäglichen Dingen auf

1 Raymond Roussel: Eindrücke aus Afrika, 34.
2 Rainer Maria Rilke: Die Aufzeichnungen des Malte Laurids Brigge. Sämtl. Werke, VI, 775.
3 Ebd., VI, 863 f.

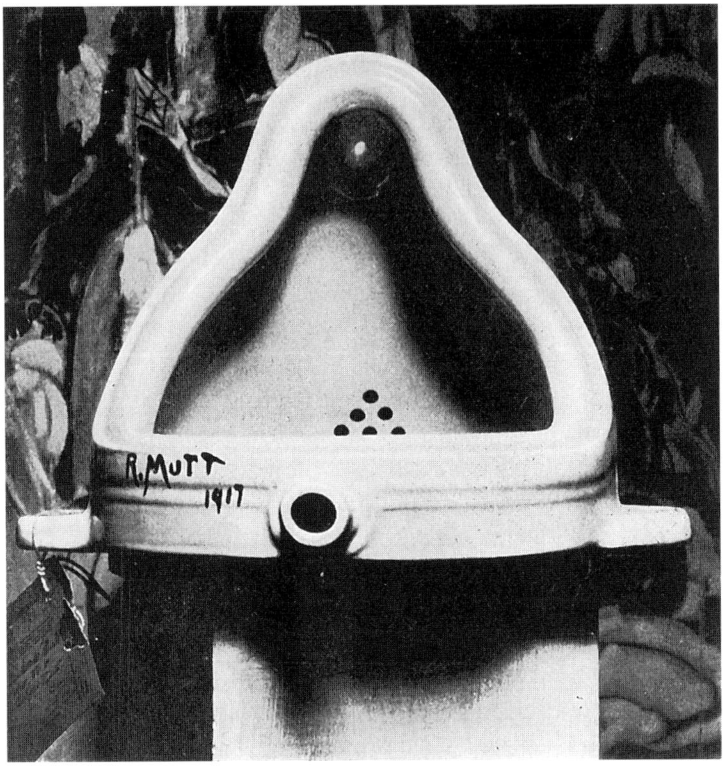

Abb. 42. Marcel Duchamp: Fountain. Foto: Alfred Stieglitz, Mai 1917.

Cézannes und van Goghs Bildern liegt, den Stühlen, Äpfeln und Weinflaschen, und von der Schönheit, die ihnen daraus erwächst[4]. Der Sakralisierung der Dingwelt schienen keine Grenzen gesetzt zu sein. Hofmannsthal spricht 1916 von der Heiligung eines Waschbeckens[5].

Im Jahr darauf signierte Duchamp ein Pißbecken mit R. Mutt, nannte es ***Fountain*** und machte es so zum Kunstwerk *(Abb. 42)*. Ein radikalerer Bruch mit der mediumistischen Dingbetrachtung einerseits und der ästhetischen Seinserschließung des banalen Gegenstandes andererseits war nicht vorstellbar. Daß die vor den Kopf gestoßene Sinntiefe nicht zum Skandal aufrief, lag daran, daß sie in ihrer Vertiefung die Provokation gar nicht wahrnahm und Duchamps Muschel des Anstoßes unbesehen zur Seite schob (die Ausstellungskommission lehnte das anonym eingereichte Kunstwerk als wertlos ab).

4 Ebd., VI, 722.
5 Hugo von Hofmannsthal: Gesammelte Werke, Reden und Aufsätze III, 534.

Duchamp hatte die gleiche Wegstrecke, die aus dem Spätsymbolismus herausführte, zurückzulegen wie Kandinsky, Malewitsch oder Mondrian, da er aber zwischen zehn und zwanzig Jahre jünger war als sie, war der Weg für ihn etwas kürzer. Dem Einfluß, den der Spiritualismus in der Kunst bis zum 1. Weltkrieg hatte, konnte auch er sich nicht entziehen. Er kannte die entsprechende Literatur ebenso wie Kandinskys daraus hervorgegangene Schrift ***Über das Geistige in der Kunst.*** Er interessierte sich für Alchimie und die ‚Geisterphotographie', mit der sich auch die Futuristen beschäftigten. Als Ausdruck eines neuen Zeitgefühls war Wissenschaftlichkeit in diesen Dingen unumgänglich (was so neu auch nicht war). So erklärte Apollinaire in einem Manifest von 1913 zwar Spiritualisten und Theosophen als out („merde aux ...")[6], brachte aber im Jahr davor, als in einem Theosophischen Verlag das Buch ***La Quatrième Dimension*** von André de Noircarme erschien, zum ersten und nicht zum letzten Mal die ‚Vierte Dimension' ins Spiel der Kunstbetrachtung[7]. Seine Einschätzung der „Dimension des Unendlichen" blieb ebensowenig eindeutig wie, ebenfalls 1912, die Zuordnung der von ihm als ‚orphisch' bezeichneten Kubisten Delaunay, Léger, Picabia, Metzinger und Duchamp zu den ‚Realisten' oder ‚Mystikern'[8]. Duchamp sagte zu dem Glasbild ***Die Braut von ihren Junggesellen entkleidet, sogar,*** dessen ersten Gesamtentwurf er 1912 ausführte, 1959 in einem Interview: „Die Idee der vierten Dimension war ebenfalls sehr wichtig in diesem Zeitabschnitt. Alles, was eine dreidimensionale Form hat, ist die Projektion aus einer vierdimensionalen Welt in unsere Welt, und meine ***Braut*** zum Beispiel wäre eine dreidimensionale Projektion einer vierdimensionalen Braut."[9] Das „wäre" kann bedeuten, daß diese Vorstellungen für Duchamp 1959 nicht mehr galten, es kann aber auch so verstanden werden, als wäre die Anwendung der Idee der Vierten Dimension auf seine ***Braut*** eine konzeptionelle Möglichkeit, die immer besteht.

Letzteres ist eher wahrscheinlich, denn für Duchamp war der Geist ein intellektuelles Instrument, das verschiedene Realitätsebenen/Dimensionen verbindet und dadurch verändert. Die verfestigte Wirklichkeit der „Massen"[10] lehnte er (aus den seit der Romantik bestehenden Gründen) ebenso ab wie die ästhetische (‚retinale') Verführung der Kunst, die mit ‚Geschmack' ihre Realität fixiert. Das „physische Pathos" der Malerei des 19. Jh. hatte seiner Einschätzung nach den Geist erstickt. „Je sinnlicher der Appell eines Gemäldes – je tierischer –, desto höher wurde es eingeschätzt."[11] Den Dadaismus begrüßte er als Protest gegen die physische Seite der Malerei. Sein Nihilismus und Witz waren ihm eine „metaphysische Haltung"[12]. Etwas unphilosophischer in der Wortwahl, nannte er ihn auch ein „Abführmittel"[13].

6 Hajo Düchting (Hg.): Apollinaire zur Kunst. Texte und Kritiken 1905–1918, hintere Umschlaginnenklappe.
7 Ebd., 168.
8 Ebd., 185.
9 George Head Hamilton, Richard Hamilton: Marcel Duchamp Speaks (1959), in: Serge Stauffer (Hg.): Marcel Duchamp. Interviews and Statements, 80.
10 Denis de Rougemont: Marcel Duchamp mine de rien (1945), in: Stauffer, 30.
11 James J. Sweeney: Eleven Europeans in America (1946), in: Stauffer, 37.
12 Ebd.
13 Ebd., 38.

Abb. 43. Marcel Duchamp: Vierge No. 2, 1912.

Als „‚entkutteter' Kartesianer" interessierte Duchamp an der Vierten Dimension die Mischung aus mathematischem Denken und Phantasie[14]. Diese Logik der Phantasie entdeckte er bei Roussel. Er bewies ihm: „alles kann gemacht werden, speziell wenn Sie es in Worten beschreiben, alles kann erfunden werden –, und in *Locus Solus* und in *Impressions d'Afrique* fand ich wahrhaftig die Quelle meiner neuen Tätigkeit im Jahre 1911 oder '12"[15]. Diese Jahre sind eine Zeit des Umbruchs, nicht nur für Duchamp. Für ihn bedeuten sie die Loslösung vom Kubismus und von der Malerei überhaupt. Es entstehen Ölbilder *(Nu descendant un escalier)* und Zeichnungen *(Vierge)*, die menschliche Körper und ihre Bewegungen in zunehmend mechanischer Form zeigen. *Vierge no 2 (1912)* hat bereits jene Zweidimensionalität, die die Beziehung der ‚Braut' und der ‚Junggesellen' auf dem *Großen Glas (1915–23)* bestimmen wird *(Abb. 43)*. 1913 und 1914 entstehen Zeichnungen von Geräten, wie z. B. die *Schokoladenmühle*, die in das *Große Glas* eingehen. Zwei dieser Geräte, die *Schmetterlingspumpe* und der *Gleitapparat*, haben ihre Entsprechung in Roussels *Impressions d'Afrique*.

14 Hamilton, in: Stauffer, 79.
15 Ebd.

Nicht in der Darstellung absurder Maschinen, sondern im mechanischen Bau der Kunstwerke selbst besteht die eigentliche Entsprechung zwischen Roussel und Duchamp. Roussels Grundprinzip ist die Montage. In seinen frühen Werken suchte er zu Wörtern und ganzen Sätzen klanggleiche, aber in der Bedeutung abweichende Pendants, die wie Klammern den Zwischenraum (bei ***Locus Solus*** den ganzen Roman) vorgeben. Eine andere, aber ähnlich schwierige Konstruktionsform wendete er bei seinem letzten Werk, den 1915 begonnenen, 1928 beendeten und 1932 gedruckten ***Nouvelles Impressions d'Afrique***, an. Hier vollzieht er eine Verschachtelungstechnik durch immer neue in Parenthese gesetzte Einschübe. Um das sonst undurchschaubare Geflecht kenntlich zu machen, schlug er einen mehrfarbigen Druck vor. Die Vorgabe einer bestimmten selbstauferlegten Technik, die dann ihre eigene Logik (wie beim Schach) oder den Zufall auslöst, verbindet Roussel und Duchamp auch auf dem Gebiet der Musik. In den ***Impressions d'Afrique*** läßt Roussel Händel die Konstruktion eines fiktiven Oratoriums erklären, die aus spielerisch inszenierten Zufällen besteht. Duchamp entwarf 1913 vier Musikstücke, deren eines, ***La Mariée mise à nu par ses célibataires même***, so zustande kam (realisiert 1976 von Petr Kotik), daß numerierte Kugeln, jede für eine Note, durch einen Trichter in eine Spielzeugeisenbahn fallen.

Nach dem Ende der analytischen Phase um 1911 gingen die Kubisten dazu über, ihre Bildwelt synthetisch neu aufzubauen. Aus Wirklichkeitspartikeln setzten sie Bilder und Objekte zusammen, und nicht zufällig waren Stilleben der gerne genutzte Rahmen. Um ihnen mehr ‚Körper' zu geben, versetzten Picasso und Braque die Farben mit Sägemehl, Sand und Glas; Tatlin, von den beiden beeinflußt, verwendete Glas, Holz, Gips, Teer und Kitt. Picasso nahm bei seinem ***Stilleben mit geflochtenem Stuhl*** *(1912)* ein Stück Wachstuch mit aufgedrucktem Geflechtmuster als Hintergrund mehrerer gemalter Gegenstände. 1914 entstand eine ganze Reihe von Collagen und Objekten mit eingefügten realen Dingen. Picasso verwendete für sein modelliertes kubistisches ***Absinthglas*** einen echten Sieblöffel. Malewitsch befestigte auf dem Bild ***Soldat der ersten Division*** ein Zimmerthermometer. Alberto Magnelli stellte bei seinem ***Stilleben*** auf einen flächigen Bleikörper eine Tonschale und eine Weinflasche. An allen diesen Werken ist bemerkenswert, daß das eingefügte Realobjekt, obwohl Teil der Komposition, sich von seinem Umfeld auffällig abhebt, als Massenware aber unauffällig und ohne ästhetische Dominanz ist. Die Einbeziehung in das Kunstwerk bedeutet eine Rückbindung an eine durch die Abstraktion aufgegebene Realität und zugleich den Hinweis auf den gleichberechtigten Anspruch des Abstrakten auf Wirklichkeit, und schließlich auch ein Interesse an den Dingen selbst.

Das Fahrrad-Rad, das Duchamp 1913 mit der Gabelung an einem Küchenhocker befestigte, der Flaschentrockner und der Farbdruck einer Winterlandschaft, die er 1914 kaufte, waren zunächst nur Objekte, die in seinem Atelier herumstanden und lagen, keine Kunstwerke. Erst in Amerika, wohin er 1915 übersiedelte und wo er den Begriff ‚ready-made' kennenlernte, ging er daran, das Kunstkonzept des Ready-made zu verwirklichen. Er kaufte eine Schneeschaufel und versah sie mit dem Titel ***In advance of the broken arm.*** Einen Hundekamm aus Stahl beschriftete er mit einem absurden Satz, dem Datum und seinen Initialen. Im Janur 1916 schrieb er seiner Schwester Suzanne nach Paris, sie möge den in seiner Wohnung verbliebenen Flaschentrockner beschriften und signieren, denn er wäre eine fertig gekaufte Skulptur[16]. Obwohl bei diesem wie bei allen anderen Ready-mades anfangs alles schieflief – der Flaschentrockner wurde bei der Auflösung der Wohnung auf den Müll geworfen, ob seine Schwester ihn überhaupt beschriftete, ist ungewiß, und wie die Inschrift lautete, konnte Duchamp später nicht mehr sagen – ist diese postalische Inauguration des Kunstwerks bemerkenswert, denn sie erfolgte, was für Duchamp entscheidend war, als ein geistiger Akt, der flankiert ist – man kann sagen: oben und unten –von der Namensgebung und der Signatur. Das Objekt selbst ist unbedeutend, da austauschbar. Die Erhebung in den Kunststatus erfolgte bei dem ***Flaschentrockner*** nicht in der Absicht, ihn auszustellen. Tatsächlich wurde er erst 1936 bei einer Surrealisten-Ausstellung in Paris erstmals gezeigt. Das ***Fahrrad-Rad*** kam gar erst 1951 in die Öffentlichkeit. Als Originale gab es zu diesem Zeitpunkt nur mehr den ***Kamm*** und ***Pharmacie***, alle anderen Ready-mades waren durch Serienprodukte der gleichen Art ersetzt worden.

Was geschah mit den Dingen, wenn Duchamp sie zu Kunstwerken erklärte? Nähern wir uns der Beantwortung dieser heiklen Frage, indem wir zuerst klären, was nicht geschah, aber in der nahen Kunstvergangenheit zu erwarten gewesen wäre. Ein trivialer Gegenstand, der aus seinem Zusammenhang genommen und auf eine fremde Bedeutungsebene gehoben wird, hätte eine bis dahin verborgene Innenansicht enthüllt, sein Wesen und seine Schönheit, die Epiphanie der Heiligkeit hätte stattgefunden. Als wollte Duchamp ganz sicher gehen, daß dies nicht geschieht, wählte er bei dem ersten Ready-made, mit dem er auf eine Reaktion der Öffentlichkeit abzielte, ein Urinoir, das sich zur romantischen Einfühlung, Symbolhaftigkeit und erst recht Heiligkeit ganz bestimmt nicht eignete. Daß der als ***Fountain*** deklarierte Gegenstand trotzdem an solche Bezüge denken ließ, zeigt die Tatsache, daß er in der zweiten Nummer der Zeitschrift ‚The Blind Man' (Mai 1917), an der Duchamp beteiligt war, ein „Buddha aus dem Badezimmer" genannt wurde[17]. Das bezieht sich darauf, daß das auf dem Rücken liegende Becken, wie das Foto von 1917 zeigt, tatsächlich die Umrisse eines sitzenden Buddha hat. Diese Bezeichnung kann als der ironische Versuch angesehen werden, dem um eine Orientierung bemühten Betrachter eine falsche Richtung zu weisen. Falsch deshalb, weil es Duchamp nicht um die Festlegung auf einen Inhalt ging, sondern darum, daß der Betrachter „sich dem Phänomen der Verwandlung gegenüber sieht", denn „mit der Veränderung der leblosen Materie in ein Kunstwerk hat eine wahre Transsubstantiation stattgefunden"[18]. Dieser von Duchamp inaugurierte geistige Akt setzt sich beim Betrachter (oder auch im Wissen um das Kunstwerk) fort. Die Festlegung auf einen Inhalt, welcher Art auch immer, würde wie der letzte Zug eines Schachspiels den geistigen Prozeß beenden bzw. als ein Absolutes den geistigen Ablauf von vorneherein verhindern[19]. Begriffe wie ‚Transsubstantiation' und ‚spirituell', die

16 Dieter Daniels: Duchamp und die anderen, 168.
17 Ebd., 179.
18 M. Duchamp: Der schöpferische Prozeß (1957), in: Robert Lebel: Duchamp. Von der Erscheinung zur Konzeption, 167
19 Laurence S. Gold: A Discussion of Marcel Duchamp's Views (1958), in: Stauffer, 68/29, 30.

Duchamp verwendet, sind nicht im religiösen Sinn zu verstehen[20], sondern beziehen sich auf den Akt der Kunstwerdung und -erfahrung, den er, ein passionierter Schachspieler wie Roussel, als ein Spiel versteht. Eine Schachfigur ist für sich genommen ein mehr oder weniger kunstvoll gemachter Gegenstand (wie eine Schneeschaufel), im Spiel aber besitzt sie eine innere Logik, die sonst nicht zu sehen ist[21]. Zum Intellekt als Spielbeweger kommt in der Kunst die Ironie dazu. Wie schon in der Romantik verhindert sie Festlegungen, hebt sie Regeln auf, wendet sie sich gegen die Kunst selbst. Die Figur, der visuelle Aspekt, ist zweitrangig. Das bezieht Duchamp selbst auf ein so komplexes Gebilde wie das ***Große Glas***[22].

Wenn Duchamp ein Urinoir ‚Fountain' nannte, bezeichnete er damit die geänderte Bestimmung des Gegenstandes, nicht in dem Sinne, daß er fortan ein ‚Springbrunnen' wäre, sondern daß der Titel ihn als Kunstwerk ausweist, was in Anbetracht der Mißverständnisse, denen die Ready-mades auf Ausstellungen und auch sonst ausgesetzt waren, sich als sinnvoll herausstellte[23]. Duchamp vermied es, mit dem Titel Bezüge herzustellen, die die Bedeutung auf eine andere Ebene verlagern würde. Anders der Amerikaner Morton Schamberg, der, von Duchamp beeinflußt, um 1918 eine Kombination von Eisenrohren, die aus einer Gehrungslade für Schreiner herausragt, ***God*** nannte. Und anders Man Ray, der 1918 einen Quirler zum Abbild des Menschen ***(L'Homme)*** erklärte. An einer solchen negativen Ikonographie mit ihren blasphemischen und kritischen Implikationen war Duchamp nicht interessiert.

Indem Duchamp einen Flaschentrockner, ein Rad, eine Schneeschaufel, ein Urinoir usw. zu Kunstwerken erklärte, setzte er einen Prozeß in Gang, der seine eigene Dynamik entwickelte, auf die Duchamp keinen Einfluß mehr hatte. Duchamp nahm die Haltung eines Schachspielers ein, der einen Zug setzt und dann das Feld seinem Gegenüber überläßt. Diese konzeptuell der Zeit überantwortete Geste unterscheidet sich trotz mancher Ähnlichkeiten grundlegend von der aggressiven Unmittelbarkeit der Dadaisten. An der surrealistischen Verwandlung der trivialen Wirklichkeit in eine magische war Duchamp nicht interessiert. Den Zugewinn des Ästhetischen und Auratischen, der sich mit dem Kunststatus des Gegenstandes einstellt, wollte er vermeiden. Die vielen ***Flaschentrockner*** z. B., die er im Laufe der Jahre als Multiples anerkannte, indem er sie signierte (es gab sie in Frankreich noch immer zu kaufen), dienten seiner Strategie, Kunst als zerebralen Akt und nicht als gestalterisches Werk zu begreifen. Kunst wird von ihm nicht produziert, zumindest was die Ready-mades betrifft, sondern bestimmt.

Auch wenn Duchamp von ‚Transsubstantiation' spricht, meint das nicht, daß der Gegenstand ein anderer wird, nicht einmal, daß ihm eine Bedeutung zuwächst, sondern daß, wie Duchamp 1917 zu ***Fountain*** schrieb, die Kunstgeste der Signatur und Benennung „einen neuen Gedanken für dieses Objekt" schuf[24]. Das Kunstwerk ist das

20 Ebd., 66/8.
21 Francis Roberts: I Propose to Strain the Laws of Physics (1968), in: Stauffer, 157.
22 Hamilton, in: Stauffer, 77.
23 Daniels, 174.
24 Duchamp: in: The Blind Man Nr. 2, 1917, in: Serge Stauffer: Marcel Duchamp. Die Schriften, 228.

Ding als Ding plus ein Gedanke. Der Gedanke verläuft von allem Denkmöglichen zu jener engen geistigen Bewegung, die den nächsten Zug in einem Schachspiel erlaubt. Es ist ein Moment des Erkennens (das Spielfeld betreffend). Es ist ein Moment des kalkulierten Scheiterns. Denn Duchamps Bewegung auf dem Kunstfeld fehlt die dort geltende Logik. Sie führt nicht in die sublimen Höhen subjektiven Empfindens, wo Bauernschuhe und selbst ein Waschbecken die „Wunder sterblicher Schönheit" (Joyce) offenbaren und die „Wahrnehmung von Dingen" sich in die ekstatische „Schauung von Bildern" (Musil) verwandelt[25]. Das Ding, das Duchamp hinstellt, fließt nicht mit dem Erleben wie das Bild, als welches das Ding Durchlässigkeit erlangt, sondern beharrt auf seiner unveränderlichen Außenseite.

So gerät der Blick zwischen das mißglückte, da verweigerte ‚Schauen' und die wiedererkennende Wahrnehmung, da das Objekt in den Kunstkontext nicht einzuordnen ist und als Gebrauchsgegenstand seine Funktion verloren hat. Der subjektive Blick, bereit seine ästhetische Optik scharfzustellen, erkennt nichts; der objektive Blick wiederum scheitert an der kontextuellen Verschiebung des Dinges. Die naheliegende und billigste Lösung des Problems ist, darin eine Provokation bürgerlichen Kunstverstehens zu sehen. An solcher Sinngebung war Duchamp am wenigsten interessiert, wie sein konzeptueller und zeitentbundener Ansatz zeigt. Der Nicht-Sinn erschöpft sich nicht in seiner Provokation. Die Bewegung, die Duchamp nicht zum Stillstand kommen lassen will, ist nicht die des ‚schauenden' Erlebens, also eine Vereinnahmung, sondern die des Distanz gewinnenden Denkens. Die Interpretationen, die sich daraus unweigerlich ergaben, nannte John Cage Ready-mades zweiten Grades[26]. Es entstanden komplizierte Erklärungsmuster, die Duchamp stets begrüßte, aber nie bestätigte, da jede Festlegung das Spiel beendet hätte[27].

Bei dem ***Großen Glas***, das für Duchamp in eine andere „Abteilung" gehörte als die Ready-mades[28], konnte er sich den Deutungen umso weniger entziehen, als der erzählerische Charakter der ***Braut*** Inhalte vorgibt, auch wenn sie nur aus der möglichen Beziehung von Maschinen bestehen. Das Ready-made wirkt durch das Spannungsfeld, das sich aus seiner realen Präsenz und seinem geistigen, sich quasi durch Abwesenheit auszeichnenden Umfeld ergibt. Ähnlich verhelfen die Schachfiguren auf dem Brett zur Visualisierung einer ausstehenden abstrakten Lösung. Die Spielsituation ließe sich auch durch Zeichen darstellen. Duchamp stellte denn, als er sich 1918–19 in Buenos Aires aufhielt, Stempel her, mit deren Hilfe er brieflich Schach spielen konnte[29]. Beim ***Großen Glas*** sind die Figuren als Zeichen in den Beziehungsraum gesetzt, und ihre Konstellation ging ihm vor ihrer Figuration: „Die Ideen im ***Glas*** sind wichtiger als die eigentliche visuelle Ausführung"[30].

25 Robert Musil: Tagebücher, I, 620.
26 Daniels, 269.
27 Vgl. z. B. die ebenso kunstvollen wie abenteuerlichen und darum spannend zu lesenden Deutungen der Ready-mades von Thomas Zaunschirm: Bereites Mädchen. Ready-mades.
28 Hamilton, in: Stauffer, 77.
29 Marcel Duchamp. Katalog (1973), 288.
30 Hamilton, in: Stauffer, 77.

Zwei umfassende Systeme wurden an Duchamps Werk herangetragen, um seine ‚Ideen' methodisch zu erschließen: die Psychologie und die Alchimie. Da sie beide mit dem Unbewußten operieren und, wie C. G. Jung dargestellt hat, auf einen ‚Individuationsprozeß' hinauslaufen[31], sind Berührungspunkte in der Kunst möglich.

Auf der psychologischen Ebene ist die ‚Conjunctio', die Duchamp auf dem ***Großen Glas*** darstellt, ein Mißerfolg. Wie bei Roussel und allen Maschinenphantasien spielen Elektrizität und Energieaustausch im Ablauf der erotisch-technischen Prozedur eine wesentliche Rolle. Dennoch wird nichts wirklich in Gang gesetzt, bleibt die Bewegung, die die Verbindung zwischen der ‚Braut' oben und den ‚Junggesellen' unten herstellen soll, eine vergebliche. Es ist wie bei Roussel eine bereits tote Welt, die aktiviert werden soll. Die Braut ist ein ‚Weiblicher Gehenkter', es gibt sie nur mehr als Skelett, und von den Junggesellen sind auf dem ‚Friedhof der Uniformen und Livreen' nur mehr die Hüllen ihrer Männlichkeit übrig. Der Voyeurismus, zu dem Duchamp und Roussel den Betrachter verleiten, gewährt fragmentierte Einblicke in fossile Innenwelten, die bei aller Ironie und spielerischer Phantasie ihre erstarrte Grundbefindlichkeit nicht verbergen können. Roussel führt eine organische Maschinenwelt vor, die wieder in einen Todesschlaf zurücksinkt, wenn die Aufmerksamkeit von ihr abgezogen wird. Und auch wenn sie wie ein Perpetuum mobile, die Energieverwandlungsmaschine schlechthin, weiterläuft, bewegt sie nur Gespenster. Die ‚Braut', die Duchamp in seinem letzten Werk, ***Étant donnés: 1° la chute d'eau, 2° le gaz d'éclairage*** *(1947–66)*, dem voyeuristischen Blick darbietet, nackt und realistisch (bemaltes Leder über einem Gipsrelief), hat in ihrer irrationalen Entrücktheit etwas leichenhaft Jenseitiges. Das gilt auch, bei aller Ironie des Titels, für ***Torture-morte*** *(1959)*, Füße aus Gips, auf deren Sohlen, die sich dem Betrachter entgegenstrecken, Fliegen sitzen. Und für die im selben Jahr entstandene ***Sculpture-morte***, ein weiteres Beispiel für Duchamps ‚tote Natur', Marzipangemüse mit Insekten.

Étant donnés gewährt einen verstohlenen Blick in ein abgeschlossenes künstliches Paradies, das von der gleichen artifiziellen Lieblichkeit ist wie der ***Locus Solus*** von Roussel, der ‚luftlose' Garten von Stefan Georges ***Algabal*** *(1892)* und das unterirdische Laboratorium, in dem der Erfinder Thomas Alva Edison in Villiers' ***L'Eve future*** *(1886)* singende Blumen wachsen läßt und eine ‚lebensechte' Androide konstruiert, da deren lebendes Vorbild einem verliebten jungen Lord nicht ideal genug ist. Die künstliche Eva liegt, wenn ihr Organismus nicht von elektrischen Fluiden ‚belebt' wird, in einem Sarg. Die weiblichen Geschöpfe sind eine beherrschbare ‚nature morte' in einem Binnenreich des Toten, das wie ein Perpetuum mobile in seiner unveränderlichen Bewegung den Tod bannt und die Geistesherrschaft der Männer ins Unendliche fortsetzt. Es ist die Sexualität der Vierten Dimension[32]. (Für die museale Verewigung seiner Ewigkeitsmaschinen in Philadelphia sorgte Duchamp selbst.)

Die Autarkie der Männer gegenüber der Natur ist außer in der Mechanisierung auch im künstlichen und künstlerischen Sexus gegeben: im Hermaphroditen und

31 C. G. Jung: Bewußtes und Unbewußtes, 89.
32 Lebel, 52.

Magie rekuriert, wo sie sich der Wissenschaft nähert, ohne sich ihr ausliefern zu wollen. Es gehört zum Privileg der Kunst, daß sie auch im Rückgriff auf vorwissenschaftliches Denken relevante Wirklichkeit entstehen lassen kann. In diesem Sinn ist es zu verstehen, wenn Allan Kaprow von der „Alchimie der sechziger Jahre" sprach, als die Rückkehr der Dinge nach den Jahren der Abstraktion eine Amalgamierung einer neuen Wirklichkeit in Aussicht stellte. Das Ausgangsmaterial, die ‚prima materia', bestand nicht aus Erde, Wasser, Luft und Feuer, sondern meinte „Farbe, Stühle, Nahrung, elektrisches Licht, Neonlicht, Rauch, Wasser, alte Socken, einen Hund, Filme, tausend andere Dinge"[41]. Die Anwendung der Magie ist eine metaphorische, eine behauptete, und doch als Kunst wirksame. Daß dabei die wenigsten Künstler über eine nur oberflächliche Kenntnis der Alchimie hinauskamen und nicht nur ein Skeptiker wie Goethe an dem „unerträglichen Einerlei" der alchymischen Schriften scheiterte, darf angenommen werden[42]. Obwohl die Alchimie auf die Chemie hinauslief, ist ihr Material ein anorganisches (mineralisches), weshalb ein Begriff auch bei ihr eine Rolle spielt, der sonst zur Physik gehört: die Energie. In der Alchimie tritt sie als Wirkkraft im Sinne der Aristotelischen enérgeia und in Fortführung von Demokrits Atomistik auf. Durch die Reinigung des Materials – der Metalle in der Alchimie, der Sprache, der Farben und Formen, des Wirklichkeitsbegriffs in der Kunst – wird jene Energie freigesetzt, die das ruhende Sein, das Wesen der Dinge, ins Dasein ruft. Dem Künstler und Artifex ist es dadurch gegeben, sich in beide Richtungen zu bewegen: vom Wesen zur Verwirklichung und von den Dingen zum Sein.

Rimbauds ‚Alchimie der Worte' meinte wie im Futurismus und in der ‚Konkreten Poesie' der fünfziger Jahre eine „Reduzierung auf rational erfaßbare Grundelemente"[43] und eine Freisetzung der Worte. Durch die Aufhebung des syntaktischen Sprachsystems wird etwas von der Energie frei, die von den Verknüpfungen verbraucht wurde[44]. Gleichermaßen werden ‚reine' Farbflächen in der Malerei zu Energiefeldern: bei Malewitsch ebenso wie bei dem Bauhaus-Schüler Max Bill, der eines seiner Bilder ***energien der weißen fläche*** *(1948–49)* nannte, oder um 1989 bei Gotthard Graubner, der durch Farbbewegungen auf seinen Bildern Energien ‚anreicherte'[45]. In der Kunst ist Energie eine psychische, d. h. projektive Kraft, die vom Betrachter ausgeht. Für Walter de Maria bilden einfache geometrische Grundformen – er verwendet Kreis und Quadrat in seiner ***Equal Area Series*** *(1977–90)* – einen Kosmos der Geschlossenheit, der auf Unendlichkeit verweist. „Keiner dieser Gegenstände hat für sich selbst einen Wert, wenn ihm nicht der Betrachter seine eigene Energie entgegenbringt. Künstler ist unter diesen Gesichtspunkten derjenige, der Gegenstände oder Ideen schafft, die diese Energie im Betrachter freisetzen."[46] Eine entscheidende Energiequelle in der Kunst wie in

41 A. Kaprow: in: Jürgen Claus: Kunst heute, 198.
42 Johann Wolfgang Goethe: Die Farbenlehre. Sämtl. Werke, X, 615.
43 Helmut Heissenbüttel: Über Literatur, 71.
44 Ebd., 74.
45 Gegenwart Ewigkeit. Spuren des Transzendenten in der Kunst unserer Zeit. Katalog, 200.
46 Walter De Maria, ebd., 172.

der Physik ist die Relation von Teilen zueinander, entweder als Potentialdifferenz (wie bei der elektrischen Spannung) oder additiv als Bindungsenergie, als Harmonie.

Beim Ready-made setzte Duchamp einen Gegenstand in Beziehung zu einer Situation, einem Raum, und aktivierte aus dem ‚Differential' Denkenergien. Das *Große Glas* bildet das Schema eines sexuellen Energieflusses ab. Beuys' Plastik *Anschwebende plastische Ladung → vor ← Isolationsgestell (1960/69)* besteht aus einem an der Wand hängenden Teppich aus Filz und Kupfer, vor dem ein Bildhauerbock und ein Schemel stehen. Dazu heißt es in dem Züricher Beuys-Katalog im Anhang unter dem Stichwort ‚Duchamp', daß Beuys mit dieser Plastik „die erste überzeugende Darstellung eines Energiefeldes und einer Spannungszirkulation seit dem *Großen Glas* geschaffen" habe[47]. Ist bei Duchamp, gegen seine Absicht, eine alchimistische Symbolik sehr wohl herauszulesen, ist bei Beuys, der aus seiner Nähe zur Steinerschen Esoterik kein Geheimnis machte, ein esoterischer Symbolgehalt so sehr zurückgenommen, derart in den Materialien versteckt, daß er für den Betrachter keine bewußte Bedeutung mehr hat. Es ist nicht entscheidend, ob alchimistische oder andere esoterische Vorstellungen eine Rolle spielen, denn die Alchimie, die immer der Magie näher stand als den Mystik, ist so weit erdverbunden – man kann auch sagen: ökologisch – daß sie auch „ohne Referenz auf eine andere Welt als das Material selbst die Bedeutung des Materials entschlüsseln kann"[48].

Die Hoffnung, den Schwellenbereich zwischen Materie und Geist chemisch oder physikalisch in den Griff zu bekommen, war im 18. und 19. Jh. auf den Magnetismus und die Elektrizität gerichtet. Die Romantiker glaubten, in der elektrischen Energie die Lebenskraft (vis viva) erkennen zu können, eine utopische Hoffnung, die noch in den Symbolismus und Futurismus fortwirkte.

Mit Einsteins Erkenntnis daß Masse und Energie einander äquivalent und ineinander umwandelbar sind, eröffnete sich für die abstrakte Moderne die Aussicht, in ihren Abstraktionen Farben und Töne so organisieren zu können, daß ihre freigesetzten Energien derartige ‚Seelenvibrationen' (Kandinsky) erzeugen, daß auch die Dinge und Menschen, die Welt selbst, mit verwandelt wird. (Wäre damals Demokrits verschollene Arbeit über atomare Strukturen mit dem Titel *Über Rhythmen und Harmonie* wieder aufgetaucht, hätte sie die Theoriebildung über die abstrakte Malerei einem Dilettanten wie Worringer sicherlich aus der Hand geschlagen.) Genau diese baumeisterliche Gewißheit eines Daedalus oder Demokrit war nach dem 2. Weltkrieg suspekt. Für die Nachkriegsgeneration waren im Schutt zerfallener Systeme nur die noch brauchbaren Trümmer sicherzustellen, um sie als ganz andere ‚prima materia' als die Farb- und Tonmassen der frühen Abstrakten zu einer neuen ‚Alchimie' zu gebrauchen. Daß nach 1945 die Rückbesinnung auf die Vorkriegsmoderne zuerst das *Große Glas* ins Blickfeld rückte und erst in den sechziger Jahren die Ready-mades, ist aus dem dringenden ‚Energiebedarf' der Nachkriegszeit zu erklären. Wir kommen im folgenden darauf zurück.

47 Beuys, Katalog Zürich, 253.
48 Drechsler, Weibel: Bildlicht, 178.

Nackte Dinge

Zur gleichen Zeit als Heidegger sich mit den ***Beiträgen zur Philosophie*** als letzter Prophet einen ‚letzten Gott' erschrieb, entstand Jean-Paul Sartres erster Roman, ***La Nausée*** *(1938)*, in dem er sich mit der Phänomenologie und Heidegger auseinandersetzte und dessen Sein in eine Deutlichkeit hob, die einer unbeabsichtigten Parodie gleichkam. Sartres Tagebuchschreiber würde gerne wie Descartes oder ein Romanheld mit Gewißheit sagen können, wer und wo er ist, und eingebunden sein in eine Zeit und eine kohärente Erzählung. Das Denken läßt aber kein Ich bin entstehen, denn es zerreißt wie die Bindungen einer Welt, die nur als dünne Schicht über ihr liegen. War es früher, schon bei den Symbolisten und wieder bei Heidegger, die Langeweile, die die Sinnlosigkeit der Existenz ankündigte, ist es jetzt bei Sartre der Ekel, der alles erfüllt. Existenz im Sinne von Heideggers Dasein ist nur mehr als ein Schrecken zu empfinden, etwa, wenn der Mann sich ein Messer in die Handfläche stößt. Die Auseinandersetzung mit dem Tod, das Absurdeste von allem, von den metaphysischen Abenteurern gesucht, um der Absurdität des Lebens zu entfliehen, schrumpft zu einer kleinen Nachricht in der Zeitung und zu der leichten Verletzung der Hand.

Die alte Sehnsucht, daß mit dem Aufbrechen der Weltoberfläche, wenn die Dinge ihre Namen und Bedeutung verlieren und die Zeit stillsteht, das Sein in mystischer Klarheit zutage tritt, erfüllt sich auf eine absurde Weise. Die Betrachtung eines Kastanienbaums enthüllt Sartres Helden das namenlose Sein der Dinge, wie einst dem Lord Chandos der Anblick einer Gießkanne. Die Masse von Existenz, die plötzlich auf ihn einströmt und sich durch Denken nicht in Schranken weisen läßt, ist „von einer erschreckenden und obszönen Nacktheit"[1]. Ihrer Gegenwart ist nicht zu entkommen. Sie erzeugt keine beseligende Ekstase, sondern ist ungeheuer, fürchterlich, gräßlich. Sie erfüllt als ein Absolutes alles. Den Mann erfaßt eine „ohnmächtige Wut gegen dieses

1 Jean-Paul Sartre: Der Ekel, 136.

fette, absurde Wesen", dessen Konsistenz einer „scheußliche(n) Marmelade" gleicht[2]. Die Seinsekstase reicht zu nicht mehr, wie Sartre in ***L'Être et le néant** (1943)* ausführlicher auseinandersetzt, als zu einer süßlichen Klebrigkeit. Wenn er dann noch die Sexualität mit ins abstoßende Spiel bringt, läuft der Unwille zum Sein, „das die Religionen Gott nennen"[3], auf einen nach außen gestülpten Schopenhauer hinaus.

Nach dem Krieg konnte es Sartre nicht mehr um die Ontologie und das Seinsproblem gehen. Es galt vielmehr, einen neuen Humanismus zu entwickeln, der nicht eine übergreifende Idee sein kann, die als „Menschheitskultus" nur im Faschismus endet, sondern ein Lebensentwurf, den der einzelne für sich zu verantworten hat[4]. Darum ist Descartes' Cogito wieder wichtig, denn die Sicherheit des Ich bin ist die Voraussetzung, das Leben ins Ungefähre hinein entwerfen zu können. Damit ist kein Isolationismus wie bei Descartes gemeint, beeilt sich Sartre zu versichern, sondern ein Entdecken der anderen Menschen als Bedingung der eigenen Existenz[5].

Heideggers Schrift ***Über den Humanismus***, kurz nach und als Antwort auf Sartres Humanismus-Essay entstanden, ist als „eine Einmischung in die politischen Orientierungsversuche der Zeit (...) hilflos"[6]. Heidegger vermeidet es tunlichst, politisch Stellung zu beziehen oder mit Begriffsgepolter in die Welt hineinzudenken. Er gibt sich bescheiden, wenn auch fundamental, wie zur Zeit von ***Sein und Zeit***. Er will den Humanismus auf die gesicherte Basis des Seins stellen, das nicht zu denken, aber anzudenken ist[7]. Das klingt so ehrfürchtig, daß Heidegger versichern muß, daß damit nicht Gott oder der Weltgrund gemeint ist[8]. Aber das ändert nichts daran, sagt Safranski, daß Heidegger auf ein Seinsverständnis abzielt, das fromm, andachtsvoll und meditativ ist. „Der ganze Kreis von Wirkungen, den ein Gott um sich schlägt, ist da – nur verhängt Heidegger über diesen Gott ein so rigoroses Bildverbot, wie es die etablierten Religionen nicht kennen."[9]

In der Malerei der Nachkriegszeit war das gleiche Bildverbot auf ‚taoistische' Weise eingehalten worden. Ad Reinhardt wollte in seinen Bildern genausowenig von Gott sprechen wie Heidegger. Dennoch war er heimlich da. Die Phänomenologen hatten die Welt zu einem Sein verdünnt, hinter dem die Idee von einem Gott immer noch als ein Leuchten zu sehen war. Bei Existenzphilosophen wie Kierkegaard, Léon Schestow und Karl Jaspers fand Albert Camus das gleiche Ausweichen in die religiöse Hoffnung, die Flucht ins Irrationale[10]. Ohne Gott, sagt Camus, entsteht aus dem Zwiespalt zwischen dem sehnsüchtigen Geist und der enttäuschenden Welt das Absurde, dem sich der Mensch nur durch irrationale Hoffnung oder den Selbstmord entziehen kann. Es sei

2 Ebd., 143, 142
3 Jean-Paul Sartre: Das Sein und das Nichts. Versuch einer phänomenologischen Ontologie, 770.
4 Ders.: L'Existencialisme est un Humanisme (1946), in: Drei Essays, 35.
5 Ebd., 26.
6 Safranski, 420.
7 M. Heidegger: Über den Humanismus, 48.
8 Ebd., 22.
9 Safranski, 425.
10 Albert Camus: Der Mythos von Sisyphos. Ein Versuch über das Absurde (1943), 33.

denn, er stellt sich dem Absurden und dringt mit seinem Geist in die „ausgedörrten Einöden" vor, wo er seine äußerste Grenze erreicht: die Akzeptanz des Fremdseins in einer Welt, die wieder sie selbst geworden ist, ganz ohne die verbindliche Klebrigkeit des Seins[11]. Es geht nicht darum, die Erscheinungen unter ein großes Prinzip zu stellen, sondern jedes Ding neu in seiner ihm eigenen Wahrheit sehen zu lernen, um „aus jedem Gedanken und jedem Bild (wie bei Proust) etwas ganz Besonderes (zu) machen"[12]. Nicht Erklärungen und Lösungen sind nötig, sondern Beschreibungen und Erfahrungen.

Bewußtseinsinnenräume, sofern sie noch in Erscheinung treten, sind rudimentär wie die uneinheitliche Welt. Camus' ***L'Etranger*** *(1942)* lebt in einer Welt, die Zusammenhänge behauptet, die nur falsch sein können, auch wenn es nicht zu beweisen ist, da es ein Richtig nicht gibt. Die normativen Konstrukte machen ihn zur Negativform und damit zum Fremden. Die Absurdität seiner fragmentierten Welt hat für ihn kein Gewicht, denn nichts ist wichtig. Sicher ist er sich nur seines Lebens und des zu erwartenden Todes. Die Gleichgültigkeit der Dinge berührt ihn auf eine distanziert zärtliche Weise. Die Bescheidenheit des Blicks (und des Denkens) bringt eine Versöhnung mit den Dingen. Selbst der Held in Sartres ***Der Ekel*** vermeint, nach seinem Erleuchtungsschock ein versöhnliches Lächeln der Dinge wahrzunehmen.

Am Nullpunkt der Literatur, so der Titel eines Buches von Roland Barthes, ist eine Schreibweise zu finden, die „unschuldig" ist, eine Art basischer Sprache, deren Neutralität keine Unterwerfung unter eine von der Sprache vorgezeichnete Ordnung verlangt[13]. Die Erzählung in der Zeit ‚danach' behandelt nicht eine subjektive Innerlichkeit, sondern eine „soziale Äußerlichkeit", d. h. sie ist beschreibend, registrierend, protokollierend, statistisch und abbreviatorisch[14]. Und sie ist gekennzeichnet von einer Abwesenheit des Stils. Der Neuansatz einer vom Seelenballast gereinigten Syntax bestimmte die Konkrete Poesie, die Sprachexperimente der Wiener Dichtergruppe und die Prosa der Nathalie Sarraute, Arno Schmidt, Michel Butor, Alain Robbe-Grillet u. a.

Es ist jedoch nicht wirklich möglich, bei Null zu beginnen, denn das Vergangene haftet am Denken wie an der Sprache. Der behutsame Umgang mit der Sprache, der tendenziell bis zum Schweigen geht, ruft bei den Dichtern wie bei den Interpreten den Wunsch nach ontologischer Vertiefung wach. Maurice Blanchot verstand die Literatur der Nachkriegszeit als „ein Schreiben ohne Niederschrift", das sie zu einem Punkt führt, wo sie verschwindet[15]. Die Dinge verlieren ihr Abbild und werden „zur fernen Nichtzuhandenheit des Bildes". Selbst das Ich wird ein fremdes und reicht gleich wie die Sprache in die „tatenlose Tiefe des Seins". Das geht nicht ohne den Widerstand der Sprache vor sich, denn selbst wenn sie am Nullpunkt als „farblose, verborgene und neutrale Aussage", angelangt ist, kann sie nicht aufhören, gesagt zu werden, auch wenn

11 Ebd., 18.
12 Ebd., 28.
13 Roland Barthes: Am Nullpunkt der Literatur (1953), 71.
14 Helmut Heissenbüttel: Über Literatur, 179.
15 Maurice Blanchot: Der Gesang der Sirenen. Essays zur modernen Literatur (1959), 281.

es nichts mehr zu sagen und zu verstehen gibt[16]. Diesen Zwiespalt, „jene Qual", sagt Blanchot, läßt Samuel Beckett in seiner Prosa „ahnend empfinden".

Becketts ***L'Innommable*** *(1953)* „ist das Hintreiben auf eine neutrale Aussage, die nur sich selbst ausspricht (...), die aus keinem Inneren kommt und die man nicht zum Schweigen bringen kann, denn sie ist das Unaufhörliche, das Endlose". Der Fluch des Nicht-Aufhören-Könnens entsteht aus dem Zwang des Lebens, zu bewegen, in Becketts erstem Roman, ***Murphy*** *(1938)*, versinnbildlicht durch den Schaukelstuhl, der nie stillsteht. Um aber wirklich Leben und damit Freiheit zuzulassen, müßten die starren Ordnungsformen, die sich mechanisch fortsetzen, durchbrochen werden. Becketts Werk zeigt aber, daß an dem immer Gleichen mit verbissener Beharrlichkeit festgehalten wird bis zum Absterben im sinnlosen Akt der Wiederholung. Erst im Tod, wenn das Hin und Her des Schaukelstuhls, an den Murphy sich selbst gebunden hat, aufhört, wenn Gegensätze wie Licht und Dunkelheit sich vereinigen, heißt es, wird Freiheit möglich. Das endlich Aufhören-Können, die Erlösung von der Qual des Sprechens, steht als Hoffnung auch am Horizont von ***En attendant Godot*** *(1953)*. Mit Godots Ankunft träte vielleicht jenes „nichtredende Reden"[17] ein, das Mauthner, den Beckett Joyce vorlas, bei Meister Eckehardt gefunden hatte.

Alain Robbe-Grillet wollte weder von dem Verschwinden der Dinge in der Sprache noch von Camus' heimlicher Komplizität mit ihnen etwas wissen. Er ging von Dingen ohne moralische, psychologische und metaphysische Anreicherung, ohne das Vertrauliche der Bedeutung aus. Er wies selbst das Absurde als billig zurück. Hatte Camus die Welt als weder rational noch irrational, sondern unvernünftig bezeichnet, sagte er: „Die Welt ist weder sinnvoll noch absurd. Sie ist."[18] Robbe-Grillet spricht den Dingen, „die mit ihrer genauen und glatten Oberfläche dem Blick in die Tiefe trotzen"[19], jede anthropomorphe Sinngebung ab. Ohne Bedeutung, die nach vorne oder zurück weist, sind sie reine Gegenwart. Robbe-Grillets ‚Augenzeuge' *(**Le Voyeur**, 1955)* registriert zwar alles, existiert als zentrales Ich aber nicht. Alles Innenleben wird auf Bewegungen an der Oberfläche zurückgeführt. Auch in ***La Jalousie*** *(1957)* zeigt Robbe-Grillet „die ‚Dinge ohne Eigenschaft' in der Geometrie ihres Zusammenstehens"[20]. Die Eigenschaftslosigkeit ist, anders als bei Musil, ohne metaphysische Dimension. Die Dinge finden ihre Grenze in der Sprache, nichts weist über sie hinaus. In ihnen manifestiert sich Da-Sein, nicht Etwas-Sein[21]. Nicht nur haben sie keine Substanz, selbst ihre Funktion entbehrt einer sich aus Zusammenhängen ergebenden Sinnhaftigkeit.

Die Materialien, die die Kunst nach 1945 herausarbeitete, losgelöst von inneren und äußeren Ordnungen, sollten übersichtliche (minimalistische) und nachvollziehbare

16 Ebd., 285.
17 Ebd., 299.
18 Alain Robbe-Grillet: Une voie pour le roman futur (1956), zit. in: Gerda Zeltner-Neukomm: Das Wagnis des französischen Gegenwartromans, 74.
19 Ebd., 74.
20 Ebd., 79.
21 Roland Barthes: Am Nullpunkt der Literatur, 88.

und sprachfähige (konzeptuelle) Strukturen erhalten. Ein neuer Realismus entwickelte sich in kleinen Schritten. Er reichte von der Konkreten Dichtung bis zu jenen Malern, die Pierre Restany 1960 zu der Ausstellung ‚Les Nouveaux Réalistes' zusammenfaßte: Arman, César, Christo, Klein, Niki de Saint Phalle, Raysse, Rotella, Spoerri, Tinguely u. a. Dichtung und Malerei gingen von der Untersuchung des Sprach- und Bildmaterials aus: der Strukturierung und Bildung einer analogischen Syntax durch Reihung und Serie (wie in den Stempelbildern Amans in den frühen fünfziger Jahren), der Objektivierung der Sicht auf den eigenen Lebensbereich (Spoerris ‚Fallenbilder' ab 1960) und Herstellung einer gesellschaftlichen Äquidistanz (Raysse, César). Erfindungen des synthetischen Kubismus zur Neubestimmung der Realität tauchen in Abwandlungen wieder auf: so in Mimmo Rotellas ‚Decollagen' (ab 1954), Christos Verpackungen (ab 1960) oder Amans und Spoerris Assemblagen.

Wie bereits an früherer Stelle festgestellt, verläuft die Rückgewinnung der Welt in Amerika weitaus unproblematischer als in Europa, wo die Stunde Null gesellschaftspolitisch eine Fiktion darstellt, die auch künstlerisch nicht hält. Im Krieg schrieb Musil in sein Tagebuch: „Töte die Weltliebe in dir ab!"[22]. Nach dem Krieg ist eine solche Verweigerungshaltung in der Kunst so wenig vorbei wie die gerade noch wirksamen politischen Kräfte. In Amerika kann dagegen Warhol unbefangen fragen „Isn't this a wonderful world?" und sich der Zustimmung in seiner Welt gewiß sein[23]. In Europa tat man sich mit dem Neuen ungleich schwerer, zu weit zurück lagen die Traditionen, an die angeknüpft werden konnte. Wenn Roland Barthes dem neuen Citroën D. S. (D. S. wird ausgesprochen wie Déesse: die Göttin) einen hymnischen Empfang bereitet, dann deshalb, weil er in ihm ein magisches Objekt erblicken kann, das die „Umwandlung des Lebens in Materie" vorführt und in dem „der Anfang einer neuen Phänomenologie der Zusammenpassung" steckt, denn seine Elemente werden „allein durch die Kraft der wunderbaren Form" zusammengehalten[24]. Neue Kunststoffe mit „griechischen Schäfernamen" wie Polystyren oder Polyvinyl sind Barthes eine alchimistische Substanz, „die erste magische Materie, die zur Alltäglichkeit bereit ist"[25].

In Amerika sind solche mythische Rückversicherungen nicht nötig. Warhol bewundert das Neue nicht als Idee, sondern als alltägliches Gebrauchsobjekt. Es ist nicht verwunderlich, daß Duchamps eigentliche Wiederentdeckung in den USA stattfand. Die Amerikaner waren imstande, die Dinge wie er leidenschaftslos zu betrachten, ohne die existentiellen und ideellen Brechungen der Europäer[26]. Wenn Warhol seine Konsumwelt-Ikonen ausstellt, interessiert ihn nicht einmal jener von Duchamp provozierte

22 Robert Musil: Tagebücher, I, 805.
23 The Andy Warhol Museum, Pittsburg. Katalog (1994), 82.
24 Roland Barthes: Mythen des Alltags (Mythologies, 1957), 76 f.
25 Ebd., 81.
26 Duchamp sagte über amerikanische Künstler: „Ihr schert euch den Teufel um Shakespeare, nicht wahr? Ihr seid keineswegs seine Enkel. Folglich ist hier ein guter Boden für neue Entwicklungen. Es gibt hier unter den jungen Künstlern mehr Freiheit, weniger Überbleibsel der Vergangenheit. Sie können all diese Traditionen mehr oder weniger überspringen und schneller zum Eigentlichen kommen". (Calvin Tomkins: Profiles: Not Seen and/or Less Seen – Marcel Duchamp, 1965, in: Stauffer (1991), 186).

Konflikt mit dem Kunststatus der Dinge. Anders als Duchamp leugnet er keineswegs seine Beziehung zu den Dingen und Menschen: „Pop art is a way of liking things"[27]. Das erleichtert den Umgang mit ihnen, macht ihn unproblematisch.

Es liegt etwas von jener ‚Unschuld' darin, die Roland Barthes sich als Schreibweise gewünscht hatte und die es erlaubte, daß neue Zusammenhänge entstehen. Die Sprachobjekte, die sich alleine Worten ohne Tiefe verdankten und deren „essentielle Magerkeit" weder Funktion noch Substanz zuließen, verharrten am ‚Nullpunkt der Literatur' in ihrer monadischen Isolation[28]. In den sechziger Jahren zeigte die Semiologie die Möglichkeit auf, daß wieder weltliche Zusammenhänge entstehen. Ein Sinnentzug, so Barthes nun, ist nicht möglich, da das Objekt sich immer in einen Zusammenhang einordnet, der ihm einen Sinn verleiht, der über die reine Funktionalität hinausgeht[29]. Blanchot verweist auf die Auflösung der Sprachmonaden, die nicht länger, wie für Heidegger, „in sich konzentrierte Gebilde" bleiben, und erinnert an Mallarmé, bei dem die Sprache sich „in unterschiedlicher Tiefe und auf verschiedenen Ebenen" zu Sprachräumen öffnet[30]. Die Dinge verschwinden zwar in der Sprache, aber die Sprache selbst wird zum Ding durch ein Freiwerden und sich Zusammenschließen von Beziehungen. Marcel Broodthaers, der zuerst dem ‚Nouveau Réalisme' nahestand, beschäftigte sich ab 1969 mehrmals auf konzeptuelle Weise mit Mallarmés ***Un coup de dés*** *(Abb. 44)*.

Die ‚schwarze' und monochrome Malerei kehrte nach Jahren der meditativen Abwesenheit wieder in den Raum zurück. So drückt z. B. Barnett Newmans ***Not There – Here*** *(1962)* diese räumliche Präsenz nicht nur im Titel aus, sondern auch durch die deutlich in die Farbfläche gesetzte Signatur des Malers. Die randlosen Bilder – durch verschwimmende Ränder wie bei Rothko oder durch schiere Größe wie bei Newman – bekommen wieder feste Umrisse. Dünne gelbe Linien an den Rändern von Newmans ***Who's afraid of red, yellow and blue II*** *(1967)* treiben den Blick auf die Bildfläche zurück. Die vom Rechteck abweichenden Bildformate (shaped canvas) bei Newman, Frank Stella, Ellsworth Kelly, Ronald Bladen, Robert Mangold u. a. betonen den Objektcharakter der Bilder. Das geschlossene Farbfeld des ‚Color Field Painting' (Helen Frankenthaler, Morris Louis, Kenneth Noland, Jules Olitski, Larry Poons) setzt objektives Maß gegen die Subjektivität und strukturelle Unbestimmtheit des vorangegangenen Abstrakten Expressionismus. Die klare ‚Gestalt' der zwei- und dreidimensionalen Kunst bestimmt ihre notwendige Beziehung zum Raum. Ihre oft extreme Größe verhindert jede Intimität und verlangt Distanz. Donald Judd, der von der Fläche zur Dreidimensionalität und später zur Raumarchitektur geht, setzt sich in einem Aufsatz von 1965 mit dem Raum in der Fläche der geometrisch abstrakten Bilder und ihrem räumlichen Umfeld auseinander[31]. Außerdem bringt er, was in der Folge noch wichtiger wird, im Sinne der

27 The Andy Warhol Museum, 83.
28 R. Barthes: Am Nullpunkt der Literatur, 92, 88.
29 Ders.: Das semiologische Abenteuer, 197 f.
30 M. Blanchot: Der Gesang der Sirenen, 357, 319.
31 Donald Judd: Specific Objects (1965), in: Charles Harrison, Paul Wood (Hg.): Art in Theory 1900–1990. An Anthology of Changing Ideas, 809–813.

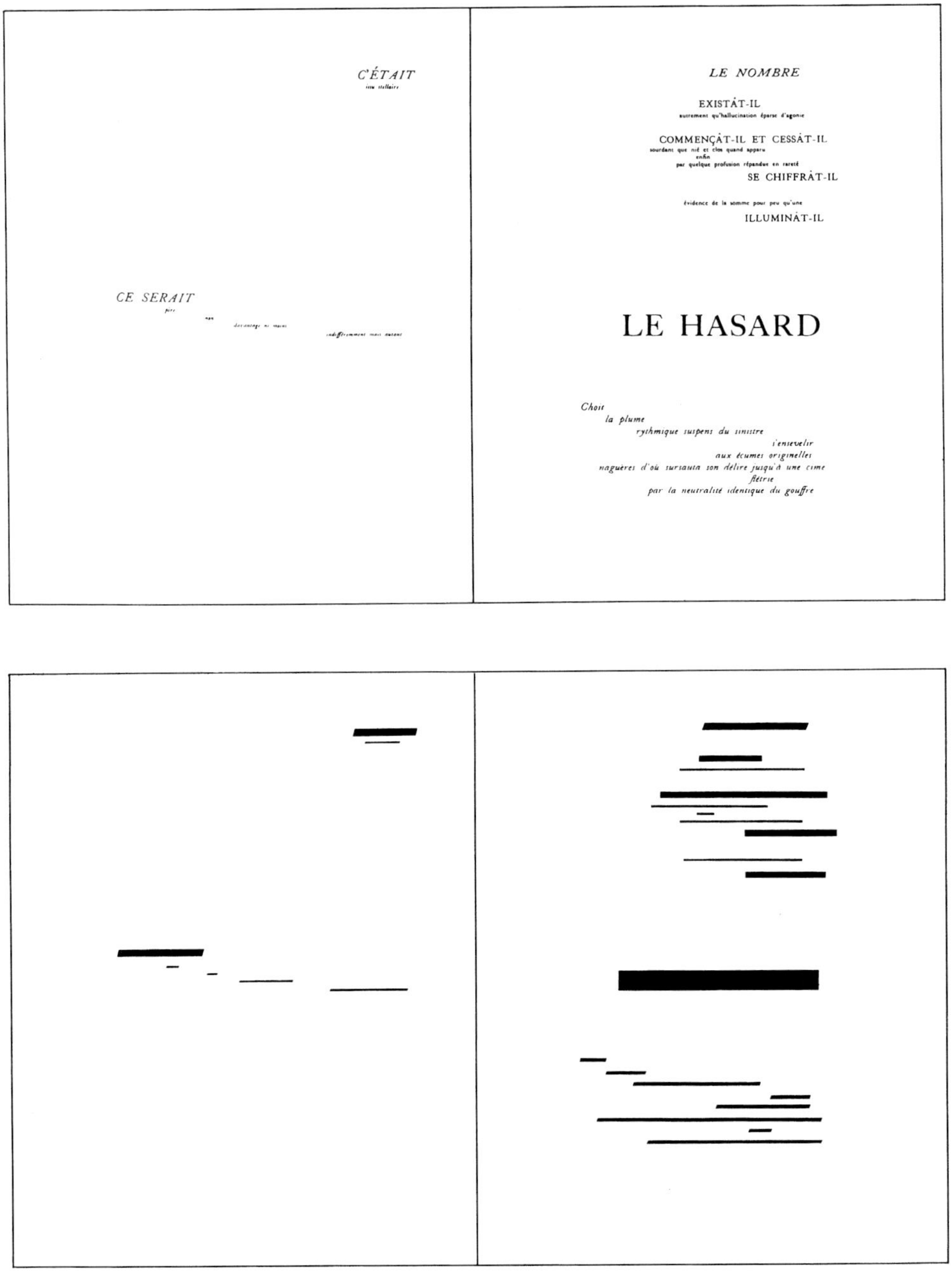

Abb. 44. Un coup de dés. a Stephane Mallarmé, 1914.
b Marcel Broodthears, 1969.

Geschlossenheit und Überblickbarkeit, Werke der Moderne, Duchamps Ready-mades, mit der neuen Dreidimensionalität in Verbindung. Malewitsch und Reinhardt werden auf diese Weise zu Wegbereitern des Minimalismus.

Die kontemplativ ausgerichtete Malerei wollte nun die Abstraktion nicht wie in den fünfziger Jahren auf reinen Reduktionismus beschränken, sondern sich dem Leben zuwenden. Frank Stella, der 1958–60 eine Serie von ***Black Paintings*** fertigte, sagte: „Ich glaube, daß die Akzentuierung des spirituellen Aspekts selber abstrakt geworden ist. Die Abstraktion ist getrennt vom Leben. Es ist so, wie wenn man die Kontemplation Gottes abziehen wollte von der der wirklichen Welt. Das Problem der Abstraktion besteht darin, daß sie in ihren Formen mehr Leben ausstrahlen muß. Die Abstraktion muß wieder auf die Erde zurückkehren. (...) Man kann eine andere, eine innere Art von Verfeinerung haben und dabei zugleich die Fülle des Lebens in sich aufnehmen."[32]

Die Wiederentdeckung des Raumes war auch für die ‚schwarze' Malerei von Bedeutung. Schon Malewitsch hatte die Verräumlichung des Quadrates zum Kubus aufgezeigt. Gerhard von Graevenitz richtete 1969 auf der Biennale in Venedig einen ***Kinetischen Raum*** ein, der aus schwarzen, sich langsam bewegenden Wänden bestand, die an den Rändern einen schmalen Streifen Licht von außen eindringen ließen. Hans Haackes ***Condensation Cube*** *(1963–65)* ist ein Plexiglaswürfel, in dem Kondensation und Verdunstung von Wasser, hervorgerufen durch die von den Besuchern verursachte Temperaturveränderung, zu sehen sind. Larry Bells ***Mineral Coated Glass Cubes*** *(1965)* erwecken den Eindruck von kinetischer Bewegung. Robert Morris' ***Four Mirrored Cubes*** *(1965)* spiegeln ihre Umgebung. Es gerät Bewegung in die geschlossenen, streng geometrischen Körper, sie werden durchlässig, verraten ein Innen- und Außenleben.

Wie zum Abschied von der Epoche der ‚schwarzen' Malerei taucht die undurchdringliche schwarze Raumform in ihrer alten symbolistischen Bedeutung noch einmal auf – in Stanley Kubricks Weltraumfilm ***2001: A Space Odyssey***, produziert im Todesjahr von Ad Reinhardt, uraufgeführt 1968. Der Kubus, für Malewitsch ein „Symbol von sechs Vollkommenheiten"[33], gehört zu jenen absoluten Formen, „die sich von der Erde losreißen und zum Raum streben"[34] und sich bei Kubrick als glänzendes schwarzes Mysterium zwischen dem abwesenden Gott und dem nicht begreifenden Menschen im unendlichen Weltraum bewegt. Schon Yves Klein und Lucio Fontana hatten den Weltraum der Kunst metaphysisch geöffnet. Die Astronauten in Kubricks Raumschiffen, die wie die Weiterentwicklung von Malewitschs Planeten-Städten aussehen, könnten außer dem schwarzen Kubus auch dem Schwarzen Quadrat, einem leeren Kreis, einem Regenbogen der Romantik, einem Zylinder oder Tetraeder des Paul Sérusier, dem Würfel des Claude Bragdon, einem Concetto spaziale von Lucio Fontana als einen Schnitt ins Nichts, einem schwarz lackierten Stahlwürfel von Donald Judd oder einem Kristall von Wilhelm Worringer begegnen. Mit der symbolistischen Mehrdeutigkeit von

32 Frank Stella: in: Franz van der Grinten, Friedhelm Mennekes: Abstraktion – Kontemplation, 74.
33 K. Malewitsch: Die gegenstandlose Welt, 229.
34 Malewitsch: zit. in: Philippot-Reniers, 211.

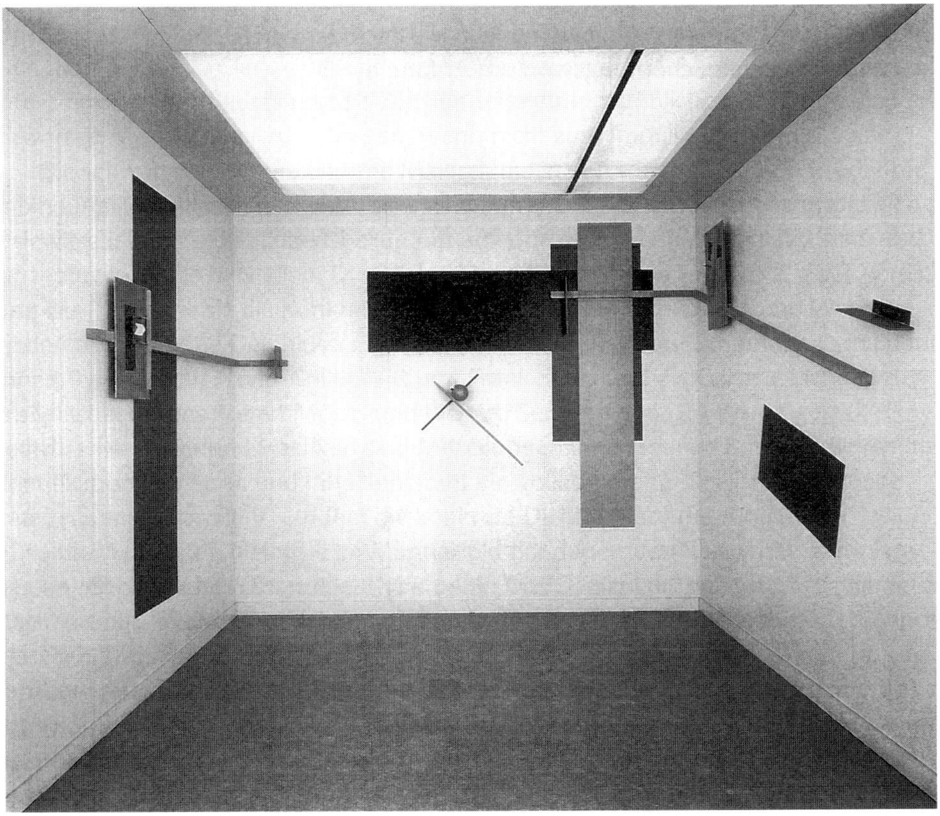

Abb. 45. El Lissitzky: Prounenraum, 1923. Rekonstruktion 1965.

Bloße Gedanken

Am Nullpunkt der Malerei, den Malewitsch 1915 erreicht hatte, stellte sich die Aufgabe, die Position danach zu bestimmen. Malewitsch entwickelte mehrere Raumstrategien, die zu seiner Zeit und sechzig, siebzig, achtzig Jahre später wieder aufgegriffen wurden. Eine minimalistische „Raumhaltigkeit des Flächigen"[1] besitzt selbst das ***Schwarze Quadrat***. Die schwarze Fläche kann gesehen werden als in die Tiefe reichend oder aus dem Weiß hervortretend, so daß ein imaginärer Zwischenraum entsteht, wenn man so will: ein Kubus. Der eine spitze Winkel des ***Roten Quadrates*** weist ebenso über den Bildrand hinaus wie der aus der Bildmitte gerollte ***Schwarze Kreis***. Wie eine Paraphrase auf dieses letztere Bild wirkt Iwan Kliuns ***Weiße Kugel*** *(1915)*, die aus einer grün und schwarz bemalten Schachtel besteht, die senkrecht an der Wand befestigt ist und in deren rechter oberer Ecke sich eine weiße Kugel befindet. Die Vereinnahmung des Raumes durch die Positionierung der suprematistischen und konstruktivistischen Flächen war für später ebenfalls beispielhaft. Bei der ersten Präsentation des ***Schwarzen Quadrates*** plazierte es Malewitsch im Bewußtsein seiner Objekthaftigkeit als Ikone über einem Raumeck. El Lissitzky machte 1923 in Berlin die Wände eines Ausstellungsraumes zur ‚Leinwand' für seine konstruktivistisch-geometrischen Formen *(Abb. 45)*.

Die Hinwendung zur Architektur bedeutete anfangs der zwanziger Jahre bei den russischen, holländischen und deutschen Konstruktivisten vielfach einen Abschied von der Fläche und damit von der Malerei. Sie sahen sich an der „Umsteigstation von der Malerei zur Architektur" angekommen[2]. Malewitsch vollzog diese Entwicklung insofern zögernd, als er die bildnerische Abstraktion nicht zugunsten realer Anforderungen aufzugeben bereit war. Der Grund dafür war sein suprematistischer Idealismus, den

1 K. Malewitsch: Essays on art, 122.
2 El Lissitzky: zit. in: S. Lissitzky-Küppers (Hg.): El Lissitzky – Maler Architekt Typograf Fotograf (1967), 22, Anm. 67.

seine Schüler Kliun und Rodtschenko und Architekten und Konstrukteure wie El Lissitzky, Wladimir Tatlin und Wladimir und Georgi Stenberg nur mehr als Hemmnis für das Eindringen der Kunst in gesellschaftliche Prozesse ansahen. Dennoch dauerte es einige Jahre, bis der Nullpunkt, der mit dem ***Schwarzen Quadrat*** erreicht war, überwunden wurde. 1921 sagte El Lissitzky bei einem Vortrag: „Wenn behauptet wurde, daß die Jahrhunderte ihre Malerei bis zum (Schwarzen) Quadrat geführt haben, auf daß sie untergehe, so sagen wir: wenn die Platte des Quadrates den engen Kanal der malerischen Kultur verschlossen hat, so dient ihre Rückseite als mächtiges Fundament für das räumliche Wachstum der realen Welt."[3] Um den Raum in Angriff nehmen zu können, sagt El Lissitzky weiters, bedarf es des Materials der Farbe. Die Bilder, die entscheidend über das ***Schwarze Quadrat*** hinausgingen und seinen metaphysischen Bann brachen, waren Alexander Rodtschenkos Triptychon ***Reines Gelb, reines Rot, reines Blau*** von 1921. Zu diesen drei Bildern, jedes 62 × 52,5 cm groß, schrieb ihr Erzeuger: „Ich habe die Malerei zu ihrem logischen Ende gebracht und habe drei Bilder ausgestellt: ein rotes, ein blaues und ein gelbes, und dies mit der Feststellung: Alles ist zu Ende. Es sind die Grundfarben. Jede Fläche ist ein Fläche, und es soll keine Darstellung geben. Jede Fläche hat bis an ihre Grenzen eine einzige Farbe."[4] Die Trennung von Transzendenz und Materialität in der russischen Kunst wurde nach dem Krieg in der europäischen und amerikanischen Kunst auf vielfältige Weise nachvollzogen, zugleich aber komplizierter und weniger klar einsehbar. Randlose, rechteckige Farbflächen wurden ab den sechziger Jahren, besonders aber in den achtziger Jahren, häufig mittels Acrylfarben oder Autolacken, also auf industrielle Weise, hergestellt (F. Morellet, J. M. Armleder, D. Alberti, Herbert Hamat, u. v. a.). Der Unterschied zum ***Schwarzen Quadrat*** verwischte sich insofern, als dieses nun nicht nur randlos, sondern auch mit starker Betonung des Materials wiederkehrte: Bei Bernar Venet bestand es 1963 aus Teer, bei Richard Serra 1968 aus Gummi, bei Noriyuki Haraguchi 1981 aus Öl, und von Janis Kounellis wurde es 1985 direkt auf die Wand gemalt; Michael Heizer setzte es 1967 im Schnee der Sierra Mountains aus.

Hatten die russischen Konstruktivisten mit der Verräumlichung der Malerei in Richtung Architektur einen gesellschaftlichen Bezug verdeutlichen wollen, so meinten in den sechziger und siebziger Jahren die Rauminszenierungen mittels schwarzer Quadrate, Rechtecke und Kuben bei Robert Barry, Richard Serra und Gerhard Merz eine Weiterführung der ‚schwarzen' Malerei in der verhaltenen ‚taoistischen' Weise Ad Reinhardts, dessen Einfluß noch immer zunahm. Barry ordnete schwarze Quadrate symmetrisch im Raum an *(**Painting in Four Parts.** 1967)*. Ebenso hängte Richard Serra bei ***Blank*** *(1978)* und ***High Verticals*** *(1979)* schwarze Rechtecke spiegelgleich einander gegenüber, wodurch sie, wollte man sie zusammen sehen, nur in Raumeinheit wahrzunehmen waren. Es ging Serra bei seinen Bildern und Großskulpturen nicht um Harmonisierung

3 El Lissitzky: Proun und Wolkenbügel, 24. Lissitzky gab zusammen mit Ilya Ehrenburg 1922 die Zeitschrift ‚Weschtsch' (Gegenstand) heraus; das Titelbild der einzigen Nummer bestand aus einer Collage aus Malewitschs Schwarzem Quadrat und einer Lokomotive.

4 Alexander Rodtschenko: zit. in: Von der Malerei zum Design – Russische konstruktivistische Kunst der zwanziger Jahre. Katalog, 191.

wie Barry und Merz, sondern um Irritation als eine Form der Erfahrung des Erhabenen. Bei ***Abstract Slavery*** *(1974)*, scheinbar ein schwarzes Rechteck, entsteht durch einen unmerklich veränderten rechten Winkel eine Irritation, die sich auf den ganzen Raum überträgt. Bei ***Framed*** *(1976)* wird ein Türdurchgang in eine Wandzeichnung miteinbezogen: ein Koordinatenkreuz schneidet sich im Zentrum der offenen Tür. ***Blank*** ist eine Installation, die aus zwei 3 × 3 m großen schwarzen Quadraten besteht, zwischen denen man sich bewegt, wodurch die Raumarchitektur, wie Serra sagt, aus dem Gleichgewicht gebracht wird[5]. Auch Serras tonnenschwere Metallskulpturen entziehen sich durch ihre Unüberblickbarkeit jeder Ganzheitsdefinition, so daß die Absolutheit ihrer geometrischen Form zur abwesenden, d. h. transzendent wird. Wie Malewitsch setzten sich die Vertreter der ‚schwarzen' Malerei um 1950 auch mit dem Weiß als mystische Leere auseinander, so u. a. Fontana, Manzoni, Newman, Francis und Rauschenberg. In der Lichtkunst der sechziger Jahre eines Graevenitz und Fontana ist diese Bedeutung mit enthalten. Als Objekt und Ambiente entkörperlicht das Licht den meist abgedunkelten Raum. Mit der New Yorker USCO-Gruppe gingen die meditativen Licht-Environments in psychedelische *light shows* über.

Abb. 46. Blinky Palermo: Entwurf für die Serie der Wandzeichnungen, 1970.

Konträr und folgenreicher verläuft um die gleiche Zeit die Auseinandersetzung mit der weißen Wand und dem weißen Galerieraum, dem *white cube.* Blinky Palermo machte 1970 die weiße Wand selbst durch eine Umrißlinie zum leeren weißen Bild. Für Imi Knoebel wurde der weiße Raum 1966 zum integralen Bestandteil seiner Auseinandersetzung mit Malewitsch. Wenn er ein weißes und ein schwarzes Quadrat nebeneinander hängt und eine Wand mit weißen Quadraten füllt, werden die ehemals

5 R. Serra: zit. in: Ernst-Gerhard Güse (Hg.): Richard Serra, 79.

Abb. 47. Richard Serra: Running Arcs (For John Cage), 1992.

absoluten Formen zu bloßen Elementen innerhalb der Raumstruktur. Die hier noch vorherrschende Strenge löst sich in den folgenden Jahren auf, der Minimalismus reduziert sich weiter zu bloßen Markierungen bildnerischer und räumlicher Möglichkeiten. Knoebels ***Raum 19*** *(1968)* enthält die spielerische Anordnung von schmalen Holzleisten zu Rahmen und anderen Formen, die an den weißen Wänden lehnen. Der ***Genter Raum*** von 1980 wird zum transitorischen Lagerraum für die am Boden gestapelten und an der Wand hängenden Farbtafeln. Die Statik der Bildeinheit, die bei Malewitsch und Rodtschenko gegeben ist, wird von Knoebel und Palermo in räumliche Konfigurationen aufgelöst. Wenn Palermo hochformatige Bilder aus Textilien herstellt, vergeht die sonst vorherrschende Strenge der Monochromie auf sanfte Weise.

Die Künstler, die sich in den siebziger bis neunziger Jahren weiter mit Malewitsch beschäftigten, so u. a. Rafael Canogar, Allan McCollum, John M. Armleder, Heimo Zobernig, Braco Dimitrijević, Heinrich Dunst, Buzz Spector, taten dies zunehmend auf die Weise, daß sie dessen schwarze, rote und weiße Ikonen als historische Artefakte der Moderne reflektierten. Ein jugoslawischer Künstler stellte 1985/86 in Belgrad unter dem namen Kasimir Malewitsch die Ausstellung von 1915 in Petrograd, in der das ***Schwarze Quadrat*** zum ersten Mal gezeigt wurde, nach.

Abb. 48. Heinrich Dunst: Ohne Titel, 1993.

Weitere Künstler, die durch „aneignende Rekapitulation"[6] für die postmoderne und post-postmoderne Quadratur der achtziger und neunziger Jahre stehen, sind: Gerwald Rockenschaub, Helmut Federle, Gotthard Graubner, Joseph Marioni, Reiner Ruthenbeck, Günter Umberg, Stéphane Brunner, Pierre Soulages; Philip Taaffe, Beth Brenner, Alan Chareto, Ford Beckman, Bob Law. Ob mit (oder entgegen?) dem postmodernen Umgang mit den „Ikonen des 20. Jahrhunderts"[7] auch metaphysische Bedeutungen transportiert werden (wie bei Federle, Graubner, Law), läßt sich nur mehr den Äußerungen der Künstler entnehmen.

Gerhard Richter ließ 1966 zwei Serien von länglichen ***Farbtafeln*** anfertigen, die er wie Farbmustertafeln anordnete. Der Unterschied zu Rodtschenkos drei Farbfeldern ist eklatant. Wollten Rodtschenko und El Lissitzky Farbe unmittelbar als reine Materie, als Energie selbst sehen, sind Richters Farbtafeln nur Farbe aus zweiter Hand, ein Zitat, das auf eine Möglichkeit verweist. In ihrer Herstellung sind es beauftragte Ready-mades. Der Vergleich mit Duchamps zum Kunstwerk erklärter Werbetafel einer Farbenfirma

6 Markus Brüderlin über Palermo, in: Kunstforum Nr. 105. 114.
7 Bob Law: zit. in: Hannah Weitemeier, 113.

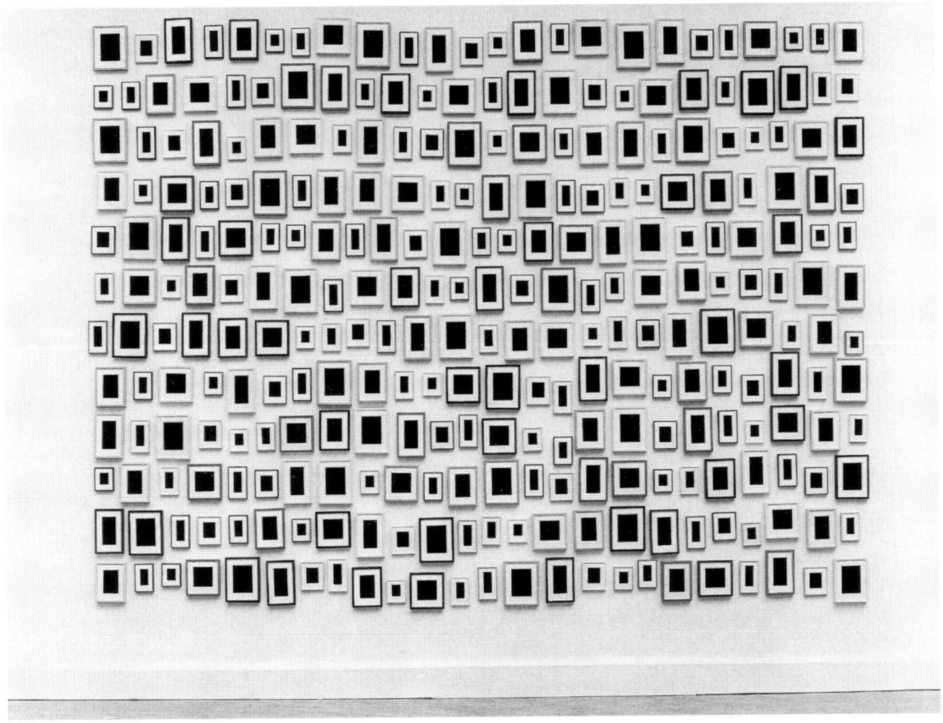

Abb. 49. Allan McCollum: Plaster Surrogates, 1989 (1982).

(Apolinère Enameled, 1916/17) scheint näherliegend als jener mit den formal ähnlichen Farbtafeln Rodtschenkos[8]. Allerdings meint Richter nicht die bei Duchamp und Rodtschenko gegebene Verweigerungshaltung gegenüber der Malerei, denn sein Verhältnis zu ihr ist ein ganz konservatives; vergebens versuchte Benjamin Buchloh in seinem Interview mit Richter, diesem ein distanziertes, postmodernes Verhältnis zu seiner eigenen Arbeit herauszulocken[9]. Insofern steht Richter Rodtschenko trotz allem näher als Duchamp. Richter will mit der Rhetorik der Moderne, ungeachtet ihrer Gegensätze, zu neuen malerischen Ergebnissen kommen. Er versteht sich weder als Analytiker, noch als Konstruktivist. Er will Gegensätze zusammenbringen, um eine größtmögliche Freiheit zu erreichen[10].

Solche Gegensätze wurden im Verständnis der Postmoderne gar nicht mehr gesucht, sondern lösten sich von alleine auf. Malewitschs vollkommene Abstraktion und Duchamps vollkommener Realismus meinen sprachloses Zeichen gegen restlos definierte Form, Formwirklichkeit gegen Dingwirklichkeit. Gemeinsam ist den

8 la Couleur Seule, 104 f.
9 Benjamin H. D. Buchloh: Interview with Gerhard Richter (1988), gekürzter Reprint in: Harrison, Wood: Art in Theory, 1036 f.
10 Ebd., 1047.

absoluten Positionen ihre Unverfügbarkeit. Damit ist es vorbei, wenn das ***Schwarze Quadrat*** und Duchamps ***Fountain*** als Sprechweisen auf eine Ebene gestellt werden, wie in den Kopien von Sherrie Levine, und als Zeichen nur mehr jene Bedeutung besitzen, die ihnen historisch gemeinsam ist.

Der Begriff Postmoderne wurde in Amerika deshalb früher als in Europa aktuell, weil dort die amerikanische Nachkriegsmoderne für die Moderne schlechthin stand und von der nachfolgenden Generation für abgeschlossen erklärt wurde. Der Grund dafür war weniger das Werk der älteren Generation, als die hermetische, an der europäischen Kunst orientierte Moderne-Definition von Kritikern und Theoretikern wie Clement Greenberg, die abweichende und neue Entwicklungen ignorierte. Speziell die Vertreter der Konzeptkunst erklärten daher die Moderne für überwunden. Allerdings war nach dem Reduktionismus und Morphismus der Abstrakten ohnehin eine Neuorientierung fällig, um, wie nach Malewitsch in den zwanziger Jahren, neue Sprechmöglichkeiten und eine gesellschaftliche Anbindung zu finden. Joseph Kosuth warf der Moderne vor, daß sie wie die Wissenschaft eine Welt für sich bilde und deshalb getrennt von den Menschen existiere. Sie suche eine ‚außerweltliche' Objektivität sowohl metaphysisch wie morphologisch – und beide Arten seien ‚politisch heimatlos'[11].

Die Politik, voran der Vietnamkrieg, spielte eine wesentliche Rolle in der Umorientierung der Kunst der sechziger Jahre. Allerdings vermied die Kunst weitgehend die persönliche Interpretation der politischen und gesellschaftlichen Situation, sondern bemühte sich, die Sicht auf die Dinge – die Kunstdinge – dadurch zu verschärfen, daß sie diese in verschiedene, neue Zusammenhänge stellte.

Die Konzeptkunst versuchte, „in einem Zustand ständigen Gleichgewichts zu operieren, immer auf der Suche nach Bedeutung, die durch ihre weltlichen Konnotationen erworben werden kann"[12]. Linguistik, Strukturalismus und Semiologie boten Methoden der Erforschung von Bedeutungszusammenhängen an. Ready-mades wurden im Sinne von Duchamps Ideen-Kunst auf eine andere als der von der Pop Art beanspruchten Weise wichtig, denn ihre „Abhängigkeit von kontextuellen Bedeutungszuweisungen" machte gerade ihre inhärente „linguistische und strukturelle Logik" aus[13]. Das Formale der Kunstsprache und schon gar ihre ästhetische Bewertung waren den Konzeptualisten bedeutungslos, selbst die Ausführung eines Kunstwerkes trat hinter der Idee zurück. Kosuth ging so weit, zu sagen: „All art (after Duchamp) is conceptual (in nature) because art only exists conceptually"[14]. Kosuths Aktion ***Text/ Context*** *(1979)* bestand darin, daß er eine Serie von Tafeln wie Reklameflächen in verschiedenen Ländern aufstellen ließ, um die veränderliche Lesbarkeit zu demonstrieren.

Die Information, die in dem Zwischenraum zwischen Signifikant, als dem sinnlich Wahrnehmbaren, und dem Signifikat, dem Intelligiblen, liegt, läßt sich am besten an

11 Joseph Kosuth: The Artist as Antropologist (1975), in: Christian Schlatter: Art conceptuel formes conceptuelles / Conceptual Art Conceptual forms, 505.
12 Frances Colpitt, Phyllis Plons: Knowledge: Aspects of Conceptual Art, 559.
13 Benjamin H. D. Buchloh: in: l'art conceptuel, une perspective. Katalog, 47.
14 Kosuth: Art after Philosophy (1969), gekürzter Reprint in: Harrison und Wood, 844.

einfachen Zeichen überprüfen, deren Herstellung jede Handschrift, jeden Stil und jede morphologische ,Tiefe' vermeidet. Nicht nur die Ready-mades, auch die ,Nullformen' von Malewitsch und Reinhardt eignen sich dazu bestens. Derrida verweist auf Leibniz, der den Dingen göttlichen Logos zuschrieb, sofern sie in ihrer Einfachheit absolut sind, und meint, daß die Dekonstruktion der Metaphysik Hand in Hand mit dem Fortschritt der mathematischen Schreibweise geht[15]. Die absoluten Dinge verlieren ihre ,Präsenz' als isolierte Einheit, sobald sie in Beziehung zu anderen Dingen gesetzt, sie in ein Geflecht von Verweisen einbezogen werden[16]. Kosuth faßt das Kunstwerk als ,Vorschlag' (proposition) auf, was impliziert, daß diejenigen, die ihm gegenübertreten, die Bedeutung, die sie ihm geben, wählen können. Er meint wie Wittgenstein, daß die Bedeutung der Gebrauch ist. Wenn Kosuth 1965 bei einer Installation einen Stuhl, ein Foto des Stuhls und eine lexikalische Definition von ,Stuhl' als Text nebeneinanderstellt, ist diese Reihung ebenso tautologisch, wie wenn LeWitt 1962 auf einem Farbquadrat die Farbe in weißen Lettern angibt, George Brecht in leicht ironischer Fluxus-Manier Farbe und Angabe in Schrift konträr setzt oder Mel Ramsden 1967 ein schwarzes Quadrat per Text zum Geheimnis des Künstlers erklärt. Dieses Spiel mit Verdoppelungen meint nicht jene Tautologie, von der Roland Barthes spricht, die kleinbürgerliche Selbstbehauptung (,Ich bin ich') und Denkfaulheit[17], sondern die Banalität, die als Irritation dient, ähnlich jener, die Serra mit seinen kippenden Formen und unübersichtlichen Würfeln bewirkt. Nicht zufällig dient die Veränderlichkeit der Wahrnehmung des Kubus einer ganzen Reihe von Konzeptualisten und Minimalisten als Grund für seine Verwendung: Judd, Morris, LeWitt, Bladen, Smith, Bell, McCracken.

Kosuths (und Reinhardts) Diktum zufolge macht die Sprache der Kunst nur Sinn als Kunstsprache: „Art is the definition of art"[18]. Er vergleicht die Selbstbezüglichkeit der Kunst mit jener der Logik und Mathematik. Während diese jedoch nützlich sind, ist es die Kunst nicht: „Art indeed exists for its own sake"[19]. Das heißt aber nicht, daß die Konzeptkunst die Zeichen, die in der Welt der rationalen Zusammenhänge existieren, mißachtet, im Gegenteil, Reproduktionen von Fotos, Fernseh- und Filmbildern und Gemälden sind ein geläufiger Teil auch ihrer Sprache. Wie der Kunstbetrachter sie versteht, ist seine Sache. Aber welche Schlüsse kann er aus den Propositionen ziehen? Wie zu Zeiten von Duchamps Ready-made-Erfindungen müßte die Antwort lauten: keine. Die Propositionen wie die Ready-mades meinen nicht die Welt ,draußen': „Works of art that try to tell us something about the world are bound to fail"[20]. Und sie meinen ganz eindeutig nicht die Suche nach der absoluten Form der vorangegangenen Greenberg-Periode bzw. der Zeit vor dem 1. Weltkrieg. Eine Ideenkunst kommt aber schlecht ohne Ideen aus, die nicht über den bloßen Einfall hinausgehen. So kommt

15 Jacques Derrida: Positionen (1972), 80.
16 Ebd., 68.
17 R. Barthes: Mythen des Alltags, 27 f.
18 Kosuth: in: Harrison und Wood, 849.
19 Ebd.
20 Kosuth: in: l'art conceptuel, 47.

die Metaphysik, die mit den Abstrakten verabschiedet wurde, bei der Hintertür wieder herein, wenn Kosuth sagt: „In this period of man, after philosophy and religion, art may possibly be one endeavour that fulfills what another age might have called 'man's spiritual needs'. Or, another way of putting it might be that art deals analogously with the state of things 'beyond physics' where philosophy had to make assertions"[21]. So gesehen liegt Derrida falsch, wenn er meint, daß ein Gewebe von Beziehungen und ihre Formalisierung die Metaphysik aufhebt, denn daß das Unendliche an der Mathematik nicht seine Grenze findet, hatte Leibniz schon mit der Infinitesimalrechnung zeigen wollen. Propositionen der Kunst sind nicht einmal formalen Bestimmungen unterworfen wie die Mathematik, weshalb Sol LeWitt mit dem Selbstbewußtsein eines Romantikers sagen kann: „Conceptual artists are mystics rather than rationalists. They leap to conclusions that logic cannot reach."[22]

21 Kosuth: in: Harrison und Wood, 849.
22 Sol LeWitt: Sentences on Conceptual Art (1969), in: l'art conceptuel, 44.

Virtuelle Welten

Clement Greenberg war der einflußreichste Kunstkritiker der amerikanischen Moderne. Geschult an der klassischen europäischen Moderne, galt sein Interesse jenen amerikanischen Malern, die in den vierziger und fünfziger Jahren an diese Tradition anknüpften, und endete mit dem von ihm nicht nachvollziehbaren Neuansatz, den Pop Art, Conceptual Art und Minimal Art in dem sechziger Jahren darstellten. Die epochale Kunstrichtung war und blieb ihm der Kubismus. Wie in Aufklärung und Marxismus sah er in ihm ein „Experiment", die Welt menschlicher zu machen[1]. „Cubism, by its rejection of illusionist effects in painting or sculpture and its insistence on the physical nature of the two-dimensional picture plane (...) expressed the positivist or empirical state of mind with its refusal to refer to anything outside the concrete experience of the particular discipline, field or medium in which one worked; and it also expressed the empiricist's faith in the supreme reality of concrete experience" (II, 214). Eine solche positivistische Betrachtungsweise der Kunst machte ihre metaphysische Seite „irrelevant", blendete sie einfach weg (II, 170). Das ‚Geistige' bei Kandinsky bedeutet Intensität und Einfachheit und hat keine religiösen Konnotationen (II, 16). Mondrians Erwartung, daß Kunst sich in Leben auflöse, bezieht sich auf Karl Marx und nicht auf Rudolf Steiner (II, 19). Abzüglich der Metaebene des ‚Geistigen', bleibt als Antrieb der Kunst eine „historische Rechtfertigung": „The imperative comes from history, from the age in conjunction with a particular moment reached in a particular tradition of art" (I, 37).

Dieser Kreuzungspunkt von Kunst- und Zeitgeschichte entbindet die Kunst, wie von Hegel vorausgedacht, aller metaphysischer Sinngebung, ob diese nun, wie Hegel meinte, von der Kunst gar nicht mehr zu leisten sei, oder von der Moderne nach 1900 sehr wohl immer wieder gesucht wurde. Den großen Mangel, den Hegel in der nach-

1 Clement Greenberg: The Collected Essays and Criticism, Bd. I: 1939–1944, Bd. II: 1945–1949. (Alle weiteren Band- und Seitenangaben im Text von hier.)

klassischen, olympentleerten Kunst sah, war ihr Subjektivismus, das Vermenschlichte in ihr. Davon wollte auch Greenberg nichts wissen. Sein Ideal war ein kubistisch-klassisches, das sich durch geschichtliche Formbezüge erschloß. Die Integrität des Bildes liegt in seiner formalen, physischen Geschlossenheit. Daß am Schnittpunkt zur jeweiligen Gegenwart bei guten Bildern ein nicht näher definiertes ‚Gefühl' (feeling), d. h. Zeitgefühl, freigesetzt wird, hat mit objektiven, nicht subjektiven Kriterien zu tun. Greenbergs Annäherung an den formalen Gehalt eines Bildes durch zahlreiche historische Vergleiche (und einem trotz allem starken Anteil subjektiver Spekulation, was die nicht wenigen falschen Urteile und Voraussagen bezeugen) schwankt zwischen beeindruckender Leidenschaftlichkeit, wenn er sich etwa von Anfang an für Jackson Pollock einsetzt, und Beckmesserei („Klee was a genius... but he was not a big genius, remerkable as he was", II, 165). In seinem formalen Absolutheitsanspruch stand Greenberg Balzacs Frenhofer in nichts nach: Er hatte das Absolute im Blick, aber nicht vor Augen. In seinem rastlosen Beharren auf einem ästhetischen Absoluten, das so undeutlich bleibt wie das relative ‚feeling', entfernt sich Greenberg von Hegel, der die nicht-metaphysische Kunst in ihrer zeitlichen Vergänglichkeit der Beliebigkeit ausgeliefert sah. Greenberg machte dagegen den Kubismus zu einem überzeitlichen Prinzip, dessen geistige, positivistische Grundlage formal wirksam bleibt.

Wohin sollte die ewig gesuchte, zunehmend abstrakte, absolute Form führen, wenn ihre Transzendenz keine Rolle spielt? Wie begegnete Greenberg den Bildern von Rothko und Newman? Die Antwort heißt nicht Transzendenz, sondern Immaterialität im Sinne einer Wissenschaft, die die Materie auflösend zu einer „all-encompassing reality" verdünnt hat[2]. Indem etwas (atomar?) alles wird, wird es auch weniger real. Maya steht im Raum. Dadurch berühren sich ein radikal positivistischer und ein radikal transzendentaler Standpunkt: „Once again, extremes meet" (ebd.). Einer solchen positivistischen Transzendenz werden wir später wieder begegnen.

Der Ausleseprozeß bei den Produkten von Künstlern, die selbst wieder Produkte einer bestimmten Schule sind (II, 165), führt zu einer Werteskala, die durch ständiges Abwägen und Vergleichen erstellt wird, woraus sich, wie bei Rennpferden und Sängern, der Preis ergibt. Der Anteil der formalistischen Kritik an dem Prozeß, der einem neuen Künstler den Kunstmarkt öffnet, ist nicht zu übersehen. Daß Künstler sich bereitwillig seinen Gesetzen unterwerfen, haben Ad Reinhardt, Duchamp und erst recht die Konzeptualisten heftig kritisiert. Greenberg, der mit seiner Kunst-als Kunst-Haltung gerade ihnen nahe stand, hat sie paradoxerweise völlig (oder zumindest lange) ignoriert.

Die Hypertrophie der ästhetischen Wertungen in der abstrakten Kunst hing damit zusammen, daß es für die Kunsterfahrung als eine Form der Erkenntnis, wenn das Gemeinsame der Metaphysik abgezogen wird, keine Verbindlichkeiten gibt, die über historische Referenzen und phänomenologische und strukturelle (symbolische) Beziehungsmuster hinausgehen. Die Sprache der Kunst wird nur von der Kunst selbst

2 Clement Greenberg: Art and Culture. Critical Essays, 169.

gesprochen. Vom analytischen Kubismus führt kein Weg zur analytischen Philosophie. Versuche, einen ästhetischen Formalismus gleich einer formalen Logik aufzubauen, gab es allerdings schon[3]. Im frühen 19. Jh. entwickelte Johann Friedrich Herbart, von Kants Ding-an-sich ausgehend, die Theorie einer Form-an-sich, die aus unveränderlichen Elementen besteht, die zueinander in eine veränderliche Beziehung treten[4]. Robert Zimmermann baute Herbarts formale Ästhetik weiter aus und versuchte, ein syntaktisches Schönheitsverständnis aus einer Strukturtheorie der Oberflächenrelationen zu gewinnen[5]. Alois Riegl und Heinrich Wölfflin untersuchten Stile, in denen eine Relationenlogik sichtbar wird, und entwickelten aus ihrer Beschäftigung mit antiker Kunst kunstgeschichtliche Grundbegriffe[6]. In Deutschland wurde diese Richtung von Worringer und Spengler ideologisch besetzt, die antisubjektive Grundhaltung zur Ordnungs- und letztlich zur Herrschaftsform uminterpretiert.

Die Arbeiten Zimmermanns, der Wiener war, fanden bei den Logikern des ‚Wiener Kreises' und bei Wittgenstein nur schwachen Nachhall, zu sehr herrschte für sie in der Kunst Subjektivismus, war sie individuelles Krankheitsbild[7]. Die Sprache der Kunst reichte für Carnap und Schlick so wenig zu Erkenntnissen wie die Metaphysik, höchstens zur Flucht in eine bessere Welt. Allerdings bestand für sie eine Hierarchie der Kunstgattungen, gestanden sie der Musik zu, ein Reich der Vollkommenheiten zu schaffen, da sie „am stärksten von allem Gegenständlichen befreit ist"[8]. Der Bildenden Kunst gelingt es bloß, „von allen Unvollkommenheiten zu abstrahieren"[9], während die Poesie durch die Sprache noch an Inhalten und Erlebtem haftet. Am ehesten der Musik zugeneigt war auch Wittgenstein. „Die musikalischen Themen sind in gewissem Sinn Sätze. Die Kenntnis des Wesens der Logik wird deshalb zur Kenntnis der Musik führen"[10]. Wittgenstein ging über das rein Sprachliche der Musik noch hinaus, wenn er im ***Tractatus*** schrieb: „die Grammophonplatte, der musikalische Gedanke, die Notenschrift, die Schallwellen, stehen alle in jener abbildenden internen Beziehung zueinander, die zwischen Sprache und Welt besteht. Ihnen allen ist der logische Bau gemeinsam" (4. 014). Dieser Gedanke voll Sehnsucht nach magischer Einheit kann sich in der Kunst eines John Cage, Mauricio Kagel oder Nam June Paik erfüllen, nicht aber in der Logik.

Die Rückführung der Welt auf ein einziges übergreifendes System war zum Scheitern verurteilt. Wittgenstein anerkannte mit den ‚Sprachspielen' die Relativität der Systeme. In den fünfziger und sechziger Jahren wurde das nicht zu vereinheitlichende

3 Lambert Wiesing: Die Sichtbarkeit des Bildes. Geschichte und Perspektiven der formalen Ästhetik (1997)
4 Johann Friedrich Herbart: Allgemeine Metaphysik nebst den Anfängen der philosophischen Naturlehre (1828/29).
5 Robert von Zimmermann: Aesthetik (1858–65): I. Geschichte der Aesthetik als philosophischer Wissenschaft, II. Allgemeine Aesthetik als Formwissenschaft.
6 Heinrich Wölfflin: Das Problem der Stilentwicklung in der neueren Kunst (1915).
7 Karl Brand: Ästhetik und Kunstphilosophie im ‚Wiener Kreis' (1988).
8 Rudolf Carnap: zit. in Brand, 91.
9 Moritz Schlick: zit. in Brand, 175, Anm. 209.
10 L. Wittgenstein: Tagebücher (7. 2. 1915), 130.

Feld wieder in Einzelgebiete aufgeteilt. Für die Kunst ergab sich daraus, daß ihre klassischen Symbolsysteme wieder relevant wurden. Die Semiotik kam dem Anspruch der Kunst, ihre Zeichenhaftigkeit von jeder Abbildfunktion zu lösen, insofern entgegen, als sie diese als ein in sich geschlossenes System behandelte und die Kunst ihrem Eigenverständnis entsprechend als „eine unter vielen Seinsweisen der Welt" betrachtete[11].

Entsprechend der ‚Philosophie der Umgangssprache' wurde nun in der Kunst alles als Mittel der Erfahrung untersucht und bewertet, die sinnlichen Eindrücke ebenso wie die Gefühle, die ein Kunstwerk auslöst bzw. als emotiven Gehalt besitzt. Dadurch öffneten sich der Kunst immer differenziertere Bereiche, wurde sie ermutigt, sich in immer Kleinteiligeres zu begeben, wurden minimalste formale Verschiebungen zu Bedeutungsträgern, entstanden, um an das ***Schwarze Quadrat*** als Paradigma zu erinnern, die zahlreichen Bedeutungsvarianten, in denen das immer Gleiche abgewandelt wurde, verdünnte sich die schwarze Ikone in homeopathischen Dosen. Selbstreferenz und Selbstreflexion bedeuteten eine sukzessive Entleerung der bisherigen Inhalte. Statt der Zielgerichtetheit der Moderne entwickelte sich ein Feld von Beziehungen, die sich unabhängig von Inhalten ergeben und verändern. Die ‚Geistesgeschichte' der Kunst wurde zu einer Geschichte von Trägersystemen, die sich der technisch-wissenschaftlichen Entwicklungen bedienen. Mit den Inhalten über Bord, wurde das Medium selbst vom Bedeutungsträger zur Botschaft.

Die antike Logik, schreibt Ernst Cassirer in seinem Aufsatz „Zur Einsteinschen Relativitätstheorie" von 1921, der 1957 wieder veröffentlicht wurde, beruhte auf der Annahme einer Absolutheit der Dinge in ihrem äußeren und inneren Sein, wogegen die moderne Logik die Wirklichkeit in einem einheitlichen Gesetz umfassen wollte[12]. Die Relativität der Erscheinungswelt ließ die klassische Erkenntnis nie zum Absoluten ihrer Substanz vordringen, wie umgekehrt die moderne Logik vor lauter absoluten Einzelbestimmungen nie zur Summe aller Gesetze gelangte. Weder im einzelnen als Substanz, noch im ganzen als Summe läßt sich die Weltformel festmachen. Mit der Relativitätstheorie, so Cassirer, wurde der Versuch hinfällig, die verschiedenen Gesetze und ihre Absoluta zur Deckung zu bringen, da fortan nur ihr Beziehungsgefüge als Einheit bestimmbar ist. Aus eben diesem Grund braucht die ewig unentschiedene Dichotomie von Körper und Geist gar nicht aufgelöst zu werden, denn auf der Metaebene der mathematischen Begriffe spielt sie nur insofern eine Rolle, als sie die Pole bildet, zwischen denen ‚Information' entstehen, Kommunikation stattfinden kann.

Für die Kybernetik sind Materie und Geist zwar Voraussetzungen, aber im Grunde nur ein mathematisches und kein philosophisches Problem[13]. Das organische Regelsystem Mensch wird in ein mathematisches Regelsystem übersetzt, seine irritierende Subjektivität auf empirisch entscheidbare Modelle reduziert. Mit der Subjektivität

11 Nelson Goodman: Sprachen der Kunst. Ein Ansatz zu einer Symboltheorie (1968), 276.
12 Ernst Cassirer: Zur modernen Physik, 46 f.
13 Norbert Wiener bejaht, ungeachtet ethischer und religiöser Einwände, die Frage, ob Maschinen lernfähig sind und sich selbst reproduzieren können. (Kybernetik (1948), Kap. 9.)

schien das Subjekt selbst zu verschwinden, die Illusion einer wirklichen Welt sich in die Objektivität der kybernetischen Systeme aufzulösen. In den fünfziger Jahren wurde eine solche Absage an das Subjekt und seine inadäquaten Strukturen durchaus positiv aufgenommen. „Die heute uns noch phantastisch anmutende Architektur der Kybernetik erhebt sich auf dem verwüsteten Felde unserer jüngst vergangenen Geschichte. Sie selbst ist vorerst nur ein negativer Ausdruck des Zukünftigen, das sich in ihr ankündigt. Ihre Existenz zeigt lediglich an, daß eine historische Gestalt des Menschen einer tödlichen Auflösung verfallen und bereits im endgültigen Abscheiden begriffen ist."[14] Der sich ankündigende Tod des Subjekts machte keine Angst, denn zugleich schien eine neue Transzendenz im Entstehen zu sein, ein überindividuelles globales Sein, allwissend wie Gott, an dem die angeschlossenen, entpersönlichten Ichs gleichberechtigt teilhaben. Wenn der Prozeß der ‚Vergeistigung' der *mechanical brains,* wie die Künstliche Intelligenz damals genannt wurde, und die Objektivierung des menschlichen Bewußtseins „in einer inversen Bewegung unendlich aufeinander zulaufen können, ohne einander je zu treffen, dann enthüllen sie zwischen sich ein ‚mittleres Jenseits'. In anderen Worten: der Reflexionsprozeß, resp. die Information, verfügt über eine arteigene Transzendenz. Eine Transzendenz besitzen aber heißt, einen unerreichbaren Grund zu haben."[15] Dieser Grund, sagt auch Carl Friedrich von Weizsäcker, ist jener der negativen Theologie: Vor ihm als Hintergrund konstituiert die Physik erst das Sein der Dinge[16].

Als Jean-François Lyotard 1985 im Centre Georges Pompidou die Ausstellung ‚Les Immateriaux' einrichtete, sollte sie den Rückzug der Moderne als geistige Kolonialmacht aus der beherrschten Materie der Künste vorführen und die Immaterialität als ein herrschaftsloses Geflecht befreiter Substanzen anbieten. Das Instabile, so lautete die These, überwindet das Feste. Mit der Ausstellung ‚Bildlicht' in Wien griffen Wolfgang Drechsler und Peter Weibel sechs Jahre später das gleiche Thema auf. Auch sie untersuchten das Immaterielle der Kunst, allerdings in seiner historischen Entwicklung, aufgezeigt in der Überwindung des Tafelbildes. „Die Immaterialisierung und Dematerialisierung, zum Teil durch das Universum der technischen Bilder forciert, setzten die Transzendenz und Selbstauflösung der Malerei durch das Licht fort, so wie die Materialbilder die Selbstauflösung der Farbe bewirken. Von der Leerstelle zur Leerfläche, von der Leerfläche zum leeren Raum, vom weißen Bild zur weißen Wand, von der Leinwand, der Wand aus Leinen, zum Metall-, Blei-, Marmor-Bild sind Stufen der Selbstauflösung der historischen Malerei (als Folge der Verweigerung der repräsentativen Funktion der Malerei) zu beobachten."[17] Die Entwicklung der Bildenden Kunst im 20. Jahrhundert wird zu einer Folge von „Ausgliederungsprozessen" (S. 230), deren Logik darauf hinausläuft, nach der „Destruktion des Gegenstandes" auch „das Primat

14 Gotthard Günther: Das Bewußtsein der Maschinen (1957), 41.
15 Ebd., 31.
16 Carl Friedrich von Weizsäcker: Die Einheit der Natur (1971), 318.
17 Wolfgang Drechsler, Peter Weibel: Bildlicht. Malerei zwischen Material und Immaterialität (1991). Katalog, 180. (Alle weiteren Seitenangaben im Text von hier.)

der Farbe endgültig abzuschaffen" (S. 126), das Medium überhaupt den technischen Entwicklungen anzupassen. Wie in der Wissenschaft führt eine lineare Folge von Erfindungen zu einer fortschreitenden Minimalisierung der Informationsträger. Qualität wird von einer Sache der Ästhetik zu einer der Utilität. An der Spitze steht die neueste Erfindung. Greenbergs Hitparade wird zum Katalog im Patentamt, wo eifersüchtig über Primate gewacht wird. Künstlerische Entwicklungsphasen können in kürzester Zeit überholt – erledigt – sein, oder kommen überhaupt zu spät, falls sie „in der Theorie schon diskreditiert waren" (S. 126). Wir sind von Lyotards postmodernem Relativismus wieder in die Werthierarchien der Moderne mit ihrem Anspruch auf ‚Wahrheit' versetzt. Dort herrschen, wie schon immer, strenge Normen, können rückblickend ganze Kunstrichtungen in Mißkredit geraten. Wenn die Kunst ihre Bindung an die „Repräsentationspflicht" abschüttelt (S. 123), indem sie sich ihrer Materialität bewußt wird und diese selbst reflexiv durchdringt, so daß die „Nichtbilder ... die eigentlichen Bilder des 20. Jahrhunderts" werden (S. 181), können Bewegungen wie Expressionismus und Surrealismus mit ihrer neuerlichen „Belebung der Innerlichkeit" (S. 123) nur Rückfälle in überwundene Positionen sein. Der gleichen Ansicht war Greenberg schon 1939: „Surrealism in plastic art is a reactionary tendency which is attempting to restore 'outside' subject matter. The chief concern of a painter like Dali is to represent the process and concepts of his consciousness, not the process of his medium" (I, 9, Anm. 2).

An welchem Punkt aber hat die Materie als Medium die Herrschaft des subjektiven Bewußtseins abgeschüttelt – und was dann? Wenn die Kunst sich selbst durchsichtig macht, bedeutet die „Vertreibung" der einen Form und die „Befreiung" der nächsten „Transzendenz" (S. 188) oder die ‚Klärung', von der die Wiener Logiker so häufig sprachen? Stoßen so Transzendenz und Transparenz an die gemeinsamen Grenzen der Materie – für Greenberg ein Treffpunkt der Extreme? Die Entwicklung der Kybernetik zum Cyberspace dekonstruierte das Subjekt zu einem Regelsystem, in dem Residuen des subjektiven Bewußtseins wie Liebe, Glück, Erinnerung nichts anderes sind als Bewußtlosigkeit *vor* dem Denken, bestenfalls ‚primitives Denken'. In Konsequenz ist Kunst Erkenntnisvorgang nur insofern, als das im Ästhetischen aufgezeigte Unerklärliche dazu dient, daß es durch die Reflexion, die die Kunst nicht leistet, schrittweise erkennbar wird. Dient die Ästhetik nicht einmal diesen Zwecken, ist sie nichts weiter als eine „Trutzinsel der Persönlichkeit und der Freiheit"[18].

Genau zu der wird die virtuelle Welt mit ihren ‚automorphen' Cyber-Ichs erst recht. Wie in den fünfziger Jahren in den Anfängen der Kybernetik wird in den achtziger und neunziger Jahren die maschinell erzeugte Entgrenzung zur mystischen Spielwiese alles aufklärerisch Verdrängten. Das Subjekt stand vom Totenlager bald wieder auf[19] und der Geist wurde (zum wievielten Male?) wiederentdeckt[20]. Gegen den babylonischen

18 Oswald Wiener: Das Konzept der universellen Maschine. Ein Gespräch mit Florian Rötzer, in: Kunstforum International, Bd. 110, Nov./Dez. 1990, 225.
19 Herta Nagel-Docekal, Helmuth Vetter (Hg.): Tod des Subjekts? (1987).
20 John R. Searle: Die Wiederentdeckung des Geistes (1992).

Bau einer virtuellen Universalsprache und der dadurch gegebenen automatischen Festschreibung der Welt forderte Baudrillard die singuläre anarchistische Aktion, die das System zum Entgleisen bringt[21]. Das ist die Forderung eines Postmodernen, mit Methoden der Moderne einer Medienmoderne zu begegnen, die als Zweite Moderne gehandelt wird[22], obwohl sie die Gegensätze der inzwischen ‚klassischen' Moderne unerledigt mit sich zieht: als Universalismus und Dezentralisierung, Maschinenpositivismus und Entmaterialisierungsmystik, künstlich-intelligente Aufklärung und Cyberromantik.

21 Jean Baudrillard: Das perfekte Verbrechen (1996), 141 f.
22 Heinrich Klotz (Hg.): Die Zweite Moderne. Eine Diagnose der Kunst der Gegenwart (1996).

Sub limen

Als in Amerika der Übergang von der entzeitlichten und enträumlichten Innenkunst der Nachkriegszeit zur exoterischen, Außenbindung suchenden Kunst der sechziger Jahre sichtbar wurde, war der Widerstand der Befürworter der älteren Richtung, allen voran Clement Greenberg und Michael Fried, groß. In seinem Aufsatz „Art and Objecthood" (1967) setzte sich Fried mit Plastikern wie Robert Morris und Donald Judd auseinander. Er warf den Künstlern eine ‚theatralische' Zurschaustellung von Objekten vor, die den Betrachter körperlich anspricht und mit einbezieht, während die ältere (und wahre) Kunst ihn nur geistig berührt. Die neuen Raumskulpturen mit ihren ‚gigantischen Maßstäben' beunruhigen. Die esoterische Kunst enthülle sich in einem Augenblick in ihrer gesamten Präsenz, hier und jetzt, während die ‚theatralische' Kunst sich zeitlich abwickelt und dabei eine längst überwunden geglaubte Subjektivität des Erlebens entstehen läßt. Zeit sollte sich als stillstehende Gegenwart ereignen und nicht als bewegte, sich verändernde. Was die Fürsprecher der amerikanischen Nachkriegsmoderne unangetastet sehen wollten, war das Subjekt, das eine Objektivität der vollendeten Form gefunden hat, die durch einen aus allen Richtungen kommenden Subjektivismus in Frage gestellt wird. Schließlich galt es, eine Hierarchie der kritischen Erkenntnis – und Kontrolle! – aufrecht zu erhalten. Die Heftigkeit, mit der Greenberg und Fried das Fort der Moderne gegen die ‚Korruption und Pervertierung' der Kunst[1] durch die anstürmenden Horden der nachmodernen Barbaren zu halten versuchten, macht deutlich, daß das Schicksal der Kunstsubjektes mit auf dem Spiel stand. Jene starke Präsenz und Ganzheitlichkeit, die in Gefahr geriet, waren seine. Dabei war der Vorwurf des Theatralischen wie des Subjektivismus sehr ungenau. Überhaupt herrschte einige Verwirrung. Der Minimalismus mit seiner Betonung der Geschlossenheit und der Reinheit der Form wäre durchaus im Rahmen der Moderne-Definition von Greenberg und Fried anzu-

1 Michael Fried: Art and Objecthood, in: Battcock, 147.

siedeln gewesen. Allerdings war für sie entscheidend, daß die Minimalisten wie die Happening-Künstler, Konzeptualisten und Pop-Artisten das neutrale Kunstfeld verließen und der Kontext ihres Erscheinens wichtig wurde. Von Morris stammen die Sätze: „The object itself has not become less important. It has merely become less *self*-important"[2]. Das galt in gewisser Weise auch für die Künstler. Die von den Kritikern bestimmte Starqualität trat mit dem Verfall ihrer Qualitätskriterien in den Hintergrund. Warhols Ruhm entwickelte sich medienbedingt an ihnen vorbei.

Der lange Kampf der Moderne um die Selbstbestimmung des Subjektes hatte nach der Kapitulation der Philosophie im Bereich der Kunst ein letztes und scheinbar auch gesichtertes Refugium gefunden. Trotz der phänomenologischen Auflösung des herrschaftlichen Ichs gelang es der Kunst, dem amorphen Geistigen eine Formenwelt abzuringen, die nur in einem starken Subjekt verankert sein kann. Ein solches eigentliches Eigentum in einer uneigentlichen Welt setzt einen Eigentümer voraus. Und selbst wenn damit keine Transzendenz ins Bereinigte gemeint ist, auch kein im Sein abgesichertes Ich, ist auch eine ganz menschliche (männliche) Stärkung schon ein Gewinn.

Vom Impressionismus bis zur Neuen Sachlichkeit blieb die Festigung der Identität des Kunstsubjektes an die Ideologie der Männlichkeit gebunden. Theoretiker wie Hermann Bahr oder der frühe Meier-Graefe verbuchten von Kunstrichtung zu Kunstrichtung den Zugewinn an formaler Stringenz als Einlösung männlicher Tugenden und schrieben einfach der gerade aus der Mode gekommenen Kunstrichtung die abgelegten ‚weiblichen' Schwächen zu. Greenberg und Fried waren ein Hermann Bahr im Rückwärtsgang, denn am vermeintlichen Ende der Moderne standen sie mit ihrer Männlichkeit mit dem Rücken zur Wand. Alle die starken Werte, die seit der initialen Abwendung vom Naturalismus in der Kunst freigelegt worden waren, gerieten in Gefahr, von einem neuerlichen ‚latenten Naturalismus', wie Fried sagte, zerstört zu werden[3]. Mit dem Naturalismus war eine anthropomorphe Undeutlichkeit gemeint, vergleichbar Worringers gegen die Abstraktion gesetzte Einfühlung, die mit den männlichen Werten der ‚reinen' Kunst überwunden, da zu einem ethisch reinen Subjekt verdichtet worden war. Nach dem weichlichen Impressionismus hatten alle erleichtert für Cézanne votiert, in dessen Bildern sie eine männliche und ‚gemauerte' Stärke erkennen konnten. Im Kubismus, der für Greenberg bestimmend war, fanden diese Werte ihre Fortsetzung.

Susan Sontag stellte mit ihrem einflußreichen Artikel „Notes on Camp" nicht nur die streng bewachten Grenzen zwischen den Künsten (‚high and low') in Frage, sondern erklärte auch eine neue weibliche und homosexuelle Sensibilität zu einem wesentlichen Merkmal neuer Kunst[4]. Fried wandte sich wütend gegen diese ‚frivole' Aufweichung seriöser Normen[5]. Daß Duchamp für die neuen Kunstrichtungen der sechziger Jahre zu

2 Robert Morris: Notes on Sculpture (1966), in: Battcock, 234.
3 Fried, in: Battcock, 129.
4 Susan Sontag: Notes on Camp (1964), in: dies: Against Interpretation and Other Essays, 275–92.
5 Fried, in: Battcock, 142: „The truth is that the distinction between the frivolous and the serious becomes more urgent, even absolute, every day, and the enterprises of the modernist arts more purely motivated by the felt need to perpetuate the standards and values of the high art of the past."

einer zentralen Figur wurde, paßte für Greenberg und Fried mit ins Bild, denn seine künstlerische Unernsthaftigkeit entsprach seiner geschlechtlichen Ambiguität[6]. Überhaupt waren Dadaismus und Surrealismus, mit denen Duchamp zu tun hatte, für sie ‚theatralische' Künste[7]. Was die Coachs der amerikanischen Moderne zeit ihres Lebens nicht sehen wollten, war, daß die Festlegung einer Postmoderne den Versuch einer konservativen Abwehr darstellte. Wie Hegel konstatierten sie das Ende der absoluten Kunst, welche die Kunst schlechthin war. Die postklassische wie die postmoderne Kunstepoche mit ihren „Auflösungsformen" verfiele einem relativistischen Naturalismus, der endlos das „unvergänglich Menschliche" abhandelt, unfähig, je wieder die Ikonen des Absoluten hervorzubringen[8].

So jedenfalls verstand Hegel die Romantik und sahen Greenberg und Fried die Nicht-mehr Moderne. Beiden After-Produktionen wurde ein Subjektivismus zugeschreiben, eine Beschäftigung mit sich selbst. Das stimmt nur insofern, als damit kein nach innen gekehrter Individualismus mit psychologisch durchpflügten Stimmungsfeldern gemeint ist, sondern eine Selbstreflexion, die eine Wahrnehmung von Bewußtsein und dessen Inhalt darstellt. Wahrnehmung der Wahrnehmung richtet sich nach außen und innen. Dazu verhelfen nicht geschlossene Formen, das Erratische der absoluten Kunst, das zwanghaft Notwendige, das Haltungen vorschreibt, sondern das Undefinierte, Offene, die Möglichkeitsform. Das Nicht-Kausale, Fragmentarische und Reflexive verbindet Romantik und sogenannte Postmoderne. Duchamp hat mit den Ready-mades bereits am Beginn der europäischen Moderne jenen Bruch provoziert, den ab den sechziger Jahren, mit Berufung auf ihn, die minimalistische, konzeptuelle, kontextuelle, situationistische, reflexive Kunst kennzeichnet. Mit Duchamp und Dadaismus war die Moderne nicht zu Ende, der veränderte Ansatz im Schlagabtausch der Avantgarden als Ismus integrierbar. Bemerkbar wurde er, als der Neodadaismus und die Provokationskultur der sechziger Jahre einer reflektierteren Haltung Platz machten, die jene Duchamps umso deutlicher hervortreten ließ. Die philosophische Kennzeichnung der Postmoderne schien den Bruch in der Moderne als glatten Schnitt kenntlich zu machen[9].

Bedeutete Postmoderne zunächst eine Antimoderne, wie Greenberg und Fried sie verstanden, dann einen Eklektizismus und Neo-Historismus, wie er in der Architektur und Literatur vorgeführt wurde, das Ende aller Ismen in einer beliebigen Gleichzeitigkeit, so meinte Postmoderne vor allem den Versuch, die Moderne als radikalisierte Formfindung und als Mythos in Distanz zu rücken, um ihr mit Duchampscher Leidenschaftslosigkeit begegnen zu können. Die Auseinandersetzung mit dem Mythos wurde dabei zu einem zentralen Thema.

Der Moderne war es darum gegangen, sich über ihre Grundlagen Klarheit zu verschaffen, die Primwirklichkeiten atomistisch auf ihre letztmögliche Aussagekraft hin

6 Amelia Jones: Postmodernism and the En-Gendering of Marcel Duchamp, 21 ff, 42 ff.
7 Fried, in: Battcock, 145.
8 Friedrich Hegel: Ästhetik, I, 581.
9 Jean-François Lyotard: La condition postmoderne. Rapport sur le savoir. Paris 1979; dtsch: Das postmoderne Wissen.

abzufragen. Es zeigte sich, daß selbst die reduzierteste Form, ein Quadrat oder eine gerade Linie, noch mit Bedeutung aufgeladen sind, ihr gar nicht zu entgehen, der Mythos selbst von der streng formalen Kunst nicht zu trennen ist. Wie in dem Kapitel „Polaritäten" zu sehen ist, war dieser Gegensatz für die Kunst nur ein scheinbarer, seine Aufhebung gerade für sie konstitutiv. Der Postmoderne ging es hingegen darum, ihn kenntlich zu machen. Nichts zeigt das deutlicher, als die fortgesetzte Beschäftigung mit dem ***Schwarzen Quadrat***. Dessen endlose Wendungen sollen in nüchternen Versuchsanordnungen sein mythisches Geheimnis ans Tageslicht bringen, seine ‚Nullform' minimalistisch unterlaufen. Das geschieht ohne jede Blasphemie, ganz unaufgeregt. Es scheint darum paradox, daß gerade am Höhepunkt der Postmoderne das Erhabene in die Kunstkritik zurückgeholt wurde.

Die Amerikaner waren nach 1945 die ersten, die von der Erhabenheit der Kunst sprachen. In Europa war noch Hitlers Diktum gegenwärtig, das Troost an dem von ihm gebauten Münchner Haus der Deutschen Kunst hatte anbringen lassen: „Die Kunst ist eine erhabene und zum Fanatismus verpflichtende Mission". In Amerika konnte Barnett Newman in seinem Aufsatz ‚The Sublime Is Now' unbelastet fordern, daß mit dem Erhabenen der Kunst die Beziehung zu den ‚absoluten Gefühlen' wieder hergestellt wird[10]. Nicht nur Newmans Aufsatz, die gesamte bis in die sechziger Jahre vorherrschende meditative Kunstanschauung der Amerikaner las das Erhabene bei Burke und Kant, auf die sie sich bezogen, falsch. Robert Rosenblum schrieb in dem Aufsatz „The Abstract Sublime" über ein Bild von Rothko, den er mit Turner und Friedrich verglich: „... the floating, horizontal tiers of veiled light in the Rothko seem to conceal a total, remote presence that we can only intuit and never fully grasp. These infinite, glowing voids carry us beyond reason to the Sublime; we can only submit to them in an act of faith and let ourselves be absorbed into their radiant depths"[11].

Bei Kant ist das Erhabene gerade nicht die sublime Tiefe jenseits der Vernunft, der man sich in einem Akt des Glaubens ausliefert, sondern ein Mittel zum Zweck, das das Bewußtsein nicht aufhebt, sondern – vorsichtig gesagt – erweitert; eher: schärft. Kant band das Erhabene an die Größe und Gewalt der Natur, da sie allein der Vernunft über das Versagen der Phantasie das Gefühl der Unangemessenheit vermittelt und sie dadurch veranlaßt, die sinnliche Wahrnehmung subjektiv zu reflektieren, ohne sie objektiv in eine Ordnung bringen zu können. Große architektonische Bauwerke wie die Pyramiden oder der Petersdom sind gedanklich determiniert, somit nicht erhaben. Mit der abstrakten Kunst wäre allerdings Kants Vorgabe, die Unbegrenztheit des Erhabenen, erfüllt. Vor allem dann, wenn die Avantgarde die ästhetische Vereinnahmung der jeweils letzten Kunstrichtung von neuem aufbricht und damit die formale Eingrenzbarkeit unterläuft, die Kant dem Schönen zuordnete. Das sich dem empirischen Erkennen versagende Kunstwerk weckt zwar nicht Schrecken und Grauen wie die elementare Natur, aber Verwunderung, welche Kant auch gelten ließ.

10 Barnett Newman: The Sublime Is Now (1948), in Harrison und Wood, 572.
11 R. Rosenblum, 353.

Die Widerständigkeit der Avantgarde erzwingt ein Verharren vor dem Neuen, in dem sich, wie Habermas sagt, „die Sehnsucht nach einer unbefleckten, innehaltenden Gegenwart" ausspricht[12]. Die Entzeitlichung bewirkt die Reduktion auf den Augenblick der Erfahrung, der in dem Maße andauert, als das Gewebe aus Wirklichkeiten der erkennenden Auflösung widersteht. Im Nichterkennen liegt eine „negative Lust": eine Behinderung der Einbildungskraft und zugleich der Antrieb, diesen Zustand der Blockade zu überwinden. Das Gedankenbild, das aus der Wahrnehmung sich bildet, besteht eher aus Gefühlen denn aus Worten. Durch die Anspannung der Einbildungskraft, dem Werkzeug der Vernunft, gelangt diese bis unter die oberste Schwelle – *sub limen* – des Denkbaren. Das Erhabene bezeugt das Bewußtsein dieser Grenze, ist die Grenze. Und zugleich ist es der Widerstand des Geistes gegen die Übermacht dessen, was ihn an Natur niederhält und sich ihm als Transzendentes verschließt. In dieser Schwebe bleibt die Kunst – und die Sprache, die über sie spricht.

In einem stimmten die Amerikaner und Kant überein: Nichts ist leichter, als durch erhabene Darstellung Gefühle und Gemütsbewegungen zu erwecken, die nichts als (religiöser) Kitsch und Schwärmerei sind. Darum forderte schon Kant eine „abgezogene Darstellungsart": „also eine Darstellung des Unendlichen, welche zwar eben darum niemals anders als bloße negative Darstellung sein kann, die aber doch die Seele erweitert"[13]. Kant verwies dabei auf des Bildverbot der Juden und des Islam. Daran konnten die Amerikaner mit ihren großformatigen Bildern, die sich dem investigativen Blick versagen, anknüpfen. Die von Kant intendierte Erkenntnisleistung war in der mystisch ausgerichteten Rezeption allerdings nicht zu finden.

Das änderte sich erst, wie bereits dargestellt, in den achtziger Jahren. Dazwischen lag, gleich wie bei der Neubewertung der ‚schwarzen' Malerei, eine in den siebziger Jahren erfolgte Neuorientierung der Kunst, die sich von der ‚sublimen' Absorption zur elementarischen Außenwelt wandte und sich damit wieder Kants Definition des Erhabenen näherte. Der Ort der Kunst außerhalb der Galerie wurde vor allem mit der Land Art wichtig. Robert Smithson wandte sich in seinem Katalogbeitrag zur 5. Documenta 1972 in Kassel heftig gegen den metaphysisch verseuchten Galerieraum, der die Kunst von der Welt trennt[14]. Dem fehlenden Realitätsbezug der Kunst hatte Smithson 1970 mit ***Spiral Jetty*** ein realistisches und gleichwohl mythisches Werk entgegengesetzt. Es bestand aus einer spiralförmig aufgeschütteten Mole im Großen Salzsee in Utah, deren Form auf einen lokalen Mythos von einem Stromwirbel am Grunde des Sees zurückgeht. Ein spektakuläres Beispiel für die Verwandlung von Natur in einen mythischen Ort ist auch Walter de Marias ***Lightning Field*** *(1977) (Abb 50)*. De Maria stellte in der Wüste von New Mexico 400 Edelstahlstäbe in gleichen Abständen auf einem Terrain von einem Kilometer mal einer Meile auf. Ein ähnliches Konzept verwirklichte er bei ***Broken Kilometer*** mittels 1000 Metallzylindern. Der so sichtbar gemachte Raum wird „zu etwas völlig Unfaßbaren, zu einer schwebenden Größe"[15], die auch Kant nicht anders als

12 Jürgen Habermas: Die Verschlingung von Mythos und Aufklärung, in: Bohrer, 422.
13 Immanuel Kant: Kritik der Urteilskraft, V, 365.
14 Robert Smithson: Cultural Confinement (1972), in: Harrison und Wood, 947.
15 Gottfried Boehm: Ikonoklastik und Transzendenz, in: Gegenwart Ewigkeit, 31.

Abb. 50. Walter de Maria: The Lightning Field, 1977.

erhaben hätte bezeichnen können. Bei ***Lightning Field*** kommt hinzu, daß das Terrain wegen seiner Naturkräfte ausgesucht wurde. „Einschlagende Blitze repräsentieren eine denkbar direkte Metaphorik, in der die Kräfte des Himmels und der Erde sich für den Moment einer ungeheuren Entladung verbinden, sie geben dem Erhabenen nun eine unabweisbare Gegenwart."[16] Die technischen Strukturen bilden horizontal und vertikal Leiter ins Unbegrenzte. „Der Eindruck von Gestalt- und Grenzenlosigkeit zeigt sich daher als nahezu vollkommen"[17]. Dieser Satz bezieht sich nicht auf de Maria, sondern auf die Malerei Newmans. Dessen Farbfelder weiten sich bei de Maria zu Energiefeldern. „Newmans Bildstrategie zielt darauf, den Betrachter am Erfassen des Ganzen scheitern zu lassen. Die Totalität, die er bildlich erfährt, läßt sich anschauend nicht vereinnahmen, sie sprengt die Perzeption und macht dabei Übergröße als Charakteristikum und Erscheinungsqualität des Erhabenen deutlich."[18]

Lyotard ortet das Erhabene nicht in der Wüste New Mexicos, sondern auf den Farbflächen Newmans. Ohne auf die Nachkriegssituation einzugehen, sieht er sie aus

16 Boehm, ebd.
17 Michael Bockemühl: Die Wirklichkeit des Bildes, 56.
18 Boehm, 30.

dem Chaos eines vorgeschichtlichen Urbeginns entstehen. Das Erhabene in seiner Kunst ist das Unbefestigte, der erste Schritt aus dem Nichts, ehe sich Gedanken festlegen und ihnen zu folgen ist[19]. „Es geschieht", sagt Lyotard. Die „Ekstase der Zeitlichkeit" ereignet sich auch ohne Zeugen, so Heideggerisch eigentlich ist die Erhabenheit des Stillstands. In Wahrheit, sagt Rudolf Burger, wird kein Blick auf das nackte Sein freigelegt, das Erlebnis der Eigentlichkeit in einer uneigentlich gewordenen Welt (des Kunstbetriebes) ist Produkt eines Arrangements, das im Kunstwerk inszeniert wird: „Tatsächlich geschieht nichts, was aber nicht heißt, daß sich ein ‚Nichts' ereigne: die Leere ist bloß Provokation einer subjektiv-pseudoreligiösen Erwartung, sonst ‚nichts'. Das Kunstwerk wird zur Ikone"[20].

Kehren wir zu Kant zurück, das ist hilfreich, denn an dieser von Burger beschriebenen Stelle standen wir schon mehrmals. Wir bleiben im Rahmen von Kants Kritik, wenn wir sagen, daß das „Unnennbare" alles ist, was sich der Ratio entzieht, sie es, was es sei. Als Kunst durchbricht es die gut befestigte Grenze des rationalen Denkens ins Gebiet der „ästhetischen Idee". Darunter versteht Kant „diejenige Vorstellung der Einbildungskraft, die viel zu denken veranlaßt, ohne daß ihr doch ein bestimmter Gedanke, d. i. Begriff, adäquat sein kann, die folglich keine Sprache völlig erreicht und verständlich machen kann"[21]. Es ist die Einbildungskraft, die den Geist verleitet, ihr in diesen Bereich jenseits der Erfahrungsgrenze zu folgen. Dabei ist es gleichgültig, was sich dort befindet, denn Kant geht es alleine um die Mobilisierung der Erkenntniskräfte, die, auch wenn sie letztlich scheitern, in ihrem Bemühen, das Unfaßbare zu erreichen, an Vermögen gewinnen. In der Verbindung von Einbildungskraft und Vernunft, Irrealem und Realem, wird eine Ganzheitlichkeit hergestellt, die der Rationalität alleine nicht gelingt, der Kunst aber spielerisch. Diese Verbindung ist eine „ungesuchte, unabsichtliche, subjektive Zweckmäßigkeit"[22]. Zweckmäßigkeit heißt, daß durch die Verbindung und strukturelle Übereinstimmung der subjektiven Qualitäten des Kunstwerkes mit den objektiven Kenntnissen des Rezipienten, die Welt und die Kunst betreffend, das Kunstwerk sich erschließt und seine gesellschaftliche Relevanz zeigt.

19 Jean-François Lyotard: Das Inhumane (1989), 143, 160.
20 Rudolf Burger: Vom Willen zum Erhabenen, in: Forvm, Mai/Juni 1992, Wien, 40.
21 I. Kant: Kritik der Urteilskraft. Werke, V, 413.
22 Ebd., 418.

Literatur

A. Literatur im Text zitiert

Theodor W. Adorno: Ästhetische Theorie. Frankfurt/M 1973.
ders.: Jargon der Eigentlichkeit. Zur deutschen Ideologie. Frankfurt/M 1964.
ders.: Moments musicaux. Frankfurt/M 1964.
Aischylos: Die Tragödien und Fragmente. Übersetzung Johann Gustav Droysen. Stuttgart 1939.
Elisabeth Albertsen: Ratio und ‚Mystik' im Werk Robert Musils. München 1968.
Antonin Artaud: Frühe Schriften, hg. v. Bernd Mattheus. München 1983.
ders.: Surrealistische Texte. Briefe, hg. v. Bernd Mattheus. München 1985.
ders.: Das Theater und sein Double. Frankfurt/M 1969.
ders.: Van Gogh, der Selbstmörder durch die Gesellschaft und andere Texte und Briefe. München 1979.
James S. Atherton: The Books at the Wake. A Study of Literary Allusions in James Joyce's Finnegans Wake. London 1959.

Johann Jakob Bachofen: Gesammelte Werke. Basel 1948.
Francis Bacon: Neu-Atlantis. Berlin 1890.
Hermann Bahr: Expressionismus. München 1916.
ders.: Dialog vom Tragischen. Berlin 1904.
ders.: Studien zur Kritik der Moderne. Frankfurt/M. 1894.
ders.: Die Überwindung des Naturalismus. Dresden/Leipzig 1891.
Hugo Ball: Flucht aus der Zeit. München 1931.
Guido Ballo: Lucio Fontana. Köln-Lindenthal 1971.
Karlheinz Barck (Hg.): Surrealismus in Paris 1919–1939. Ein Lesebuch. Leipzig 1990.
Roland Barthes: Am Nullpunkt der Literatur. Hamburg 1959.
ders.: Mythen des Alltags. Frankfurt/M 1964.
Gregory Battcock (Hg.): minimal art. a critical anthology. New York 1968.
Charles Baudelaire: Der Künstler und das moderne Leben. Essays, ‚Salons', intime Tagebücher. Leipzig 1990.
ders.: Werke, hg. v. Max Bruns. Minden o. J. (1902).
Jean Baudrillard: Das perfekte Verbrechen. München 1996.
Roger Bauer, Eckhard Heftrich u. a. (Hg.): Fin de siècle. Zur Literatur und Kunst der Jahrhundertwende. Frankfurt/M. 1977.

Alexander Gottlieb Baumgarten: Aesthetica, in: Hans Rudolf Schweizer: Ästhetik als Philosophie der sinnlichen Erkenntnis. Basel/Stuttgart 1973.
ders.: Metaphysica. Hildesheim 1963.
Konrad Bayer: Sämtliche Werke. Wien 1985.
ders.: der sechste sinn. Wien 1993.
Oskar Becker: Grundlagen der Mathematik in geschichtlicher Entwicklung. Freiburg/München 1954.
Max Beckmann: Briefe im Krieg. München 1955.
Walter Benjamin: Angelus Novus. Ausgewählte Schriften 2. Frankfurt/M 1966.
ders.: Ursprung des deutschen Trauerspiels. Frankfurt/M 1963.
Gottfried Benn: Doppelleben. Zwei Selbstdarstellungen. Wiesbaden 1950.
ders.: Gesammelte Werke, hg. v. Dieter Wellershoff. Wiesbaden 1968.
ders.: Kunst und Macht. Stuttgart/Berlin 1934.
ders. (Hg.): Lyrik des expressionistischen Jahrzehnts. Wiesbaden 1955.
ders.: Der neue Staat und der Intellektuelle. Stuttgart/Berlin 1933.
Klaus Berger: Japonismus in der westlichen Malerei 1860-1920. München 1980.
Hanne Bergius: Das Lachen Dadas. Die Berliner Dadaisten und ihre Aktionen. Gießen 1989.
Hanne Bergius, Karl Riha: Dada in Berlin. Texte Manifeste Aktionen. Stuttgart 1977.
Henri Bergson: Einführung in die Metaphysik. Jena 1909.
ders.: Schöpferische Entwicklung. Jena 1921.
ders.: Zeit und Freiheit. Jena 1911.
Annie Besant: Vorträge in Deutschland. Düsseldorf 1928.
Annie Besant, Charles W. Leadbeater: Thought-Forms. London/Benares 1905.
Joseph Beuys: Jeder Mensch ein Künstler. Gespräche aufgezeichnet von Clara Bodenmann-Ritter. Frankfurt/Berlin/Wien 1975.
William Blake: The Marriage of Heaven and Hell. The prophetic writings of William Blake. Oxford 1926.
Maurice Blanchot: Der Gesang der Sirenen. Essays zur modernen Literatur. München 1962.
Henning Bock, Ursula Prinz (Hg.): J. M. W. Turner. Der Maler des Lichts. Berlin 1972.
Michael Bockemühl: Die Wirklichkeit des Bildes. Bildrezeption als Bildproduktion. Stuttgart 1985.
Dieter Bogner, Eva Badura-Triska: Johannes Itten. Wien/Zürich 1988.
Karl Heinz Bohrer (Hg.): Mythos und Moderne. Frankfurt/M 1983.
Bonaventura: Nachtwachen, hg. v. Wolfgang Paulsen. Stuttgart 1984.
Pierre Bourdieu: Die politische Ontologie Heideggers. Frankfurt/M 1976.
Karl Brand: Ästhetik und Kunstphilosophie im ‚Wiener Kreis'. Essen 1988.
Johann Jacob Breitinger: Critische Abhandlung von der Natur, den Absichten und dem Gebrauch der Gleichnisse. Stuttgart 1967.
ders.: Critische Dichtkunst. Stuttgart 1966.
Hildegard Brenner: Die Kulturpolitik des Nationalsozialismus. Reinbek 1963.
André Breton: Die kommunizierenden Röhren. München 1973.
ders.: Die Manifeste des Surrealismus. Reinbek 1986.
ders.: Nadja. Frankfurt/M 1978.
Hermann Broch: Die Schlafwandler. Frankfurt/M 1963.
Max Brod: Franz Kafka. Eine Biographie. Frankfurt/M 1963.
Dietrich Bronder: Bevor Hitler kam. Hannover 1964.
Martin Buber: Ekstatische Konfessionen. Jena 1909.
Peter Bürger: Der französische Surrealismus. Frankfurt/M 1996.
ders.: Theorie der Avantgarde. Frankfurt/M 1974.
ders.: Zur Kritik der idealistischen Ästhetik. Frankfurt/M 1983.
Hermann Büttner (Hg.): Das Büchlein vom vollkommenen Leben. Jena 1920.
Jacob Burckhardt: Die Kultur der Renaissance in Italien. Essen o. J.
Ingrid Burgbacher-Krupka: Prophete rechts Prophete links. Joseph Beuys. Nürnberg 1977.
Werner Busch: Das sentimentalische Bild. Die Krise der Kunst im 18. Jahrhundert und die Geburt der Moderne. München 1993.

Maurizio Calvesi: Der Futurismus. Kunst und Leben. Köln 1987.
Albert Camus: Literarische Essays. Hamburg o. J.
ders.: Der Mensch in der Revolte. Hamburg 1953.
ders.: Der Mythos von Sisyphos. Ein Versuch über das Absurde. Reinbek 1959.
Carl Gustav Carus: Neun Briefe über Landschaftsmalerei, geschrieben in den Jahren 1815 bis 1824. Leipzig 1831.
Ernst Cassirer: Individuum und Kosmos der Philosophie der Renaissance. Leipzig 1927.
ders.: Philosophie der symbolischen Formen. Darmstadt 1972/1977.
ders.: Zur modernen Physik. Oxford 1957.
Jean Cassou (Hg.): Lexikon des Symbolismus. Köln o. J.
Paul Cézanne: Ein Traum von Kunst. Der Maler in seinen Briefen, hg. v. Fritz Erpel. Berlin 1986.
ders.: Über die Kunst. Gespräche mit Gasquet. Briefe, hg. v. Walter Hess. Mittenwald 1980.
Selim O. Chan-Magomedow: Pioniere der sowjetischen Architektur. Dresden 1983.
André Chastel: Italienische Renaissance. Die Ausbildung der grossen Kunstzentren in der Zeit zwischen 1460 und 1500. München 1965.
Jürgen Claus: Kunst heute. Reinbek 1965.
Frances Colpitt, Phyllis Plons: Knowledge: Aspects of Conceptual Art. Seattle/London 1992.
Joseph Conrad: Herz der Finsternis. Zürich 1977.
René Crevel: Mein Körper und ich. Wien/Zürich 1992.

Carl Dahlhaus: Die Idee der absoluten Musik. Kassel/München 1978.
Dieter Daniels: Duchamp und die anderen. Köln 1992.
Robert Delaunay: Zur Malerei der reinen Farbe. Schriften von 1912 bis 1940, hg. v. Hajo Düchting. Genf 1983.
Jacques Derrida: Positionen. Wien/Graz 1986.
René Descartes' philosophische Werke, hg. v. J. H. Kirchmann. Berlin 1870.
René Descartes: Über den Menschen sowie Beschreibung des menschlichen Körpers. Heidelberg 1969.
Denis Diderot: Erzählungen und Gespräche, hg. v. K. Scheinfuss. Leipzig 1954.
Hermann Diels: Die Fragmente der Vorsokratiker. Berlin 1934/35.
Martha Dreesbach: Pater Desiderius Lenz OSB in Beuron, Theorie und Werk. Zur Wesensbestimmung der Beuroner Kunst. Diss. München 1956.
Hajo Düchting (Hg.): Apollinaire zur Kunst, Texte und Kritiken 1905–1918. Köln 1989.
ders.: Paul Cézanne. Köln 1990.

Hans Ebeling: Heidegger. Geschichte einer Täuschung. Würzburg 1990.
Umberto Eco: Das offene Kunstwerk. Frankfurt/M. 1977.
Hans Eibl: Der Tempel des Menschen. Entwürfe zu einem Reichsehrenmal. Wien 1927.
Carl Einstein: Die Fabrikation der Fiktion, hg. v. Sibylle Penkert. Reinbek 1973.
ders.: Gesammelte Werke, hg. v. Ernst Nef. Wiesbaden 1962.

Ludwig Feuerbach: Sämtliche Werke, hg. v. Wilhelm Bolin, Friedrich Jodl. Stuttgart-Bad Cannstadt 1959 – 1964.
Günther Feuerstein: Visionäre Architektur. Wien 1958/1988. Berlin 1988.
Johann Gottlieb Fichte: Einige Vorlesungen über die Bestimmung des Gelehrten, hg. v. Friedrich Schneider. Jena 1954.
ders.: Grundlage der gesammten Wissenschaftslehre, hg. v. Fritz Medicus. Leipzig 1922.
ders.: Kritische Gesamtausgabe, hg. v. Hans Schulz. Leipzig 1925.
ders.: Werke. Leipzig 1908/1912.
Marsilio Ficino: Über die Liebe oder Platons Gastmahl, hg. v. Paul Richard Blum. Hamburg 1984.
Konrad Fiedlers Schriften über Kunst, hg. v. Hermann Konnerth. München 1913.
Michael W. Fischer: Die Aufklärung und ihr Gegenteil. Die Rolle der Geheimbünde in Wissenschaft und Politik. Berlin 1982.
John Fletcher (Hg.): Athanasius Kircher und seine Beziehungen zum gelehrten Europa seiner Zeit. Wiesbaden 1988.

Constantin Floros: Beethovens Eroica und Prometheus-Musik. Wilhelmshaven 1979.
Manfred Frank: Einführung in die frühromantische Ästhetik. Frankfurt/M 1989.
ders.: Gott im Exil. Vorlesungen über die Neue Mythologie. Frankfurt/M 1988.
Andreas Franzke, Michael Schwarz (Hg.): Antoni Tàpies. Stuttgart 1979.
Sigmund Freud: Das Unbehagen in der Kultur. Frankfurt/M. 1953.
Walter Freund: Modernus und andere Zeitbegriffe des Mittelalters. Köln/Graz 1957.
Hugo Friedrich: Die Struktur der modernen Lyrik. Hamburg 1956.

Desi Galabov: Paul Cézanne im Licht der zeitgenössischen Kritik. Diss. Salzburg 1986.
Arnold Gehlen: Zeit-Bilder. Zur Soziologie und Ästhetik der modernen Malerei. Frankfurt/M-Bonn 1965. (2. Aufl.)
Henry Geldzahler (Hg.): New York Painting and Sculpture: 1940–1970. New York 1969.
Stefan George: Gesamt-Ausgabe der Werke. Berlin 1927–1934.
André Gide: Gesammelte Werke, hg. v. Raimund Theis u. Peter Schnyder. Stuttgart 1991.
Joseph Goebbels: Michael. Ein deutsches Schicksal in Tagebuchblättern. München 1937. (10. Aufl.)
Johann Wolfgang von Goethe: Gedenkausgabe der Werke, Briefe und Gespräche, hg. v. Ernst Beutler. Zürich 1948–51.
ders.: Sämtliche Werke, hg. v. Karl Richter. München/Wien 1989.
Joseph von Görres: Die christliche Mystik, hg. v. Joseph Bernhart. München/Berlin 1927.
Vincent van Gogh: Briefe über die Kunst. Köln 1963.
ders.: Correspondance complète. Paris 1960.
Nelson Goodman: Sprachen der Kunst. Ein Ansatz zu einer Symboltheorie. Frankfurt/M 1973.
Christian Dietrich Grabbe: Werke und Briefe. Göttingen/Emsdetten 1960.
Hans Graber: Paul Gauguin nach eigenen und fremden Zeugnissen. Basel 1946.
Josef Greiner: Das Ende des Hitler-Mythos. Zürich/Leipzig/Wien 1947.
Reinhold Grimm (Hg.): Zur Lyrik-Diskussion. Darmstadt 1966.
Franz van der Grinten, Friedhelm Mennekes: Abstraktion–Kontemplation. Stuttgart 1987.
Clement Greenberg: Art and Culture. Critical Essays. Boston 1961.
ders.: The Collected Essays and Criticism, hg. v. John O'Brian. Chicago/London 1986.
Gotthard Günther: Das Bewußtsein der Maschinen. Krefeld/Baden-Baden 1957.
Ernst-Gerhard Güse (Hg.): Richard Serra. Stuttgart 1987.
Gottschalk-Eduard Guhrauer: Gottfried Wilhelm Freiherr von Leibnitz. Breslau 1846.

Volker Harlan: Was ist Kunst? Werkstattgespräche mit Beuys. Stuttgart 1988.
Charles Harrison, Paul Wood (Hg.): Art in Theory 1900–1990. An Anthology of Changing Ideas. Oxford UK/Cambridge USA 1992.
Gerhard Hay: Darstellung des Menschenhasses in der deutschen Literatur des 18. und 19. Jahrhunderts. Frankfurt/M. 1970.
Georg Wilhelm Friedrich Hegel: Ästhetik. Frankfurt/M 1955.
ders.: Sämtliche Werke, hg. v. Johannes Hoffmeister. Hamburg 1952–60.
ders.: Werke, hg. v. Ludwig Michelet. Berlin 1844. (2. Aufl.)
Martin Heidegger: Gesamtausgabe. Frankfurt/M 1983–1989.
ders.: Kant und das Problem der Metaphysik. Frankfurt/M 1973. (4. Aufl.)
ders.: Sein und Zeit. Tübingen 1976. (13. Aufl.)
ders.: Über den Humanismus. Frankfurt/M 1981.
M. Heidegger, Elisabeth Blochmann: Briefwechsel 1918–1969, hg. v. Joachim W. Storck. Marbach am Neckar 1989.
Heinrich Heine: Werke, hg. v. Helmut Schanze. Frankfurt/M 1968.
Helmut Heissenbüttel: Über Literatur. Olten u. Freiburg 1966.
Johann Gollfried Herder: Sämtliche Werke hg. v. Bernhard Suphan. Berlin 1877–1913. Reprint: Hildesheim 1967–68.
Georg Heym: Dichtungen und Schriften. Gesamtausgabe, hg. v. Karl Ludwig Schneider. Hamburg/München 1962.

Adolf Hitler: Mein Kampf. München 1933. (31. Aufl.)
Gustav René Hocke: Die Welt als Labyrinth. Manier und Manie in der europäischen Kunst. Hamburg 1957.
Friedrich Hölderlin: Sämtliche Werke, hg. v. Norbert v. Hellingrath, Friedrich Seebass, Ludwig v. Pigenot. Berlin 1943.
Walter Hof: Pessimistisch-nihilistische Strömungen in der deutschen Literatur. Tübingen 1970.
Walter Hofer (Hg.): Der Nationalsozialismus. Dokumente 1933–1945. Frankfurt/M 1957.
E. T. A. Hoffmann: Der Sandmann. Das öde Haus. Stuttgart 1987.
Johannes Hoffmeister (Hg.): Dokumente zu Hegels Entwicklung. Stuttgart 1936.
Werner Hofmann: Das Irdische Paradies. Die Kunst im neunzehnten Jahrhundert. München 1960.
Hugo von Hofmannsthal: Gesammelte Werke, hg. v. Herbert Steiner. Stockholm 1946.
ders.: Gesammelte Werke, hg. v. Bernd Schoeller. Frankfurt/M. 1979.
Hans H. Hofstätter: Symbolismus und die Kunst der Jahrhundertwende. Köln 1973.
Richard Huelsenbeck: Dada siegt. Eine Bilanz des Dadaismus. Berlin 1920.
Victor Hugo: Oeuvres complètes. Paris 1906.
Edmund Husserl: Ideen zu einer reinen Phänomenologie und phänomenologischen Philosophie. Tübingen 1980.
Joris K. Huysmans: Gegen den Strich. Zürich 1965.
ders.: Tief unten. Zürich 1987.

Gerolf Jäßl: Mathematik und Mystik in Robert Musils Roman Der Mann ohne Eigenschaften. Diss. München 1963.
Hans L. C. Jaffé: Mondrian und De Stijl. Köln 1967.
Alfred Jarry: Heldentaten und Lehren des Dr. Faustroll (Pataphysiker). Berlin 1968.
Hans Robert Jauß: Literaturgeschichte als Provokation. Frankfurt/M 1970.
Jens Christian Jensen: Philipp Otto Runge. Leben und Werk. Köln 1977.
Amelia Jones: Postmodernism and the En-Gendering of Marcel Duchamp. Cambridge, New York 1994.
James Joyce: Ein Porträt des Künstlers als junger Mann. Frankfurt/M. 1986.
ders.: Stephen der Held. Frankfurt/M. 1979.
Ernst Jünger: Das abenteuerliche Herz. Aufzeichnungen bei Tag und Nacht. Berlin 1929.
ders.: Blätter und Steine. Hamburg 1934.
ders.: Feuer und Blut. Hamburg 1929/1941.
ders.: In Stahlgewittern. Aus dem Tagebuch eines Stoßtruppführers. Berlin 1929. (10. Aufl.)
ders.: Der Kampf als inneres Erlebnis. Berlin 1922.
ders.: Werke. Stuttgart o. J.
ders.: Sturm. Stuttgart 1979.
C. G. Jung: Bewußtes und Unbewußtes. Frankfurt/M. 1957.

Franz Kafka: Brief an den Vater. München 1960.
ders.: Briefe 1902–1924, hg. v. Max Brod. Frankfurt/M 1975.
ders.: Die Erzählungen. Frankfurt/M. 1961.
ders.: Tagebücher 1910–1923. Gesammelte Werke, hg. v. Max Brod. Frankfurt/M. 1976.
Wassily Kandinsky: Über das Geistige in der Kunst. München 1912.
ders. und Franz Marc (Hg.): Der blaue Reiter. München 1965.
Immanuel Kant: Träume eines Geistersehers. Stuttgart 1976.
ders.: Werke. Darmstadt 1963.
Thomas Kellein (Hg.): Ad Reinhardt. Schriften und Gespräche. München 1984.
Ludwig Klages: Vom kosmogonischen Eros. Jena 1926. (2. Aufl.)
Felix Klee (Hg.): Tagebücher von Paul Klee 1898–1918. Köln 1957.
Paul Klee: Schriften, Rezensionen und Aufsätze, hg. v. Chr. Geelhaar. Köln 1976.
Yves Klein: Selected writings 1928–1962. London 1974.
Friedrich Maximilian Klinger: Sämtliche Werke. Stuttgart/Tübingen 1842.
Heinrich Klotz (Hg.): Die Zweite Moderne. Eine Diagnose der Kunst der Gegenwart. München 1996.

Richard von Kralik: Kulturarbeiten. Münster 1904.
ders.: Kulturfragen. Münster 1907.
ders.: Neue Kulturstudien. Münster 1903.
ders.: Ein Vorschlag zur künstlerischen Ausgestaltung des Leopoldsberges. Wien 1903.
ders.: Zu Kulturarbeiten. Münster 1904.
Hanspeter Krellmann: Anton Webern in Selbstzeugnissen und Bilddokumenten. Reinbek 1975.
Christian Kreutz: Das Prometheussymbol in der Dichtung der englischen Romantik. Göttingen 1963.
Nikolaus von Kues: Der Laie über die Weisheit, hg. v. Renate Steiger, Hamburg 1988.
Helmut Kuhn, Franz Wiedmann (Hg.): Die Philosophie und die Frage nach dem Fortschritt. München 1964.
Udo Kultermann: Kunst und Wirklichkeit. Von Fiedler bis Derrida. München 1991.

Paul de Lagarde: Nationale Religion. Jena 1934.
Gustav Landauer: Skepsis und Mystik. Versuche im Anschluß an Mauthners Sprachkritik. Berlin 1903.
August Julius Langbehn: Rembrandt als Erzieher. Leipzig 1922.
Lautréamont: Das Gesamtwerk. Hamburg 1963.
Robert Lebel: Duchamp. Von der Erscheinung zur Konzeption. Köln 1972.
Gottfried Wilhelm Leibniz: Schöpferische Vernunft. Schriften aus den Jahren 1668–1686, hg. v. Wolf von Engelhardt. Marburg 1951.
Leibniz Lexicon. A Dual concordance to Leibniz's Philosophische Schriften. Hildesheim/Zürich/New York 1980.
Leibnizens Nachgelassene Schriften, hg. v. Ernst Gerland. Leipzig 1906.
Kurt Leonhard: Paul Cézanne. Reinbek 1966.
El Lissitzky: Proun und Wolkenbügel. Dresden 1977.
S. Lissitzky-Küppers (Hg.): El Lissitzky – Maler Architekt Typograf Fotograf. Dresden 1976.
König Ludwig II., Richard Wagner: Briefwechsel, hg. v. Wittelsbacher Ausgleichsfonds, Winifred Wagner. Karlsruhe 1936–39.
Jean-François Lyotard: Das postmoderne Wissen. Graz/Wien 1986.

Ernst Mach: Die Analyse der Empfindungen. Jena 1911.
August Macke-Franz Marc: Briefwechsel 1910–1914. Köln 1964.
Maurice Maeterlinck: Prosa und kritische Schriften 1886-1896., hg. v. Stefan Gross. Bad Wörrishofen 1983.
Julius Meier-Graefe: Cézanne. Frankfurt/M. 1989.
ders.: Entwicklungsgeschichte der modernen Kunst. München 1915.
Norman Malcolm: Ludwig Wittgenstein. Ein Erinnerungsbuch. München/Wien o. J.
Kasimir Malewitsch: Essays on art 1915–1933., hg. v. Troels Andersen, Kopenhagen 1971.
ders.: Le Miroir suprématiste. Lausanne 1977.
ders.: Suprematismus – Die gegenstandslose Welt. Köln 1962.
Stéphane Mallarmé: Correspondances 1862–1871, hg. v. Henri Mondor, Jean-Pierre Richard. Paris 1959.
ders.: Oeuvres complètes, hg. v. Henri Mondor, G. Jean-Aubry. Paris 1945.
ders.: Sämtliche Dichtungen. München/Wien 1992.
Klaus Mann: Prüfungen. Schriften zur Literatur. München 1968.
Thomas Mann: Doktor Faustus. Frankfurt/M 1971.
ders.: Essays. Frankfurt/M. 1977.
ders.: Tonio Kröger. Frankfurt/M. 1973.
ders.: Werke. Frankfurt/M. 1953.
Herbert Marcuse: Triebstruktur und Gesellschaft. Frankfurt/M. 1967.
Bernd Martin (Hg.): Martin Heidegger und das ‚Dritte Reich'. Darmstadt 1989.
Karl Marx, Friedrich Engels: Die deutsche Ideologie. Berlin 1957.
dies.: Werke, Berlin 1957. ff.

Fritz Mauthner: Der Atheismus und seine Geschichte im Abendland. Stuttgart/Berlin 1920–23.
ders.: Beiträge zu einer Kritik der Sprache. Stuttgart 1901.
ders.: Wörterbuch der Philosophie. Leipzig 1920–23.
Hermann Melville: Moby Dick. Frankfurt/M. 1977.
Julien Offray de la Mettrie: Der Mensch eine Maschine. Leipzig 1909.
Henri Michaux: Turbulenz im Unendlichen. Frankfurt/M 1961.
Moeller van den Bruck: Das Dritte Reich, hg. v. Hans Schwarz. Hamburg 1930. (3. Aufl.) Vorwort Hans Schwarz.
Ray Monk: Ludwig Wittgenstein. The Duty of a Genius. London 1990.
Michel de Montaigne: Essais. Zürich 1985. (6. Aufl.)
Robert Müller: Camera obscura. Paderborn 1991.
ders.: Tropen. Der Mythos der Reise. München 1915.
Ursula Müller: Die Gestalt Luzifers in der Dichtung vom Barock bis zur Romantik. Berlin 1940.
Robert Musil: Beitrag zur Beurteilung der Lehren Machs. Berlin 1908.
ders.: Gersammelte Werke in Einzelausgaben, hg. v. Adolf Frisé. Hamburg 1955. ff.
ders.: Der Mann ohne Eigenschaften, hg. v. Adolf Frisé. Reinbek 1987.

Maurice Nadeau: Geschichte des Surrealismus. Reinbek 1965.
John Neubauer: Symbolismus und symbolische Logik. München 1978.
Jürgen Nieraad: Standpunktbewußtsein und Weltzusammenhang. Das Bild des lebendigen Spiegels bei Leibniz und seine Bedeutung für das Alterswerk Goethes. Wiesbaden 1970.
Friedrich Nietzsche: Sämtliche Werke. Kritische Studienausgabe, hg. v. G. Colli, M. Montinari. München, Berlin/New York 1988.
Max Nordau: Entartung. Berlin 1896. (3. Aufl.)
Novalis: Heinrich von Ofterdingen. Stuttgart 1987.
ders.: Schriften, hg. v. Paul Kluckhohn. Leipzig o. J. (1928.)
ders.: Schriften, hg. v. Jacob Minor. Jena 1923.
H. Nüsse: Die Sprachtheorie Friedrich Schlegels. Heidelberg 1962.

Karl O. Paetel: Ernst Jünger in Selbstzeugnissen und Bilddokumenten. Reinbek 1962.
Jean Paul: Werke, hg. v. Gustav Lohmann. München 1959–63.
Klaus Peter (Hg.): Romantikforschung seit 1945. Königstein/Ts. 1980.
Georges Philippart (Hg.): Lettres de Vincent van Gogh à son frère Theo. Paris 1937.
Walter Pichler: Bilder. Text von Christian Reder. Salzburg/Wien 1986.
Kurt Pinthus (Hg.): Menschheitsdämmerung. Ein Dokument des Expressionismus. Hamburg 1959.
Platon: Das Gastmahl. Stuttgart 1974.
ders.: Phaidros. Stuttgart 1957.
ders.: Der Staat. Zürich/München 1991.
Erhard Wolfram Platzeck: Raimund Lull. Sein Leben – seine Werke. Die Grundlagen seines Denkens. Düsseldorf 1962.
Plotins Schriften. Übersetzt v. Richard Harder. Leipzig 1930–37.
Edgar Allan Poe: Werke. Olten und Freiburg 1967. ff.
Ilse Pollak: Pataphysik, Symbolismus und Anarchismus bei Jarry. Diss. Wien 1975.
Mario Praz: Liebe, Tod und Teufel. Die schwarze Romantik. München 1963.
Marcel Proust: Auf der Suche nach der verlorenen Zeit. Frankfurt/M. 1975.

Robert von Ranke-Graves: Griechische Mythologie. Quellen und Deutung. Reinbek 1960.
Max Raphael: Von Monet zu Picasso. Grundzüge einer Ästhetik und Entwicklung der modernen Malerei. Frankfurt/M. 1989.
Paul Reiff: Die Ästhetik der deutschen Romantik. Urbana, Illinois 1946.
Pierre Restany: Yves Klein. New York 1982.
Hans Richter: DADA – Kunst und Antikunst. Der Beitrag Dadas zur Kunst des 20. Jahrhunderts. Köln 1970. (2. Aufl.)

Rainer Maria Rilke: Briefe über Cézanne, hg. v. Clara Rilke. Wiesbaden 1952.
ders.: Sämtliche Werke, hg. v. Ernst Zinn. Wiesbaden 1955–66.
Jean Arthur Rimbaud: Briefe und Dokumente, hg. v. Curd Ochwadt. Heidelberg 1961.
ders.: Sämtliche Dichtungen. München 1963.
Franz Rodens: Vom Wesen deutscher Kunst. Schriftenreihe der NSDAP. Volkswerdung und Glaube, Bd. 9. Berlin 1942.
Richard Rorty: Der Spiegel der Natur. Eine Kritik der Philosophie (1979.) Frankfurt/M. 1987.
Alfred Rosenberg: Der Mythus des 20. Jahrhunderts. München 1930.
Harold Rosenberg: Barnett Newman. New York 1978.
Robert Rosenblum: Die moderne Malerei und die Tradition der Romantik. München 1981.
Raymond Roussel: Eindrücke aus Afrika. München 1980.
Gerhard Rühm (Hg.): Die Wiener Gruppe. Reinbek 1967.
Philipp Otto Runge: Hinterlassene Schriften. Göttingen 1965.

Donatien-Alphonse-François de Sade: Justine oder Die Leiden der Tugend. Köln 1995.
Rüdiger Safranski: Ein Meister aus Deutschland. Heidegger und seine Zeit. München/Wien 1994.
Ernst von Salomon: Die Geächteten. Berlin 1930.
Herbert Salzmann: Die geistigen Grundlagen des erweiterten Kunstbegriffs: Rudolf Steiner – Joseph Beuys. Diplomarbeit. Innsbruck 1989.
Jean-Paul Sartre: Drei Essays. Frankfurt/M. 1986.
ders.: Der Ekel. Reinbek 1963.
ders.: Das Sein und das Nichts. Versuch einer phänomenologischen Ontologie. Hamburg 1962.
Helmut Schanze (Hg.): Friedrich Schlegel und die Kunsttheorie seiner Zeit. Darmstadt 1985.
Max Scheler: Der Genius des Krieges und der Deutsche Krieg. Leipzig 1915.
Friedrich Wilhelm Joseph Schelling: Sämtliche Werke. Stuttgart/Augsburg 1856–61.
ders.: Werke, hg. v. Manfred Schröter. München 1958–62.
Hans Scheugl, Ernst Schmidt jr.: Eine Subgeschichte des Films. Lexikon des Avantgarde-, Experimental- und Undergroundfilms. Frankfurt/M. 1974.
Peter Schifferli (Hg.): Das war Dada. Dichtungen und Dokumente. München 1963.
Friedrich Schiller: Sämtliche Werke, hg. v. Gerhard Fricke, Herbert G. Göpfert. München 1958–1959.
ders.: Über die ästhetische Erziehung des Menschen. Briefe an den Augustenburger, Ankündigung der ‚Horen' und letzte, verbesserte Fassung, hg. v. Wolfhart Henckmann. München 1967.
Christian Schlatter: Art conceptuel formes conceptuelles / Conceptual Art Conceptual forms. Paris 1990.
August Wilhelm Schlegel: Sprache und Poetik, hg. v. Edgar Lohner. Stuttgart 1962.
ders.: Vorlesungen über schöne Literatur und Kunst. Heilbronn 1884.
Friedrich Schlegel: Kritische Friedrich-Schlegel-Ausgabe, hg. v. Hans Eichner. München/Paderborn/Wien/Zürich 1967.
ders.: Literary Notebooks 1797–1801. London 1957.
ders.: Lucinde. Leipzig 1907.
Friedrich Schleiermacher: Über die Religion. Stuttgart 1969.
Oskar Schlemmer: Briefe und Tagebücher, hg. v. Tut Schlemmer. Stuttgart 1977.
ders.: Idealist der Form. Briefe, Tagebücher, Schriften 1912–1943. Leipzig 1990.
Jochen Schmidt: Die Geschichte des Genie-Gedankens in der deutschen Literatur, Philosophie und Politik. Darmstadt 1988.
Hansgeorg Schmidt-Bergmann: Futurismus. Geschichte, Ästhetik, Dokumente. Reinbek 1993.
Wilhelm Schmidt-Biggemann: Topica universalis. Eine Modellgeschichte humanistischer und barocker Wissenschaft. Hamburg 1983.
Wendelin Schmidt-Dengler, Martin Huber, Michael Huber (Hg.): Wittgenstein und Philosophie – Literatur. Wien 1990.
Carl Schmitt-Dorotić: Politische Romantik. München/Leipzig 1919.
Guido Schneeberger: Nachlese zu Heidegger. Dokumente zu seinem Leben und Denken. Bern 1962.
Arnold Schönberg: Harmonielehre. Wien/Zürich/London 1949.
ders.: Stil und Gedanke. Aufsätze zur Musik hg. v. Ivan Vojtech. Frankfurt/M. 1976.

Arnold Schönberg-Wassily Kandinsky: Briefe, Bilder und Dokumente einer außergewöhnlichen Begegnung, hg. v. Jelena Hahl-Koch. Salzburg/Wien 1980.
Franz Schonauer: Stefan George in Selbstzeugnissen und Bilddokumenten. Reinbek 1960.
Ludwig Schrader (Hg.): Alternative Welten in Mittelalter und Renaissance. Düsseldorf 1988.
Horst Schwebel: Glaubwürdig. Fünf Gespräche über heutige Kunst und Religion mit Joseph Beuys, Heinrich Böll ... München 1979.
John R. Searle: Die Wiederentdeckung des Geistes. Frankfurt/M. 1996.
Rudolf von Sebottendorff: Bevor Hitler kam. München 1933.
Hans Sedlmayr: Verlust der Mitte. Salzburg 1948.
John Senior: The Way Down and Out: The Occult in Symbolist Literature. Ithaca, New York 1959.
Walter Serner: Letzte Lockerung. Berlin 1964.
Harald Siebenmorgen: Die Anfänge der ‚Beuroner Kunstschule'. Sigmaringen 1983.
Georg Simmel: Der Krieg und die geistigen Entscheidungen. München/Leipzig 1917.
ders.: Zur Philosophie der Kunst. Potsdam 1922.
Peter Sloterdijk: Kritik der zynischen Vernunft. Frankfurt/M. 1983.
Adam Smith: Theorie der ethischen Gefühle. Hamburg 1977.
Susan Sontag: Against Interpretation and Other Essays. New York 1966.
Oswald Spengler: Der Untergang des Abendlandes. Umrisse einer Morphologie der Weltgeschichte. München o. J. (1988).
Jürg Spiller (Hg.): Paul Klee – Unendliche Naturgeschichte. Basel/Stuttgart 1970.
Serge Stauffer: Marcel Duchamp. Die Schriften. Zürich 1981.
ders. (Hg.): Marcel Duchamp. Interviews and Statements. Stuttgart 1991.
Rudolf Steiner: Die Mystik im Aufgange des neuzeitlichen Geisteslebens und ihr Verhältnis zu modernen Weltanschauungen. Berlin 1901.
ders.: Die Rätsel der Philosophie. Dornach 1974.
Otto Stelzer: Die Vorgeschichte der abstrakten Kunst. München 1964.
Fritz Stern: Kulturpessimismus als politische Gefahr. Eine Analyse nationalistischer Ideologie in Deutschland. Bern/Stuttgart/Wien 1963.
Adalbert Stifter: Der Nachsommer. Die Werke Bd. V, hg. v. Max Stefl. Augsburg 1954.
Max Stirner: Der Einzige und sein Eigentum. München 1968.
Wolfgang Storch, Burghard Damerau (Hg.): Mythos Prometheus. Texte von Hesiod bis René Char. Leipzig 1995.
Fritz Strich: Deutsche Klassik und Romantik. Bern/München 1962.

Annemarie Taeger: Die Kunst, Medusa zu töten. Zum Bild der Frau um die Jahrhundertwende. Bielefeld 1987.
Hilary Taylor: James McNeill Whistler. London 1978.
Ludwig Tieck: Der Gelehrte. Freiburg i. B. 1911.
ders.: Studienausgabe, hg. v. Uwe Schweikert. München 1971.
ders.: Werke. München 1963.
Raymond Trousson: Le Théme de Prométhée dans la Littérature Européenne. Genf 1964.

Emil Utitz: Die Überwindung des Expressionismus. Charakterologische Studien zur Kultur der Gegenwart. Stuttgart 1927.

Paul Valéry: Cahiers, hg. v. Judith Robinson. Paris 1973.
ders.: Briefe. Wiesbaden 1954.
ders.: Herr Teste. Wiesbaden 1957.
Emile Verhaeren: Ausgewählte Gedichte. Leipzig 1913.
Michel Vieuchange: Smara – die verbotene Stadt. Stuttgart 1995.
Theodora Vischer: Beuys und die Romantik. Köln 1983.
Paul Vogt: Geschichte der deutschen Malerei im 20. Jahrhundert. Köln 1989.
Klaus Vondung: Die Apokalypse in Deutschland. München 1988.

Wilhelm Heinrich Wackenroder: Herzensergießungen eines kunstliebenden Klosterbruders. Stuttgart 1969.
Richard Wagner: Sämtliche Schriften und Dichtungen. Volksausgabe. Leipzig 1911.
Kurt Wais: Mallarmé. München 1938.
Patrick Waldberg: Der Surrealismus. Köln 1965.
Martin Walser: Erfahrungen und Leseerfahrungen. Frankfurt/M. 1965.
Otto Weininger: Geschlecht und Charakter. München 1980.
ders.: Taschenbuch und Briefe an einen Freund. Leipzig/Wien 1919.
ders.: Über die letzten Dinge. München 1980.
Stanley Weintraub: Whistler. A Biography. New York 1974.
Carl Friedrich von Weizsäcker: Die Einheit der Natur. München 1971.
Carl Friedrich von Weizsäcker, Enno Rudolph (Hg.): Zeit und Logik bei Leibniz. Stuttgart 1989.
Johan Carl Wezel: Belphegor oder die wahrscheinlichste Geschichte unter der Sonne. Frankfurt/M. 1965.
ders.: Lebensgeschichte Tobias Knauts, des Weisen, sonst der Stammler genannt. Stuttgart 1971.
ders.: Kritische Schriften, hg. v. Albert R. Schmitt. Stuttgart 1971.
Norbert Wiener: Kybernetik. Regelung und Nachrichtenübertragung im Lebewesen und in der Maschine. Düsseldorf/Wien 1963. (2. Aufl.)
Oswald Wiener: nicht schon wieder…!, hg. v. Evo Präkogler (Pseudonym f. Wiener). München 1990.
ders.: Die Verbesserung von Mitteleuropa. Reinbek 1969.
Lambert Wiesing: Die Sichtbarkeit des Bildes. Geschichte und Perspektiven der formalen Ästhetik. Reinbek 1997.
Hans M. Wingler: Das Bauhaus. Köln 1968. (2. Aufl.)
Ludwig Wittgenstein: Briefwechsel, hg. v. B. F. McGuinness u. G. H. von Wright. Frankfurt/M. 1980.
ders.: Denkbewegungen. Tagebücher 1930–1932/1936–1937., hg. v. Ilse Somavilla. Innsbruck 1997.
ders.: Geheime Tagebücher 1914–1916, hg. v. Wilhelm Baum. Wien 1991.
ders.: Philosophische Untersuchungen. Schriften, Frankfurt/M. 1960.
ders.: Tagebücher 1914–1916. Schriften, a.a.O.
ders.: Tractatus logico-philosophicus. Schriften, a.a.O.
ders.: Vermischte Bemerkungen / Culture and Value, hg. v. Georg Henrik von Wright. Oxford 1984.
ders.: Vorlesungen über Gespräche über Ästhetik, Psychologie und Religion. Göttingen 1971.
Wilhelm Worringer: Abstraktion und Einfühlung. Ein Beitrag zur Stilpsychologie. München 1911. (3. Aufl.)
ders.: Fragen und Gegenfragen. Schriften zu Kunstrproblemen. München 1956.
Marianne Wünsch: Die Fantastische Literatur der Frühen Moderne (1890–1930). München 1991.

Thomas Zaunschirm: Bereites Mädchen. Ready-made. Klagenfurt 1983.
ders.: Robert Musil und Marcel Duchamp. Klagenfurt o. J.
Gerda Zeltner-Neukomm: Das Wagnis des französischen Gegenwartromans. Reinbek 1960.

B. Kataloge

Ad Reinhard. The Museum of Contemporary Art, Los Angeles und The Museum of Modern Art New York 1991/92.
The Andy Warhol Museum, Pittsburg. New York/Stuttgart 1994.
Arnulf Rainer: TRR Automatik optische Auflösung. Wien 1952.
Ars electronica. Redaktion: Gottfried Hattinger, Peter Weibel. Linz 1988.
l'art conceptuel, une perspective. Musée d'Art Moderne de la Ville de Paris 1990.
Beuys. Museum Boymans – van Beuningen. Rotterdam 1980.
Bildlicht. Malerei zwischen Material und Immaterialität. Museum des 20. Jahrhunderts, hg. v. Wolfgang Drechsler, Peter Weibel. Wien 1991.
la Couleur Seule. L'expérience du monochrome. Lyon 1988.
Frank Kupka 1871–1957, hg. v. Margit Rowell. Kunsthaus Zürich und Guggenheim Museum New York 1976.
Gegenwart Ewigkeit. Spuren des Transzendenten in der Kunst unserer Zeit, hg. v. Wieland Schmied zus. m. Jürgen Schilling. Stuttgart 1990.

Gruppe Zero. Galerie Schoeller. Düsseldorf 1989.
Werner Hofmann: Zauber der Medusa. Europäische Manierismen. Wien 1987.
Joseph Beuys. Kunsthaus Zürich 1994.
Kasimir Malewitsch. Zum 100. Geburtstag. Galerie Gmurzynska. Köln 1978.
Kazimir Malevich 1878–1935, hg. v. Jeanne D'Andrea. The Armand Hammer Museum of Art and Cultural Center. Los Angeles 1990.
Kreuz + Zeichen. Religiöse Grundlagen im Werk von Joseph Beuys. J. B. Suermondt-Ludwig-Museum und Museumsverein Aachen 1985.
Lipton, Rothko, Smith, Tobey, hg. v. Museum of Modern Art New York 1958.
The Machine as seen at the End of the Mechanical Age. The Museum of Modern Art, hg. v. Pontus Hulten. New York 1968.
Marcel Duchamp, hg. v. Anne d'Harnoncourt, Kynaston McShine, Museum of Modern Art New York und Philadelphia Museum of Art 1973.
Okkultismus und Avantgarde. Von Munch bis Mondrian 1900–1915. Schirn Kunsthalle Frankfurt und Veit Loers (Hg.). Ostfildern/Frankfurt 1995.
Robert Rauschenberg. Werke 1950–1980. Staatliche Kunsthalle Berlin 1980.
Schwarz, hg. v. Hannah Weitemeier. Städtische Kunsthalle Düsseldorf 1981.
Das Selbstportrait im Zeitalter der Photographie: Maler und Photographen im Dialog mit sich selbst, hg. v. Erika Billeter. Musée cantonal des Beaux-Arts Lausanne und Württembergischer Kunstverein Stuttgart 1985.
Peter Selz: Mark Rothko. New York 1961.
The Spiritual in Art: Abstract painting 1890–1985., hg. v. Edward Weisberger. Los Angeles/New York 1987.
Strindberg som målare och modell. Nationalmuseum Stockholm 1949.
Texte zur Kunst 1957–1982. 25 Jahre Galerie van de Loo. München 1982.
Transform the world!, hg. v. Katja Waldén. Moderna Museet. Stockholm 1969.
Verborgene Impression. Japonismus in Wien 1870–1930., hg. v. Österreichisches Museum für angewandte Kunst. Wien 1990.
Von der Malerei zum Design – Russische konstruktivistische Kunst der zwanziger Jahre. Galerie Gmurzynska. Köln 1981.
Wunschmaschine Welterfindung, hg. v. Brigitte Felderer. Kunsthalle Wien. Wien/New York 1996.
Yves Klein. A Retrospective. Houston 1982.
Zeit. Die Vierte Dimension in der Kunst, hg. v. Michel Bandson. Brüssel/Fribourg 1984.

Index

Abbildungsnachweis

ABC/Mondrian Estate/Holtzman Trust. Licensed by International Licensing Partner B.V. 30 a, b
Adalbert-Stifter-Gesellschaft, Wien 27
Archiv des Beuroner Kunstverlages 33
Art Institute of Chicago 40
Bildarchiv Preussischer Kulturbesitz, Berlin 23
Dia Center for the Arts, New York 50 (Foto: John Cliett)
Galerie nächst St. Stephan, Wien 48
Galleria degli Uffici, Florenz 13
Graphische Sammlung Albertina, Wien 46
Hamburger Kunsthalle 7, 17, 35 (Foto: Elke Walford)
Kunsthalle Bremen 32
Kunstmuseum Basel 26, 36 (Foto: Martin Bühler)
Kunstsammlung Nordrhein-Westfalen, Düsseldorf 47
The Menil Collection, Houston, Texas 39
Musée des Beaux-Arts de Rennes 29
Museum der Bildenden Künste, Leipzig 28
Museum Folkwang, Essen 21
Národni Galerie, Prag 25
National Gallery, London 12
Österreichische Nationalbibliothek 2, 15, 22
Oskar Schlemmer Archiv und Familien-Nachlaß, Badenweiler, und Photoarchiv C. Raman Schlemmer, Oggebbio 31, 36
Philadelphia Museum of Art: The Louise and Walter Arensberg Archives 42, 43
Rijksmuseum Kröller-Müller, Otterlo 30 c
Russisches Staatsmuseum, Sankt Petersburg 37
Sammlung Reiner Speck, Köln 41, 44
Staatsgalerie Stuttgart 16, 31
Stedelijk Van Abbemuseum, Eindhoven 45, 49
Universitätsbibliothek Heidelberg 6

Die übrigen Vorlagen stammen aus dem Archiv des Autors. Sollten ohne Absicht Bildrechte nicht angeführt sein, bitten wir um Mitteilung an den Verlag.

SpringerKulturwissenschaft

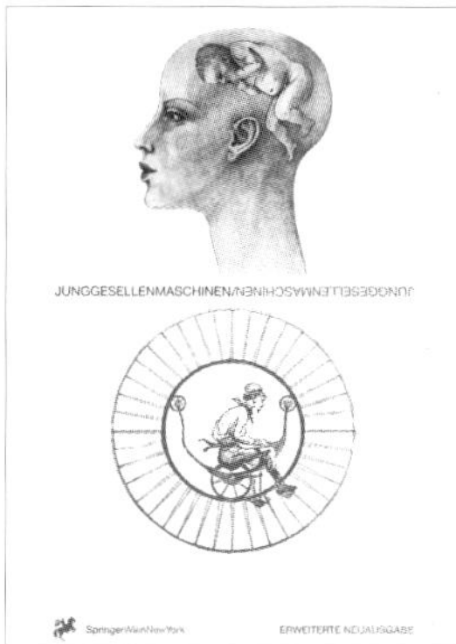

Hans Ulrich Reck,
Harald Szeemann (Hrsg.)
Junggesellenmaschinen

Erweiterte Neuausgabe 1999
VI, 357 Seiten. Zahlreiche Abbildungen.
Broschiert DM 78,–, öS 546,–
ISBN 3-211-83353-6
Ästhetik und Naturwissenschaften: Medienkultur

Als eines der bedeutendsten Ausstellungsunternehmen in der zweiten Hälfte dieses Jahrhunderts markieren die „Junggesellenmaschinen" zugleich einen Höhepunkt in Harald Szeemanns „Museum der Obsessionen".
Diese grundlegend erweiterte Neuauflage des längst vergriffenen Kataloges macht anhand ergänzender Materialien Kontext, Ökonomie und Rezeption des Unternehmens exemplarisch zugänglich.

Robert Pfaller (Hrsg.)
Interpassivität
Studien über delegiertes Genießen

1999. Etwa 280 Seiten.
Broschiert etwa DM 57,–, öS 399,–
ISBN 3-211-83303-X
Ästhetik und Naturwissenschaften: Bildende Wissenschaften – Zivilisierung der Kulturen

Gibt es möglicherweise Menschen, die vor ihrem eigenen Genuß zu flüchten versuchen, indem sie diesen an andere Personen oder Geräte abschieben?
Kommt es nicht vor, daß solche Leute das Besichtigen von Sehenswürdigkeiten ihren Kameras übertragen, das Lesen interessanter Bücher Fotokopierapparaten oder Personen überlassen, die Geburtstag haben? Herausfordernd und amüsant wird untersucht, wie Empfindungen delegiert werden können.

SpringerWienNewYork

Sachsenplatz 4–6, P.O.Box 89, A-1201 Wien • New York, NY 10010, 175 Fifth Avenue
D-14197 Berlin, Heidelberger Platz 3 • Tokyo 113, 3-13, Hongo 3-chome, Bunkyo-ku

Springer-Verlag und Umwelt

Als internationaler wissenschaftlicher Verlag sind wir uns unserer besonderen Verpflichtung der Umwelt gegenüber bewußt und beziehen umweltorientierte Grundsätze in Unternehmensentscheidungen mit ein.

Von unseren Geschäftspartnern (Druckereien, Papierfabriken, Verpackungsherstellern usw.) verlangen wir, daß sie sowohl beim Herstellungsprozeß selbst als auch beim Einsatz der zur Verwendung kommenden Materialien ökologische Gesichtspunkte berücksichtigen.

Das für dieses Buch verwendete Papier ist aus chlorfrei hergestelltem Zellstoff gefertigt und im pH-Wert neutral.